식품위생관리학

민경찬 · 김광호 · 김동원 · 양희태 · 채기수
박춘란 · 박규동 · 김영성 · 육찬남 공 저

光文閣
www.kwangmoonkag.co.kr

머리말

우리 인간에게 식생활보다 더 중요하고 절실한 것이 없지만 우리는 항상 그것을 간과하고 있는 것이 사실이다. 식품 관련 연구는 인간의 생명 유지 및 영양의 고른 공급을 위해 탐구하던 때를 지나 이제는 식품 자체가 질병의 치료와 예방의 건강기능성 식품 시대로 돌입하였다.

또한 사회가 다원화되면서 식생활의 패턴도 변화되어 외식산업이 발전 일로에 있으며 학교급식을 비롯하여 단체급식도 체계화되어 확대 일로에 있다. 그러나 우리는 식품의 이러한 발전에도 불구하고 늘 그 식품의 위생적인 관리에 대하여는 종종 무시하는 과오를 범하고 있는 것 또한 현실이다.

더욱이 단체급식과 외식산업이 발달함에 따라 위생적인 식품의 관리와 제도가 확립되어야 하는 것이 필연적인 일이다.

최근 이들 현장에서 식품으로 인한 위해 현상이 발생되어 종종 사회 문제화로 확대되고 있으며 국민의 건강을 보호하는 대책이 시급한 것으로 지적되고 있는 것은 주지의 사실이다.

이러한 추세에 맞추어 자연스럽게 식품의 위생적인 문제가 대두되어 그에 따른 일정 교육을 마치고 관련 자격을 갖춘 위생관리사로 하여금 식품에 관한 제반 사항이 관리되어야 함은 필연이라 생각된다.

이 책은 단체급식 현장의 위생적인 식품 시설의 관리 및 질병 관리, 그리고 HACCP 실무와 위생 관련 법규를 자세하게 다루고 이론과 현장의 실제를 문제화하여 식품위생관리사가 필요로 하는 전반 사항을 다루었다. 아무쪼록 식품 관계 전문 직종의 각종 자격 시험을 준비하는 모든 이에게 도움이 되기를 기대한다.

끝으로 이 책의 출판을 위해 애써주신 광문각출판사 박정태 사장님과 임직원 여러분께 깊은 감사를 드린다.

2006년 4월
저자 일동

차 례

제3장 식품시설의 위생관리 / 335

제4장 단체급식 관리 / 407

제5장 식품의 저장관리 / 513

제6장 식품위생 법규 / 581

제 1 장 식품매개 질병관리

식품은 인간의 생명과 건강유지에 없어서는 안 될 소중한 것이다. 그러나 때로는 식품을 통해서 발생하는 질병들로 인하여 많은 사람들이 고통을 받기도 하고 심지어는 소중한 생명을 잃기도 한다. 최근 문명의 발달로 식품 제조가공 및 저장기술이 크게 발달하여 우리의 식생활도 대단히 편리해 졌지만 반면에 식품으로 인한 건강상의 피해도 그 만큼 늘어나고 있는 실정이다. 식품은 인간의 생명 유지에 필요한 영양소가 있어야 하고 유독 유해한 물질이 함유되지 않은 것이 올바른 식품이라 할 수 있다. 몇몇 종류의 식품을 제외하고 대부분의 식품은 그 자체에 유해한 물질을 함유하는 경우는 드물다. 식품을 통해서 발생하는 질병들은 대부분 외부에서 식품으로 유해한 물질이 오염되고 그것을 식품과 함께 섭취함으로서 질병이 발생하는데 그 중에서 미생물에 의한 것이 가장 많이 발생하고 있다.

1 식품과 미생물

수천 년 전부터 인간은 치즈, 요구르트, 김치, 된장, 맥주 및 포도주 등의 발효식품을 만들어 먹어 왔다. 이처럼 발효가 미생물의 작용이라는 사실을 모르던 시대에도 발효식품이 제조되고 이용되었던 것이다. 한편 부패 역시 미생물에 의하여 일어나는 발효와 매우 유사한 반응으로 이것은 후에 식품위생과 연결되었으며, 또 어떤 미생물들은 사람과 동물에게 질병을 일으킨다는 것이 발견되었다.

미생물학의 발달과 함께 미생물의 병원성이 점차 밝혀짐에 따라 여기에 대한 치료 및 예방법 연구가 크게 발전하였으며, 음료수와 음식물이 소화기계 전염병 발병의 중요한 경로가 된다는 사실도 알게 되었다. 또한 병원균에 오염되지 않은 음료수와 음식물을 먹으면 이러한 질병에 걸리지 않는다는 사실도 알게 되었다. 경구전염병과 식중독 예방차원에서 제일 먼저 세워진 공중위생학적인 대책을 한마디로 말한다면 그것은 바로 '식품위생관리'이다. 미생물과 식품위생과의 관련성이 병원미생물의 발견 이래 이처럼 100여 년이 지난 오늘날에야 겨우 학문적 한 분야로 발전하게 된 데에는 여러 가지 이유가 있다고 생각된다. 확실히 과거에 창궐했던 콜레라, 장티푸스 등의 전염병은 일부의 경우를 제외하고는 현재 문명국이라는 나라에서는 그 발생이 극히 적다. 그러나 오늘날처럼 보건위생 개념이 널리 알려져 있고, 그에 대한 대책이 여러 가지로 마련되어 있는 상황에서도 식중독 발생 건수는 감소되지 않고 오히려 증가되는 추세에 있다. 이와 같은 사실은 식품위생 분야에서 미생물학적 관리가 아직도 불충분하다는 것을 암시한다.

지구상의 모든 환경에는 미생물이 존재하므로 음식물에 미생물이 부착될 수 있는 기회는 많다. 음식물을 미생물의 침해로부터 보호하기 위해서는 이미 음식물의 원료인 농수산물이 논, 밭에서 자라는 시기에서부터 방제수단을 강구하지 않으면 안 된다. 특히 최근에는 발암성이 있는 독을 생산하는 곰팡이는 농작물이 밭에서 생육 중인 단계에서 침입하여 농작물을 오염시키는 것으로 알려져 있다.

오랜 옛날부터 미생물을 이용하여 다양한 식품을 제조하여 온 입장에서는 당연한 귀결인지 모르지만, 우리나라는 식품위생학적 입장에서 식품 제조를 논해야 함에도 불구하고 현실은 그렇지 못하다. 식품미생물의 생태학적 연구는 인체의 건강에 미치는 문제와는 관계없이 식품의 부패 및 변패 등을 방지하기 위하여 식품의 건조, 냉장, 가열 또는 조사살균, 포장, 보존료 개발 등의 기술을 개발하였으며, 더구나 그와 같은 연구를 통하여 미생물의 성질을 규명하려는 노력을 게을리하지는 않았다.

확실히 식중독의 원인을 규명하려는 임상세균학자들의 원인식품 검색 방법과 환자의 토물 및 분변에서의 병원균을 검출하는 방법에는 상당한 차이가 있다. 따라서 식품을 위생미생물학적인 측면에서 다룰 수 있는 보다 전문적인 사람이 필요하다. 식품의 내용과 제조 · 보존 · 섭취 방법 등은 물론 식품미생물 및 병원미생물에 대해서도 잘 아는 유능한 전문가가 점점 늘어나고 그들이 독립적인 자기 영역을 세우게 되면 식품위생관리도 진보하여 지금보다 식중독 등 식품매개성 질병이 훨씬 감소할 것으로 생각된다.

1. 식품의 미생물상

식품에 존재하는 미생물상(food microflora)은 오염 미생물 및 이들 오염 미생물의 증식에 의하여 이루어지며, 각 식품마다 독특한 미생물상이 형성된다. 또한 미생물상은 그 오염원과 식품이 갖는 고유한 증식 억제 인자에 의해서도 지배를 받는다.

식품에 형성된 미생물상을 있는 그대로 받아들이는 데에는 생태학적으로 생각해 볼 필요가 있다. 생물학적으로 생각해 보면 미생물은 서로 길항 및 공생 작용에 의하여 식품에 정착하며 외부 환경, 즉 식품의 보존 환경에 둘러싸여 생활하게 된다. 이때 미생물은 생활 영역이 되는 식품에서 서로 길항 및 공생 작용을 계속하여 그 환경에 가장 알맞는 균이 다량 증식함으로써 식품 특유의 미생물을 형성하게 된다. 그 결과 보통 한 종 또는 여러 종이 그 식품의 미생물상을 지배하게 된다.

식품의 미생물상 형성에 영향을 주는 인자로는 미생물 사이에서는 길항 및 공생 작용, 식품에서는 영양, pH, 산화환원 전위, 수분활성, 항균 물질, 생물학적 조직 구조, 외부 환경에서는 보관 온도, 상대 습도, 가스 조성(CO_2, O_2압 등) 등이 있고, 그밖에 사람이 인위적으로 작용시키는 가공 및 저장 방법이 있다.

2. 미생물에 의한 식품오염

식품에서 가공 및 저장 이전의 오염을 1차 오염, 그 후에 일어나는 오염을 2차 오염이라 한다. 1차 오염은 원재료의 생산 환경에 있는 바다, 강, 산림, 논, 밭과 가공하기까지의 사람, 먼지, 공기, 동식물체, 물, 토양 등의 오염이 중요하며, 2차 오염에서는 가공직후부터 사람의 입에 들어가기까지의 전과정에 있는 다양한 오염이 중요한 역할을 한다. 특히 전자는 원재료와 함께 가공공장에 들어와 식품의 가공 환경 전반, 사람의 손가락, 사용 용기, 기구 등을 오염시켜 식품 가공 후 더 빨리 오염된다는 점에서 매우 중요하다.

수생세균은 일반적으로 물 또는 습윤한 환경에 상재하는 세균으로 바다 및 하천수에서 유래한다. 공장에는 원료와 함께 들어와 습윤한 환경 전체에 존재한다. 대개는 비병원성, 편성호기성, 저온발육형, 이열성의 특징을 가지며 저온세균들이다. 신선한 식품에서는 가공하지 않으면 증식 속도가 다른 균종보다 빠르므로 우선균이 되어 위생상 여러 가지 문제를 일으킨다.

토양세균은 보통 토양, 흙먼지 등에 상재하며 흙 묻은 채소, 과일, 먼지 등과 함께 공장 내로 들어오게 된다. 수생세균과 비슷한 점도 있지만, 가공 또는 저장 방법에 강한 저항성을 나타내어 고도의 가공처리를 한 식품에서도 부패 및 변질을 일으킨다.

동물기생형 세균은 동물체에 적응하여 중온발육성, 통성혐기성 등의 특징을 가지며, 병원성을 가지고 있는 것이 다수 있다. 일반적으로 동물이 체표에는 구균이, 소화기계에는 간균이 정착하고 있는 것으로 구분할 수 있다.

식물기생형 세균에는 식물에 기생하여 생체에 침입하는 병원균과 괴사조직에 붙는 사물기생균이 있다. 저온발육형, 편성 혹은 통성혐기성, 펙틴셀룰로스 분해성 등의 특성을 가지고 있으며, 사람에게 병원성을 나타내는 경우는 거의 없다.

혐기적 환경에서 상재하는 균은 캔, 병조림 등에서 사고를 일으키는 균으로, 산소가 없는 조건에서 발육하며 고열 및 강력한 건조 등에 대하여 놀라울 정도로 저항성을 나타낸다.

이상과 같이 식품이 어떤 오염원에 오염되는가에 따라 식품에 오염된 균종이 결정되므로 이후에 형성된 미생물상에 중요한 영향을 미치는 때가 있다. 또한 위생상 이것을 역으로 이용하면 검출된 균 속에서 오염원 추정이 가능하므로 식품 오염원의 추구가 가능하다. 이런 경우에는 통상적인 식품미생물 오염 형태를 정확히 알아야 하고 사고 발생을 미연에 방지할 수 있다.

3. 식품에서 미생물 증식에 영향을 주는 요인

오염된 미생물이 식품에서 증식하는데 영향을 미치는 주요 요인으로는 영양, 온도, 수분, 산화환원 전위, pH 등을 들 수 있다.

위의 요인 중 영양에 있어서 식품이 가지고 있는 영양소의 특징에 의하여 그 식품에서 우세하게 증식하는 미생물에 차이가 생기는 것은 쉽게 이해가 된다. 그러나 동물성 식품에서 신선도가 좋은 수육, 가금육, 어패류, 우유 등에 1차 오염된 여러 종류의 미생물이 존재하면 복잡한 미생물상을 나타내지만, 냉장 보관 후에는 성장 온도의 차이로 인해 우세한 미생물이 달라져 각각 특징 있는 미생물상을 형성하게 된다.

보통 동물성 식품에서는 단백질을 즐겨 이용하는 *Pseudomonas*를 비롯한 수생세균이, 연안에 서식하는 갑각류에서는 여기에 덧붙여 아미노산을 이용하는 *Lactobacillus*와 *Micrococcus*가, 패류에서는 글리코겐을 이용하는 *Streptococcus*, *Lactobacillus*, *Yeast*가, 연체류에서는 요소(urea)를 이용하는 *Corynebacterium* 및 *Micrococcus*가 선택적으로 증식되고, 이들은 하나의 속균 또는 수 개의 속균으로 치우치는 미생물상으로 나타나게 된다.

또한 식물성 식품에서는 조직 구조의 단단함과 부드러움, pH의 고저 등에 따라 보존

후의 미생물상이 변화하며 채소, 아열대 과실, 작은 과일, 핵과, 감귤류에서도 변화한다.

이와 같은 현상은 보존 온도에 의해서도 볼 수 있다. 미생물은 제일 빨리 증식하는 온도 및 증식 가능한 한계온도에 따라 저온균, 중온균, 고온균으로 분류되는데 사람에게 병원성을 나타내는 세균의 대부분은 중온균이지만 병원성 세균을 증식에 적당한 배지에 접종하여 보존 온도별로 그 발육 상황을 관찰하면 10℃ 이하에서는 발육하지 않는다. 즉 대부분의 식중독균은 식품을 10℃ 이하로 보존하면 그 발육이 억제시킬 수 있다. 이때 식품이 놓여진 환경의 온도에 따라서 우세하게 증식하는 미생물의 종류도 각각 다르다.

또한 수분도 적게 되면 증식 가능한 미생물이 한정된다. 건조, 고삼투압 조건에서 어디까지 미생물이 증식 가능한가는 보통 발육하는 최소 수분활성치(Aw)로 표시한다. 수분활성이란 미생물이 실제로 이용 가능한, 식품 또는 배지에 있는 수분을 말한다. 보통 수형 간균보다 장내세균이, 장내세균 보다 그람양성구균이 더 적은 수분활성치에서까지 증식할 수 있다. 곰팡이는 더욱더 적은 수분활성에서도 증식할 수 있다.

산화환원 전위는 유리 산소 요구성에서 유추가 가능하며, 미생물은 호흡에 필요한 산소를 공기를 통해서만 이용하는 것과 대사 과정, 예를 들어 여러 가지 환원 반응의 결과로 생기는 산소로 이것을 보충하는 것으로 크게 구별된다. 전자를 편성호기성균 또는 간단히 호기성균이라 부르며, 후자는 고형배지 또는 식품의 표층 및 심층 어디에서나 자라는 통성혐기성, 표층으로부터 약간 심부로 들어간 곳에서만 발육하는 미호기성, 하층부에서만 자라는 편성혐기성균으로 나눈다.

캔 및 병조림 식품에서는 주로 편성혐기성균이, 플라스틱 필림 포장 식품에서는 미호기성 또는 통성혐기성균이 잘 증식한다.

또 pH 및 기타 요인도 미생물상 결정에 복잡한 영향을 미친다. pH 5.0 이하와 8.0 이상에서는 많은 식품의 미생물상이 큰 변화를 나타낸다.

4. 식품위생 검사에서 미생물 검사의 목적과 의의

식품을 대상으로 하는 미생물 시험은 식품에 존재하는 세균의 종류와 수를 모두 조사함으로써 그 식품이 가지고 있는 미생물학적 품질을 평가하기 위한 일종의 생물학적 시험이다. 따라서 이 시험은 시험 대상인 식품에 존재하는 미생물은 그 생사에 관계없이 그 종류와 수를 확인할 수 있는 방법의 집합으로 이루어져 있다. 그것도 현 시점에서 현대 미생물학이 가지고 있는 최고의 기술을 총동원하여 가능한 모든 방법을 이용하지만, 식품 중에 자연스럽게 존재하는 미생물을 한꺼번에 완전하게 검출한다는 것은 불가능하다. 여러 가지 면에서 불충분한 점이 많지만 현재 이용할 수 있는 여러 가지 미생물 시험 방법으로 식품을 평가하는데 두 가지 의의가 있다. 그중 하나는 식품의 품질관리를 목적으로 하는 것으로, 식품의 미생물오염 정도와 그 식품에 이용되고 있는 유용한 미생물의 존재를 확인하는 등의 시험이다.

또 하나는 어떤 식품이 병원미생물에 오염되었는가의 여부를 확인하는 시험이다. 식품위생적인 면에서 후자를 중요시하며, 식중독 사건에서 원인식품으로 의심되는 식품에 대하여 실시하는 미생물 시험도 이 범주에 속한다. 전자의 시험을 구체적으로 말하면, 식품의 신선도를 보증하며 동시에 변패와 부패의 진행 정도를 판정하는 데에는 쓸모가 있겠지만, 그것이 소비자의 건강에 직접 관계가 있는지는 불분명한 경우가 많다.

그러나 현실적으로는 안전한 식품을 소비자에게 공급한다는 주목적에 중점을 두지 않을 수 없다고 생각되며, 양자를 분리시켜 생각할 수는 없다. 결국 식품미생물 시험은 소비자의 건강 보호와 식품의 품질 확보라는 두 가지 목적을 동시에 만족시키지 못하면 그 의의가 약해질 수밖에 없다.

5. 검체와 검체 채취 방법

1) 검체의 목적과 선정

식품의 안전성, 유익성, 건강성을 평가하고자 할 때에는 식품검사가 필수적이다. 또한 식품을 검사한 결과는 식품에 대한 위생학적 평가의 기초 자료가 되는 동시에 평가에 따른 식품보건행정 또는 자체 관리의 근거가 된다. 그러나 잘못된 검사 결과에 의하여 정반대의 조치를 취하게 되면 인체의 건강에 대한 영향은 물론 사회, 경제적 손실도 실로 막대하다. 그러므로 식품, 식품첨가물, 기구, 용기, 포장, 완구, 세제 등의 검사는 적절하고도 엄격하게 실시되어야 한다.

식품검사에 있어서는 첫째로 검사 목적을 확실하게 하여 그 목적에 알맞은 검사 대상물을 선정하는 것이 중요하다. 이에 따라 검사 방법을 확정함으로써 다음에 연속적으로 검체 채취, 검사 실시 등의 작업 진행에 의미가 생기게 된다. 이 경우 검사 목적으로는 식품위생 감시원이 식품위생법에 근거하여 실시하는 행정 지도와 식품업체에서 실시하는 자체 위생검사로 크게 구별할 수 있다.

행정 지도에는 다음과 같은 검사가 있다.

① 국내에서 제조 및 판매되는 식품 등의 위생감시 지도

② 수입시 수입식품 등의 위생감시 지도
③ 비위생적인 식품 및 규격 기준 부적합 식품 등의 계획적인 일제 단속
④ 위반 식품 발견에 따른 사실 확인과 원인 규명
⑤ 식중독 및 전염병 발생에 따른 원인식품 조사
⑥ 오염 실태 조사
⑦ 기타 식품위생에 필요한 조사

자체 위생검사에는 다음과 같은 검사가 있다.
① 식품 및 원자재의 품목별 일상 검사
② 식품 등의 제조 과정상의 위생관리 정기 점검
③ 수입식품 등의 안전성의 사전 확인
④ 판매점에서 위생적인 보관 등의 자체 점검
⑤ 신제품의 사내 규격 작성

검사 목적이 확정되면 자연히 검사 대상물이 결정되며 자동적으로 또는 쉽게 검체를 선정할 수 있게 되어 다음의 검체 채취 단계로 옮겨 갈 수 있다. 이 경우 검사 대상이 되는 식품 등은 금속 제품, 유리 제품, 플라스틱 제품, 종이 제품 등의 용기 포장에 넣고 공장, 판매점, 수입 업자의 창고, 냉동·냉장고, 진열장 등에 보관 및 진열되므로 이들 장소에서 소정의 검체를 시료 채취 방법에 따라 채취하여야 한다. 이때 중요한 것은 로트 단위와 검체 채취량이다.

2) 로트(Lot) 단위와 검체

식품 등의 검사에서는 특별한 경우를 제외하고는 일정한 로트 단위 내의 모든 식품 등을 각각 하나의 검체로 하고 모든 검체를 검사하는 전수 검사법을 실시하도록 되어 있지만 실질적으로 모든 검체를 검사한다는 것은 불가능하므로 로트 단위에서 일정한 개수를 무작위로 채취하여 각각 하나의 검체로 하여 이들 검체를 검사하는 소위 임의 추출 검사법을 채용하고 있다.

이 방법은 FAO/WHO 합동 식품규격위원회가 권고하는 국제 잔류농약 기준 중 잔류농약 정량시험용 권고 검체 채취법 및 국제미생물규격위원회가 제창한 미생물학적 검사를 위한 검체 채취법으로 권장되는 방법이다. 그러나 국내에서는 아직도 검체 채취 방법에 대한 법적 근거가 미비하여 이에 대한 시시비비가 일어나고 있으며 전체적으로 식품위생 검사에서 미생물 검사에 대한 인식이 부족하여 단순히 임의 추출한 검체에 대한 적

부 검사만을 하고 있어, 현재 일본에서 적용하고 있는 방법을 중심으로 서술하고자 한다.

식품 등의 임의 추출 검사 시 특히 주의하여야 할 것은 검사 대상인 식품 등의 집합(lot)을 어떻게 규정하는가 하는 것과 그 로트에서 임의 추출하는 검체 수를 몇 개로 할 것인가 하는 것이다. 공장에 보관되어 있는 식품 등을 시료 채취하는 경우에는 제품마다 원자재 해합 탱크마다, 제조 라인마다 1일 제조량, 반나절 제조량, 3시간 마다 제조량 등처럼 근거가 있는 한계를 설정할 수 있으므로 로트 단위를 정하기가 비교적 쉽다. 그러나 판매점에 진열・보관된 식품 등에 대해서는 명확한 구분을 설정하기 어려운 때가 많으므로 식품 등에 표시되어 있는 제조 연월일, 로트 번호 또는 제품 번호 등의 식별 번호, 입하 연월일 또는 진열・보관 장소 등이 하나의 단위 설정의 근거가 된다. 로트 단위를 설정할 때는 원칙적으로 로트 단위 내의 품질이 균일하다는 가정하에서

① 다른 원료 및 부품으로 제조한 것

② 다른 기계 및 방법으로 제조한 것

③ 다른 날짜의 것, 또 동일한 날짜의 것이지만 종업원이 교대하여 만든 것 등은 별도의 로트 단위로 규정하여야 한다.

검사 대상의 로트 단위에서 임의 추출하는 검체의 수량을 정하는 방법에는 1회 임의 추출하는 방법, 로트 크기에 따라 검체 수를 발췌하는 방법, 일률적으로 1로트 단위에서 일정 수의 검체를 임의 선택하고 하나의 검체라도 불합격되는 것이 있으면 전체를 불합격으로 판정하는 방법 등이 있다. 우리나라에서는 마지막의 임의 선택한 검체 중의 하나라도 불합격되면 로트 전체를 불합격시키는 방법을 채택하고 있어 생산자나 소비자에게 불리한 점이 있다. 즉 한 검체의 불합격 판정에 의하여 전체 생산품을 폐기한다는 것은 생산자에게 엄청난 경제적 손실을 주게 되며, 그 경제적 손실은 결국 소비자에게 떠넘겨지는 결과를 낳게 되어 서로가 손해를 보게 된다. 따라서 우리나라에서도 이와 같은 문제를 시급히 해결하여 생산자나 소비자 모두에게 이득이 될 수 있는 방법이 모색되어야 할 것이다.

3) 용어 정의

검체 채취 업무를 할 때에는 채취 담당자, 검사 담당자 등의 관계가 공통적인 인식을 가지고 작업할 필요가 있다.

① 검사 로트: 검사 대상인 로트를 말한다. 동일한 조건에서 생산하거나 생산되었다고 생각되는 물품의 집합 단위이다. 여기서 오해의 소지가 없는 경우에는 검사 로트를 로트라 부르기로 한다.

② 로트의 품질: 로트의 좋은 정도를 말한다. 로트의 품질은 평균치, 표준편차, 불량

률, 단위당 결점 수 등으로 표시한다.

③ 로트의 크기: 로트 내의 검사 단위의 총수를 말한다.

④ 샘플: 로트에서 추출한 검사 단위의 집합을 말한다.

⑤ 샘플의 크기: 샘플 중 검사 단위 수를 말한다.

⑥ 추출 검사: 미리 정한 추출검사법에 따라 로트에서 샘플을 추출하여 시험하고 그 결과를 로트의 판정 기준과 비교하여 그 로트의 합격 및 불합격을 판정하는 검사(로트 크기와 샘플 크기와 관계, 샘플의 추출 방법, 로트의 판정 기준 등은 경제성을 고려하여 통계적인 방법으로 결정한다)를 말한다.

⑦ 추출 검사 방법: 추출 검사 시 로트에서 추출한 샘플의 크기와 로트 판정 기준과의 조합을 말하며 추출 방식이라고도 한다. 계수 추출 검사의 경우에는, 예를 들면 샘플의 크기 n과 합격 판정 개수 c이다. 계량 추출 검사의 경우에는 예를 들면 샘플의 크기 n과 합격 판정치 X_u 또는 X_1과의 조합이다.

⑧ 추출 검사표: 일련의 추출 검사를 포함한 주추출표를 말한다. 추출 검사를 선택하고 실시하기 위한 과정을 표시한 것으로 추출표라고도 한다.

⑨ 생산자 위험: 합격이라고 한 어떤 특정한 좋은 품질의 로트가 추출 검사에서 불합격되는 확률로 보통 α로 표시한다.

⑩ 소비자 위험: 불합격이라고 한 어떤 특정한 나쁜 품질의 로트가 추출 검사에서 합격하는 확률로, 보통 β로 표시한다. 소비자 위험은 또 LTPD(lot tolerance percent defective)라고도 한다.

⑪ AQL(acceptable quality level): 추출 검사에서 합격시켜도 좋은 공정 평균 상한치로서, 합격 품질 수준이라고도 한다. 불량률(%) 또는 100 단위당 결점 수로 표시한다. AQL보다 좋은 품질의 로트는 추출 검사에서 높은 확률로 합격한다.

⑫ OC곡선(operating characteristic curve): 추출 검사의 로트의 품질과 합격 확률과의 관계를 표시한 곡선으로, 검사 특정 곡선이라고도 한다.

4) 식품별 검사 항목별 샘플링 방법

(1) 우리나라 식품위생법상의 검체 수거량

현재 우리나라에서는 식품위생법 제13조에 의하여 제품 검사를 하도록 규정하고 있으며, 제17조 제1항 및 식품위생법 시행 규칙(1993년 7월 3일 보건사회부령 제910호) 제13조 제1항에 대상과 수거량이 규정되어 있다. 그 내용은 다음과 같다.

▶ 수거 대상

다음의 경우는 무상으로 수거한다.

① 식품위생법 시행규칙 제12조 제1항의 규정에 의한 출입 · 검사 시 식품 등을 수거할 때

② 유통중인 부정 · 불량 식품 등을 수거할 때

③ 부정, 불량 식품 등을 압류 또는 수거, 폐기하여야 할 때

④ 수입식품 등을 검사할 목적으로 수거할 때

다만 다음의 경우에는 유상으로 수거할 수 있다.

① 도소매업에서 판매하는 식품 등을 시험 검사용으로 수거할 때

② 식품 등의 규격 및 기준, 제정 등에 참고용으로 수거할 때

③ 기타 무상 수거 대상이 아닌 식품 등을 수거할 때

▶ 수거량

우리나라에서의 식품 및 첨가물 검체 수거량은 각각 <표 1-1>과 같다.

이상과 같이 우리나라의 검체 채취 방식은 매우 단순하게 되어 있으며, 미생물학적 검사보다는 이화학적 검사에 치중되어 있다. 즉 식품이 제조되는 단계에서부터 관리되는 것이 아니라 유통 및 소비자 단계에서의 식품 검사에 초점을 두고 검체 수거량이 규정된 것으로 볼 수 있다. 따라서 한 제품이 대량으로 생산되건 소량으로 생산되건 관계없이 수거한 검체량 최대 600(g)ml에 대한 검사에서 부적합 시에는 모든 검체를 폐기하여야 하는 모순이 생기게 된다. 또한 생산자 위험률이나 소비자 위험률이라는 것은 전혀 고려되어 있지 않으며, 특히 제품 생산 시 검사에 대한 것은 규정되어 있는 것이 없어 무방비 상태에 놓여 있다고 할 수 있다. 따라서 이 규정을 적용하게 되면 매우 모순적인 문제가 발생하게 된다.

그러므로 우리나라에서도 세균학적 위생 상태를 조사하기 위해서는 좀 더 정확하고 세분된 검체 수거량이 규정되어야 할 것이다.

〈표 1-1〉 우리나라에서의 식품 검체 수거량

식 품	수거량	비 고
인스턴트 면류, 물엿, 벌꿀, 간장, 식초, 케첩, 식육제품, 어육제품, 청량음료, 얼음, 식용유 처리식품, 청주, 합성청주, 인삼드링크, 인삼과자류	600g(ml)	① 검사에 필요한 시험재료(검체)는 세균검사 항목이 없을 때에는 3개, 세균검사 항목이 있을 때에는 6개, 통조림 식품은 6개를 수거하여야 한다. 다만 용기에 넣지 아니하였거나 포장되지 아니한 경우, 또는 포장 단위가 커서 3개 이상을 수거하기 어려운 경우에는 수거량을 고려하여 필요한 양을 위생적으로 소분하여 수거할 수 있다. ② 2개 이상을 수거하는 경우에는 그 용기 또는 포장과 제조 연월일이 같은 것이어야 한다. ③ 수거량이란 검체의 개수별 중량 또는 용량을 모두 합한 것을 뜻한다. ④ 용량검사를 하여야 하는 경우에는 식품공전에 정한 용량검사에 필요한 양을 추가하여 수거할 수 있다.
국수, 건빵, 두부, 전분, 마요네즈, 고춧가루, 카레, 치즈, 쇼트닝유, 두유제품, 아이스크림(분말) 및 빙과류, 유산균 음료, 다류식품, 크림, 연유, 분유, 발효유, 유음료, 기타 인삼제품(인삼드링크, 인삼과자류 제외)	200g(ml)	
기타 식품	400g(ml)	

〈표 1-2〉 우리나라 식품첨가물 검체 수거량

시험 항목	수 거 량
기준, 규격 적부 시험	고체: 200g 액체: 500g(ml) 기체: 1kg

5) 검체 채취 시 유의사항

검체의 채취 및 운반 등은 식품의 품질검사와 불가분의 관계에 있으며, 그 채취 및 운반 조건에 따라 검사 결과에 큰 영향을 미치게 된다. 일반적으로 검사 담당자는 검체가 시험 조건에 맞게 채취되고 운반되었다는 가정하에서 검사한다. 그러나 검체를 채취하여 검사기관에 접수할 때까지의 과정(검사 대상물의 선정, 로트의 형성, 검체의 채취, 운반 접수 등)이 그 이후의 검사 작업과 연결된다는 것을 충분히 인식하고 검체 채취 등의 작업에 임할 때에는 일상적인 방법 및 지정된 방법에 따라 적절하고 엄격하게 실시하여야 한다. 결론적으로 검체의 오염, 파손, 손상, 해동, 취급 부주의, 의도적 조작 등의 비정상적인 상태가 일어나지 않도록 각 단계마다 매우 조심하여야 한다.

(1) 검체의 확인

검체를 채취하는 경우 보통 식품 등의 품명, 형상, 포장 상태, 화물 기호, 보관 장소 등에서부터 해당 식품 등의 정확한 검사 대상물인가를 확인하고, 또한 입회 검사장에서 검사 대상물인 것을 확인하는 것부터 시작한다. 해당 식품 등과 검사 대상물이 동일한가의 확인은 적어도 다음 사항에 따라 행하여야 한다. 이들 사항은 검체에 관한 고유의 기본 정보이며 해당 검체의 식별 사항으로 검사 중 및 검사 후 검사 대장, 검사 성적 등의 관계 서류에 기록하여야 한다.

① 품명(수입 등의 경우에는 수출국명을 기입)
② 검사 목적(수입 시 검사는 그 요지를 명기한다) 및 검사 항목
③ 형상과 포장 상태(고체, 액체, 분말, 냉동, 냉장, 소매용, 도매용, 무균포장 등)
④ 수거량(로트당 개수의 중량)
⑤ 채취 연월일 및 송부 연월일
⑥ 채취 장소
⑦ 허가신청서 번호(통관 전 수입품의 경우)
⑧ 제조 연월일 또는 수입 연월일
⑨ 생산국 또는 제조업소명(수입품인 경우)
⑩ 채취자 소속, 성명, 봉인 유무
⑪ 기타, 운반, 보관 또는 검사 시의 주의사항

(2) 검체의 채취 및 운반

검체의 채취 시에는 이물의 혼입이나 오염이 절대 일어나지 않도록 하고, 채취한 검체는 채취 시의 성상이 될 수 있는 한 변화되지 않도록 유지하여 운반하여야 한다. 그렇게 하기 위해서는 다음 사항에 특히 주의하여야 한다.

① 검체는 로트마다 따로따로 채취할 것
② 식품을 개봉하여 검체를 채취하는 경우, 이물의 혼입이나 미생물의 2차 오염이 일어나지 않도록 채취할 것
③ 세균 검사용 검체를 채취하는 경우, 반드시 멸균된 기구 및 용기 포장을 사용하고 될 수 있는 한 무균적으로 채취할 것
④ 검체를 넣는 용기는 검체의 종류 및 형상, 검사 항목 등에 알맞은 것으로써 운반, 세척, 멸균하기에 편리한 것을 사용할 것
⑤ 봉인이 필요한 경우에는 복원이 불가능한 방법으로 봉인할 것
⑥ 미리 정해진 방법과 다른 방법 등으로 검체를 채취하여 운반하였을 때에는 그 사항을 기록하여 둘 것
⑦ 검체에는 검체 고유의 기본 정보를 기재한 검체 송부표를 첨부할 것

⑧ 운반 시에는 이물 혼입, 검체 오염, 파손, 손상, 해동, 혼동 등이 일어나지 않도록 주의할 것
⑨ 세균검사용 검체에서 부패 및 변패하기 쉬운 것은 5℃ 이하로 유지하고 채취한 후 4시간 이내에 검사할 수 있도록 운반할 것. 쉽게 부패 및 변패되지 않는 것은 일반 보관 온도로 운반할 것. 냉동식품은 드라이아이스 등으로 동결하여 운반할 것
⑩ 검체는 중간 단계를 거치지 않고 될 수 있는 한 단시간에 검사기관에 운반할 것

(3) 검체 접수

검체 접수 시 검사기관의 담당자는 운반자 또는 의뢰자와 함께 서로 검체의 이상 유무 등을 확인한 후 접수하고 다음 사항에 대하여 특히 주의하여야 한다.

① 검체가 검체 송부표 또는 검체 의뢰서에 기록된 것과 동일하고 육안으로 이상이 없음을 확인할 것
② 검체의 보관 및 취급 등에서 특히 유의하지 않으면 안 되는 사항을 반드시 청취할 것
③ 봉인된 검체에서는 소정의 봉인이 되었는가를 확인할 것

(4) 검체의 번호 등의 표시

검사기관은 검체를 접수한 후 검체 송부표, 검체 의뢰서 등을 기초로 하여 검체에 대한 기본 정보를 검사 대장에 기재하고, 각 검체에 검체 번호를 붙인 다음 검사를 시작할 준비를 한다. 이때 주의하여야 할 사항은 검사 대장과 검체 번호가 틀리지 않는가를 확인하는 것이다. 많은 검체를 동시에 접수할 때에는 검체의 용기, 형상, 색채 등의 외관이 유사한 것도 있어 틀리기 쉬우므로 앞의 사항을 포함한 검체 접수 업무 순서를 정해 놓고 검사 대장과 검체를 서로 조회하는 등의 작업으로 틀림이 없도록 하여 기재하여야 한다. 검체에 제조 연월일, 보관 조건, 검사 시 주의사항 등의 특정 사항을 표시할 경우도 마찬가지로 서로 틀리지 않도록 기재하여야 한다.

(5) 검체의 보관과 이동

검사기관은 검사 전에 검체를 보관 및 분할하고 기관 내의 이동 등을 한다. 이 경우 검사기관 내부에서 반드시 검체의 오염, 품질 저하, 실수, 분실 등이 발생되는 것은 아니지만, 검사기관은 검체의 보관, 분할, 이동 등에 있어서 순서에 따른 작업 요령을 정해 놓고 검사원에게 준수시켜야 한다. 이때 보관에 있어서는 온도 관리를, 분할에 있어서는 이물 혼입과 오염 방지를, 이동 시에는 앞의 검체의 채취 및 운반 3번 사항에 대하여 특히 주의하여야 한다.

2 식중독

1. 식중독의 정의

식중독 본래의 뜻은 식품을 섭취하고 섭취된 식품에 의해서 중독되는 것을 의미하지만 일상적으로 섭취하는 식품 중에는 일부분을 제외하고는 식품 중에 식중독을 일으킬 만한 유독 성분이 함유되어 있지 않다. 대부분의 식중독은 외부에서 인체에 해로운 물질이 식품에 오염되고 또 그것을 섭취하므로써 발생하고 있다.

식중독에 대한 일반적인 정의는 식품을 매개로 하여 발생하는 급성위장염 및 신경장애 등의 중독증상이라고 말할 수 있다. 식중독의 원인은 세균을 비롯해서 자연독, 화학물질 등이 있으나 전 세계적으로 발생 빈도가 가장 높은 것은 세균이다. 따라서 식중독은 원인 물질에 따라 세균성 식중독, 자연독 식중독, 화학성 식중독으로 분류되고 있다.

2. 식중독의 발생 실태

1) 식중독 통계의 특성

식생활의 다양화와 국제 교류의 증가 등으로 인하여 식품의 오염과 변질의 기회가 급증하면서 식중독의 원인이 더욱 다양화되고 그 발생이 때와 장소를 가리지 않으며 때로는 규모가 대형화되어 인류의 건강을 위협하는 가장 큰 원인의 하나로 대두되고 있는 실정이다. 식중독은 전 세계적으로 발생하고 있으며 매년 많은 생명이 식중독으로 사망하고 있어 세계의 가장 큰 살인자라는 사실을 우리는 절실하게 깨닫지 못하고 있다. 그러나 식중독으로 보고되는 공식적인 자료들은 선진국에서조차도 빙산의 일각에 불과하다는 것이 세계적 전문가들의 지론이다. 각 나라별로 차이는 있으나 실제 발생 사례의 10% 정도만이 보고되고 있는 것으로 알려지고 있다.

2) 연도별 식중독 발생 상황

1976년부터 2000년 11월 30일까지 우리나라의 연도별 발생 상황은 <표 1-3>과 같다. 매년 식중독의 발생률이 증가되고 있는데, 이는 의료 수준의 향상으로 정확한 진단과 신속한 보고 등에 의한 요인도 있겠지만 중요한 것은 외식 기회 및 집단 급식이 증가하고 있는데 더 큰 원인이 있다고 본다.

〈표 1-3〉 연도별 식중독 발생상황

연도별	1995년	1996년	1997년	1998년	1999년	2000년
건 수(건)	55	81	94	119	174	104
환자 수(명)	1,584	2,797	2,942	4,577	7,764	7,269
환자 수/건(명)	28.8	34.5	31.3	38.5	44.6	69.8

3) 병인별 식중독 발생 상황

병인별 식중독 발생 양상은 <표 1-4>와 같다. 1993~1996까지 식중독 발생 건수 중 원인 물질이 판명된 것 가운데 살모넬라에 의한 식중독 발생률이 가장 높다. 또한 2000년의 경우도 <표 1-5>에서와 같이 살모넬라균에 의한 식중독이 전체 104건 중 30건(28.8%), 환자 7,269명 중 살모넬라균에 의한 환자가 2,591명(35.6%)으로 매년 우리나라의 경우 살모넬라균에 의한 식중독 환자가 가장 많이 발생하고 있다. 그러나 식중독 원인 물질에 대한 국내의 자료는 다양한 원인 물질이 식중독 원인균으로 파악되는 외국에 비하여 너무 단순하지만 외국에서 식중독 원인균으로 밝혀진 세균들이 국내에서는 발생하지 않는다고 생각하지는 않는다. 따라서 원인균 파악을 좀 더 철저히 함으로써 국민 보건에 이바지하여야 할 것이다.

〈표 1-4〉 병인별 식중독 환자 발생 현황

원인 물질	1993년		1994년		1995년		1996년	
	발생건수	환자수	발생건수	환자수	발생건수	환자수	발생건수	환자수
살모넬라	18	411	37	635	8	173	23	1180
포도상구균	7	140	10	387	1	85	10	342
장염비브리오	7	369	13	256	1	1	10	273
세균성이질	1	30	5	36	-	-	-	-
장티푸스	-	-	-	-	5	296	-	-
병원성대장균	-	-	-	-	-	-	1	356
기타 세균성	2	31	1	14	-	-	12	382
식물성 독성물질	4	14	6	122	2	45	1	3
동물성 독성물질	3	12	5	32	-	-	-	-
불명	12	129	23	3	38	984	21	461
계	54	1136	102	1485	55	1584	78	2676

〈표 1-5〉 2000년 원인균별 식중독 발생 상황 (식품의약품안전청자료)

구 분	계	살모넬라	포도상구균	장염비브리오균	불검출	기타
건수(건) (비율%)	104 (100)	30 (28.8)	9 (8.7)	11 (13.5)	35 (33.6)	16 (15.4)
환자수(명) (비율%)	7,269 (100)	2,591 (35.6%)	824 (11.3)	235 (3.2)	2,677 (37.)	942 (13.0)

4) 월별식중독 발생 상황

1995년부터 2000년까지의 월별 식중독 발생 상황은 <표 1-6>과 같다. 1997년 이전에는 5월~9월 사이에 식중독이 집중적으로(80% 이상) 발생하였으나, 1998년 이후에는 연중 고르게 발생하고 있는데 이는 난방시설의 확충 등에 그 원인이 있는 듯하다.

〈표 1-6〉 월별 식중독 발생 상황(1995~2000년) (식품의약품안전청자료)

월＼년	1995	1996	1997	1998	1999	2000
1	13(2)	-	58(1)	-	-	-
2	32(8)	30(2)	-	175(2)	-	27(2)
3	40(4)	123(4)	22(2)	80(3)	273(6)	542(7)
4	158(3)	109(4)	87(8)	644(7)	1,050(21)	17(2)
5	478(11)	466(16)	366(10)	434(10)	1,547(28)	1,717(23)
6	438(11)	236(10)	557(9)	948(14)	1,548(16)	1,378(19)
7	156(7)	115(6)	736(15)	166(12)	420(18)	988(19)
8	133(8)	431(10)	531(24)	482(19)	604(24)	260(10)
9	27(1)	900(21)	364(15)	1,124(39)	1,223(39)	1,787(12)
10	109(5)	83(4)	85(6)	404(9)	832(15)	533(8)
11	-	183(1)	127(3)	120(4)	231(5)	20(2)
12	-	121(3)	9(1)	-	36(2)	-

※( )은 발생건수

5) 원인 식품별 식중독 발생 상황

최근 4년간(1997~2000) 우리나라의 원인 식품별 식중독 발생 상황은 <표 1-7>과 같으며 통계자료에 나타난 식중독의 원인 물질로서 가장 으뜸을 차지하는 것은 '99년도까지는 어패류 및 가공품이었지만, 2000년에는 육류 및 가공품에 의하여 29건에 3,571명으로 가장 많았다. 그 외에 김밥, 도시락 등 복합 조리식품에 의하여도 다수가 발생하여 우리나라에서의 주요 식중독의 원인 식품은 어패류 및 가공품, 육류 및 가공품, 김밥, 도시락 등 복합 조리식품이 주류를 이루고 있다.

〈표 1-7〉 원인 식품별 식중독 발생 상황

원인 식품별	1997년		1998년		1999년		2000년	
	발생건수	환자수	발생건수	환자수	발생건수	환자수	발생건수	환자수
계	94	2,942	119	4,577	174	7,764	104	7,269
육류 및 가공품	19	765	30	858	44	2,258	29	3,571
어패류 및 가공품	36	894	37	1,516	69	2,278	27	896
복합조리식품 (김밥,도시락)	19	892	29	1,436	34	2,003	25	968
곡류 및 가공품	-	-	5	153	8	234	1	16
우유 및 가공품	-	-	-	-	2	23	3	593
과채류 및 가공품	-	-	1	28	4	438	6	775
버섯,복어(자연독)	2	12	2	24	2	19	4	39
과자류	1	9	2	14	-	-	-	-
화학물질	-	-	1	39	1	10	-	-
기타	5	70	-	-	1	9	-	-
지하수	3	101	-	-	4	197	1	148
불명	9	239	12	509	5	295	8	263

6) 섭취 장소별 발생 상황

식중독 발생 때 식품을 제조한 곳이나 판매한 곳의 규명은 원인 물질의 추정에 필요하며, 식품을 섭취한 곳의 규명은 사건의 규모를 특정하여 확산되는 것을 막기 위해 필요하다. <표 1-8>은 식중독 발생 현황을 섭취 장소별로 분류한 것이다. 1980년 후반까지 식중독은 주로 가정에서 대부분 많이 발생하였는데, 1990년 이후부터는 가정에서의 식중독의 발생률은 점차 감소하는 반면 집단급식소, 특히 학교급식에서 식중독이 대규모로 발생되고 있다. 2000년 집단급식을 통해서 발생한 식중독은 43건(41.3%)에 5,670(78%)명의 식중독 환자가 발생하여 섭취 장소별로 볼 때 가장 높다. 집단급식소의 규모가 커질수록 식중독 발생 시 환자의 규모도 커지므로, 이를 최소화하기 위해서는 집단급식소의 중점적인 위생 지도 감시가 요구된다.

〈표 1-8〉 섭취 장소별 식중독 발생 상황(1996~2000. 11. 30 현재)
(식품의약품안전청 자료)

시설별 \ 계	1996년		1997년		1998년		1999년		2000년	
	건수	환자수	건수	환자수	건수	환자수	건수	환자수	건수	환자수
	81	2,797	94	2,492	119	4,577	174	7,764	104	7,269
가 정	16	189 (7.2)	23	368 (12.5)	19	436 (9.5)	26	396 (5.1)	12	206 (2.8)
음식점	19	450 (17.2)	30	900 (30.6)	39	891 (19.5)	71	2,056 (26.5)	25	803 (11.0)
호텔. 여관	4	132(4.7)	1	17(0.6)	-	-	3	114	2	78(1.1)
집단급식소	28	1,258 (48.2)	32	1,534 (52.1)	27	2,069 (45.2)	53	4,600 (59.2)	43	5,670 (78.0)
-회사. 공장	11	637 (24.4)	11	265 (9.0)	7	360 (7.9)	9	377 (4.9)	3	56
-학 교	14	543 (20.8)	8	653 (22.2)	16	1,385 (30.3)	27	3,444 (44.3)	30	4,792
-기 타	3	78 (2.8)	13	616 (20.9)	4	324 (7.1)	17	779 (10.0)	10	822
기 타	3	583 (20.8)	8	123 (4.2)	34	1,181 (25.8)	19	554 (7.0)	22	512 (7.1)
불 명	9	185	-	-	-	-	2	54 (0.7)		

7) 월별, 원인균별 분포 현황

1998~2000년까지 월별, 원인균별 식중독의 발생 상황은 아래 <표 1-9>와 같이 식중독 원인균의 분포는 봄에서부터 초여름까지는 주로 살모넬라균에 의하여 식중독이 많이 발생하였으며, 여름에서부터 초가을 사이에는 장염비브리오균에 의한 식중독 사고가 많이 발생하였다. 장염비브리오균에 의한 식중독 사고는 여름철 어패류 및 수산물의 섭취에 의한 식중독이 많이 발생하였는데 이 점으로 보아 여름철에 어패류 생식에 주의를 기울어야 할 것이다.

〈표 1-9〉 월별 원인균의 분포 상황(1998~2000) (식품의약품안전청 자료)

월＼년	1998		1999		2000	
	건수	원 인 균	건수	원 인 균	건수	원 인 균
2	2	살모(1), 불검(1)	-	-	2	대장(1), 불검(1)
3	3	살모(2), 포도(1)	6	살모(1), 대장(1) 포도(1), 불검(3)	7	살모(2), 포도(2), 불검(2) 대장(1)
4	7	살모(3), 포도(2) 비브(1), 불검(1)	21	살모(11), 대장(2),포도(1) 비브(1), 엔터(1), 불검(5)	2	자연(1), 살모(1)
5	10	살모(4), 포도(3) 불검(3)	28	살모(12), 포도(2),비브(1) 테트(1), 기생(1), 불검(11)	23	살모(6), 포도(2), 비브(2) 엔트(1),시트(1),불검(10) 대장(1)
6	14	살모(6), 포도(4) 화학(1), 불검(3)	16	살모(5), 대장(1), 포도(1) 불검(9)	19	살모(4), 포도(1), 불검(13) 스필(1)
7	12	살모(3), 포도(2) 비브(1), 버섯(1) 시트(1), 불검(4)	18	살모(6), 비브(5), 독극(1) 불검(6)	19	비브(3), 포도(3), 살모(6) 불검(4), 시터(2), 자연(1)
8	20	비브(14),살모(2) 포도(1), 불검(3)	24	살모(1), 비브(15),포도(1) 불검(7)	10	비브(5), 살모(3), 대장(1) 불검(1)
9	38	비브(14),포도(5) 살모(2), 불검(17)	39	살모(3), 대장(1),포도(2) 비브(17), 자연(2),불검(14)	12	비브(1), 엔튼(1), 살모(4) 불검(3), 시터(1),자연(2)
10	9	비브(4), 살모(4) 불검(1)	15	살모(2), 포도(2), 비브(6) 불검(5)	8	비브(2), 살모(3), 포도(1) 장염(1), 불검(1)
11	4	살모(1), 사프(1) 불검(2)	5	살모(2), 장염(2), 칼리(1)	2	살모(1), 포도(1)
12	0		2	살모(1), 불검(1)		

※살모(살모넬라), 포도(황색포도상구균), 비브(장염비브리오), 버섯(버섯독), 시트(시트로박터) 대장(일반대장균) 사프(사프로피티커스), 엔트(엔트오박터), 데트(데트로톡신), 자연(자연독), 칼리(칼리시바이러스), 스필(스필로박터)

3. 식중독 증상

설사, 구토 및 복통은 식중독의 가장 일반적인 증상이다. 발열과 같은 다른 임상 증상은 일부 규칙성을 보이지만, 이들 3가지 증상은 특히 중요하며, 식중독균의 병원기전을 이해하기 위한 기초로서 중요하게 취급되고 있다. 식중독과 관련된 임상 증상의 범위와 강도는 어떤 미생물이 관여하였는지를 가늠할 수 있는 효과적인 가이드가 되지만, 절대적인 것으로 생각해서는 안 된다. 모순되는 것도 있기 때문에 확실한 동정은 실험실 진단이 필요하다.

4. 최근 문제가 되고 있는 식중독균

(1) *Salmonella serotype enteritidis*

비티푸스성 살모넬라증은 전 세계적으로 가장 흔하게 보고되는 감염증의 하나이다. 지난 20년 동안 살모넬라증 발생이 2배가 된 것은 중앙 집중 생산과 대규모 공급의 현대 식품 산업의 출현과 관계가 있는 것 같다. 가장 많이 발생하는 혈청형은 *Sal. enteritidis*, *Sal. typhimurium* 및 *Sal. hidelberg*이며, 인체 살모넬라증의 대부분을 차지한다.

*Sal. typhimurium*출현은 완전한 계란의 내용물에 오염되는 산란용 닭의 난소에 침입하는 병원균의 병원성과 관계가 있다. *Sal. enteritidis*는 번식용에서 산란용 닭에 수직적으로 전파될 수 있다. 바꿔 말해 오염된 계란을 생산한다.

(2) *Campylobacter jejuni*

*Campylobacter jejuni*는 1970년 후반까지 사람에게 질병을 일으키는 것으로 알려지지 않았다. 그러나 그 후 세균성 식중독의 주요 원인균으로 출현하였다. 미국에서 발생한 *C. jejuni* 감염 추정률은 매년 200만 명 이상이다(미국 국민의 약 1%). 심한 신경성 징후를 일으키는 Gullain-Barre syndrome은 캄필로박터 감염 후유증이다. 미국에서 Guillain-Barre syndrome환자 118명을 조사한 결과, 36%는 신경증상이 발병하기 수주 전에 *C. jejuni* 감염의 혈청학적 증거가 있었다.

*C. jejuni*에 의한 식중독 발생과 산발성 질환은 다른 역학적 특성이 있다. 계절성은 두 개의 최빈수를 갖는 형상으로 5월과 10월에 피크를 이루며 여름철에 낮다. 주로 산발성 질환을 대표하는 CDC에 보고된 캄필로박터 분리 균 수는 여름철에 피크를 이룬다. 이 현상은 식중독 발생과 산발성 질환을 일으키는 상황이 다름을 시사하는 것이다. 역학 조사를 해보면 식중독 발생은 주로 오염된 원유나 물의 소비와 연결되어 있으나, 산발성 질환은 불완전하게 요리된 닭고기와 관계가 있는 것으로 나타난다.

식용 동물의 사육에서 염소 소독을 하지 않은 음용수를 사용하는 것은 농장 환경에서 *C. jejuni*을 유행시키는 중요한 위험 인자이다. 식용 동물을 사육하는데 사용하는 음용수의 염소 소독은 원료육과 닭고기가 *C. jejuni*에 오염되는 것을 줄이는 실질적인 방법이다.

(3) *E. coli* O157:H7

대장균 O157:H7은 1982년 미국에서 두 번의 발생이 있었는데, 패스트푸드 레스토랑 체인점에서 잘 요리되지 않은 햄버거를 먹음으로써 발병한 이후 인체 병원균으로서 최초로 알려졌다. 이 식중독균은 출혈성 설사와 비출혈성 설사의 주요 원인으로 나타난 이래, 미국에서 매년 2만 명의 환자가 발생하고 250명이 사망한다. 감염병 발생은 캐나다, 일본, 아프리카, 영국 등 전 세계적으로 보고되고 있다. 출혈성 설사를 일으키는 것 이외에 대장균 O157:H7 감염은 미국에서 어린이들에게 신부전의 주요 원인인 용혈성 요독증 증후군(HUS)의 가장 흔한 원인균이다. HUS는 중요한 장기합병증(長期合併症)과 관계가 있다. HUS로 발전한 환자의 3~5%는 사망하며, 약 12%는 말기 신장질환, 고혈압, 신경장해를 포함한 심한 후유증과 함께 회복된다. Ground beef, 상추, 살균하지 않은 사이다나 우유와 처리하지 않은 물을 먹는 것은 식중독 발생과 관계가 있으며, 사람에서 사람으로 전파하는 것은 잘 알려져 있다.

(4) *Vibrio vulnificus*

미국에서 *V. vulnificus*의 출현은 1979년에 최초로 보고되었으며, 우리나라에서도 해마다 1~2명의 희생자가 생기고 있다. 어패류를 먹고 발생하는 *V. vulnificus*질환은 여름철에만 발생하며, 어패류에서 *V. vulnificus* 감염은 일반적으로 과량의 철에 의해 특정한 기초 질환을 가진 사람에게 영향을 주는 증상인 패혈증을 일으킬 수 있다. 임상 증상은 쇼크, 피부에 수포성 장애 발현, 사망으로 이어지며 증상의 진행 속도가 매우 빠르다.

(5) *Listeria monocytogenes*

인체 리스테리아증의 주요 근원이 식중독이라는 것이 최근에 알려졌다. 리스테리아증은 신생아와 면역부전 숙주에게 수막염이나 패혈증을 일으킬 수 있으며, 임산부에게 사산을 일으킬 수 있다. 산발성 리스테리아증은 치명률이 약 20%이다. 침입성 리스테리아증의 식중독 발생은 양배추 샐러드, 살균 우유, 파테, 돼지 혀로 만든 젤리, 부적당하게 살균된 우유로 만든 연치즈와 관계가 있다. 최근 발생한 것을 조사한 결과 *L. monocytogenes*는 정상 숙주에게 발열성 위장염을 일으킨다. 1989년 미국 농무성과 FDA는 인스턴트 식품에서 *L. monocytogenes*를 없애는 정책을 수립하였다. 1989년과 1993년 사이 식품 산업은 가공식품에서 리스테리아 오염을 줄이는 노력을 시작하였으며, 권장 음식물을 정하고 사람들에게 리스테리아 감염 위험이 증가하고 있음을 알렸다. 그 이후 4년 동안 전 미국 9개 감시 지역에서 리스테리아증의 발생이 40%나 감소하였다.

(6) *Yersinia enterocolitica*

*Y. enterocolitica*에 의한 감염은 발열, 설사, 복통을 일으킨다. 더 심한 경우, 직장 출혈과 회장 천공을 일으킨다. 장간막선염과 회장말단염은 5세 이상의 어린이와 성인에서

발생한다. 발열, 오른쪽 아래 1/4의 부분 복통, 백혈구증가증의 증상은 급성 충수염으로 자주 오인된다. 전 세계적인 감시 데이터는 예르시니아증 발생이 증가하고 있음을 의미한다. 미국에서 *Y. enterocolitica*는 위장염의 중요한 원인균으로 크게 알려져 있다. 1970~1980년대 O:8혈청군이 대부분을 차지하였으며, 우유가 관련 매개체의 주류를 이루었으나, 1980년 중반 이후, O:3혈청군이 미국에서 가장 흔한 혈청군이 되었다. 이것은 전 세계적으로 O:3혈청군이 주류를 이룬 영향이다. 1990년 미국 7개 병원에서 위장염 환자의 모든 분변가검물에서 *Y. enterocolitica*를 조사한 3개월간의 조사에서 *Y. enterocolitica*는 *Shigella*와 거의 가깝게 분리되었으며, 분리균의 92%가 O : 3형이었다. 돼지는 O : 3혈청군의 주요 병원소이며, 돼지고기의 소비는 감염의 주요 위험 인자이다. 미국에서 예르시니아증은 낮은 사회 경제 그룹의 유아에서 중요한 감염이며, 이 유아들의 관리인에 의한 돼지의 장 요리(식용곱창)와 관계가 있다. 유아들은 관리인의 손에서 돼지의 장에서 유아에게 이 균이 전염된 후 감염되는 것 같다.

5. 식중독 출현에 영향을 미치는 인자

(1) 노인과 면역부전환자의 증가 및 식습관의 변화

산업 국가에서 발생하는 인구통계의 변화는 식중독에 감수성이 높은 인구 집단의 비율이 증가하는 것이다. 식중독에 감수성이 증가하는 집단은 AIDS감염자, 고령자 또는 기초적인 만성질환에 감염되어 면역기능이 저하된 사람 등이다.

또한 식생활의 변화도 식중독 발생에 깊은 관련성이 있는 것으로 보고되고 있다.

(2) 산업과 기술의 발달

식품산업의 통합은 식중독의 유행과 밀접한 관계가 있다. 시장 크기가 커지며, 대규모 중앙 집중화된 식품가공업자로부터 생산품을 더 넓은 지역으로 공급하는 추세는 대규모 식중독을 일으킬 위험을 가지고 있다.

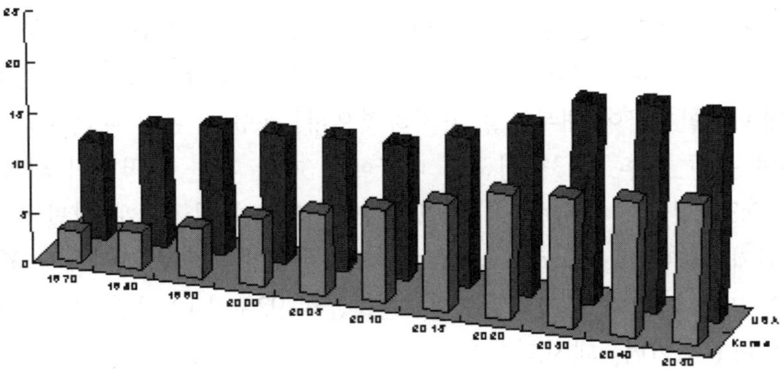

〈한국과 미국의 노인 인구 추정 비율〉

(3) 해외 여행과 국제 무역의 증가

해외 여행은 20세기에 놀라울 정도로 증가하였다. 여행자들은 자국에서 흔치 않는 식중독 병원균에 감염되고, 이것은 귀국한 후에 질병이 발생하면 진단과 치료를 복잡하게 할 수 있다. 개발도상국을 여행하는 여행자는 각종 세균, 바이러스, 기생충 등에 대하여 각별히 조심하여야 한다. 해외 여행 중 위험 인자는 분변에 오염된 식품이나 물에 노출되는 것이다. 이들 나라에서 요리된 식품과 요리되지 않은 식품 모두 부적당하게 다룬다면 위험할 수 있다. 수돗물, 얼음을 넣은 음료수, 길거리에서 파는 식품, 잘 요리되지 않은 식품, 또는 요리한 후 실온에서 4시간 이상 놓아둔 식품은 특히 위험하다.

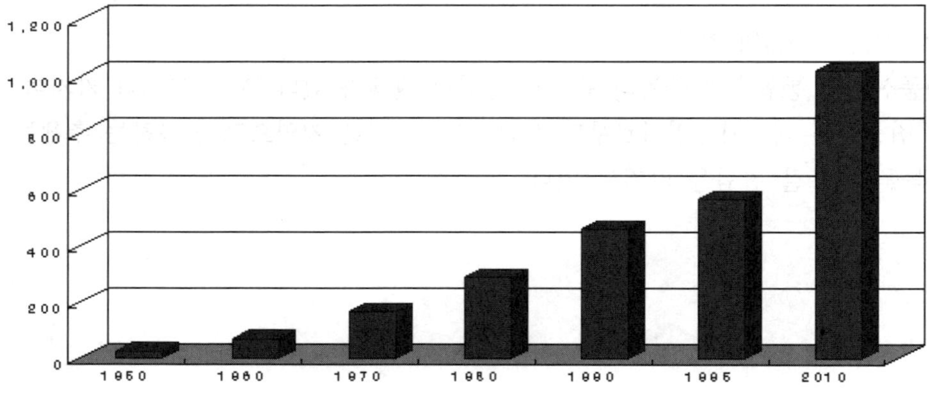

〈세계 해외 여행자의 증가 비율〉

또한 교통망이 확충되면서 국제 무역이 날로 증가하고 있다. 국제 무역이 증가하면서 식중독의 발생도 증가되고 있는 경향을 보이고 있다. 예를 들면 유럽, 북미, 중동에서 발생한 *Salmonella agona*에 의한 식중독은 중동에서 수입한 어린이용 간식과 관련이 있었고, 1989년 미국에서 발생한 4건의 포도상구균에 의한 식중독은 중국에서 만든 버섯 통조림을 먹고 발생하였다.

(4) 미생물의 항생물질 저항성

질병 치료에 사용하는 항생물질의 오남용은 항생물질에 대한 내성균의 출현을 유발하고 있다. 특히 살모넬라균에 대한 항생제 내성균주가 매우 두드러지게 증가하고 있다. 미국에서 살모넬라에 감염된 환자를 조사한 결과, 1970년대에는 17%에서 1996년 33%로 항생물질 내성 살모넬라 감염이 증가하고 있음이 나타났다. 감수성 균주에 감염된 환자와 비교할 때, 항생물질 내성균주에 의한 감염 환자는 치료 기간이 훨씬 길다.

(5) 경제 발전과 토지 이용

경제 발전과 토지 이용에 대한 최근 추세는 식중독의 변화된 유행에 공헌하고 있다. 미국에서 식용동물은 해마다 16억 톤의 배설물을 생산하고 있다. 대규모 생산 시설에서 배설물 처분은 큰 문제가 되고 있다. 살모넬라균을 전파시키는 쥐 등은 거름 속에서 번식하면서 병원소로서 작용하기도 한다. 동물과 사람의 분변 및 유거수는 지표수를 오염시키고, 조류가 증가하게 되며 그 결과 어패류에 생체 독소가 농축되게 된다. 멕시코 만에서 추운 계절에만 굴을 수확하던 것이 일년 내내 굴을 수확하는 형태로 변화한 것은 *V. vulnificus*의 출현과 관련이 있는 자원 이용의 변화 예이다.

(6) 정부 조직 축소에 의한 공중보건 조직의 위축

공중보건 조직은 국민의 건강을 막기 위한 감시, 조사 및 예방 작업을 지휘하는데 필요한 인원(역학 조사자, 실험 기사, 보조 직원)과 기자재(컴퓨터, 진단 시약을 포함한 진단실험실 장비 및 시약)로 이루어진다. 공중보건 조직의 축소는 식중독을 적게 신고할 가능성이 커진다. 예를 들면 1990년대 중반 미국의 12개 주는 주와 지방 수준에서 주로 예산 제한 때문에 식중독을 감시할 인원이 없었다. 이런 환경에서 전염병을 위한 감시가 효율적으로 이루어지지 못하였다. 그 결과 식중독을 늦게 발견함으로써 추가적인 식중독의 발생을 예방하지 못하는 결과를 초래하였다.

6. 효과적인 예방 관리를 위한 접근 방법

(1) 적극적인 식중독 감시 활동

식중독 감시는 식중독을 예방하는데 중요하다. 실험실, 의사 및 공중보건 기관 사이의 협력은 진단 보고, 균 분리 및 감염원을 조사하는데 중요하다.

대부분의 식중독 감시는 수동적이다. 우리나라에서는 사회적으로 문제가 발생한 대규모 식중독에 대해서만 역학조사를 하고 있다. 지방 자치단체의 보건 담당자는 역학조사 결과를 중앙 정부에 보고하며, 시도 보건 환경 연구원에서는 분리균에 대한 정보를 보고하고 있다. 이 감시 정보의 통계 분석이 신속하게 이루어진다면 시간 또는 지역적으로 다른 감염 집단을 탐지할 수 있으며, 발병을 초기에 감지할 수 있을 것이다. 의사 보고에 대한 정보는 아직 자체 정보 수준에 머무르고 있지만 앞으로 함께 이용될 수 있다면, 실험실에 의한 감시와 같이 식중독 병원균에 의한 감염에서 장기간 추세를 모니터링하는데 이용될 수 있다. 그러나 이러한 감시 시스템은 단지 일부 환자만이 병원을 찾기 때문에 많은 의사들은 설사 환자에서 분변 배양물을 상시 얻을 수 없고, 식중독 병원균 배양을 모든 실험실에서 할 수 없으며, 모든 실험실이 보건 공무원에게 분리균을 보고하지 않기 때문에 상당수가 보고되지 않기 쉽다. 미국에서도 CDC에 보고된 살모넬라증의 모든 사례 중 약 20~100건은 보고되지 않는 것으로 추정되고 있다.

적극적인 감시는 시의 적절하게 정보를 증가시킬 수 있으며, 관리 측정 효과를 모니터링하기 위한 기준선을 만들기 위해 특별한 식중독 병원균에 의한 질병 부담을 더 정확하게 결정하는데 도움을 줄 수 있다.

(2) 안전한 식품 생산과 취급

식중독의 예방은 원료식품과 최종 식품의 청결한 취급에 의존한다. 위험은 농장에서 식탁까지 어디에서든지 일어날 수 있다. 식품위생에서 20세기의 혁명은 냉장, 물의 염소소독, 하수처리, 우유의 살균 및 어패류 모니터링을 포함한 환경 보건 기술의 응용을 통해 가능하게 되었다. 식품을 위생적으로 관리하는 기술의 발달은 식품을 통해서 발생하는 질병을 효과적으로 감소시킬 수 있다.

새로운 세기의 접근법으로서 신기술과 산업 엔지니어링은 식품 안전성을 개선할 전망을 가지고 있다. 원료와 최종 성분의 열처리, 항균성 세척 및 살균은 가장 확실한 기술이라고 할 수 있다.

3 세균성 식중독

식품 중에 특정의 세균이 식품에서 증식한 후 이 식품을 경구적으로 섭취함으로써 설사, 복통, 구토, 발열 등의 급성위장 주 증상으로 하는 중독을 일으킬 때 이를 세균성 식중독(Bacterial food poisoning)이라고 한다. 해마다 수없이 많은 식중독이 발생하고 있으며 그 가운데 병인 물질이 판명된 것의 85~90%는 세균에 의한 것이다. 아직까지 식중독 사건의 15~20%는 병인 물질이 불분명하지만 그들 역시 역학적으로 볼 때 대부분 세균에 기인하는 것으로 생각되므로 식중독에 있어서 세균이 점하는 비중은 대단히 크다.

세균성 식중독은 발병기전에 따라서 감염형, 독소형, 생체내 독소형으로 분류하는 것이 일반적이다.

① 감염형: 식품 중에 세균이 증식한 상태에서 그 생균을 대량 경구적으로 섭취 시 이것이 장관내 정착, 증식해서 복통, 설사, 구토, 발열 등의 증상을 일으키는 식중독으로 *Salmonella*, 장염 *Vibrio*, 병원성 대장균, *Camphylobacter* 등이 이에 속한다.

② 독소형: 식품 중에 세균이 증식하면서 독소를 생산하고, 그 독소를 식품과 함께 경구적으로 섭취함으로써 발생하는 식중독으로 황색포도상구균, *Botulinus*균, *Cereus*균 등이 있다. 독소형 식중독은 원인균이 이미 사멸해 있어도 독소가 잔존해 있다면 식중독이 일어나는 것이 특징이라 할 수 있다.

③ 생체내 독소형(중간형): 식품과 함께 섭취된 세균이 장관내에서 증식 또는 장관내에서 아포를 형성할 때에 독소를 생산(장관내 독소)하고 그 독소에 의해서 일어나는 식중독으로 독소원성 대장균, *wlchii*균(A형), *aeromonas*균, *cereus*균(구토형), NAG *Vibrio*균 등이 있으며 이들에 의한 식중독은 감염형과 독소형의 중간 형태를 취한다고 생각되어 중간형 또는 생체내 독소형으로 분류한다. 그 외에도 균체외독소의 생산은 인정되나 독소와 설사증과의 관련이 명확히 되어 있지 않는 것도 있다. 중간형 식중독균은 장관내에서 독소를 생산하여 식중독의 원인이 되지만, 식품 중에서 이와 같은 독소를 생산해도 위를 통과할 때에 위의 효소나 산에 의해 독성을 잃고 만다. 이러한 세균에 의해 식중독이 일어나기 위해서는 발병량의 생균이 우선 식품을 통해서 섭취되어져야 한다.

감염형 식중독과 경구전염병에 있어서 발생 양식의 차이는 독력(virulence)의 차이에 의한 것으로 경구전염병은 독력이 강하여 미량의 세균에 의해서도 발병하지만 식중독균은 독력이 약하여 대량의 생균을 동시에 섭취함으로써 비로소 발병한다. 식중독 발생에 필요한 생균 수는 균의 종류에 따라 다르나 보통 100만~1억 이상 필요하다고 알려져 있다. 그러므로 식중독의 경우에는 경구전염병과 같이 사람에서 사람으로 2차 감염은 일어나지 않으나 발생 시설 관계로 환자 수가 비교적 많고 집단적으로 발생하기 쉽다.

〈표 1-10〉 세균성 식중독과 소화기계 전염병과 차이점

구 분	세균성 식중독	소화기계 전염병
균량	식품 중에 일정량 이상의 식중독 원인 물질(균량이나 독소)을 섭취함으로써 발병할 수 있다.	식품은 단순히 병원균의 운반체로써 존재하므로 미량의 병원균이 체내에 침입되어도 발병할 수 있다.
2차감염	원인 식품의 섭취로 발병하기 때문에 2차 감염은 일어나지 않는다.	사람에서 사람으로 직·간접으로 전염력을 가지고 있기 때문에 2차 감염이 발생할 수 있다.
면역	식중독균은 생체내에서 항체를 생성하지 못하므로 면역체가 형성되지 않는다.	병원체에 의한 질병 이환 후 해당되는 항체에 의해 면역체가 형성된다.
음료수와의 관계	비교적 관계가 적다	흔히 일어난다
잠복기	식품에서 증식된 균의량 및 독소에 의해서 발생되므로 비교적 잠복기가 짧다.	병원체의 종류에 따라 다소의 차이는 있으나 식중독균에 비하여 비교적 잠복기가 길다.

〈표 1-11〉 감염형 식중독과 독소형 식중독의 비교

구 분	감염형 식중독	독소형 식중독
발증기구	식품과 함께 섭취된 다량의 균이 소화관 점막에 작용하여 발생	세균이 증식할 때 생성된 균체외 독소가 소화관에 작용하여 발생
잠 복 기	비교적 길다.	비교적 짧다.
균의 생사와 발병과의 관계	세균을 사멸시키면 식중독은 발생하지 않는다.	세균을 사멸시켜도 식중독이 발생할 수 있다.(독소가 파괴되지 않을 수도 있기 때문)
섭취 전 가열살균에 의한 예방 효과	감염형 식중독균은 대부분 열에 약하기 때문에 섭취 전에 가열하면 예방 효과가 크다.	포도상구균이 생성한 독소는 열에 대한 저항성이 매우 강하므로 식품에서 일단 생성된 독소는 가열로써 예방할 수 없지만 *Botulinus*균이 생성한 독소는 이열성이어서 가열하면 예방할 수 있다.
냉장 보존	균의 증식을 억제하면 식중독은 발생하지 않기 때문에 식품을 냉장 보관하면 예방할 수 있다.	포도상구균에 의한 식중독은 예방할 수 있으나 *Botulinus*균에 의한 식중독은 효과가 없다.
공통적인 증상	설사·복통·메스꺼움·구토	

〈표 1-12〉 식중독균의 잠복기 비교 및 주요 증상

구 분	식중독균	잠복기	주요 증상
감염형	*Salmonella* 장염 *Vibrio*균 병원성 대장균 *Campylobacter*균 장관침습성 대장균 *Yersinia enterocolitica*	12-24시간 12-18시간 10-30시간(유아는 짧다) 2-7일 2-3일 1-4일	설사, 복통, 발열, 두통, 구토 설사, 복통, 구역질, 구토, 발열 복통, 설사, 발열, 구토, 구역질 설사, 복통, 두통, 발열 오한, 전율, 발열, 구토, 설사 복통, 발열, 설사
독소형	포도상구균 *Botulinus*균 *Cereus*균(설사형)	1-6시간(평균 3시간) 12-36시간(짧을수록 중증) 8-16시간(평균 12시간)	구역질, 구토, 설사, 복통 복시, 연하곤란, 발성·호흡곤란 구역질, 구토
생체내 독소형	*Welchii*균(A형) 독소원성 대장균 *Aeromonas*균 *Cereus*균(구토형) NAG *Vibro*균	8-22시간(평균 12시간) 24-72시간 8-9시간 1-5시간(평균 3시간) 5-13시간(평균 8시간)	복통, 설사 복통, 설사, 구토, 구역질 오심, 구토, 설사, 발열 구역질, 구토 수양성 설사, 구토

〈표 1-13〉 세균성 식중독의 원인별 빈도 및 치명률

원 인	환자 수	백분율	사망 수	치명율(%)
세 균	11,163	73.4	19	5.2
*Salmonella*균 포도상구균 *Botulinus*균 장염 *Vibrio*균 병원성 대장균 기타 세균	1,260 7,888 5 835 1,034 141	8.3 51.9 0.0 5.5 6.8 0.9	9 2 4 3 0 1	0.7 0.0 80.0 0.4 0.0 0.7
독성물질	143	2.7	84	20.3
화학성(농약) 식물성(버섯 등) 동물성(복어, 게 등)	52 185 176	0.3 1.2 1.2	11 44 29	21.2 23.8 16.5
불 명	3,633	23.9	38	1.0
계	15,208	100.0	131	0.9

* 최근 10년간의 통계임

1. 감염형식중독

1) 살모넬라 식중독(Salmonella Food Poisoning)

감염형 식중독 중 가장 보편적인 것으로 알려져 있으며 1885년 Salmone과 Smith에 의해서 돼지콜레라에 걸린 돼지로부터 최초로 분리되었다. 1888년에 독일의 Gärtner가 식중독 사망자로부터 *Salmonella enteritidis*를 분리하여 식중독의 원인균으로 가장 먼저 발견되었다.

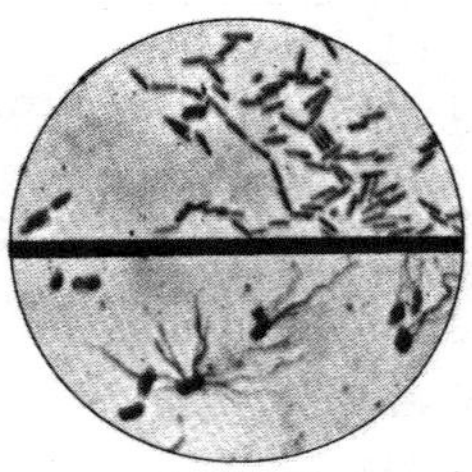

최근 장티푸스 환자는 하수도의 보급에 따라서 급속히 감소되고 있는 반면 *Salmonella*에 의한 식중독은 매년 증가되어 공중위생상 심각한 문제로 되고 있다. *Salmonella*는 생물학적, 혈청학적으로 성질이 비슷한 균군의 총칭으로 *Salmonella*균속이라고 불리우며 약 2,000여 종의 균형이 보고되었으나 사람에게 병원성을 갖는 것은 그 일부에 지나지 않는다.

▶ 원인균

분류학적으로는 장내세균과(Enterobacteriaceae)에 속하는 Gram음성 주모성 간균으로 아포를 형성하지 않는 호기성 또는 통성혐기성균이다. 탄소원으로 구연산을 이용하며 포도당으로부터 가스를 생산하기도 한다. 보통 한천배지에서 잘 발육해서 24~28시간에 육안으로 분명하게 판명할 수 있으며 대장균과 닮은 집락을 형성한다. 발육지적 온도는 37℃이며 10℃ 이하에서는 거의 증식하지 않는다. 열에는 약해서 60℃에서 20분이면 사멸한다. 대표적 장내세균인 대장균과의 구별에는 살모넬라가 유당을 분해하지 못하며 indol을 생성하지 못하고 황화수소를 생산하는 성질이 이용된다.

살모넬라균은 Kauffmann-White의 항원 분석표에 기초한 혈청형별로 분류되어 있으며, 현재 50 종류 이상의 O군과 약 80 종류의 H항원의 조합에 의하여 2,000종 이상의 혈청형으로 분류되어 있다. 그 가운데 병원성을 갖고 있는 것은 일부에 한정되며 2가지의 질병을 일으킨다. 그중 하나는 티프스성 질환으로 티프스균(Salmonella typhi), 파라티프스 A 및 B(Samonella paratyphi A and B) 등이 이에 속한다. 이들은 경구전염병으로 취급되어 식중독균 중에는 들어가지 않는다. 또 하나는 감염형 식중독을 일으키는 것으로 현재까지 식중독 원인균이 된 살모넬라는 40~50여 종이 알려져 있으며, 대표적인 것은 다음의 세균을 들 수 있다.

S. enteritidis, S. typhimurium, S. cholerae suis, S. derby, S. thompson, S. anutum S. heidelgerg, S. senftenberg, S.infantis, S. newington, S. montevideo, S. blockley S. scharzengrund

우리나라와 일본의 식중독 사례로 10여 년까지는 *S. enteritidis*에 의한 것이 압도적으로 많았으나, 최근에는 구미에서 옛날부터 많은 *S. typhimurium*에 의한 것이 앞서게 되었다. 이 사실은 육류, 계란, 사료 등의 수입이 활발히 되었기 때문으로 보인다.

▶ 오염원

살모넬라는 사람, 가축, 쥐, 곤충류, 파충류, 양생류 등의 장내에서 서식하고 있는 것이 많아서 그 분변과 함께 자연계에 방출되고 또 비교적 오래 생존하기 때문에 우리 주변에 흔히 볼 수 있는 쥐, 파리, 바퀴 등도 보균하는 경우가 많다. 따라서 이들의 동물이 식품의 오염원이 된다. 또 사람도 보균자가 될 수 있기 때문에 오염원은 그 범위가 대단히 광범위하다고 볼 수 있다.

특히 가축 및 가금류 중 가장 높은 보균 동물은 닭, 돼지, 소 순이며 가축 보균의 원인은 먹이이다. 이들 감염원으로부터 대부분의 경우 식품을 매개로 해서 사람에게 감염된다. 즉, 살모넬라에 이환되거나 보균 상태에 있는 동물의 육・유・란 및 그 가공품을 섭취했을 때 감염된다(1차 감염). 또 이들 동물, 사람의 분변 및 기타 오염된 식품을 섭취했을 때 감염된다(2차 감염). 특히 식품 중에서 식육은 도축장에서 오염과 유통 과정이나 식육처리기에 2차 오염이 있어서 식육의 20~30% 이상이 살모넬라균에 오염되어 있는 것으로 보고되어 있다. 계란의 오염 원인은 닭의 난소, 난관에 살모넬라균이 감염되는 경우인데 실제로는 병아리 백리균과 같이 숙주의 특이성을 갖는 혈청형 이외에서는 드물고 닭의 분변, 바닥 등에서 살모넬라균이 알 껍질에 묻어서 내부로 침입하는 경우인데 일반적인 것은 후자이다. 신선한 계란이라도 계란을 냉각하면 기공으로 침입하는 것이 각 혈청형에서 관찰되었다.

▶ 원인 식품과 발생 상황

살모넬라 감염의 유행을 조사해서 추적된 원인 식품들은 육류와 그 가공품이 제일 많으며, 부적합하게 요리된 닭고기나 달걀과 그 가공품, 날소시지, 가열되지 않은 우유와 유제품, 감염된 요리사나 쥐의 분변으로 오염된 음식물 등도 원인 식품으로 작용한다. 또 오염된 그릇이나 도마에서 가공된 식품들이 원인이 된 적도 있다. 이 균은 다양한 음식물에서 증식할 수 있는데 특히 우유에서는 쉽게 감염량을 초과하는 수만큼 증식한다. 병원 내에서 일어나는 살모넬라증 유행은 특히 오래 끄는 경향이 있는데, 이들은 흔히 오염된 음식으로 시작되어 오염된 기구와 직원의 손을 통해 사람과 사람으로의 전파가 계속되기 때문이다. 이 균에 의한 식중독은 세계적으로 발생하지만 북부 아메리카와 유럽에 가장 많이 발생한다. 우리나라에서는 세균성 식중독 중 발생 건수가 1위를 차지하고(환자수 1위) 있다.

▶ 임상증상

식품 1g당 10^7 이상의 균을 섭취하면 12~24시간의 잠복기를 거쳐 발병하며 증상의 특징은 38~40℃의 고열을 동반한 급성위장염이다. 경증의 경우 복통, 설사는 1~2회이나, 중증의 경우에는 1일 수회로부터 수십 회로 3~4일간 지속하며 대량이며 또한 때로는 혈변도 있다. 체온은 38℃가 24~48시간 지속하는 것이 보통이다. 또 성인의 급성위장염에서는 4% 정도의 비율로 균혈증을 볼 수 있다. 때로는 급성충수염 또는 담석증으로 오진되는 것과 같은 심한 복통도 있다. 대부분 5일 이내에 회복되지만 일주일 이상 증세가 지속되는 경우도 있다. 소아 및 고령자의 위장염 증상은 일반 건강인에 비해 중증이다. 환자의 연령, 건강 상태, 섭취균량 등의 조건에 따라 차이가 있으나 메스꺼움, 구토, 설사, 복통, 발열에 의한 전신 권태 등의 증상이 나타난다. 이러한 증상은 급격히 시작되나 4~5일이면 열이 내리며 회복된다. 중증일 경우에는 탈수 현상을 나타내고 shock 증상, 허탈, 혼수상태를 거쳐 사망하는 경우도 있다. 치명률은 0.3~1% 정도로 낮다.

〈표 1-14〉 살모넬라균 혈청형의 연대별 분포 변화≪역학각론≫, 신광출판사, 1996)

혈청형	1945년 이전		1951~1963		1964~1972		1967~1984		1990	
	빈도	백분율	빈 도	백분율	빈 도	백분율	빈 도	백분율	빈 도	백분율
Salmonella A	56	8.3	386	37.6	31	3.5	469	5.9	98	7.9
Salmonella B	610	90.6	120	11.7	40	4.6	417	5.3	255	20.4
Salmonella C	2	0.3	47	4.6	15	1.7	142	1.8	94	7.5
Salmonella D	1	0.2	456	44.4	791	90.0	761	85.5	768	61.6
Salmonella E	1	0.2	14	1.3	2		121	1.5	32	2.6
Salmonella G	(3)	(0.4)	4	0.4	-	0.2	2	0.0	-	-
계	673	100.0	1,027	100.0	879	100.0	7,912	100.0	1,247	100.0

▶ 예방법

① 모든 동물성 식품류는 철저히 요리해야 하며 요리 후 부엌 안에서 재오염되는 것을 방지해야 한다. 날음식의 섭취를 피한다.

② 음식을 만들기 이전과 이후에 손 씻는 것의 중요성에 관하여 요리사와 조리사에게 교육시킨다. 또한 음식 냉장의 중요성, 부엌의 위생 유지, 쥐나 곤충으로부터 음식을 보호하는 중요성 등에 관해서도 계몽한다.

③ 설사를 하는 사람들은 음식 취급과 환자 관리를 하지 못하도록 조치한다.

④ 가축과 애완동물의 살모넬라 감염을 검사하고 관리하며 예방조치를 취한다.

⑤ 도살장, 식품 가공공장, 정육점, 사료 제조공장 등을 철저히 감독한다.

⑥ 동물을 위한 먹이도 오염되지 않도록 배려한다.

⑦ 보균자는 병원체를 배출하는 기간은 배변 후 손을 씻도록 하고 음식 취급을 하지

않도록 조치한다.

2) 장염 비브리오 식중독(Vibrio Food Poisoning)

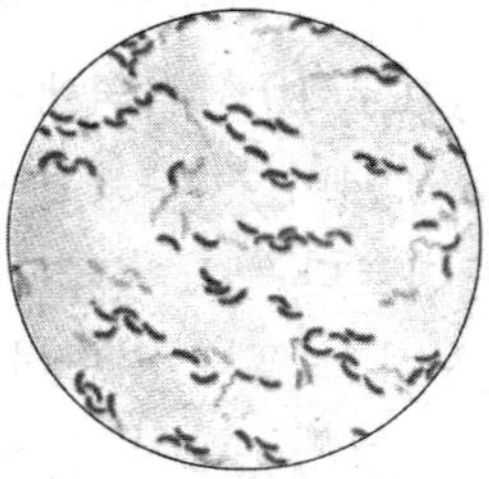

장염 브리오균은 비브오과에 속하는 병원성 호염균으로 주로 설사를 심하게 하는 식중독 세균으로 1950년 일본에서 처음으로 발견되었으며 학명은 *Vibrio parahaemolyticus*이다. 이 균에 의해 일어나는 식중독은 오염된 해산물, 특히 갑각류와 연체류의 소비와 관계가 깊다.

〈표 1-15〉 비브리오균에 의한 감염증

세균명	오염원	질병	감염조건
V. cholerae *V. cholerae* non-O1 *V. mimicus*	하천수 연안 해수 사람, 어패류	콜레라 위장염 연조직 감염 이감염 패혈증	창상 기초 질환
V. parahemolyticus	연안 해수 어패류	급성위장염 연조직 감염	창상
V. fluvialis	연안 해수 하천수	설사증 위장염	
V. furnissii *V. hollisae*	어패류 연안 해수 어패류	설사증	
V. vulnificus	연안 해수 어패류	연조직 감염 패혈증	창상 기초 질환
V. alginolyticus	연안 해수	연조직 감염 이감염 호흡기 감염	창상
V. damsela	연안 해수 어패류	연조직 감염	창상
V. cincinnatiensis	연안 해수 어패류	패혈증(?)	기초 질환
V. metschnikovii	연안 해수 어패류	위장염(?) 패혈증(?)	기초 질환

▶ 원인균의 성상

장염 비브리오균은 Gram음성 무포자 간균으로서 단모성 편모(comma형)가 있어 활발한 운동성을 가지고 있으나, 한천배지의 초기 배양에서는 주모(周毛)를 가지는 것도 있다. 비브리오균은 모두 호기성이며, 특히 장염비브리오균은 해수성으로 해수의 염농도와 같은 2~4% 식염 농도 전후에서 가장 잘 번식하는 저도 호염성으로 10% 식염에서는 발육이 억제된다. 최적 수분활성은 식염이 있을 때 0.99이고 최소 0.94이다. 수분활성과 발육 온도는 상관 관계가 있으며, 최저 수분활성은 용질에 따라 다르다.

분열 시간도 대장균이나 포도상구균보다 짧은 10분 전후로 신선한 식품에 적당한 염분만 존재하면 단시간(3~4시간)에 식중독을 일으킬 수 있는 균 수(10^6/g)에 도달한다.

발육 지적 온도는 35~37℃ 정도인데 이는 비병원성의 비브리오속을 포함한 해수세균의 대부분이 25~30℃의 발육 지적 온도를 갖고, 35℃ 가까이 되면 발육이 현저히 약해지는 성질과는 극히 대조적이다. 최저 발육 온도는 5℃이지만 일반적으로 10℃ 이하에서는 균 수가 감소된다. 발육 가능 pH는 5.6~9.6이지만 최적 pH는 7.5~8.6으로 특히 산성 조건에서는 번식이 나쁘고 pH 4.0 이하에서는 급속히 사멸한다.

열에는 매우 약하여 60℃, 10분 정도면 사멸하게 되며 담수에서는 수분 내에 사멸된다. 병원성을 갖는 비브리오균은 특정 조건하에서 사람과 토끼의 혈구에 대하여 용혈성을 나타낸다. 장염비브리오균의 항원에는 O(균체항원), H(편모항원), K(협막항원)의 3종류가 있으나, H항원은 모든 장염비브리오균에 공통이기 때문에 이 균의 혈청형은 O 및 K의 조합에 의하여 표시된다. 현재 장염비브리오균의 항원표는 O항원군(1~11), K항원군(1~75)으로 이루어지는 80혈청형으로 되어있다. 이들 혈청형은 식중독 발생 시에 환자와 원인 식품 유래주의 혈청학적 조사에 응용되고 있다.

〈표 1-16〉 장염비브리오의 항원 구조표

O Group	K antigen
1	1, 25, 26, 32, 38, 41, 56, 58, 64, 69
2	3, 28
3	4, 5, 6 ,7. 29, 30, 31, 33, 37, 43, 45, 48, 54, 57, 58, 59. 65
4	4, 8, 9, 10, 11, 12, 13, 34, 42, 49, 53, 55, 63, 67
5	15, 17, 30, 47, 60, 61, 68
6	18, 46
7	19, 52
8	20, 21, 22, 39, 70
9	23, 44
10	19, 24, 52, 66, 71
11	36, 40, 50, 51, 61

▶ 오염원

장염 비브리오균은 연안 해수의 상재균이다. 겨울철에는 해수에서 검출되지 않으나 해수 온도가 17℃ 이상으로 상승하게 되면 동물성 플랑크톤에 붙어 수온 상승과 함께 그곳에서 증식하여 해수로 나온다. 따라서 연안 지역에서 잡히는 어패류는 당연히 장염비브리오균에 오염되어 있고, 특히 여름철에는 오염 정도가 현저히 높다. 겨울철에 검출되는 것은 드물기는 하지만, 동남아시아나 인도로부터 수입되는 어패류에서 때때로 검출된다.

장염 비브리오균은 바닷물, 바다흙을 비롯하여 선창 등에서도 널리 분포하며 특히 육지에 가까운 해역에서 오염률이 높고 여름철에는 <표 1-17>과 같이 검출률이 높다. 따라서 이 균에 의해서 오염된 바다물이 오염원이 되며 어패류가 직접 오염되고 이들로부터 오염을 받은 조리대, 도마, 식칼, 행주 등의 세정이 불충분하면 2차 오염이 된다. 이렇게 오염된 식품이 염분을 적당하게 함유한 경우에는 여름철에는 특히 급속하게 증식하여 이것을 섭취하면 식중독이 발생하게 된다. 또 환자의 분변이 오염원이 되어서 식품을 오염시키는 경우도 생각할 수 있다.

〈표 1-17〉 해수 환경에서 *Vibrio parahaemolyticus*의 월별 분포도

시료의 종류	6월		7월		8월		9월		10월		계	
	시료수	분리수	시료수	분리수	시료수	분리수	시료수	분리수	시료수	분리수	시료수	분리수
해수	2		10	1	10	2	10	1	10		42	4(9.5%)
해토	2		10	1	10	2	10	1	10		42	4(9.5%
선창	2		31	1	6	1	6		6		26	2(7.7%)
생선(선창)	40	2	31	4	40	8	34	5	22	2	167	21(12.6%)
생선(시장)	54	2	68	9	69	11	66	11	55	4	312	37(11.9%)
회	36	1	36	1	50	6	40	2	28	1	180	11(6.1%
계	136	5 3.7%	151	17 11.3%	185	30 16.2%	106	20 12.1%	131	64.6%	769	7910.1%

(≪식품위생학≫, 신광출판사, 자료: 서울시 ≪위생시험소보≫ 제7권)

▶ 원인 식품 및 발생 상황

장염 비브리오균은 해수세균이기 때문에 *Vibrio* 균이 묻어서 증식한 바다 어패류가 원인 식품이지만 또 생어패류에 의해서 직접·간접으로 2차 오염을 받은 복합 조리식품, 특히 오염된 생어패류로 만든 회나 초밥 등도 원인 식품이 될 수 있다.

여름철에 발생하는 어패류에 의한 식중독의 대부분은 장염비브리오균에 의한 것으로 식중독균으로 가장 중요한 위치를 차지하고 있다.

발생 시기는 5월에서 11월에 걸쳐 발생되지만 그 대부분이 7~9월 사이에 집중적으로 발생하는 것이 특징이며 겨울철에는 거의 볼 수 없다. 그것은 바닷물의 온도가 19℃ 이상이 되는 시기에 바닷물 중에서 증식이 아주 활발해지기 때문이라고 생각된다.

▶ 임상 증상

잠복 기간은 10~18시간(평균 12시간)으로 살모넬라균보다 짧다. 잠복기가 짧을수록 증상은 심하게 나타난다. 그 증상은 심한 복통, 설사, 발열(37~38℃), 구역질, 구토로써 특히 상복부에 견딜 수 없을 만큼의 심한 통증이 있다. 설사는 일반적으로 수양성 변이지만, 때때로 이질 모양의 출혈성 설사변이 나오는 경우도 있다. 설사 횟수는 수회로부터 10회 이상인 경우도 있다. 사망률은 극히 낮으나 노약자에서는 탈수에 의한 심쇠약사(心衰弱死)를 일으키는 경우도 있다.

간질환이 있는 사람과 위절제 수술을 받은 사람들은 특히 여름철에 생선회나 초밥 등의 날 어패류 섭취를 삼가해야 한다. 이런 사람들이 식중독균이나 콜레라에 감염되었을 경우 중증으로 되는 일이 많고, 드물게는 사망례도 볼 수 있다. 또 장염비브리오 유사균인 *V. vulnificus*에 의한 원발성 패혈증도 되기 쉽고 예후도 불량하여 사망률이 높다.

▶ 가나가와 현상과 내열성 용혈독

장염 비브리오균 중에서 환자로부터 분리된 균주는 특수한 혈액한천배지로 배양하면, 발육한 균의 주변에 투명한 용혈환을 나타내는데 반하여, 해수와 어패류에서 유래하는 균주의 대부분은 용혈성을 나타내지 않는다. 이와 같은 용혈 현상을 가나가와 현상(Kanagawa phenomenon KP)이라고 한다. KP 양성주는 100℃, 10분 가열 조건에도 용혈활성을 잃지 않는 내열성 용혈독(thermostable direct hemolysin)을 생산한다. 이 독소는 분자량이 약 42,000의 단백질로서 실험 동물에 의해 심장 독성, 세포 독성, 즉시적 치사 독성을 갖고 있는 것이 분명하나 장관 독성에 관해서는 토끼를 이용한 결장관의 액체저류 실험 결과 이 독소가 장염비브리오의 물과 같은 설사의 원인 물질인지의 여부는 불분명하다.

▶ 예방법

어패류 및 그 가공품의 제조, 유통 과정에서 항상 저온(10℃ 이하)으로 유지하여, 균에게 증식의 기회를 주지 않도록 해야 한다. 또한 장염비브리오균은 열에 약해서 60℃에서 10분, 55℃에서 15분의 가열로 사멸되므로 식품을 섭취 전 가열 조리 후 섭취하는 것이 안전하다. 장염비브리오균만을 담수에 넣으면 수초만에 사멸하는 특성 때문에 조리 전에 어패류를 물로 씻는 것을 권장하고 있었으나, 생선 어패류를 수돗물로 잘 씻어도 그 표면에 있는 균 수는 다소 감소하는 일은 있으나 그다지 제균 효과는 없다. 이와 같이 수돗물로 어패류를 씻는 것으로 장염비브리오의 예방 효과를 과신해서는 안 된다.

3) 병원성 대장균 식중독(Enterotoxigenic Escherichia coli Food poisoning)

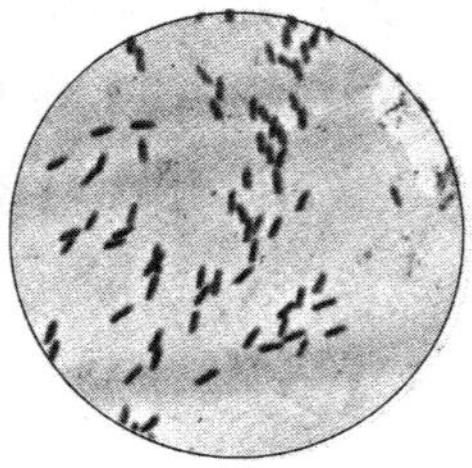

대장균(*Escherichia coli*)은 보통 사람과 동물의 장관 내에 서식하면서 정상적인 미생물상을 구성하고 있는 균속 중의 하나이며 장(腸) 속에서는 병원성을 나타내지 않는 것이 보통이지만 장 이외의 부위에 들어가면 방광염, 신우염, 복막염, 패혈증 등을 일으키기도 한다. 1945년 Bray가 영국에서 유영아 설사증의 집단 발생 예를 보고한 이래 유아뿐만 아니라 성인에게도 급성위장염을 일으키는 특정 혈청형의 대장균이 발견되었다. 이와 같은 설사 기인성을 갖는 대장균을 이른바 병원성 대장균으로 불리워 왔다. 병원성 대장균은 혈청학적으로 일반 대장균과 구별할 수 있으며 약 30종이 병원성 대장균으로 보고되었다. 1971년 Sack 등은 콜레라성 설사 환자로부터 분리된 대장균이 콜레라 독소성 enterotoxin을 생산하는 것을 인정하여, 이 균(group)의 대장균을 독소원성 대장균으로 명명했다. 물론 이 균은 일반 대장균과는 달리 이질균과 같이 장관 세포 내에 침입함으로써 설사증을 일으키는 대장균으로 알려져 있다. 최근 이외에 출혈성 대장염을 일으키는 Vero세포 독소 생산성 대장균이 확인되었다. 현재 병원성 대장균은 그 발병 양식에 의해서 4가지 group으로 분류되고 있다.

그러나 요즘 이들 4종류의 설사 기인성 대장균에 의한 식중독은 종래와 같이 모두 병원성 대장균 식중독(pathogenic Escherichia coli food poisoning)이라고 불리우고 있다.

〈표 1-18〉 병원성 대장균 식중독의 종류와 특징

원인균	발병 기구	주요 증상
장관병원성 대장균 Enteropathogenic E.coli (EPEC)	부착・정착? Shiga-like toxin?(→단백질합성 저해작용)	메스꺼움, 구토, 설사, 복통, 발열
장관조직 침입성 대장균 Enteroinvasive E.coli (EIEC)	장점막으로의 균의 침입(→상피세포 파괴)	설사(일부 점혈변) 〉발열, 메스꺼움 복통〉구토, 오한, 전신 권태
독소원성 대장균 Enterotoxigenic E.coli (ETEC)	LT(→adenylate cyclase의 활성화) ST(→guanylate cyclase의 활성화)	설사(수양성), 복통〉발열 메스꺼움〉구토
장관출혈성 대장균 Enterohaemorrhagic E.coli(EHEC)	Shiga-like toxin 또는 verotoxin	혈변, 복통〉메스꺼움, 구토〉발열

(자료: Honda 등, ≪임상영양≫(일본) Vol.69, No. 4, P. 345)

▶ 원인균

병원성 대장균은 일반 대장균과 항원성(O, K 및 H항원)으로는 다르게 보이나 형태와 생화학적 성질은 일반 대장균과 같다. 대장균은 Gram 음성 무아포 간균으로 대부분 주모성의 편모가 있어서 운동성이 있지만 편모가 없어서 비운동성인 것도 있다. 통성혐기성으로 보통 한천배지에서 잘 발육하며 포도당과 유당을 분해하여 산과 가스(CO_2와 H_2)를 생성시킨다. 일반 대장균과 병원성 대장균 사이에는 항원성의 차이가 있어서 혈청학적으로만 이들을 구별할 수 있다.

〈표 1-19〉 병원성 대장균의 종류와 O혈청형

장관병원성 대장균		장관조직 침입성 대장균	독소원성 대장균		장관출혈성 대장균
O26	O127	O28 a, c	O4	O77	O26
O44	O128	O112 a, c	O6	O78	O111
O55	O142	O124	O7	O80	O113
O86	O1?	O136	O8	O85	O121
O111	O18?	O143	O9	O114	O145
O114	O20?	O144	O15	O115	O157
O119	O146	O152	O118	O126	
O125	O156?	O164	O20	O128	
O126		O25?	O25	O148	
		O29?	O27	O153	
			O63	O159	

(자료: Honda 등, ≪임상영양≫(일본) Vol. 69, No. 4, P. 346)

(1) **장관병원성 대장균**(Enteropathogenic E. coli: EPEC)

유유아의 여름 설사증 환자로부터 분리된 것으로 유유아는 미량의 균에 의해서 발병하고 2차 감염이 된다. 현재 전 세계적으로 유아 설사 원인균으로 알려져 있어 특히 유유아에 있어서는 전염병과 같은 예방 대책이 필요하다. 그러나 학동기 이상에서는 살모넬라 식중독의 경우처럼 식품을 매개로 해서 전염되며 오심, 구토, 복통, 설사, 발열 등의 증상을 나타낸다. 장관병원성 대장균은 대장점막에는 비침입성이며 그 발병기작은 현재는 불분명하나 특정 혈청형의 대장균이 설사원성을 갖고 있어서 이질균의 일종인 *Shigella dysenteriae*가 생산하는 것과 비슷한 Shiga-like toxin을 생산하는데 이것이 설사증에 관여하는 것으로 추정되고 있다. 감염 경로는 분변-경구감염이다. 감염은 오염된 식품 또는 유아용 유동식, 토양에서 올 수 있다.

(2) **장관조직 침입성 대장균**(Enteroinvasive E. coli: EIEC)

장관조직 침입성 대장균은 상피세포 침입 능력으로 독성을 나타내는 병원성 대장균으로, 대장점막의 상피세포에 침입(invasion)해서 조직 내 감염을 일으키므로 세포의 괴사, 박리에 의하여 궤양이 발생되므로 점혈변을 유발한다. 이 균은 사람을 고유 숙주로 하여 미량 감염을 일으키고 사람으로부터 사람에게로 감염된다. 따라서 전염병과 같은 대책이 필요하다. 또한 이 균은 가축이나 다른 동물에는 없고 자연계에서 분리되는 일도 없다.

(3) **독소원성 대장균**(Enterotoxigenic E. coli: ETEC)

1960년대와 1970년대 독소원성 대장균의 장독소를 발견한 이래 각종 환경에서 장독소원성 대장균이 설사 원인균으로 매우 중요하다는 것을 알게 되었다.

식중독 증상은 발열, 복통은 거의 없고 물과 같은 변의 배출이 현저하며, 콜레라성 설사를 나타낸다. 이 균이 장관 내에서 생산하는 enterotoxin은 이열성과 내열성의 2종류가 있다. 이열성인 enterotoxin은 60℃에서 30분 가열로 활성을 잃으며 분자량이 28,000의 A와 약 11,500의 B, 2개의 sub-unit로 구성되어 있는 단백질이며 콜레라 enterotoxin과 매우 유사하다. 내열성 enterotoxin은 100℃에서 30분 가열에도 활성을 잃지 않으며, 분자량이 약 4,000의 polypeptide이다. 이열성 enterotoxin은 장점막과 상피세포의 adenylate cyclase를 자극하여 cyclic AMP를 증가시킴으로써 Na+이온의 흡수를 저해하고 Cl-이온의 분비를 항진하여 장관 내에 다량의 수분을 분비하게 한다. 한편 내열성 enterotoxin은 점막상피의 guanylate cyclase를 활성화하여 cyclic GMP를 증가시킴으로써 장관 내에 수분이 고이게 하는 것으로 생각된다. 독소원성 대장균에 의해 설사를 일으키기 위해서는 경구적으로 장관 내에 도달한 균이 거기에 정착해서 증식할 필요가 있다.

감염은 소아, 성인할 것 없이 일반 식중독처럼 식품을 매개로 하며 물이 원인이 되는 수도 있다. 또 열대지방이나 아열대지방 여행자에게서 많이 발생되는데 산발적으로 발생하는 경우는 적고 집단 발생이 많다.

〈표 1-20〉 독소원성 대장균 장독소의 성상

성 상	LT	ST
성질	단순단백	폴리펩티드
분자량	약 74000	약 4000
등전점	6.60	3.90
열안정성(100℃ 30분간)	-	+
프로테나제에 의한 불활화	+	-
콜레라균의 장독소	항원적으로 공통	-
수용체	GM1강글리오시드	GD1강글리오시드
작용기전	adenylate cyclase활성화	guanylate cyclase 활성

(4) **장관출혈성 대장균**(Enterohemorrhagic E. coli; EHEC)

장관출혈성 대장균의 대표적인 균 종은 1982년 미국에서 발생한 식중독의 원인 식품인 햄버거에서 분리된 O-157: H7으로서 사람이나 가축의 장내에 상존하는 세균으로 많은 대장균 중 하나이다. 대부분의 대장균은 인체에 무해하나 O-157: H7과 같이 사람의 장관에 출혈을 야기하는 대장균도 있다. 사람에게 O-157: H7을 감염시키는 주요 원인은 가축이다. 생화학적인 성상은 일반 대장균과 거의 차이가 없으며 단지 혈청형을 중심으로 각각의 성질을 구별하고 있다. 그중 한 가지 방법으로 균의 표면에서 항원·항체 반응을 이용하는 것인데 O-157: H7이라는 명칭은 이 균의 균체에 있는 173 종류의 O항원 가운데 157번째 발견되었고, H7은 대장균 편모의 단백질 항원인 H타입이 7번째로 발견되었기 때문에 O-157: H7으로 명명되었다. 이것이 최근 일본에서 폭발적으로 발생한 대장균 O-157: H7 식중독 사건이었으며, 우리나라에서도 1997년 9월 26일 미국 네브래스카 주로부터 수입된 쇠고기에서 병원성 대장균 O-157: H7이 검출되어 수입 쇠고기에 대한 안전성의 논란이 일고 있다. 임상증상은 혈변과 심한 복통외에 구토, 메스꺼움 등이 일부 확인되었으며 발열은 드물다. 장관출혈성 대장균 중에서 혈청형 O157: H7은 출혈성 대장염을 일으키기 때문에 장관출혈성 대장균이라고 불리우고 있다. 이 균에 의한 감염은 혈변을 보이고 특징적인 출혈성 대장염에 이어서 용혈성 요독증 증후군을 병발하는 것이 많으며 사망하는 예도 있다. 이 균은 가축에 분포되어 있고 오염 식품(주로 식육)을 거쳐 사람에게 감염되며, 이질균이 생산하는 shiga-like toxin을 생산하여 발병에 관여하는 것으로 생각된다. 이들 독소는 독소원성 대장균이 산생하는 독소와 유사한 형태로서 장관 내에서 산생되며 식품 내에서는 생성되지 않는다. 그러므로 이 균은 독소원성 대장균과 같은 형태이고 식품 내에 어느 정도 증식한 생균을 섭식함으로써 발생하는 생체내 독소형(중간형) 식중독균이다.

▶ 오염원

식품에 오염을 일으키게 하는 것은 주로 환자와 건강 보균자의 분변으로 특히 건강 보균자가 식품 조리에 종사할 경우에 손을 통해 감염되는 경우가 많다. 병원성 대장균은 담수어, 하천수, 농경지 흙 등에서도 검출되는 점으로 보아서 자연계에도 널리 분포되어 있는 것으로 생각되며 이러한 것으로부터 식품이 1차 또는 2차로 오염된다.

▶ 원인 식품 및 발생 상황

원인 식품은 특별히 정해진 것은 없으나 일반적으로 치즈, 햄, 소시지, 야채, 샐러드, 스테이크, 파이, 도시락, 두부 및 그 가공품 등이다. 또 유유아에서는 오염된 우유가 원인 식품이 된다. 식중독의 발생은 계절에 관계없이 발생하지만 여름철에 약간 많은 편이다.

▶ 임상증상

병원성 식중독의 공통적인 주 증상은 설사(점액 수양변)이며 심한 경우에는 혈(血)이나 농(濃)이 섞여 나오는 때도 있다. 잠복기는 10~30시간(평균 12시간)으로 소아일수록 잠복기는 짧고 심한 증상이 나타난다.

① 장관병원성 대장균: 잠복기는 10~24시간이며 증상은 설사를 주로 하고 메스꺼움, 구토, 복통 등이 따르며 발열도 있다. 설사는 물 같고 점액이 섞이는 일은 많으나 농이나 혈액이 섞이는 일은 드물다.

② 장관조직 침입성 대장균: 2~3일의 잠복기를 거쳐 급격하게 발병하여 오한, 전율, 발열, 구토, 설사, 하부복통 등을 일으킨다. 분변 중에는 점액뿐 아니라 고름이나 혈액이 섞이는 일이 많다.

③ 독소원성 대장균: 물 같은 변이 심하고 때로는 콜레라 모양의 쌀뜨물 같은 설사를 한다. 구토는 있지만 발열은 거의 볼 수 없다.

④ 장관출혈성 대장균: 불분명한 점이 많으며 증상은 혈변과 두통이 전 환자에게 나타나고 혈변은 선혈변이다.

병원성 대장균의 장관병원성을 이질균 및 살모넬라균의 그것과 비교한 것은 <표 1-21>과 같다.

〈표 1-21〉 각종 병원성 대장균, 이질균 및 살모넬라균의 장관병원성

세균의 종류	장점막상피 세포표면에서의 증식	미소융모의 파괴	미소융모 사이로의 침입	상피세포 내로의 침입	상피세포 내에서의 증식	상피세포의 파괴	점막의 염증
EPEC	+ + +	+	+	+	−	−	+
EIEC	−	+	−	+ +	+ +	+ + +	+ + +
ETEC	+ + +	−	−	−	−	−	−
Shigella균	−	+	−	+	+ +	+ + +	+ + +
Salmonella균	+	+	+	+ +	−	−	+ +

(자료: ≪Polotsky≫, 1977)

▶ 예방법

건강 보균자나 환자의 분변의 위생처리를 철저히 함으로써 사람으로부터 사람, 분변으로부터 식품으로의 오염 경로를 차단해야 한다. 그리고 조리대와 주방의 환경을 청결히 하고 방충시설을 갖추어 곤충류의 침입을 막는다.

4) 캄필로박터 식중독(Compylobacter jejuni/coli Food Poisoning)

캄필로박터는 소나 양의 유산의 병원균으로 인식되어 사람과의 관계에 대해선 별다른 주목을 끌지 못하다가 1972년 처음으로 사람의 설사 환자 분변에서 캄팔로박터가 검출되어 인체 설사증의 새로운 원인균으로 등장하게 되었다. 1980년 캄필로박터균이 식중독의 원인균으로 확인되었다. 이 식중독균은 가축이나 또는 개, 고양이 등 모든 동물에 분포하여 식육, 식품 등을 매개로 하여 감염된다. 과거 30년 전에는 캄필로박터균에 의한 급성설사 환자가 25% 정도 차지하던 것이 최근에는 급성설사 환자의 65~85%를 차지하고 있을 정도로 많다.

▶ 원인균

사람의 식중독이나 설사증과의 관계에서 중요한 균종은 대부분이 *Comphylobacter jejuni*이고 일부의 *Comphylobacter coli*, *Comphylobacter fetus* 등도 식중독에 관여한다. 이균들은 Gram음성의 만곡된 무아포 소간균으로서, 균체의 한쪽 또는 양단에 단모성의 편모를 갖고 있으며, 미호기성(3~15% 산소 존재하) 상태에서 증식한다. *Campylobacter* 장염은 *jejuni*와 *Campylobacter coli*는 성질이 극히 닮았는데 양균의 감별에는 말의 요산 가수분해 시험이 이용되는데 *C. jejuni*는 양성, *C. coli*는 음성을 나타낸다. 건조나 열에는 약하여 60℃, 30분간의 가열로 죽지만 고습도하의 냉장에는 비교적 오래 생존한다. 또 25℃에서는 발육하지 않고 42℃에서 활발하게 증식하므로 thermophilic *Campylobacter*라고 불리우고 있다. *Campylobacter*속에는 *C. sputorum*, *C. fecalis*, *C. fetus*, *C. jejuni* 및 *coli* 등이 알려져 있으며, 그 중에서 *C. sputorum*과 *C. fecalis*는 비병원성이고 *C. fetus*는 폐혈증, 골막염 등의 원인이 되며 *C. jejuni*와 *C. coli*는 식중독을 일으키는 원인이 되고 있다.

▶ 오염원

식중독의 원인 균주인 *C. jejuni*와 *coli*는 닭, 개, 고양이, 돼지, 소 등의 가축에 널리 분포하며, 보균 동물과의 접촉 또는 이 균으로 오염된 식품이나 음료수를 매개로 감염된다. 따라서 소, 돼지, 개, 고양이, 닭 등의 배설물이나 오염된 물이 오염원이 된다.

▶ 원인 식품 및 발생 상황

원인 식품은 식육, 우유, 햄버거, 닭고기 등이며 어패류, 알류, 과자류 등도 그 가능성이 큰 것으로 추정되고 있다. 이 균은 식육에서 직접 사람에게 감염되거나 또는 식품이나 물을 매개로 하여 간접적으로 사람에게 감염된다. 감염 균량은 10^3/g 이하로 다른 식중독과는 달리 미량이다. 발병기전은 균이 장점막에 침입해서 장염을 일으킨다. 이 균에 의한 식중독 발생은 계절과 관계없이 발생되고 집단급식, 특히 학교급식에 의한 것이 대부분이고 발생 연령은 모든 연령층에서 발생하나 어른보다는 어린이가 쉽게 발증한다.

▶ 임상 증상

캄필로박터 식중독의 잠복과 유행의 패턴은 다른 세균성 식중독과 현저하게 다르다. 잠복 기간은 2~7일간이며 길면 10일 정도까지 간다. 환자의 발생 상황이 이질 등의 전염병 유행에서 볼 수 있는 패턴으로 3~8일간의 장기에 걸친다. 그 때문에 초기에는 이질이나 장티푸스 혹은 인플루엔자로 진단되는 일이 있다.

증상은 보통 발열, 권태감, 두통, 근육통 등의 전구 증상이 있고, 이어서 구기, 복통 등을 볼 수 있다. 그 후 수 시간 내지 2일 후에 설사 증상이 발현한다. 설사는 일반적으로 수양성 점액변이나 혈변이 나타나는 경우도 있다. 설사는 하루에 10회 이상 하는 경우도 있으나 통상 2~6회로 1~3일간 계속되며 설사 증상은 없고 38~39℃의 발열이나 복통만을 나타나는 경우도 있다. 예후는 비교적 좋은 편이고 사망하는 일은 거의 없다.

▶ 예방법

식육의 위생관리를 철저히 하고, 우물물은 항상 끓여서 음용하도록 해야 한다. 특히 소량의 균으로도 발병되므로 식육으로부터 2차 오염 방지에 노력하여야 한다. 또 식품은 60℃ 이상으로 가열하여 먹고 생육의 섭취를 삼가야 한다. 또한 살균, 멸균 또는 초고온처리(UHT)되지 않은 우유를 마시지 않아야 하며 분변 오염 여부가 확인되지 않은 우물에서 그냥 떠온 물, 염소처리 하지 않은 물을 마시지 않아야 한다. 날음식, 조리된 음식 간의 교차 오염을 피하고 특히 날고기 취급에 주의해야 한다.

5) *Yersinia enterocolitica* 식중독

*Yersinia enterocolitica*는 1939년 미국에서 소아의 위장염증례에서 최초로 분리되었으며, 일본에서는 1972년에 설사증, 충수염 등의 산발장염 환자로부터 분리되어 대규모의 집단 감염 사례가 보고되었기 때문에 주목을 받게 되었다. 그 후 학교급식을 원인으로 한 대규모의 집단 발생이 잇따라 보고된 것에서 1982년에 일본 후생성은 *Campylobacter jeiuni/coli* 등과 함께 식중독균으로 지정하였다. 그러나 우리나라에서는 아직 집단 발생 보고는 없어 아직까지는 식중독균으로 지정되지는 않았다.

▶ 원인균

*Yersinia enterocolitica*는 Gram음성 간균으로 장내세균과에 속하며, 4℃의 저온에서도 발육하는 저온성 식중독균이다. 균체는 작고 막대기형 혹은 구형으로 배지에서 발육하는 집락도 작은 등 다른 장내세균과의 균과는 많이 다르다. 예르시나의 성상은 배양 온도에 따라 다르며 28~30℃에서 주모성 편모에 의한 운동성이 있으나 37℃에서는 편모를 잃어 운동성이 없어진다. 사람에게 병원성이 있는 예르시니아는 *Yersinia pestis*(페스트균)와

Y. pseudotuberculosis(가성 결핵균) 및 *Y. enterocolitica*의 병원주가 알려져 있다. *Y. enterocolitica*는 생물형과 혈청형으로 분류되며 사람에 대하여 병원성을 갖는 것은 몇 가지 조합에 한한다. 우리나라에 분포하는 병원성을 갖는 혈청형은 O : 3 ; O : 5, 27 ; O : 9로서, 혈청형 O : 3에 의한 감염이 가장 많다.

〈표 1-22〉 *Yersinia enterocolitica* 생물형의 생화학적 동정표

특 성	생 물 형						
	1	2	3	3A	3B	4	5
Lipase(Tween 80)	+	-	-	-	-	-	-
Indol	+	+	-	-	-	-	-
Esculin	+	-	-	-	-	-	-
Xylose	+	+	+	+	+	-	-
Voges-Proskauer	+	+	+	-	-	+	-
Ornithine	+	+	+	+	+	+	-
Salicin	+	-	-	-	-	-	-
Inositol	+	v	v	+	-	v	-
Sorbitol	+	+	+	+	+	+	-
DNase	-	-	-	-	-	+	-
Nitrate	+	+	+	+	+	+	-

〈표 1-23〉 사람에서 분리한 *Y. enterocolitica*와 *Y. pseudotuberculosis*의 혈청형

연 도	*Y. enterocolitica*				*Y. pseudotuberculosis*			
	O:3	O:9	O1b	O2a	O3	O4b	O5a	O5b
1994	2	0	0	3	0	2	1	2
1995	2	1	1	18	2	6	10	2
1996	12	1	0	5	3	13	0	4
1997	2	1	1	0	0	9	4	2
총 계	18	3	2	26	5	30	15	10

▶ 오염원

*Yersinia enterocolitica*는 사람과 동물이 보균하고 있어서 이들의 분변에 의하여 식품이나 물 등이 오염된다. 특히 돼지는 *Yersinia enterocolitica*를 높은 비율로 보균하고 있어, 소매점에 오염 돈육이 유통되어 돈육이 *Y. enterocolitica*감염에 관계하고 있는 것으로 생각된다. 돼지의 장(場) 내용물에서 검출률 및 균 수의 최고치는 15% 및 약 106개/g이며 시판 돈육에서 검출되는 균 수는 최고로 103개/g이다. 도축장에서 해체 처리 중 칼, 톱, 손장갑, 피박기(皮剝機), 바닥, 벽 등의 오염에 의하여 돼지육이 2차적으로 오염되어

시판 돈육의 오염으로 발전하는 것으로 생각된다.

▶ 원인 식품과 발생 상황

*Y. enterocolitica*감염증에 있어서도 원인 식품이 분명하게 된 사례는 적으나, 일본에서 집단 감염 사례의 가공유(생물형 4, O:3균), 미국의 집단 사례에 관련된 초콜릿밀크(생물형 1B, O:8균), 가공유(생물형 1B, O:13a, 13b균)와 두부에 의한 집단 발생 사례에 관련된 사용수(생물형 1B, O:8균)로부터의 검출 보고가 있다. 우리나라에서는 집단 발생 보고가 없으며, 일본에서는 1972년에 최초의 집단 발생이 보고된 이래 지금까지 13건의 집단식중독의 발생이 보고되고 있다. 대부분의 사례가 학교 등의 집단급식이 원인으로 발생하고 있고, 대규모의 것이 많다. 환자 중에는 우하복부통을 호소하는 것도 보여, 불행히도 많은 환자가 충수 적출 수술을 받은 사례도 있다.

▶ 임상 증상

잠복 기간은 2~5일로 다른 식중독 원인균에 비해 길다. 임상 증상은 혈청형에 의하여 다르며, O:3균에 의한 감염은 설사를 주체로 한 증상을 나타내고, O:8균에 의한 감염에서는 패혈증을 일으키는 일도 있다. 우리나라에서 주로 볼 수 있는 감염은 O:3균에 의하는 것으로 증상은 설사, 복통을 주 증상으로 한 위장염으로 *Y. pseudotuberculosis*감염에서 볼 수 있는 것과 같은 고열은 그다지 관찰되지 않는다. 젖먹이 어린이에서는 설사증이 많고, 어린이에서는 회장말단염, 장간막 림프절염을 일으켜 때때로 충수염으로 오진되는 일이 있다. 설사는 주로 수양변이나, 연변으로 끝나는 것도 있어, 그 정도는 각기 다르다. 이러한 증상 외에 두통, 기침, 인두통 등의 감기와 같은 증상을 수반하는 일도 있다. 북유럽에서는 연령이 높게 되면 관절염을 일으키는 것으로 보고되고 있으나, 우리나라에서 보고된 예는 적다.

▶ 예방법

*Y. enterocolitica*는 돼지에게 보균되어 있어 사람으로의 감염은 주로 돈육을 통하여 일어나는 것으로 생각되고 있다. 최근, 식품위생 향상을 목적으로 하여, 도축장 정비가 행해져 도축 과정에서 돈지육의 식중독 원인균에 의한 오염은 감소 경향에 있으나 돈육의 예르시니아 오염을 완전히 방지하는 것은 어렵고, 도축장의 관리 및 공정의 새로운 개선이 필요할 것이다. 식육에 오염된 병원성 예르시니아의 증식은 냉장 온도에서는 억제된다고는 하나, 장기간 생존하므로, 냉장을 과신하는 일 없이 충분한 가열과 조리기구에 의한 2차 오염에 주의할 필요가 있다.

6) Arizona 식중독

아리조나 식중독균은 1939년 Caldweel 등에 의하여 미국 아리조나주의 사막에 서식하는 도마뱀에서 처음으로 분리된 것으로 *Salmonella*속의 일종이다.

1950년 미국 아리조나 주의 집단 식중독 사건에서 분리된 감염형 식중독으로 우리나라에서의 발생 사례는 아직까지 없다. 이 균에 의한 식중독 사건은 별로 흔하지 않으며 원인식품과 임상증상은 *Salmonella*와 거의 유사하다.

2. 독소형 식중독

1) 포도상구균 식중독(Staphylococcus Food Poisoning)

포도상구균은 자연계에 널리 분포되어 포도송이와 같은 모양을 하고 있는 세균으로 현재 23종 4아종으로 분류되고 있으나, 이 중에서 황색포도상구균(*Staphylococcus aureus*)은 식중독을 포함하여 여러 가지 화농 등의 염증을 일으키는 가장 중요한 균종이며 다른 균종은 기회감염균이다.

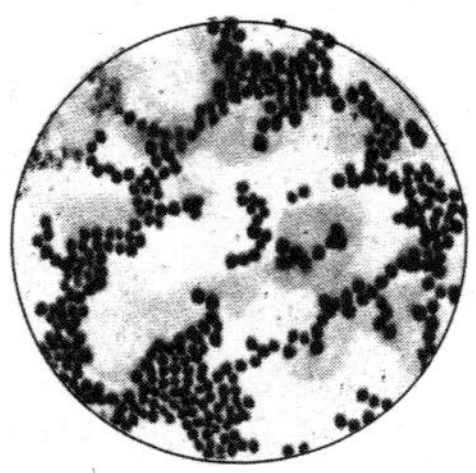

포도상구균 식중독은 1884년 Vaughn에 의해 최초로 보고된 이래 세계 각국에서 발생 빈도가 대단히 높아 많은 나라에서 1위 또는 살모넬라 및 가스괴저 식중독에 이어 3위를 차지하고 있다. 한편 우리나라에서도 살모넬라, 장염비브리오에 이어 발생률 3위를 차지하고 있다. 포도상구균속은 균동정상 중요한 coagulase생성능, novobiocin감수성 등을 기준으로 크게 3군으로 나누는데, 1군은 coagulase(응집소)양성, 균응괴인자(용혈소), 황색색소를 전부 생산하거나 일부를 생산하는 균으로 7종이 포함되어 있고, 2군은 coagulase음성, 노보비오신 감수성균으로 12종이, 3군에는 노보비오신 내성, coagulase음성균 9종이 있다. 이중 1군의 황색포도상구균(*Staphylococcus aureus*)은 식품에 오염되면 enterotoxin이라는 균체외독소를 생산하여 식중독을 일으키는 독소형 식중독으로 여름철에 흔히 발생한다. 이 균은 식중독을 일으키는 원인 물질인 enterotoxin 외에 사람에게 화농성 염증을 일으키는 괴사독소, 용혈독소 등을 생산한다. 또한 황색포도상구균은 파지형별로 분류되기도 한다.

〈표 1-24〉 황색 포도상구균의 파지형별용 세트

파지형별군	파 지 형
I	29, 52, 52A, 79, 80
II	3A, 3C, 55, 71
III	6, 43E, 47, 53, 54, 75, 77, 83A, 84, 85
잡형	81, 94, 95, 96

▶ 원인균

포도상구균은 Gram양성 통성혐기성 구균으로 아포나 편모가 없다. 보통 한천배지나 혈액한천배지 등의 고형 배지에서 포도송이 모양을 보이나 액체 배지에서는 균이 1, 2~수개의 불규칙하게 연결된 상태가 된다. 무아포균이지만 세포벽이 튼튼하므로 비교적 저항성이 강하며 냉동하여도 죽지 않는다. 내염성으로 식염 10% 농도에서도 충분히 자라며 15%에서도 약간 증식한다. 발육 가능 온도는 10~40℃, 최적 온도는 30~37℃의 중온균이다. 이 균은 80℃에서 10분 가열로 죽지만 균체가 생성한 enterotoxin은 내열성이 대단히 크다. 발육 가능 pH는 4.2~9.3이고 건조와 고농도의 소금에도 저항성이 있으므로 수분활성이 비교적 낮은 식품 중에서도 증식할 수 있다.

포도상구균은 생화학적 성상에 따라 황색포도상구균(*Staphylococcus aureus*), 부생포도상구균(*Staphylococcus saprophyticus*), 표피상포도상구균(*Staphylococcus epidermidis*)의 3종으로 분류되는데 이 중에서 식중독 등 병원성을 가지는 것은 황색포도상구균이다.

〈표 1-25〉 포도상구균속의 생화학적 성상 비교

성 상	균 종		
	S. aureus	*S. spidermidis*	*S. saprophyticus*
coagulase	+	-	-
mannitol: 호기적분해	+	d	d
mannitol: 혐기적분해	+	-	-
enterotoxin 생산능력	+	-	-
deoxyribonuclease	+	-	-
biotin(발육소 요구성)	-	+	NT
cell wall 구성물질			
ribitol	+	-	+
glycerin	-	-	d
protein A	+	-	-
novobiocine 감수성	S	S	R

+: 90% 이상의 균주가 양성, -: 90% 이상의 균주가 음성, d: 90% 이하의 균주가 양성,
NT: none test, S: 최소 발육저지농도 〈 0.6㎍/ml, R: 최소발육저지농도 〉 20㎍/ml

▶ 포도상구균 enterotoxin

황색포도구균이 생성하는 독소중 식중독을 일으키는 균체외 독소는 식품 중에서 증식해서 생산되는 enterotoxin(장관독)이다. Enterotoxin의 분자량은 26,360~28,494의 단백질로 항원 특이성에 따라 A, B, C, D, E형 5종류가 있다.

그중 C형은 면역학적으로 공통이나 등전점에 따라 C_1, C_2, C_3형으로 나눈다. 장독소 A형 E형은 교차 반응을 하며 어느 독소와도 반응하는 공통 항원과 각 독소에 특이적으로 반응하는 특이 항원의 2종류가 있다. Enterotoxin은 단백질임에도 불구하고 trypsin, chymotrypsin, papain 등의 단백질 분해효소에 의해 불활성화되지 않으며, pepsin에 대해서는 pH 2.0 이하에서 불활성화되는 특성을 가지고 있다.

식품 또는 배지에서 장독소는 높은 내열성을 가지고 있어서 100℃에서 40분간 가열해도 불활성화되지 않으므로 이를 파괴하기 위해서는 유지(돈지)에서 210℃로 30분간 가열하여야 한다. 그러므로 일단 식품 중에 이 독소가 산생되면 보통의 조리 방법으로는 식중독을 피할 수 없다. 사람에서 식중독 발병 최소 독소량에 대해서는 임상실험 결과 B형 20~25㎍을 투여한 경우 식중독을 일으키는 것으로 나타났다.

〈표 1-26〉 황색 포도상구균의 enterotoxin 성상

성 상	황색포도상구균의 장독소형						
	A	B	C1	C2	C3	D	E
아미노산수	233	230	239	239	238	228	230
분자량	28-89	28494	27500	27531	27438	26360	26425
등전점	6.9	8.6	8.6	7.0	8.15	7.4	7.0
질소함량(%)	16.5	16.1	16.2	16.0	-	-	-
최대흡수파장(㎚)	277	277	277	277	-	278	277
침강속도(S)	3.04	2.78	3.00	2.90	-	-	2.60
구토량ED50㎍/원숭이	5	5	5	5~10	<10	20	10~20
구토혈관내투여량(㎍/kg)	0.03	0.1	0.1	-	0.05	-	-
구토경구투여량(㎍/원숭이)	1	0.9	1		10 이하	-	-
N말단 아미노산	세린	글루	글루	글루	세린	세린	세린
C말단 아미노산	세린	리신	글리신	글리신	ND	리신	트레오닌

지금까지 알려진 식중독의 원인 독소형은 enterotoxin A형이 90% 이상으로 압도적으로 많으며 독소량은 수ng/g~수백ng/g이다. Enterotoxin의 생산은 식품의 성분, pH, 식염 농도, 온도, 세균의 증식시간 등에 영향을 받는다. 독소 생산의 최적 pH는 7.0~7.5이고 5.0 이하 또는 9.0 이상에서는 생산되지 않는다. 소금도 독소의 생산을 저해하는 효과가 있어서

10% 이상에서는 현저히 억제된다. 독소 생산의 최적 온도는 25~30℃ 정도이다.

▶ 오염원

황색포도상구균은 사람이나 동물의 피부, 점막 및 장관 등에 정착하여 있으며, 일반적으로 건강한 사람의 보균율은 30~40%이며 이들 중 20~30% 균주가 식중독 유래 균주와 같은 정도(0.5~수μg/mg)의 장독소를 생산한다. 이외에도 토양, 먼지, 하수 등 자연계에 넓게 분포되어 있기 때문에 식품에 오염될 가능성이 매우 높다. 실제로 식중독 발생 시에 감염원의 정확한 확인이 어려운 것도 이 때문이라고 할 수 있다. 오염 경로는 식품 취급자의 편도선염이나 손가락 등의 화농성 염증에 의한 오염이 많으며, 쥐에 의한 오염도 많이 일어나고 있다. 그러나 포도상구균은 자연계에 널리 분포하고 있기 때문에 오염 경로도 다양하다.

▶ 원인 식품 및 발생 상황

원인 식품은 아주 다양하며 탄수화물을 많이 함유하는 식품이 많은 것이 *Salmonella*식중독과 다른 점이다. 세계적 공통식품으로 우유, 버터, 치즈, 크림 등의 유제품이 가장 많으며 우리나라와 일본에서는 김밥, 떡, 도시락, 빵 등의 곡류와 그 가공식품이 가장 많다. 이 식중독의 발생은 극단적인 계절의 편향성은 없지만 봄철부터 가을철까지 고르게 발생하며 여름철에 다소 많이 발생하는 편이다. 연중 발생하는 요인으로는 황색포도상구균이 환경(온도, 습도)에 직접 좌우되지 않고 사람이나 동물에 상재하고 있다는 점, 식품 제조, 취급 중에 사람의 손가락이나 타액에 의하여 식품이 오염을 받기 쉽다는 점 등을 고려할 수 있다. 또한 최근 난방시설이 잘 되었기 때문에 겨울철이라도 식중독균이 증식하기 쉬운 환경으로 되어 식중독이 발생하기 쉽게 되어 있다.

▶ 임상 증상

황색포도상구균 식중독의 임상 증상은 *B. cereus*식중독균 구토형과 흡사하여 양자는 세균검사를 하지 않으면 구별할 수 없다. 잠복기는 원인 식품 중 enterotoxin량 및 독소에 대한 감수성의 차이에 의해 차이가 있지만 대체로 1~6시간, 평균 3시간의 짧은 잠복기를 거치는데, 이는 다른 세균성 식중독에 비해서 대단히 짧은 것이 특징이며 이 식중독을 추정하는 중요한 열쇠가 된다. 황색포도상구균의 발병률은 다른 균에 의한 식중독에 비해 낮아 15~20% 전후이다. 증상은 독소 섭취량과 감수성에 따라 차이가 나지만 대체로 오심(욕지기)으로 시작하여 구토를 반드시 하며, 이보다 좀 늦게 설사를 한다(70% 환자에서 설사를 한다). 설사변의 형태는 수양성 드물게는 점액성이지만 혈변은 동반하지 않는다. 이외에 복통, 37~38℃의 발열이 나타나지만 반드시 나타나는 것은 아니다. 사망하는 예는 거의 없으나 노인, 유아 등 병약자에게서는 구토에 의한 토물이 기관지 폐쇄를 일으켜 사망하는 일도 있다. 일반 증상은 수시간 지나면 없어지지만 중증인 경우 25시간 지속되는 경우도 있어 환자가 안정을 취하고 있으면 1~2일에 회복하며 예후는 양호한 편이다.

▶ 예방법

황색포도상구균은 사람이나 동물이 보균하고 있으며 때로는 화농성 질환 등의 질병을 일으키거나 식품에 오염되어 식중독을 일으킨다. 대부분의 오염은 사람이나 동물이 관여하고 있으며, 특히 식중독 발생시의 오염원으로는 조리 종사자에 의한 경우가 많다. 그러므로 식품의 포도상구균 오염 대책으로는 조리자의 위생관리가 특히 중요하다.

세균의 증식 억제에 관해서는 우선 식품을 가공한 후 빨리 먹어 장시간 보존하지 않는 것이다. 또 보존하는 경우에는 균이 증식하지 않는 온도 조건(저온 또는 고온)에서 보존하는 것이다. 황색포도상구균은 10℃ 이하에서는 대부분 증식할 수 없으므로 식품의 저온 관리가 좋은 예방법이다.

가열 조리에 의해 황색포도상구균을 살균할 수 있지만, 식중독의 원인 독소인 enterotoxin은 내열성이므로 파괴되지 않는다. 그러므로 황색포도상구균이 증식하여 독소를 생산한 후의 가열처리는 식중독 예방이 되지 않는다는 점을 인식하여야 한다.

황색포도상구균 식중독 예방의 기본은 식품을 취급하는 사람들에게 이상과 같은 사실을 충분히 이해시키기 위해 실시하는 것, 즉 위생교육을 철저히 하는 것이 가장 중요하다.

2) 보툴리누스균 식중독(Clostridium botulinus Food Poisoning)

보툴리누스식중독 또는 보툴리누스증(botulism)은 *Clostridium botulinum*균이 생산한 균체외 독소(신경독)에 의하여 일어난다. 일반적으로 보툴리누스 식중독은 식품 내에서 보툴리누스균이 증식하였을 때에 생산된 독소를 식품과 함께 섭취하여 발병하는 독소형 식중독으로 20세기 초반 보툴리누스 식중독의 사망률은 약 50% 이상으로 세균성 식중독 가운데 치명률이 가장 높았지만 현재는 항혈청과 호흡 보조기구의 발달로 약 10%로 감소하였다. 구미에서는 오래 전부터 알려져 온 식중독으로서 1895년 Van Ermengen에 의해서 식중독의 원인균으로 확인되어졌지만, 통계상 동남아시아에서는 중독 사례가 없고 우리나라도 아직까지 중독 보고는 없는 실정이다.

▶ 원인균의 성상

보툴리누스균은 Gram 양성의 내열성의 아포를 형성하는 편성혐기성 간균으로 주모성의 편모가 있어 활발한 운동성이 있다. 보툴리누스균이 생산하는 독소는 면역학적인 특징에 의하여 A, B, C, D, E, F, G의 7형으로 분류되는데 A, B, E, F형은 주로 사람에게 식중독을 일으키는 독소형이고 C, D형은 가축, 닭, 밍크, 야생조류 등에 중독을 일으키는 독소로 알려져 있다. 또 보툴리누스균은 균의 생화학적 성상에 의하여 Ⅰ·

Ⅱ · Ⅲ · Ⅳ의 4군으로 분류되기도 한다(<표 1-27> 참조).

〈표 1-27〉 보툴리누스균의 대사성 균별 특징

성 상	Ⅰ	Ⅱ	Ⅲ	Ⅳ
독소형	A, B, F	B, E, F	C, D	G
단백분해성	+	−	+/−	+
당분해성	−	+	−	−
Trypsin에 의한 활성화	−	+	−	+
최적발육온도	37~39℃	28~32℃	40~42℃	
최저발육온도	10℃	3.3℃	15℃	12℃
발육억제 pH	4.6	5.0		
발육억제 NaCl	10%	5%	3%	>3%
발육억제 Aw	0.94	0.97		
아포내열성(D_{100})	25분	0.1분이하		
이환동물	사람	사람	가축.닭 등	

사람에게 식중독 원인독소를 생산하는 균들의 발육 지적 온도는 균에 따라 약간의 차이는 보이지만 대체로 28~39℃ 범위이다.

영양형의 보툴리누스균은 저온 살균(60℃, 30분) 이하의 가열로 사멸되나, 아포는 열저항성이 높아 일반적인 가열처리로는 시멸시키지 못한다. 동일 독소형균이라도 균주에 따라 다소 열저항이 다르다. 아포의 열저항은 식품의 종류, pH, 수분활성 등에 의해서도 다르다. pH가 낮아 질수록 아포의 열저항은 떨어진다.

▶ 보툴리누스 독소

보툴리누스균 독소는 15만 달톤의 분자량을 가진 단순 단백질의 외독소인 neurotoxin 성분과 15~90 달톤의 분자량을 갖는 무독 성분으로 구성되어 있는 복합단백질이다. 독소는 보툴리누스 아포와는 달리 열에 약해서 어느 것이나 80℃, 15분 또는 100℃, 2~3분 가열하면 파괴되어 활성을 잃는다. 그러나 산에는 안정하고 소화관 내에서 pepsin, trypsin, chymotrypsin 등의 소화효소에 의하여 분해되지 않는다. 그러나 E형의 독소는 A형이나 B형 독소와 달리 trypsin에 의하여 활성화되어 독력은 현저하게 증가한다. 즉, E형 독소는 소화관 내에서 소화효소에 의하여 독력의 500배 이상으로 상승한다.

보툴리누스 신경독의 자세한 작용 기전은 완전히 밝혀지지 않았다. 그러나 몇 가지 결론을 내릴 수 있었다. 신경독은 신경근육 접합부에 말초신경의 acetylcholine 유리를 차단하여 특이한 마비증상을 일으킨다. Choline이 크게 영향을 받지만 adrenalin계도 고농도의 독소에 의해 영향을 받는다. 독소의 감수성은 동물종에 의해서도 다르다. 보툴리누스 독소는 식품이 혐기적인 조건하에 있고 그외의 조건이 적당할 때 균의 증식 과정에서 생산되어 식품 중에 축적되는데 독소의 생산 조건은 다음과 같다.

첫째: 균에 오염된 식품이 충분히 가열되지 못해서 균의 아포가 살아 남아 있는 식품이 그대로 또는 탈기(脫氣)되어 밀봉되었을 때

둘째: 첫째와 같은 식품이 pH 4.5 이상, Aw 0.94 이상에서 3.3℃ 이상으로 오랫동안 저장되었을 때 생산된다.

〈표 1-28〉 보툴리누스균의 질병과 독소형별 관계

독소형	주요 감염동물	감염원	다발 지역
A	사람, 닭	집에서 만든 야채, 과일, 식육, 어류 병조림	북미일부와 소련
B	사람,말,소	조리된 식육 특히 돼지고기류	북미, 소련, 유럽
Cα	수서조류	알칼리성 습지의 부패식품	북미, 남미, 남아프리카, 오스트렐리아
Cβ	소, 말	독성식품, 썩은고기, 돼지 간	오스트렐리아, 남아프리카, 유럽, 북미
D	소	썩은 고기	오스트렐리아, 남아프리카
E	사람, 어류	수산가공품 및 어류가공품	일본, 브리티시 콜롬비아 등등
F	사람	식육제품	덴마크, 북미, 남미, 스코틀랜드
G	불확실	토양	아르헨티나

〈표 1-29〉 Botulinus균 아포 사멸 조건

균의 종류	가열 온도(℃)	가열 시간(분)
A, B형균	100	360
	105	120
	110	36
	115	12
	120	4
E형균	70	〉60
	75	20
	80	10
	100	5

▶ 오염원

보툴리누스균은 토양, 하천, 동물의 분변, 퇴적물 등에 존재하나 수나 종류는 지역에 따라 다르다. 따라서 보툴리누스균은 도처에 존재하기 때문에 토양 세균으로 알려져 있으나, 환경에 널리 분포하기 때문에 정확한 표현은 아니다. 특히 E형균은 어패류등에 넓게 분포해서 캔류, 병조림, 소시지 등의 식품이 오염될 기회가 많다. 따라서 보툴리누스 오염원은 토양, 하천, 호수, 동물의 분변 등이라고 할 수 있다. 이와 같이 자연계에 존재하는 보툴리누스균이 식품에 오염되어 식품 자체가 혐기적인 상태로 보관되면 아포가 발아, 증식되어 식중독을 일으킨다.

▶ 원인 식품 및 발생 상황

원인식품은 야채나 과실의 통조림과 병조림, 소시지, 햄버그, 생선의 통조림, 생선의 훈제품, 기타 밀봉 상태에 놓여진 식품 등이다. 일반적으로 유럽에서는 햄, 소시지, 조수육이 원인 식품으로 알려져 있으며, 미국에서는 채소나 과일의 통조림, 소련에서는 생선 가공식품이, 프랑스에서는 어류의 훈제품이나 식초절임이 많고, 일본에서는 거의가 '이스시'인데 이것은 청어, 가자미, 고등어, 연어 등의 어류를 주로 하고 쌀밥, 채소, 효모 등을 섞어서 발효시킨 식품으로 숙성 중에 혐기 상태가 유지되면 4℃에서 발육할 수 있는 E형균의 아포가 발아, 증식하고 독소를 생산하여 식중독을 일으킨다.

보툴리누스 식중독의 발생은 세계 각지에서 발생되나 나라, 지역에 따라 균형의 차이가 있어서 A형은 미국, 러시아, 중국, 아르헨티나에서 많이 볼 수 있고, B형균은 유럽에 많다. E형균은 알래스카, 캐나다, 미국, 스칸다나비아, 러시아, 이란에서 많이 볼 수 있다. F형에 의한 식중독은 미국과 덴마크에서 발생하였지만 그 예가 극히 드물다.

▶ 임상 증상

잠복 기간은 식품 중에 함유된 독소량에 의해서 달라져 독소량이 많은 경우 최단 1시간으로부터 최장 14일, 통상은 18~36시간에 전형적인 증상이 발현된다. E형균의 잠복기간은 대개 짧고 A형이나 B형은 긴 경향이 있다.

일반적으로 증상이 빨리 나타날수록 중증이다. 초기 증상은 대개 오심, 구토 등의 소화기 증상이 보이나, 이것은 보툴리누스 독소의 특이 작용이 아니고 원인 식품 중 세균의 증식에 의하여 분해된 물질에 의한 비특이적 자극에 의한 것이다. 보툴리누스 중독의 특이적인 증상은 약시, 복시, 무시, 동공산대(瞳孔散大), 안검하수(眼瞼下垂), 대광반사(對光反射)의 지연 등 안증상이 나타난다. 그 때문에 발병 초기에는 안과의사에게 진단을 받는 일이 많다. 이들의 증상과 전후하여 설인신경마비(舌咽神經痲痺)에 의하여 언어장해, 연하장해(嚥下障害), 더욱이 구갈(口渴), 실성(失聲) 등이 나타난다. 그외 복부팽만, 변비 등도 보이며 환자는 탈력감을 호소하고, 기립 불능이나 보행 곤란으로 된다.

차츰 호흡곤란으로 되어 항독소에 의한 적절한 치료를 하지 않으면 사망하게 된다. 전형적인 신경마비는 좌우 대칭으로 나타난다. 지각신경이나 중추신경을 범하지 않으므로 의식은 명료한 편이다. 폐렴 등 합병증이 없으면 일반적으로 발열은 없다.

▶ 예방법

식품이 오염원에 의해서 오염되지 않도록 하는 것이 가장 중요하다. 특히 통조림이나 병조림을 제조할 때에는 멸균처리를 철저히 해야 한다. 또한 보툴리누스균의 식중독 원인 독소는 열에 약하여 80℃에서 15분, 100℃에서 2~3분 가열하면 파괴되므로 식품 섭취 전 충분히 가열하면 식중독을 예방할 수 있다.

3) 세레우스균 식중독

세레우스 식중독은 얼마 전 까지만 해도 불분명한 점이 많아서 감염형으로 보기도 하고 독소형으로 보기도 하였으며, 심지어 세레우스균의 식중독 기병성(起病性) 조차도 의문시되어 왔지만, 1971년 소련의 Ezepchuk가 enterotoxin을 분리하였고 Fluer가 enterotoxin의 성질을 밝힘으로써 세레우스균 식중독이 독소형인 것으로 확정되었다. 이 식중독에는 enterotoxin을 원인 독소로 하는 설사형 식중독과 구토 독소에 의한 구토형 식중독의 두 가지 형태가 있는 것으로 밝혀졌다.

▶ 원인균

*Bacillus cereus*균은 아포를 형성하는 Gram양성의 큰 간균으로 주모성의 편모를 갖는 호기성세균이다. 발육 최적 온도는 28~35℃이고 증식가능 pH 범위는 4.9~9.3이다.

▶ 세레우스균 독소

이 균이 생성하는 enterotoxin은 균의 대수증식기나 또는 아포 형성 전의 대수증식 후기에 생산되는 균체 외 독소로서 trypsin에 의해 쉽게 분해되고 이열성으로 60℃, 20분간의 가열로 파괴되며 pH의 변화에도 예민하다. 이 enterotoxin은 콜레라 enterotoxin과 같은 형태로 adenylate cyclase를 활성화해서 장내관의 액체 저류를 가져와 설사를 일으키지만 그것이 구토 작용을 갖는지, 또는 구토는 이 독소와는 다른 작용으로 일으키는지에 대해서는 명확한 근거가 없다.

▶ 오염원

이 균은 토양세균의 일종으로 자연계에 널리 분포되어 있으므로 주오염원은 토양이라고 볼 수 있다. 이 균은 토양 중에서는 아포로서 존재하고 식품에 오염되면 활발하게 증식하여 식품을 부패시키고 식중독을 유발한다.

▶ 원인 식품

조리된 식품을 실온에 오래 방치하면 세레우스균이 이상 증식하여 10^8~10^9/g에 이르면 식중독을 일으킨다. 설사형과 구토형 식중독의 원인 식품에는 각각의 특징이 있다. 설사형의 경우 육류, 수프류, 마닐라소스, 소시지 등 여러 가지 식품에 의하여 발생하고 있다. 이에 대하여 구토형 사례에서는 쌀밥 및 볶음밥 등 탄수화물 식품이 대부분이다.

쌀밥류에 의한 식중독이 많은 원인으로써 전날 취사되고 남은 쌀밥을 실온 등에서 보관하고 이것을 사용하여 볶음밥 등을 조리하고 있는 일이 많아, 보관 중에 세레우스균이 증식하여 독소를 생산하여 조리하여도 독소는 불활성화되지 않고, 이것을 사람이 먹고 식중독이 일어나는 것으로 추정되고 있다.

▶ 임상증상

8~16시간, 평균 12시간의 잠복기를 거친 후 구토형 식중독은 오심, 구토를 필발증상으로 하고 복통을 수반하는 일이 많다. 발열은 일반적으로 볼 수 없다. 설사형 식중독에서는 설사, 복통을 주 증상으로 하고 오심, 구토 및 발열은 우연적으로 볼 수 있다. 구토형 및 설사형 식중독의 어느 것도 그의 증상은 가볍고 하루안에 회복한다.

세레우스 식중독의 임상증상 및 발생양식에서 설사형 식중독은 가스괴저균 식중독과, 구토형식중독은 포도상구균 식중독과 유사하다.

〈표 1-31〉 세레우스균, 가스괴저균, 황색포도상구균 식중독의 특징

특 징	가스괴저균	세레우스균		황색포도상구균
		설사형	구토형	
독소생산	생체내	생체내	식품내	식품내
잠복기(시간)	8~22	8~16	1~5	1~6
이병지속시간	12~24	12~24	6~24	6~24
설사, 복통	극도 빈번	빈번	드물게 있음	다소 빈번
오심, 구토	드물게 있음	우발적	극도 빈번	극도빈번
발열	우발적	우발적	거의 없음	드물게 있음
주요원인식품	조리육	식육제품	쌀밥, 볶음밥	조리육, 가금육, 유제품
원인독소	장독소	설사원성	구토독	장독소
독소의 열저항성	이열성	이열성	내열성	내열성

▶ 예방법

이 균은 자연 환경에 널리 분포되어 있기 때문에 식품에 오염을 완전히 방지하는 것은 불가능하다. 세레우스균을 소량 섭취하면 식중독을 일으키지 않는다. 그러므로 식품에서 이 균을 사멸시키는 것 외에 발아를 억제시키고 증식을 방지하는 것이 식중독 예방

의 가장 중요한 기본이다. Gibert 등은 예방법으로 다음의 것을 지적하고 있다.

첫째: 한 번에 대량의 밥을 짓지 않는다. 볶음밥 등의 가공조리 시간을 짧게 한다.

둘째: 밥을 지은 후 쌀밥은 고온(50℃ 이상) 또는 냉각하여 보관한다.

셋째: 볶음밥에 사용하는 계란은 신선한 것을 사용한다.

넷째: 쌀밥, 볶음밥은 10~50℃ 온도에 보관하지 않는다. 또 상온에서 2시간 이상 방치하지 않는다.

3. 생체내 독소형 식중독

1) 웰치식중독

웰치균의 학명은 *Clostridium perfringens*(가스괴저균)로서 흙, 하수, 물, 식품, 동물이나 사람의 장관 등에 살고 있으며, 상처 감염은 이러한 곳이나 상처 주변의 피부에 있던 세균에 의해 또는 환자 자신의 장관에 있는 균에 의해서 식품에 오염된다. 식중독은 육류를 많이 먹고 또 조리한 다음에 보관하였다가 먹는 습관이 있는 서구인에게서 많이 발생하고 있다. 대량의 식품을 조리하여 저장하게 되는 학교, 병원, 기숙사 등 집단급식에서 주로 발생하지만 해산물로도 발생할 수 있다. 우리나라에서는 1984년 1건의 발생보고가 있고 그 외에는 발생 보고가 없으나 일본, 미국, 영국에서는 매우 많이 발생하고 있다. 우리나라에서 검출되지 않는 이유는 식중독에 대한 무관심, 혐기성세균 검사에 무관심 및 식육제품의 소비량이 적기 때문으로 추정된다.

웰치식중독은 웰치균이 식품을 통해 다량 섭취되면 장관 내에서 아포를 형성할 때 일종의 독소를 생산하고 이것이 식중독의 직접적인 원인으로 감염형과 독소형을 합친 특수한 형태이다. 이 균에 의한 식중독 사례는 1895년 Klein 이래 몇 가지 보고서가 있으며, 1949~1953년 사이에 Hobbs 등이 많은 조사 연구에 의하여 식중독균으로 확인되었다.

▶ 원인균

Gram 양성간균의 비교적 큰 간균이며 아포를 형성하지만 편모가 없으므로 운동성을 갖지 않는 편성혐기성균이다. 혐기적인 조건은 Botulinus균만큼 엄격하지 않아 약간의 산소를 포함한 포도당배지에서 양호하게 발육한다. 아포는 일반적으로 105℃, 5분 가열로 파괴되나 식중독 원인주인 A형과 C형균의 아포는 100℃, 4시간 가열하여도 죽지 않는다.

Welchii균의 발육 최적 온도는 43~45℃로 비교적 고온성이며, 발육 가능 온도는 최저 14~18.5℃, 최고 50~51℃, 최소 수분 활성범위는 0.97~0.93, 발육 최적 pH는 6.0~7.0 이며 pH 5.5 이하에서는 발육이 억제된다.

▶ 병원성균주와 Enterotoxin

웰치균은 α,β,γ독소 등 약 12종의 독소와 효소를 산생한다. 독소의 종류와 면역학적 특이성에 따라서 A~F의 6가지형으로 나눌 수 있으며 식중독의 원인이 되는 것은 주로 A형이다. A형균 장염의 원인 물질은 enterotoxin으로 불리는 이열성 단백독소이다. 이 독소는 분자량이 약 35,000의 단백질로서 60℃, 4분의 가열로 분해되므로 열에 약하다. 웰치균의 enterotoxin은 세포증식시에는 존재하지 않고, 아포 형성 시에만 보이므로 식품과 함께 경구적으로 섭취된 대량의 생균이 장관 내에서 아포형성 시 생성된 enterotoxin이 균체의 융해와 함께 유리되어 위장염증상을 발현하는 것으로 알려져 있다. 따라서 웰치균 식중독의 주증상인 설사의 병인 물질은 enterotoxin이다. Enterotoxin은 포도상구균 enterotoxin이나 botulinus독소와는 달라서 한 종류뿐이다. 가열이나 산에는 약하여 60℃, 수분간의 가열과 pH 4.0 이하에서는 활성을 잃는다.

그러나 Eeissler는 1947~1949년에 걸쳐 독일에서 이 균에 의한 식중독이 괴사성 장염이란 출혈성 장염을 일으키는 것을 발견하였는데, 이것은 웰치균의 F형에 의한 것으로 원인 식품은 통조림고기, 토끼고기 등이라는 것을 알았다. 그 후에는 F형 균에 의한 식중독 발생 보고가 거의 없으며, A형에 의한 식중독이 대부분을 차지하고 있다.

▶ 원인 식품 및 발생 상황

원인 식품은 세계 공통이 가열 조리식품이 원인으로 되어 있다. 구미에서는 스튜 등 식육 조리식품이 압도적으로 많다. 이들 원인 식품에는 다음과 같은 두 가지 특징을 볼 수 있다.

첫째, 대부분이 조수육(鳥獸肉) 및 그 가공품, 어패류 및 그 가공품, 식물성의 단백성 식품이고, 당질을 주체로하는 식품에 의해서는 식중독이 발생하지 않는다.

둘째, 원인 식품은 가열 조리된 후 한 용기에 대량을 담아서 수 시간 내지 하룻밤을 실온에 방치한 것이다. 그 이유로서는 첫째, 위에서 나열한 식품 등은 웰치균에 의하여 오염되기 쉽고 둘째, 가열에 의한 공기의 추출로 식품의 혐기 상태가 커지며 셋째, 웰치균의 아포의 발육이 촉진되고 또한 넷째, 무아포균을 가열에 의해서 살균되고 웰치균만이 선택적으로 살아 남게 되며 다섯째, 냉각 과정에 50~40℃의 단계에서 웰치균이 다른 세균에 우선하여 증식된다. 또 여섯째, 원인 식품인 단백성 식품 중에는 glutathion이나 그외 환원성 물질이 함유되어 있어서 산화환원전위가 낮아지기 때문에 혐기적인 상태가 지속되게 조장하는 결과를 초래하게 된다. 이것이 바로 단백성 식품이 원인 식품의 주체가 되는 이유라 하겠다.

발생시기는 여름철에 많은 경향이 있지만 겨울철에도 발생되어 계절적인 치우침이 적다.

▶ 임상 증상

잠복기는 8~22시간, 평균 12시간이다. 다량의 균을 섭취한 경우에는 잠복기는 단축된다. 집단발생 시 살모넬라 식중독 등 감염형에 비하여 잠복기의 폭이 좁고, 환자는 단시간에 집중하여 발생한다. 주증상은 복통과 설사이다. 설사는 수양성으로 드물게 점혈변을 볼 수 있다. 이들의 증상은 일과성으로 1~2일로 설사도 정지하여 회복된다. 예후는 비교적 양호한 편이다. 따라서 직접 웰치균의 살균이나 enterotoxin의 작용 억제를 목적으로 한 치료가 시행되는 일은 거의 없다.

▶ 예방법

이 식중독은 식품을 가열 조리할 때 살아남은 포자가 실온에서 급속히 증식하여 오염되므로 식품은 가열 조리 후 즉시 섭취하는 것이 예방상 중요하다. 또 부득히 장기적인 저장을 해야 할 때는 작은 용기에 담아 급속히 냉각시켜야 한다.

2) Aeromonas균 식중독

*Aeromonas*속균은 담수세균으로 본래 민물고기나 개구리 등의 병원균으로 알려져 왔으나 1958년 Caselitz에 의해서 *A. hydrophila*와 *A. sobria*가 설사증 환자로부터 분리됨으로써 식중독을 유발하는 세균으로 주목받게 되었다.

▶ 원인균

이 균은 Gram음성 통성혐기성 간균이며 편모가 있어 운동성이 있다. 최적 발육온도는 30~35℃이고 10℃ 이하에서는 발육하지 못한다. 사람에게 급성장염을 일으키는 이 균은 설사를 유발하는 각종 독소를 생산하는데 설사원성 인자로서는 용혈독, enterotoxin, 세포독, protease 등 각종 독소나 효소가 보고된 바 있지만 설사의 원인독은 세포독이 주체인 것으로 알려져 있다.

▶ 오염원 및 증상

냇물이나 호수, 하수 등을 오염원으로 하여 음료수나 식품을 거쳐 사람에게 감염되며 잠복기는 5~9시간이고 주 증상은 오심, 구토, 설사, 발열 등의 급성위장염 증상을 나타낸다. 설사는 필발증상으로 물같은 변이 많고 때로는 점혈이 섞이는 경우도 있다.

▶ 원인 식품 및 발생 상황

이 균은 담수에 대단히 많이 분포되어 있으므로 이러한 환경에서 오염될 확률이 큰 식품이 원인 식품이라 할 수 있고 발생률은 그다지 높지 않다.

3) *Vibrio mimicus* (NAG *Vibrio*) 식중독

NAG *Vibrio*의 NAG란 non-agglutinable, 즉 '비응집성'의 약칭으로 *Cholera*균(*Vibrio cholera*)의 항혈청에 대하여 응집을 일으키지 않는 것을 뜻한다. 따라서 NAG Vibrio는 *cholera*균과 형태학적 및 생화학적으로는 구별할 수 없으나 혈청학적으로는 구별되어 1981년 분류학적으로 *Vibrio mimicus*로 독립되었다. 생태에 있어서도 *Cholera*균과 유사하므로 식중독의 발생기구도 이와 동일하리라 추측된다. 이 균이 사람에게 경구감염되면 장관 내에서 enterotoxin을 생산하여 설사를 일으키게 하지만 enterotoxin을 생산하지 않는 위장염형도 있다. 최근에 이 균에 의한 오염이 세계적으로 확대되고 있고 또 해외여행자 '여행자 설사증(traveller's diarrhea)'의 형태로 상당히 많이 감염되는 것으로 밝혀져서 관심의 대상이 되고 있다.

▶ 임상 증상

NAG Vibrio의 감염 증상은 본질적으로 콜레라균에 의한 것과 같아 수양성 설사 및 구토를 주 증상으로 하고 심할 경우 심한 탈수증이 있다. 그러나 때로는 급성위장염 증상을 나타내는 일도 있고, 설사나 구토 외에 발열을 수반하며 설사변에 점액이나 혈액이 혼입하는 경우도 있다.

4. 기타 세균성 식중독

1) *Vibrio fluvialis*

*Vibrio fluvialis*는 해수 중에서 자라는 비브리오균의 일종으로 당초에는 Group F *Vibrio*라 불렀다. 이 균에 의한 식중독 발생 시 설사는 비교적 가볍다. 수양성 설사를 주 증상으로 하지만 복통이나 발열도 있으며, 설사변 중에서 혈액이 섞이는 예도 있다. 장염 비브리오와 혼합 감염도 많다. 이 균에 의한 설사 발병기전은 아직 밝혀지지 않았지만 이들이 생산한 독소나 용혈독이 설사의 발병에 관여하는 것으로 추측되고 있다.

이 균은 우리나라 연안 해역에 널리 분포하며 어패류를 통하여 사람에게 감염된다. 예방은 장염 비브리오에 준하면 된다.

2) *Vibrio furnissii*

1983년에 *Vibrio fluvialis*에서 신종으로 독립되었다. 이 균의 형태와 선택 분리배지상의 집락은 *Vibrio fluvialis*와 완전 동일하다. 분포와 감염 경로도 이와 동일한 것으로 추정된다. 이 균에 의한 설사증은 보고가 그다지 많지 않지만, 이 균이 *Vibrio fluvialis*에 속하여 있었던 일도 있어 그 실태는 아직 알 수 없다. 미국에서는 이 균이 분리된 설사증이 3예가 보고되어 있으나 어느 것이나 장염비브리오와 혼합 감염이었다.

3) *Plesiomonas shigelloides*

담수세균의 일종으로 냇물, 진흙, 민물고기 등에 분포되어 있으며 Gram음성 통성혐기성 간균으로 아포나 협막은 없고 한쪽 끝에 여러 개의 편모가 있다. 설사환자에서 자주 검출되어 1982년 일본에서 식중독균으로 지정되었지만 기지의 병원균과 혼합 감염률이 높아 이 균의 병원성에 대해서 명확한 근거는 없는 실정이다. 이 균의 발육 지적온도는 37~38℃로 다른 수생세균보다 비교적 높다. 이 때문에 이 균은 수온이 높은 여름철에 수중에서 활발하게 증식한다. 주 원인 식품은 오염된 어패류로 알려져 있으며 오염원은 담수이다. 증상으로는 설사, 복통이 주 증상이고 발열(38℃), 구토도 볼 수 있다. 2~3일 만에 회복된다.

4) 장구균 식중독

사람이나 동물의 장관 내에 항상 존재하며 장관의 정상적인 생리작용에 관여하고 또한 냉동식품에 대한 분변오염의 지표로 이용되고 있는 장구균은 식중독을 일으키는 것으로 밝혀졌다. 그러나 그것은 추정 식품으로부터 이 균이 많이 검출된 데 근거를 두고 있기는 하지만, 어떠한 조건에서 식중독을 일으키는지 또는 이 식중독이 감염형인지 독소형인지 등에 대해서는 아직도 명확한 결론을 얻지 못하고 있으며 그 식중독의 병원성조차도 의문시되고 있다. 연쇄상구균의 D군으로 분류되어지는 장구균은 *Sterptococcus faecalis*와 *Streptococcus faecium*의 2종이 있는데 식중독의 원인균으로 알려져 있는 것은 *Sterptococcus faecalis*이다. 장구균에 의한 식중독의 예는 1926년 일본에서 50명이 발생한 후 몇 번 밖에 발생 사건이 없었으므로 아직까지의 예로 보아 확실히 알 수는 없다.

원인 식품은 특별히 한정된 것은 없고 이 균이 오염되어 증식한 식품은 모두 원인 식품이 될 수 있는데 지금까지 보고된 것은 쇠고기, 햄, 치즈, 분유, 소시지, 코코아, 크림, 두부 등이 있으며 임상 증상은 포도상구균의 식중독 증상과 유사하고, 잠복기는 1~36시간(평균 5~10시간)이고 주된 증상은 설사, 구역질, 구토, 복통 등의 소화기계 증상이며 때로는 발열을 동반하는 경우도 있으나 증상은 가벼워서 1~2일이면 완전 치유된다.

5) Allergy상 식중독

식중독 원인균인 *Proteus morganii*가 원인 식품에 번식하여 단백질을 분해시킴으로써 발생되는 분해산물인 histamine이 주 원인이 되어서 발생되는 식중독으로 allergy상 증상을 나타내고 antihistamine제에 의하여 경쾌해지므로 allergy상 식중독이라고 명명하였다. *Proteus morganii* 식중독균은 histidine을 탈탄산시켜 histamine으로 전환할 수는 있으나 histamine을 더 이상 분해할 능력이 없기 때문에 이러한 원인으로 histamine이 methylguanidine, agumatin, arcaine 등의 amine류와 협동 작용하여 allergy상 식중독을 일으킨다. Histmine을 생산하는 세균으로는 이미 대장균(*E. coli*)과 *Cl. welchii*균이 알려져 있으나 일본에서 발생한 식중독 사건 때 원인 식품인 조미 건조 꽁치에서 분리된 *Proteus morganii*가 강력한 histamine 생산력을 가졌고 이 분리균으로 실험한 결과 식중독을 일으키는 것으로 밝혀졌다. 일반적으로 식품 100g당 7-～100mg 이상의 histamine이 생산되면 식중독이 발생되는데 histamine의 작용은 agmatin, methylagmatine 등의 amine류가 공존하면 증강된다. 주 원인 식품으로는 histidine함량이 많은 꽁치, 정어리, 전갱이, 고등어, 가다랭이, 다랑어 등의 붉은살생선과 그 가공품이다. 중독 증상 중 잠복기는 식후 1시간 정도에서 발병하나 빠르면 5분 이내에서도 나타나고 증상은 안부에 열이 나며 붉어지고 전신에 두드러기가 생긴다. 이외에 심한 두통, 오한, 38℃전후의 발열, 구토, 설사가 일어나는데 1일 이내에 회복되며 사망하는 경우는 없다.

6) 리스테리아 모노사이토제네스 식중독(*Listeria monocytogenes*)

*Listeria monocytogenes*는 식물, 동물, 토양, 지표수에 등에 널리 산재하여 있고 하수, 도축장 폐수, 정상 소의 우유와 유방염에 걸린 소의 우유, 사람과 동물의 분변에서 발견된다. 또 소, 양, 염소, 닭에서도 분리되나 야생동물에서는 그리 흔하지 않다. 1983년 미국 메사추세츠 주의 식중독 사건 이후 식중독균으로 주목을 받기 시작한 이래 꾸준히 그 발생률이 증가하고 있으며 최근 수입 육류에서 그 검출 빈도가 높아 위생상의 문제점으로 부각되고 있다.

이 균은 Gram 양성 무아포성의 통성혐기성 간균으로 영하 0.4℃에서 50℃ 사이에서 증식한다. 살모넬라, 대장균 등의 일반적인 식중독균과는 달리 냉장 상태에서도 잘 자라는 특성을 지니고 있어 냉장 저장되는 식품, 특히 축산육의 위생적 관리가 요구된다.

▶ 오염원

이 균은 토양, 먼지, 식물, 사료, 하수구, 동물의 장관 등에 널리 분포되어 있기 때문에 이들이 오염원이 되며, 리스테리아 모노사이토제네스균을 보균한 가축은 우유나 고기에 오염시킨다. 이 균은 열 저항성이 약하여 70℃ 이상에서 사멸된다.

▶ 원인 식품

원인 식품으로 특별히 정해진 것은 없고 오염 가능한 식품은 모두 원인 식품이라고 할 수 있으나 발생 사례별로 보면 주로 축산육, 우유, 치즈, 아스크림, 버터, 요구르트, 닭고기, 난제품, 야채, 해산물 등 매우 다양하다.

▶ 임상 증상

건강한 성인은 별다른 증세를 보이지 않으나 노약자와 면역부전 환자가 이 균에 감염되면 두통, 구토, 발열, 불안 등의 전구 증상에 이어 전형적인 수막염형 또는 뇌염형의 증상을 나타낸다. 신생아가 이 균에 감염되면 호흡곤란, 발진, 화농성 결막염, 폐렴, 과민증, 구토, 경련 등의 증상이 나타나 사망에 이르게 된다. 최근에 리스테리아증은 미국에서 치명적인 식중독을 일으키는 것으로 알려져 있다.

우리나라는 1997년 11월 미국산 아이스크림에서 6건이 검출된 적이 있다.

▶예방법

세균성 식중독의 일반적인 예방법에 준하고 있다.

5. 세균성 식중독의 일반적 방지 대책

세균성 식중독을 예방하는 데에 있어서는 다음의 세 가지 원칙(청결, 가열, 신속 섭취)에 입각하여 대처해야 한다.

첫째: 세균에 의한 오염을 방지할 것

식품의 재료는 항상 신선한 것을 사용하고, 조리 또는 식품의 제조 및 취급에 종사하는 사람은 매일 손의 소독, 세척에 유의하여 손을 매개로 한 식품의 오염을 방지해야 한다.

특히 손에 화농성 질환이 있는 사람은 포도상구균에 의한 식중독을 유발시킬 수 있으므로 주의를 요한다. 또 식품을 취급하는 사람은 수시로 검변을 행하여 보균자에 의한 사고를 미연에 방지토록 할 것과 설사를 하고 있는 사람은 조리 업무에 종사하지 않도록 해야하는 배려도 필요하다.

도마 등의 식기류는 항상 청결하게 하고, 가급적 사용 후에는 그 때마다 열탕으로 소독해야 한다. 또 쥐와 곤충에 의한 오염을 막기 위해 이들 동물의 구제, 방충, 방서 시설을 갖추어야 한다.

둘째: 세균의 증식을 억제시킬 것

통조림과 같은 특수한 것을 제외한 대부분의 식품은 완전히 무균 상태로 유지하는 것은 사실상 불가능한 것이다. 따라서 평소에 사용하는 식품 중에는 다소나마 세균이 존재하고 있으므로 실제로는 이것을 증식시키지 않도록 한다는 것이 식중독 방지상 가장 중요한 것이다.

이를 위해서는 식품을 장기간 걸쳐 방치하는 것을 피하고, 곧 이용하지 않을 경우에는 가급적 저온에서 보존하는 것이 제일 먼저 취해야 할 수단이라고 할 수 있다. 세균성 식중독은 날씨가 추울 때에는 현저히 감소하는데 이것은 생물이 대체로 그러하듯이 기온과의 관계에 의한 것이다. 그러나 최근 난방설비가 일반 가정에도 보급됨에 따라 겨울철의 식품 취급에 대해서도 주의를 하지 않으면 안 된다. 또 특수한 식품에 대해서는 55℃ 이상의 온도에서 보관하여 세균의 증식을 막는 방법을 강구하는 수도 있다.

셋째: 세균을 사멸시킬 것

포도상구균과 같이 열에 강한 독소에 의해 일어나는 식중독은 예외이지만 식중독의 대부분을 차지하는 *Salmonella*, 장염 *Vibrio*, 병원성 대장균 등에 의한 감염형 식중독 및 *Botulinus*식중독은 섭취 전에 식품을 충분히 가열하면 사고를 방지할 수 있다.

또 식품 내에 존재하는 세균 등의 미생물과 바이러스는 냉동에 의해 사멸되는 것이 아니라 증식이 억제될 뿐이므로 냉동을 중지하면 다시 증식을 시작한다는 점에 유의하도록 식품 취급자를 이해시켜 둘 필요가 있다.

6. 가정에서 할 수 있는 식중독 예방의 6가지 중점 사항

1) 식품의 구입

① 식육, 어패류, 야채 등은 신선한 것으로 구입한다.
② 가공식품은 포장재의 유통기한, 보존 방법 등 표시 사항을 확인하고 구입한다.
③ 고기나 생선 등 물이 나오거나 즙이 나오는 식품은 비닐봉지에 각각 싸서 운반한다.
④ 냉장이나 냉동 등 저온 보존이 필요한 식품은 마지막에 구입하며, 즉시 가져간다.

2) 가정에서의 보존

① 냉장과 냉동이 필요한 식품은 즉시 냉장고나 냉동고에 넣는다.

② 냉장고와 냉동고에는 지나치게 많이 넣지 않도록 하며, 2/3 정도만 넣는다.
③ 냉장고는 10℃ 이하, 냉동고는 -15℃ 이하로 유지하는 것이 좋으며, 특히 온도계를 이용하여 온도를 측정하는 것이 정확하다. 대부분의 세균은 10℃에서 증식이 억제되며, -15℃에서는 증식이 정지된다. 그러나 세균을 사멸시키는 것이 아니므로 가능한 빨리 소비한다.
④ 식육이나 어패류 등은 비닐봉지나 용기에 넣어 냉장고의 다른 식품에 즙액이 묻지 않도록 한다.
⑤ 식육, 어패류, 알류 등을 취급 할 때에는 취급 전후 반드시 손을 씻는다. 비누를 사용하여 씻은 다음 흐르는 물로 충분히 씻어낸다. 이것은 아주 간단한 방법이지만 세균 오염을 방지하는 좋은 방법이다.
⑥ 식품을 싱크대 밑에 보관할 경우에는 물이 스며들지 않도록 주의한다. 또한 바닥에 놓아두는 일이 없도록 주의한다.

3) 조리 준비

① 주방은 관심을 가지고 살펴야 하며, 쓰레기가 버려져 있지 않은가, 수건이나 행주가 깨끗한 것으로 준비되어 있는가, 조리대 위는 정리 정돈되어 있으며 넓게 쓰일 수 있게 되어 있는가.
② 지하수를 사용하고 있는 가정에서는 수질에 각별히 주의를 기울인다.
③ 손을 잘 씻는다.
④ 생식육, 어패류, 알류를 취급한 후에는 반드시 손을 씻는다. 음식물 취급 중에 동물과 접촉하거나, 화장실에 가거나, 기저귀를 갈거나, 코를 푼 다음 손을 씻는 것이 중요하다.
⑤ 식육 및 어패류의 즙액이 과일이나 야채 등 날 것으로 먹는 음식물과 조리가 끝난 식품에 묻지 않도록 한다.
⑥ 생고기나 생선을 자른 칼과 도마를 씻지 않은 채로 과일이나 야채 등 날것으로 먹는 음식물과 조리가 끝난 식품을 자르지 않도록 한다. 칼과 도마의 세척은 세제를 사용하고 뜨거운 물로 씻은 후 사용한다. 칼과 도마는 고기용, 생선용, 야채용을 각각 갖추고 사용하면 더욱 안전하다.
⑦ 랩으로 포장된 야채도 흐르는 물에 잘 씻는다.
⑧ 냉동식품 등 동결되어 있는 음식물을 조리대에 방치한 채로 해동시키지 않는다. 실온에서 해동하면 식중독균이 증식할 수 있다. 따라서 해동은 냉장고 내에서나 전자레인지를

사용한다. 물을 사용하여 해동하는 경우에는 밀폐된 용기에 넣어 흐르는 물로 한다.

⑨ 조리에 쓰일 만큼만 해동하고 해동이 끝나면 바로 조리한다. 일단 해동한 식품을 바로 사용하지 않는다고 하여 냉동과 해동을 되풀이하는 것은 식중독균을 증식시킬수 있기 때문에 위험하다.
칼, 식기, 도마, 행주, 솔, 스폰지 등은 사용한 후 바로 세제와 흐르는 물로 잘 씻는다. 특히 행주가 더러워지면 깨끗한 것과 교환한다. 락스에 하루 저녁 담가 두면 소독 효과가 난다. 솔이나 스폰지는 끓여서 사용하는 것이 안전하다.

4) 조리

① 조리 준비로 주방이 더럽혀져 있지 않은지 다시 한 번 살펴본다. 수건과 행주는 말려서 깨끗한 것을 사용한다.
② 가열하여 조리하는 식품은 충분히 가열한다. 가열을 충분히 함으로써 혹시 식중독균이 있더라도 죽일 수 있다. 적어도 중심부의 온도가 75℃에서 1분간 이상 되도록 가열한다.
③ 조리를 중도에서 중지하고 그대로 실온에 방치하여 두면, 세균이 음식물에 부착하거나 증식할 수 있다. 이때에는 냉장고에 보관하고, 다시 조리를 할 경우에는 충분히 가열한다.
④ 전자레인지를 이용하는 경우에는 전자레인지용의 용기와 뚜껑을 이용하고, 조리 시간에 주의하며, 열전도가 잘 안 되는 식품은 가끔씩 섞어 준다.

5) 식사

① 식탁에 앉기 전에 손을 씻는다.
② 깨끗한 손으로, 깨끗한 기구를 사용하여 깨끗한 식기에 담는다.
③ 덥게 먹는 음식은 항상 덥게, 차게 먹는 음식은 항상 차게 해 둔다. 즉 더운 음식은 65℃ 이상, 찬 음식은 10℃ 이하로 한다.
④ 조리 전의 음식물이나 조리 이후의 식품은 실온에서 오래 방치하지 않는다. 대장균 O-157은 실온에서도 15~20분에 2배로 증식한다.

6) 남은 음식

① 남은 음식을 치우기 전에도 손을 씻는다. 즉 남은 음식은 깨끗한 기구나 그릇을 이

용하여 보존한다.

② 남은 음식은 빨리 변질되지 않도록 얕은 용기에 나눠 담아 보존한다.

③ 시간이 오래 경과한 음식물은 아끼지 말고 버린다.

④ 남은 음식을 데칠 경우에도 충분히 가열한다. 그 온도는 75℃ 이상이다. 찌개나 국은 끓을 때까지 가열한다.

⑤ 조금이라도 이상하다고 생각되면 먹지 말고 버린다.

4 자연독 식중독

우리들이 관습적으로 식용하고 있는 동·식물 중에는 영양소 이외에 여러 가지의 성분을 조금이라도 반드시 함유하며, 이들 미량성분은 취하는 사람의 건강에 상당한 영향을 끼치는 것들이 많다. 동물의 경우 서식하는 환경 중의 제반 물질이 생물농축되거나, 또 먹이사슬의 영향을 크게 받는다. 예들 들어 어패류는 유독성 플랑크톤을 먹이로 함으로써 유독 성분이 축적되는데 그 유독화를 알지 못하면 식중독이 발생한다. 식물성 식품의 경우도 유독한 alkaloid와 배당체를 포함한 경우가 있는데, 그러한 유해 부위를 제거하지 못하면 식중독의 원인이 되며 또 식용식물과 겉모양이 닮은 유독식물을 섭취함으로써 많은 중독이 발생하고 있다. 이처럼 천연 자연의 상태에 있는 동·식물에 포함되는 유기화합물로서 사람에게 급성 및 아급성의 식중독을 유발하는 것을 자연독(naturally occurring poison)이라 한다. 일반적으로 자연독은 식물성 자연독(poisonous plant), 과 동물성 자연독(poisonous animal)으로 구분된다. 자연독은 동·식물 고유의 성분인 경우가 원칙이지만 먹이 연쇄의 변동에 따른 일시적인 유독성분도 포함된다.

자연독에 의한 식중독의 특징은 세균성 식중독에 비해 발생 건수 및 환자 수가 적은 반면 사망자 수는 훨씬 높아 식중독 사망의 주요 원인이 된다는 점이다.

동·식물체의 자연독에 의해서 발생되는 식중독의 발생 배경은 대체로 다음과 같다.

첫째: 독성이 있는 동·식물체를 식용해도 되는 것으로 오인하여 섭취하는 경우(독버섯, 독꼬치 등)

둘째: 식용되는 동·식물이 특이한 환경 조건이나 특정한 시기에 유독화된 것을 모르고 섭취하는 경우(조개, 미숙한 매실, 맥각 등)

셋째: 특수한 부위나 기관에 존재하는 유독 물질을 완전히 제거하지 않고 섭취하였을 경우(복어, 감자 등)이다.

자연독에 의한 식중독을 예방하기 위해서는 위험한 동·식물에 대한 취급상의 지식을 충분히 배양하고 올바른 감별법을 터득하도록 하는 것이 무엇보다 중요하다. 즉, 복어 요리와 같은 위험한 식품을 섭식할 때에는 반드시 경험이 풍부한 전문가가 조리하였을 경우에 섭취해야 하며, 정체 불명의 어패류나 버섯의 섭취를 피하도록 하고, 조리할 때 독이 있다고 의심이 되는 부분을 과감히 제거하여야 하며 독소를 파괴 또는 유출시키는 수단을 강구해야 한다.

자연독에 의한 식중독의 특징은 다음과 같다.

① 중독 증상은 대부분의 세균성 식중독과 같은 단순한 위장염 증상뿐 아니라 정신·신경증상 등 독성 물질에 따라 그 증상이 다양하다.

② 발생 건수로 보면 동물성 자연독 식중독의 대부분은 복어 중독이며, 식물성 식중독은 독버섯이다.

③ 세균성 식중독과 비교하면 1건당 환자 수는 적다. 이는 식중독이 주로 가정 단위로 발생하기 때문이다.

④ 치명률은 세균성보다 훨씬 높다. 이는 식중독 특징의 하나인 복어 중독에 의한 사망자가 많기 때문이다.

⑤ 계절적 변동이 확인되고 있다. 복어 중독은 겨울에, 독버섯은 버섯증식의 최적기인 가을에 다발하고 있다. 또 버섯의 증식에 적합한 기후였던 해에는 독버섯 중독이 증가하고 있다.

1. 동물성 자연독

동물에 자연적으로 함유되어 있는 유독 성분에 의한 식중독을 동물성 자연독에 의한 식중독이라 하며 식물성 자연독에서 처럼 환경으로부터 오염된 유독 물질은 제외한다. 독성을 갖고 있는 동물은 대부분 어패류로서 육지의 동물이나 조류(鳥類)에서는 거의 자연독이 없다. 어패류 독의 유래는 내인성(endogenas intrinsic)과 외인성(exogenous extrinisic)이 있는데, 내인성은 독샘, 독침 등이 함유된 단백성 독이 대표적이며, 식중독의 원인 물질로서는 권패(卷貝)의 타액선에 함유된 cholinester와 어류의 근육에 있는 pahutoxin 등이 있다. 내인성 독은 개체에 따른 차이가 적고 지역 차이는 없으며 특정 조직에 항상 존재한다. 내인성 중에는 이상 환경에서 어패류의 병적 상태로 인하여 이상대사에 의한 독성 물질의 축적 가능성이 대두된다.

외인성은 지역과 계절적인 차이가 많다. 외인성에는 먹이사슬(food chain), 즉 유독한 물질이 어패류 자신에게는 해를 별로 주지 않고 이들 물질이 축적된 어패류를 섭취한 다른 동물이 중독을 나타내는 것이다. 동물성 자연독에 의한 식중독의 대표적인 것으로는 복어와 패류이다.

계속되는 임해공단의 증가와 급격한 도시화로 이한 산업폐수와 생활오수의 해양으로의 유입은 해양을 오염시키고 해양 생태계를 변화시켜 왔다. 이로 인하여 일부 해양생물은 체내에 중금속을 축적하기도 하고, 자연 유독 성분에 의한 유독화, 이를 섭취한 인간에게 치명적인 영향을 미치기도 한다. 특히 어패류나 권패류 등은 플랑크톤을 먹이로 하기 때문에 생태계 변화로 인하여 새로운 유독 플랑크톤이 발생하였을 때는 이들의 독성분을 체내에 축적하기도 한다. 유독한 어패류에 의한 중독 사고는 세계적으로 매년 20,000건에 이르고 있다. 생선 어패류를 생식하는 식습관을 가지고 있는 우리나라의 경우, 어패류의 자연독에 의한 식중독은 국민건강을 위협할 뿐만 아니라 수산업 분야에 심각한 경제적 영향을 미치고 있어 이에 대한 대책이 시급한 실정이다.

〈표 1-32〉 어류독의 종류

종 류	원인식품	독소성분	LD50 mouse (㎍/kg)	독소생성원	한국에서의 발생
복어	복어, 권패류, 게, 불가사리, 도마뱀	Tetrodotoxin	7	해양세균	간헐적 보고
독꼬치	열대 혹은 아열대 어류	지용성의 마비성 신경독			보고없음
Ciguatera	열대성 어류	Ciguation, Maitotoxin	0.45	와편모조류	드물다
돗돔	돗돔	Palytoxin Vitamine A		Vitamin A	드물다

1) 어류에 의한 중독

(1) 복어독

식중독 원인독으로 옛날부터 잘 알려진 독이며 우리나라를 비롯하여 일본이나 중국 등에서 식품으로 많이 이용하여 왔기 때문에 중독 사고도 많았지만 여전히 인기 있는 식품이다. 복어는 난해성(暖海性) 어종으로 세계 각지에 널리 분포하고 있으나 그 종류는 분류학적으로 충분히 정리되어 있지 않지만 100여 종에 이르며 우리나라 해안 및 근해에서 발견되는 것만도 약 20~40여 종이나 된

〈복섬〉

다. 복어는 종류에 따라 유독 부위와 독력에 차이가 있고 또 계절에 따라 독력의 변화가 있어서 중독 사고가 많이 발생한다. 따라서 복어 중독은 동물성 자연독 중에서 대표적인 것으로 꼽히며 치사율도 커서 60%에 이른다. 요리 재료로 가장 널리 쓰이는 것은 자지복이고 그 다음이 까치복, 검복의 순이다.

〈표 1-33〉 우리나라에서 발견된 복어 종류

복어의 종류		학 명	일 명
맹독복어	검 복	*Takifugu porphyreus*	ma-fuga
	매 리 복	*Takifugu vermicularis*	shosai-fugu
	졸 복	*Takifugu pardalis*	higan-fugu
	황 복	*Takifugu obscurus*	me-fugu
	복 섬	*Takifugu niphobles*	kusa-fugu
강독복어	자 지 복	*Takifugu rubripes*	tora-fugu
	자 치 복	*Takifugu rubripes chinensis*	karas-fugu
	까 치 복	*Takifugu xanthopterus*	shima-fugu
	바 실 복	*Takifugu basilewskianus*	korai-fugu
	까 칠 복	*Takifugu stictonotus*	goma-fugu
	청 복	*Canthigaster rivulatus*	kitamakkura
	눈불개복	*Takifugu chrysops*	akame-fugu
무독복어	밀 복	*Lagocephalus launaris*	saba-fugu
	꺼 끌 복	*Arothron stellatus*	moyo-fugu
	가 시 복	*Diodon holacanthus*	harisenbon
	불 욱 복	*Tridon bursarius*	uchiwa-fugu
	거 북 복	*Ostracion immaculatus*	hako-fugu
	육 각 복	*Kentrocapros aculeatus*	itomaki-fugu

▶ 복어의 독성

복어의 독성은 종류, 부위(장기), 계절, 개체, 지역 등에 따라 달라진다. 종류별로는 맹독복어, 강독복어, 무독복어 등이 있으며 매리복, 복섬, 검복 등이 독력이 강하고 밀복 등은 무독복어이다. 부위별로는 육질부는 다소 독이 있는 종류도 있지만 정상적인 섭취량이면 중독되는 일은 거의 없고 정소와 혈액도 무독한 경우가 많다. 그러나 난소와 간장은 대부분의 종류가 맹독 또는 강독으로 복어 중독의 주 원인이 된다. 유독 성분은 tetrodotoxin($C_{11}H_{17}N_3O_8$)으로 단백질이고 hemiacetal 고리를 가지고 있다. 이 독소는 열에 매우 안정적이어서 106℃에서 4시간 정도 두어도 파괴되지 않으며, 산에 대하여서도 매우 안정적이어서 유기산으로는 파괴되지 않고 진한 무기산에 의해서만 파괴되나 4% NaOH 용액에서는 20분만에 가수분해되어 2-amino-6-hydroxymethyl-8-hydroxyquinozoline을

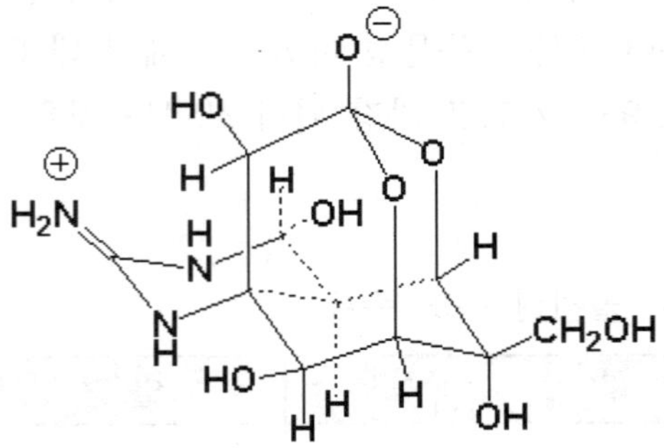

〈Tetrodotoxin〉

생성하여 무독화되는 것으로 보아 알카리에는 약하다.

Tetrodotoxin의 복어 체내 분포는 난소에 가장 많고, 그 다음은 장과 피부 순이며 근육에는 가장 적다. 계절별로는 난소의 무개가 가장 커지는 산란기 직전인 4~6월에 독력이 강하다. 그러나 최근에는 오히려 간장이나 난소의 독력이 산란기 이후부터 서서히 증가하여 7~9월에 걸처서 최고에 이른다는 보고도 있다.

Tetrodotoxin의 기원에 대해서는 오랫 동안 불분명한 점이 많았다.

Tetrodotoxin의 유래에 대해서 내인성인가, 외인성인가에 대하여 논란이 되어 왔으나 권패류, 게 등 복어 이외의 동물에서도 독소가 검출된 이후 복어독은 먹이사슬에 의한 것으로 밝혀져 외인성으로 결론이 유도되고 있는 실정이다. 대표적인 독소 생성원으로 *Vibrio alginolyticus*, *Alteromonas* 등의 해양세균이 알려져 있다.

그러나 최근 복어알 중에서 독소가 생성되는 것으로도 밝혀져 체내에서 자체적으로 독소를 생성한다는 사실도 확인되고 있어 그 논란의 소지는 남아 있다고 볼 수 있다. Tetrodotoxin독성은 저분자 자연독 중 가장 강한 편으로 순수한 복어독은 경구로는 LD_{50}=180㎍/kg, 정맥주사로는 LD_{50}=9㎍/kg이며, 사람에 대한 치사량은 0.5mg~2mg 정도이다. 복어독의 강도는 생물학적 실험에 의해 측정하며 마우스 단위(mouse unit: MU)로 나타낸다. 즉 복어 장기 1g을 체중 20g의 수컷 마우스의 복강 내에 투여하여 30분 이내에 사망하게 하는 독력을 1MU라고 정의한다. 간장과 난소에는 5,000MU를 함유하는 종류도 있는데, 이는 1g의 장기로 5,000마리의 생쥐를 죽일 수 있는 독력인 것이다. 사람의 치사량은 1만 MU 정도이고 10MU 이하는 무독, 1,000MU 이상은 맹독으로 간주한다.

〈표 1-34〉 결정 tetrodotoxin의 독성

실험동물	투여방법	치사량(㎍/kg)
생쥐(mouse)	피 하	15(LD_{50})
	복 강	11(LD_{50})
	정맥주사	10(LD_{50})
	경 구	180(LD_{50})
	뇌 실 내	0.3(LD_{50})
흰쥐(rat)	피 하	14(LD_{50})
	복 강	12(LD_{50})
	정맥주사	10(LD_{50})
	경 구	147(LD_{50})
토끼(rabbit)	피 하	10(LD_{50})
	정맥주사	2(LD_{50})
	경 구	200(LD_{50})
고양이(cat)	정맥주사	200(LD_{50})
개(dog)	피 하	15(LD_{50})
	피 하	*0.7(LD_{50})
	정맥주사	*0.3(LD_{50})
	경 구	*70(LD_{50})

*: 최소 구토량

▶ 중독 증상

복어 중독의 주 증상은 마비로, 식후 30분 내지 3~6시간 사이에 나타난다. 치사 시간은 가장 짧은 예로는 1시간 30분이며 길어도 8시간 정도이고 4~6시간이 가장 많다. 치사율은 40~80%로 알려져 있으며 증세가 가벼우면 회복이 비교적 빠르나 발증 후 8시간이 지나면 사망하지 않고 반드시 회복된다. 유독 성분인 tetrodotoxin은 흡수 및 배설이 빠르기 때문에 증상도 빨리 나타나고 회복도 비교적 빠른 편이다. 흡수된 tetrodotoxin은 흥분 전도시에 sodium channel에 작용하여 Na^+의 세포막 내로의 투과를 특이적으로 차단하기 때문에 신경마비를 일으킨다고 알려져 있으며 K^+의 투과성에는 영향을 미치지 않는다. Tetrodoxin은 소량이면 진통제로서 지각 신경마비 작용에 이용되므로 류머티스, 신경통에 사용되기도 한다. 전형적인 중독 증상은 다음과 같은 4단계로 구분된다.

① 제1단계: 지각이상

가장 보편적으로 나타나는 초기 증상으로 입술 주위나 혀끝의 지각이 마비되고 저리며 손끝도 저리게 된다. 보행은 가능해도 술에 취한 것처럼 비틀거리며 이어 오심, 구토가 나타난다.

② 제2단계: 불완전 운동장애

촉각・미각의 둔화, 팔다리에 운동장애가 나타나며, 발성장애도 일어나고 호흡곤란을 느끼게 된다. 혈압도 현저하게 떨어지나 건반사는 그대로 나타나고 의식 또한 명료하다.

③ 제3단계: 완전 운동장애

골격근의 완전마비 때문에 운동 불능 상태가 되고, 발성 및 연하곤란이 되고 호흡곤란과 혈압강화가 더욱 심해진다. Cyanosis도 나타나고 의식도 점점 혼탁해지며, 모든 반사기능이 소실된다.

④ 제4단계: 의식소실

의식이 불명해지고, 대개는 호흡이 정지되어 사망에 이른다. 이 시기에도 심박동은 그대로 유지된다. 동물에서는 중독사 직전에 경련을 일으킨다.

한편 임상 증상별로는 지각이상, 운동장애, 혈행장애, 호흡장애, 위장장애, 뇌증 등으로 구분한다.

▶ 복어독의 자연계 분포

Tetrodotoxin은 복어 외에도 캘리포니아 도롱뇽, 개구리, 표범무늬의 낙지, 권패류, 불가사리, 게 등에서도 검출되고 있다.

▶ 예방과 치료

복어요리는 복어요리 전문가에 의해 요리된 것을 섭취하도록 해야 하며 알을 위시하여 난소, 간, 내장 등 유해 부위는 피하고 육질 부위만을 식용해야 한다. 또 폐기된 유독 성분의 처리를 철저히 하여 다른 사람이 주워 먹고 중독되는 일이 없도록 하며, 동결 시 유독 개체에서 독소가 유출되거나 동일 개체에서도 간, 난소 등에서 육질부로 독소가 이행될 우려가 있으므로 주의할 필요가 있다. 해독제는 없으므로 치료는 구토나 위세척 등 대증요법과 혈압상승제, 호흡촉진제나 인공호흡 등을 실시한다. 그러나 대개는 경과가 빨라서 치료가 충분하지 못할 때가 있다.

(2) 시구아테라(Ciguatera) 중독

Ciguatera는 본래 카리브해산 권패 Turbo pica의 쿠바어로 cigua를 어원으로 해서 cigua에 의한 중독을 의미하는 말이다. 그러나 태평양의 열대나 아열대해역, 카리브해, 인도양 등의 산호초 주변에 서식하는 고기에서도 동종의 중독이 자주 발생하고 있다. 유독화된 고기를 요리하거나 날것으로 먹으면 중독을 일으키는데 증상은 12시간 이내에 나타나며, 어떤 때는 독을 섭취한지 수분 이내에 나타나기도 한다. 증상의 정도는 입 주위가 얼얼한 것부터 혼수상태나 사망에 이르는 것까지 다양하나 일반적으로 ① 입 주위나 얼굴이 얼얼함, ② 손이나 발이 얼얼함, ③ 추위나 더위를 교대로 느낌, ④ 마비, 혼수상태, ⑤ 복통, 설사, 구열질, 구토 유발, ⑥ 사지의 근육통, 관절통 호소 등을 나타내지만 치사율은 1% 전후로 낮고 후유증이 있는 경우도 있다. Ciguatera 유독 성분 중 어떤 독은 Na^+의 세포 내 유입을 현저히 증가시킴으로써 복어독과 길항작용이 있으며, 또 어떤 독은 혈관, 소화관 등 평활근에 있어서는 용량 의존적인 수축을 일으키고, Ca^+의 투과성을 증가시켜 특히 평활근 세포 내의 Ca^{2+} 농도를 증가시키는 작용이 있는 것으로 추정되고 있다.

어류의 유독화는 와편모조류인 *Gambierdiscus toxicus*에 의한 것으로 확인되었다. 일본에서는 1949년 독꼬치에 의한 ciguatera중독 사건이 있었으나 우리나라에서는 아직까지는 발생례가 없다.

〈표 1-35〉 Ciguatera 독의 일반적인 특성

유독종	독소 성분	독력(㎍/kg) (마우스복강주사)	주요 증상	비 고
곰치, 부시리, 상어	Ciguatoxin (지용성)	LD_{50} = 0.45	설사, 구토, 관절통	중독예 많다.
C. *striatus*와 그 근연초의 초식어	Maitotoxin (수용성)	최소치사량 0.17	온도감각 이상, 심한 구토	어패류독중 가장 강하다.
대다수의 잡식성 산호초 서식어	Palytoxin (수용성)	LD_{50} = 0.50	눈물, 사지마비, 운동실조	

▶ 유독 성분

ciguatoxin, maitotoxin, scaritotoxin, palytoxin 등이 알려지고 있다. 이중 ciguatoxin($C_{60}H_{86}O_{19}$)은 지용성의 질소 화합물로 사람의 중독에 관여하는 대표적인 것으로 13개의 환으로 된 polyether임이 확인되었다.

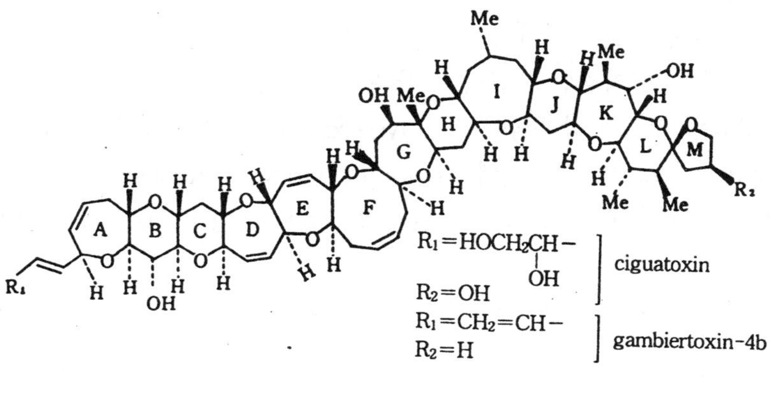

〈Ciguatoxin〉

▶ 유독 성분의 성질

Ciguatoxin은 지용성으로 말초신경과 중추신경계에 작용하여 근육과 신경세포에서 Na^{+}의 투과성을 증대시키며 내열성으로 보통의 조리 조건으로는 불활성화되지 않는다. Maitotoxin은 어패류 독중에서 가장 독성이 강하며 수용성이다. 또한 palytoxin은 산호초에 서식하는 어류에 존재하는 유독 성분으로 수용성이며 중추신경계에 작용하여 사지 마비를 일으킨다.

▶ 중독 증상

독을 함유한 어류의 근육부, 머리, 내장 등을 섭취하면 1~20시간의 잠복기를 거치나 잠복기가 2일인 경우도 있다. 치명률은 일반적으로 낮으며 주된 증상은 위장장애로써 복통, 구토, 설사가 있고, 신경증상으로는 혀, 입술, 사지 및 전신의 마비를 들 수 있다.

(3) 돗돔 중독

돗돔 등의 간장을 다량 섭취하면 급성 비타민 A 과잉증과 비슷한 식중독이 발생한다.

▶ 중독 원인 물질

돗돔의 간장에 함유되어 있는 과량의 비타민 A에 의해서 중독이 발생하는 것으로 알려져 있으며 돗돔의 간장 중의 비타민 A 함량은 10만~20만 IU/g 정도이고 최고 150만 IU/g에 이른다.

▶ 중독 증상

식후 5~7시간, 늦어도 12시간의 잠복기를 거쳐 두통, 발열, 구토 등의 초기 증상을 나타낸다. 이러한 초기 증상이 없어지거나 가벼워지는 1~2일 후부터는 피부박리 증상이 얼굴에서 시작하여 손, 발, 배를 거쳐 온몸에 퍼진다.

(4) 어란독(魚卵毒) 중독

고급 어육 연제품으로 이용되는 장갱이, 일명 바다메기는 그 성숙된 난소에 dinogunellin이라는 특수한 인지질인 어란독이 함유되어 식중독의 원인이 되고 있다. 유독 성분인 dinogunellin은 난소에 함유되어 있는 lysolecithine과 비슷한 특수 인지질로서 1-acylglycerophosphoric acid의 인산기에 asparagin amide와 adenosine이 결합한 특이한 구조를 갖는 내열성 화합물이다. 사람은 난소 20~50g을 섭취하면 중독을 일으킨다.

▶ 중독 증상

권태감, 탈력감, 현기증 등이 따르는 구토, 설사, 복통 등의 소화기계 증상을 나타낸다.

2) 조개류에 의한 중독

일상적으로 섭취되는 조개류 중에는 식중독을 일으키는 강력한 유독 성분이 함유되는 경우가 종종 있다. 수산식품에서 문제가 되고 있는 조개류 독에는 마비성 조개독(paralytic shellfish poison), 설사성 조개독(diarrhetic shellfish poison), 신경성 조개독(neurotoxic shellfish poison), 기억상실성 조개독(amnesic shellfish poison), venerupin 및 tetramin 등이 있다. 이중 우리나라에서 수산업과 공중위생상 문제가 되는 것은 마비성 조개독과 설사성 조개독이며, 최근 수입 수산물에서는 이외에도 신경성 조개독과 기억상실성 조개독에 의한 오염이 새로운 문제로 대두되고 있다.

우리나라에서 조개 생산량은 매년 증가되어 그 생산량은 약 100만 톤에 달하고 있어 이제 조개는 국민의 단백질 공급은 물론 수출 수산물로서도 각광을 받고 있다. 그러나 각종 공장 및 인구의 증가로 인하여 연안 해수의 오염도는 증가일로에 있으며 최근에는 남해안뿐만 아니라 동해안까지지도 적조 현상이 일어나 조개 독화에 많은 영향을 미치고 있다. 이와 같은 조개독은 먹이사슬(food chain)을 통해 유독 plankton에 의해 생성된 독소를 조개류가 섭취하여 체내에 축적하는 외인성으로 알려져 있다. 유독 plankton은 적조(赤潮) 등에 의해서 생성되므로 적조가 발생한 해역에서 잡은 조개류는 섭취를 삼가는 것이 바람직하다.

(1) 마비성 조개 중독(Paralytic shellfish poison: PSP)

마비성 조개 중독을 일으키는 조개류는 섭조개(*Mytilus edulis*), 홍합(*Mutilus coruscus*), 대합조개(*Meretrix lusoria*) 등의 이매패에 의해서 일어난다. 이 조개들의 중독 증상의 특징이 마비이기 때문에 마비성 조개 중독(paralyic shellfish poisoning)이라 부른다. 우리나라에서는 섭조개, 홍합에 의한 중독이 최근 빈발하고 있다. 마비성 조개 중독의 최초의 사건은 1970년 알리스카의 sitka 부근에서 홍합을 먹고 100명이 2시간 이내에 사망한 것이 최초의 보고이었고 그 후 미국, 케나다의 대서양과 태평양 연안, 그리고 일본 각지에서 발생하였으며 미국의 경우 1930년부터 1954년 켈리포니아 주에서만 373명이 중독되어 30명이 사망한 바 있다. 우리나라에서는 1986년 부산 감천만에서 폐선 밑바닥에 붙어 있는 섭조개를 먹고 11명이 중독되어 2명이 사망한 바 있으며 1996년에는 거제도 외포리에서 방파제에 붙어있는 섭조개를 끓여먹고 2명이 사망 1명이 의식불명에 이른 사고가 발생한 바 있다.

마비성 조개독은 와편모조류의 일종인 *Alexandrium sp.*, *Pyrodinium sp. Gonyaulax catenella* 등의 해양 식물성 플랑크톤이 생산하는 신경마비독으로 이들 유독 플랑크톤을 조개가 섭취함으로써 그 중장선이나 흡·배수강에 축적된 것을 사람이 섭취하면 증세가 발생한다. 우리나라는 5~10월경에 중독 사건이 발생하고 유독화의 조건은 조개류에 따라 다르다.

▶ 유독 성분

섭조개에 의해서 발생하였기 때문에 처음에는 섭조개독(mytilotoxin)이라 하였고 그 후 1962년 미국의 Rapport에 의해 saxitoxin이라 명명하였다. 그 후 Oshima 등의 연구에서 마비성 조개독에는 여러 종류의 성분이 존재한다는 것이 밝혀져 현재는 saxitoxin group, gonyautoxin group, N-sulfocarbamoyl toxin group, decarbamoly toxin group, dexoydecarbamoyl toxin group 등 20 종류 이상이 알려져 있다.

▶ 마비성 조개독에 의한 식중독 경로

마비성 조개독의 원인 플랑크톤을 섭취하는 1차 포식자는 이매패, 게, 원생동물, 연체동물, 절족동물 등이 있으며 고차 포식자로는 육식성 권패 등이 있고 최종적으로 사람이 이들을 섭취하여 식중독에 걸리고 심하면 사망하기도 한다. 그러나 대부분은 유독화된 이매패에 의해서 발생한다.

▶ 유독 성분의 성질

내열성으로 중성이나 산성에서는 열에 안정하고 알카리성에서는 가열에 의하여 쉽게 불 활성화된다.

▶ 유독 성분의 독성

유독 성분은 그 독력이 *Clostridium botulinum* type A의 독력에는 미치지 못하나 저분자독 중에서는 복어독과 같은 맹독성이며 청산나트리움(NaCN)의 1,000배에 달하는 강력한 독소로 알려져 있다. 현재 인정되고 있는 사람에 대한 최소 치사량은 saxitoxin의 경우 0.5mg(600μg, 3,000MU) 정도이다.

(Saxitoxin LD_{50}=5~10μg/kg(생쥐 복강내 주사), gonyautoxin-2 LD_{50}=12μg/kg)

▶ 부위별 독력

마비성 조개독은 조개종이나 계절에 따라 부위별로 독소 함량이 다르다. Medcof에 의하면 케나다 대서양 연안 패류들을 대상으로 부위별 독력을 조사한 결과 여름에는 대부분의 패류가 중장선에 가장 많은 독소를 함유하고 있으며 그 다음이 아가미와 생식선이었으며 수관부(水管部)와 육질부에는 비교적 독성이 낮았고 가을에는 모시조개의 경우 중장선의 독성이 낮은 반면 아가미 부분이 주 축적 부위였으며, 진주담치와 가리비는 중장선이 주 축적부위였다.

▶ 임상 증상

증상은 대단히 급격히 진행된다. 통상 식후 30분경에 입술, 혀, 잇몸, 안면 등의 마비로 시작하여 사지가 마비되고 기립 보행이 곤란해진다. 심하면 언어장애, 운동장애가 오고 몸이 떠는 것같이 느껴진다. 침흘림, 두통, 입마름, 심장박동항진, 연하곤란, 근육통이 나타나기도 하고 메스꺼움, 구토, 복통 등 소화기계 장해도 수반된다. 의식은 사망 직전까지 비교적 뚜렷하고 마비가 진행되면 호흡마비로 사망한다. 보통 12시간 이내에 사망하지만 이 기간을 넘기면 회복되는 수가 많다. 치명률은 10% 정도이다. 마비 증상은 독이 근육 및 신경세포의 Na^+이온 channel에 선택적으로 흡수되어 세포 내로의 나트륨 이온의 유입을 차단하기 때문에 일어난다.

▶ 예방법 및 치료

적조가 발생한 수역의 조개류 섭취를 삼가고 마비성 조개 중독의 발생 지역에서는 정기적으로 조개를 채취해서 독성을 검사하고 독성이 규제치를 넘는 경우에는 조개의 식용을 금지하여야 한다. 또 독은 중장선에 거의 국한되어 축적되므로 이를 제거하면 중독을 예방할 수 있다. 우리나라에서는 마비성 조개독의 허용 기준을 조개류 및 그 가공품 100g당 80㎍ 이하로 규정하고 있다.

중독되면 특별한 해독제가 없으며 위장 세척보다는 apomorpine의 투여가 효과적이며 호흡곤란 증세가 있으면 인공호흡도 유력한 방법 중의 하나이다. 알코올은 유독 성분의 흡수를 촉진시키므로 음주는 매우 위험하다. 일반적인 방법으로는 더운 물을 마시면 구토제로서의 역할뿐만 아니라 배뇨작용에 의한 유독 성분의 배출을 촉진시키는 효과가 있다.

(2) **설사성 조개독**(Diarrhetic shellfish poison: DSP)

1976년 여름 일본의 미야키현의 진주담치를 먹고 설사를 주증상으로 하는 집단 식중독이 최초의 보고로, 일본을 비롯해서 네델란드, 칠레, 스패인 등에서 발생례가 많지만 우리나라의 경우 설사성 조개독에 의한 대규모 식중독 사고는 보고된 바 없다. 패류 양식지가 밀집한 남해안 지역에서 진주담치와 굴, 피조개에서 설사성 조개류독이 검출되고 있으며 동해안에서도 여름철에 가리비를 먹고 식중독을 일으키는 현상이 발생되고 있다.

유독화 조개류는 진주담치, 가리비, 바지락, 민들조개 등이며, 유럽에서는 주로 진주담치가 많이 유독화되고 독소는 중장선에 축적된다.

▶ 독소 생산 원인 플랑크톤

설사성 조개독을 생산하는 원인 생물은 와편모조 플랑크톤으로 이것을 섭취한 이매패가 유독화된다. 유독화 원인종은 *Dinophysis fortii*로 동정되었지만 *D. acuminata, D. caudata, D. acuta, Prorocentrum balticum* 등도 유독종으로 추정되고 있다.

▶ 유독 성분

설사성 조개독의 유독 성분으로는 okadaic acid, dinophysistoxin-1~3, pectenotoxin-1~6, 마우스에 독성을 가지는 yessotoxin 등이 분리되어 대부분의 화학적 구조가 밝혀졌다. 주 성분은 dinophysistoxin-3으로 전독량의 40% 이상을 차지하는 것으로 추정되고 있다. 그 다음으로 많은 것이 dinophysistoxin-2로 10~20%, dinophysistoxin-1, pectenotoxin-1, pectenotoxin-2는 각각 10% 전후이다. 이 유독 물질들은 물에 녹지 않고 methanol, ether, acetone 등의 유기 용매에는 녹는 성질이 있기 때문에 처음에는 지용성 조개독이라고 명명되었으나 1981년에 설사성 조개독으로 개명되었다.

▶ 유독 물질의 성질

내열성이며 생쥐에 대한 최소 치사량은 28㎍/kg이고 사람의 중독량은 12MU 정도에서 발병이 가능하다.

▶ 중독 증상

잠복기는 30분~10시간으로 독력과 독량에 따라 상당한 차이가 있으나 가장 발증률이 높은 것은 설사이고 매스꺼움, 구토, 복통 등의 소화기계 장애가 주증상이다. 발열은 거의 없고 복통은 장염비브리오보다는 가볍다. 70% 정도의 환자가 식후 4시간 이후에 발증하지만 3일 후에는 거의 회복되고 경과도 좋다. 사망하는 일은 거의 없다.

(3) 모시조개 중독

모시조개(바지락, *Venerupis semidecusata*)나 굴(*Crassostrea gigas*) 등이 유독 plankton을 섭취하여 그 중장선에 유독 성분이 축적, 유독화된 것이 원인이 되어서 발생되는 식중독으로 1942년 일본에서 모시조개(*Venerupis semidecusata*)에 의해 334명이 식중독을 일으켜 114명이 사망한 사건이 있어 모시조개 중독이라 하였다. 우리나라에서도 1968년과 1969년 거제도에서, 1974년 삼척, 속초 등지에서 발생한 바 있다. 유독화 시기는 계절에 따라 차이가 있으나 대체로 2~4월이 된다.

▶ 유독 성분

유독 물질은 venerupin($C_6H_{15}NO_3$)으로 바지락의 학명인 *Venerupis semidecusata*에 따라 붙혀진 이름이다.

▶ Venerupin의 성질

담황갈색의 흡습성 물질로 그 화학적 구조는 밝혀지지 않았으나 내열성이고 pH 5~8에서는 100℃, 1시간 가열에도 불활성화되지 않지만 pH 9.0 이상에서는 오래 가열하면 불활성화된다. 물, methanol에는 잘 녹으나 ether, ethanol에는 녹지 않는다. Venerupin은 강력한 간장독으로 생쥐에 대한 치사량은 5mg/kg이다.

▶ 중독 증상

잠복기는 12시간~1주일 정도이며 대부분 1~2일이고 길 때에는 2주일의 잠복기를 가지기도 한다. 임상 증상은 초기에는 불쾌감, 전신권태, 오심, 구토, 변비, 두통 등이 있다. 특히 초기에 배, 목, 다리 등에 적색~암갈색의 피하 출혈 반점이 나타나며 황달현상도 나타난다. 중증일 경우 뇌증상, 의식의 혼탁과 불안 상태가 계속되며 치아의 출혈, 토혈, 혈변을 수반한다. 예후는 일반적으로 좋지 않고 간장장애가 장기간 지속되는 경우가 많다. 중증일 경우에는 발병 후 10시간~7일 이내에 사망하며 치사율은 비교적 높아서 44~50%나 된다.

(4) 신경성 조개독(Neurotoxic shellfish poison: NSP)

미국의 플로리다 주에서는 옛날부터 와편모조 *Gymnodium breve*에 의한 적조가 빈번히 발생하고, 이 플랑크톤이 생산하는 독소인 breve toxin에 의하여 독화된 굴 등을 먹고 사람이 중독된 사례가 보고되고 있다. 섭취 후 수시간이 지나면 입안이 짜릿짜릿해지고 얼마 지나지 않아 얼굴, 목, 몸 전체로 퍼지면서 술에 취한 것 같은 상태가 되며, 동공확산, 운동실조, 설사 등의 증상이 나타난다. 또 유독화된 굴을 먹지 않아도 적조의 비말을 흡입한 것만으로도 호흡계 장애가 나타난다는 보고도 있다. 1992년 뉴질랜드에서 이 매패를 먹고 60명이 중독되었다. 중독 원인 물질로서는 breve toxin이 추측되었고 신경성 조개독에 의한 중독으로 의심되었다. 일본이나 우리나라에서는 신경성 조개독에 의한 중독 보고는 없다.

(5) 기억상실성 조개독(Amnesic shellfish poison: ASP)

1987년 11월부터 12월에 걸쳐 진주담치를 먹고 사망자를 수반하는 식중독 사건이 캐나다 동해안에서 발생하였다. 환자 107명중 4명이 사망하고 12명이 기억장애가 발생하여 이 식중독을 기억상실성 조개독이라 하였다. 중독의 주 증세는 위장 및 신경장애이고 원인물질은 Domoic acid로 밝혀졌다. Domoic acid는 L-kainic acid와 L-glutamic acid와 마찬가지로 뇌신경계에 있어서 주요한 전달 물질인 흥분성 아미노산이다. Domoic acid는 원래 홍조류로부터 분리되었지만 해인초로부터 추출한 kainic acid와 같이 구충효과를 나타낸다. 일본에서는 과거 아동에게 이들 해조를 먹여 기생충을 구제하기도 하였다. 문제의 Domoic acid는 어느 규조류로부터 유래되는 것으로 알려져있다. Domoic acid의 양과 증상의 관계에 대해서는 60~100mg으로 경증, 115~290mg으로 중증의 신경장애를 일으킨다.

미국과 일본에서는 Domoic acid의 규제치를 20ppm으로 설정하고 있지만 우리나라에서는 Domoic acid에 의한 어패류의 독화 상황은 아직 발생례가 없어 이에 대한 규제치도 없다.

(6) 문제점 및 대책

패류의 유독화 문제는 국민이나 패류 양식업자에게 공지시켜 사전에 식중독 사고를 방지해야 하며 패류에 의한 중독사고를 방지하기 위한 일반 소비자와 양식업자들에 대하여 다음과 같은 위생교육이 실시되어야 할 것이다.

첫째: 마비성 조개독은 사람에게 강력한 독성 물질 중의 하나이다.

둘째: 만(灣)에서 서식하는 조개류들이 유독화가 잘 된다.

셋째: 중금속이나 해안의 기름, 물의 오염 등은 마비성 조개독에 의한 조개 독화와는 관계가 없다.

넷째: 유독화된 패류와 정상 패류는 실험에 의하지 않고는 구별할 수 없다.

2. 식물성 자연독

식물성 자연독이란 자연적으로 식물에 존재하는 유독 성분에 의한 식중독을 말하는 것으로 식물성 식중독의 원인으로서는 ① 식용해도 되는 것으로 잘못 알고 있는 경우(독버섯 등), ② 유독 부위가 제대로 재거되지 않은 경우(감자 등), ③ 특정 시기에 유독화 된 것을 모르고 섭취한 경우(청매 등) 등이 있다. 유독 성분에 따라 분류하면 다음과 같다.

첫째, 청산 배당체를 함유하는 것(오색두, 청매, 은행 등)

둘째, alkaloid를 함유하는 것(hyoscyamine)

셋째, 기타 배당체를 함유하는 것(감자)

넷째, 불명인 것(phytolaccation) 등으로 나눌 수 있다.

1) 독버섯

우리나라에서 자연독 중 가장 으뜸을 차지하는 것이 독버섯에 의한 식중독이다. 버섯독의 본체는 그 대부분이 alkaloid에 속하지만 이것을 별도로 문제 삼는 것은 최근까지도 자연독으로서는 최고의 중독률을 보이고 있기 때문이다. 가을의 미각으로서 중요한 버섯에는 야생품을 채집하여 식품으로 이용하는 것이 많으나, 일반적인 버섯 채집에 있어서 유독종을 잘못하여 먹는 수가 있으므로 중독을 일으키는 것이다. 우리나라에는 약 885종의 버섯종이 있는 것으로 기록되어 있으며 식용버섯이 100여 종, 독버섯이 50여 종인데 그 중 20여 종은 맹독성으로 먹으면 생명을 위협받게 되고, 먹으면 반드시 사망한다는 맹독성 버섯으로는 10여 종이 있다. 우리나라 산간 지방에서는 버섯의 발생에 적합한 계절인 가을철에 버섯 중독 사고가 종종 발생하고 있다. 특히 여름철 산행 중 버섯을 많이 보게 되는데 이때에는 반드시 독버섯인지 판별 후 섭취해야 한다. 일반적으로 이용되고 있는 독버섯의 감별법은 신뢰성에는 의문이 있으나 종래부터 전해 내려오는 것은 다음과 같다.

첫째, 버섯의 살이 새로로 갈라지는 것은 무독하고 가로로 갈라지는 것은 유독하다

둘째, 색이 매우 아름답고 색다른 맛이나 향이 있는 것은 유독하다.

셋째, 줄기가 거칠거나 점조성인 것은 유독하다.

넷째, 쓴맛, 신맛을 내는 것은 유독하다.

다섯째, 버섯을 끓였을 때 나오는 증기에 은제 식기가 검은색으로 변하면 유독하다.

여섯째, 냄새가 이상하거나 맛이 쓰고 자극성이 있는 경우는 유독하다.

일곱째, 곤충이나 동물이 먹은 흔적이 없는 경우는 대부분 유독하다.

여덟째, 음지에서 발생하는 버섯은 대부분 유독하다.

아홉째, 젖은 퇴비 젖은 후두목 등에 자생하는 버섯은 대부분 유독하다.

열번째, 잘 부서지는 경우 유독하다.

이상의 것들은 정확한 것은 아니므로 각자가 버섯에 대한 올바른 감별법을 익혀야 한다.

▶ 독버섯의 종류

알광대버섯, 광대버섯, 독깔대기버섯, 화경버섯, 갈황색미치광이버섯, 마귀곰보버섯, 두엄먹물버섯, 외대버섯, 땀버섯, 목장말똥버섯, 붉은싸리버섯, 노랑다발버섯, 무변색무당버섯, 큰붉은젖버섯, 독청버섯, 무당버섯, 독우산버섯 등이 독버섯으로 알려져 있다.

▶ 독버섯의 독성 분류

미국의 Lincoff와 Mitchell(1977)은 버섯의 독성을 다음과 같이 5군 8그룹으로 분류하였다.

(1) 간장, 신장에 장애를 주는 치명적인 독

① 환상 peptide(amanitin) 등에 의한 것: 독우산광대버섯, 알광대버섯, 흰알광대버섯 등

② gyromitrin에 의한 것: 마귀곰보버섯, 안장버섯속의 일부

(2) 주로 자율신경계에 작용하는 것

③ 술(알코올)과 함께 섭취하였을 때 중독되는 것: 두엄먹물버섯, 배불뚝이깔대기버섯 등

④ muscarin 중독: 땀버섯속 대부분, 깔대기버섯속 일부, 적색인 그물버섯속의 일부

(3) 주로 중추신경계에 작용하는 독

⑤ ibotenic acid, muscinol 등에 의한 것: 광대버섯, 마귀광대버섯 등

⑥ psilocybin, psilocin에 의한 환각을 일으키는 것: 목장말똥버섯, 좀말똥버섯, 검은 띠말똥버섯 등

(4) 위장형을 자극하는독(구토, 설사, 복통)

⑦ illudin S, fasciculol, choline 등에 의한 것: 순서대로 화경버섯, 노랑버섯, 삿갓외대버섯 등

(5) 손발 끝의 종창(腫脹), 괴사 등의 통증을 유발하는 것

⑧ glyzicin 등에 의한 것: 독깔대기버섯

▶ 독버섯의 중독 증상

독버섯의 중독 증상은 독성분의 종류, 함량, 섭취량, 섞여있는 다른 종류의 독버섯, 섭취자의 건강 상태나 체질 등에 따라서 다르게 나타날 수 있다. 일반적인 증상으로는 버섯의 함유하고 있는 성분에 따라 달라지는데 대개 홍조, 현기증, 호흡곤란, 혈압강화, 시신경장애, 발한, 구토, 경련, 설사, 눈물흘림 등 독버섯의 종류에 따라 다수의 증세가 나타나는데 대체적으로 6~10시간 후 증상이 나타나나 빠른 경우는 섭취 후 20분 내지 2시간 후에 나타나기도 한다. 독버섯에 의한 중독은 세계적이어서 Ford, W.W는 독버섯에 의한 중독 증상을

① 위장장애형: 화경버섯, 외대버섯 등

② 콜레라상 증상형: 알광대버섯, 독우산광대버섯 등

③ 신경계장애형: 광대버섯, 마귀광대버섯, 땀버섯 등

④ 혈액독형: 마귀곰보버섯 등

⑤ 뇌증형: 미치광이버섯, 외대버섯 등의 5개로 분류하였고, Husemann은 독버섯의 중독증상을 ① 위장형 중독: 주로 위장 카타르의 증상을 나타내며 구토, 복통, 설사, 허탈 등의 증상을 나타낸다(무당버섯, 화경버섯).

② 콜레라형 중독: 심한 위장염 증상을 나타내고 허탈, 경련, 헛소리, 혼수상태를 일으키고 때때로 황달, 혈색소뇨, cyanosis를 일으킨다(알광대버섯, 독우산버섯).

③ 뇌증형 중독: muscarine을 함유하는 경우에는 침흘림, 지맥, 축동(縮瞳) 등의 부교감신경의 자각증상을 나타내고, amanitatoxin을 함유하는 경우에는 산동(散瞳), 소광상태(騷狂狀態), 근육경직 등의 증상을 나타낸다(광대버섯).

▶ 독버섯의 유독 성분

버섯류는 정확하게 감정하기가 어렵고, 생육 기간이 짧아서 연구 재료로 수집이 힘들기 때문에 그 유독 성분이 아직 완전히 밝혀지지 못하고 있는 실정이다. 지금까지 알려

진 유독 성분은 버섯의 종류에 따라 다른데 중요한 것은 다음과 같다.

〈표 1-36〉 주요 독버섯의 종류 및 증상

종 류	독성분	독 성	잠복기	증 상
알광대버섯 흰알광대버섯 독우산광대버섯	amanitatoxin	맹독 (치명적)	6~12시간	구토, 설사, 간 및 신장장애, 경련, 혼수 사망률 70%
광대버섯 파리버섯 땀버섯	muscarine	강독	1~2시간	구토, 설사, 어지러움, 시력장애, 흥분, 의식불명
화경버섯 노랑버섯 외대버섯	lampterol 또는 illudin	독		심한복통, 구토, 설사, 호흡장애
독깔대기버섯	critidine	독	수일	손발말단 통증, 환부 붉게 부음, 증세 지속기간이 김(1개월)
미치광이버섯		독		구역질, 현기증, 신경계통 자극에 의한 흥분으로 평형감각 상실, 환각, 실신 회복이 빠름(1일)

(1) Muscarine[$CH_2(CHO)N(CH_3)_3OH$]

땀버섯, 광대버섯, 마귀광대버섯 등에 함유되어 있는 alkaloid의 일종으로 맹독성이며 부교감신경 말초를 흥분시켜서 침흘림, 심한 발한, 동공수축, 호흡급박 등과 함께 체액의 분비항진 위장경련성 수축, 구토, 설사, 방광 자궁수축 등을 일으킨다. 사람에 대한 치사량은 피하주사 3~5mg, 경구 투여 0.5mg 정도이다.

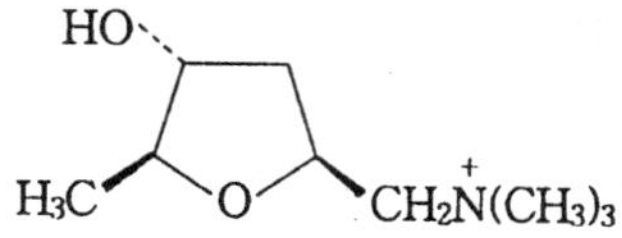

〈muscarine〉

(2) Muscaridine

광대버섯에 주로 많이 함유되어 있으며 atropine과 비슷한 뇌증상, 동공확대, 일과성 소광상태(騷狂狀態) 등의 증상을 일으킨다.

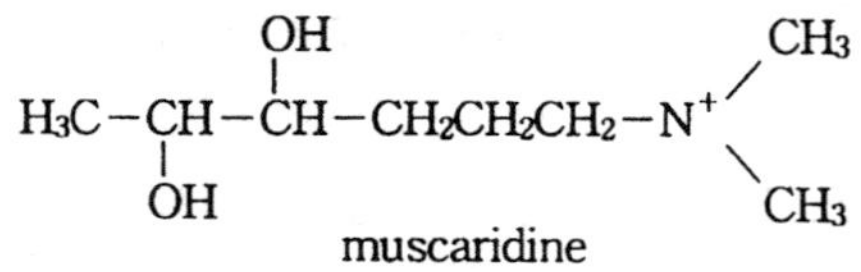

muscaridine

(3) Amanitatoxin

버섯독 성분 중 가장 맹독성으로 알광대버섯, 흰알광대버섯, 독우산버섯, 붉은 점박이 광대버섯 등에 함유되어 있으며 생리 생화학적인 성상에 의해 amatoxin군과 phallotoxin군 등으로 구분되며, 이들 모두 환상 peptide구조를 가진다. 중독 증상은 섭취한 후 10~20시간의 잠복기를 거쳐 복통, 강직, 콜레라와 같은 증상을 나타내고 대개는 2~4일 내에 사망한다.

〈표 1-37〉 Amanitatoxin의 독성

독성분	LD_{50}(mg/kg[a], 생쥐)	독성분	LD_{50}(mg/kg[a], 생쥐)
amatoxins		phallotoxins	
α-amanitin	0.30	phallacidin	2 .5
β-amanitin	0.50	phallisin	2 .5
γ-amanitin	0.15	phalloidin	2 .0
ε-amanitin	0.50	phalloin	1 .8
amanin	0.50	phallin	15
amanullin	nontoxic		

a: 정맥내 또는 근육내 투여 [자료: Wieland and Wieland, 1972]

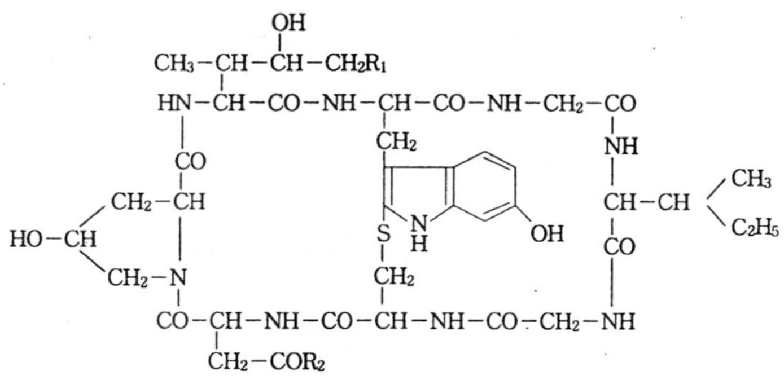

	R_1	R_2
α-amanitin	OH	NH_2
β-amanitin	OH	OH
γ-amanitin	H	NH_2

〈amanitatoxin〉

(4) Cholin[$CH_2(OH)CH_2N(OH_3)_3OH$]

외대버섯 등 많은 독버섯에 함유되어 있으며 담즙, 뇌수, 난황 등의 동물조직 중에서는 유리상태이거나 결합형으로 존재하며 muscarine과 유사한 중독 증상을 유발하고 독성이 약한 편이다.

(5) Neurin[$CH_2=CH \cdot N(CH_3)_3OH$]

단백질의 부패 작용에 의하여 cholin으로부터 생성되며 주요 증상은 호흡곤란, 설사, 경련, 사지마비 등 muscarine과 유사한 증상을 나타낸다.

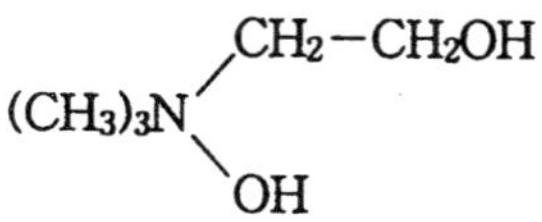

choline

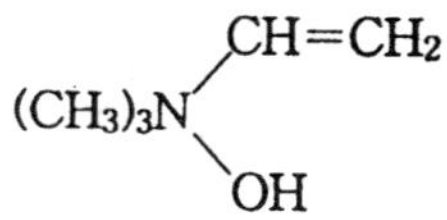

neurine

(6) Phaline

알광대버섯, 독우산광대버섯의 유독 성분으로 일종의 배당체 맹독성이고 강한 용혈작용이 있다. 중독증상은 콜레라성의 증세를 나타낸다.

(7) Agaricic acid

말굽잔나비버섯의 유독 성분으로 위장카타르, 설사, 구토, 두통 등을 일으키지만 독성은 강하지 않다. 이 독소는 생약으로서 복통, 안질 등에 효과를 주기도 한다.

(8) Pilztoxin

균독소라고도 하며, 광대버섯, 마귀버섯 등의 유독 성분으로 열이나 건조에 약하다. 중독 증상은 반사항진, 평형장애, 강직성 경련을 등을 일으킨다.

2) 감자

감자는 일상적으로 많이 섭취하는 식품 중의 하나로 가격이 비교적 저렴하여 가정에서 뿐만 아니라 회사의 구내식당, 학교, 기숙사 등에서 많이 이용하다가 유독 성분에 의해 식중독이 발생하여 사망하는 경우도 있다.

▶ 유독 성분

감자 중에 존재하는 유독 성분은 solanidine 배당체인 solanine($C_{45}H_{73}NO$)으로 steroid골격을 가지는 solanidine($C_{27}H_{43}NO$)에 galactose, glucose, rhamnose가 결합된 것이다.

$$C_{16}H_{11}O_4\text{-}O\text{-}C_6H_{10}O_4\text{-}O\text{-}C_6H_{16}O_4\text{-}O\text{-}O_{24}H_{42}N$$

rhamnose galactose glucose solanidine

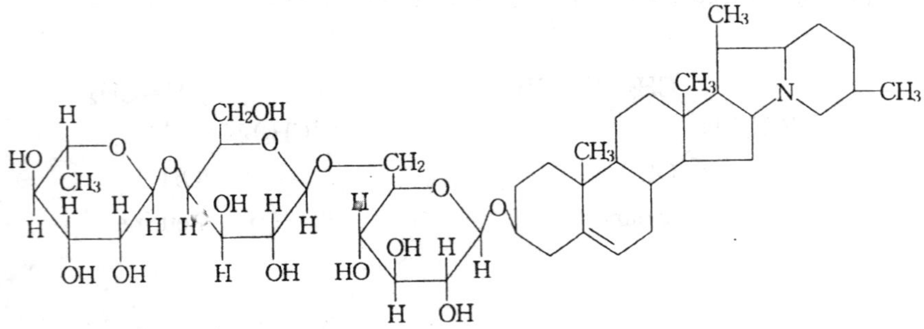

solanine

정상적인 감자의 경우 0.001~0.05%의 solanine이 함유되어 있지만 이 정도의 량은 인체에 별 문제가 되지 않는다. 싹이 튼 발아 부위와 햇빛에 노출되어 생기는 녹색 부위에는 solanine의 함량이 증가하게 되는데 그 함량이 0.2~0.48g/kg 이상일 때는 중독의 위험성이 있으므로 주의해야 한다.

▶ Solanine의 성질

solanine은 수용성으로 보통조리에 의해서 제거되지만 열에는 비교적 안정하므로 보통의 조리방법으로는 파괴시킬 수 없다. 생체 내에서 cholinesterase의 저해작용이 있어서 용혈, 운동중추마비, 국소자극 등의 작용을 나타낸다. 토끼에 대한 LD_{50}=0.45g/kg 이고 사람의 경우 25mg~40mg 정도이다.

▶ 중독 증상

중독 증상은 수 시간의 잠복기를 거쳐 복통, 구토, 설사, 발열, 의식불명, 두통, 언어장애, 현기증, 졸음 등의 증상이 발생한다. 한편 썩은 감자에는 sepsine이 있어 식중독을 발생하기도 한다.

〈표 1-38〉 감자의 부위별 solanine 함량

부 위	Glycoalkaloid(mg/100g 생체 중)
괴근조직	
괴근 전체	7.5
표피(2~3%)	30~60
껍질(10~15%)	15~30
껍질, 눈(3mm폭)	30~50
살(flesh)	1.2~5
쓴 감자 전체	25~80
쓴 감자 껍질	150~220
식물체	
싹	200~400
꽃	300~500
줄기	3
잎	40~100

3) Cyan 배당체 함유식물

자연계의 여러 식물 중에는 각종 cyan 배당체들이 널리 분포(식용식물에도 분포)되어 있다. 미숙한 매실이나 살구씨, 복숭아씨 등에는 cyan배당체인 amygdalin이, 오색콩에는 acetone cyanhydrin과 glucose가 결합된 phaseolunatin이, 수수에는 dhurrin, 벚나무속의 미숙 과일 종자에는 prunasin이 각각 함유되어 있다. 이들 cyan배당체들은 체내에서 가수분해 효소에 의해 가수분해되어 청산(HCN)을 유리하고 청산은 호흡효소계의 cytochrome oxidase를 저해하여 조직 호흡을 급속히 저하시키므로서 치명률이 높은 식중독의 원인이 된다.

▶ 중독 증상

두통, 구토, 설사, 복통 소화불량 등의 소화기계증상을 시작으로 호흡곤란, 전신의 강직성 경련을 일으키고 중증인 경우에는 호흡중추의 마비로 사망하게 된다.

▶ 예방

장시간 가열하여 HCN을 휘발시키거나 물로 여러 번 씻어서 제거하여야 한다.

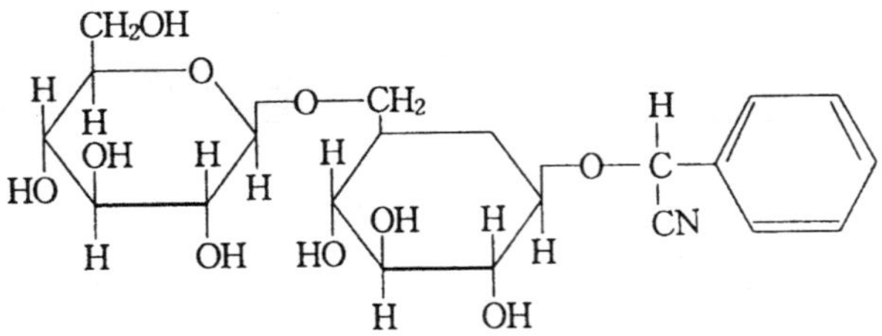

amygdalin

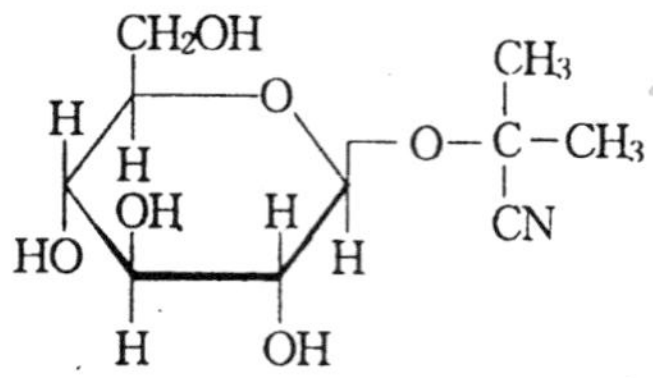

phaseolunatin

4) 목화씨

목화씨에는 기름이 많이 함유되어 있어서 면실류의 제조에 이용되고 있다.

▶ 유독 성분

목화의 종자, 뿌리, 줄기에는 polyhydroxy napthalene의 유도체인 gossypol($C_{10}H_{30}O_8$)이 함유되어 있어 정제가 불충분한 면실유와 기름을 짠 후의 종자단백을 식용하면 식중독을 일으킨다. Gossypol 섭취 시 생체가 이용할 수 있는 lysine과 결합하여 lysine의 기능을 저해할 뿐만 아니라 항산화 작용을 가지고 있으나 그 독성 작용이 더 문제가 되므로 제거하여야 한다. 대부분 정제 시 제거된다.

▶ Gossypol의 성질

묽은 수산화나트륨 용액에 용해되므로 쉽게 기름에서 분리, 제거할 수 있으며 가열에 의해서도 어느 정도 분해된다.

▶ 중독 증상

중독 시에는 심부전증, 심장비대, 간장장해, 황달, 출혈성 신염, 신장염 등의 증상이 나타난다.

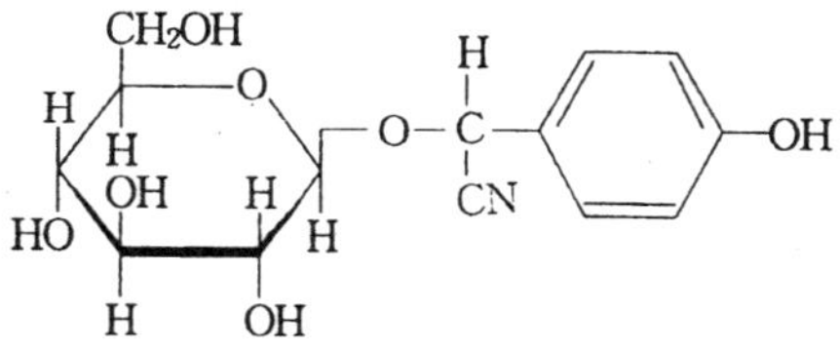

dhurrin

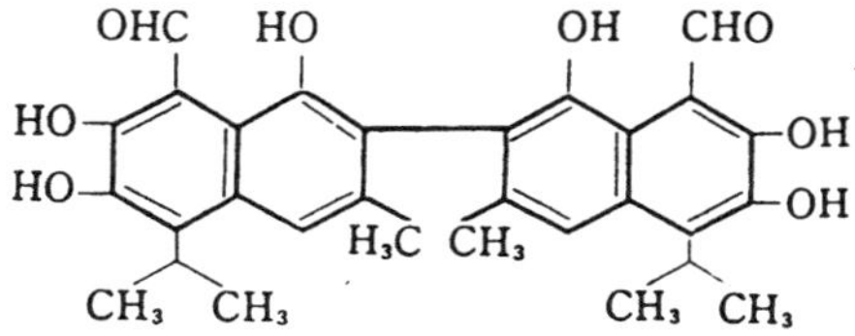

gossypol

5) 피마자

피마자씨(아주까리)의 종자에는 식중독을 유발하는 유독 물질이 함유되어 있어 이로부터 얻은 피마자유나 그 박(粕)에 의해 중독을 일으키는 경우가 있다.

▶ 유독 성분

피마자유에는 ricin과 alkaloid 독소인 ricinin, allergy성 증세를 일으키는 allergen이 있으며 allergen은 박 중에 다량으로(6~9%) 함유되어 있다.

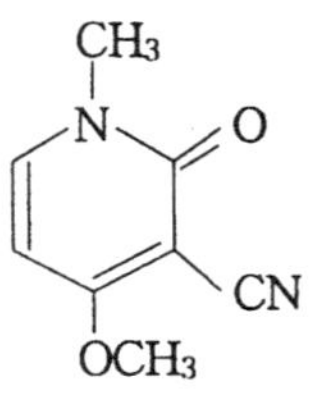

ricinine

▶ 유독 물질의 성질

ricin은 피마자 이외에 많은 식물의 잎, 뿌리 및 구근과 특히 콩과 식물의 종자에 널리 분포되어 있는 독성이 강한 유독 성분으로 적혈구를 응집시키는 식물성 hemagglutinin 또는 phytagglutinin이라는 특수한 단백질이다. 또한 ricinin은 독성이 약한 alkaloid로 아주 소량으로 존재하기 때문에 별 문제가 되지 않는다. Allergen은 내열성이기 때문에 불활성화되기 어렵고 피마자 박중에 많이 함유되어 있다.

▶ 중독 증세

복통, 구토, 설사와 allergy증세 등을 나타낸다.

6) 은행

은행나무의 종자인 은행에는 과량 섭취했을 경우 식중독을 유발하는 유독 성분이 함유되어 있다.

▶ 유독 성분

은행의 유독 성분은 비타민 B_6인 pyridoxin의 4번 위치가 methyl화된 4-methoxypyridoxin으로 이물질은 anti-vitamine B_6 작용이 있어서 실험 동물의 강직성 경련을 나타낸다.

▶ 중독 증세

어린아이가 과량 섭취하면 구토 후에 의식을 잃고 심한 간질 모양의 경련을 반복하며 때로는 사망하게 된다.

7) 콩류

대두, 완두콩, 땅콩, 강낭콩에는 protease 활성의 억제 물질인 trypsin inhibitor와 강한 용혈작용 물질인 saponin과 sapogenin이 들어있다. 대두에는 5~6종 이상의 트립신 억제 물질이 존재하며 이들은 protease의 구조를 변형시켜 효소 기능을 상실케 한다. 그러나 가열처리로 억제 물질은 그 활성을 잃는다. saponin은 가열 조리 과정에서 거의 영향을 받지 않지만, 대두에 함유된 소량(0.5%)으로는 유해 작용을 가져오지 않는다.

8) 독미나리

독미나리는 umbelliferae의 다년생 초목으로 겉모양은 미나리와 비슷하지만 대형이므로 구별하기가 쉽다.

▶ 유독 성분

유독성분은 cicutoxin($C_{10}H_{26}O_3$)으로 주로 지하경(地下莖)에 많다.

▶ 중독 증세

수분~2시간 정도의 잠복기를 거쳐 심한 위통, 구토, 현기증, 경련, 발한에 이어 정신착란 등이 일어나고 중중일 때는 호흡마비로 사망한다.

9) 독보리

화본과에 속하는 밀과 비슷한 잡초로서 그 씨가 혼입된 것을 밀가루로 만들어 식용하면 중독을 일으킨다.

▶ 유독 성분

독보리씨에는 유독 alkaloid인 temulin 이 약 0.06% 함유되어 있다. 독성분은 종피와 배유 사이에 균이 번식하여 생산된다는 설과 식물 자신이 생산한다는 설이 있다.

▶ 중독 증상

두통, 현기증, 무기력, 귀울림, 구토, 위통, 설사 등이며 중증일 때에는 배뇨곤란, 식은땀, 허탈, 경련, 혼수 등을 일으키며 사망하는 경우도 있다.

10) 독공목

독공목은 산과 들에 자생하는 높이 1.5m 내외의 낙엽관목으로 열매는 단물이 있기 때문에 특히 어린이들이 뽕나무열매(오돌개)로 오인하여 섭취하면 중독된다.

▶ 유독 성분

유독 성분은 coriamyrtin($C_{15}H_{18}O_5$)과 tutin($C_{15}H_{18}O_5$)이며 경련독이다.

▶ 중독 증상

구토, 동공축소, 전신경직, 경련 등이며 사망하는 경우도 있다.

〈표 1-39〉 식용식물과 오인되기 쉬운 유독 식물의 종류 및 증상

식 품 명	유독 성분	증상 및 특징
바꽃 (오두, 초오, 투구꽃)	aconitine	중추신경 마비작용, 구순염, 사지의 마비, 위의 타는 듯한 느낌, 언어·연하장애, 호흡마비, 식용나물과 오인섭취, 화분이나 벌꿀에도 함유
독미나리	cicutoxin	미나리와 비슷하여 오인 섭취, 크기가 크며 뿌리, 줄기로 식별, 위통, 구토, 경련
흰독말풀	hyoscyamine scopolamine atropamine	강증, 심박촉진, 경련, 혼수, 치사, 부교감신경 및 중추신경 억제에 의한 증상
디키탈리스	digitoxine	설사, 구토, 심장장애, 캄프리와 유사하여 오인섭취
박새	jervine verotiamine	구토, 설사, 마비, 혈압저하, 호흡곤란
독공목	coriamyrtin	구토, 경련, 사망, 초여름에 흑자색 열매가 뽕나무 열매와 오인 섭취
미국장녹	phytolaccasaure	뿌리에 질산다량 함유, 구토, 복통

11) 고사리

고사리는 우리나라 야산 등지에 널리 분포되어 있는 식용식물로 영국과 터키 등에서 가축에게 비뇨기나 장관의 출혈을 일으켜 죽게하는 물질이 존재함을 알게되어 고사리의 유독 성분에 대한 연구가 시작되었다. 그 후 소에서의 방광종양, 쥐, 모르모트, 메추리 등에서 발암 및 생쥐에서의 최기형성도 보고되어 고사리의 발암성에 관심이 커졌다.

▶ 유독 성분

고사리의 유독 성분은 nor sesquiterpenoid 배당체인 ptaquiloside로서 이것은 불안정하여 약 알카리성에서는 포도당이 분리되어 dienone이 되며 이것이 암을 일으키는 alkyl화제로 작용한다. 발암성 물질인 ptaquiloside는 고사리의 떫고 쓴맛을 우려내면 발암성의 성분도 없어진다는 사실도 실험적으로 증명되었다.

5 화학성 식중독

각종 환경에서 유래되는 유해·유독한 화학물질이 식품에 오염된 것을 섭취함으로써 발생되는 식중독을 화학성 식중독(Chemical food poisoning)이라 한다. 화학물질에 의한 식중독은 주로 유해 화학물질의 식품에의 침입, 오용, 과잉 첨가, 잔류 등에 의해서 일어나며 식품의 변질의 원인이 되는 수도 있다. 화학물질에 의한 식중독은 종래 급성중독만 문제되었지만 1955년 일본에서 발생한 비소를 함유한 조제분유에 의한 유아의 비소분유 중독 사건, 1968년 PCB에 의한 미강유의 섭취로 중독 사건이 일어나 화학물질에 의한 아급성 또는 만성독성도 큰 문제가 된다는 사실이 밝혀졌다. 이러한 사고들은 식품의 제조에 있어서 관리가 불충분했던 것이 원인이었다. 1964년 지방성 식품의 산패에 의한 식중독 사고가 일본에서 발생하였는데 원인 물질로서는 과산화지질 또는 그것에서 유도된 물질로 추정되었다. 화학물질에 의한 식중독은 다른 식중독에 비해 치명률은 비교적 낮지만 독성 물질에 의한 대사성 만성질환을 유발할 수 있기 때문에 큰 관심을 기울여야 할 때라고 생각된다. 화학성 식중독의 특유의 증상은 구토이다.

유독·유해한 화학물질의 식품 유입 경로는 매우 다양하나 대체로 다음과 같이 분류 할 수 있다.

첫째: 고의 또는 오용에 의해 첨가 또는 혼입되는 경우(불허용 첨가물)

둘째: 우연히 혼입되는 경우(유해 금속, 열매체 등)

셋째: 기구, 용기 및 포장재 등으로부터 용출되어서 식품으로 이행되는 경우
(아연, 비소, 카드뮴 등의 유해금속, formaldehyde 등)

넷째: 제조, 가공, 및 저장 중에 생성되는 유해 물질(nitrosamine류, 변이원성 물질,

formaldehyde)

다섯째: 환경오염에 의한 유해 물질(유해 금속, 농약, 방사선 물질, 항생 물질, 유해유기화합물질 등)

화학성 식중독은 다른 식중독에 비하여 다음과 같은 특징을 가지고 있다.

첫째: 체내 흡수가 빨라서 중독량에 달하면 급성 증상을 나타낸다.

둘째: 미량씩 장기간 섭취하면 체내에 축적되어 만성중독을 유발한다.

셋째: 통계상 화학성 식중독은 급성식중독만을 채택한 것이므로 다른 식중독에 비해 발생 건수가 적다.

넷째: 계절과 관계가 없고 한 번 발생했다 하면 대규모로 발생할 소지가 있다.

유해성 화학물질에 의한 식중독을 방지하기 위해서는 식품의 제조·가공업자 등의 올바른 위생 지식의 향상과 위생관리의 철저 및 식품위생법을 준수해야 하지만, 소비자도 위생적으로 안전한 식품을 선택할 수 있는 지식을 갖추는 것이 중요하다.

〈표 1-40〉 화학성 식중독의 예 및 증상

<table>
<tr><th>원 인</th><th colspan="2">예</th><th>증 상</th></tr>
<tr><td rowspan="4">식품, 첨가물의 오용 및 남용</td><td>Methanol</td><td>추출용매 혼입, ethanol으로 오인</td><td>두통, 어지러움, 복통, 설사, 시신경장애 실명</td></tr>
<tr><td rowspan="2">농약류
(DDT, BHC 등)</td><td>백색 분말로 소맥분이나 중조로 오인</td><td rowspan="2">맹독성 물질로 자살, 살인에 사용예 있음</td></tr>
<tr><td>실포직 후 수확한 과채류 섭취</td></tr>
<tr><td>불량 첨가물</td><td>유해성 감미료, 유해성 보존료, 유해성 착색료 등</td><td>발암성이 우려됨</td></tr>
<tr><td>식품의 제조.가공 과정에서 유해물질이 혼입</td><td>열, 산소 등에 의한 식품 성분의 변화</td><td>과산화지질, n-nitroso화합물, 엽록소 분해 생성물</td><td>발암, 설사, 복통, 구토, 광과민 반응</td></tr>
<tr><td rowspan="5">기구나 용기 포장에 유해 물질이 용출</td><td>동, 청녹</td><td>가공, 조리용 기구 관리 부주의로 쓴 녹의 유입</td><td>오심, 구토, 가슴앓이, 두통, 현기증, 복통, 발한, 경련, 간·신장장애</td></tr>
<tr><td>아연</td><td>강한 산성 물질에 의한 부식(중독량(200~500mg/체중)</td><td>오심, 구토, 설사, 복통</td></tr>
<tr><td>카드뮴</td><td>산성식품에 의해 용출(중독량 10~30mg)</td><td>만성독성, 이타이타병</td></tr>
<tr><td>납</td><td>만성중독</td><td>권태감, 피부창백, 근육마비</td></tr>
<tr><td>주석</td><td>캔 내용물에 의한 용출</td><td>복통, 구토, 설사</td></tr>
<tr><td rowspan="2">화학변화를 일으킨 식품 성분에 의한 경우</td><td>히스타만(참치, 고등어, 정어리, 방어 등)</td><td>붉은살 생선의 히스타민이 세균의 탈탄산 효소에 의해 히스타민이 되어 축적(4~10mg/g어육에서 중독)</td><td>안면홍조, 피부발진, 발열, 두통, 구토, 설사</td></tr>
<tr><td>변패 유지의 과산화물</td><td>hydroperoxide</td><td>설사, 복통, 구토</td></tr>
</table>

6 곰팡이 독

곰팡이 독(mycotoxin)은 동물의 생체에 기생하여 발병하는 의진균증(mycosis)과는 달리, 곰팡이가 발육하는 과정에서 생산하는 2차 대사산물 중 사람 및 동물에 질병이나 이상한 생리 작용을 유발하는 물질을 총칭하는 것으로 mycotoxin에 의해 일어나는 질병을 진균독증 또는 곰팡이독증(mycotoxicosis)이라고 한다.

곰팡이의 2차 대사산물에는 항생물질도 있으나, 이것은 미생물에 대해 생육 또는 생존을 저해한다는 점에서 mycotoxin과 구별된다.

우리나라에서는 식생활 중 술, 된장, 간장 등 곰팡이를 이용한 발효식품을 많이 이용하고 있으며 떡에 생긴 곰팡이를 칼로 제거하고 먹거나, 곰팡이가 번식한 곡류 등을 가축에 주는 등의 생활습관이 계속 이어져 왔지만, mycotoxin에 대한 인식이 낮은 것은 mycotoxin에 의한 치사를 포함한 중독 예가 발생하여도 산발적이었으며, 또한 일반적으로 음식과 사료로 적합하다고 판단된 것에 만약 mycotoxin이 들어있어도 양이 적어 급성 중독증의 발현은 드물 것이라고 생각했기 때문이다.

Mycotoxin에 의한 건강장애가 전 세계적으로 심각한 만큼 많은 곡류를 비롯하여 대부분의 사료 원료를 수입에 의존하고 있는 우리나라의 경우 이들 곰팡이 독소의 오염 여부를 정확히 판정함으로써 곡류에 의한 2차 오염을 예방하는 일이야말로 국내 농산물의 오염 예방과 더불어 식품위생 차원에서 시급한 과제가 아닐 수 없다.

Mycotoxin의 공포가 전 세계적으로 알려지게 된 것은 1960년 영국에서 10만 마리 이상의 칠면조가 떼죽음을 당했는데 그 원인이 먹이에서 발육한 *Aspergillus flavus*의 대사산물인 aflatoxin에 의한 것임이 밝혀지게 된 것부터이다.

현재에는 100개를 넘는 mycotoxin이 알려져 있고 그 생산 균종도 수 없이 많이 있다. 그 중에서는 시험 동물에 투여하여 얻어진 것도 있지만, 동물이 중독사하였을 때에 원인이 mycotoxin에 의한 것은 아닌가 하는 전제에서 연구를 해본 것도 있다. 어쨌든 식품과 사료에 번식하는 곰팡이 중에서는 여러 가지 mycotoxin을 생산하는 균종이 있으며, 이들에 의해 오염되었을 때 mycotoxin은 통상적인 조리 온도에서는 안정적이라는 것과 aflatoxin과 같이 오염된 사료를 주면 그 동물의 생산물에서 환원되어 온다는 것에 주목할 필요가 있다.

또 mycotoxin은 그 표적 장기가 다양하여서 간장장애, 신장장애, 신경장애, 위장장애, 조혈장애 등의 질환을 일으키는데 특히 발암과의 관련성에 큰 관심이 모아지고 있다. Mycotoxin에 의해서 일어나는 진균독증은 다른 일반 미생물에 의한 질병과는 달리 다음과 같은 특징을 가지고 있다.

첫째, Mycotoxin은 탄수화물이 풍부한 쌀, 땅콩, 보리 또는 목초 등의 특정한 식품이나 사료의 섭식과 관련이 있다. 과거의 중독 예를 보면 탄수화물이 풍부한 농산물이나 곡류가 압도적이다.

둘째, 계절과 관련이 깊다. 그 예로 *Aspergillus*속이 생산하는 mycotoxin에 의한 중독 사고는 봄철과 여름철에 많고, *Fusarium*에 의한 중독 사고는 가을에서 겨울철(또는 한대 지방)에서 많이 발생한다.

셋째, 감염형이 아니다. 동물에서 동물로 사람에서 사람으로 전염되지 않는다.

넷째, 중독이 일어난 동물에 항생물질이나 약제요법을 시행하여도 효과가 없다.

다섯째, 원인 식품이 곰팡이에 오염되어 있다.

따라서 곰팡이 독의 원인 식품으로는 곡류, 두류 및 이들의 가공품 등 탄수화물의 함량이 큰 것이 많다. 곰팡이 독을 생산하는 곰팡이로는 *Aspergillus*, *Penicillium*, *Fusarium* 속이 알려져 있다. 곰팡이 독을 생산하는 곰팡이는 일반 곰팡이와 같이 열에 약해서 50~60℃로 10분만 가열하여도 대부분 사멸되지만 곰팡이 독은 열에 비교적 강하므로 식품위생상 문제가 되고 있다.

1. Mycotoxin의 분류

Townsend는 현재까지 알려진 mycotoxin 중 사람이나 가축에서 빈번히 발생하는 mycotoxin을 장해가 일어나는 생체 내의 주된 기관이나 부위에 따라 다음과 같이 분류하였다.

① 간장독(hepatoxins): 생체에 간경변, 간종양 또는 간세포 괴사를 일으키는 mycotoxin으로 aflatoxin, rubratoxin A, cyclopiazonic acid, sterigmatocystin, islanditoxin, luteoskyrin, ochratoxin A 등이 있는데, 이중 가장 독력이 강한 것은 aflatoxin이다.

② 신장독(nephrotoxin): 신장에 급성 또는 만성의 nephrosis를 일으키는 mycotoxin으로 citrinin, citremycetin, kojic acid 등이 있다.

③ 신경독(neurotoxin): 뇌중추신경계에 장애를 일으키는 mycotoxin으로 paturin, maltoryzine, citreoviridine이 알려져 있다.

④ 기타: sporidesmin이나 psoralen 등의 광과민성 피부염 물질, 발정유인 물질 zearalenone, 그 밖의 것으로 유연물질인 saframine, 조혈조직장애를 일으키는 fusariogenin이나 방사선 장해상 병변을 일으키는 fusarium독, 광범위한 조직출혈 요인

물질인 stachybotrytoicosis 원인 물질 등이 사람이나 가축의 중독 사고에서 발견되고 있다.

또한 발견 균주에 따른 분류는 다음과 같다.

① 식중독 유래 mycotoxin: 사람이나 가축의 식중독 원인식에서 직접 분리 추출된 것으로 aflatoxin, fusarium 독소군, patulin, maltoryzine, sporidesin, psoralen 등이 이에 속한다.

② 오염 균주 유래 mycotoxine: 식품이나 사료에 고도로 오염된 곰팡이를 분리하여 인공적으로 배양하고 실험 동물에 의하여 독성이 확인된 물질(황변미독, fumonisin).

③ 보존 균주 유래 mycotoxin: 식품과는 직접 관계는 없지만 ①, ②에서 mycotoxin의 생산성이 분명해진 곰팡이와 분류학상 가까운 균주를 검색하고 그 대사산물의 독성을 실험 동물에 의하여 분명히 한 것이다. 식품위생상의 중요성은 떨어지나 보존 균주 또는 야생 균주를 사용하여 새로운 의약품이나 식품을 제조하고자 할 때는 여러 가지 배양 조건 아래에서 mycotoxin이 생성되지 않음을 확인해야 한다.

〈표 1-41〉 농작물에 관계하는 주요한 mycotoxin과 그 생산균

생 산 균	Mycotoxin
Alternaria alternata	alternariol, AL-toxin
Aspergillus flavus	aflatoxin B1, , B2 , G1 , G2 , flatrem
A. parasiticus	
Chaetomium globosum	chaetoglobosins
C. virescens	sterigmatocystin
Claviceps purpurea	clavine alkaloids(lysergic acid, agroclavine)
Cochliobolus miyabeanus	ophiobolin-A, -B
Diplodia maydis	diplodiatoxin
Epicoccum purpurascens	6-methylasalicylic acid
Fusarium spp.	trichothecenes, zearalenone butenolide, fumonisin-B
Myrothecium verrucaria	verrucarin-A, -B, -J, roridine-A, -D, -E
Phomopsis leptostromifformis	phomopsin-A
Pithomyces chartarum	sporidesmin
Rhizoctonia leguminicola	slaframine
Sclerotinia scleotiorum	xanthotoxin, bergapten
Stachybotrys chartarum	roridin-E, astratoxins, verrucarin-J
Trichothecium roseum	trichothecene

2. 주요 mycotoxin

1) Aflatoxin

Aflatoxin은 1960년 영국에서 수개월간에 걸쳐 10만 마리 이상의 칠면조를 중독사시킨 mycotoxin이다. 이 때의 원인은 사료에 배합한 땅콩박에 오염된 *Aspergillus flavus*가 생산한 mycotoxin으로, 균 종명의 첫 문자를 따서 aflatoxin이라 명명하였다.

Aflatoxin은 <표 1-42>에서와 같이 aflatoxin B_1을 비롯하여 16종의 이성체가 현재까지 밝혀져 있다. 그 중에서 aflatoxin B_1 강력한 발암성 물질로 알려져 있으며, 메탄올, 아세톤, 클로로포름에 녹으나 물에 잘 녹지 않으며, 강알카리, 강산성 하에서는 독성이 낮은 유도체로 변하고, 280~300℃에서 분해되며 일반 식품과 같은 가공처리로는 파괴하기 힘들다. 따라서 식품 중에서 이들 곰팡이가 발육하지 못하도록 하는 것이 식품위생상 무엇보다도 중요하다. 국제적 허용 기준은 30ppb이지만 우리나라 aflatoxin B1으로 10ppb, 혼합사료는 20ppb, 사료 원료는 50ppb로 허용 기준을 정하고 있다.

이 밖에 식품위생상 중요한 aflatoxin은 B_2, G_1, G_2 오줌, 대변, 유중에서 발견되는 aflatoxin M_1, M_2 등이 있다.

〈표 1-42〉 Aflatoxin류의 종류

Aflatoxin group	Molecular weight	Molecular formula
Aflatoxin p_1	298	$C_{16}H_{10}O_6$
Aflatoxin D_1	286	$C_{16}H_{14}O_5$
parasiticol(afatoxin B_3)	302	$C_{16}H_{14}O_6$
Aflatoxin B_1	312	$C_{17}H_{12}O_6$
Aflatoxin Q_1	328	$C_{17}H_{12}O_7$
Aflatoxin G_1	328	$C_{17}H_{12}O_7$
Aflatoxin M_1	328	$C_{17}H_{12}O_7$
Aflatoxin B_2	314	$C_{17}H_{14}O_6$
Afatoxicol A	314	$C_{17}H_{14}O_6$
Aflatoxicol B	314	$C_{17}H_{14}O_6$
Aflatoxin G_2	330	$C_{17}H_{14}O_7$
Aflatoxin M_2	330	$C_{17}H_{14}O_7$
Aflatoxin B_{2a}	330	$C_{17}H_{14}O_7$
Aflatoxin G_{2a}	346	$C_{17}H_{14}O_8$
Aflatoxicol *O*-ethyl ether A	342	$C_{19}H_{18}O_6$
Aflatoxicol *O*-ethyl ether B	342	$C_{19}H_{18}O_6$

〈표 1-43〉 Aflatoxin B_1의 급성중독

동 물	LD_{50}50mg/kg
집오리(새끼)	0.33
개	0.5~1.0
토끼	0.3
고양이	0.55
돼지	0.62

〈표 1-44〉 식품 및 사료 원료 중 aflatoxin 허용 기준

대상 식품	기 준
곡류, 두류, 땅콩, 견과류 및 그 단순가공품 (분쇄, 절단 등)	10㎍/kg(aflatoxin B_1으로서)

Aflatoxin은 수분 16% 이상, 온도 25~30℃, 상대습도 80~85% 이상의 탄수화물이 풍부한 쌀, 보리, 옥수수 등의 곡류에서 생성된다. 특히 땅속에서 결실하기 때문에 aflatoxin 생성 곰팡이와 접촉할 기회가 많은 땅콩은 자연 오염 농산물이라 할 수 있으며, 낮과 밤의 기온차가 심한 경우에도 aflatoxin의 생성이 증가하는 것으로 나타나 있다.

Aflatoxin에 대한 질병을 예방하기 위해서는 곡류 저장 시 상대 습도를 70% 이하로, 곡류 중의 수분은 옥수수, 밀 13% 이하, 땅콩은 7% 이하로 하는 것이 좋다.

최근 농산물 수입 개방에 따라 외국산 농산물에서 aflatoxin이 검출되는 사례가 많아지고 있어 이에 대한 주의가 요망되고 있다.

그 실례를 보면, 최근 미국의 이상기온과 가뭄으로 인하여 옥수수를 비롯한 많은 농산물이 aflatoxin에 오염되었을 가능성에 대해 우려해 왔다. 실제로 1998년 4월 5일에는 우리나라가 수입한 600만 톤 중 400만 톤의 옥수수가 aflatoxin이 오염된 것을 확인된 바 있다.

2) Sterigmatocystin

Sterigmatocystin은 *Aspergillus nidulans* 등의 곰팡이가 생성하는 mycotoxin으로서 aflatoxin생합성 경로 중 aflatoxin생합성 전단계에 합성되어지는 것으로 알려져 있다. 급성 독성은 그다지 강하지 못해서 LD_{50} 166mg/kg(쥐, 경구)이지만 동물이 섭취하여 중독을 일으킬 경우, 간장과 신장의 변성이 초래되고 발암성은 aflatoxin의 1/250배 정도로 보고되어 있다.

3) Ochratoxin

Ochratoxin류는 *Aspergillus chraceus, As. melleus, As. sulphureus, Pencillium viridicatum, Penicillium palitans* 및 *Penicillium commune* 등이 생산하는 mycotoxin으로서 Mellein, 4-Hydroxymellin, Ochratoxin A, Ochratoxin B, 4-Hydroxyochratoxin A, Ochratoxin C 등 6종류가 알려져 있다. 이 중에서 독성이 가장 강한 것은 Ochratoxin A로 주로 간과 신장장애를 일으킨다.

4) Rubratoxin

*Penicillium rubrum*이 옥수수에 기생하여 rubratoxin A와 B의 독소를 형성하여 가축의 사료로 사용할 경우 동물 중독 현상을 일으키기도 한다. 동물이 중독되면 여러 가지 장기의 출혈과 간장 및 신장, 폐 등에 유해 작용을 나타내나 발암성은 없다. 독성은 쥐의 경우 피하주사 시 LD_{50} = 3.7mg/kg 정도이다.

5) Maltoryzine

Maltoryzine은 *Aspergillus oryzae var microporus*에 의해서 생성되는 독소이다. 중독된 젖소의 경우 식욕부진, 유즙분비의 감소 등을 일으킨 후 사망하였다.

그 후 Wilson에 의해 *Aspergillus oryzae*와 *Aspergillus flavus*에 속하는 곰팡이에서 경련성 물질이 발견되었다.

6) Fusarium

*Fusarium*속 균종에 의한 농작물에서의 피해는 예로부터 알려져 있으며, 이 곰팡이에 오염된 곡류(주로 보리)를 식용한 사람의 중독에 대해서는 1889년경부터 알려져 왔다. 중독 증상은 *Fusarium*속 균종이 생산한 trichoecene계 화합물에 의해서 골수 등 조혈기능에 장해를 초래하여 백혈구가 감소되고 구토작용을 동반하게 된다.

*Fusarium*속 균종의 발육에는 Aw치 0.95 이상을 요구하므로, 수학기의 곡류가 안개 모양의 장마비로 오거나, 수확한 미건조 곡물을 장시간 쌓아주었을 때에 큰 피해가 발생한다. 수많은 *Fusarium* 독소 중에는 발암성을 가진 여러 가지 질병의 원인이 지적되었고, 식품의 안전이 위협되고 있다.

7) Patulin

*Penicillium ulticae*균주에 의해 오염된 맥아 뿌리를 사료로 먹은 젖소가 집단 식중독을 일으켰는데, 그 원인 물질이 Patulin이었다. Patulin은 *Aspergillus clavatus*, *Asp. terreus*, *Asp. giganteus*, *Pen. expansum*, *Pen. urticae*, *Pen. patulum* 등의 곰팡이에서 발견되었다. 중독 증상은 신경독으로 뇌와 중추신경에 출혈반이 생긴다.

8) 식물성 무백혈구증

식물성 무백혈구증은 주로 겨울과 봄 사이에 사람에게 많이 발생하는 것으로, 기온이 낮거나 강설량이 많은 기후 조건에서도 잘 번식하는 곰팡이인 *Fusarium poae*, *Cladosporium epihyllum*, *F. sporotichioides* 등이 생산하는 독성물질인 sporofusariogenin, epicladosporic acid, fagicladosporic acid에 의해서 발생한다.

중독 증상은 구강과 소화기에 이상을 가져오고 만성중독일 경우는 소화관과 신장의 출혈, 림프샘의 증대, 백혈구의 감소, 혈액응고 시간 지연 등의 증상을 일으킨다.

9) 광과민성 피부염 물질

광과민성 피부염 물질이란 햇빛 조사에 의하여 피부염을 일으키는 물질이다. 광과민 피부염을 일으키는 원인은 *Sclerotina sclerotiorum*에 의해 오염된 셀러리를 수확할 때 접촉한 사람이 햇빛을 받으면 피부염을 일으키는 것으로서 그 물질은 4,5,8-trimethyl, psoralene과 8-methoxy psoralene의 두 물질이다. 또 하나는 건초 등의 곰팡이인 *Sporidesmium bakeri*가 생성한 유독 물질이 동물에게 간장장애를 일으키게 한 후 간의 이상대사의 결과로 일광피부염(안면 일광피부염증)을 만들게 되는데, 그 원인 물질은 dporidesmin A, B, C의 3종류이다.

10) Fumonisin

1904년 미국 sheldon에 의해서 *Fusarium monoiliforme*에 오염된 옥수수를 먹은 가축이 심한 독소 중독 증상을 일으킨다는 것이 보고된 이래, 1997까지 많은 학자들이 이들 속 곰팡이균이 동물 실험에서 치명적인 임상결과를 보고하였다.

1988년 Gelderblom은 이들속 곰팡이가 산생하는 Fumonisin B_1, Fumonisin B_2를 분리하여 그 특성을 처음으로 밝혔고, 이후 많은 연구가 이루어지고 있다. Fumonisin은 수용성 물질로 B_1, B_2를 비롯한 몇 가지의 이성체가 있으며, 그중 B_1의 오염 빈도가 가장 높았으며 독성이 가장 강한 것으로 보고되고 있다. Fumonisin B_1의 독성은 말의 뇌백질 연화증, 말과 돼지의 폐수종을 유발, 쥐의 간암과 병아리에서 간 회저증, 최근 역학조사 결과 사람의 식도암과 밀접한 관련이 있을 것으로 추정되고 있다.

3. 황변미 중독(yellow rice toxins)

쌀은 수분을 14~15% 이상 함유하면 곰팡이의 생육에 알맞은 기질이 되며, 독소를 생산하는 *Penicillium*속의 곰팡이가 오염되면 적홍색 또는 황색의 색소가 생성되어 쌀은 황색을 나타내기 때문에 황변미(Yellow rice)가 생긴다. 황변미로 변질된 쌀을 섭취하면 황변미 중독을 일으키게 된다. 특히 우리나라를 포함한 동남아시아에서는 건조한 기후 때문에 저장 곡류의 수분함량을 조절하기 어려움이 있어 황변미 발생이 많다. 황변미로는 현재까지 다음의 3종이 알려져 있다.

1) Toxicarium 황변미

Penicillium toxicarium(현재 *Penicillium citreoviride*)에 오염되어 변질된 쌀을 toxicarium 황변미라고 한다. 주로 대만 쌀에서 많이 발생하고 있으며 이외에도 이란 쌀에서도 발견된다. 이 곰팡이가 생산한 황변미 원인 물질은 citreoviridine이며 척추의 운동신경세포의 기능을 억제하는 신경독으로 상행성 마비가 일어나고 호흡장애, 혈액순환 이상, 경련 등이 나타나며 더욱 진행되면 호흡마비로 사망한다. 만성중독애시에는 빈혈을 유발한다.

2) Iislandia 황변미

*Penicillium islandicum*에 의한 일종의 간경변미라고 하며 동남아시아산 쌀에 많고 toxicarium에 의한 황변미보다 황갈색으로 짙고 동물 실험에 의하면 그의 독성이 강경변을 일으킨다. 황변미의 원인 물질인 luteoskyrin, islanditoxin 및 cyclochlorotin이 있는데 모두 간장독이며 발암성이 있다.

3) Thai(태국) 황변미

태국산 쌀에서 발견된 것으로 *Penicillium citrinumm*의 기생에 의한 것으로 원인 물질은 citrinin으로 이는 신장독으로 신사구체를 장해하여 요세관에서의 물의 재흡수를 저해함으로써 소변량을 증가시키고 nephrosis를 일으킨다.

4. 맥각 중독(ergotism)

맥각은 보리, 호밀 등의 개화기에 *Claviceps purpurea*란 곰팡이가 기생하여 보리를 흑청색으로 변하는 동시에 보리의 조직은 부스러진다. 이와 같이 보리 속에는 이 곰팡이의 균핵이 존재하는데 이것을 맥각(ergot)이라고 한다. 맥각의 성분은 ergotamine, ergotoxin, ergometrin 등의 알칼로이드와 histamine, lyramine, isoancyltin, methylamine, diamine, trimethylamine 등의 amine으로 되어 있다. 이들 중 ergotamine과 ergotoxin은 교감신경 차단 작용이 있으며 ergometrine은 자궁수축 작용이 있다. 곡류 중에 맥각이 0.5% 이상 혼입되면 만성중독을 일으키고 7%이면 치명적이라 하여 각국에서는 곡물 중의 혼입률을 허용하여 정하고 있다. 예를 들면 러시아는 0.15%, 케나다는 0.2%, 미국은 0.3%로 되어 있다. 중독 증상 중 급성중독은 구토, 설사, 복통 등의 소화기계증상, 두통, 사지의 작렬감, 지각이상, 경련을 일으키고 임산부는 조산 또는 유산을 일으킨다. 만성중독에는 경련형과 괴저형이 있다. 초기 증상은 일반적으로 소화관증상과 신경 증상에서 시작된다. 소화관 증상으로는 먼저 메스꺼움, 구토, 설사, 이상 공복감이 생기며 식욕부진을 나타낸다. 신경 증상으로는 가렵고 저리며 지각이상이 사지의 말단에서 시작하여 위로 올라간다. 운동장애는 사지 및 얼굴에 경직이 온다. 이러한 지각 및 운동장애와 함께 강한 두통이 지속되며 혈압이 상승한다. 이상의 초기 증상 다음에 경련이 수주간에 계속되어 강직성 및 간대성 발작이 일어나며, 마비를 일으키고 중증은 전신 증상을 일으켜 사망한다.

7 경구 전염병

병원성 미생물이 음식물이나 손, 기구, 음료수 등을 통하여 경구적으로 체내에 침입 후 증식하여 질병을 일으키는 것을 경구 전염병이라고 하며, 주로 소화기계통에 장해를 일으키기 때문에 소화기계 전염병이라고도 한다.

주요한 경구 전염병은 세균성 이질, 장티푸스, 콜레라처럼 세균에 의한 것과 급성회백수염(소아마비), 전염성 설사, 유행성 간염과 같이 바이러스에 의한 것, 아메바성 이질과 같이 원충류에 의한 것으로 나눌 수 있다. 세균성 식중독도 경구 전염병과 마찬가지로 병원미생물에 의하여 일어나지만 감염 양식 등에서 차이점이 있다. 특히 중요한 차이점은 전염성의 유무로써 경구 전염병은 병원체가 사람에 대하여 강한 병원성을 갖고 있어서 미량의 균으로도 발병할 수 있고 사람 → 매개물 → 사람으로 2차 감염을 일으켜 감염환이 성립되지만, 세균성 식중독은 발병에 다량의 균이 필요하고 원칙적으로 사람에게 제 2차 감염이 일어나지 않는 종말감염(terminal infection)이라는 점이다.

전염병이 유행하려면 전염원(source), 전염 경로(route), 감수성 숙주(host)의 상호작용에 따라 크게 영향을 받게 된다. 즉 전염원은 병원체를 직접 인간에게 가져다주는 모든 것을 뜻하며, 병원소는 병원체가 생활 증식하고 생존하여 질병이 전파될 수 있는 상태로 저장되는 장소를 말한다. 전염원이 될 수 있는 것들은 환자, 보균자, 환자와 접촉한 자, 매개물(곤충이나 동물), 토양, 오염된 음식물 등이다. 전염 경로를 살펴보면 다음과 같다.

① 음식물에 의한 전염: 장티푸스, 파라티프스, 이질, 콜레라, 병원성 대장균, 유행성 간염, 급성회백수염, 성홍열, Weil's disease, 식중독 등이다.
- 수인성 전염: 장티푸스, 파라티프스, 이질, 콜레라, 병원성 대장균, 유행성 간염, 급성회백수염 등이다.

② 매개 전염: 파리와 바퀴가 매개하는 전염병은 음식물에 의한 전염병(경구 전염병)이 전부 가능하다. 쥐 역시 경구 전염병이 전부 가능하며 그 이외에 페스트도 전염시킨다.

③ 토양으로부터 전염: 구충증(십이지장충, 아메리카구충), 분선충증 등의 기생충과 파상풍 등이 있다. 또한 전염병이 어느 집단이 전염병균에 감염되었다 해서 모두 발병되는 것은 아니다. 이는 개인마다 그 전염병에 대한 감수성의 차이, 즉 면역과 저항력의 차이가 있기 때문이다. 그러므로 병원체, 환경(접촉 기회), 숙주(감수성 인간) 등의 세 가지 조건이 구비되어야만 환자가 발생하여 전염병이 유행하게 된다. 전염병은 다음과 같은 특성을 가지고 있다.
- 집단적인 발병이 쉽게 일어나며 폭발적인 유행을 한다.
- 환자의 발생은 계절적인 특성이 있다. 특히 여름철에 많이 발생한다. 그 이유는 고온 다습하여 매개체(파리, 바퀴 등)가 발생하고, 식품 중의 병원체가 증식하기 알맞고, 소화기계의 기능이 약해져서 병원체에 대한 저항력이 약화되기 때문이다.
- 환경이 좋고 나쁨에 좌우되므로 지역적인 특성에 영향을 받는다.
- 음식물에 대한 기호성의 관계와 경제적인 상태에 따라 발생되기도 한다.

- 물로 인한 오염은 희석되어 잠복기가 길지만 음식물의 오염은 농후 오염될 때가 많으므로 잠복 기간이 짧아진다.
- 병원체가 식품 속에서 증식하기 때문에 발병률이 높다.
- 물로 인한 경우에는 가족 집적성이 인정되지 않으나 장티푸스나 이질은 가족 집적성이 인정된다. 그러므로 전염병이 유행할 때는 병원균에 대한 저항력을 증대시키기 위해 예방주사를 접종시켜 면역을 증대시켜야 한다. 우리나라의 주요한 경구 전염병의 발생 양상을 보면, 일반적으로 장티푸스의 발생률이 높으며 다음은 이질, 콜레라, 급성회백수염 등의 순위이다.

1. 주요한 경구 전염병

1) 이질(Dysentery)

이질은 세균성 이질과 아메바성 이질로 구분되며, 그 대부분이 세균성이며 식품위생상 문제가 되는 것도 세균성 이질이다.

(1) **세균성 이질**(Bacillary dysentery; shigellosis)

중세 이후 유럽에서 이질이 발생하여 대유행을 하였다는 기록이 있으며, 우리나라에 있어서도 상당히 오래전부터 있었던 것으로 알려져 있다.

이질은 여름철에 많이 발생하며, 겨울철에는 현저하게 감소한다. 많이 발생하는 연령은 10세 이하(50%)이다.

▶ 병원체

세균성 이질(Shigellosis)의 원인균은 *Shigella dysenteriae*(A군), *S. flexneri*(B군), *S. boydii*(C군) 및 *S. sonnei*(D군) 등이 있으며, 이는 다시 40종의 혈청형으로 분류된다. 일반적으로 이들 이질균의 발생 빈도는 개발 국가에서는 D군, 저개발 국가에서는 A군, 그리고 개발도상 국가에서는 B군이 대부분을 차지하고 있다.

이질균은 Gram 음성의 단간균으로 아포, 협막이 없으며 운동성이 없다. 이 균은 물 속에서 2~6일, 바닷물 속에서 2~5개월간 생존한다. 신선한 우유에서는 잘 증식하나 열에 약하므로 보통 가열살균법으로 살균할 수 있다. 1% 석탄산에서 16~30분에 사멸된다.

▶ 감염 경로

대부분의 감염은 환자와의 직접 접촉에 의한 것이 많고, 균은 환자나 보균자의 장관에서식하기 때문에 분변과 함께 배출된다. 이 균으로 오염된 의류, 기구, 손 및 음식물에 의하여 전파되며 쥐나 파리가 변소나 하수구 등 불결한 장소에서 균을 운반하여 식품을 오염시키는 경우도 있다.

▶ 증상

잠복기는 1~3일이며 권태감, 식욕부진, 가벼운 복통 등의 전구 증상을 거쳐 오한, 전율과 함께 설사가 따른다. 설사는 혈액과 점액이 섞이는 수가 많으며 발열은 38~39℃ 정도이다. 이는 이질균이 대장점막에 침입 증식하므로, 장벽에 궤양을 만들고 점액혈변과 함께 악취를 발생시킨다. 일반적으로 2~3주에 치유되며, 경증인 경우에는 단시일 내에 치유된다. 사망률은 20~40%이다.

어린이는 전신증상이 강하게 나타나며 고열과 경련 등의 뇌신경 증상을 일으킨다. 예후(prognosis)가 매우 좋아져 치명률은 크게 떨어졌다. 예방에는 감염 경로를 차단하기 위하여 쥐나 곤충의 식품에 대한 침입을 막고 오염된 식품은 60℃에서 10분 가열로 병원체를 사멸시킬 수 있다.

(2) 아메바성 이질(Amoebic dysentery; amebiasis)

열대와 아열대 지방에 발병례가 많고, 온대지방에는 불현성 감염(inapparent infection; subclinical infection)이 많다.

▶ 병원체

원충에 속하는 이질아메바(*Entamoeba histolytica*)의 감염에 의하여 일어난다. 아메바성 이질의 병원체는 발육기에 따라서 영양형(vegitative form), 포낭전기형(precystic form), 그리고 포낭형(cyst form)으로 나뉘어진다.

영양형의 아메바는 20~30㎛의 대형이며 이질 환자가 배설한 직후의 분변 속에서 활발한 운동을 하나, 이것은 감염원이 되지 않는다. 감염원은 운동이 정지된 포낭형이다. 경구 감염에 의하여 소화관에 침입하면 소장 하부에서 탈낭한 후 분열 증식하여 8개의 작은 영양형으로 되어 대장에 침입한다.

▶ 감염 경로

환자와 포낭 보균자가 전염원이 된다. 영양형은 분변과 함께 배출되면 외계에 대한 저항성이 약하기 때문에 사멸한다. 사람의 감염은 포낭 보균자가 전염이 되며 접촉, 음용수, 식품, 식품 취급자, 곤충, 쥐 등에 의하여 감염된다.

▶ 증상

잠복기는 수 일 내지 수 주일이다. 대장의 표층점막이 괴사 탈락되어 궤양이 생기며, 아메바가 증식함에 따라 병소가 확대되어 이질 증상이 나타난다. 열은 없으나 분변에는 점액이 많고 분량도 많다. 예방법은 이질과 같으나, 특히 음료수의 위생에 유의하여야 한다.

2) 장티푸스(Typhoid fever)

장티푸스는 우리나라의 제1종 법정 전염병 중에서 가장 높은 발병률을 차지하고 있다. 주로 8~9월에 발병하며, 최근에는 연중 발생한다. 많이 발생하는 연령은 청장년층이며 성별로는 남성이 약간 많다.

▶ 병원체

장티푸스균(*Salmonella typhosa; S. Typhi; Eberthella typhi*)은 Gram 음성, 간균으로서 주모성의 편모가 있어 활발한 운동을 한다. 이 균은 사람이 유일한 숙주이며, 동물에게는 감염되지 않는다. 이 균은 탄수화물에서 가스를 생성하지 않으므로 *Samonella*의 다른 종류와 구별된다. 장티푸스균의 저항력은 비교적 강하여 일광이 없고 습한 환경에서 장시간 생존하다. 분변 속에서는 수주 이상 생존할 수 있으나, 깨끗한 물에서는 영양분이 없기 때문에 비교적 빨리 죽는다.

▶ 감염 경로

환자의 혈액, 분변, 요중에 장티푸스균이 배출되어 의복, 기구, 손, 음식물, 물 등을 오염시켜 입을 통하여 체내에 침입한다. 특히 치즈나 버터에서는 1개월 이상 생존이 가능하다. 그리고 이 균은 담즙 속에서 증식을 계속하기 때문에 치유된 후에도 균을 배출하는 경우(병후 보균자)와 건강 보균자가 있다. 그러므로 장티푸스의 관리에 있어서 가장 큰 문제점은 보균자(carrier)의 관리이다. 원인 식품으로서의 얼음, 어패류, 두부 등이 많고 외국에서는 우유가 많다.

▶ 증상

일반적으로 7~14일의 잠복기를 거쳐 전신권태 증상이 나타나고 40℃ 정도의 고열이 약 2주간 계속된다. 피부에 작은 붉은 발진(장미진, roseola)이 생기고 두통이 심하며 헛소리를 한다. 3주째부터 열이 서서히 떨어진다. 맥박은 느리며 백혈구가 감소한다. 사망률은 10~20%이나 최근에는 감소되었다. 병후 얻어지는 면역은 평생면역으로 강력한 면역체를 형성한다.

3) 파라티푸스(Paratyphoid fever)

▶ 병원체

파라티푸스균(*Salmonella paratyphi*)에 의하여 일어나며 A · B · C의 3형이 있다.

▶ 감염 경로

장티푸스와 동일하며 성별로 보면 남성에게 많다. 전신 감염(A형)은 청장년, 급성위장 카타르증상(B형)은 청소년에게 많다. 우리나라에서 발생된 파라티푸스는 거의 B형이다.

▶ 증상

장티푸스와 같은 열병으로 나타나며 일반적으로 가볍다. B형은 발열 증상을 나타내고 식중독과 같이 급성이나 가볍고 치사율도 낮기 때문에 그냥 지나쳐 버리는 경우가 많다. 잠복기는 1～10일로 장티푸스와 거의 같다. Type별 발생은 A : B = 10～20이고 계절별로는 여름철에 많이 발생한다. 감염 경로와 예방법은 장티푸스의 경우와 같다.

4) 콜레라(Cholera)

외래 전염병으로 경구 전염병 중 가장 급성이고 인도나 동남아시아의 풍토병으로 알려져 있다. 아시아 후진국에서는 환경위생 불량과 검역 소홀로 자주 유행되고 있는 전염병으로 우리나라에서도 1976년 유행하여 많은 사망자가 발생하였지만 각종 의료 기술의 발전과 함께 점차 치사율이 감소되고 있다.

▶ 병원체

콜레라의 균은 아시아형 콜레라균(*Vibrio cholerae biovar cholerae*)과 엘토르형 콜레라균(*Vibrio cholerae biovar eltor*)으로 나눌 수 있다. 콜레라균은 작은 콤마 또는 바나나 모양의 균으로 한쪽 끝에 하나의 편모를 가지며 활발한 운동을 한다. 콜레라균은 열에 대한 저항력이 약하여 56℃에서 30분, 100℃에서 1～2분이면 사멸한다. 저온에 대한 저항력도 비교적 약하여 0～10℃에서 5～10일이면 사멸한다. 그런 이유로 겨울철에 우리나라에서 환자 발생의 사례가 없는 것으로 생각된다. 분변 속에서 보통 1～2일 이내에 사멸하며, 소독제에 대한 저항력도 약하다. 특히 산에 약하기 때문에 건강한 위의 유리염산 농도로 사멸하나 음식물과 함께 들어가면 산의 직접 작용을 받기 곤란하므로 크게 사멸을 기대할 수 없다.

▶ 감염 경로

환자의 구토물, 환자나 보균자의 분변으로 오염된 음식물과 음료수 등에 의하여 감염된다. 최근에 유행한 콜레라는 어패류의 섭취에 의하여 감염된 예가 많다. 오염된 어패류의 생식에 의하여 감염되므로 콜레라가 유행할 때에는 유행 지역의 선박 검역에 주의하여야 하며 일단, 그 항구가 오염되었다고 생각될 때에 그 부근의 어패류 채취를 금지시켜야 한다. 그리고 콜레라균에 노출된 사람 중에서 발병하지 않는 약 10%가 보균자가 될 수 있다.

▶ 임상 증상

보통 10시간~5일 정도의 잠복기를 거쳐 전구 증상이 없이 복통, 복명(borborygmus), 설사가 일어난다. 하루에 10~30회의 쌀뜨물 같은 설사를 하며 구토도 일어난다. 일반적으로 발열은 볼 수 없으며 설사와 구토가 심하므로 수분 손실이 많아 갈증, 탈수가 심하게 나타난다. 특히 배장근통, 무뇨, 무성, 허탈 상태에 빠진다. 사망률은 60~70%이나, 최근에 발생하는 것은 10% 이내이다. Chloramphenicol의 항생제로 치유가 가능하나 사망의 원인은 대부분이 탈수이기 때문에 탈수 증상이 나타나기 전에 많은 양의 수분을 공급하여야 한다.

5) 디프테리아(Diphtheria)

병원체는 간균인 디프테리아균(*Corynebacterium diphteriae*)이고 Gram 양성 간균으로 편모는 없다. 이 균은 열이나 소독약에 비교적 약하여, 58℃에서 10분, 100℃ 1분 정도의 가열에 의하여 사멸된다. 증상은 보통 2~5일의 잠복기를 거쳐 급격히 고열이 나고 목이 아프며 연하 곤란 및 기침을 한다. 코, 목, 특히 편도선에 디프테리아의 흰 위막이 생긴다. 이 균은 이 막에서 번식하여, 강한 체외 독소를 생산하고 이 독소가 체내에 들어가 전신 증상을 일으킨다. 위막(pseudomembrane)이 후두부에 생기면 기도가 좁아지기 때문에 호흡곤란이 나타난다.

독소가 체내를 순환하면 여러 가지 근육을 마비시키는데 특히, 심장이나 음식물을 섭취하는데 필요한 근육이 마비되기 쉬우며 이로 인하여 심장마비를 일으킨다. 어린이에게 많이 발생하며 사망자의 2/3가 5세 미만의 어린이였다.

감염 경로는 비말감염으로 코나 목의 분비물에 디프테리아균이 들어 있어 재채기나 기침을 할 때 튀어나온 분비물에 의해 감염되고 아이스크림, 생우유 등에 의해 집단으로 발생하기도 한다.

6) 성홍열(Scarlet fever)

용혈성 연쇄상구균(*Streptococcus heaemolyticus*)의 감염으로 Gram 양성이고 협막을 가지고 있는 것도 있다. 이 균이 생성하는 성홍열 독소 또는 발적 독소라고 부르는 균체외 독소인 dick독소에 의하여 증상이 나타난다. 이 균이 편도선에서 증식하여 생성된 독소가 혈액 중에 이행되므로 전신에 확산되는데, 특히 피부의 혈관에 충혈을 일으켜서 발적이 생긴다. 이 질병은 이른 봄이나 이른 겨울에 많이 발생한다. 성홍열은 5~10세의 어린이에게 잘 감염되며 전신에서 특징적인 발진을 볼 수 있고, 혀가 딸기와 같이 증대되고 특히 편도선이 종창되는 질병이다. 3~7일간의 잠복기를 거쳐 급격히 40℃전후의 고열이 생기고 목이 아프며 전신에 걸쳐 담적색의 발진이 나타난다.

비말감염에 의할 때가 많으나 우유에 의해서도 감염된 사례가 있다. 이것은 A형에 감염된 소에서 착유한 우유나 가공할 때 보균자에 의한 오염에 기인한 것이다.

7) 급성회백수염(소아마비, Poliomyelitis)

Poliovirus에 의하여 일어나는 급성 열성 질환으로 6, 7월경에 많이 발생한다. 이 바이러스는 주로 분변에 배출되며 환자의 후두 분비물에도 들어 있다. 환자의 배설물과 관계가 있는 파리나 하수에서도 본 바이러스가 검출되는 일이 있으며 이들에 오염된 음용수나 식품을 통하여 감염된다. 이 바이러스는 입을 통하여 침입, 장관에서 증식, 림프절을 거쳐 혈액 속에 들어가 전신에 확산되는데, 특히 신경세포와 친화성(affinity)이 있다.

급성회백수염은 불현성 감염이 많다. 가장 감염되기 쉬운 연령은 1~2세로서 환자의 50%를 차지한다. 전형적인 마비형은 잠복기가 7~12일(평균 10일 정도)이며 감기와 같은 증상으로 시작한다. 발열이 2~3일간 계속되며 두통, 인두통, 식욕감퇴, 구토, 설사, 복통이 있는 동안이나, 때로는 열이 떨어지기 시작할 무렵 사지마비가 돌연히 나타난다.

예방법으로 생 vaccine이 강력한 면역을 얻게 되므로 생 vaccine에 예방접종을 하는 것이 가장 이상적인 방법이다. 예방접종은 생후 1개월부터 1~2개월 간격으로 3회 실시하고 추가접종은 18개월에 실시한다.

8) 바이러스성 간염(Viral hepatitis)

바이러스 간염이라는 것은 간염바이러스에 의한 감염증으로 현재 A형 간염바이러스에 의한 A형 간염(혈청간염), B형 간염바이러스에 의한 B형 간염(유행성 간염)이 알려져 있으며 이 밖에 C, D, E형도 밝혀졌다.

(1) A형 간염

▶ 병원체

A형 간염바이러스(hepatits A virus, HAV)에 의하여 발병하며, 이 바이러스는 직경 27㎚의 구형의 바이러스로 바이러스 핵산은 단일사슬 RNA이다. Ether, 산(pH 3.0)에 대하여 안정하지만 100℃ 5분간의 가열처리에 의하여 불활성된다.

▶ 감염 경로

환자 혹은 불현성 감염자의 분변, 혈액 혹은 이들에 의하여 오염된 음식물이나 물건 등이 감염원이고, 발병 직후 타액으로도 감염된다.

▶ 증상

대부분의 증상이 38℃ 이상의 발열을 가지고 급격히 발병하는 것이 특징이며 전신 권태감, 식욕부진, 오심, 구토, 황달 등과 일반적으로 복통, 설사, 두통, 인두통 등이 자주 나타난다. 일반적으로 예후가 좋아서 대부분이 1~2개월에 간기능이 정상화되고 특히 소아의 예에서도 예후가 좋다.

(2) B형 간염

▶ 병원체

B형 간염바이러스(hepatitis B virus, HBV)에 의하여 일어나며, 여름철에 가장 많이 발생한다. 특히 청소년이 감염되는 경우가 많다.

▶ 감염 경로

수혈에 의한 감염은 수혈 시 검사로 거의 나타나지 않고, 주사침 사고, 약물 남용자의 불결한 침, 장기이식, 성교 접촉, 산모와 태아의 수직 감염 등으로 보고되고 있다. 잠복은 보통 15~50일이다.

▶ 증상

일반적으로 전구기, 발열기, 황달기 및 회복기의 4기로 나누어진다. 전구기에 있어서는 특별한 증상은 없으나 때때로는 오심, 구토, 설사 등을 일으킨다. 발열기에는 급격히 오한이 나타나고 38℃ 정도의 열이 있다. 이 시기에는 식욕감퇴와 권태감이 심하며 인두염, 기관지염 같은 카타르성 증상이나 두통, 요통이 나타난다. 다음에는 간이 비대해지고 전신에 황달이 나타난다. 이 황달기는 2~4주간, 때로는 수개월간 계속되기도 한다. 황달이 서서히 없어지고 회복기에 들어가 2~6주에는 치유된다. 일반적으로 발병이 잠행성으로 발열을 동반하는 것은 적고, 간기능 장애로 가는 경향이 강하다.

이 바이러스는 저항력이 강하므로 60℃에서 30분간 가열해도 생존하며 1ppm의 염소를 함유하는 물에서도 사멸하지 않는다. 그리고 건조에 대해서도 강하다. 그러므로 배설물을 철저히 소독해야 한다.

(3) C형 간염

▶ 병원체

C형 간염바이러스(hepatitis C virus, HCV)는 소형 RNA 바이러스로 크기가 35~

65nm이다. 바이러스의 RNA를 역전사 효소를 이용하여, cDNA로 하고 cDNA를 PCR법으로 증폭하여 존재를 증명할 수 있다.

▶ 감염 경로

C형 감염은 현재 수혈에 의한 감염의 90% 이상을 점하고 있다고 알려진 non-A와 non-B형 감염 중에서 커다란 비율을 점하고 있는 감염이다. HCV를 함유한 혈액의 수혈이나 혈액제제에 의해 전파된다. 주사침 사고, 약물 남용자의 불결한 침, 장기이식, 성교접촉, 산모와 태아의 수직 감염 등으로 보고되고 있다.

▶ 증상

발병은 통상적으로 잠행성이고 전신 권태감, 식욕부진, 복부 불쾌감, 오심, 구토 등의 증상으로 시작한다. 발병률은 B형 간염보다 조금 낮으나 만성화되는 가능성은 높다.

9) 전염성 설사증

이 질병은 미국에서 전염성 위장염(eppidemic gastroenteritis) 또는 급성 무열성 비세균성 전염성 위장염(acute afebrile infectious non-bacterial gastroenteritis)으로 알려졌으며, 일본에서는 1984년에 전국적으로 유행한 일이 있다.

전염성 설사증은 바이러스에 의하여 일어나며 그 성상은 분명하지 않다. 환자의 분변과 같이 배출된 바이러스가 음식물을 통하여 경구 감염된다. 2～3일의 잠복기를 거쳐 미열과 더불어 하루에 5～20회 정도의 특이한 수양성 설사를 일으킨다. 4～7일에 회복되며 예후는 좋다. 연소자에게는 거의 발병자가 없다.

예방으로는 발생 지역에서 환자의 분변 처리를 철저히 하고, 음식물을 가열해서 먹도록 할 것 등이다.

10) 병원성 대장균

병원성 대장균에 의하여 일어나는 것으로 보통 대장균 장염(coli enteritis)이라고 부른다. 소아에 많고 연령이 많은 어린이나 성인에게는 발병하지 않는 경우가 많다.

불소화 분변에 농혈액 등이 혼합된 이질 모양의 설사를 하므로 집단적인 이질의 발생으로 오인될 경우가 있으며, 병원성 대장균에 오염된 음식물을 먹고 발병할 경우에는 세균성 식중독과 비슷한 발생 상황을 나타내기도 한다.

주로 유유아들에게 많이 발생되므로 유아에게 사용되는 수건이나 기저귀, 목욕물 등에서 병원성 대장균이 분리되고 있으므로 위생적인 관리를 철저히 해야 한다.

11) 이즈미 열(Izumi fever)

바이러스에 의한 발진성 질환인데, 증상은 성홍열과 비슷하다(39℃ 발열). 1927년 일본 카네자와 시에서 유행한 것을 이즈미가 보고하였다. 주 증상은 발열, 발진, 위장증상을 나타내며, 열은 일시에 또는 2~3회 반복해서 나타난다. 잠복기는 2~10일이다. 음식물이나 물을 매개로 감염되는데, 접촉 감염도 이루어질 수 있다.

12) 후천성 면역결핍증(Aquired bimmuno deficiency syndrome, AIDS)

후천성 면역결핍증(AIDS)은 전염성의 바이러스에 의하여 발병한다. 이 AIDS를 일으키는 바이러스는 백혈구를 파괴하여 면역 기능에 문제를 일으키게 됨으로써 질병을 유발하게 된다. 이 질병은 1981년에 처음으로 동성연애자 등으로부터 발생되기 시작하여 거의 대부분의 나라에서 발생하고 있으며, 1998년 6월에 발표한 WHO의 AIDS 환자 수는 190만명이지만 실제 환자 수는 이것의 몇 배이며, 감염자는 이보다 훨씬 더 많을 것으로 보고 있다. 특히 아프리카 중부 및 남부와 동남 아시아에서는 감염자가 급증하고 있다. 우리나라에서는 1998년 9월 말 현재 감염자 844명과 감염자 가운데 환자는 127명으로 보고되고 있다. 1987년 11월 28일 AIDS예방법이 법률로 제정되어 예방과 감염자의 보호 관리에 기여하고 있다.

▶ 병원체

1983년에는 AIDS 병원체가 HIV(human immunodficiency virus)로서 알려진 레트로 바이러스(retro virus)로서 동정되었다. 혈청학적으로 HIV-1과 HIV-2의 두 가지 형으로 나눈다. AIDS의 특성으로 HIV가 T4 세포라고 불리는 helper T 세포를 죽이고, 그 밖에 macrophage나 B 세포, 혈관 내피세포, 특정한 내세포 등도 파괴한다고 보고되었다.

▶ 감염 경로

AIDS의 감염은 대개 바이러스나 바이러스에 감염된 세포가 포함된 혈액, 감염된 주사기의 반복 사용, 정액 등의 체액의 교환을 통하여 이루어지며, AIDS에 감염된 산모는 유아에게도 전염시킨다.

▶ 증상

AIDS는 HIV에 의한 감염의 최종 단계이며, 고열과 초조함 등을 나타내는 전염성 단구 증가증과 비슷한 첫 증상은 감염 10년 후에 나타나기 시작한다. 그러나 잠시 동안 다시 이런 증상이 완전히 없어지기도 하나, ARS(AIDS-related complex)로서 알려진 합병증으로 림프관이 부어 오르고 식욕감퇴, 피로, 고열, 붉은 반점을 보인다. 그러나 죽음을 가져오는 직접적인 요인은 폐렴이나 악성종양, 특히 카포시스사르코마(kaposissarcoma)이다.

2. 경구 전염병의 예방 대책

경구 전염병을 예방하기 위해서는 감염원, 감염 경로, 숙주에 대하여 적절한 대책이 필요하다. 특히 식품 위생학적 견지에서는 다음 사항에 주의하여야 한다.

① 환자, 특히 경증 환자 또는 보균자를 조기 발견하여 식품의 제조, 취급, 조리 등에 종사시키지 말 것
② 식품의 원료는 위생적으로 처리한 신선한 것을 사용할 것
③ 식품의 보존에 주의하여야 하며 생식을 가능한 한 금지시킬 것
④ 사용하는 물에 주의하여야 하며 오염되었다고 생각되는 물은 사용하지 말 것
⑤ 식품을 취급하는 사람은 특히 손을 잘 씻고 소독을 철저히 할 것
⑥ 식품의 제조, 취급, 조리 등에 사용되는 기구, 식기는 깨끗이 씻고 소독할 것
⑦ 쥐, 파리, 바퀴 등의 침입을 방지하고 이들을 구제할 것
⑧ 작업장을 청결하게 할 것
⑨ 예방접종을 실시할 것 등이다

3. 인축공통전염병(Zoonoses)

인축공통전염병(Zoonoses)이란 척추동물과 사람이 같은 병원체에 의하여 발생되는 질병을 말하며 사람은 식육이나 우유에 병원체가 존재할 경우 그것을 섭식하거나 감염동물, 분비물 등에 접촉하거나 2차 오염된 음식물에 의하여 감염된다.

1959년 WHO에 의하면 '인축공통전염병이란 인간과 척추동물 사이에 전파되는 질병이다"라고 정의하였다. 인축공통전염병은 약 200여 종이며, 이 가운데 공중보건상 중요시되고 있는 것만 하더라도 약 90여 종이다. 대표적인 인축공통전염병에는 세균성 질병으로 탄저, brucellosis, 살모네라증(salmonellosis), 야토병, 렙토스피라병, 리스테리아병, 서교증, 결핵, 고균증, 재귀열 등이 있고, rickettsiae 질병으로 발진열, Q열, 쯔쯔가무시병이 있으며 virus성 질병으로 일본뇌염, influenza, 뉴캣슬병, 앵무병, 광견병, 천연두, 유행성출혈열 등이 있다. 이들 중에서 식품위생문제와 관련된는 것은 식용으로 하는 동

물에서 볼 수 있는 인축공통전염병으로, 이환 동물과의 접촉이나 처리, 조리·가공할 때에 감염되는 전염병이다. 우리나라에서 주로 문제가 되는 것은 결핵, 탄저, 브루셀라증, 살모넬라증, 야토병, 돈단독증 등이다.

1) 주요 인축공통전염병

(1) 결핵(Tuberculosis)

결핵균(*Mycobacterium tuberculosis*)에 의하여 일어나는 질병이다. 결핵균에는 주로 사람에게 감염되는 인형(human type), 소에 감염되는 우형(bovine type), 조류에 감염되는 조형(avian type)과 사람과는 무관한 파충형(reptillian type)이 있다. 이 형들은 원래 모두 동일한 것이었는데, 각기 다른 숙주에서 오랫동안 서식함으로써 그 성질이 변환된 것이라고 생각된다. 우형은 직접 우유에 의하여 사람에게 감염되는데, 이 경우에 있어서는 주로 림프절이나 장, 폐, 골격, 관절에 침입한다. 우형 결핵균이 우유와 함께 탈출되기 때문에 우유를 마시는 어린이에게 잘 감염되며 우유에 결핵균이 함유되는 대부분의 경우는 유방에 병소가 있을 때이며 착유후에 분변으로 오염되는 경우도 있다. 우유뿐만 아니라 이환 소의 고기나 이환 닭의 달걀도 위험하며, 특히 우리나라와 같이 개방성 결핵 환자(open case)가 많은 경우에는 개방성 환자가 젖소를 취급하지 않도록 하여야 한다.

잠복기는 4～6주이다. 예방법으로는 정기적인 OT(old tuberculin) 반응검사를 실시하여 음성자는 BCG(bacillus calmette guerin) 접종을 실시해야 한다. 그리고 식품은 충분히 가열 후 섭취해야 한다.

(2) 브루셀라증(파상열, Burcellosis, undulant fever)

1887년 David Bruce가 발견한 부루셀라균은 Gram 음성의 작은 간균으로 운동성이 없고 아포를 형성하지 않는다. 이 균은 양, 산양, 돼지, 소에게 유산을 일으키고 브루셀라균이 사람에게 감염되면 파상열을 일으킨다. Brucella에는 소에 감염되는 B. abortus, 돼지에 감염되는 *B. suis*, 양 및 산양에 감염되는 *B. melitensis*가 있다. 세 가지 형의 균들은 다소 성상을 달리하며, 각 균종이 모두 감염하는 동물을 달리하고 있다.

사람에게 각 균종이 다같이 전염병을 가지고 양, 소, 돼지 등에서 자궁점막과 태막 염증, 그리고 유산을 일으키는 것을 특징으로 하여 2차적으로 사람에게 감염시킨다. 사람은 접촉이나 우유 및 육류를 생식함으로써 감염된다. 사람은 세 가지 균에 모두 감염되나 *B. melitensis*에 의한 감염이 가장 심한 증상을 나타내고 *B. abortus*에 의한 것이 가장 가볍다.

Brucella균의 종류에 따라 다소 차이가 있으나 보통 5~21일의 잠복기를 거쳐 파상열이 나타난다. 즉 결핵, 말라리아와 비슷하여 보통 오후에는 38~40℃의 고열이 있으며 오전에는 평열을 나타낸다. 이런 상태가 2~3일간 계속된다. 이러한 열형이 여러 번 반복된다. 경련, 관절염, 쇠약, 간 및 비장의 비대, 백혈구 감소, 발한, 변비, 신경성 두통 등의 증상을 볼 수 있다.

이 균은 열에 대한 저항력이 약하므로 58℃에서 10~15분으로 사멸하며 우유의 저온살균(60~63℃에서 30분간)에서는 3분 내에 사멸하나 건조에는 저항력이 강하다. 예방으로는 이환된 동물의 조기 발견, 격리 또는 도살하도록 하고, 축사 및 도살장의 환경위생을 철저히 하여야 한다. 그리고 우유의 살균과 수육의 가열 조리 등도 철저히 하여야 한다.

(3) 탄저병(Anthrax)

탄저병은 *Bacillus anthracis*에 의하여 일어나는 병으로 가축의 급성 전염병인데, 가끔 사람에게도 감염된다. 탄저균은 Garm 양성의 대형 간균으로 운동성이 없다. 산소가 있어야 포자를 형성하며 저항성이 매우 강하고 동물체 또는 혈액, 혈청을 함유한 배지에서 배양할 때 협막(capsule)을 형성하므로 100℃의 습열에서도 쉽게 사멸되지 않으므로 고압멸균이 필요하다. 여러 동물에 감염되나 주로 소와 양에 감염되며 말, 산양, 돼지는 가끔 감염된다. 사람에서 사람으로 감염되는 경우는 극히 드물다. 사람의 탄저는 감염 부위에 따라 피부탄저, 장탄저, 폐탄저로 나누어지며 대부분이 피부탄저이다.

피부탄저는 피부를 통하여 감염되는 경우인데, 건강한 피부에는 균이 침입할 수 없으나 상처가 있으면 침입한다. 잠복기는 보통 4일 이내이며 침입 부위에 발적, 종창, 수포가 생기며 침윤 중심부에 궤양, 림프절염 등을 일으킨다.

폐탄저는 기도를 통하여 감염되는데, 털에 묻어 있는 포자나 탄저로 죽은 가축의 골분을 비료로 밭에 시비할 때 흡입된다. 급성폐렴을 일으키며 심하면 패혈증으로 사망한다.

장탄저는 입을 통하여 감염되는데, 이환 가축의 고기를 충분히 가열 조리하지 않고 섭식하면 식중독과 비슷한 증상이 나타난다. 예방을 위해서는 병에 걸린 동물을 조기에 발견하여 격리, 치료하거나 도살해야 하며, 가축에 대한 예방접종을 철저히 시행하여야 한다.

(4) 야토병(Tularemia)

산토끼 병균인 *Pasteurella tularensis*에 의해 감염되는데, Gram 음성 간균이고 피막을 형성하나 편모와 아포는 없다. 산토끼를 비롯한 설치류와 가축에 감염되는 질병이다. 저항력이 강하여 상온에서도 상당히 오래 생존한다. 50~60℃의 습열에서 10분 이내에 사멸되고, 0.1%의 formaldehyde 용액과 cresol 등이 효과적인 소독제이다. 산토끼 사이의 전염병은 벼룩, 진드기 등 흡혈곤충의 매개에 의하여 사람에게서 흡혈곤충의 자상(刺傷)보다는 감염된 산토끼의 혈액, 오줌, 침 등에 병원균이 다량 함유되어 있으므로 상처가 있거나 건강한 손으로 만지거나 박피 또는 고기를 요리할 때 경피감염된다.

잠복기는 1~14일, 보통 3~4일이며 대개는 오한, 전율과 함께 발열한다. 균이 침입한 피부에는 농포가 생긴 후 궤양으로 변하며, 동시에 국소 림프선이 붓는다. 또 균이 코에 침입하면 콧구멍 점막을 망가뜨리고 눈에 침입하면 악성 결막염을 일으키기도 한다. 이 질병에 이환된 후에는 강한 면역을 얻는다. 사망률은 약 4%이며, 3~9개월 정도 경과 후 회복된다.

(5) **돈단독**(Swine erysiplas)

돼지를 비롯하여 양, 소, 말, 닭 등에 단독양의 피부염과 패혈증을 일으키는 질병으로서, 우리나라에서는 돼지 사이에 많이 유행하고 있다.

병원체는 돈단독균(豚丹毒菌; *Erysipelothrix rhusiopathiae*)이며, Garm 양성의 무아포 단간균으로 통성혐기성이며 협막과 운동성이 없다. 55℃에서 15분이면 사멸되며 석탄산에 대한 저항성은 강하다. 어패류에서도 이 균이 많이 검출된다. 돼지 등 가축의 고기, 장기 또는 이환 동물을 취급할 때 피부의 창상으로부터 사람에게 감염되며 때로는 경구감염도 이루어진다. 10~20일의 잠복기를 거쳐 경피감염일 때는 국소병변으로서 발적, 종창, 작열감으로부터 시작하여 자홍색의 유단독 반점을 볼 수 있다. 가끔 림프절염, 관절염, 심장장애를 동반하며 중증인 경우 패혈증을 일으켜 사망한다.

돼지의 예방접종에는 약독생균 백신이 사용되며 치료제로서 항생물질이 효과가 있다.

(6) **리스테리아증**(Listeriosis)

소, 양, 산양, 말, 돼지 등의 가축 및 닭, 오리 등의 가금에 감염되며 때로는 사람에게 감염된다. 병원체는 *Listeria monocytogenes*이며 Garm 음성 무아포 간균이다. 사람은 감염 동물과의 직접 접촉 및 오염된 식육, 유제품 등에 의한 경구감염이나 오염된 먼지의 흡입에 의하여 감염된다.

잠복기는 수일에서 수주라고 하지만 명확하지 않다. 증상은 다양하며 수막염의 경과를 취하는 예가 많다. 단핵구의 현저한 증가를 볼 수 있으며 패혈증을 일으킨다. 임신부는 자궁내막염(endometritis)을 일으킨다.

(7) **Q 열**(Q-fever)

Q열은 *Coxiella burnetii*(*Richettsia burnetii*)에 의한 질병으로 소, 양, 염소의 젖에 배

균되어 사람에게 감염시킬 수 있다고 한다. 사람 사이의 감염은 아직 증명되지 않고 있으며, 사람에 감염은 아직 확실하지 않으나 공기 감염에 의한 것 같으며, 감염된 우유 또는 동물에 직접 접촉함으로써 감염될 때도 있다.

증상은 급격한 오한, 발열, 두통이 있으며, 발열은 4~5일부터 2~3주간 계속된다. 예방은 감염 경로가 분명하지 않으므로 곤란하나 진드기 같은 흡혈곤충의 박멸이 필요하다.

(8) **광우병**(Bovine Spongiform Encephalopathy, BSE)

광우병은 성우(成牛)에서 느리게 진행되다 결국은 죽게 되는 신경병으로 영국에서 1986년 Wells 등에 의해 최초로 보고되었고, 증상은 건강한 소가 약해지고 신경질적이 되며 다리가 제각기 이상을 보이고 결국은 매우 공격적이 된다. 특히 감염된 동물의 뇌는 뇌조직에 구멍이 나있고 현미경으로 보면 스펀지와 같이 손상이 되어 있다. 이는 전염 물질에 의해 일어나는 해면체 뇌병으로 알려진 중추신경계의 진행성, 퇴행성 질병에 속하는 것이다.

광우병의 원인은 양의 부산물이 함유된 소의 사료에 기인한 것으로, 70년대 말 영국의 몇몇 공장은 죽은 동물 및 그 부산물을 동물사료로 가공하는 과정에서 저온에서 가공 가능한 방법을 채택하고, 고온 열처리를 하지 않았다. 광우병과 비슷한 질병으로 양의 scrapie, 사람의 Creutzfeldt-Jakob(CJD)병, 고양이의 광묘병 등이 있다. Scrapie는 250년 이상 가축(영국 지역의 양)에 퍼져 있는 질병으로서 광우병의 감염원으로 추정되고 있다.

또한 CJD는 다른 해면상 뇌질환 같이 병의 진행이 수년간 걸리는 인간의 질병으로 증상은 기억력 상실, 이상 행동, 정신지체, 치매, 수족의 무의식적 운동 등으로 나타나며, 현재 어떤 경로로 전염되는지 확인된 바 없으며 이 질병은 전 세계적으로 분포되어 있고, 매년 인구 2백만 명 중 1명꼴로 발생하고 있다. 따라서 사람의 CJD는 scrapie에 걸린 양 내장을 사료로 고기를 먹는 것과 연관성이 있는 것으로 추정되고 있다.

2) 인축공통전염병의 예방 대책

식품위생상 문제가 되는 인축공통전염병의 예방으로써는 동물 사이에서의 유행을 예방하는 것으로 가축의 건강 유지, 이환 동물의 조기 발견, 도살, 혹은 격리, 소독, 예방접종 등 가축 위생상의 조치를 항상 게을리해서는 안 될 것이다. 또한 이환 동물로부터 얻은 젖이나 유제품에 대하여서도 이와 같은 조치를 강구하여야 한다. 그러므로 도살장이나 우유 처리장에 있어서는 검사를 철저히 하여야 하고, 수입할 때에도 철저한 검역 조치가 요구된다.

8 식품과 기생충

자연계에서 독립된 생활로 영양을 섭취하지 않고 타 생물에 침입하여 영양을 섭취하여 기생 생활을 하는 생물을 기생충이라 하고, 기생충이 기생하는 상대를 숙주(final host), 어느 정도까지 발육하고 종말 숙주로 감염되는데 도움을 주는 것을 중간 숙주(intermediate host)라 한다. 기생충에는 중간 숙주를 전혀 필요로 하지 않는 것과 1~2개의 중간 숙주를 필요로 하는 것이 있다. 2개의 중간 숙주를 필요로 할 때 성장 단계에 따라 제1 혹은 제2 중간 숙주로 부른다.

기생 생활을 하는 기생충들은 분류학적으로 극히 수가 많고, 그 생활사도 종류에 따라 다르며, 그 독특한 생활사 때문에 인체에 감염 양식도 각각의 종류에 따라 부른다.

기생충(parasites)의 감염 경로는 경구, 경피 및 태반감염 등으로 대별할 수 있다. 특히 경구감염(oral infection & infestation)을 일으키는 기생충이 식품위생과 밀접한 관계가 있다. 식품과 밀접한 관계가 있는 기생충은 2가지로 나누어 생각할 수 있다. 즉 그 하나는 기생충의 충란이나 유충이 오염, 부착된 식품을 사람이 섭취하여 감염되는 경우이며, 다른 하나는 기생충에 감염된 동물의 고기를 섭취하여 그 동물 체내의 기생충이 그대로 사람에게 감염되는 경우이다. 기생충병은 분변 시설의 확충과 의약품의 개발로 인해 과거에 비해 많이 감소되고 있으나 아직도 상당히 높은 감염률을 보이는 것으로는 회충, 편충, 요충 등으로 토양 매개성 질환이 주가 되며 아직도 높은 감염 기생충군에 속한다.

간디스토마는 전체 기생충 감염률 중 최고를 보이고 있어 그 다음의 감염률을 보이고 있는 요충의 2배 이상의 감염률을 보인다. 특히 농촌 지역, 낙동강, 섬진강 지역의 주민들의 감염률이 크게 높아 집중적으로 예방 사업이 이루어져야 할 것이다.

담수어류의 생식 습관에 따른 감염환이 이루어지므로 감염 경로를 차단하기 위해 잘못된 습관을 고치고, 예방법을 교육하는 것이 절실히 필요하다.

정확한 조사 결과는 알려져 있지 않지만 담수어류를 통한 광절 열두조충, 유극악구충, 장흡충 등도 관심을 갖게 하는 기생충이며, 해산어류를 통한 감염인 아니사키스도 증가되고 있으며, 스팔가눔과 같이 보신적인 동물의 생식에 따른 발병도 무시할 수 없는 숫자의 감염 사례가 보고되어 있다. 기생충이 인체에 미치는 영향은 기생충의 종류, 크기, 운동성, 기생 부위 및 숙주의 연령 등에 따라 차이가 있으나 주요한 증상은 다음과 같다.

첫째, 기생충이 단지 기생하고 있는 것 뿐이거나 숙주의 체내를 천공(穿孔) 이동함으로써 일어나는 증상(기계적 작용)

둘째, 충체에서 분비된 독소에 의해서 일어나는 증상(독소작용, 발열, 신경증상)

셋째, 숙주의 체내에 다수 기생함으로써 일어나는 증상(빈혈, 영양장애)

1. 채소류에 의한 기생충 감염

농촌에서는 분뇨를 채소의 비료로 사용함으로써 대부분의 기생충이 채소로부터 감염되고 있다. 분뇨는 야채의 섬유질을 적게 하고 빨리 성장시키며 경제적일 뿐만 아니라 입수가 용이한 속효성 비료이다. 보통 배추, 미나리, 파, 무, 딸기, 당근 등에서 회충, 편충, 구충 및 간디스토마의 충란이 검출되는데, 그 중에서 회충란이 제일 많다.

1) 회충(*Ascaris lumbricoides*)

세계적으로 가장 보편적인 기생충으로 우리나라에도 농촌지역에 특히 감염률이 높다. 사람에 기생하는 선충류 중 제일 큰 것으로 수컷의 크기는 15~31cm×2~4mm이며 가는 뒤끝은 말려져 있고 교접자가 있다. 암컷은 20~35cm×3~6mm로서 앞쪽 1/3부위에 생식공이 있고 그곳에 대상교착부(帶狀絞搾部)가 있다. 일반적으로 소장에 기생하며 감염 후 산란 시까지 약 60~75일이 걸린다.

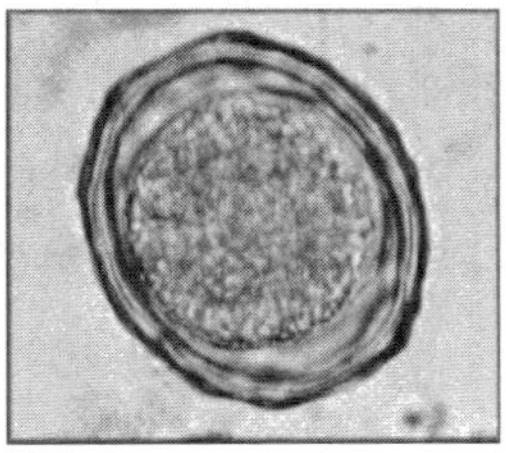

〈회충 수정난〉

〈회충의 성충〉

암컷 한 마리가 하루에 약 10~20만 개의 알을 낳는다. 분변과 함께 배출된 충란은 늦은 봄부터 초가을의 적당한 조건(22~23℃, 약 9~13일)에서 발육하여 난자 안에 자충이 형성된 감염성 성숙란이 된다. 음식물과 함께 섭취된 후 십이지장에서 부화하여 장간막, 정맥 또는 림프관, 간, 폐동맥, 폐를 거쳐 기관, 식도, 위를 경과하여 소장에서 성충이 된다.

회충이 사람에게 끼치는 장해로는 담관, 췌관, 충수 등에 침입하여 위해를 일으키며 다수의 충체에 의한 장폐색(腸閉塞) 외에도 두통, 오심, 현기증, 복통, 설사, 담마진, 전간(epilepsy) 등의 증상이 나타나지만 흙 등을 먹는 이미증(異味症: geophagia)이 있는 어린이들에게 전혀 증상이 나타나지 않는 경우도 있다. 회충의 감염은 계절에 따라 다르나, 분변액 중의 회충란은 평균 300일 정도 생존한다. 토양 속에서 2~5년간, 영하 15℃ 기온에서도 월동하여 봄까지 생존하였다는 보고와 여름 김치 속에서 40일 후에도 약 20%의 회충란이 생존하였다는 보고도 있다. 열에 대한 저항성은 76℃ 이상의 열탕에서 1초 이상, 65℃에서 10분 이상 가열하면 사멸하는데, 60℃ 이하에서는 10시간 이상 처리하여도 사멸되지 않는다. 그러나 채소 속에 들어 있을 때에는 내부까지 열이 전도되는 데는 보다 많은 시간이 소요되므로 더욱 오랜 시간을 요하게 된다. 그러므로 야채는 잎을 펴서 흐르는 물에 여러 번 씻은 후 열탕에 1분 정도 처리하여야 한다.

2) 구충(*Hookworn*)

*Anchostoma*속으로 전 세계적으로 분포되어 있다. 십이지장충이라고도 하며, 최근 우리나라에서는 급격히 감소하고 있는 기생충이다. 회충보다 건강장해가 심하고 경구 감염뿐만 아니라 경피 감염이 되기도 한다.

우리나라에서 발견되는 구충은 두비니구충(십이지장충; *Anchyostoma duodenale*)과 아메리카구충(*Necator americanus*)의 두 종류인데, 전자가 병원성이 강하다. 크기는 1cm 내외(두피니구충=♂8~10mm×0.4~0.5mm; ♀10~13mm×0.6mm, 아메리카 구충 =♂7~10mm×0.3mm; ♀9~11mm×0.4mm)로 입에 예리한 절지가 있어 이를 이용하여 교착하므로 이동하지 않기 때문에 항문으로 자연 배출되는 예가 거의 없다. 십이지장보다는 공장 상부에 기생한다. 일반적으로 타원형을 띠고 있으며 두비니구충은 60㎛~40㎛, 아메리카구충은 64~76㎛×36~40㎛ 정도의 크기인 충란을 공장에 산란한다.

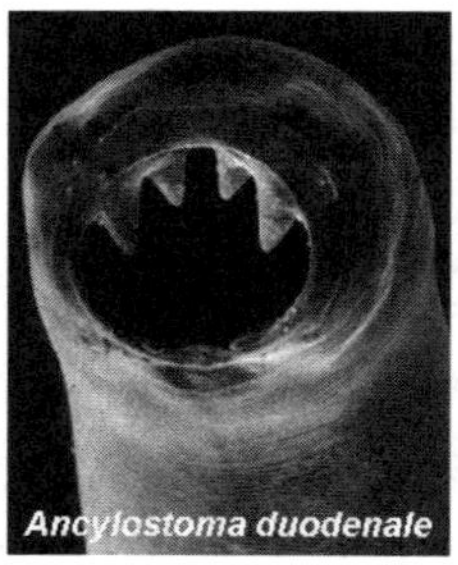

〈구충의 구강〉

충란이 분변과 함께 배출되면 적당한 조건, 즉 습기와 30℃ 전후의 온도에서 2주 정도에 부화하여 자충이 된다. 그 후 2, 3일 경과 후 첫 번째 탈피를 하며 1주 정도 후에 약 2배의 길이가 되어 두 번째 탈피 후 감염형의 피낭자충이 된다. 구충의 감염은 피낭자충으로 오염된 식품 및 물을 섭취하거나 피낭자충이 피부를 뚫고 들어감으로써 성립된다. 이렇게 체내에 들어온 자충은 폐에 들어간 후 기관, 식도를 거쳐 소장에서 성충이 되어 기생한다. 경구 감염되었을 때는 직접 장관에서 발육하며, 감염된 후 성충까지 되는 데는 약 5~6주가 필요하다.

주요 증상은 빈혈로서 뇌빈혈(cerebral anemia)을 일으키기 쉬우며 식욕이 감퇴되고 이미증(geophagia)을 일으켜 산미가 강한 음식이나, 미숙한 과일을 잘 먹거나, 생쌀이나 흙을 먹는다. 어린이가 심한 구충증에 걸리면 신체와 지능의 발육이 저해된다. 또한 병원균에 대한 저항력이 저하되므로 각종 질병에 걸리기 쉽다.

분변 속에 있는 이 충란의 생존 기간은 보통 겨울철에는 13~14일이나 사계절을 통하여 75일 정도이며, 긴 것은 130일에 달하는 것도 있다 일반적으로 분뇨를 2~3개월간 방치해 두면 거의 모든 충란이 죽는다. 이 충란의 저항력은 회충란보다 훨씬 약하며 70℃에서 1초 이내에 죽는다. 저온에서도 죽으며 7~8℃에서 6일간 방치해 두면 발육하지 않는다. 직사광선이나 소독제에도 저항력이 약하다.

예방 대책은 회충에 준하는 것 외에 경피 감염도 되므로 분뇨 처리한 밭에 맨발로 다니거나 작업을 해서는 안 된다.

3) 동양모양선충(*Trichostrongylus orientalis*)

사람의 위에서 발견되었고, 수컷의 크기는 3.8~4.8mm × 0.07~0.02mm, 암컷은 4.9~6.7mm × 0.075~0.87mm로서 섬세한 털 모양이며 그 색은 담홍 회백색이다. 성충은 소장 상부 점막에 교착되어 있으며 다수가 기생하지 않는 한 뚜렷한 증상은 없다. 분변에 섞여 나온 충란이나 토양에서 부화된 감염형 유충으로 오염된 채소나 손을 통하여 주로 경구 감염되며 경피 감염은 잘 일어나지 않는다. 감염형 유충은 온도나 화학약품에 비교적 저항력이 강하며 때로는 김치를 통하여 감염되는 경우도 있다.

4) 요충(*Enterobius vermicularis*)

Hippocrates 시대로부터 알려져 있으며 1853년 Leach가 *Enterobius*속이라 하였다. Pinworm 또는 seatworm이라고도 한다. 전 세계에 널리 분포되어 있으며 다른 기생충과 달리 도시 지역에도 감염률이 높은 편이며, 또 어린이에게 많이 감염되어 있다. 1992

년 전국을 대상으로 한 기생충 감염 조사에서 토양 매개성 기생충증에 가장 높은 감염률을 보이고 있으며 분변 관리만으로 근절시킬 수 없는 감염 경로를 갖고 있다.

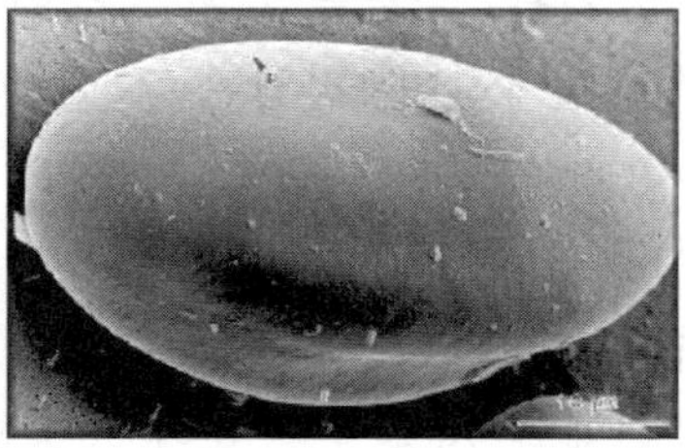

〈요충란〉

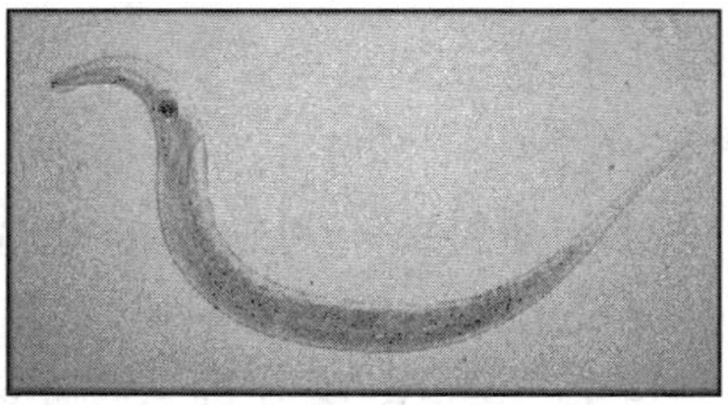

〈요충의 성충〉

요충은 어른보다는 어린이에게 많이 감염된다. 소장 하부에 기생하는 매우 작은 백색의 선충으로 숫컷의 크기는 2~5mm × 0.1~0.2mm 이하이며 꼬리가 말려 있어서 의문 부호를 거꾸로 한 모양과 비슷하다. 암컷은 8~13mm × 0.3~0.5mm이며 꼬리가 뾰족하다.

직장 내에서도 산란하나 일반적으로 밤에 항문으로부터 나와 항문 주위나 회음부(perineal)에 산란한다. 경구감염되면 위액이나 장액에 의하여 부화되어 소장 하부로 이동 후 기생한다. 가끔 충란이 항문이나 그 주위에서 부화되어 직접 항문으로 들어간 후 결장에 도달하여 성충으로 발육하는 경우도 있다. 감염 후 40일이면 성숙하고, 11~35일간 생존한다.

요충에 의한 장해는 주로 충체가 산란하기 위하여 항문으로 나오기 때문에 항문 주위나 회음부에 소양증이 생긴다. 심하게 긁으면 발적, 찰상이 생기며, 어린이의 경우 잠을 자지 않고 신경질이 심해져 수축해 진다. 많은 수가 기생하면 장카타르를 일으키거나 충수염(appendicitis)을 일으킨다. 무의식적으로 긁은 후 손을 입에 넣어 자가 감염의 원인이 될 때가 많다.

5) 편충(*Trichocephalus trichiurus*)

Roederer(1761)가 Trichuris라고 불렀고 Linnaeus(1771)는 인체 기생을 처음 기재하였다. 세계 각지에 분포하고 회충과 같이 야채류를 통한 경구감염을 일으킨다.

기생 부위는 대장하부 - 맹장, 충수돌기, 결장, 직장 등이다. 수정된 충란이 외계에 배출 - 흙 속에서 약 2주 경과하고 충란 내에 자충을 형성-자충포장란(仔蟲包藏卵)이 인체에 섭취 → 소장에서 부화 → 대장의 맹장, 충수돌기, 결장 등으로 내려와서 성숙 정착한다. 인체에 감염되어 성숙하는 기간은 90일 정도이고, 성숙 암놈은 1일에 5,000~7,000개의 충란을 산란하며 수명은 2~3년 정도이다.

크기는 50~54μ × 22~23μ, 모양은 술통(varrel shaped)처럼 생겼다. 신선 대변 내에서 편충란은 1개의 난세포가 있고 난각은 3층으로 되어있다. 제일 밖의 층은 담즙으로 착색되어 황갈색으로 보이나 양쪽 끝은 담즙에 착색되지 않는 점막전(mucoid plug)의 존재가 특이한 점이다. 보통 10마리 미만이 감염되었을 때에는 증상을 나타내지 않는 수가 많다.

충체의 가늘고 긴 전반부가 장점막에 매몰하여 조직을 손상시키거나 출혈을 일으키고 흡혈도 가능하다. 감염 충체 수가 200마리 넘으면 대장 점막 부위에 충혈과 염증, 혈변, 이질증상 등을 비롯하여 소화불량, 복통, 충수염, 식욕감퇴, 체중감소, 빈혈 등과 심하면 탈항증의 원인이 되기도 한다.

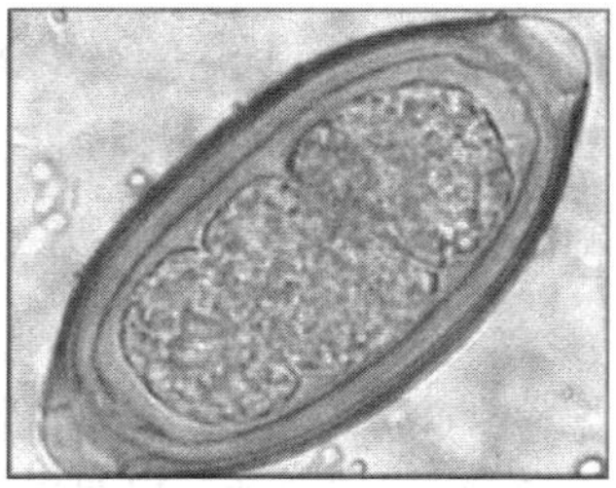

〈편충란〉

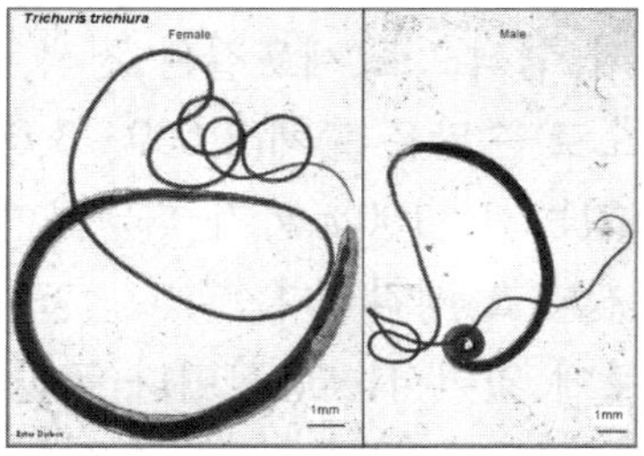

〈편충 성충의 암, 수〉

2. 식용 동물에 의한 기생충 감염

많은 조류의 흡충과 조충, 그리고 선충과 원충이 수육(獸肉)이나 어육을 통하여 감염된다. 채소를 통하여 감염되는 경우와는 달리, 이들 식품 속에 병원체가 들어 있을 뿐만 아니라 톡소플라즈마를 제외한 모든 종류의 기생충은 이들 식품을 통하여 감염된다.

1) 원충류

(1) 톡소플라즈마증(Toxoplasmosis)

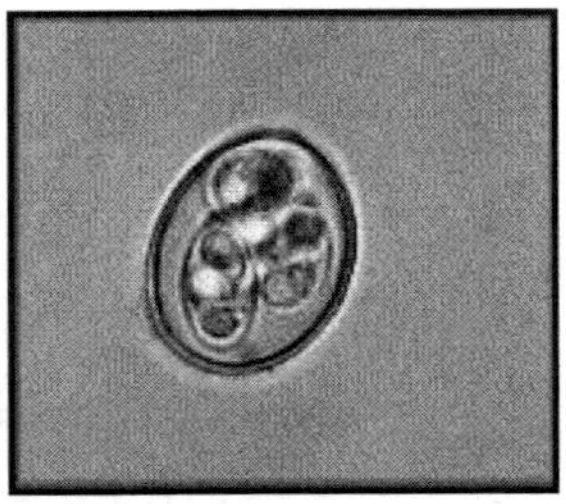

〈톡소 포자〉

톡소플라즈마증은 *Toxoplasma gondii*에 의하여 사람이나, 포유동물과 조류에 일어나는 질병으로서 감염 경로는 분명치 않다. 고유 숙주는 고양이, 토끼, 쥐, 개, 양, 조류 등 광범위하고 중간 숙주는 숙주 특이성이 없으며 사람을 포함한 거의 모든 온혈동물이다.

이 원충은 형태학상 두 형으로 나누는데, 첫째형은 증식형(영양형)으로 도말 표본상에서 초승달 모양(crescentic shape)을 띤 4～8㎛×2～4㎛ 크기이다. Giemsa 염색 또는 Wright씨 염색으로 세포질은 청색, 핵은 적색으로 염색된다. 둘째형은 포낭형(위포낭, cyst형)으로 수많은 충체(2,000～3,000개)가 모인 주위에 포낭벽이 형성되어 있다. 위포낭의 크기는 8～100㎛까지 다양하며(6만 개의 충체를 가지고 있는 예도 있다), 감염과 관계가 많다고 생각된다.

임신부에 있어서는 유산이나 조산의 원인이 되며, 특히 임신 초기에 감염되면 사산을 일으키는 경우가 있다. 기타 중추신경계에 친화성이 있으므로 뇌수종, 뇌석회화(腦石灰化), 맥락망막염 등을 일으킨다.

인체 기생 예는 모체로부터 감염된 신생아에서 볼 수 있으며 어른에서는 거의가 불현성 감염이다. 그리고 태아로 감염이 이행되었을 경우 불구아의 만출, 안저질환, 림프선염 등을 일으킨다. 여러 가지 경로를 거쳐 사람에게 감염될 수 있으나, 감염과 관계되는 식품으로는 돼지고기(영양형, 또는 포낭형)와 달걀 등이 있다.

2) 조충류

포유류, 조류, 파충류, 양서류, 어류 등 광범위한 동물이 중간 숙주의 역할을 하고 있다.

(1) 무구조충(민촌충: *Taenia saginate*)

쇠고기를 식용으로 하는 세계 각지에 분포하며 종래에는 유구조충보다 감염률이 높았는데, 최근에는 그렇지 않다. 성충의 두절에는 작은 4개의 반구상 흡반이 있으나, 그 끝에 문(吻)이나 소구(小鉤)가 없고 오히려 약간 함몰되어 있다. 길이는 10~12m(보통 7~8m)이며 40m에 달하는 것도 있다. 길이 16~20mm의 1,000~2,000개의 체절로 되어 있는 대형 조충이다. 머리는 4각형으로 직경 1.5~2mm이며 충란이 섞여 있는 경우도 있으나 대부분 떨어진 체절의 형태로 배출된다. 이와 같은 체절이 지면에서 파열되면 유리된 충란이 목초에 부착한다. 이를 중간 숙주인 소가 섭식하게 되어 감염된다.

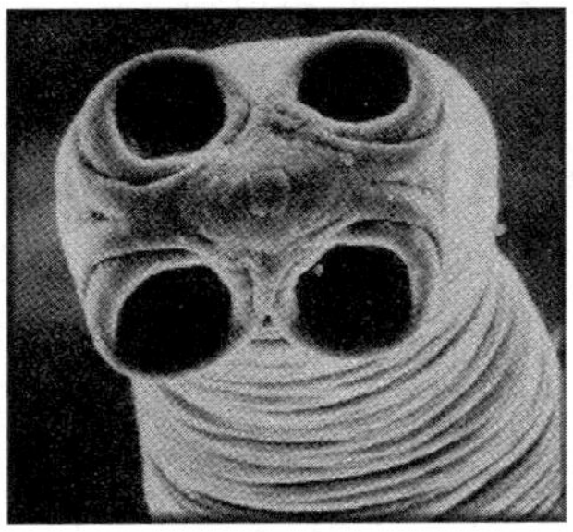

〈무구조충의 두절〉

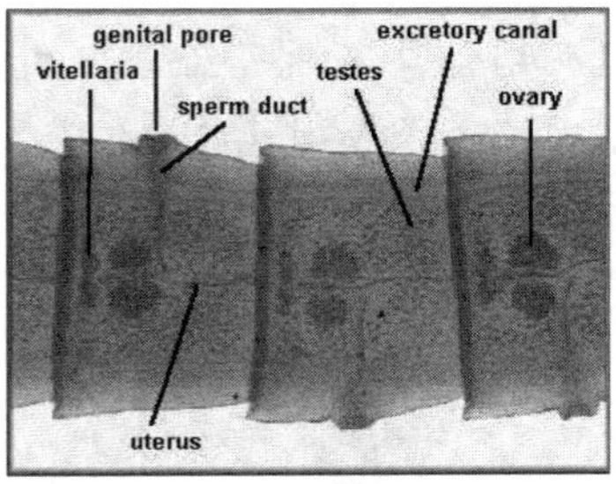

〈무구조충의 성숙 편절〉

소의 십이지장에 도달하여 무구유충이 유리되고 혈류, 림프구를 통하여 근육 기타 조직으로 운반되어 약 2개월 후에 무구조충으로 된다. 이 낭충은 조직 안에서 9개월 정도 생존하는데, 이를 사람이 섭취하면 감염된다. 소의 체내에서 낭충이 주로 기생하고 있는 부위는 요부, 설근, 심근 등이며 조사 대상 부위 중 무구낭충 기생률은 <표 1-45>와 같다.

〈표 1-45〉 한우에 있어서 무구낭충의 분포

기생 부위	기생률(%)	기생 부위	기생률(%)	기생 부위	기생률(%)
심 장	75.2	림 파 절	6.5	폐	19.7
혀	30.7	신 장	5.2	대 망 막	10.5
횡 경 막	20.3	방 광	3.3	위 벽	8.5
동 피 근	18.9	구 간 근	47.7	식 도	5.2
심 낭	9.1	저 작 근	23.5	췌 장	3.9

이 조충이 소장에 기생하여 발육할 경우, 배분할 때는 물론 걸어다닐 때나 잠 잘 때에도 다수의 체절이 나오므로 불쾌감을 준다. 그리고 사람에 따라서는 복부의 압통, 식욕의 이상항진, 오심, 구토, 빈혈, 소화기 증상, 체중감소, 호산구 증가가 8~34% 정도 나타난다.

예방 방법은 쇠고기 생식을 금하고 충분히 가열 처리 후 섭취하는 것이 좋다. 쇠고기를 저온에 보존하는 것은 그다지 유효한 살충 수단이 되지 못한다.

(2) **유구조충(갈고리촌충**: *Taenia solum*)

두절에 갈고리가 있어 갈고리촌충이라고도 하며 돼지를 중간 숙주로 하는 경우가 많아 돼지고기촌충으로 불린다.

이 조충의 길이는 2~7m, 폭 5~6mm 내외로 다른 조충에 비하여 짧은 편이며, 알의 크기는 31~43㎛이다. 무구조충과 비슷하나 머리에 갈고리를 가진 점이 크게 다르다. 흡반과 갈고리를 이용하여 주로 소장 상부 점막에 밀착되어 있으며 약 1,000개의 체절로 되어 있다.

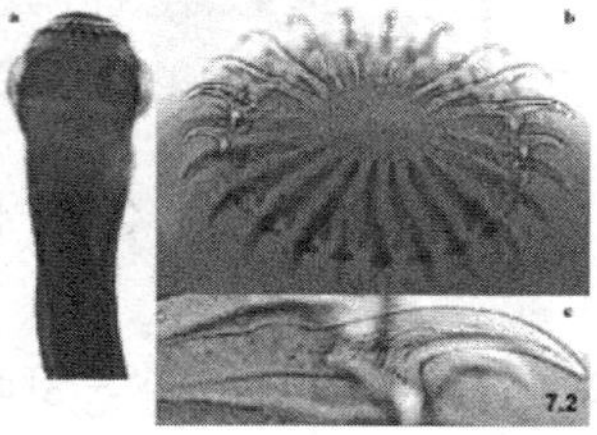

〈유구조충의 두부〉

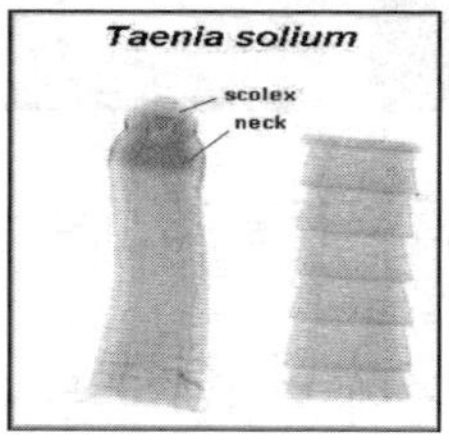

〈유구조충의 성숙 편절〉

분변과 같이 배출된 체절이나, 충란이 중간 숙주인 돼지나 사람 기타 포유동물에 섭취되면 소장에서 부화되어 유구유충이 유리되며 장벽을 뚫고 혈류를 따라 결국 각 조직으로 이동하여 유구낭충으로 된다. 이환된 돼지의 고기에서 많은 낭충이 발견된다.

이 조충의 기생에 의한 장해는 심하지 않으나 오심, 구토, 두통, 과민한 감정 상태, 때로는 장관을 폐쇄시키기 때문에 소화장애를 일으킨다. 특히 이 충은 수년 내지 수십 년간(간혹 20여 년간) 기생하므로 빈혈을 일으키는 경우도 있다. 낭충의 기생에 의한 장해는 성충에 의한 것보다 심한데, 그 기생 장소가 뇌나 안구의 경우 심한 증상을 일으키기 쉽다.

낭충의 저항력은 상당히 강하여 상온에서 42일간 생존하며 냉장에도 저항력이 강하고 일시적인 염지로는 죽지 않는다. 이 조충의 감염을 예방하기 위해서는 돼지고기를 생으로나 불완전하게 가열하여 먹지 않아야 하며 염지한 것도 주의하여야 한다. 그리고 정밀 도축 검사와 인분의 위생적 처리의 개선이 요망된다.

(3) 광절열두조충(*Diphyllobothrium latim*)

인체에 기생하는 조충 중에서 가장 긴 것으로 긴촌충이라고도 하며, 우리나라는 많은 예가 보고 되어 있지는 않으나 점차 증가하는 기생충 질환으로 알려져 있다.

크기는 보통 3~10mm이며, 1,000~4,000개(약 3,000개)의 체절로 되어 있는데, 성숙한 체절은 길이 3mm, 폭 15mm로서 폭이 길이보다 넓기 때문에 광절이란 이름이 붙여졌다. 두절에는 두 개의 흡구가 있으며 충란의 크기는 70㎛~45㎛이다.

소장에 기생하며 충란은 분변과 같이 배출된다. 이 충란은 물속에서(15~20℃) 약 11~15일 후에 부화되어 coracidium으로 된다. 이 coracidium이 제1 중간 숙주인 갑각류 중 물벼룩(cyclops)에 섭취되어 일정 생활사를 거친 후 제2 중간 숙주는 담수어 또는 반담수어인 연어, 숭어, 농어, 꼬치어가 이 물벼룩을 섭식하면 근육이나 간에서 전의미충이 성장하여 회백색의 의미충(plerocercoid)으로 된다. 1마리의 어류에 기생하는 유충의 수는 보통 1~5마리, 많을 경우 15마리 정도이다.

어육 속의 의미충의 저항력은 상당히 강하여 건조, 염지 또는 냉동시켜도 죽지 않는다. 고온에 약하여 50℃에서 수분 내에 죽는다. 그러나 근육 속까지 열이 전도되기까지는 약 10분 정도의 가열이 필요하다. 사람은 의미충이 감염되어 있는 연어나 송어 같은 어류를 생식함으로써 감염되며 증상은 심하지 않는 것이 보통이나 복통, 오심, 구토, 설사 등의 증상과 가끔 빈혈을 일으킨다.

(4) 스팔가눔증(*Sparganosis*)

열두조충과에 속하는 조충의 유충기를 스팔가눔(sparganum)이라고 하며 이것이 사람의 장 이외에 기생하였을 때 스팔가눔증(sparganosis)이라고 한다. 이들의 성충은 *Diphyllobothrium mansoni*, *D. mansonoides*, *D. decipiens*, *D. ranurum* 등으로 개나 고양이의 장에 기생한다.

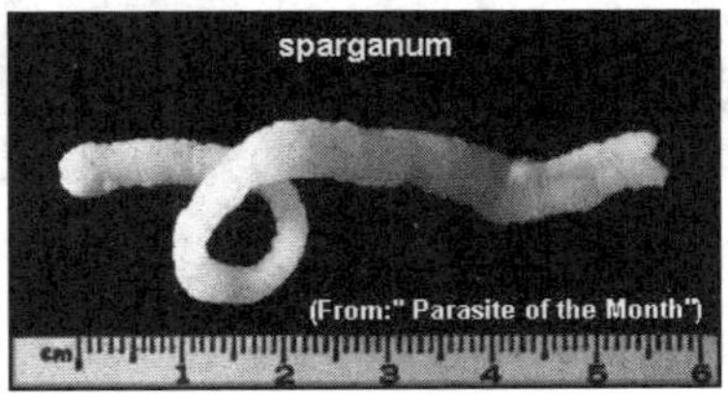

〈스팔가눔〉

스팔가눔이 우리나라에서 처음으로 발견된 1924년 이래 65세 이상인 사람에게서 발견되었으며 개구리, 먹구렁이, 능구렁이, 물뱀에서도 발견된다. 제1 중간 숙주는 물벼룩(cyclops)이며 제2 중간 숙주는 원칙적으로는 담수어 및 뱀이나 개구리인데, 조류나 포유류, 사람도 그 역할을 한다. 사람에게 스팔가눔이 감염되면 피하조직에 원형의 종류가 생기고 소양증이 있다. 기생 부위가 일정치 않으나 복부, 서혜부, 눈, 음낭, 유방 등에 기생한다.

사람은 감염된 물벼룩을 물과 함께 마시거나 의미충에 감염되어 있는 뱀이나 개구리를 생식하였을 경우에 감염되며, 감염된 뱀이나 개구리를 먹은 닭의 근육을 의미충이 이행되는데, 이를 사람이 생식하면 감염된다.

약물요법으로 치료가 어렵기 때문에 일단 감염되면 외과적으로 제거할 수밖에 없다. 그렇기 때문에 중간 숙주가 되는 동물의 생식을 금하도록 하여야 한다.

3) 선충류

(1) 선모충(*Trichinella spiralis*)

감염률은 낮으나 전 세계적으로 분포하며 아프리카, 남아메리카 및 동양에는 드물다. 중국, 일본에서 보고된 일이 있으나 지금까지 우리나라에서 보고된 예는 없다. 자연계에는 쥐에 만연되어 있으며 2차적으로 돼지, 개, 여우가 감염된다. 사람은 주로 돼지고기에 의해서 감염되며 한 숙주에서 성충과 유충을 발견할 수 있는 것이 특징이다.

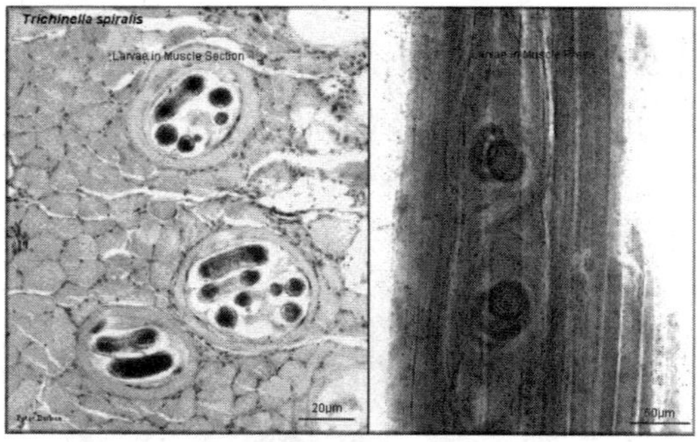

〈근육 내 피포 유충〉

인체 내에 기생하는 선충류 중에서 가장 작은 것으로 크기는 ♂1.4～1.6mm × 40～60㎛, ♀3～4mm 또는 0.6mm이다.

피낭유충을 가진 고기를 섭취하면 소장에서 성충이 되고, 1～2주 사이에 암컷은 공장

윗부분의 점막 내에 침입하여 자충을 낳는다. 이 자충은 장벽의 혈관과 림프관을 통하여 신체 각 부분의 근육에 분산되어서 발육하며 나선상으로 근섬유에 둘러싸이게 된다. 증상은 위장 증상, 안 증상에 이어 발열(40℃)이 있고 근육통을 일으킨다. 선모충증은 효과적인 치료법이 없으므로 예방에 중점을 두어야 한다.

예방은 특히 죽은 쥐를 돼지가 먹지 않도록 위생적인 사육을 하는 것과 육류를 충분히 가열하거나(65℃에서 1시간 동안 가열하면 사멸) -27℃에서 36시간 보존하면 자충은 완전히 사멸된다.

(2) 유극악구충(*Gnathostoma spinigerum*)

1836년 Owen은 런던 동물원에서 폐사한 호랑이의 위벽 종양에서 유극악구충을 최초로 발견하여 보고하였다. 주로 타이, 인도, 말레지아, 중국, 일본 등 극동 지방에 분포하나 우리나라에서의 발생 보고는 없다. 제1 중간 숙주는 물벼룩이고 제2 중간 숙주는 가물치, 뱀장어 등의 민물고기와 양서류, 파충류, 조류, 갑각류, 포유동물 등이다. 성충은 어류나, 냉혈동물을 잡아먹는 동물의 소화관의 종류에서 발견되는데, 비호적 숙주인 사람이나 뱀, 조류, 냉혈동물은 유충이 체내에 기생하고 있는 어류를 섭식하였을 때, 그 유충이 성충으로 되지 않고 유충이 피하조직 등에 기생하며 때로는 체내를 이동한다. 알의 크기는 65～70㎛×38v40㎛이다. 또한 성충은 개, 고양이 등의 위벽에 낭포를 만들어 기생한다.

3) 아니사키스(*Anisakis* sp.)

일본에서는 상당히 많은 Anisakis 유충 감염 예가 보고되었는데, 식습관이 비슷한 우리나라에서는 구개편도에서 36mm의 살아있는 회백색 유충이 발견되었고, 해산 어류에서 유충을 검출한 일도 있다.

Anisakis속의 성충은 본래 제2 중간 숙주인 해산 포유류(고래, 돌고래)의 소화관에 기생하며 암컷은 약 12cm, 수컷은 약 8cm이나, 숙주와 발육 단계에 따라 차이가 있고 고래의 위에서도 해산 어류(중간 숙주)의 내장, 복강, 근육조직 내에 유충 형태로 기생하는데, 어식동물인 종 숙주에서 성충이 된다.

해선 어류 중에서 제1 중간 숙주인 고등어, 전갱이, 청어, 가자미, 갈치, 대구, 오징어 등에서 유충이 발견되는데, 고등어의 복강이나 근육에서 발견되는 유충은 그 길이가 20～30mm이다. 사람은 이러한 생선이나 미성숙 충체가 기생하고 있는 고래고기를 생식함으로써 감염되며 유충이 각 조직을 이행하여 장해를 일으킨다. 즉 Anisakis 유충은 주로 소화관에 궤양, 종양, 봉와직염(phlegmon)을 일으킨다. 위장벽의 점막에 콩알 크기의 호산구성 육아종이 생기는 것이 특징이다.

이 유충은 50℃에 10분, 55℃에 2분, -10℃에 6시간 생존하며 겨자에는 저항력이 약하나, 다른 조미료에서는 비교적 오랫동안 생존한다. 예방 방법은 해산 어류의 생식을 금하고 열처리를 하여 섭취하는 것이 좋다. 유충은 내열성이 약하여 50~60℃에서 6초 사멸되고, 냉동에는 -20℃에서 7일 이상 두어야 사멸하기 때문에 열처리를 철저히 할 필요가 있다.

4) 흡충류

(1) 간디스토마(*Clonorchis sinensis*)

동남아시아, 극동아시아에 주로 분포하며, 우리나라는 남부 지방, 특히 낙동강, 영산강, 섬진강 유역에서 높은 감염률을 보인다.

성충은 나뭇잎같이 길쭉하고 납작하며 사람을 비롯하여 육식동물의 담관에 기생한다. 크기는 숙주에 따라 다르며, 사람에게 기생하는 것은 대개 1~2cm 정도로 긴 타원형 오이씨 모양을 갖고 있다.

담관에 기생하고 있는 성충이 배출한 충낭은 분변과 함께 외계에 나와 물 속으로 들어간다. 충낭은 제1 중간 숙주인 왜우렁이에게 먹힌 다음 부화하고 유모유충(miracidium) → 포자낭유충(sporocyst) → 레디아유충(redia) → 유미유충(cercaria)의 과정을 거쳐 발육한다. 그리고 다시 물속으로 빠져나와서 제2 중간 숙주인 담수어(피라미, 붕어, 잉어)에게 먹히면 그 피하조직이나 근육조직 내에 침입하여 피낭유충(metacercaria)이 된다. 사람이 이러한 민물고기를 생식하면 유충은 장내에 들어가서 탈낭하고 담관에 기생하여 성충이 된다.

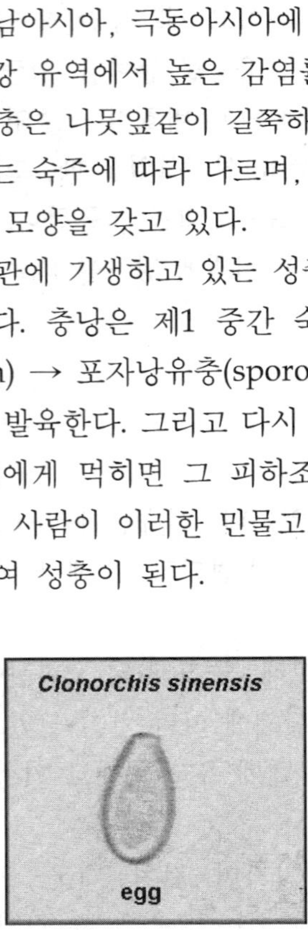

〈간흡충란〉

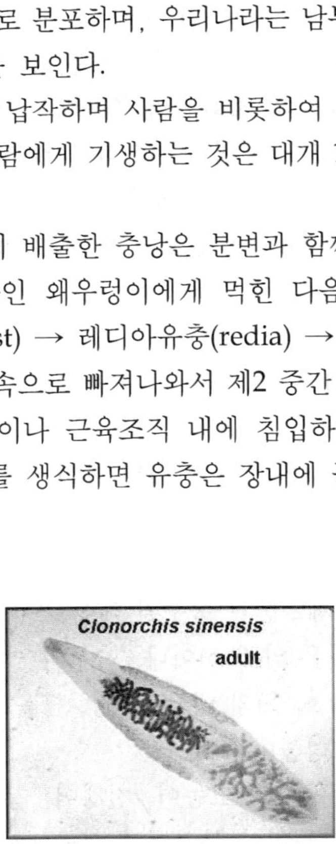

〈성충〉

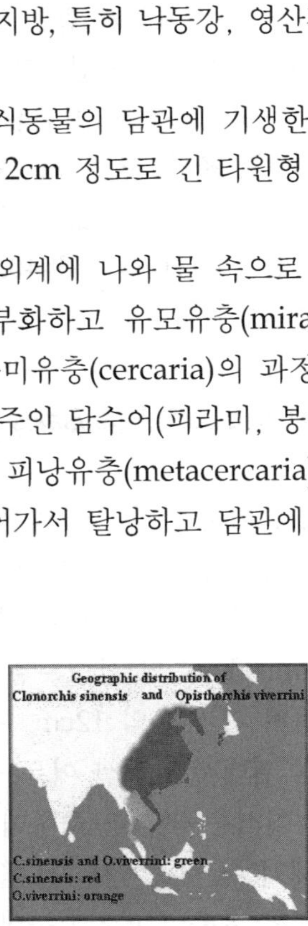

〈유행 지역〉

임상 증상으로서는 간 및 비장의 비대, 복수, 부종, 설사, 소화장애, 황달, 빈혈 등이 나타나는데, 황달은 간에서 분비되는 담즙이 이 흡충의 기생에 의하여 담관이 막혀 배설되지 못하기 때문이다. 피낭유충의 저항력은 저온에 강하며 식초나 간장에서는 단 시간 내에 죽지 않으나, 열에는 약하며 55℃ 15분, 끓는 물에서는 1분 이상 가열하면 죽는다.

(2) 폐디스토마(*Paragonimus westermani*)

한국, 일본, 대만, 필리핀 등에 많으며 전 세계에 분포하고, 우리나라에는 산간 지대에서 분포율이 높다. 이 충체는 살아 있을 때 나뭇잎 같은 모양을 하고 있는 7.5～12.0mm × 5.8mm의 편평한 것인데, 죽은 것은 콩알 정도의 크기이다.

성충은 사람뿐만 아니라 육식동물의 폐조직에 충낭을 형성, 그 속에 기생하고 있으며 충란은 객담과 함께 외계에 배출된다. 물속에서 부화되며 유모유충(有毛幼蟲 ; miracidium)은 제1 중간 숙주인 다슬기에 침입한다. 유미유충은 제2 중간 숙주인 참가재, 참게, 동남가재, 말똥가재 등의 게와 가재에 들어가 직경 0.3～0.4mm의 피낭유충(metacercaria)이 되는데 근육, 아가미, 내장에 주로 기생한다. 유미유충이 다슬기로부터 게나 가재로 이행하는 제2 중간 숙주가 다슬기를 섭식함으로써 이루어진다. 이러한 게나 가재를 사람이 생으로 먹으면 감염되며 가재나 게에서 유리된 피낭유충이 물속에 생존하여 있을 경우 그 물을 마시면 감염된다.

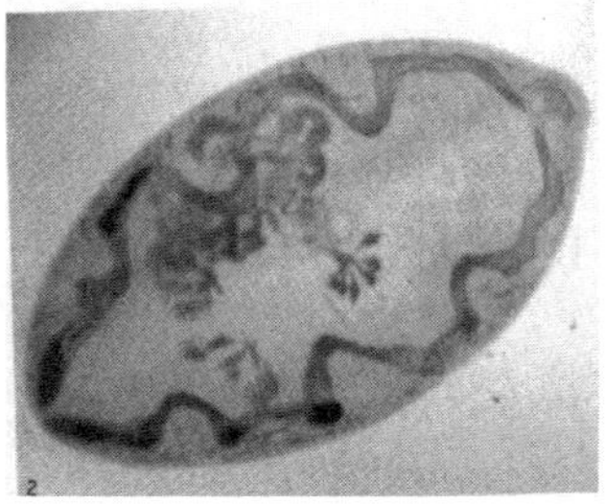

〈폐흡충란〉

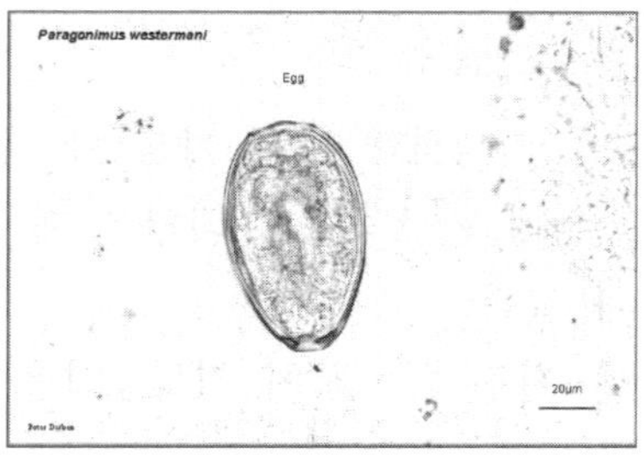

〈폐흡충의 성충〉

피낭유충은 장에서 탈낭한 후 장벽과 횡격막을 뚫고 폐실질에 들어가 거기에서 발육한다. 그러나 복잡한 체내 이행 도중에 복강, 복벽, 정소, 음낭, 흉강, 뇌, 안구 등에 기생한다. 특히 뇌에 기생하면 간질(epilepsy)과 비슷한 증상을 나타낸다. 초기에는 경한 복통, 미열, 해소 및 객담이 있다. 객담은 혈액이 섞여 있고 많은 충란이 발견된다.

우리나라에서는 홍역을 앓는 어린이에게 가재 생즙을 먹이는 습관이 있는데, 이에 의하여 감염되는 예가 많다.

(3) 요코가와흡충(*Metagonimus yokogawai*)

이 흡충은 사람 이외에 개, 고양이, 돼지 등의 동물과 Pelican 같은 어식 조류의 소장 점막에 기생한다. 우리나라에 있어서는 1914년 이후 각 지역에서 발견되었다.

12mm × 0.4~0.6mm, 평균 1.2mm(양귀비씨 크기)의 극히 작은 장내 흡충이며, 충란의 크기는 28~30㎛ × 16~17㎛으로서 장내에 산란되므로 분변과 같이 배출된다. 충란은 간디스토마와 이형흡충의 것과 비슷하다.

산란 시 이미 난각 내에 유모 유충이 형성되어 있으며 물 속에서는 부화되지 않고 제1 중간 숙주인 다슬기에 섭취되어 부화되어 탈출한 후 제2 중간 숙주로서 잉어과와 은어과에 속하는 20여 종의 담수어류가 보고되었는데 은어, 붕어, 참붕어 등에 피낭유충이 많이 기생한다. 이 흡충의 기생에 의한 장해는 보통 일어나지 않으나, 다수 기생하면 만성 장카타르 또는 설사가 일어난다.

감염을 예방하기 위해서는 은어와 같은 민물고기의 생식을 피해야 하는데, 피낭유충은 일반적으로 열이나 화학 약품에 저항성이 강하여 식초 중에 1시간, 0.3% 염산 및 간장에서 6시간 동안 두어도 죽지 않으며 70℃에서 15분간 가열하여도 피낭유충은 사멸되지 않는다.

3. 기생충병의 예방 원칙

소회기계에 기생하는 많은 기생충은 동물성 또는 식물성 식품을 통하여 감염되기 때문에 식품위생상 기생충병의 대책은 매우 중요하다. 기생충병에 대한 예방 원칙을 들어보면 다음과 같다.

① 분변을 완전 처리하여 기생충란을 사멸 또는 배제시킨다.
② 정기적으로 검진하여 조기에 구충한다. 집단적으로 실시하는 것이 효과적이다.
③ 감염성 충란 또는 유충으로 오염된 조리기구를 통한 다른 식품의 오염에 유의한다.
④ 수육, 어육은 충분히 가열 조리한 것을 섭식한다.
⑤ 채소류는 흐르는 물에 충분히 세척하고 화학비료로 재배하여 섭취한다.
⑥ 손은 항상 깨끗이 씻는다.

핵심 문제

1. 분류학상 미생물은 어디에 속하는가?
① 양치식물 ② 현화식물 ③ 엽상식물 ④ 종자식물 ⑤ 선태식물

2. 곰팡이는 다음 중 어느 균류에 속하는가?
① 원시핵균류 ② 진핵균류 ③ 조류
④ 분열균류 ⑤ 파지균류

3. 다음 중에서 원시핵균류에 속하는 미생물은 어느 것인가?
① 곰팡이 ② 효모 ③ 세균
④ 바이러스 ⑤ 조류

4. 다음 중 사람에게 유해한 병원균은?
① 젖산균 ② 대장균 ③ 콜레라균 ④ 장구균 ⑤ 고초균

5. 곰팡이의 증식법은?
① 출아증식 ② 분열증식 ③ 사출증식
④ 무포자증식 ⑤ 포자증식

6. 식품 중 미생물상의 형성에 영향을 주는 요소가 아닌 것은?
① 식품의 성분 ② 산화환원 전위 ③ 수분활성 ④ pH ⑤ 압력

7. 동물 기생성 세균의 발육 증식온도는?
① 10℃ 전후 ② 15℃ 전후 ③ 30℃ 전후
④ 50℃ 전후 ⑤ 60℃ 이상

답 1. ③ 2. ② 3. ③ 4. ③ 5. ⑤ 6. ⑤ 7. ③

8. 미생물 검사를 위한 검체의 채취, 운반 방법에 대한 설명 중 바르지 않은 것은?
① 검체는 로트마다 따로따로 채취할 것
② 이물이 혼입이나 미생물의 2차 오염이 일어나지 않도록 채취할 것
③ 채취 기구는 일반 용기를 사용하고 반드시 무균적으로 채취할 필요는 없다.
④ 채취한 검체는 4시간 이내에 검사할 수 있도록 운반할 것
⑤ 봉인이 필요한 경우에는 복원이 불가능한 방법으로 봉인할 것

9. 세균의 분류 기준으로 적합하지 않는 것은?
① 산소 요구도 ② 포도당의 자화 능력 ③ 세포의 형태
④ Gram 염색성 ⑤ 포자의 형성 능력

10. 일반적인 세균의 형태는?
① 계란형 ② 레몬형 ③ 소시지형
④ 균사상형 ⑤ 막대형

11. 세균의 Gram 염색과 관계가 깊은 것은?
① 세포벽 ② 세포막 ③ 편모
④ 세포질 ⑤ 세포핵

12. 다음 무기염류의 균체에서의 역할과 관계가 적은 것은?
① 세포의 구성 성분 ② 물질대사의 조효소 ③ 세포 내의 삼투압 조절
④ 점질물의 형성 ⑤ 호흡 및 당분대사

13. 여름철에 많이 발생하는 식중독 중 발생 빈도가 가장 높은 것은?
① 자연독 ② 화학성 식중독 ③ 곰팡이독
④ 세균성 식중독 ⑤ 황변미 중독

14. 식중독의 범주에 속하지 않는 것은?
① 곰팡이독 중독 ② 수은 중독 ③ 이질균 중독
④ 독버섯 중독 ⑤ 황변미 중독

답 8. ③ 9. ② 10. ⑤ 11. ① 12. ④ 13. ④ 14. ③

15. 우리나라에서 발생하는 세균성 식중독균 중 그 발생 빈도가 가장 높은 것은?
① 살모넬라균 ② 포도상구균 ③ 장염비브리오균
④ 보틸리누스균 ⑤ 웰치균

16. 세균성 식중독이 가장 많이 발생하는 계절은?
① 겨울 ② 봄 ③ 여름 ④ 가을 ⑤ 계절과 관계 없음

17. 우리나라의 경우 식중독이 가장 많이 발생한 장소는?
① 가정 ② 음식점 ③ 호텔 ④ 집단급식소 ⑤ 회사

18. 세균성 식중독의 3대 증상은?
① 설사, 구토, 복통 ② 빈혈, 구토, 발열 ③ 요통, 빈혈, 오심
④ 설사, 빈혈, 오심 ⑤ 이미증, 복통, 발열

19. 다음 중 감염형 식중독에 해당되지 않는 것은?
① 살모넬라 식중독 ② 포도상구균 식중독 ③ 장염비브리오 식중독
④ 병원성대장균 식중독 ⑤ 캄피로박터 식중독

20. 다음 중 감염형 식중독을 일으키는 균종이 아닌 것은?
① *Salmonella enteritidis* ② *Vibrio parahaemolyticus* ③ *E. coli*
④ *Staphylococcus aureus* ⑤ *Proteus morganii*

21. 달걀과 밀접한 관계를 가진 식중독은?
① 포도상구균 식중독 ② 장염비브리오 식중독
③ 병원성대장균 식중독 ④ 살모넬라 식중독 ⑤ 보툴리누스 식중독

22. 식중독에 감염되어 증상이 발생하면 심한 고열을 수반하는 식중독은?
① 리스테리아 식중독 ② 캄피로박터 식중독 ③ 살모넬라 식중독
④ 장염비브리오 식중독 ⑤ 포도상구균 식중독

답 15. ① 16. ③ 17. ④ 18. ① 19. ② 20. ④ 21. ④ 22. ③

23. 여름철에 해산 어류를 생식하여 감염될 수 있는 식중독은?
① 장염비브리오 식중독 ② 포도상구균 식중독 ③ 살모넬라 식중독
④ 보툴리누스 식중독 ⑤ 웰치 식중독

24. 급성위장염 및 설사 현상과 밀접한 관계를 가진 식중독은?
① 살모넬라 식중독 ② 병원성대장균 식중독 ③ 포도상구균 식중독
④ 장염비브리오 식중독 ⑤ 보툴리누스 식중독

25. 성인보다는 젖먹이 어린아이들에게 문제가 되는 식중독은?
① 병원성대장균 식중독 ② 살모넬라 식중독 ③ 장염비브리오 식중독
④ 포도상구균 식중독 ⑤ 리스테리아 식중독

26. 황색포도상구균 식중독의 원인 독소는?
① Tetrodotoxin ② Enterotoxin ③ Solanine
④ Histamine ⑤ Neurotoxin

27. 식중독을 유발하는 포도상구균은?
① 백색 포도상구균 ② 레몬색 포도상구균 ③ 황색 포도상구균
④ 자색 포도상구균 ⑤ 청색 포도상구균

28. 다음 중 인축공통전염병이 아닌 것은?
① 결핵, 탄저 ② 파상열, 야토병 ③ 성홍열, 이질
④ 돈단독, Q열 ⑤ 부루셀라증

29. 다음 중 병원체가 세균인 전염병은?
① 콜레라 ② 급성회백수염 ③ 간염 ④ 뇌염 ⑤ 홍역

30. Allergy상 식중독을 유발하는 원인 미생물은?
① *Serratia marcescens* ② *Proteus morganii* ③ *Proteus vulgaris*
④ *Proteus rettgeri* ⑤ *Proteus mirabilis*

답 23. ① 24. ④ 25. ① 26. ② 27. ③ 28. ③ 29. ① 30. ②

31. 통조림과 같이 밀봉된 식품이 원인 식품으로 작용하는 식중독은?
① 포도상구균 식중독 ② 살모넬라 식중독 ③ 보툴리누스 식중독
④ 장염비브리오 식중독 ⑤ 웰치 식중독

32. 다음 식중독 중 조리사의 화농소와 밀접한 관계를 갖는 것은?
① 포도상구균 식중독 ② 살모넬라 식중독 ③ 병원성대장균 식중독
④ 보툴리누스 식중독 ⑤ 장염비브리오 식중독

33. 해수세균으로 장염비브리오 식중독의 원인균은?
① *Bacillus enteritidis* ② *Staphylococcus aureus*
③ *Vibrio parahemolyticus* ④ *Clostridium welchii*
⑤ *Clostridium botulinum*

34. 다음 중 화확성 식중독의 원인 물질에 속하지 않는 것은?
① Methanol ② Formaldehyde ③ Boric acid
④ Aflatoxin ⑤ Dulcin

35. 세균성 식중독 중 신경 증상을 보이는 것은?
① 포도상구균 식중독 ② 장염비브리오 식중독 ③ 보툴리누스 식중독
④ 살모넬라 식중독 ⑤ 병원성대장균 식중독

36. 다음은 독소형 식중독에 대한 설명이다. 바르지 못한 것은?
① 균이 생성한 독소에 의해서 발생한다. ② 균 자체에 의해서 발생한다.
③ 독소형 식중독에는 포도상구균 식중독과 보툴리누스 식중독이 있다.
④ 포도상구균이 생성한 독소는 열에 대단히 안정적이다.
⑤ 균 자체는 식중독과 무관하다.

37. 하절기 해산 어류의 생식으로 감염되기 쉬운 식중독은?
① 살모넬라 식중독 ② 황색포도상구균 식중독 ③ 병원성대장균 식중독
④ 장염비브리오 식중독 ⑤ 보툴리누스 식중독

답 31. ③ 32. ① 33. ③ 34. ④ 35. ③ 36. ② 37. ④

38. 섭취 전에 가열 처리하여도 감염되기 쉬운 식중독은?
① Botulinus 식중독 ② Staphylococcus 식중독 ③ Arizona 식중독
④ 장염 Vibrio 식중독 ⑤ Salmonella 식중독

39. 다음은 살모넬라 식중독에 대한 설명이다. 바르지 못한 것은?
① 원인 식품은 육류 및 그 가공품이다. ② 인·축에 다같이 발병 가능하다.
③ 달갈에 의해서 감염될 수 있다. ④ 원인균은 *Bacillus cereus* 이다.
⑤ 보균자나 쥐·파리 등이 매개한다.

40. 다음은 세균성 식중독의 특징을 경구전염병과 비교한 것이다. 틀린 것은?
① 잠복기가 길다. ② 2차 감염이 없다.
③ 면역이 형성되지 않는다. ④ 균의 양이나 독소에 의해서 발생한다.
⑤ 원인 식품에 기인한다.

41. 다음 중 우리나라에서 발생되었다는 보고가 없는 식중독균은?
① 살모넬라 식중독 ② 포도상구균 식중독
③ 장염비브리오 식중독 ④ 병원성대장균 식중독
⑤ 보툴리누스 식중독

42. 복어 체내에 독성분이 가장 많이 존재하는 부위는?
① 피부 ② 근육 ③ 난소 ④ 지느러미 ⑤ 아가미

43. 식물성 자연독 중 독버섯의 유독 성분인 것은?
① Muscarine ② Ergotoxin ③ Saxitoxin
④ Enterotoxin ⑤ Venerupin

44. 황변미란 쌀에 어떤 미생물의 번식에 의해서 나타나는가?
① 바이러스 ② 곰팡이 ③ 세균 ④ 원충류 ⑤ 조 류

답 38. ② 39. ④ 40. ① 41. ⑤ 42. ③ 43. ① 44. ②

45. 황변미의 원인균이 아닌 것은?
① *Penicillium citrinum* ② *Penicillium islandicum*
③ *Penicillium notatum* ④ *Penicillium citreoviride*
⑤ *Penicillium toxicarium*

46. 감염형 식중독이란?
① 세균이 분비하는 독소에 의한 것이다. ② 세균 자체에 의한 것이다.
③ 화학물질에 의한 것이다. ④ 자연독에 의한 것이다.
⑤ 곰팡이가 분비하는 독소에 의한 것이다.

47. 식중독 원인 물질 중 바지락과 같은 패류에서 유래된 독소는?
① Enterotoxin ② Ergotoxin ③ Solanin
④ Amygdalin ⑤ Venerupin

48. Methanol 중독 시 가장 큰 문제가 되는 것은?
① 두통 ② 실명 ③ 마취 ④ 구토 ⑤ 설사

49. Mycotoxin이란?
① 곰팡이의 대사 산물이다. ② 세균의 대사 산물이다.
③ 효모의 대사 산물이다. ④ 조류의 대사 산물이다.
⑤ 버섯의 유독 성분이다.

50. 다음 중 Aflatoxin을 생산하는 곰팡이는?
① *Penicillium islandicum* ② *Penicillum citrinum*
③ *Aspergillus flavus* ④ *Aspergillus niger*
⑤ *Penicillium citreovide*

51. Botulinus균이 생산한 neurotoxin에 대한 설명 중 틀린 것은?
① 120℃에서도 파괴되지 않는다. ② 혐기성 상태에서 생성된다.
③ 신경계 증상을 수반한다. ④ 외독소의 일종이다.
⑤ pepsin에 의해 분해되지 않는다.

답 45. ③ 46. ② 47. ⑤ 48. ② 49. ① 50. ③ 51. ①

52. Mycotoxin에 대한 설명 중 틀린 것은?
① 탄수화물이 풍부한 곡류에서 많이 발생한다.
② 순정균류가 분비하는 독소.
③ 세균에서 분비되는 독소의 일종
④ Aflatoxin과 같은 독소가 여기에 속한다 .
⑤ 곰팡이에 의해서 생성된다.

53. Aflatoxin의 생성 조건과 거리가 먼 것은?
① 상대습도 80~85%에서 대부분 생성된다.
② 발암성은 거의 없다.
③ 탄수화물이 많은 곳에서 생성된다.
④ 자외선에서 불안정하다.
⑤ 생성 온도는 25~30℃이다.

54. 다음 중 연결이 잘못된 것은?
① Amygdalin — 미숙한 매실
② Solanin — 감자
③ Atropin — 미치광이풀
④ Venerupin — 바지락
⑤ Ergot — 독보리

55. 식중독 발생의 관리 대책과 거리가 먼 것은?
① 원인 식품의 색출
② 환자의 위세척 및 치료
③ 예방접종과 환자의 격리 치료
④ 식품의 가열처리 및 냉장
⑤ 음식물의 위생적 저장과 조리

56. 식중독의 예방 대책과 거리가 먼 것은?
① 냉장 보관
② 위생적인 조치
③ 조리사의 위생관리
④ 환자의 격리 조치
⑤ 가열처리 후 섭취

57. 독버섯의 일반적인 특징이 아닌 것은?
① 색이 아름답고 선명하다.
② 점액이 없으며 공기 중에 변색되지 않는다.
③ 악취가 난다.
④ 신맛이 난다.
⑤ 대부분 유즙을 분비한다.

답 52. ③ 53. ② 54. ⑤ 55. ③ 56. ④ 57. ②

58. 장염비브리오균이 잘 발육할 수 있는 식염의 농도는?
① 3~4% ② 10~15% ③ 1~2%
④ 20~30% ⑤ 0.1~0.5%

59. 포도상구균 식중독과 거리가 먼 것은?
① 다른 식중독에 비해 잠복기가 짧다. ② 비교적 발생률이 높다.
③ 발열 증상이 없다. ④ 독소는 내열성이다.
⑤ 원인균은 표피상 포도구균이다.

60. Yersinia 식중독 관련 설명으로 맞지 않는 것은?
① 그람음성 간균으로 장내세균과에 속한다.
② 4℃의 저온에서도 생육하는 저온 발육균이다.
③ 사람에게의 감염은 돈육을 통하여 일어난다.
④ 성상은 배양 온도에 상관없이 구균이다.
⑤ 원인균은 *Yersinia enterocolytica*로 알려져있다.

61. 식중독의 발생 원인으로 가장 발생 빈도가 높은 것은?
① 세균성 ② 화학성 ③ 식물성 ④ 동물성 ⑤ 곰팡이독

62. 화학성 식중독의 원인이 되는 유해 금속에 해당되지 않는 것은?
① 비소 ② 납 ③ 카드뮴 ④ 칼슘 ⑤ 수은

63. 화학물질 식중독의 연결이 잘못 설명된 것은?
① 비소 - 식품첨가물 중의 불순물에서 혼입
② 주석 - 통조림, 도기 안료에서 산성식품에 용출
③ 카드뮴 - 에나멜 코팅 용기에서 용출
④ 구리 - 녹청으로 산성식품에 용출
⑤ 수은 - 공장폐수에서 혼입

답 58. ① 59. ⑤ 60. ④ 61. ① 62. ④ 63. ③

64. 합성수지를 제조한 식기에서 용해 생성되는 유해 물질은?
① Benzopyrene ② Formaldehyde ③ Methanol
④ n-nitroso화합물 ⑤ Aflatoxin

65. 미강유에 의한 가네미유증의 원인이 되었던 유해 물질은?
① Cu ② Hg ③ Pb ④ PCB ⑤ Cd

66. 범랑 제품이나 도기의 유약 성분에서 문제시되는 중금속 중에 Ca의 체외 유실을 유발시키는 것은?
① Cr ② Hg ③ Pb ④ As ⑤ Cd

67. 골연화증을 유발할 수 있는 원인 물질은?
① Fe ② Cd ③ Hg ④ As ⑤ Ca

68. 인축공통전염병 중 병원체가 바이러스인 것은?
① 파상열 ② 탄저병 ③ 광견병 ④ 야토병 ⑤ 돈단독

69. 다음 전염병 발생의 요소 중 숙주측 요인에 해당되는 것은?
① 미생물 ② 기생충 ③ 상수 및 하수 ④ 유전적인 요인 ⑤ 공동 급수

70. 다음 전염병 중 직접 전파로써 전염이 되는 것은?
① 페스트 ② 홍역 ③ 말라리아 ④ 재귀열 ⑤ 발진티푸스

71. 예방접종이란 어느 형태의 면역을 획득하기 위함인가?
① 자연능동면역 ② 인공능동면역 ③ 자연수동면역
④ 인공수동면역 ⑤ 자연선천면역

72. 다음 전염병 중 활성 전파체에 의해 계절적으로 전파되는 것으로써 대표적인 것은?
① 일본뇌염 ② 간디스토마 ③ 공수병 ④ 이질 ⑤ 유행성 간염

답 64. ② 65. ④ 66. ⑤ 67. ② 68. ③ 69. ④ 70. ② 71. ② 72. ①

73. 다음 환자의 구분 중 임상적인 증세 파악과 치료에 빨리 접근할 수 있는 환자는?
① 은닉 환자 ② 간과 환자 ③ 전구기 환자
④ 현성 환자 ⑤ 불현성환자

74. 예방접종이 전염병 관리상 갖는 의미는?
① 전염원의 제거 ② 환경의 관리 ③ 병원소의 제거
④ 검역 및 지역 파악의 효과 ⑤ 감수성 숙주의 관리

75. 인공능동면역으로서 toxoid를 이용하는 전염병은?
① 백일해, 소아마비 ② 콜레라, 뇌염 ③ 디프테리아, 파상풍
④ 황열, 광견병 ⑤ 결핵, 장티푸스

76. 유행성 간염에 대한 설명 중 잘못된 것은?
① 병원소는 환자의 분변, 인후부 분비물, 혈액 등이다.
② 병원체는 바이러스이다.
③ 사람에서는 1년 동안 바이러스를 보균한다.
④ 황달을 일으킨다.
⑤ 간장이 붓고 간경변이 온다.

77. 채소로부터 감염되는 기생충이 아닌 것은?
① 회충 ② 구충 ③ 무구조충 ④ 동양모양선충 ⑤ 편충

78. 성충은 주로 맹장에 기생하면서 항문 주위에 산란하는 기생충은?
① 회충 ② 요충 ③ 편충 ④ 구충 ⑤ 동양모양선충

79. 쇠고기를 생식함으로써 감염될 수 있는 기생충은?
① 유구조충 ② 무구조충 ③ 선모충 ④ 톡소플라즈마 ⑤ 간디스토마

80. 제1중간 숙주 다슬기이고 제2중간 숙주 담수어를 생식하여 감염되는 기생충은?
① 요꼬가와흡충 ② 광절열두조충 ③ 간디스토마
④ 폐디스토마 ⑤ 아니사키스

답 73. ④ 74. ⑤ 75. ③ 76. ③ 77. ③ 78. ② 79. ② 80. ③

81. 간디스토마의 기생 경로 중 인체에 감염될 수 있는 상태는?
① 유충 ② 유미유충 ③ 피낭유충 ④ 레디아 ⑤ 포자낭 유충

82. 가제나 게를 생식함으로써 감염될 수 있는 기생충은?
① 간디스토마 ② 선모충 ③ 폐디스토마 ④ 무구조충 ⑤ 유구조충

83. 다음 중 경구전염병이 아닌 것은?
① 콜레라 ② 이질 ③ 장티푸스 ④ 소아마비 ⑤ 말라리아

84. 우유 매개성 전염병이 아닌 것은?
① 결핵 ② 장염 비브리오 ③ 디프테리아 ④ 부루셀라증 ⑤ 장티푸스

85. 경구전염병에 대한 대책에서 가장 중요한 것은?
① 식품을 냉장한다. ② 보균자의 식품 취급을 막는다.
③ 가축의 질병을 예방한다. ④ 식품 취급 장소의 공기 소독을 철저히 한다.
⑤ 전염병 환자를 격리시킨다..

86. 경구전염병의 예방 방법이 아닌 것은?
① 배설물 소각 ② 감염 경로 차단 ③ 음성비누로 세척
④ 환경위생 철저 ⑤ 약물 소독

87. 소독의 효과가 없는 것은?
① 석탄산 ② 붕산수 ③ 포르말린 ④ 크레졸 ⑤ 젖산

88. 돼지와 관계없는 질병은?
① 선모충 ② 일본뇌염 ③ 유구조충 ④ 톡소플라즈마 ⑤ 발진티푸스

89. 전염병 전파에서 파리와 관계가 없는 것은?
① 파라티푸스 ② 장티푸스 ③ 이질 ④ 디프테리아 ⑤ 발진티푸스

답 81. ③ 82. ③ 83. ⑤ 84. ② 85. ② 86. ③ 87. ⑤ 88. ⑤ 89. ④

90. 다음 중 소화기계 전염병이 아닌 것은?

① 이질 ② 콜레라 ③ 디프테리아 ④ 장티푸스 ⑤ 파라티푸스

91. 호흡기계 전염병이 아닌 것은 다음 중 어느 것인가?

① 백일해 ② 콜레라 ③ 디프테리아 ④ 천연두 ⑤ 홍역

92. 감자 중에 독성분이 많이 들어 있는 부분은?

① 속껍질 ② 싹튼 부분 ③ 알 ④ 노란 부분 ⑤ 줄기

93. 모시조개의 유독 성분은?

① Cholin ② Venerupin ③ Tetrodotoxin
④ Solanine ⑤ Muscarine

94. 화학성 식중독의 원인이 아닌 것은?

① 불량 첨가물 ② 대사과정 중 생성된 독성 물질
③ 방사능 물질 ④ 저장 중 흡입된 유해 물질
⑤ 불량 감미료 오용

95. 조개류 유독화의 원인 생물은?

① 세균 ② 바이러스 ③ 중금속
④ 유독화된 플랑크톤 ⑤ 기생충

96. Benzopyrene에 관한 설명 중 틀린 것은?

① 식품 중에서 구운 불고기에만 존재한다.
② 다핵 방향족 화합물이다.
③ 발암성 물질이다.
④ 대기오염 물질 중의 하나이다.
⑤ 훈연한 육제품에 존재한다.

답 90. ③ 91. ② 92. ② 93. ② 94. ② 95. ④ 96. ①

97. 공중낙하균이 식품가공에 미치는 영향 중 관계가 적은 것은?
① 전분질식품 및 연제품 오염의 주원인
② 식품의 품질 저하에 영향
③ 1차 오염의 주원인
④ 곰팡이의 포자가 된장 발효식품의 원동력
⑤ 장류식품의 발효인자 형성

98. 곰팡이의 발생 조건과 거리가 먼 것은?
① 건조식품이 외계에 노출되어 온도가 높으면 발생
② 수분 40% 이하에 도달하여 세균의 증식이 저지되었을 때
③ pH 4.0 이하의 산성 조건에 식품이 보관되었을 때
④ 수분활성도가 0.30 이하의 식품
⑤ 고농도의 식염을 함유한 식품

99. 전염병 생성의 3대요소인 것은?
① 병인, 숙주, 환경 ② 물, 온도, 습도 ③ 기압, 온도, 식품
④ 환경, 온도, 습도 ⑤ 숙주, 압력, 습도

100. 화학적 소독제의 구비 조건이 아닌 것은?
① 살균력이 강할 것 ② 인체에 대하여 독성이 없는 것
③ 냄새가 없을 것 ④ 수용성일 것
⑤ 값이 고가일 것

101. 항생물질이 인체에 이행되는 경로에 해당되지 않는 것은?
① 식품에서 자연적으로 형성되는 경우
② 재료가공상 필요로 하는 첨가물인 경우
③ 동물의 사료에 첨가 또는 유래되는 경우
④ 식품 중의 성분과 반응하여 생긴 경우
⑤ 농약에 첨가되어 농작물에 잔류되는 경우

답 97. ① 98. ④ 99. ① 100. ⑤ 101 ④

102. 식품 중에 잔존된 항생물질이 인체에 미치는 영향이라고 볼 수 없는 것은?
① 균교대현상 유발 ② 내성균 유발 ③ 화학성 식중독 유발
④ 급성 및 만성 독성 유발 ⑤ Allergy발현

103. 63℃ 30분 가열로 미생물을 살균하는 저온살균의 지표 미생물은?
① 결핵균 ② 콜레라균 ③ 장티푸스균 ④ 이질균 ⑤ 나병균

104. 앞으로 식중독이 증가할 것으로 생각되는 이유가 아닌 것은?
① 학교급식의 확대 ② 외식 기회 증가 ③ 제조 공정의 향상
④ 식품의 대량 생산 ⑤ 난방시설의 확충

105. 음식물에 의한 전염병의 특징으로 잘못 설명한 것은?
① 매우 빠르게 집단으로 발생한다. ② 계절에 관계없이 발생한다.
③ 잠복기가 대체로 짧다. ④ 발병률이 대체로 높다.
⑤ 일반적으로 기온이 높은 시기에 발생한다.

106. 경구 전염의 병원균을 가장 잘 설명한 것은?
① 냉동하면 쉽게 죽는다. ② 열에 대한 저항력이 약하다.
③ 대부분 포자 형성균이다. ④ 식중독 세균보다 잠복기가 짧다.
⑤ 다량의 균에 의해 감염된다.

107. 식품 중 대장균 검사의 의의는?
① 부패 여부 판정 ② 신선도 측정 ③ 식중독의 원인 규명
④ 분변 오염의 지표 ⑤ 변질 여부 판정

108. 병원성 대장균과 일반 대장균을 구별할 수 있는 근거는?
① 혈청형 ② 독소 생산성 ③ 그람 염색성
④ 단백질의 분자량 ⑤ 편모의 생성 유무

109. 식품의 미생물상 형성에 영향을 미치는 인자가 아닌 것은?
① 미생물 사이의 길항작용 ② 식품 중의 영양소 ③ 기압
④ 식품 중의 산화환원 전위 ⑤ 수분활성

답 102. ③ 103. ① 104. ③ 105. ② 106. ② 107. ④ 108. ① 109. ③

110. 일반 세균이 번식하기 쉬운 온도는?
① 0~25℃ ② 25~35℃ ③ 10~25℃ ④ 35~45℃ ⑤ 45~55℃

111. 일반적으로 중온균(호온균)의 범위 온도는?
① 0~25℃ ② 25~35℃ ③ 35~45℃ ④ 45~55℃ ⑤ 55~65℃

112. 미생물의 발육 저지 방법 중 자외선 살균은 어느 파장에서 효과적인가?
① 1,000~1,500Å ② 1,500~2,200Å ③ 2,000~2,300Å
④ 2,500~2,800Å ⑤ 3,000Å~3,500Å

113. 식품을 검사하기 위해 샘플을 무상으로 수거할 수 있는 경우에 해당되지 않는 것은?
① 도소매업에서 판매하는 식품 등을 시험 검사용으로 수거할 때
② 유통 중인 불량 식품을 수거할 때 ③ 수입 식품을 검사할 목적으로 수거할 때
④ 부정 식품을 압류할 때 ⑤ 부정 식품을 폐기하여야 할 때

114. 물엿이나 벌꿀 등의 식품을 수거할 때 수거량은?
① 200g(ml) ② 300g(ml) ③ 400g(ml)
④ 500g(ml) ⑤ 600g(ml)

115. 세균검사를 위해서 식품을 채취한 경우 몇 시간 이내에 검사를 하는 것이 이상적인가?
① 2시간 ② 3시간 ③ 4시간 ④ 5시간 ⑤ 6시간

116. 우리나라에서 가자 많이 발생하는 식중독은?
① 살모넬라 식중독 ② 포도상구균 식중독 ③ 장염비브리오 식중독
④ 병원성대장균 식중독 ⑤ 웰치 식중독

117. 세균성 식중독의 3대 증상에 해당되는 것은?
① 구토, 설사, 발열 ② 설사, 구토, 복통 ③ 복통, 실명, 설사
④ 간장비대, 환각, 환청 ⑤ 이명, 구토, 마비

답 110. ② 111. ② 112. ④ 113. ① 114. ⑤ 115. ③ 116. ① 117. ②

118. 다음 중 식중독에 걸리기 쉬운 그룹에 해당되지 않는 것은?
① 신체불구자 ② 에이즈 감염자 ③ 당뇨병 환자
④ 고령자 ⑤ 면역기능 손상자

119. 식중독 출현에 영향을 미치는 요소라 볼 수 없는 것은?
① 면역부전 환자의 증가 ② 식습관의 변화 ③ 산업기술의 발달
④ 해외여행의 증가 ⑤ 항생물질에 대한 미생물의 감수성 증가

120. 균이 생성한 식중독의 원인 독소는 열에 강하지만 균자체는 열에 약한 식중독균은?
① 살모넬라균 ② 황색포도상구균 ③ 병원성대장균
④ 장염비브리오균 ⑤ 아리조나

121. 식중독 중에서 생체 내 독소형에 대한 설명 중 틀린 것은?
① 장관 내에서 독소가 생성된다.
② 식품에서 생성된 독소에 의해서 식중독이 발생한다.
③ 원인균은 웰치이다.
④ 감염형과 독소형의 중간 형태이다.
⑤ 독소는 위산에 의해 쉽게 불활성화된다.

122. Aflatoxin이란 무엇인가?
① Rickttsia 독 ② Yeast 독 ③ Virus 독
④ Bacteria 독 ⑤ Mold 독

123. 살모넬라 식중독을 예방하기 위한 원칙에 위배되는 것은?
① 설사 환자는 식품 취급을 금지한다.
② 가축이나 애완동물의 관리를 철저히 한다.
③ 도살장, 식품가공공장의 위생관리를 철저히 한다.
④ 식품을 섭취하기 전에 반드시 가열한다.
⑤ 식품의 보관은 항상 실온에서 한다.

답 118. ① 119. ⑤ 120. ② 121. ② 122. ⑤ 123. ⑤

124. 장염비브리오 식중독에 대한 설명 중 올바른 것은?
① 균체외 독소를 생성하는 독소형이다. ② 해수세균으로 바다 생선이 원인 식품이다.
③ 장관 내에서 독소를 생성한다. ④ 치사율이 대단히 높다.
⑤ 우리나라에서 발생된 사례는 없다.

125. 어떤 식품을 섭취한 후 20여 시간 후에 고열이 발생하였다면 무슨 식중독이라고 짐작되는가?
① 포도상구균 식중독 ② 보툴리누스 식중독 ③ 살모넬라 식중독
④ 장염비브리오 식중독 ⑤ 병원성대장균 식중독

126. 가나가와 현상과 밀접한 관련성을 갖고 있는 것은?
① 포도상구균 ② 에로모나스균 ③ 아리조나균
④ 장염비브리오균 ⑤ 병원성대장균

127. O-157 : H7 대장균은?
① 장관출혈성 대장균이다. ② 독소원성 대장균이다. ③ 장관병원성 대장균이다.
④ 장관조직침입성 대장균이다. ⑤ 장관정착성 대장균이다.

128. 소나 양의 유산을 일으키는 세균으로 최근에 사람에게 식중독을 일으키는 것으로 알려진 식중독균은?
① 병원성대장균 식중독 ② 리스테리아 식중독 ③ 예르시니아 식중독
④ 캄필로박터 식중독 ⑤ 아리조나 식중독

129. 포도상구균의 enterotoxin에 대한 설명 중 바르지 못한 것은?
① 장관독이다.
② 열에 대단히 안정적이다.
③ 단백질 분해효소에 의해 쉽게 불활성화된다.
④ 산이나 알칼리에 안정적이다.
⑤ pH 9.0 이상에서 생성되지 않는다.

답 124. ② 125. ③ 126. ④ 127. ① 128. ④ 129. ③

130. 식품을 100℃에서 가열 후 섭취했는데도 식중독이 발생하였다면 어느 균으로 추정할 수 있는가?

① 비브리오 식중독
② 황색포도상구균 식중독
③ 병원성대장균 식중독
④ 살모넬라 식중독
⑤ 예르시니아 식중독

131. Allergy성 식중독을 일으키는 원인 세균은?

① *Vibrio parahemolyticus*
② *Proteus morganii*
③ *Staphylocdccus aureus*
④ *Salmonella enteritidis*
⑤ *Proteus vulgalis*

132. 가정에서 식품을 보존하는 방법이 잘못된 것은?

① 냉장고에 식품을 보관한다.
② 식육 등을 취급한 후에는 반드시 손을 씻는다.
③ 냉장고는 10℃ 이하로 유지하는 것이 좋다.
④ 냉장고에는 가능한 빈 공간이 없도록 식품을 채운다.
⑤ 식품을 바닥에 두지 않도록 한다.

133. 복어의 독성 물질이 가장 많이 존재하는 부위는?

① 난소와 간장 ② 아가미 ③ 근육 ④ 피부 ⑤ 정소

134. 버섯의 유독 성분 중 가장 맹독성으로 125,000배로 희석하여도 작용을 나타내는 것은?

① Muscarine
② Phaline
③ Cholin
④ Neurin
⑤ Agaric acid

135. 미생물과 관련이 없는 식중독은?

① 살모넬라 식중독
② 황변미 식중독
③ Ergotoxin 식중독
④ Aflatoxin 식중독
⑤ Amygdalin 식중독

답 130. ② 131. ② 132. ④ 133. ① 134. ② 135. ⑤

136. 살모넬라 식중독과 관계되는 것은?
① 신경계 증상 ② 부패 통조림 ③ 호염성
④ 쥐, 고양이의 분뇨 ⑤ 어패류

137. 면실유 정제가 불충분할 때 남는 독성 물질은?
① Ergotoxin ② Amygdalin ③ Cicutoxin
④ Gossypol ⑤ Sloanine

138. 다음 중 시안 배당체인 유독 성분은?
① Sloanine ② Gossypol ③ Ricine
④ Saponin ⑤ Amygdalin

139. 대장균의 설명이다. 올바르지 않은 것은?
① 그람양성 아포성 세균이다.
② 통성혐기성 단간균이다.
③ 주모균으로 운동성이다.
④ 장내 부패세균으로 오염 지표균이다.
⑤ 유당 발효성으로 가스를 발생한다.

140. Mycotoxin에 대한 설명 중 잘못된 것은?
① 탄수화물이 풍부한 곡류에서 많이 생성된다.
② 계절과 관련이 있다.
③ 감염형이 아니다.
④ 중독되면 항생물질로 쉽게 치료할 수 있다.
⑤ 원인 식품이 곰팡이에 오염되어 있다.

141. 다음 중 식물성 식중독을 일으키는 독성 물질이 아닌 것은?
① Vinerupine ② Muscarine ③ Cicutoxin
④ Gossypol ⑤ Sloanine

답 136. ④ 137. ④ 138. ⑤ 139. ① 140. ④ 141. ①

142. 다음 중 황변미의 원인 물질이 아닌 것은?

① Leuteoskyrin ② Islanditoxin ③ Ergotoxin
④ Cyclochlortin ⑤ Citreoviridin

143. 다음 중 수인성 전염병이 아닌 것은?

① 장티푸스 ② 파라티푸스 ③ 세균성 이질 ④ 콜레라 ⑤ 소아마비

144. 세균성 이질의 병원체는?

① *Shigella dysenteria* ② *Entamoeba histolytica*
③ *Salmonella typhi* ④ *Corynebacterium diphtheria*
⑤ *Vibrio cholera*

145. 장티푸스에 대한 설명 중 틀린 것은?

① 제1종 전염병이다.
② 그람음성 간균으로 운동성을 가진다.
③ 치유된 후에도 일정 기간 균을 배출한다.
④ 40℃ 정도의 고열을 수반한다.
⑤ 예방접종은 톡소이드가 효과적이다.

146. 다음 중 콜레라에 대한 설명 중 바른 것은?

① 원인균은 열에 대한 저항성이 강하다. ② 대단히 높은 고열을 수반한다.
③ 설사와 구토가 심하므로 수분 손실이 많아 갈증과 탈수가 심하게 나타난다.
④ 사망하는 경우는 없다. ⑤ 겨울철에 주로 발생한다.

147. 소화기계 전염병에 대한 예방 대책의 하나라고 생각되는 것은?

① 식품의 위생관리 철저 ② 영양의 균형 섭취 ③ 조리 방법의 다양화
④ 식품의 유통구조 개선 ⑤ 규칙적인 생활 습관

148. 경구전염병의 예방책이라고 볼 수 없는 것은?

① 식품의 위생적 처리 ② 쥐, 파리, 바퀴 등 구제
③ 식품의 실온 보관과 생식 장려 ④ 보균자의 조기 발견 ⑤ 예방접종 실시

답 142. ③ 143. ⑤ 144. ① 145. ⑤ 146. ③ 147. ① 148. ③

149. 두 개의 중간 숙주를 요구하는 기생충은?
① 간디스토마 ② 회충 ③ 요충 ④ 편충 ⑤ 구충

150. 해산 어류를 통해서 감염되는 기생충은?
① 유구조충 ② 무구조충 ③ 폐흡충 ④ 아니사키스 ⑤ 편충

151. 기생충 중 인체 감염 후 수명이 가장 짧은 것은?
① 회충 ② 광절열두조충 ③ 무구조충
④ 유구조충 ⑤ 간흡충

152. 감염 시 인체에 가장 심각한 질환을 유발하는 기생충은?
① 요충 ② 간흡충 ③ 편충 ④ 회충 ⑤ 구충

153. 돼지고기를 날것으로 또는 불완전하게 가열하여 섭식함으로써 감염될 수 있는 기생충은?
① 요충 ② 간흡충 ③ 유구조충 ④ 회충 ⑤ 무구조구충

154. 돼지고기로 인한 선모충의 감염 예방을 위한 최저 가열 온도는?
① 30℃ ② 45℃ ③ 50℃ ④ 55℃ ⑤ 65℃

155. 페디스토마의 경우 제1 중간 숙주에서 마지막으로 변태한 형태는?
① Miracidium ② Sporocyst ③ Redia
④ Cercaria ⑤ Metacercaria

156. 횡천흡충(요코가와흡충)의 제2 중간 숙주는?
① 소 ② 돼지 ③ 다슬기 ④ 왜우렁이 ⑤ 붕어

157. 기생충의 예방책에 대한 설명 중 바르지 못한 것은?
① 완전한 분변 처리 ② 정기적인 검진 및 구충
③ 가열 후 섭취 ④ 조리 전 손 세척
⑤ 채소류 세척에는 phenol 사용

답 149. ① 150. ④ 151. ① 152. ② 153. ③ 154. ⑤ 155. ④ 156. ⑤ 157. ⑤

[참고 문헌]

김동술 외 1명(1998), 꼭 알아야 할 식품위생, 유림문화사
문범수(1997), 식품위생학, 신광출판사
박홍현 외 3명(2001), 실무를 위한 식품위생학, 도서출판 광문각
송형익 외 4명(1999), 현대 식품위생학, 지구문화사
신광순 외 3명(1987), 최신 식품위생학, 신광출판사
오승희 외 1명(1996), 최신 식품위생학, 문운당
이광배 외 3명(2002), 식품위생학
이치영 외 3명, 식품위생학, 동화기술
장동석 외 4명(1999), 식품위생학, 정문각
민경찬 외 4명(2003), 식품미생물학, 도서출판 광문각

제 2 장 HACCP 실무

1 HACCP의 개요

HACCP는 Hazard Analysis and Critical Control Point의 약자로 '위해요소 중점관리 제도'이다. 이 제도는 식품의 제조, 가공 공정의 모든 단계에서 위해를 끼칠 수 있는 요소를 공정별로 분석하고 각 과정에서 이들 위해물질이 해당 식품에 혼입되거나 오염되는 것을 사전에 방지하기 위하여 이를 중점적으로 관리하는 예방적 위생관리 체계로서, 식품의 안전성[1])을 최대한 확보하기 위하여 개발된 집중적 관리 방식이다. 즉 식품의 원재료 생산에서 시작하여 제조·가공·보존·유통 단계를 거쳐 최종 소비자의 손에 들어갈 때까지의 각 단계에서 발생할 우려가 있는 미생물의 위해, 즉 병원성 및 부패 미생물에 대하여 조사하고, 그 위해를 예방하기 위한 감시 및 관리 방식이다. 따라서 HACCP제도는 위해 가능성이 있는 요소를 찾아 분석·평가하는 위해분석(Hazard Analysis)과 그 위해를 방지 또는 제거하고 안전성을 확보하기 위한 중요관리기준(Critical Control Point)의 두 부분으로 나눌 수 있다.

1. HACCP의 역사

HACCP의 개념은 1960년대 초 미국의 pillsbury사가 우주 계획의 일환으로 우주인용

1) 식품의 안전성: 소비자의 건강을 해치는 모든 것으로부터 식품을 보호하는 것

식품을 개발할 때 처음으로 적용하였다. 우주 비행사가 비행 중 식품으로 인한 질병과 상해를 받지 않도록 보증하기 위하여 필수적 과정인 최종 제품을 광범위하게 검사를 하고 보니 적은 양만이 우주 비행용으로 사용할 수 있게 되었다. 따라서 회사는 현재 실시하는 품질관리 방법, 즉 최종 제품의 검사제도로서는 식품의 안전성에 대한 적절한 보증을 하지 못한다고 판단하게 되었다.

그리하여 식품 공정의 모든 과정을 체계적으로 관리하는 예방적 제도가 시작되었으며, 1973년에는 미국 FDA에 의해 이 방식이 저장성 통조림의 제조 방법에 도입되었다.

1985년 미국에서 식품 관계법령의 효과성을 평가할 때 미국과학아카데미(NAS)가 당국과 식품업체에게 HACCP식 접근 방법을 강제 사항으로 도입할 것을 권고하였고, 이에 1989년 식품의 각계에서 참여한 미국 식품미생물기준 자문회의가 설치되어 HACCP의 7가지 원칙을 표준화하였다.

이렇게 미국에서 시작된 HACCP는 그 효용성이 알려져 1990년대 초부터 캐나다, 호주 등 일부 국가에서 적용하였으며, 1993년에는 FAO/WHO의 합동 국제식품규격위원회(Codex)가 HACCP 적용을 위한 지침을 제시하여 전 세계적으로 확산하게 되었다.

2. HACCP 도입의 필요성 및 도입 효과

최근 우리나라에서는 수입식육이나 냉동식품, 아이스크림류 등에서 살모넬라, 병원성 대장균 O157 : H7, 리스테리아 등의 식중독 세균이 빈번하게 검출되고 있으며, 농약이나 잔류 수의약품, 항생물질, 중금속 및 화학물질에 의한 위해 발생도 광역화되고 있는 실정이다. 따라서 더 이상 우리나라도 이들 위해 요인에 대한 안전지대가 아니라는 우려가 확산되고 있으며, 식품의 위생안전성 확보에 대한 관심이 전 사회적으로 고조되어 가고 있다. 이러한 시점에서 유럽, 미국 등 선진 각국에서 이미 자국내로 수입되는 몇몇 식품에 대하여 HACCP를 적용하도록 요구하고 있어 수출 분야에 있어서 정부 및 수출업자의 적극적인 대응 방안으로써 HACCP 도입이 절실히 요구되고 있다. HACCP 도입에 대한 효과를 식품업체 측면과 소비자 측면에서 구체적으로 살펴보면 다음과 같다.

(1) 산업체 측면

① 기존의 정부 주도형 위생관리에서 벗어나 자율적으로 위생관리를 수행할 수 있는 체계적인 위생관리 기법의 확립이 가능하다.

② 예상되는 위해 요인을 과학적으로 규명하고 이를 효과적으로 제어함으로써 위생적

이고 안정성이 충분히 확보된 식품의 생산이 가능해 진다.

③ 해당 업체에서 수행되는 모든 단계를 광범위하게 관리하는 것이 아니라 위해가 발생될 수 있는 단계를 사전에 선정하여 집중적으로 관리함으로써 위생관리 체계의 효율성을 극대화시킬 수 있다.

④ 본 기법의 적용 초기에는 시설, 설비 보완 및 집중적 관리를 위한 많은 인력과 소요예산 증대가 예상되나, 장기적으로 관리 인원 감축, 관리 요소의 감소 등이 기대되며, 제품 불량률과 반품, 폐기량 감소 등으로 궁극적으로는 제품 품질 향상 및 생산비용 절감 효과 등으로 이익의 도모가 가능해 진다.

⑤ HACCP 적용 업소는 HACCP 마크 부착과 HACCP 적용 품목에 대한 광고가 가능하므로 소비자에 의한 회사 이미지와 신뢰성이 향상된다.

(2) 소비자 측면

① HACCP에 의해 안전하고 위생적으로 생산된 제품을 소비자들이 안심하고 섭취할 수 있다.

② HACCP 마크 표시를 통하여 소비자가 스스로 판단하여 안전한 식품을 선택할 수 있는 기회를 제공해 준다.

3. HACCP의 이점

관행적인 품질관리 시스템에서는 최종 제품을 검사 후 문제가 있으면 그 Lot에 대한 조치를 한다. 예를 들면 2차 가공을 하는 냉동 식품 제조업체에서 최종 제품에 대한 실험실 검사를 하여 총 균수가 기준을 벗어났을 경우 보통은 재자숙을 통하여 문제를 해결할 것이다. 그러나 Lot의 제품을 오염시킨 근본적인 원인을 시정하지는 못하기 때문에 이러한 문제점이 되풀이하여 발생할 수 있다. 따라서 HACCP는 이러한 문제점을 그 Lot의 문제가 아닌 시스템의 문제로 취급하여 HACCP 계획의 검증 활동으로 재발을 방지하는 조치를 할 수 있도록 한다. 앞에서 HACCP를 방법론이라고 하였다. 즉 HACCP의 7가지 원칙은 식품 안전성이라는 목적으로 가는 길잡이인데, 소속 사업장의 HACCP 팀에 참여하여 팀 활동으로 이 원칙에 따라 HACCP 계획을 작성해 보면 그 동안 관습적으로 해 오던 사항들을 과학적인 이론이나 근거로 접근하게 되어 식품 안전성에 관한 고도의 지식을 획득할 수 있다.

이제 HACCP는 식품 안전성을 위하여 국제적으로 통용되고 인정된 제도이므로 HACCP

의 이행이 입증되면 그것이 곧 자사 제품의 안전성을 보증하는 방법이 된다. 예를 들면 미국은 1997년 12월 18일자로 수산식품에 대한 HACCP 시행을 법으로 요구하고 있는데, 미국에 수산식품을 수출하기 위해서는 통관 시 그 제품이 HACCP 방식으로 생산되었음을 입증해야 하고 HACCP 이행이 입증되면 수출 식품의 안전성이 보증되게 되는 것이다.

4. HACCP의 적용

HACCP 제도는 모든 식품의 원재료 생산에서부터 최종 제품을 소비자가 소비하기까지 이루어지는 산지 생산, 가공 및 제조·판매, 식품 서비스 등 모든 단계에 적용할 수 있다.

HACCP는 7가지 원칙에 따라 해당 사업장에서 자사에 적합한 HACCP 계획을 작성하고 이행하는 것이다. 이것은 HACCP의 7가지 원칙이 모든 종류의 식품과 모든 과정에 적용될 수 있는 방법이기 때문이다.

5. HACCP에 대한 정부당국의 역할

HACCP의 성공적인 정착을 위한 행정당국의 기본 역할은 여러 식품 분야에서 HACCP 기본 활동의 적절한 적용을 보장해 주고 HACCP의 적용이 실제적이고 필요한 것이 되도록 도와주는 것이다. 즉 식품업계와 정부당국의 협력이 필요 불가결하다. 안전한 식품의 생산은 일차적으로 식품업소의 책임이나 식품 관리는 행정당국이 감시자로서 또한 도움을 주는 조력자로서 의무가 있다. 감시자로서 감시당국은 HACCP 적용 계획의 적절성을 평가하고 그들이 적절히 계획되었고 효과적으로 적용되고 있는지를 확인하여야 한다.

HACCP의 효율적인 적용을 위하여, HACCP 기본 활동 및 방법에 대한 지나치게 엄격한 해석, 적용 및 강제는 피해야 한다. 제품 처리과정 및 가공공정의 범위와 엄격성, 기록 유지 및 문서화 정도, 확인 활동의 강도를 정하여야 한다. 따라서 감시당국이 어떤 가공공정의 확인 방법을 설정할 때에는 이와 같은 특성을 숙지하고 있어야 한다.

2 HACCP의 7가지 원칙

HACCP은 특정 위해를 확인하고 효율적으로 관리함은 물론 위해를 확실히 예방하기 위한 관리체계로 HACCP 제도 적용에는 다음의 7가지 원칙으로 이루어진 식품의 안전관리제도가 그 도입에 있어서 충족되어야 한다.

1. 위해분석(위해요소의 분석과 위험 평가)

원리: 위해요소 분석을 실시하라. 중대한 위해요소가 발생하는 가공 단계의 목록을 작성하고 예방조치를 기술하라.

위해요소의 분석과 위험 평가는 계획 작성의 기본 작업이며 제품에 따라 발생할 우려가 있는 모든 식품위생상의 위해에 대해서 당해 위해의 원인이 되는 물질을 명확히 한 다음, 그것의 발생 요인 및 방지 조치를 명확히 하는 것이다.

위해요소 분석의 실시에는 식품위생에 관한 과학적 지식, 식품 사고 발생례의 자료 등을 토대로 위해가 발생할 우려가 있는 공정마다 위해의 원인이 되는 물질을 열거하고, 다음으로 위해의 중요성 및 발생 빈도를 고려하여 그 위험을 평가(risk assessment)하는 것이 필요하다. 이와 같은 위해분석을 행함과 함께, 위해의 원인이 되는 물질 및 위해가 발생할 우려가 있는 공정마다, 위해 발생 요인 및 방지 조치를 특정(特定)하는 것이 필요하다. 이 조치에는 식품을 제조 또는 가공의 시점에서 행하는 공정 그 자체의 위생관리와 시설설비, 기계 기구의 세정, 보수 점검 등의 일반적 위생관리에 의한 조치가 있다.

첫 번째 HACCP원리를 적용하는 과정에서 제품 구성 원료 및 포장, 그리고 각 공정 단계에서 '중대한' 위해요소를 파악한다. 모든 중대한 잠재적 위해요소들이 어디에서 발생하는지, 그리고 어떠한 예방조치가 있을 수 있는지에 대한 목록을 작성한다. 각 단계에서 모든 위해요소들이 고려되지만, 위해요소 분석은 각 단계에서 통제되거나 향상될 수 있는 잠재적 위해요소만을 고려한다. 그리고 위해요소의 중대성이 결정된다. 위해요소의 중대성 여부에 대한 결정은 여전히 주관적인 과정이다. 동일한 제품을 생산하는 두 작업장에서, 특정 위해요소가 한 작업장에서는 중요하게, 다른 작업장에서는 그렇지 않게 받아들여질 수도 있다. 이러한 차이는 전제 프로그램, 원료, 장비 등에 기인할 수 있다. 그리고 위해 요소에 대한 전문가들도 어떤 위해요소가 특정 제품이나 공정에서 중요성을 갖는지에 대해서 서로 견해가 다를 수도 있다. 위해요소 분석은 위험의 평가와 위해요소의 정도(severity)에 기초한다. 위험은 공정이 관리되지 않을 때 위해요소가 존재할 가능성으로 정의되고, 정도(severity)는 위해요소가 섭취되었을 때의 결과의 단위이다. 일반적으로, 위해요소가 중요성을 갖기 위해서는 발생할 가능성이 높아야 하고, 제품을 섭취했을 때 질병이나 손상을 입힐 가능성이 높아야 한다.

위해요소 분석에 관한 NACMCF와 Codex의 지침들은 전제 프로그램의 역할에 관한 논의를 포함하지 않았다. 그래서 몇몇 사람들은 해로운 물질이나 미생물이 제품이나 공정중에 발생하면, 이들이 전제 프로그램에서 통제되는지의 여부를 불문하고 중대한 위험으로 간주되어야 한다고 생각하고 있다. 이렇게 되면 '중대한' 위해요소와 중요관리점(CCP)의 수가 너무 많게 되고, 여타의 관리 프로그램(위생 등)들이 HACCP 계획에 포함되어 HACCP 계획이 너무 복잡해진다. 최근의 해산물 HACCP와 식육·가금육 HACCP 규정을 위한 지침에 제시된 위해요소 분석 방법에서는 위해요소의 중대성을 결정하는데 전제 프로그램들도 고려되어야 한다고 명기하고 있다. 시설 자체의 전제 프로그램들이 해결하는 관리 수준을 고려하면, 실제적으로 HACCP 계획에 포함되어야 하는 위해요소의 수는 적어지게 된다. 이러한 이유로 공정중이나 제품에서 발생할 가능성이 높고, 또한 전제 프로그램에 의해서 적절하게 통제가 되지 않는 위해요소들만이 중대한 위험으로 간주되게 된다. 결과적으로 HACCP 계획은 더욱 효율적으로 된다.

관리 방법은 예방 조치라고도 설명된다. 이러한 것들은 위해요소를 예방하거나, 현재 존재하는 위해요소를 제거하거나, 불가피한 위해요소를 관리하는 활동들을 말한다. 위해요소를 관리하는 방법은 여러 가지가 있다. 위해요소 분석과 두 번째 원리인 중요관리점(CCP)의 확인에서 HACCP 팀은 어떤 관리 방법이 가장 효율적일 수 있을까를 선택할 것이다.

2. 중요관리점(Critical Control Point, CCP)의 설정

원리: 제조 과정 중 중요관리점을 명시하라.

위해분석 결과 명확해진 위해의 발생을 방지하기 위하여 특히, 중점적으로 관리해야 할 공정을 중요관리점으로 정하여야 한다. 즉, HACCP 시스템에 의한 위생관리라 함은 중요관리점을 늘 관리하는 것이 특징이므로 중요관리점은 공정에서 반드시 관리가 필요한 개소에 한정하고, 그 관리를 집중시키는 것이 필요하다.

중요관리점은 확인된 위해요소를 효과적으로 관리하기 위하여 관리 방법을 적용할 부분이며, 또한 관리 방법이 효과적으로 관리되고, 모니터되며 기록화되는 부분이기도 하다. 따라서 위해요소 분석에서 확인된 모든 중대한 위해요소에 대해서는 위해요소를 관리할 중요관리점이 최소한 한 개 이상 있어야 한다.

중요관리점의 파악을 돕기 위하여 NACMCF와 Codex는 '중요관리점 결정 절차도'의 이용을 권장하였다. 중요관리점 결정 절차도에서는 연속된 질문에 따라, 제조과정 중 어떤 부분이 관리점(Control Point)인지 혹은 중요관리점(CCP)인지를 결정하게 도와준다. 제조과정 중 관리방법을 적용하는 부분이 여러 곳이 있을 수 있지만, 대부분의 HACCP 계획에서는 관리 소홀로 인하여 안전하지 못한 식품을 생산할 수 있다고 간주하는 부분은 상대적으로 적다. 따라서 대부분의 HACCP 계획에서는 상대적으로 적은 중요관리점을 가진다.

3. 관리기준(Critical Limits, 허용 한계치)의 설정

원리: 각 중요관리점과 관련된 예방조치상에서 허용 한계치를 설정하라.

관리기준이라 함은, 중요관리점에서 준수하여야 할 기준이다. HACCP에 의한 식품위생관리의 특징은 중요관리점에서 위해가 적절히 배제(制御)되어 있는지 여부를 즉시 판단할 수 있는 것이다. 따라서 관리기준은 기본적으로 온도, 시간, pH, 색조 등 계측 기계를 사용하여 상시 또는 상당한 빈도로 측정할 수 있는 지표를 사용한 기준으로 하는 것이 필요하다.

예를 들면, 최종 제품에서 대장균이 음성임을 달성하기 위하여, 제조공정에서 가열살균을 행하도록 한 경우, 식품을 제조하고 있는 시점에서 당해 공정에서 대장균이 음성임을 직접 확인하는 것은 곤란하다. 따라서 사전에 가열살균에 의한 미생물 사멸 효과를 올바르게 파악함으로써 식품의 제조 시에는 가열 온도 및 가열 시간이 적절히 준수되고 있는지를 확인하면 대장균군이 음성으로 되어 있음이 명백해 진다. 이 가열 온도 및 가열 시간이 당해 공정에서 관리기준이 된다. 또한, 가열살균에 의한 미생물의 사멸 효과를 증명하는 방법으로는 학술 문헌에 의한 확인 및 미생물 접종시험을 실시하는 등의 방법이 있다.

가공 과정 중 발견될 수 있는 이물질을 관리하기 위해서 여러 가지 방법들이 사용될 수 있다. 예를 들어, 제품 속의 금속물질은 체(sieves), 제품 및 장비에 대한 육안적 검사, 예방적 정비, 여러 종류의 자석, 라인상의 금속탐지기 등을 통해서 관리될 수 있다. 그러나 예방적 정비나 육안적 검사 및 자석 등은 최종 제품이 금속조각을 함유하지 않고 있다고 보장해줄 수는 없으므로 중요관리점으로 간주되지 않는다. 금속조각을 중대한 위해요소로 파악한 공정에서는 일반적으로 라인상의 금속탐지기가 위해요소를 감소시킬 방법으로 이용된다.

중요관리점에서 위해요소를 관리하는 방법이 효과적이기 위해서는 꼭 만족시켜야 할 허용 한계치(Critical Limits)가 있다. 제조과정이 이 한계치를 만족시키지 못하면, '허용 한계치'를 위반한 것이 되어 제품의 안전성은 관리되고 있지 않음을 의미하게 된다. 허용 한계치는 숫자로 표현되거나 제조 과정의 적절성을 판단할 기준에 관한 조건으로 표현된다.

허용 한계치는 '운영상 한계치(operating limits)'와 혼동되어서는 안 된다. 운영상 한계치는 제조공정이 판매 가능한 제품을 생산하도록 기대되는 한계치를 말한다. 운영상 한계치는 안전성 이외의 다른 이유(품질 혹은 경제적 이유)들 때문에 설정된다. 산성식품 가공자는 pH 4.6 이하의 허용 한계치를 가질 수 있다. 그러나 운영상 한계치는 비병원성 아포세균의 성장을 막기 위하여 pH 4.1 이하로 설정될 수 있다. 대개, 운영상 한계치는 허용 한계치의 위반을 회피할 목적으로 설정될 수 있다. 예를 들어, 예냉 단계에서 제품 온도가 4시간 이내에 50°F(10℃) 이하로 허용 한계치가 설정된 중요관리점을 생각해 보자. 이 과정에서의 운영상 한계치는 제품 온도가 3시간 이내에 50°F(10℃) 이하일 것을 요구할 수 있다. 제품이 이러한 운영상 한계치를 만족시키지 못할 경우, 운영자는 제품을 더 빨리 예냉시키기 위해 '제조 과정을 조정'할 수가 있다. 이러한 과정은 허용 한계치의 불만족 가능성을 낮추어 준다. 이러한 예에서 보여지듯이, 운영상 한계치는 상응하는 허용 한계치보다 더 엄격하다. 운영상 한계치가 허용 한계치보다 더 엄격해야 한다는 것은 논리적인 귀결이다. 운영상 한계치에 만족되지 않더라도, 제품은 '위반' 사항이 없으며, 가공자는 제품의 처분에 관한 결정을 자유롭게 내릴 수 있다. 제조공정이 허용 한계치 이내에서 운영되고 있는 한, 운영상 한계치는 제품의 안전성에 영향을 주지 않는 범위 내에서 위반될 수도 있다.

4. 모니터링(감시 관리, Monitoring) 방법의 설정

원리: 중요관리점 감시 관리 요건을 설정하라. 공정 조정과 관리 유지를 위해 모니터링의 결과를 이용할 절차를 마련하라.

모니터링의 목적은 중요관리점에서 위해 발생을 방지하기 위한 조치가 확실히 실시되고 있는지를 확인하는 데 있다. 예로서 '온도계를 사용하여 온도를 측정하는 것'이 모니터링 방법이 된다. 모니터링 방법은 기본적으로 중요관리점에서 모니터링의 측정치가 관리 기준을 이탈한 경우, 그것을 눈 등으로 즉시 확인할 수 있는 방법이어야 한다. 제조과정이 허용 한계치 이내에서 운영되고 있음을 보증하기 위해서는 실질적인 가공공정의 감시가 이루어져야 한다. 제품이 허용 한계치 이내에서 계속적으로 생산되고 있음을 신뢰하기 위해서는 감시가 자주 이루어지고 결과도 빨리 나와야 한다.

감시는 측정이나 관찰에 의해 이루어진다. 예를 들어 햄버거 조리 시, 조리 표면의 온도와 조리 시간을 측정할 수도 있고, 붉은색이 없어질 때까지 충분히 조리되었음을 관찰할 수도 있다. 중요관리점을 감시하는 방법은 여러 가지가 있으며, HACCP 팀은 허용 한계치와 함께 효과적이고, 기록하기 용이하며 작업 운영에 적당한 감시 방법을 선택해야 한다.

모니터링의 빈도는 허용 한계치의 특성에 따라 계속적이거나 혹은 간헐적일 수 있다. 중요관리점이 계속적으로 허용 한계치 이내로 운영되어야 할 경우는 계속적인 모니터링을 실시해야 한다. 만약 중요관리점이 뱃치 단위로 혹은 특정 시점에서 허용 한계를 만족시켜야 하거나, 중요관리점이 허용 한계치를 위반할 가능성이 별로 없을 경우에는 간헐적인 모니터링도 수용 가능하다. 또한, 모니터링의 빈도는 가공자가 위험을 감수할 수 있는 생산량에 의존할 수도 있다. 말하자면 모니터링 결과 가공 공정이 허용 한계치를 벗어났다고 결정되면, 이전의 모니터링 이후에 생산된 모든 제품들은 개선 조치의 대상이 된다.

모니터링 장비는 정확해야 한다. 그렇지 않으면, 가공 과정이 허용 한계치를 벗어난 상태에서 운영되고 있다는 것을 감지하지 못하게 된다. 모니터링 장비는 정확성을 보장하기 위하여 자주 교정(矯正, calibration)되어야 한다. 관찰에 의해 모니터링이 이루어질 경우, 관찰자는 정기적인 '교정(calibration)'을 요구할 수 있다.

모니터링은 연속적 또는 상당한 빈도로 행하는 것이 필요하며, 그 실시자를 특별히 지정하는 것이 필요하다. 다음으로 그 실시 상황은 바르게 기록되어야 한다.

적절한 모니터링은 중요관리점이 허용 한계치 이내에서 운영되고 있음을 보장하는 신뢰할 만한 유일한 방법이다. HACCP 계획에 명시된 모니터링 활동을 빠트리거나 기록 보존을 하지 않을 경우, 중요관리점이 제대로 관리되고 있는지 판단하는 것은 불가능하다. 그럴 경우에는 개선 조치가 취해져야 한다. 그리고 HACCP 계획은 이러한 위반의 재발을 막기 위해 조정될 필요가 있는지 재검토되어야 한다.

5. 개선 조치(Corrective Action)의 설정

원리: 설정된 허용 한계치에 대한 위반 사항을 모니터링을 통해 발견할 경우 취할 개선 조치를 설정하라.

HACCP 시스템에는 중요관리점에서 모니터링의 측정치가 관리 기준을 이탈한 것이 판명된 경우, 관리 기준의 이탈에 의하여 영향을 받은 제품을 배제하고, 중요관리점에서 관리 상태를 신속・정확히 정상으로 원위치시켜야 한다. 개선 조치에는 다음의 것들이 있다.

① 제조 과정을 다시 관리 가능한 상태로 되돌림

② 제조 과정이 통제를 벗어났을 때 생산된 제품의 안전성에 대한 평가

③ 재위반을 방지하기 위한 방법 결정

첫 번째 단계는 부적합 제품의 양을 최소화하기 위하여 위반 사항이 발견되는 즉시 가급적 빨리 이루어져야 한다. 그러므로 각 허용 한계치마다 개선 조치를 미리 마련해 두는 것이 중요하다. 이에는 누가 제조 과정을 조정할 것이고, 어떻게 조정할 것이며, 제품의 안전성을 어떻게 평가할 것인가 등이 있다. 허용 한계치 이외에 운영상 한계치가 있는 것과 같이 개선 조치 이외에 제조 과정에 대한 조정도 있을 수 있다. 제조 과정이 운영상 한계치를 벗어날 경우 제조자는 제조 과정을 운영상 한계치에 부합하도록 조정할 수가 있다. 허용 한계치를 벗어나지 않은 상태에서 제조 과정을 조정했을 경우, 이는 개선 조치가 아니다. 이 경우, 운영상 한계치가 허용 한계치보다 더 엄격하게 설정되었고, 허용 한계치를 벗어나지 않았으며, 제품의 안전성에는 영향이 없었으므로 이러한 제조과정의 조정은 개선 조치로 간주되지 않는다.

중요관리점에 설정된 허용 한계치를 만족시키지 못한 제품의 안전성에 대한 평가는 다음으로 귀결될 수 있다.

① 제품이 안전하다고 판단되어 일반 유통되거나 다른 용도로 전환된다.

② 위해요소를 제거하는 방식으로 재가공된다.

③ 위해요소가 중대하게 간주되지 않는 다른 용도로 전환된다.

④ 파기된다.

그리고 이러한 평가가 이루어지는 방법을 미리 마련해 두는 것이 중요하다. 이는 평가자에게 평가지침을 제공해 주어 적절한 절차의 활용을 촉진시켜 준다.

이를 위하여

① 신속, 정확히 관리 상태를 정상으로 돌릴 수 있는 구체적인 개선 조치 (기계, 기구의 수리, 조정, 유지 및 교체 등)를 정할 것

② 관리 기준을 이탈하고 있는 동안 제조된 제품의 적절한 처분방법을 정할 것

③ 개선 조치를 실시하는 자가 정하여져 있을 것

등이 필요하다. 또한, 그 실시 상황은 바르게 기록되어야 한다.

6. 기록 유지 및 문서작성 규정의 설정

원리: HACCP제도를 문서화하는 효과적인 기록 유지 절차를 설정하라.

"기록되지 않은 것은 발생한 사실도 없다."라는 말이 있다. 제조 과정이 관리 상태하에 있었다는 것을 입증할 수 있는 유일한 길은 모니터링의 결과를 기록하는 것이다. 마찬가지로, 개선 조치가 적절하게 취해졌음을 입증할 유일한 방안은 개선 조치에 관한 기록을 유지하는 것이다. 실수가 재발하는 것을 방지할 수 있는 방법은 무엇이 왜 발생했는지를 기록하는 것이다. 이는 후에 잠재적인 문제와 관련해서 유용한 정보를 제공해 줄 수 있고, HACCP 계획을 작성하는 이유에 대한 해답을 제시해 준다.

검증(verification)이라는 목적을 위한 HACCP 기록은 다음의 3가지 중 하나에 귀결된다.

1) 특정 제품 로트에 관한 기록

이 기록들은 특정 로트가 HACCP 계획에 부합하여 가공되었음을 입증하는데 중요하다. 중요관리점의 감시 관리 활동에 대한 기록이 실시되고, 통상적인 운영의 일부분으로 검토된다. 또한 개선 조치에 대한 기록도 통상적인 운영의 일부분으로서 검토된다.

Calibration 기록, 기타 중요관리점의 검증 기록이 HACCP 계획에 지시된대로 유지

되고 검토된다. 이러한 유형의 기록들은 한 생산 로트 이상과 관계되지만, 각 로트가 플랜에 따라 생산되었음을 입증하는 데 있어서 중요하다.

HACCP 계획은 이러한 기록 유지 활동에 관한 사항을 명시해야 한다 : 요구되는 기록의 종류, 누가 어떤 빈도로 기록하는가, 누가 어떤 빈도로 점검하는가.

2) HACCP 계획을 문서화하는 기록

이 기록들은 HACCP 시스템이 HACCP 계획의 요건을 따르고 있는지 여부를 판단하기 위하여, HACCP 계획의 이행 중과 검증 활동 등에서 이용된다. HACCP 계획, 작업 흐름도 및 기타 예비 단계에서의 기록들이 이런 기록들의 예이다. HACCP 감사에서는 이러한 기록들이 모니터링, 개선 조치 및 중요관리점 검증 기록 등과 함께 검토된다. HACCP 감사 보고서 자체가 이 범주에 속하는 HACCP 기록이다. 이런 유형의 기록들이 HACCP 플랜 검증에 자동적으로 속하게 되므로, HACCP 상의 HACCP 기록이라고 명시할 필요는 없다.

3) HACCP의 의도나 이론적 근거를 문서화하는 기록

이러한 기록에는 예를 들면, 위해요소 분석(위해요소 분석에 이용된 참고문헌 및 기타 문서), 중요관리점의 선택 및 허용 한계치의 설정, HACCP 계획이 어떻게 또는 왜 개정되었는지에 대한 기록 등을 포함한다. 앞의 두 카테고리에서 선택된 기록들과 더불어 이런 유형의 기록들은 HACCP 계획의 타당성 검증과 재평가 시에 검토된다.

전제 프로그램에 대한 기록 유지는 HACCP에 대한 기록 유지와는 별개의 것이지만, 그래도 중요하다. 전제 프로그램의 준수는 식품안전에 있어서 필요한 부분은 아니지만, 전제 프로그램의 일관된 적용은 HACCP 계획의 중요한 토대가 된다. 그러므로 전제 프로그램의 일관된 적용을 보증할 관련 기록들이 작성되어야 하고 검토되어야 한다.

기록을 정확하게 작성하여 보존함으로써 HACCP 계획을 적절히 실시한 증거로 하는 것이 가능하다. 이 기록은 영업자가 계획이 적절한지의 검증 등에 유효하게 활용할 수 있을 뿐만 아니라 정부 당국에 의한 평가나 감시 시 유효한 정보가 된다. 또, 만약의 경우 식품의 안전에 관계되는 문제가 생겼을 경우 계획의 실시 상황을 과거로 소급하여 조사함으로써 그 원인을 용이하게 규명할 수도 있다. 기록에 포함되어야 할 사항으로써는 중요관리점에서의 모니터링, 개선 조치, 일반적인 위생관리 및 검증에 관한 사항이 있다. 또 당해 기록의 보존 방법 및 기간을 정하는 것도 필요하다.

7. 검증(Verification) 방법의 설정

원리: HACCP 시스템이 정확하게 운영되고 있음을 검증할 절차를 확립하라.

HACCP 시스템에서는 검증에 의하여 HACCP에 의한 위생관리의 실시 계획이 적절히 기능하고 있는지를 계획의 작성 시 및 실시 후에 계속적으로 확인, 평가하여야 한다. 검증에는

① 제품 등의 시험 검사
② 기록의 점검
③ 중요관리점에서의 모니터링에 사용되는 계측기기의 교정
④ 불평 또는 회수의 원인 분석
⑤ 실시 계획의 정기적인 확인

등이 있으며 이들의 실시 상황은 정확하게 기록되어야 한다. 또한, 제품 등의 시험검사를 실시하는 경우 원칙적으로 모든 위해의 원인이 되는 물질이 허용치에 적합한지를 확인할 필요가 있다. 예를 들면 가열살균을 하는 식품에서는 내열성이 제일 높은 균을 지표균(指標菌)으로 하여 당해 지표균(指標菌)이 확실히 제거되어 있는지를 확인함으로써 기타의 미생물에 대해서도 제거되어 있는지가 명확하게 된다. 따라서 식품의 제조방법 등에 따라 적절한 지표균(指標菌)을 이용하면 효율적인 검증이 가능하게 된다.

HACCP 계획에 대한 검증은 중요관리점에 대한 감시 관리의 관계와 같다. 검증은 HACCP 계획이 의도대로 기능을 하고 있음을 점검하는 것을 말한다. 또한, 검증이란 HACCP 플랜에 의한 요건이 정확하고 적절함을 보증하는 과정이다.

제품설명에서부터 작업 흐름도와 검증에 이르기까지 HACCP 계획에 대한 정기적인 검토 또한 검증 과정의 일부분이다. 일반적으로 HACCP 계획은 유동적이며 계속적인 개선의 과정이다. 시간이 지나고 자료가 축적됨에 따라 불필요한 중요관리점을 제외시키게 되고, 중요관리점을 더욱 효과적으로 감시 관리할 방도를 찾게 된다. 검증은 이러한 진보과정을 도와주는 역할을 한다.

검증을 5단계의 피라미드로 파악하는 것이 유용할 것이다(<그림 2-1>). 다음은 각 단계에 대한 간단한 설명이다. 아래로부터 각 단계들은 다음과 같다.

① 전제 프로그램의 검증
② 중요관리점의 검증
③ HACCP 시스템에 대한 감사

④ HACCP 플랜에 대한 타당성 검증과 재평가
⑤ 규제 감사

전제 프로그램의 검증은 HACCP 계획에 영향을 미치는 전제 프로그램에의 부합에 대한 일상적 평가를 말한다. 중요관리점의 점검은 HACCP 감시관리 기록과 개선 조치 기록에 대한 점검 및 기타 HACCP 계획에 기술된 '통상적인' 활동을 말한다. 중요관리점 검증의 목표는 중요관리점이 HACCP 계획의 의도대로 관리되고 있음을 확인하는 것이다. HACCP 시스템에 대한 감사는 플랜이 정확하게 이행되고 있는지에 대한 평가이다. HACCP 계획에 대한 타당성 평가는 모든 중요한 위해요소들이 확인되었고, 효과적으로 관리되고 있으며, 또한 중요한 위해요소들만이 HACCP에 의해 관리되고 있음을 입증하기 위한 HACCP 계획에 대한 완전한 재평가이다. HACCP 제도를 관장하는 기관의 역할은 HACCP 계획이 효율적이며, 잘 준수되고 있음을 검증하는 것이다. 해산물, 식육 및 가금육제품에 대해 최근 공표된 HACCP규정에 의하면, 이제는 HACCP에 대한 규제 검증이 몇몇 제품에 대해서는 의무적이다.

다양한 검증 활동의 피라미드 내의 위치는 이 단계에서의 검증이 효율적으로 실시되기 위해서는 보다 낮은 단계의 검증에 의존하고 있음을 상징적으로 나타낸다. 대부분의 경우, 피라미드 속의 위치는 노력의 상대적인 수준(높은 단계의 검증은 자주 실시되지는 않지만 일반적으로 더욱 복잡하다)을 상징한다.

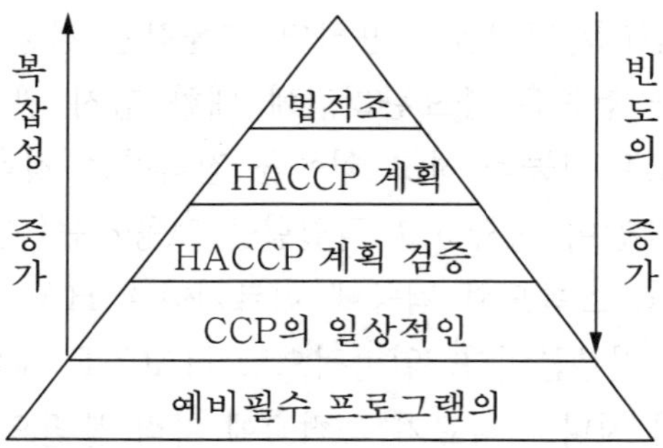

〈그림 2-1〉 검증 방법 피라미드

3 HACCP 7단계 해설

1. 위해분석(Hazard Analysis)

1. 위해분석이란 무엇인가
위해분석이란, 원재료 및 제조공정에서의 잠재적인 위해에 대하여, 발생하기 쉬운 위해와 발생한 경우의 위해의 정도 등을 명확히 하며, 나아가 각각의 위해에 대한 제어 관리의 방법을 분명히 하는 것을 말한다. 즉 원재료 및 그 반입에서부터 최종 제품의 반출에 이르기까지의 모든 작업 공정별 또는 공정도에 따른 순으로 함이 원칙이다. 최종 제품을 섭취한 경우 식품위생상의 위해가 발생할 가능성이 있는 원재료 또는 공정에서의 위해의 원인 물질, 위해의 발생 요인 및 그 위해를 제어하기 위한 방지 조치를 기재하고 위해의 목록을 작성한다. 그리고 HACCP팀(전문가팀)의 편성과 역할분담의 명확화를 기한다.

원료의 생산에서부터 제조 가공 및 유통을 거쳐 소비에 이르기까지의 과정에 포함되는 잠재적인 위해에 대하여 그 위해 및 발생 조건 등에 대한 정보를 수집하고, 발생하기 쉬운 위해와 발생한 경우의 위해의 중대성을 명확히 한다. 또한 평가에 따라 어떤 위해가 식품의 안전성에 있어 중요하고 HACCP 계획 중에 넣어야 하는가를 결정함과 동시에 각각의 위해에 대한 제어 방법을 분명히 하는 것을 위해분석이라 한다.

위해분석은 HACCP 제도의 기초가 되는 과정이다. 효과적으로 식품위생상의 위해의 발생을 방지할 수 있는 HACCP 계획을 작성하기 위하여, 발생할 가능성이 있는 모든 위해 및 그 방지 조치를 특정하는 것이 가장 중요하다.

HACCP 계획 중에 들어가는 위해를 결정하기 위하여는 위해 원인 물질, 그 발생 원인과 발생 빈도, 증상·사망률·예후 등 위해의 중대성에 관하여 정보를 수집하고 평가하여야 한다. 특히 미생물학적인 위해 원인 물질에 대하여는 발증균량·독소량, 전파력, 생잔성, 증식성 등을 고려할 필요가 있다.

2. 왜 위해분석을 할 필요가 있는가
① 위해분석을 하지 않고 제조 공정 관리를 한 경우, 중요한 위해를 빠뜨릴 가능성이 커진다. 이 경우 그 위해가 제조 공정에서 컨트롤되지 않고, 문제가 있는 식품이 제조될 우려가 있기 때문이다. ② CCP를 설정하여 적절한 CL, 모니터링 방법, 개선 조치를 설정하기 위한 정보를 수집하기 위해서이다.

미리 원재료 및 제조 또는 가공 공정에서 발생할 가능성이 있는 위해의 원인 물질을 열거, 인식하고 각각의 발생하기 쉬운 위해와 발생한 경우의 위해의 정도에 따른 적절한 방지 조치를 빈틈없이 마련함으로써 모든 위해의 발생을 방지하는 제도를 만들 수 있다.

3. 위해분석의 요건
① 위해분석의 최종 목표는 최종 제품을 섭취한 경우에 위해가 일어날 가능성이 있는 원재료 또는 공정을 특정하고 그 원인 물질, 발생 요인 및 방지 조치를 기재한 위해 리스트를 작성할 것 ② 위해 리스트에 제시하는 위해는 발생할 가능성이 있는 것이며, 또 해당 식품을 섭취한 소비자에게 허용할 수 없는 위험이 되는 것일 것 ③ 위해의 발생 요인이란 위해의 원인 물질을 건강 피해를 일으키는 정도까지 발생, 혼입, 증대시키는 요인 등을 말한다. ④ 방지 조치란, 위해 원인 물질의 발생, 혼입, 증대 등을 방지하기 위한 행동 및 조치이다.

위해분석의 목표는 구체적으로 원재료 및 그 반입에서부터 최종 제품의 반출에 이르기까지의 모든 작업 공정별로, 원재료 리스트 및 공정도에 따라 최종 제품을 섭취한 경우에 위해를 발생시킬 가능성이 있는 원재료 또는 공정을 특정하는데 있다. 또한 각 원재료와 공정에서의 위해의 원인 물질 및 그 개요(오염, 증식, 생잔, 혼입 등), 위해의 발생 요인에 이어 그 위해를 제어하기 위한 방지 조치를 기재한 위해 리스트를 작성하는 일이다. 위해의 발생 요인은 원재료 등이 병원미생물, 독소, 유해 화학물질에 의해 농후하게 오염되어 있거나 가열 공정에서의 온도/시간 관리가 부적절하여 병원미생물이 생잔하는 등 건강 피해로 연결되는 요인을 말한다. 위해를 제어하기 위한 방지 조치는 위해 원인 물질에 의한 오염, 그 발생, 혼입, 증식, 생잔, 잔존의 방지, 제거, 또는 허용 범위 이내로의 감소를 가능하게 하는 것이어야 한다.

4. 어떻게 위해분석을 하는가(위해 리스트의 작성 방법)
① 위해분석에 필요한 정보, 데이터의 수집 ② 위해 리스트에 작성 작업 작업 1: 원재료에서 유래하는 위해의 열거 작업 2: 제조 또는 가공 공정에서 유래하는 위해의 열거 작업 3: 열거된 위해에 대하여 발생 빈도와 발생한 경우의 중대성 평가 작업 4: 발생 요인의 특정 작업 5: 방지 조치의 특정

위해 리스트는, 원재료 및 그 반입에서부터 최종 제품의 반출에 이르기까지의 모든 작업 공정(제조 공정 일람도)에 따라 순서대로 위해의 발생에 연결될 가능성이 있는 원재료 및 공정을 특정하고, 그들의 각 공정에서의 위해의 원인 물질, 위해의 발생 요인 및 그 위해를 제어하기 위한 방지 조치를 일람표에 나타낸 것이다.

이 리스트와 그 작성에서 수집된 데이터가 기본이 되어 CCP가 결정되며 CL, 모니터 방법, 개선 조치, 검증 방법 등이 설정되기 때문에 본 리스트의 작성은 HACCP제도를 도입하는데 가장 중요한 사항이다. 따라서 위해 리스트의 작성을 위한 위해분석이 충분하고도 적절하게 실시되는 것이 HACCP제도에 의한 위생관리의 열쇠가 된다. 위해는 원재료의 유래, 제품의 조성(배합 비율), 제조 또는 가공 공정에 이용하는 기계 기구, 제조 또는 가공의 방법, 제조에 관련된 소요 시간, 제품의 보관 기간, 종사자의 지식, 경험 및 의식 수준에 따라 달라질 가능성이 있기 때문에 시설별로 달라질 수 있다. 또한 이들 요소의 어딘가에 변경이 생긴 경우는 위해분석을 수정할 필요가 있는지의 여부에 대하여 다시 생각할 필요가 있다.

1) 위해분석에 필요한 정보, 자료의 수집

위해분석에 앞서 먼저 다음과 같은 방법으로 필요한 정보와 데이터를 수집하고 해석해야 한다. 그리고 이들 정보 등에 관하여는 위해분석 종료 후에도 보존하여 검증 시에 참고로 하여야 한다. 위해분석에 필요한 정보, 데이터의 수집에는 다음과 같은 것이 있다.

(1) 역학 정보

역학 잡지, 식중독 통계 등의 정보로부터 위해분석을 하려는 원재료, 중간 제품 및 최종 제품(유사 제품을 포함)에 관련된 과거의 식중독, 위반 및 불만 사례를 수집한다. 그리고 무엇이 원인이 되어 사고가 일어났는지 그 원인 물질, 발생 요인(오염, 혼입, 증식, 생잔, 잔존, 산생 등) 및 어떠한 개선 조치를 실시하여 이후의 위해발생을 방지하였는가를 정리하고, 방지 조치 및 CL 위반 시의 개선 조치를 검토하는 기초 자료로 한다.

(2) 원재료, 제조 환경 등의 오염 실태조사

원재료, 반제품, 최종제품 및 재생품의 오염 실태조사를 하고, 원재료 등에 대하여 역학상 문제가 될 가능성이 있는 각종 병원미생물 또는 지표균의 오염 실태를 명확히 한다.

- ▶ 미생물 오염 실태조사(미생물상의 조사를 포함)는 일상적으로 하고 있는 원재료 등의 보관 방법, 처리, 제조·가공 및 보존 방법이 대상인 바, 특히 보관 조건 등은 가장 까다롭게 할 필요가 있다. 즉, 원유는 보관 기간이 5℃ 이하에서 2일간 이내

로 규정되어 있는 경우, 조사하는 원유는 '5℃에서 48시간 경과 후'로 시험한다. 마찬가지로 반제품(살균유 일시 저장유)은 5℃ 이하에서 1일 이내로 규정되어 있는 경우 '5℃에서 24시간 경과 후'로, 또한 제품이 10℃ 이하에서 7일 이내로 규정되어 있는 경우는 '10℃에서 7일간 경과 후'로 시험한다는 방법으로 한다. 즉, 제품의 시험은 원유를 받고 나서 10일 이후에 하게 된다. 재생품의 조사도 마찬가지로 한다. 또한 이들 일련의 조사는 계절별로 2회 이상 하는 것이 바람직하다.

시험 항목은 식품의 종류에 따라 약간 다르지만, 일반적으로 미생물, 화학물질, 이물을 대상으로 시험한다. 시료는 원재료에서는 원유의 종류와 생산지(자), 롯트별로 200g 이상, 우유와 같은 경우는 탱크로리별로 2검체(200~300㎖) 이상을 채취한다. 각 제조 공정에서는 작업 개시 직후, 점심 휴식 전, 작업 종료 직전의 3단계로 2검체(200~300㎖) 이상을 채취한다. 시험 방법은 공정법이 규정되어 있는 경우는 그에 따르고, 규정되어 있지 않은 경우는 AOAC 등 상법 등에 준하여 실시한다.

(3) 제조 가공 조건의 측정

온도, 시간, pH, 수분활성, 염분 농도 등의 추이, 공정간의 작업 정체 유무 등 위해의 발생에 영향을 미칠 가능성이 있는 제조 조건 또는 가공 조건에 관한 기준을 측정한다.

(4) 종사자로부터의 청문 조사

종사자의 작업 내용, 위해의 발생을 방지하는 조치, 위해의 발생 방지에 관한 지식 등에 대한 종사자의 의견을 들어 위해가 발생할 가능성이 있는 공정, 원인 물질, 발생 가능성 등을 검토 재료로 한다.

(5) 종사자 작업 실태의 육안 확인

오염 구역과 청정 구역의 구분, 종사자에 의한 교차 오염, 살균 공정의 유무, 살균 후의 교차 오염, 시설, 기계 기구의 세척 및 살균 방법과 그 효과에 주의하여 관찰한다. 또한 필요에 따라 원재료의 반입에서부터 출하까지의 제조 공정 중의 기계기구 등의 채취 검사를 한다.

(6) 보존 시험

제품 또는 원재료에 대하여 그들이 놓여져 있는 환경 조건하에서 위해 원인 물질의 거동을 조사한다.

▶ 제조 시에 원재료, 부원재료 및 반제품 등이 장시간 보존될 수 있도록 제조된 경우, 그들이 놓여진 환경 조건(온도, 습도, 시간 등)을 가정한 보존 시험을 실시하여야 한다. 또한 냉장 보존하는 제품에서는 포장 형태, 포장 크기 및 포장 단위에 따라 제품내부의 온도 저하에 현저한 차가 생기기 때문에 이들을 고려한 시험을 할 필요가 있다. 최종 제품의 보존 시험에서 중요한 것은 해당 식품의 품질 유지 기한의 설정과 깊은 관계가 있으므로 제품의 보관, 유통 및 진열·판매 시를 가정하고 가장 심한 조건하에서 시험을 할 필요가 있다. 특히, 포장 형태가 장기간 보존을 목적으로 한 진공포장, 가스충전성이 높은 포장 및 포장조제 사용 포장 등으로는 *Botulinus*균의 증식과 독소 산생을 고려하여야 한다. 또한 냉장에서 장기간 보존하는 제품에서는 *Listeria monocytogenes*를 고려하여야 한다.

(7) 미생물 접종 시험(challenge test)

미생물학적 위해에 대하여는 미리 최적 발육 조건, 발육 가능 조건, 사멸 조건 등의 데이터를 얻기 위하여, 위해의 원인 물질로서 생각할 수 있는 병원미생물, 또는 그 미생물보다도 저항성을 지닌 지표가 되는 미생물을 식품 중에 접종하고 각종 환경 조건(고온, 저온, 낮은 pH 등)하에서의 해당 미생물의 거동을 조사하는 시험을 한다. 기존의 학술문헌 등으로 이들 미생물에 대하여 충분한 정보가 있다면 그것을 참고로 할 수도 있다.

▶ 미생물 접종 시험(challenge test)이란 공격 시험을 말하는 것으로, 식품위생에서는 병원·부패 미생물 혹은 지표 미생물 등을 식품에 접종하여 각종 환경 조건 하에서, 표적 미생물의 거동을 탐색하는 경우가 있다. 특히, 여기에서 말하는 공격 시험이란, 각 공정에 적절한 관리 기준을 설정하고, 그에 대한 모니터링 방법까지도 모색하려는 것으로 식품이 제조되는 각 공정에서 표적 미생물이 어떠한 거동을 나타내는가, 또한 사멸 조건 혹은 생산 및 증식 조건 등을 미리 조사하는 시험을 말한다. 그러나 식품에 따라서는 제품의 살균 시험(가열, 자외선, 오존, 초고압, 알코올 등), 제균 시험(여과, 원심 등), 냉각·보존 시험 등에 추가하여, 확대 시험, 포장 형태 혹은 포장 단위와 내부 온도와의 관계 등에 대한 보존 시험 등도 있다. 또한 공격시험을 한 식품이 기존의 제조법으로 제조되고 있는 경우에는, 원료의 조성이 현저히 바뀐 경우와 원인 추구와 대책을 위해 필요하지만, 본시험은 일반적으로 신제품 개발 시에 실시된다.

표적 미생물의 선정은 해당·부패 미생물을 직접 사용하거나 지표 미생물을 사용할 수 있다. 병원균의 사용은 식품 제조 시설에서는 곤란하지만, 일반적으로 열과 자외선 저항성에 추가하여 pH, 수분활성, 살균제, 세제 등에 대한 저항성이 해당 병원균과 부패 미생물의 것과 동등 이상이거나 해당 제품의 포장 형태와 유통 조건(온도, 기간)도 고려한 증식성이 동등 이상의 미생물을 선정하여야 한다.

(8) **예측 모델**(Predictive Model)**의 사용**

어떤 조건하에서 어떤 미생물이 어떠한 거동을 하는가를 컴퓨터에 보관되어 있는 데이터에서 수식화하여 그것을 이용하여 예측한다.

▶ 여기에서 말하는 'Predictive Model'이란, '식품의 미생물 제어를 검토함에 있어 유용한 정보가 컴퓨터에 집적되어 있는 데이터베이스의 활용'을 뜻한다.

예를 들면 신제품의 개개의 원재료명을 열거한다. 원재료가 단순한 우유인 경우, 생유의 병원균을 입력하면 탄저균, 브루셀라균, 병원성대장균, 황색포도구균, 화농성 연쇄구균, *Listeria monocytogenes*, *Salmonella*, *Yersinia enterocolitica*, 결핵균, Q열리켓치아 등이 표시된다.

생유의 부패 · 변패균을 입력하면: *Micrococcus*, *Staphylococcus*, *Streptococcus*, *Bacillus*, *Coryneforms*, *Lactobacillus*, *Psedomonas*, *Achromobacter*, *Flavobacterium*, *Alcarigenes*, *Aeromonas*, *Citrobacter*, *Klebsiella*, *Escherichia*, *Serratia*, *Proteus*, *Chromobacterium*, *Arthrobacter*, *Sarcina* 등이 표시된다. 또한 이 생유를 5℃에서 48시간 저장한 경우 이들 미생물의 증식 태도를 입력하면, 도표에 의해 리스테리아 및 여시니아는 증식 경향, 부패 미생물은 약 2오더 증식으로 표시된다. 마찬가지로 130℃ · 2초간 가열 등의 가열살균 조건을 입력하면 *Bacillus*아포만 생존 가능성이 있다고 표시된다.

그리고 이들 2균종의 상세한 정보를 얻기 위해서는 세대 시간 발육 온도 특성, 열저항성, pH, Aw(염분 농도를 포함), 살균제에 대한 저항성 등의 항목을 입력, 이들의 정보가 데이터베이스에 보존되어 있다면 적절히 표시된다.

이와 같이 상세한 실험적 조사 · 연구를 하지 않아도 키보드를 두드리는 것만으로 제어 방법의 검색과 살균 조건의 적부를 판단할 수 있다. 더욱이 영국에서 개발된 예측식품미생물제도 'Food MicroModel V 1.0'에서는 병원균의 발육 · 증식 또는 생잔을 온도, 식염농도, 수분활성(Aw), pH, 차아염소산나트륨 농도, 유산 농도 및 탄산가스 농도 등과의 관련으로 알 수 있다. 그리고 이들 요인에 대한 균의 거동을 유도기, 세대 시간, 증식률, 일정 균량에 달하기까지의 시간으로 나누어 표시된다. 이 시스템을 사용하면, *Aeromonas hydrophila*에 대하여 최저 발육온도 2℃, 최대 발육온도 30℃, 최대 발육 식염농도 3.5%, 최저 발육 pH 4.6, 최대 발육 pH 7.5이라는 것을 알 수 있다.

또한 예로, *Salmonella*의 발육 증식 조건을 특정시키기 위한 증식 곡선을 출력할 수 있으며, *Salmonella*를 온도 10℃, 식염 농도 2.5%, pH 6.0, 차아염소산나트륨 무첨가의 조건에서 TSB배지에 배양하면, Lag phase 69.4시간, 세대 시간 13.3시간, 시간당 증식률(0.023/시간), 10^4에서 10^6에 달하기까지의 시간 158.4시간임을 증식 곡선과 함께 알 수 있다.

*Salmonella*를 식염 농도 4.2%, 배양 온도 10℃의 조건으로 입력하면, 10^1/㎖에서 10^6/㎖에 달하기까지 시간 28일간, 마찬가지로 식염 농도 1.0%에서는 13일간임을 알 수 있다. 또한 배양 온도를 26℃로 보면, 식염 농도 1.0%에서는 2일간임을 알 수 있다. 살모넬라를 식염 농도 2.8%, pH 4.0에서 25℃배양하면, 10^1/㎖에서 10^6/㎖에 도달하기까지의 시간은 6.5일간, 마찬가지로 식염 농도 1.0%, pH 6.5~7.5에서는 2일 이내임을 알 수 있다. 이상과 같이 'Precictive Model'은 알고싶은 정보를 데이터베이스에 축적·정리하고, 식품의 미생물 오염 실태와 당해 식품의 특성(pH, Aw, 영양 조성, 염분 농도, 산도, 기타) 및 제어 요인(pH, Aw, 염분 농도, 산 농도, 살균제 농도, 알코올 농도 및 가열살균 온도) 등의 조건하에서 표적 미생물이 어떻게 움직임을 나타내는가, 또한 각 요인을 복합시킨 경우의 움직임 등을 실험하지 않고 미리 인식하여 불필요한 걱정이나 조사(실험)를 생략하여 합리적인 미생물 제어 방법을 검색할 수 있는 제도이다. 앞으로 예를 들면 우유의 지방 농도를 0.2% 상승시켜 3.8%~4.2%로 한 경우의 병원균 혹은 부패 미생물의 열저항성은 어떻게 변화하는가를 분명하게 알 수 있게 된다. 또한 130℃·2초간 가열 온도를 내린 경우는 이 조건과 동등의 가열 온도와 시간을 순식간에 알 수 있도록 하는 소프트웨어가 개발되어야 할 것이다.

2) 위해 목록 작성 작업

위해 목록은 식품의 종류, 제조 가공 공정, 시설별로 다음 5가지의 작업에 따라서, 하나로 수집된 데이터를 정리하여 해석함으로써 우선 위해 조사표를 작성하여 그것을 기초로 작성한다. 이하 우유를 예로 위해 목록의 작성 방법을 설명한다.

[작업. 1] 원재료에서 유래하는 위해의 열거

원재료 목록

- 생유
- 포장자재: 폴리에칠렌 가공제
- 용　　기: 유리병

역학 정보, 원재료 등의 오염 실태조사 등을 참고로 제품설명서에 기재한 원재료 및 포장 자재로 인하여 위해를 일으킬 잠재적 우려가 있는 원인 물질을 그 발생 빈도와 중대성에 관계없이 모두 열거한다.

원재료인 생유 및 포장 자재인 폴리에칠렌 가공제 용기 또는 유리병으로 인하여 최종 제품인 음용유의 섭취로 인한 위해의 잠재적인 가능성이 있는 것을 광범위하게 열거한다. 이때 생물학적인 것(B), 화학적인 것(C) 및 물리적인 것(P)으로 나누어 순서대로 열거함으로써 누락되는 것을 막을 수 있다.

미생물학적 위해의 열거 시에, 어떤 종류의 미생물을 대상으로 하는가에 대하여 네덜란드의 Natermans 등이 제안한 순서도를 참고로 설명한다. 이 순서에 의하면 문헌과 조사에 의해 대상 식품을 매개할 가능성이 있는 모든 병원미생물을 열거하고, 이 중에서 원재료에 존재할 가능성이 있는 것을 골라낸다. 다음 제조 공정에서 완전히 제거되지 않는 것과 제조 후에 오염될 가능성이 있는 것, 그리고 과거에 문제가 되었던 것을 남긴다. 다만 독소형 미생물에 대하여는 제품 중에서 발육할 수 없는 경우 유해 미생물에서 제외함을 원칙으로 한다.

[작업. 2] 제조 또는 가공의 공정에서 유래하는 위해의 열거

제조공정 일람도, 시설의 도면 등에서 위해를 일으킬 우려가 있는 원인 물질을 각 공정별로 특정하고, 그 내용을 열거한다. 생물학적인 위해라면, 각 공정별로 미생물이 증식할 가능성이 있는지, 미생물에 의한 오염을 받을 가능성이 있는지, 미생물을 사멸시키지 못하고 살아남을 가능성이 있는가에 대하여 고찰한다. 또한 화학적 위해에 대하여는 공정별로 세제, 살충제, 윤활유 등의 화학물질이 허용 범위를 넘어 식품에 오염, 혼입될 가능성이 있는지, 이들 물질이 농축될 가능성이 있는지, 제거되지 않고 잔존할 가능성이 있는지에 대하여 고찰한다. 다음 물리적 위해에 대하여는 어떤 공정에서 금속조각, 유리조각, 돌, 경질 플라스틱 등의 이물이 허용 범위를 넘어 식품에 오염, 혼입하는가, 제거했는데도 잔존할 가능성이 있는가에 대하여 고찰한다.

[작업. 3] 작업 1 및 2의 결과 열거된 위해 중에서 발생 가능한 것과 발생한 경우의 중요도 평가 ---- 위해평가(risk assessment)

작업 1 및 2에 열거한 위해에 대한, 발생 빈도 및 발생한 경우의 중요도를 다음의 3단계로 분류한다. HACCP제도에 의한 위생관리에서는 이 위험도 평가가 극히 중요하기 때문에 그 발생 빈도와 중요도가 높은 위해를 특히 고려할 필요가 있다.

○: 중요성이 있으며, 발생 빈도도 높은 것

△: 중요하나 발생 빈도가 낮은 것 또는 중요성은 적지만 발생 빈도가 높은 것

×: 상기 이외의 것(중요성, 발생 빈도가 낮은 것)

① *Salmonella*, 황색포도구균, *Listeria*, 병원대장균, *Camplobacter enterocolitica*에 의한 식중독 사례와 그람음성균 혹은 아포균 등 부패 미생물의 이상 오염 등은 중요성이 있으며 발생 빈도가 높으므로 ○로 분류

② 우형 및 인형의 결핵균, 브루셀라균, Q열리켓치아, *Clostridium*균, 탄저균, *Cereus*균에 대하여는 발생 시의 중요성이 인정되나 국내 발생률이 극히 낮으며 국제적으로도 식중독 사례가 적고 그 발생 빈도가 높지 않으므로 △로 분류

③ 일본에서는 식육 제품에서 국제적으로 식육위생상 중요한 균종으로 지적되고 있는 *Listeria monocytogenes*와 *Yersinia enterocolitica*는 위해 원인 물질의 대상으로 되어 있지 않다. 이것은 일본의 과거 역학 데이터에서는 이들 균에 의한 식중독 사고의 발생 빈도가 낮거나 그 발생 상황이 밝혀진바 없기 때문에 현시점에서는 일단 필수의 위해 대상이 되지 않았을 뿐이지 결코 고려의 대상이 될 수 없다는 것은 아니다. 즉 원재료의 오염 실태조사 등 위해에 관한 데이터 등을 면밀히 분석하여 그 대상여부를 결정하는 것이 타당하다고 판단한다.

[작업. 4] 발생 요인의 특성

작업 3까지의 작업으로 위해의 발생 빈도와 중요성 등 제품의 안전성을 확보하는 데에 무시할 수 없다고 판단되는 위해에 대하여 위해 목록을 작성한다. 먼저 특정한 위해가 어떠한 원인에 의해 일어나는가를 고찰한 후에 '위해의 요인' 란에 열거한다. 주요 요인으로는 다음의 고려할 수 있다.

① 작업 구역의 교차에 의한 제품 오염

② 시설 설계의 잘못(작업 구역의 교차, 바람의 흐름, 실내 온습도)에 의한 교차 오염 · 증식

③ 조작 방법(판단)의 잘못(오조작, 선입관, 경험 부족, 확인 부족, 태만 등)에 의한 오염 · 증식

④ 살균 불량에 의한 균의 생잔

⑤ 장치의 오작동(정비 불량에 의한 가공 장치, 냉장고의 고장)에 이한 오염 · 증식 · 생잔 · 혼입

⑥ 공조기, 선풍기(공조기필터, 날개, 분출구의 오염)에 유래하는 오염

⑦ 기구, 장치의 안이한 취급에 의한 오염

⑧ 제조 시간 연장에 의한 원료, 반제품 및 제품의 품온 상승과 균의 증식

⑨ 세척 살균 불량(장치 내부, 손 및 기구 · 기재)에 의한 오염 · 증식

⑩ 바닥에서의 오염(배수의 튀어오름에 의한 오염)
⑪ 사람과의 접촉 부위로부터의 오염(냉장고문의 손잡이, 기타)
⑫ 포장 불량에 의한 균의 침입
⑬ 능력 이상의 생산에 의한 원료, 반제품 및 제품의 장시간 방치
⑭ 부적절한 유통·판매 방법

즉, 하나의 위해에 대하여 복수의 요인을 생각할 수도 있는 바, 그 위해의 발생을 막는 방지 조치를 전부 열거하기 위하여 가능성이 있는 모든 요인을 열거하여야 한다. 즉 각 공정에서의 위해 특성 요인도를 사용하여 용이하게 정리함으로써 요인의 열거 누락을 방지할 수 있다.

[작업. 5] 방지 조치의 특정

작업 4에서 열거한 위해의 요인을 참고로 제품에 따라 발생할 우려가 있는 식품위생상의 위해에 대하여 위해요인이 발생할 우려가 있는 공정별로, 그 위해의 발생을 방지하기 위한 모든 조치를 명확히 한다. 방지 조치란 식품위생상 발생할 가능성이 있는 위해를 예방, 배제 또는 허용 범위에 두기 위한 행동 조치를 말한다. 이와 같이 함으로써 원재료 또는 공정, 거기에 대응하는 위해의 원인 물질, 그 발생 요인과 방지 조치를 한눈에 볼 수 있는 위해 목록이 완성된다.

2. 중요관리점(Critical Control Point; CCP)의 설정

1. CCP란 무엇인가
CCP란, 특히 엄중히 관리할 필요가 있으며, 또한 위해의 발생을 방지하기 위하여 관리할 수 있는 절차, 조작, 단계를 말한다.

CCP는 원재료의 생산과 그 반입·제조 가공·저장 등 식품 제조의 전 과정에서 적절한 곳에 설정되어야 한다. 위해 목록에 열거된 위해 중 그 방지 조치가 일반적 위생관리프로그램에 해당한다고 판단된 이외의 것은 그 위해를 컨트롤할 수 있는 하나 이상의 CCP를 제조 또는 가공 공정 중에 설정하는 것을 검토하여야 한다. 위해의 발생 빈도와 중요성, 적절한 모니터링 방법이 설정될 수 있는가의 여부 등은 CCP의 결정 방법에 따라 그 위해를 CCP로 관리할지 여부를 결정한다.

2. 왜 CCP를 설정할 필요가 있는가
위해의 발생상 극히 중요한 공정이나 포인트 등을 CCP로 선정하지 않는 경우, 즉 관리 계획 중에 CCP가 포함되어 있지 않은 경우에는 공정의 관리 상태가 적절한 것처럼 보여도 실제로는 문제가 있는 제품을 제조할 우려가 있다.

위해의 발생 방지상 불필요한 CCP를 설정한 경우, 쓸데없는 노력이 이들의 모니터링 등으로 허비되며, 업무가 분산되어 실제적 의미에서의 CCP관리가 소홀해질 우려가 있다. 이러한 의미에서 CCP는 특히 엄중히 관리할 필요가 있는 절차, 조작, 단계로 해야 한다.

연속적 또는 상당한 빈도로 모니터링하는 것이 CCP의 요건이며(다음의 '3. CCP의 요건' 참조), 이에 따라 개개의 제품이 중요한 위해를 초래하지 않도록 관리할 수 있다. CCP를 설정하지 않고 로트 중 일부 제품이나 또는 매일 제조되는 제품의 일부만으로 전체를 대표하는 것과 같은 안정성 보증 방법으로는 전체 제품의 안전성을 절대 보증할 수 없다.

3. CCP의 요건
CCP는 미리 설정한 모니터링 방법으로 연속적 또는 상당한 빈도로 감시하여, 그 관리 기준을 위반한 경우에는 단시간 안에 개선 조치를 취함으로써 위해의 관리가 반드시 가능하여야 한다.

따라서 ① 위해가 있으나 그 단계에서는 관리할 필요가 없는 절차, 조작 단계 ② 모니터링, CL, 개선 조치의 설정이란 일련의 작업을 하지 않아도 충분히 위해를 관리할 수 있는 절차, 조작 단계는 원칙적으로 CCP가 될 수 없다.

▶ CCP 및 일반적 위생관리 프로그램에 의해 관리되는 절차, 조작 단계 이외의 관리점은 Control Point(CP)라 불리는 수도 있으며 품질 관리상의 관리점도 이에 포함되는 경우가 있다.

4. 어떻게 CCP를 설정하는가
CCP의 설정 방법 ① 위해분석에 의해 제시된 각 공정에서의 위해 원인 물질을 일반적 위생관리 프로그램에 의해 관리하는 경우는 CCP의 대상에서 제외한다. ② 이들 위해 원인 물질 중 일부를 제거, 또는 허용 범위 내로 저하시키기 위하여 특히 제조 과정에 도입한 공정(예를 들면 우유 제조 공정 중의 가열살균 공정)은 CCP가 될 가능성이 높다. ③ 그리고 ②이외의 공정에 대하여도 공정별로 확인을 한다. 즉 어떤 공정에서 발생하는 위해가 그 이후의 공정에서도 제거 또는 허용 수준까지 배제되지 않음으로써 최종 제품의 섭취에 의해 위해가 발생할 가능성이 있는 경우에는 그 공정은 CCP가 될 가능성이 높다. ④ ②③에서 CCP가 될 가능성이 높다고 인정된 관리점에 대하여 다시 '정말로 위해의 발생 방지상 critical한가', '위해의 발생을 방지하기 위하여 연속적으로 모니터링할 필요가 있는가', '거기에 설정해야 하는 방지조치는 위해의 발생을 방지하는데 충분히 효과적인가' 에 대한 고찰 결과 모두 Yes라면 CCP로 한다.

특히 엄격히 관리할 필요가 있고 위해의 발생을 방지하기 위하여 관리할 수 있는 절차, 조작, 단계를 CCP로 하여 관리하게 된다. 다만 위해가 있지만 이 단계에서는 그것을 관리할 필요가 없는 경우, 혹은 모니터링에서 개선 조치까지의 일련의 작업을 하지 않아도 충분히 위해를 관리할 수 있는 절차, 조작 단계는 원칙적으로 CCP가 되지 않는다.

이들 원칙에 따른 결정 절차로 Codex위원회에서는 네 가지 질문으로 이루어진 판단 방법을 예시하고 있다. 이러한 판단도 등을 이용하여 공정별로, 또는 각 공정에 있어서의 위해 원인 물질별로 판단을 정리함으로써 CCP인지 여부의 결정을 할 수 있다. 다만 어떤 경우에도 특히 엄중히 관리할 필요가 있는 공정은 반드시 CCP로 해야 한다.

5. 일반적 위생관리 프로그램에 포함시킬 수 있는 위해관리 방법의 구별법
다음과 같은 경우에는 일반적 위생관리 프로그램에서 관리하는 경우가 많다. ① 제조 공정 그 자체의 관리가 아니고, 제조 환경의 정비, 세척 살균, 보수 관리에 관한 사항일 경우 ② 제조시설 환경에서의 위해 원인 물질에 의한 오염과 혼입을 방지하기 위한 조치일 경우

예를 들면 제품에 직접 접촉하는 기계 기구를 작업 시작 전에 세척·살균하거나 보수 점검 등의 위해 발생 방지 조치는 실제로 제조하고 있는 제품을 관리하는 것이 아니라 제조를 시작하기 전에 당연히 실시해야 하는 위생상의 관리이며 대부분의 경우 일반적 위생관리 프로그램에 해당한다.

위해 목록 중의 관리 방법 중, 상기 2항목에 해당하는 것은 SSOP를 설정하여 일반적 위생관리 프로그램에서 그 관리가 적절하게 이루어질 수 있도록 하여야 한다. 그러나 식품의 안전성 확보상 극히 중요하다면 CCP로 함으로써 CL의 설정, 연속적인 모니터링, 신속한 개선 조치를 요구할 수 있다. 예를 들면 어떤 작업에서 손을 매개로 하는 병원미생물에 의한 위해가 대단히 중요한 경우, 이 위해에 대한 관리 방법은 일반적 위생관리 프로그램 중 '종사자 손의 살균 세척의 철저'가 이에 해당한다. 즉 '작업시작 전, 휴식 후, 오염물에 접촉한 후에는 미리 규정된 방법(예: O 세제 ○%로 △分 + 건조)으로 손을 세척·살균할 것'을 SSOP에 규정함은 물론 그 실시 상황을 위생관리 담당자는 정기적으로 점검하여 기록해야 한다. 점검에 의해 SSOP에 규정된 손세척이 준수되고 있지 않을 경우에는 종사자에 대한 위생교육의 강화와 개선 조치를 강구해야 한다. 그러나 이렇게 하더라도 손을 매개로 한 식중독 또는 그와 연관된 사고가 만일 발생한 경우에는 CCP로 하여 관리할 수밖에 없다. 구체적으로 예를 들면 종사자가 제조실에 출입하는 입구에 감시자를 배치하여 출입 시의 손씻기의 실시를 계속 관찰함으로써 한 사람이라도 손씻기를 게을리한 종사자를 발견한 경우에는 해당 종사자를 라인으로부터 제외함과 동시에 그 사람이 직접 접촉한 식품을 지정하여 보류하거나 폐기하는 등의 개선 조치를 강구하여야 한다. 캐나다의 농무식품성, 미국 FDA를 비롯하여 대부분의 전문가들은 sanitation(위생)은 prerequisite program으로서 HACCP가 적절히 기능하기 위한 조치여야 한다(one that must be in place for HACCP to function properly)고 규정하고 있다.

6. CCP의 구체적 예
CCP는 적절한 조치를 취함으로써 위해의 발생을 효과적으로 관리할 수 있는 제조 공정 중의 특정한 포인트를 말한다. 그 예를 다음에 제시한다.

1) 위해의 발생을 예방하는 CCP의 예

① 병원균에 오염된 원재료와 항균성 물질 잔류 등의 위해는 원재료 반입 시의 관리로써 예방할 수 있다(예: 공급자로부터 제출되는 시험성적서의 확인)
② 화학적 위해(첨가물의 과량 사용)는 첨가물의 정확한 계량 또는 첨가 단계의 첨가량 등을 이중 체크함으로써 예방할 수 있다.
③ 최종 제품 중의 병원균은 첨가물의 계량 또는 첨가 단계의 관리로 예방할 수 있다(예: pH의 조정(산성화), 보존료의 첨가).
④ 병원균의 증식은 냉각 또는 냉장보관 공정에서의 온도 관리에 의하여 관리할 수 있다.

2) 위해의 원인 물질을 배제하는 CCP의 예

① 병원균은 가열 공정에서 사멸시킬 수 있다.
② 금속조각은 금속검출기에 의한 탐지로써 이들이 혼입되어 있는 제품을 제조 라인에서 배제시킬 수 있다.
③ 기생충은 적절한 온도와 기간의 냉동에서 사멸시킬 수 있다(예: *Trichinella*).

3) 위해를 허용 범위 내로 저하시키는 CCP로 하는 경우도 있다

① 금속 이외의 이물은 종사자의 육안 확인으로 허용 범위까지 저하시킬 수 있다.
② 병원균과 같이 제조 공정에 가열살균과 같은 치사적인 공정이 존재하지 않는 경우 그 위해를 허용 범위까지 저하시키는 공정을 CCP로 하는 경우도 있다.

4) 단일의 CCP로 복수의 위해를 관리하는 예 및 단일의 위해를 관리하는 복수의 CCP의 예

단독으로 복수의 위해를 관리할 수 있는 경우도 있지만, 다른 CCP와 일반적 위생관리 프로그램과 병행하여 관리할 수 있는 경우도 있다. 즉 전자의 예로 어떤 종류의 물고기의 처리 공정에서 냉장 보관은 병원균 증식 억제와 히스타민의 생성 방지라는 두 가지의 위해를 동시에 관리할 수 있다. 또한 후자의 예로는 가열이 끝난 햄버거의 병원균 오염의 경우 가열 시간/온도 및 패티의 최대 두께를 적절히 관리함으로써 두 가지 공정을 CCP로 관리할 수 있다.

3. 관리 기준(Critical Limit; CL(허용 한계치)의 설정

1. CL이란 무엇인가
CL이란 위해를 관리함에 있어 그 허용 한계를 구분하는 모니터링의 기준이다.

위해의 발생을 방지하기 위한 CCP에서의 관리 조치에는 허용할 수 있는 한계가 있다. 이 한계 내에서는 위해 발생을 방지할 수 있으나 한계를 넘으면 방지할 수 없다. 예를 들면 생유 중에 존재할 가능성이 있는 병원성세균에 의한 위해를 가열살균으로 방지할 경우 그 가열 조건을 나타내는 모니터링의 기준이 63℃/30분 또는 그에 상당하는 가열 조건보다 허술한 조건을 제시한다면, 제품에서 병원세균에 의한 위해가 제거되지 않을 가능성이 있으며 안정성이 확보되지 않게 된다. 이러한 한계치가 CL인 것이다. CL이 잘못 설정되면 그것은 즉시 위해의 발생으로 연결될 가능성이 높기 때문에 정확한 데이터 등에 근거하여 정확하게 설정해야 한다. 또한 안전성을 예측하여 CL을 엄격하게 설정함으로써 위해를 확실히 방지할 수도 있다.

2. 왜 CL를 설정할 필요가 있는가
CL은 확인된 위해가 CCP에서 적절하게 제어되고 있는지 여부를 판정하기 위하여 설정한다. CCP가 관리되고 있는지를 명확히 판단하기 위하여 모든 CCP는 하나 이상의 CL을 설정해서는 안 된다.

CL에 대한 위반은 원료가 제품의 안전성에 영향을 줄 수 있거나 또는 제품의 안전성

을 보증할 수 없는 조건하에서 제조되고 있음을 시사하는 것이다. 즉 사람의 건강에 대한 위해가 존재하거나 또는 그 가능성을 의미한다.

3. CL의 요건
① 병원성미생물 등 위해의 원인 물질이 확실히 사멸, 제거 또는 허용 범위까지 감소되고 있는지 확인할 수 있는 기준이며, 과학적 근거로 입증된 수치일 것 ② 가능한 즉시 판단할 수 있는 기준, 예를 들면 관능지표(색조, 광택, 냄새, 맛, 점도, 물성, 거품, 소리 등) 또는 수분활성도(Aw), pH 등의 화학적 검사치, 온도, 시간 등 물리적 측정치 등을 이용할 수 있다.

1) 요건의 이유

모니터링에 의하여 CL에 적합하다고 판단한 것은 적절한 관리를 하여 위해의 원인물질을 사멸, 제거 또는 허용 범위까지 감소시켰다고 간주하여 출하·유통시킬 수 있다. 그러나 CL의 설정 근거가 잘못되었거나 적절치 못한 경우, 모니터링에 의한 관리 상태가 적절하다고 판단되어도 실제는 위해의 원인 물질이 사멸, 제거 또는 허용 범위까지 저하되지 않았기 때문에 최종 제품의 섭취에 의한 위해의 원인이 될 수 있다. 따라서 위해의 원인 물질이 사멸, 제거 또는 허용 범위까지 감소되었음을 나타내는 기준으로써 과학적 근거에 기초하여 설정한 수치가 필요하게 된다. CL은 관능적 지표(색조, 광택, 냄새, 맛, 점도, 물성, 거품, 소리 등) 또는 수분활성(AW), pH 등의 과학적 검사치, 온도, 시간 등 물리적 측정치를 이용할 수 있다. 또한 CL표적 미생물 등을 관리하는 기준의 선택 및 설정과 그 타당성까지도 고려해야 한다.

2) CL의 구체적 예

관리 상태가 적절치 못한 것이 판명된 경우, 신속히 개선 조치를 강구해야 하므로 즉시 판단할 수 있는 기준이 제시되어야 한다. 예를 들면 살균·제균 방법(가열, 여과, 자외선, 오존, 초고압, 기타)에 따라서 다르다. 가열살균의 경우 온도, 습도, 시간, 가열을 받는 식품의 색조, 점도 및 물성 등을 들 수 있다. 자외선살균의 경우 파장, 자외선 강도, 투과율, UV램프의 소모율 등이며, 여과 제균의 경우 여과 압력, 온도, 시간 등이다. 기타 투시도, 수분함량, 산농도, 염·당농도 등이 있다.

4. 어떻게 CL를 설정하는가
현행의 제조 기준에서 구체적인 수치 등이 규정되어 있는 경우는 그 수치 또는 위해를 관리하는 데 보다 엄격한 수치를 채택한다. 기타의 경우는 문헌 및 실험 테이터를 근거로 각 위해 목표를 달성하기 위하여 필요한 공정을 정하고, 그것을 명백히 하기 위한 CL을 설정한다.

제품의 원재료로부터 최종 제품까지의 위해분석 결과를 근거로 하여 각 CCP에서의 CL을 설정하며, 그 절차는 다음과 같다. 그러나 모든 절차가 반드시 필요한 것은 아니다.

① 최종 제품 중의 각 위해를 관리하기 위한 목표를 규격 기준 등의 범위 내(예: 살모넬라음성)로 설정한다.

② 원재료, 최종 제품, 용기, 기구, 설비 등에 대하여 온도, 시간, 압력, pH, 밀폐도, 수분활성 등의 측정치를 구해 둔다.

③ 오염 미생물과 오염 화학물질·혼입 이물의 역학 데이터와 실태조사 성적에 따라 공정에 들어가거나 혹은 거기에서 발생하는 위해의 정도를 파악한다.

④ 최종 제품 중의 각 위해의 목표를 달성하기 위하여 필요한 공정 수준을 ①~③ 및 ⑤~⑦의 데이터를 이용하여 설정한다.

⑤ 제조 라인 또는 그 실험 모델에서 미생물 접종시험·화학물질 첨가시험을 함으로써 공정 중의 위해 원인 물질의 변화와 동태를 파악할 수 있다(예 : 이미 알고 있는 균수의 병원세균 또는 지표 세균을 접종한 식품재료와 제품에 대하여 시험적 가열살균 또는 보존중의 병원세균과 지표세균의 사멸 상태를 시간·온도와의 관계에서 명확히 할 수 있다).

⑥ 보존시험: 원재료·중간 제품·최종 제품에 대하여 보존 조건·보존 시간과의 관계에서 미생물학절 변화·물리화학적 변화를 명확히 한다.

⑦ 공정에서 위해 원인 물질의 동태(動態)에 관하여 이미 알고 있는 문헌 등에 의한 지식(예를 들면 화학물질의 생성·분해 조건, 미생물의 증식·사멸 조건, 독소의 활성조건 등)을 수집하여 정리한다. 이것이 충분하면 ③, ⑤, ⑥을 생략할 수 있다.

⑧ 예정하고 있는 모니터링·파라메터와 위해 원인 물질과의 관계를 필요에 따라 실험적으로 명확히 한다(예: 플레이트식 열교환 살균기의 설정 온도와 지표세균 사멸과의 관계, 저장실 표시 온도와 제품의 온도 또는 제품 중 세균 증식과의 관계 등을 명확히 한다).

이상의 절차는 제조자가 최종 제품에 대하여 예정하고 있는 보존 조건에서 의도하는 품질 유지 기한 혹은 소비 기한을 명확히 할 수 있다. 또한 소비자가 섭취하는 시점에서 제품 중의 위해 원인 물질을 허용량(수준) 범위 내로 하기 위하여 각 공정에서의 기준을 어떻게 설정해야 하는가를 역산하는 형태로 해야 할 것이다.

5. CL설정표의 이용
각 위해에 대하여 CCP와 CL을 공정별로 정리한 CL설정표를 작성함으로써 위해의 발생 방지를 위한 관리에 소홀함이 없는 계획 작성이 가능하다.

CL설정표란 원재료/공정별로 오염, 잔존 및 증식 등의 요인으로 구분한 다음 그 관리 방법, CCP인지의 여부, 공정 수준, CL, 모니터링 방법을 일람표로 만든 것이다.

① 우선 각 공정별로 대장균의 오염, 잔존, 증식이 있는지 여부를 검토한다.

② ①에서 오염, 잔존 또는 증식이 일어날 수 있다고 인정된 공정에 대하여 그 요인 및 그 요인을 배제하기 위한 관리 방법을 기재한다.

③ 원재료의 오염 실태치(최악의 상태의 것)를 파악한 뒤에 최종 제품의 관리를 위한 목표치를 설정한다.

④ 각 공정에서의 공정 수준을 예정한다.

⑤ 관리의 방법이 CCP에 해당하는지 일반적 위생관리프로그램에 해당하는가를 판단한다.

⑥ 공정 수준에서 판단한 최종 제품 관리의 목표 달성을 위하여,
- 특히 그 공정에서 공정 수준의 유지가 필수적이며 그 목적을 위하여 특별히 마련된 공정으로써, 그 공정에서의 관리가 불충분하고 이상이 생김으로써 관리를 위한 목표 달성이 곤란하게 된 공정
- 특별히 마련된 공정은 아니지만, 그 공정에서의 관리가 불충분하여 일어난 현상을 그 후의 공정에서 만회(되돌림)할 수 없는 공정을 CCP로 한다.

⑦ 예정한 수준을 달성할 수 있는 수치(예 : 대장균을 10^8에서 10^0으로 내릴 수 있음이 문헌, 실험, 기계 기구의 설명서 등으로 밝혀진 수치)를 CL로 설정한다.

⑧ 표의 살균 공정에서 10^8에서 10^0으로 내릴 수 있는 온도와 시간(예 63℃/ 30분)을 CL로 한다.

⑨ 일반적으로 CCP로 되는 점은 10^8에서 10^0처럼 공정 수준이 변화하는 점이라고 할 수 있다. 그러나 냉각 공정은 이들 공정에서의 온도 관리가 불충분한 경우 잔존하는 부패 미생물이 증식하여 관리의 목표인 10^0을 달성할 수 없게 된다. 이와 같이 위해의 원인 물질의 증식을 억제하는 공정은 CCP가 될 수 있다.

6. CL설정의 구체적 예
CL은 모니터링 방법을 고려한 과학적 근거에 따라 설정한다.

1) 가열 식육제품의 익히는 공정

각 CCP에 설정된 CL의 예를 들어보면 다음과 같다.

(1) 병원미생물의 불검출

병원미생물이 검출되어서는 안 된다는 CL은 일반적으로 적정치 못한 예이다. 제조 공정중의 CCP를 위한 CL로서 미생물 규격을 설정하는 것은 실용적이지 않다. 미생물학적인 CL치는 모니터링이 곤란할 뿐 아니라 CL위반을 결정하기 위한 시험에 며칠이 걸리기 때문에 단시간에 모니터링 할 수 없다. 또한 미생물 오염은 통계학적으로 유의성 있는 수치를 얻기 위하여 다수의 검체가 필요하며 더욱이 시험의 감도와 신속성에 문제가 있다.

(2) 최저 중심 온도 63℃ · 30분 이상

식육에 오염된 미생물의 불활화에 필요한 조건에 근거하여 CL이 설정되었다면 미생물학적인 CL치를 설정할 필요가 없다. 즉, 식육의 중심 온도를 63℃/30분 이상 가열함으로써 위해의 원인 물질은 사멸 또는 허용 범위에 들 수 있기 때문이다.

(3) 익히는 수조물의 온도 80℃ · 식육의 두께 3mm 이하 · 1회에 투입하는 식육량: 500kg · 수중기에서의 가열 시간 최저 60분 이상

대부분의 경우 제품의 중심 온도를 연속적으로 모니터링하는 것은 어려운 일이다. 그 대신 제품의 중심 온도가 필요 최저온도를 유지할 것을 보증하는 제조 조건을 CL로서 설정할 수 있다. 즉, 물질의 온도, 식육의 두께, 1회에 투입하는 식육량 및 수중에서의 가열 시간 등이 결과적으로 제품의 중심 온도에 영향을 주는 요인인 것이다. 이들 요인이 CL을 충족시키기 위하여 중심 온도가 63℃/30분을 유지할 것을 실험적으로 확인해 두어야 한다.

2) 로스트비프의 가열

전항의 '1가열 식육제품의 익히는 공정'의 예에서 63℃/30분의 가열로 병원미생물을 허용 범위 내로 제한하는 것을 전제로 가열하는 경우를 예로 들었다. 여기는 가열 온도만을 설정하고, 그 조건하에서 필요한 가열 시간의 설정을 포함한 로스트비프의 가열 공정의 CL설정 예를 다음 순서로 제시한다.

① 가열 온도 설정(예를 들면 중심부 온도를 70℃로 한다.)

② 지표가 되는 균의 선택

③ ①의 가열 조건을 명확히 하는 가열 시간의 산출(균별의 열저항성 시험 데이터에서)

④ 로스트비프의 중심부의 온도가 70℃/11.50초간을 유지하기 위해서는 먼저 로스트비프의 원료 조성, 육 온도, 크기(중량을 포함), 두께 및 소성장치의 조건을 설정한다. 즉, 로스트비프의 경우 원료인 우육에 오염이 되었거나, 특히 식중독 원인 균으로 문제시되는 주요 병원미생물인 살모넬라, 리스테리아, 병원성대장균(O157:H7을 포함) 등의 병원균을 열에 의해 살균하기 위하여는 살모넬라(7D)의 경우를 이상적으로 생각할 수 있다. 즉 리스테리아는 오염률이 살모넬라, O157:H7보다도 낮고, 또한 오염 균수도 낮기 때문에 여기서는 고려하지 않았다. 또한 O157:H7 에 대한 열 저항성은 60℃ 이상에서는 살모넬라보다도 열에 약하기 때문에 문제가 없다. 각종 온도(54.4~73.9℃)에서 이들 3균종의 열 저항성(Snyder, 1995)에 의하면 소성시 중심부의 온도를 70℃로 설정한 경우 가열 시간은 살모넬라(7D); 11.50초가 된다. 이와 같은 적절한 자료가 없는 경우 미리 접종시험과 열저항성 시험 등을 자주적으로 하여 필요한 데이터를 준비해 둘 필요가 있다.

다만, 이 경우 다음의 사항을 고려해야 한다. 첫째, 원료의 조성 내용과 미생물 오염 등의 관계이다. 즉 원료 조성은 열전도와 관계가 깊어서 지방류가 많아지면 열전도가 떨어지고, 중심부까지 완전하게 열이 전달되기 어려워진다. 또한 원재료의 미생물오염은 생산지와 식육 가공장에 따라 오염 미생물의 종류와 균수에 차이가 있다. 따라서 원재료의 납품 회사로부터 원재료의 조성이 일정하고 균일화되어 있다는 증거 서류를 받아야 하며 미생물 균수에 대하여도 반입 시의 기준을 설정하는 것이 바람직하다. 만일 반입 시 원육료의 미생물 오염에 관한 기준 설정이 불가능할 경우 문헌과 실태조사 등의 데이터로부터 최악(균종과 균수)의 경우를 가정하면서 CL을 설정한다.

둘째, 원료육 성형 시의 크기와 두께와의 관계이다. 즉 그 차이가 있는 경우는 가장 크고 두꺼운 로스트비프의 기준으로 CL을 설정한다.

셋째, 소성장치에 넣기 전 원료 로스트비프의 온도를 고려한다. 즉 보관 조건 등에 따라 육온에 차이가 생기는 경우는 최저 온도를 기준으로 CL을 설정한다.

넷째, 소성정치 내의 비프(고기조각)의 수, 위치에 따른 중심부 육온의 차이를 고려한다. 즉 중심부 육온에 차이가 나는 경우는 소성장치 내에 로스트비프를 최대한으로 많이 넣어 온도의 영향이 가장 낮은 장소의 온도를 기준으로 CL을 설정한다.

다섯째, 소성장치의 온도 기록계와 로스트비프 중심부의 온도와의 관계를 고려한다. 즉 Coldpoint(가장 온도 상승이 낮은)의 로스트비프 중심부의 육온과 소성장치 온도기록계의 표시 온도와의 관계를 미리 명확히 한 후에 CL을 설정한다.

여섯째, 소성장치 내 컨베어벨트의 이동 속도와 시간의 관계를 고려한다. 즉 최고속도로 구워져도 필요 시간이 확보되지 않으면 안 된다.

이상과 같이 로스트비프의 소성 공정에서의 CL의 설정은 온도 및 시간의 관계를 고려한 후에 결정해야 한다. 또한 그 온도와 시간 등을 확인할 수 있는 모니터링 방법을 설정할 필요가 있다. 이 밖에 그 제품의 섭취 대상자가 유아, 고령자, 환자, 혹은 면역 저하자인 경우는 이환율과 사망률이 더 높게 예상되므로 안전계수를 엄격히 고려한 CL을 설정할 필요가 있다.

- D値(Destruction Value): 어떤 온도 하에서 최초로 존재하고 있는 세균을 90% 사멸시키는, 즉 최초로 존재하고 있는 생균의 수를 1/10로 감소시키는 데에 필요한 시간을 말한다. 즉 3D=20초란 어떤 조건하에서 생균수를 1/1000까지 감소시키는 데 20초간의 시간이 필요함을 의미한다.
- Z値: D値 를 90% 감소시키는 데 요하는 온도 변화, 즉 온도 T1일 때의 D는 D1, 온도 T2일 때의 D치가 D2인 경우는 Z=(T2-T1)/(logD2-logD1)이 성립된다.

◆참 고◆

1) 미생물 위해 컨트롤을 위한 목표 설정에서 고려해야 하는 사항

최종 제품에서 위해 원인 물질을 허용 범위까지 배제하는 것은 그 제품의 안전성 확보에 필수적이므로 적절한 관리를 할 필요가 있다. 그러나 위해 원인 물질로 인한 인체에 미치는 영향과 정도는 일정치 않다. 예를 들면 한 사례당의 환자 수, 발증률, 전파력, 발증균량·독소량, 생잔성 및 증식성 등에 따라 위해의 정도는 달라진다.

또한 미생물의 위해에 더하여 식품 자체의 특성 혹은 취급 등 기타의 위해 관련 인자까지도 고려할 필요가 있다. 즉 원재료(원재료의 종류, 형태, 미생물 총, pH, 수분활성도(Aw) 등), 제조·가공 공정(공정 수, 제조 시간, 수작업의 빈도, 가열처리의 유무와 조건, 환경 중의 미생물 오염, 중간 제품 등의 pH, Aw 등)에서 최종 제품의 pH, Aw, 사용 첨가물, 미생물 총, 보존 조건, 생산량 및 유통·판매 시의 보존 상태 등 모든 단계에 걸친 식품의 특성과 취급에 미치는 위해를 명백히 할 필요가 있다.

또한 섭취 대상자가 유아, 고령자, 환자와 면역 저하자 등인 사람들의 경우 이환율과 사망률이 더 높아질 수 있으므로 이를 고려한 목표를 설정하여야 한다.

그러나 같은 병원균이라도 구미 제국과 한국은 식생활과 식습관 및 문화의 차이 등으로 위해에 대한 우선 순위가 다른 경우가 있다. 특히 미국의 식육 제품에서 가장 중요시되고 있는 병원균은 살모넬라, 병원대장균(O157:H7)인데 반해, 한국에서는 이들 돼지고기 병원균에 의한 위해는 비교적 적으며, 오히려 어패류의 생식에 의한 장염비브리오 식중독과 돼지고기의 살모넬라 오염이 중요시되는 등 그 나라 사정에 따라 위해의 정도가 다르기 때문에 목표의 설정도 다를 수 있다.

미국 농무성은 조리 우육 및 로스트비프에 대하여 7D의 살모넬라균을 제시하고 있다. 가열살균 온도를 70℃로 한 경우의 D치는 11.50초이며, 이때의 병원대장균(O157:H7)의 D치는 약 17D로 계산된다. 그러나 대부분의 식품이 가열 처리에 한계가 있으며 색, 형태, 모양, 맛, 풍미가 나빠져 제품으로서의 가치가 상실되기 때문에 병원균을 완전히 사멸시킬 수 있는 가열 조건을 사용할 수는 없다. 따라서 병원균을 증식시키지 않게 하기 위한 조치를 취하는 등 차선책을 강구할 필요가 있다. 즉 ① 만에 하나 병원균이 생잔하고 있어도 사람에게 질병을 일으키는 균량에 달하기 전에 섭취토록 하며, ② 미생물이 발육하기 어려운 특성(pH, Aw와 첨가물의 사용)을 갖게 하고, ③ 보존 온도와 보존 시간을 설정하는 방법 등이 있다.

화학물질의 경우는 Mantal & Bryan(2961년)이 제안하여 FDA에서 채택한 실질적 안전용량(virtually safe dose : VSD)의 개념이 있다. 즉 용량 D0(=VSD)에 따라 일어나는 반응률(일생 동안의 위해 리스크)이 아주 지극히 적은 수치라면(예 : 10^{-18} 혹은 10^{-6}) 실질적으로 안전성이 있다고 할 수 있다. 이 방식을 병원미생물에 적용함에 있어 계산상으로는 살균조건을 설정할 수 있는 최소 발증균 수를 추정할 수는 있으나 그 기초가 되는 데이터를 구할 수 없으므로 현시점에서는 불확실한 설정밖에 할 수 없다.

FAO/WHO의 전문가 회의에서도 HACCP의 적용을 추진하고 발전시키기 위해서는 생물학적 위해에 대한 리스크 평가의 정량적 방법을 발전시켜야 한다고 여기고 있다. 그러나 현시점에서는 널리 인정되는 일정한 방법을 구할 수 없다.

2) 지표균의 의의

식품을 오염시키는 미생물 중에는 사람에게 식중독을 일으키는 등 안전성을 저하시키는 병원균과 식품을 부패·변질시켜 품질을 떨어뜨리는 미생물이 있다.

식품을 가공 혹은 보존하는 경우에는 항상 이들 미생물의 존재를 정확히 파악하여 제어함으로써 보다 위생적이고 안전성 높은 양질의 식품을 확보하는 것이 미생물 관리의 목적이다. 위생 지표세균의 존재 혹은 그 균량의 대소를 파악하는 것은 식품의 가공 및 보존 중에서의 분변 오염, 병원균의 존재 및 품질열화의 정도 등 위생학적 품질을 추정하는데 아주 효과적인 수단이다. 위생 지표세균에는 생균 수처럼 주로 품질을 평가하는 것과 대장균군 및 장구균처럼 안전성을 평가하는 방법이 있으나 그 구별이 명확하지 않기 때문에 최근에는 병원균을 직접 검출하는 방법을 채택하고 있다. 또한 특정의 병원균과 그 발육 증식 태도 등 특성 이외에도 비병원성 세균을 지표로 이용하는 경우도 있다.

여기서 CL을 설정하기 위한 지표균의 선정 방법과 설정 방법에 대하여 알아보기로 한다. 지표균의 선정에는 식품 제조시설 또는 실험실 등에서 일반적으로 병원성이 없거나 미약한 것으로 비교적 검사법이 간단한 것을 선정하는 것이 이상적이다. 따라서 그 선정 조건으로, 첫째 대상 미생물(해당 병원균) 이 갖고 있는 병원성 이외의 특성(특징)을 대표할 수 있는 것, 또는 대상 미생물과 비교하여 여러 조건에 대한 감수성이 갖거나 약간 낮은 것, 둘째로 오염 빈도와 오염 균수가 표적 미생물보다 높거나 설득력 있는 데이터가 마련되어 있는 것, 셋째 확립된 시험법이 있는 것 등이다. 그러나 이러한 선정 조건을 구비한 지표균이 발견되지 않은 경우는 표적 미생물 그 자체를 사용할 수도 있다.

다음은 마요네즈 제조 공정의 살모넬라 살균을 목적으로 한 시험조사를 실제로 실시한 경우로서 살모넬라 대신 분변성 장구균(*Enterrococcus faecalis*)을 선정한 예를 들어본다. 즉 이 세균은 원료 계란 중에 비교적 높은 빈도로 볼 수 있으며 살모넬라가 열과 산류에 대한 저항성이 강하며, 또한 마요네즈 정도의 수분활성 조건(염분 농도 2~3%를 함유)에서도 살모넬라보다 약간 증식성이 높은 특성이 있다.

이 밖에 *E. faecalis*의 특성은 증식온도범위; 5.5~52.0℃, 증식 가능 pH 범위 : pH 4.0~11.0, 증식 가능 염분 농도 : 6.5%(수분활성도; 0.95), 열저항성 : $D_{60℃}$=675초, $D_{65.5℃}$=114초, 1.5~1.8% 초산저항성 20℃ : 7D=7일간 등이다. 한편 살모넬라의 특성은 증식온도 범위 : 5.2~45.6℃, 증식 가능 pH범위 : pH 4.0~9.6, 증식 가능 수분활성도 : 0.95, 열저항성 : $D_{60℃}$=104초, $D_{65.5℃}$=182.3초, $D_{65.5℃}$=10.37초, 1.5~1.8% 초저항성 20℃; 7D=4일간, 8D=4~5일간, 9D=6일간 등이다. 이상의 데이터에서 *E. faecalis*가 살모넬라에 비하여 내열성, 내산성 및 내염성인 것을 알 수 있다. 따라서 *E. faecalis*가 검출되지 않는 마요네즈를 제조할 수 있다면, 그

제품에서는 살모넬라가 검출될 수 없음을 예측할 수 있다. 실제로 대표적인 마요네즈의 원료인 난황의 살균 조건은 63℃/3분간, 마요네즈에 첨가하는 초산 농도 1.5%, 첨가식염농도 2~3%, 출하까지의 제품보관기간이 7일간임을 감안할 때, 만일 마요네즈 중에 10^7/g 개의 살모넬라가 오염되어 있다 해도 가열살균과 초산에 의한 살균의 병용 효과로 출하되는 제품 중의 살모넬라는 완전히 음성이 될 수 있다.

〈표 2-1〉 *E. faecalis*와 *Salmonella*의 특성

특 성	*E. faecalis*	*Salmonella*
증식 온도 범위	5.5~52.0℃	5.2~45.6℃
증식 pH범위	pH 4.0~11.0	pH 4.0~9.6
열 저항성	D60℃=675초, D65.6℃=114초	D60℃=104초, D63℃=182.3초, D65.6℃=10.37초
1.5~1.8%초산	7D=7일간	7D=4일간, 8D=4~5일간, 9D=6일간

4. 모니터링 방법의 설정

1. 모니터링이란 무엇인가

모니터링이란 CCP가 정확히 관리되고 있음을 확인하며, 또는 검증 시에 이용할 수 있는 정확한 기록의 기입을 위하여 관찰, 측정 또는 시험검사를 하는 것을 말한다.

각 CCP에서 강구되고 있는 위해의 방지 조치가 정확히 기능하고 있는지의 여부를 판정하기 위하여는 적절한 측정, 관찰, 시험검사에 의한 감시가 필요하다. 이러한 감시체제를 모니터링이라 한다.

2. 왜 모니터링을 할 필요가 있는가

① CCP에서 위해 원인 물질이 정확히 관리되고 있는지의 여부를 명확히 하기 위하여
② CCP의 관리 상태가 부적절하여 CL에 위반된 것을 인식하기 위하여
③ 공정 관리 시스템에서 문서에 의한 증거를 남기기 위하여

모니터링은 각 CCP에서의 관리를 유지하기 위하여 필요한 과정이다. 정확한 모니터링을 함으로써 CCP의 관리 상태가 부적절한 것을 CL의 위반으로 인식할 수 있으며 그에 대한 개선 조치가 필요해 진다. 개선 조치가 필요한 제품의 범위는 모니터링의 기록

을 살펴보아 위반한 시점을 알아냄으로써 결정할 수 있다.

또한 모니터링은 제품이 HACCP계획에 따라 제조되었다는 기록을 하게 되며, 이 정보는 원칙 7에서 설명하는 HACCP계획의 검증 시에 도움이 된다.

3. 모니터링의 요건
① 연속적 또는 상당한 빈도로 한다. ② 신속히 결과를 얻을 수 있는 방법으로 한다.

① 위해의 발생을 방지하기 위한 조치로써 개개의 제품 전체를 빠짐없이 확인해야 한다. 즉 처음부터 끝까지의 모든 제품이 CL을 충족시키고 있음을 감시하기 위하여, 연속적 또는 상당한 빈도로 모니터링을 할 필요가 있다.

② CL에서의 위반을 발견함으로써 CCP의 관리 상태가 부적절함을 인식한 경우, 가능한 영향을 최소화하며 용이한 개선 조치를 강구하기 위하여 신속히 결과를 얻을 수 있는 방법으로 모니터링을 해야 한다.

4. 어떻게 모니터링 시스템을 구축하는가
① 무엇을 모니터링하는가? CCP가 CL의 범위 내에서 관리되고 있는 것을 확인하기 위한 관찰, 측정 또는 시험검사의 대상 사항을 결정할 것 ② 어떠한 방법으로 하는가? 신속하고 정확한 물리적, 화학적 또는 관능적인 측정 방법 또는 검사 방법 ③ 어느 정도의 빈도인가? 연속적 또는 상당한 빈도의 모니터링 ④ 누가 하는가? 특정 모니터링 방법에 대하여 교육훈련을 받은 담당 종사자의 선정

모니터링은 각각의 CCP에서 위해의 방지 조치가 규정된 대로 실시되며 CL을 충족시키고 있음을 확인하기 위하여 행한다. 모니터링 방법에는 다음의 사항이 포함되어야 한다.

1) 무엇을 모니터링하는가?

모니터링은 CCP에서 CL의 준수 상태를 확인하기 위하여 제품 또는 공정의 특성을 측정, 관찰하는 일이다.

① 온도의 감수성이 높은 원재료로서 제조 보관 중의 온도가 중요한 경우 냉장고 내의 온도를 측정한다.
② 산성화식품의 제조 시 원재료의 pH가 중요한 경우 pH를 측정한다.
③ 터널식(벨트컨베어식)의 오븐 또는 쿨러에 의한 적절한 가열 또는 냉각 공정의 관리를 위하여 라인스피드를 측정한다. 또는 모니터링에는 CCP에서 방지 조치가 실시되고 있음을 관찰에 의해 확인하는 경우도 있다.
④ 원재료의 로트에 첨부된 출하업자에 의한 자주 검사 성적서를 조사하여 아플라톡신이 검출되지 않았음을 확인한다.
⑤ 용기에 첨부된 표시를 조사하여 승인된 해역에서 채취된 조개임을 확인한다.

2) 어떻게 CCP에서 CL의 준수 상황을 모니터링하는가?

CCP에서 위해 원인 물질을 컨트롤하는 방법에 따라 모니터링 방법은 어느 정도 높은 감도 및 정도에서 연속적으로 식별할 수 있는 기기를 선택하는 것이 바람직하다. CL에 위반한 경우 신속히 개선 조치를 강구할 수 있는 모니터링 방법을 채택하는 것이 바람직하다. 최악의 경우 결함이 있는 최종 제품이 공장을 나가기 전에 개선 조치를 취할 수 있도록 충분한 시간의 여유가 있는 모니터링 방법을 택하여야 한다. 따라서 현행의 미생물 검사는 일반적으로 검사에 시간이 소요되며, 통계학적으로 유효한 데이터를 얻기 위하여는 상당한 검체 수가 필요하기 때문에 CCP의 모니터링 방법으로는 그다지 효과적이지 못하다.

온도, 시간, 습도, 압력, pH, 염소 농도 등 위해의 원인이 되는 물질의 컨트롤을 위한 기준에 대하여 주로 모니터링한다. 이 경우 이들 기준과 위해 혹은 위해 원인 물질과의 관계를 정확히 파악해 두는 것이 필수적이다.

3) 어느 정도의 빈도로 모니터링하는가?

제조 또는 가공된 모든 제품에 의한 위해가 없도록, 또는 위해가 허용 범위 내에 머물도록 빠짐없이 관리하는 것이 HACCP 시스템에 의한 위생관리의 기본이다. 즉 정확한 검사와 이를 위한 모니터링을 연속적으로 하는 것이 이상적이다.

연속적인 모니터링의 예로는 다음과 같은 것이 있다.

① 우유의 살균 온도는 자기 온도 기록 장치에 의해 연속적으로 모니터링함으로써 차트 상에 기록된다.

② 포장된 식육제품은 금속탐지기를 통과함으로써 금속 이물의 유무에 대한 모니터링이 된다.

측정한 수치를 연속적으로 기록하는 장치 자체가 위해를 컨트롤하는 것은 아니다. CL을 위반한 경우 경보가 울려, 관리를 담당하고 있는 종사자에게 알려주는 시스템이 없는 한 연속 기록은 정기적으로 체크할 필요가 있다. 정기 체크의 간격은 위반 시의 공정을 반복하거나 또는 제품의 폐기 등에 직접 관계가 된다. 모든 경우에 CL을 위반한 제품이 출하되기 전에 연속 기록 용지의 체크가 반드시 이행되고 있어야 한다. 그러나 공정의 성질상, 연속적인 모니터링을 할 수 없거나 로트 별로 샘플링을 하는 경우에는 특히 모니터링의 빈도 또는 샘플링 방법이 개개의 최종 제품의 목표를 보증하는데 충분해야 한다.

비연속적인 모니터링의 경우 그 빈도는 제품 및 공정에 관한 과거의 경험을 바탕으로 하여 결정하여야 한다. 적절한 모니터링 빈도를 결정하는 판단 기준으로 다음의 사항을 들 수 있다.

① 보통 어느 정도로 그 공정이 변동하는가(모니터링 결과에 어느 정도 일관성이 있는가?) 데이터에 차이가 있다면 모니터링의 간격을 짧게 해야 한다.

② 통상의 모니터링치는 CL과 어느 정도 접근해 있는가? 만일, 통상의 모니터링치가 CL과 접근해 있어 여유가 없는 경우는 모니터링의 빈도를 높게 해야 한다.

비연속적인 모니터링 빈도로는 다음과 같은 것이 있다.

① 빵가루를 묻히는 공정에서 바닥액의 온도를 정기적으로 측정한다.

② 식육 제품의 가열살균 과정에서 중심 온도를 정기적으로 측정한다(스팀박스 내의 온도는 연속적으로 모니터링되고 있다).

③ 히스타민을 생성하기 쉬운 어종은 정기적인 관능검사로 부패의 진행 상황을 모니터링한다.

4) 누가 모니터링하는가?

HACCP계획을 작성함에 있어 모니터링 담당자의 지명은 중요하다. 제조 현장의 종사자 또는 제조에 이용하는 기계 기구의 조작 담당자가 모니터링을 담당하는 경우에는 평상시부터 제품 또는 기계 기구를 관찰하고 있기 때문에 정상 상태와 조금이라도 달라진 경우에는 쉽게 눈치챌 수 있는 이점이 있다. 또한 제조 현장의 종사자가 HACCP시스템에 적극적으로 관여하게 됨으로써 HACCP시스템에 대한 이해가 기업 내에 확산됨과 동시에 기업 전체의 자세가 강화된다. 모니터링 담당자의 능력과 권한으로 다음의 사항이 필요하다.

① CCP의 모니터링 기술에 대하여 적절한 교육훈련을 받아 둘 것
② CCP 모니터링의 중요성에 대하여 충분히 이해하고 있을 것
③ 모니터링을 하는 장소, 이용하는 기계 기구에 쉽게 이동(접근)할 수 있을 것
④ 모니터링 결과를 정확히 기록하고 보고할 수 있을 것
⑤ CL을 위반한 경우에는 신속히 그 내용을 보고하고 개선조치를 스스로 하거나 또는 지정된 사람에게 하도록 하는 것이 가능할 것

5. 모니터링 결과의 기록
모니터링 결과를 기재하는 기록 양식에는 최소한 다음 사항이 포함되어 있을 것. ① 기록 양식의 명칭 ② 영업자의 성명 또는 법인의 명칭 ③ 기록한 일시 ④ 제품을 특정 지울 수 있는 명칭, 기호(로트명) ⑤ 실제의 측정, 관찰, 검사 결과 ⑥ CL ⑦ 측정, 관찰, 검사자의 서명 ⑧ 기록 검사자의 서명 또는 이니셜

CCP에서 모니터링 결과의 기록 방법을 기재한 문서에는 기록 담당자 성명 또는 담당명, 기록 점검자 성명 또는 직책명, 최소한 상기의 사항이 포함된 기록 용지, 기록 보관 장소, 기록 보존 기간 등에 대하여 규정해 둘 필요가 있다.

모니터링의 결과는 측정, 관찰, 검사를 담당한 사람이 그 장소에서 규정된 양식에 용이하게 고쳐 써넣을 수 없는 방법으로 기입할 것(계측기기가 자동적으로 기록하는 경우는 제외함)

6. 모니터링 방법의 구체적 예
모니터링 방법은 위해의 종류와 그 관리 방법에 따라 달라진다. 다음에 구체적 예를 제시한다.

1) 식육 제품의 가열 공정의 모니터링

① CL: 수온 80℃ · 60분(중심 온도 70℃ · 30분)
② 모니터링 대상: 수온과 시간
③ 방법: 수온은 연속적인 자기기록계로 모니터링하고, 이 밖에 수은온도계를 이용하여 측정하며 유지 시간은 타이머로 확인
④ 빈도: 자기기록계는 연속적, 수은온도계는 30분마다 관찰, 타이머는 설정 시간 종료 후, 벨을 울려 알린다.

⑤ 담당자: 가열 공정 담당자가 기록, 품질관리 책임자가 매일 또는 월에 1회 점검

2) 우유의 살균 공정 모니터링

① CL: 우유 온도 130℃
② 우유 살균기 입구압 1.5~2.0kg/㎠
③ 출구압 2.0~2.5kg/㎠
④ 균질기 출구압 4.5kg/㎠
⑤ 모니터링 대상: 우유 온도와 유압
⑥ 방법: 우유 온도는 연속적인 자기기록계로 모니터링, 유압은 제어실의 컴퓨터 화면으로 확인
⑦ 빈도: 자기기록 온도계는 연속적, 컴퓨터 화면은 30분마다 관측, 또한 CL 위반 시에는 경보가 울림과 동시에 컴퓨터 화면에 표시된다.
⑧ 담당자: 제조 담당 부서의 엔지니어가 기록, 품질관리 책임자가 매일 또는 월 1회 점검

3) 원유 반입 공정에서의 항균성 물질의 모니터링

① CL: 항균성 물질이 검출되지 않을 것
② 모니터링 대상: 항균성 물질
③ 방법: 페이퍼디스크법
④ 빈도: 탱크로리별로 실시
⑤ 담당자: 품질관리 담당자가 기록, 품질관리 책임자가 매일 및 월 1회 점검

4) 제품 보관 공정의 모니터링

① CL: 보관 창고 내 온도 5℃ 이하
② 모니터링 대상: 창고 내 온도
③ 방법: 자기온도계로 모니터링하고, 다시 전자온도계를 이용하여 측정
④ 빈도: 자기온도계는 연속적, 전자온도계는 2시간마다 관찰, 창고 내 온도 10℃에서 경보가 울림.
⑤ 담당자: 제조과 공무계, 품질관리 책임자가 매일 및 월 1회 점검

5. 개선 조치의 설정

1. 개선 조치란 무엇인가
개선 조치란 CCP에서의 모니터링 결과 어떤 기준이 CL을 초과한 경우 등 CCP가 적절히 컨트롤되고 있지 못함이 인정된 때에 강구하는 조치를 말한다.

위해의 발생을 방지함에 있어 특히 엄중히 관리해야 하는 공정인 CCP에서는 CL을 위반한 경우를 예상하고, 신속・정확히 대응하기 위하여 그 때에 취해야 하는 조치를 미리 정해 두는 것이 요구된다. 이러한 조치를 개선 조치라 한다.

2. 왜 개선 조치를 할 필요가 있는가
각각의 CCP에서 모니터링의 결과 CL의 위반이 판명된 경우, 신속하고 정확하게 위해를 초래할 우려가 있는 식품이 유통 단계에 들어가는 것을 저지함과 동시에, CCP의 관리 상태를 정상으로 되돌림으로써 그 시점부터 동일한 위해 발생을 방지하는데 있다.

HACCP시스템은 위해의 발생을 방지하기 위한 것이지만 완전히 방지하기는 어렵다. 아무리 HACCP 계획을 완벽하게 실시하더라도 여러 가지 사유에 의해 위반은 발생할 수 있다. 우리들이 사고가 전혀 없는 세계에서 살 수 없는 것과 마찬가지로 완전히 위반이 없는 상태에서 공정을 유지시키기란 어렵다. 따라서 가령 위반이 일어난 경우라도 그 위반을 신속히 색출하여 영향을 받은 제품을 배제하고, 공정의 관리 상태를 원래대로 되돌리는 것이 HACCP시스템의 중요한 특징 중 하나이다.

3. 왜 문서화된 개선 조치를 규정할 필요가 있는가
CL에서의 위반을 인식하고 나서, 개선 조치를 생각해서는 대응하는데 시간이 걸리며 또한 적절성이 결여될 우려가 있다. 과거의 경험 등으로 미리 예상할 수 있는 위반에 대하여는 담당자, 대응 방법을 규정함으로써 신속한 개선 조치에 대한 착수가 가능해진다. 즉 ① 영향을 받은 제품을 특정하며, ② 안전성을 보증할 수 없는 제품을 제조・유통 과정에서 제거하며, ③ 위반 원인을 배제하기 위한 조치를 강구하고, 해당 공정의 관리 상태를 원래대로 되돌리는 조치를 용이하고도 최소한의 노력으로 할 수 있도록 하기 위하여 필요하다.

어떤 CCP에 있어 CL을 초과한 경우, 사전에 결정하여 문서화되어 있는 개선 조치를 시행해야 한다. 이들 개선 조치에는 공정의 관리 상태를 원래대로 되돌리기 위한 작업

절차 및 영향을 받은 제품의 처분 방법을 결정하고 실시하기 위한 작업 절차가 규정되어 있어야 한다.

HACCP계획은 CL에서의 위반을 신속히 인식할 수 있는 것이어야 한다. 위반의 인식이 빠르면 빠를수록, 또는 개선 조치의 시각이 빠르면 빠를수록 개선 조치는 용이해지며 CCP의 관리 상태가 부적절한 상태에서 제조된 제품의 양을 최소한으로 할 수 있다. 결국 제품의 폐기, 전용 등의 양을 최소한으로 할 수 있다.

또한 위반 시 제조 라인의 담당자는 이를 숨길 우려가 있다. 이러한 상태로 제조 라인의 담당자에게 각종 상황을 정확히 파악하여 최선의 개선 조치와 정확한 판단을 내릴 것을 바라면 곤란하다. 따라서 언제 위반이 일어나도 신속히 개선 조치에 착수할 수 있도록 그 내용을 문서화하고 담당자에게 주지시킴과 동시에 그 가상 상황 등에 대한 사전 훈련을 하는 것이 중요하다.

4. 개선 조치의 내용
효과적인 개선 조치에는 두 가지 구성 요소가 필요하다. ① 위반 원인을 수정 또는 배제하고 공정의 관리 상태를 원래대로 되돌린다. ② 공정의 관리 상태가 부적절한 상태로 제조된 제품을 특정하고 그 처분 방법을 결정한다

구체적인 개선 조치 내용으로는 다음과 같은 것을 들 수 있다.

① 필요하다면 제조 공정을 멈추게 한다.
② 위반하고 있는 상태로 제조된 제품(의심스러운 제품을 포함함)을 특정하고, 격리 보류한다.
③ 위반이 재발되지 않고 안정한 생산이 이루어지도록 위반 원인을 규명하고, 신속히 공정의 관리 상태를 원래대로 되돌리기 위한 응급조치를 강구한다(신속히 개선 조치가 취해진다면 필요치 않음).
④ 위반의 근본 원인을 배제하고 공정의 관리 상태를 원래대로 되돌리기 위한 조치 강구
⑤ ②에서 보류한 제품의 안전성을 확인하고 폐기, 전용 등의 필요한 조치 강구
⑥ 발생한 위반 내용 및 그에 대해 취해진 조치의 내용을 기록한다.
⑦ 필요하다면 HACCP 계획을 개선한다.

5. 개선 조치로써 HACCP계획에 규정해야 할 사항
① 공정의 관리 상태를 원래대로 되돌리기 위한 조치 ② 제품에 대한 조치 ③ 개선 조치 실시 담당자 ④ 개선 조치 실시 기록 ⑤ 책임자 ⑥ 기타

개선 조치로써 다음의 사항이 HACCP 계획 중에 미리 규정되어 있어야 한다. 보통 개선 조치에는 만일의 위반 내용을 규정하고, 그 위반 발생 시의 대응 조치를 규정한다.

1) 공정의 관리 상태를 원래대로 되돌리기 위한 조치

위반의 원인을 조사하여 그 원인을 배제하고, CCP를 정상의 관리 상태로 되돌리기 위한 구체적인 조치(수리, 조정, 교체, 유지 관리 등)를 취한다. 물론 이러한 조치는 제조를 개선하기 전에 종료되어 있어야 한다. HACCP계획을 문서화하는 절차는 다음과 같다.

① 과거의 모니터링 경험 등으로 어떠한 위반이 발생할 수 있는지를 예상한다.

② 위반의 발생 원인으로 추정된 기계 기구, 공정 중의 어떤 개소 또는 작업 내용 전체 등의 조정, 수리, 교환 등을 행함으로써 공정을 정상적인 관리 상태로 되돌리며, 위반이 재발하지 않도록 하기 위한 조치 및 담당자를 규정한다. 이 경우 응급 처치적인 대응으로 일시적인 공정의 관리를 되돌리는 방법과 위반 발생 원인을 완전히 규명하여 배제하는 방법을 생각할 수 있다.

2) 제품에 대한 조치

위반 상태에서 제조된 제품에 대한 조치(필요에 따라 개선 조치 대상 로트의 특정, 필요한 시험검사 및 방법, 검체수 등을 포함함)

전항의 ①에서 가정한 위반에 대하여 공정별, 위반의 발생 원인별로 제품에 대한 처분 방법 및 담당자를 HACCP계획으로 규정한다. 이 처분 방법은 일반적으로 다음의 요소를 고려하여 결정한다.

① 위해의 중대성(예를 들면 단순한 부패 미생물에 의한 이상인가, 아니면 보툴리누스균에 의한 것인가)

② 위해의 발생 가능성(예를 들면 100번 만에 한 번 꼴인가, 아니면 빈번하게 일어나는가)

③ 제품의 보관, 유통, 조리 방법

④ 제품의 사용 방법(대상 소비자를 포함함)

그 결과 제품에 대한 조치는 주로 다음 중 하나가 될 수 있다.

① 기준에 적합치 않은 제품을 폐기한다. 재처리(공정의 반복, 전용, 새로운 제품 중에 혼합) 등이 불가능한 경우에는 폐기되지만, 이것은 비용 면에서 손해이므로 보통은 최후의 수단으로 고려한다.
② 재처리 또는 동일 공정을 반복한다. 예: 살균 중의 온도가 최저기준에 달하지 못한 경우, 살균을 연장하거나 다시 한 번 반복한다.
③ 다른 제품으로 전용한다. 예: 살균 온도에 달하지 못한 우유를 보다 고온에서 건조시키는 공정이 있는 분유의 원료로 전용한다. 이 경우 내열성 소독의 산생에 대하여는 충분히 주의할 것
④ 제품의 보류를 해제한다. CCP의 관리 상태가 CL의 위반 시 제조된 제품의 보류나 해제에는 적정한 과학적 근거가 필요하다. 즉 결과검사에 따라 보류를 해제하는 경우에는 보류 로트 정체가 안전함을 보장하는 적절한 샘플링 계획에 따른 검사가 필요하다.

3) 개선 조치 실시 담당자

제조 라인의 관리를 유지하기 위해서는 CCP관리에 관한 충분한 지식이 있으며, 그 공정을 완전히 이해하여 신속한 판단이 가능한 제조 현장 담당자에게 실시를 결정하는 권한이 주어져야 한다.

4) 개선 조치의 실시 기록

위반 발생 내용, 일시, 발생 공정 또는 개소, 위반 원인 조사 결과, 공정을 정상의 관리 상태로 되돌리기 위한 조치 내용 및 실시 담당자, 위반하고 있는 동안에 제조된 제품에 대한 조치 내용 및 실시 담당자(필요에 따른 안전성 확인을 위한 검사 실시 결과를 포함함)를 기재한 기록 양식을 정하고 기록 담당자, 기록 내용의 점검자, 보관 장소 및 보관 기간을 규정한다.

5) 책임자

모든 관계자는 자신이 무엇을 할 것을 요구받고 있으며, 어떻게 그것을 시행하면 좋은가를 명확히 이행하고 있을 필요가 있다. 이것은 HACCP 팀에 의해 결정되어 상세히

HACCP 계획에 규정되어 있어야 한다. 개선 조치의 실시는 제조 부문의 책임이며, 보통 위반을 최초로 아는 것은 라인의 작업자이지만 위반 시에 라인을 정지시켜는 권한은 CCP 관리에 대하여 충분한 지식을 갖고 신속한 판단이 가능한 현장 수준의 작업자에게 주어져야 한다.

다만 공정의 일시 폐쇄, 최종 제품의 폐기 등 기업 경영에 커다란 영향을 줄 수 있는 개선 조치에 대한 결정과 실시 권한은 보다 상위의 관리책임자(HACCP팀의 리더)가 지게 된다. 또한 개선 조치의 기록에 책임을 가진 자 및 그 기록을 점검하는 자를 명확히 규정한다.

6) 기타

① 개선 조치는 문서화함과 아울러 CCP 종사자가 보기 쉬운 위치에 실시 사항을 도식화하여 게시하면 이해하기 쉽다.

② 위반은 기계 기구의 고장(냉장고, 스팀 등), 천재, 낙뢰에 의한 정전 등 여러 가지 요인에 의해 일어날 수 있다. 낙뢰에 의한 정전이 지형상, 기상상 특성으로 빈번하게 일어나는 시설에는 응급조치를 개선 조치로써 문서화할 필요가 있다. 그러나 이런 일을 과거에 거의 경험하지 못한 시설에서는 당연히 필요치 않다. 이와 같이 과거의 품질 관리, 공정 관리의 경험에서 CCP의 관리를 잘못하면 어떠한 위반이 일어날 수 있는가를 판단하여 정확한 개선 조치 내용 및 담당자를 HACCP 계획에 규정하는 것이 중요하다.

6. 예상치 못한 사고가 발생한 경우의 개선 조치란 무엇인가
HACCP계획 작성 시에 예상치 못한 사고에 의한 위반이 발생한 경우에 대비하여, 이러한 위반이 발생한 때의 연락 체제, 원인 균명의 절차와 담당자, HACCP 팀에 의한 개선 조치 결정까지의 검토절차와 방법을 미리 규정해 둔다.

HACCP 계획작성 시 예상치 못한 사고 또는 어떤 원인으로 인한 위반이 발생한 경우의 대응은 '4. 개선조치의 내용'에 따라 시행하는 바, 이 경우를 대비하여 위반 발생 시의 연락 체제, 원인 규명의 절차와 담당자, HACCP 팀에 의한 개선조치 결정까지의 검토 및 방법에 대하여 미리 규정하여 둔다.

HACCP팀 내에서 '5. 개선 조치로써 규정해야 할 사항'의 2 제품에 대한 조치의 예 중 제품의 안전성에 관계되는 요소를 고려한 ①~④ 중의 개선조치를 결정하여 실시한다. 필요에 따라 조치 후의 제품의 안전성을 검사 등에 의해 평가한다.

7. 개선 조치 실시 결과의 기록
위반 시의 개선 조치 결과의 기록 방법을 정하고 그것을 기재한 문서를 작성한다.

위반 시의 개선 조치 결과의 기록 방법을 기재한 문서에는 기록 담당자 성명 또는 부서명, 기록 점검자 성명 또는 직책명, 최소한 다음의 사항을 포함한 기록 용지, 기록 보관 장소, 기록 보존 기간 등에 대하여 규정해 둘 필요가 있다.

① 조치 대상이 된 제품의 명칭, 로트 번호, 수량 등
② 위반의 내용, 발생한 제조 공정 또는 장소, 발생 일시
③ 위반의 원인을 조사한 결과
④ 제조 공정을 회복시키기 위하여 실시한 조치의 내용
⑤ 위반하고 있는 동안에 제조된 제품 등의 처분(안전성을 확인하여 제품 등의 검사를 실시한 경우는 그 결과를 포함함)
⑥ 이상 사항의 실시 및 기록의 담당자와 점검자의 서명
⑦ HACCP계획의 수정 또는 개정 작업이 필요한지 여부의 평가

이들 기록으로 영업자는 반복 또는 재발하여 발생하는 문제점을 용이하게 인식할 수 있으므로, 검증 및 HACCP계획의 수정 시에 도움이 된다.

8. 개선 조치의 구체적인 예
CL에서의 위반이 발생한 경우 개선 조치가 필요하다. 그 예를 다음에 제시한다.

1) 위반 내용

우유의 살균온도가 CL보다 떨어졌다.

2) 개선 조치

FDV가 정상적으로 작동하고 그 후 바로 살균 온도가 관리 온도로 복귀하는 경우는 살균을 계속한다. FDV가 정상적으로 작동한 후, 바로 관리 온도로 복귀하지 못한 경우 및 FDV가 정상적으로 작동하지 않은 경우는 살균을 정지시킨다. 이때 온도 저하 및

FDV가 작동하지 않은 원인을 규명함은 물론, 살균 온도 및 FDV를 개선하여 장치를 세척살균한 후 정상적인 상태로 되돌아간 것을 확인한 후 살균을 재개한다. 이 경우 CL위반 시에 살균되었다고 예상되는 우유에 대하여는 용도 변경 또는 별도 처리한다.

- FDV(Flow Diversion Valve): 살균기의 온도가 설정 온도보다도 내려간 경우에 자동적으로 작동함으로써 규정 온도에 달하지 않은 우유가 저유 탱크로 가지 못하고 미살균 탱크 쪽으로 가도록 한 우유 제조 라인에 들어 있는 우유의 흐름을 변경하는 벨브

6. HACCP의 실시 기록 및 각종 문서의 보관

1. 왜 기록을 하며 보관할 필요가 있는가
① 정확한 기록을 보관하는 일은 HACCP시스템의 본질에 관한 것으로써 공정 관리가 HACCP 원칙과 계획에 따라 규정한대로 실시되었다는 증거가 된다. 이 정보는 자체관리에서 귀중한 증거가 되며 동시에 정부 관계기관의 감시 시에 시설의 위생관리 및 공정관리 상태를 조사하는데 유용한 자료가 된다. ② 만일 식품의 안전성에 관한 문제가 발생한 경우에도, 제조 또는 위생관리의 상황을 추가할 수 있으며, 원인 규명을 용이하게 함과 동시에 제품의 회수가 필요한 경우는 원재료, 포장 자재, 최종 제품 등의 로트를 특정하는데 도움이 된다.

HACCP계획을 실천함에 있어서는 모니터링, 개선 조치, 일반적 위생관리 프로그램 및 검증의 결과를 기록하는 방법을 정하고, 기록 후에는 일정 기간 보관하여야 한다. 또한 이들 이외의 HACCP시스템에 관한 모든 문서도 적절한 방법으로 보관할 필요가 있다.

구체적으로는 표준 작업 절차서 등의 문서는 누가 어떻게 기록하는가, 기입된 기록은 누가 체크하는가를 명확히 기재해야 하며, 그리고 이와 별도의 문서 보관 규정으로 문서 보관의 책임자, 장소 및 기간에 대한 것이 있어야 한다.

또한 기록 및 문서 보관의 시스템을 적절히 유지 관리함으로써 만일의 식품 안전성에 관계되는 문제가 발생하더라도 제조 또는 위생관리 상황을 추구하며 원인 규명을 용이하게 할 수 있다. 또한 제품의 회수가 필요한 경우 원재료, 포장 자재, 최종 제품 등의 로트를 특정하는 경우의 단서가 될 수 있다.

2. 기록 및 보관 문서의 내용
HACCP계획에 관한 문서로써 다음과 같은 것을 들 수 있다.

① HACCP팀의 구성과 역할 분담
② 원재료 등의 기술
③ 제품의 기술
④ 제조 공정 일람도(Flow diagram)
⑤ 표준 작업 절차서
⑥ 시설 내 약도
⑦ 위해 분석에 사용한 각종 자료
⑧ 위해 리스트 및 리스트 작성 시 논의의 경과
⑨ 일반적 위생관리 프로그램(SSOP를 포함함)
⑩ CCP 및 CL 결정 시 논의의 경과 및 근거가 된 자료
⑪ CCP에서의 조치의 효과에 관한 치료
⑫ 원재료 또는 공정별로 위해와 그 발생의 요인 및 방지 조치, CCP의 명시, CCP에서의 CL, 모니터링 방법, 개선 조치 및 검증의 방법 요지 및 CCP와 GSCP의 기록 문서를 기재한 HACCP 계획 총괄표
⑬ CCP별로 그 조치의 구체적인 내용을 기재한 CCP 정리표
⑭ 제품 등의 시험성적
⑮ 문서 보관 규정

HACCP계획의 실시에 관한 기록으로 다음과 같은 것을 들 수 있다.
① 모니터링 결과
② 개선 조치의 실시 결과
③ 일반적인 위생관리 프로그램의 실시 결과
④ 검증의 실시 결과

3. 각 기록의 요건
CCP에서의 모니터링, 개선 조치, 일반적 위생관리 프로그램 및 검증의 기록 방법을 기재한 문서에 규정할 사항

1) 모니터링 결과의 기록

모니터링 결과를 기재한 기록 양식에는 다음과 같은 사항이 포함되어 있을 것
① 기록 양식의 명칭

② 영업자의 성명 또는 법인의 명칭
③ 기록한 일시
④ 제품을 특정할 수 있는 명칭, 기호(로트 명)
⑤ 실제의 측정, 관찰, 검사 결과
⑥ CL
⑦ 측정, 관찰, 검사자의 서명 또는 이니셜
⑧ 기록 점검자의 서명 또는 이니셜

CCP에서 모니터링 결과의 기록 방법을 기재한 문서에는 기록 담당자 성명 또는 부서명, 기록 점검자 성명 또는 직책명, 최소한의 위의 사항을 포함한 기록 용지, 기록 보관 장소, 기록 보관 기간 등에 대하여 규정할 것

2) 개선 조치 실시 결과의 기록

① 조치 대상이 된 제품의 명칭, 로트 번호, 수량 등
② 위반 내용, 발생한 제조 공정 또는 장소, 발생 일시
③ 위반의 원인을 조사한 결과
④ 제조 공정을 회복시키기 위하여 실시한 조치의 내용
⑤ 위반하고 있는 동안에 제조된 제품 등의 처분(안전성 확인을 위하여 제품 등의 검사를 실시한 경우는 그 결과를 포함함)
⑥ 이상 사항의 실시 및 기록의 담당자와 점검자의 서명
⑦ HACCP계획의 수정 또는 개정 작업이 필요한지 여부의 평가

위반 시 개선 조치 결과의 기록 방법을 기재한 문서에는 기록 담당자 성명 또는 부서명, 기록 점검자 성명 또는 직책명, 적어도 앞에 기록한 사항을 포함한 기록 용지, 기록 보관 장소, 기록 보관 기간 등에 대하여 규정할 것

3) 일반적인 위생관리 프로그램의 기록

일반적 위생관리 프로그램의 기록 방법을 기재한 부서에는 적어도 다음 사항의 작업 내용에 대하여 기업의 양식 및 방법, 기록 담당자 및 점검자의 서명을 규정할 필요가 있다.

① 시설, 설비의 위생관리
② 기계 기구의 위생관리

③ 쥐, 곤충 등의 방제
④ 사용 수의 위생관리
⑤ 배수 및 폐기물의 위생관리
⑥ 종사자의 위생 교육
⑦ 종사자의 위생관리
⑧ 원재료, 제품 등의 위생적인 취급
⑨ 환기, 공조 설비의 위생관리
⑩ 제품의 회수
⑪ 제품 등의 시험 및 그 시험에 사용하는 기계 기구의 보수 관리

4) 검증 결과의 기록

① 검증의 결과 및 실시자의 서명
② 검증의 결과에 따라 어떤 조치를 강구한 경우는 그 내용과 실시자의 서명, 검증 결과의 기록 방법을 기재한 문서에는 기록 담당자 성명 또는 부서명, 적어도 상기의 사항의 기록 장소 또는 양식명, 기록 보관 장소, 기록 보존 기간 등에 대하여 규정할 것

4. 어떻게 기록을 하고 보관하는가
기록의 방법과 보관 방법에 대하여도 규정한다.

1) 기입 시의 주의

기록의 담당자가 작업 현장에서 기입할 때는 다음 사항에 대하여 유의할 필요가 있다.
① 모니터링 결과가 판명된 직후 또는 청소 등 위생관리 작업이 종료된 직후마다 소정의 기록 용지에 쉽게 지워지지 않는 수단(연필 사용 불가)에 의하여 필요한 사항을 기입하여야 한다.
② 결과를 기록해야 하며 작업 종료 전에 예측한 기입을 해서는 안 된다.
③ 기입하는 시기를 뒤로 늦추거나, 기억에 의한 기입을 해서는 안 된다.
④ 기입한 기록을 수정할 경우는 수정액이나 지우개를 사용해서는 안 되며, 선을 두 줄로 긋고 새로 기입함과 동시에 그 수정에 책임이 있는 사람의 서명이 있어야 한다.

2) 기록의 점검

기록의 점검은 검증의 방법에서 규정된 사항에 따라 실시하여야 한다. 기록의 미비를 발견한 경우에는 그 내용에 따라 필요한 조치를 신속히 강구하고 그 내용을 기록할 것

3) 기록의 담당자 및 점검자의 지정

기록 방법을 기재한 문서에는 기록을 사항별로, 담당자(그 작업의 실시자) 및 점검자(그 작업 실시자의 상급자)의 직명(가능하면 구체적인 성명)을 기재하여야 한다.

4) 기록의 보관 방법 및 기간

① HACCP계획의 실시에 관한 기록은 제품의 종류, 특성 등에 따라 보관 기간(예를 들면 최저 1년간, 다만 품질 유지 기한이 1년을 초과하는 경우는 품질 유지 기한 초과 필요 기간)을 정하고 일정한 장소에 보관 책임자를 지정하여 보관해야 한다.
② HACCP계획에 관한 문서에 대하여도 일정한 장소에 보관 책임자를 지정해서 보관하며, 그 내용에 변경이 있는 경우에는 그 때마다 수정하되 그 연월일 및 실시한 사람을 명기해 둘 필요가 있다.

7. 검증 방법의 설정

1. 검증이란 무엇인가
검증이란 위생관리가 HACCP계획에 따라 시행되고 있는지 또는 수정이 필요한지 여부를 판정하기 위한 방법, 절차, 시험검사를 말한다.

2. 왜 검증을 할 필요가 있는가
① HACCP계획의 유효성을 평가하고 HACCP시스템이 적절히 기능하고 있음을 확인하기 위하여 ② 정기적인 검증의 결과 자신의 위생관리 시스템 중의 약점을 인식함으로써 HACCP계획을 수정하여 보다 우수한 것으로 하기 위하여

주의 깊게 설계되고 모든 필요 사항이 기재된 HACCP계획일지라도 그것만으로 계획의 유효성이 보증되지 않는다. 검증은 HACCP계획의 유효성을 평가하고, HACCP시스템이 적절히 기능하고 있음을 확인하기 위한 수단이다.

HACCP계획은 경험과 새로운 정보를 근거로 진화, 발전할 수 있다. 정기적인 검증의 결과는 영업자 자신의 위생관리 시스템 중의 약점을 인식함으로써 HACCP계획을 수정하여 보다 우수한 것으로 할 수 있다. 또한 이렇게 함으로써 영업자는 불필요하며 비효과적인 관리 방법을 피할 수 있다.

검증은 모니터링과는 다르다. 즉 모니터링은 CCP의 관리 상태의 확인을 목적으로 하고 있는데 반하여 검증은 HACCP시스템 전체를 점검하기 위한 것이다. 결국 모니터링은 개개 제품의 허용 한계를 판단하기 위한 것이며, 검증은 작성된 HACCP계획의 타당성을 판단하기 위한 것이다.

검증이란 HACCP계획이 설정한대로 기능하고 있음을 평가하고 확인하는 절차이다. 그 방법으로는 ① 기록의 확인, ② 실제 모니터링 작업의 적정도 확인, ③ 원재료, 반제품 및 최종 제품의 공정 수준 또는 관리 목표의 적합 여부에 대한 시험 검사 확인, ④ 모니터링에 이용하는 측정 기기(계기)의 교정(검정), ⑤ 소비자로부터의 불만, 위반 등의 문서 확인, ⑥ HACCP 계획 그 자체의 수정 등이 포함된다.

3. 검증의 내용
검증의 내용으로는 다음과 같은 사항이 포함된다. ① 기록의 점검 ② 실제 모니터링 작업의 적정도의 현장 확인 ③ 원재료, 반제품 및 최종 제품의 시험 검사에 의한 확인 ④ 모니터링에 이용하는 측정기기(계기)의 교정(검정) ⑤ 소비자로부터의 불만, 위반 등 원인의 분석 ⑥ HACCP계획 전체의 수정

검증의 빈도는 HACCP계획을 실시하고 있는 과정에서 실적을 평가한 후에 변경할 수 있다. 예를 들면 공급자의 보증 문서 내용을 처음에는 월 1회 시험 검사에 의해 검증하는 바, 그 결과 또는 공급자의 위생관리 시스템의 감시 결과에 근거하여 검사 빈도를 늘이거나(예를 들면 로트 별로), 반대로 검증 간격(예를 들면 4반기에 1회)을 늘일 수 있다. '4. 검증 작업에 규정해야 할 사항'에 제시한 빈도는 예시이지만 계획을 작성할 때에는 얻어진 신뢰성의 수준에 따라 결정해야 한다.

4. 검증 작업에 규정해야 할 사항
검증 작업으로써 HACCP계획에 규정해야 할 사항은 다음과 같다. ① 빈도 ② 담당자 ③ 검증 결과에 따른 조치 ④ 검증 결과의 기록 방법

검증 결과의 내용에 따라 설명하면 다음과 같다. 또한 검증 결과의 기록 방법에 대하여는 '5. 검증 실시결과의 기록'을 참조하기 바란다.

1) 기록의 확인

(1) CCP의 모니터링(단기적)

① 빈도: 예) 매일

② 담당: 제조 관리 책임자 또는 제조 관리 책임자가 지명한 자(예: 모니터링 담당자의 상급자)

③ 목적

- 모니터링이 설정된 곳과 빈도로 하며 바르게 기록되고 있는 것을 확인한다.
- 모니터링의 결과 CL에 적합함을 확인한다(CL을 위반하고 있는데도 모르고 지나치지 않는지, 누락을 발견한 경우는 관리 상태가 불충분한 동안에 제조된 제품의 특정, 격리, 안전성 평가 및 평가 결과에 따른 조치를 강구할 것).

④ 조치: 예) 모니터링 담당자의 교육

(2) CCP 모니터링(장기적)

① 빈도: 예) 매일

② 담당: 제조 관리 책임자

③ 목적

- 기입 누락이 많은 CCP를 특정한다.
- CL에서의 위반이 많은 CCP를 특정한다.
- 모니터링 결과를 해석하고, 공정의 관리 상태의 안전성을 확인한다.
- CL에서 위반되고 있는 CCP를 특정한다.

④ 조치

- CCP가 설정된 빈도로 모니터링되지 않은 원인 또는 모니터링되었다 해도 그 결과가 기록되지 않은 원인을 규명하고, 원인을 배제하는 대책(예 : 라인 담당자의 재교육, 모니터링 방법의 개량, 기록 방법의 개선 등)을 강구한다.
- CL에서의 위반이 많은 CCP에 대하여는 원인을 규명하고, 새로운 CCP의 설정, CL의 재설정 등 필요한 조치를 강구한다.
- 모니터링 결과 기준과의 차이가 아주 큰 CCP에 대하여는 원인을 규명하고, 그 원인을 배제하는 대책(예 종사자의 재교육, 기계 기구 관리의 향상 등)을 강구한다.
- CL에서 위반 경향이 있는 CCP를 발견한 경우 CL을 위반하기 전에 적시에 공정을 조절함으로써 그 개선 조치에 따른 코스트와 노동력을 절감할 수 있다.

(3) 개선 조치

① 빈도: 예) 매일

② 담당: 제조 관리 책임자 또는 지명한 자(예: 개선 조치 담당자의 상급자).

③ 목적

- 개선 조치가 규정대로 실시되고 있음을 확인한다(공정의 관리 상태를 되돌리기 위한 조치 및 관리가 불충분한 동안에 제조된 제품 또는 중간 제품에 대한 처분이 미리 HACCP계획에 규정대로 적절히 실시되고 있는가)
- 개선 조치의 실시 내용이 정확히 기록되고 있음을 확인한다.
- 위반 원인에서의 CCP의 설정 누락, CL설정의 잘못이 없음을 확인한다.
- 조치가 미리 규정되지 않았던 위반에 대하여는 영향을 받은 제품 로트의 특정, 제품의 보류, 처분, 처분내용을 결정하기 위한 시험 감사 데이터, 처분 내용의 검증 결과 등을 수정하고 적절한 개선 조치가 강구되었음을 확인한다.

④ 조치

- 개선 조치가 HACCP계획에 규정된 대로 실시되지 않는 경우는 그 원인을 규명하고 해당 원인을 배제하는 대책(예: 종사자의 재교육, 개선 조치의 수정 등)을 강구한다.
- 기록되지 않은 경우에는 담당자의 재교육 등의 대책을 강구한다.
- 위반 원인의 규명에서 새로운 CCP의 설정(모니터링 방법, CL, 개선 조치의 설정) 또는 현행 CL의 개정이 필요해진 경우는 과학적인 데이터를 근거로 실시한다.

(4) 모니터링 계기의 측정

① 빈도: 정기적(예: 매월).

② 담당: 제조 관리 책임자 또는 제조 관리 책임자가 지명한 자(예: 모니터링 담당자의 상급자)

③ 목적

- 측정은 미리 설정된 빈도와 방법으로 시행되고 있음을 확인한다.
- 적절한 정도의 계기를 사용하여 모니터링이 되고 있음을 확인한다(계기마다 설정된 허용 폭을 측정할 수 있는 계기 등을 사용하고 있는가).
- 컴퓨터를 사용하여 모니터링하고 있는 경우는 그 기능이 적절한지를 확인한다.

④ 조치

- 측정이 미리 설정된 빈도와 방법으로 시행되지 않은 경우는 원인을 조사 하고, 측정 담당자를 재교육한다.
- 빈번하게 교정을 요구하거나 허용 폭을 초과하는 계기에 대하여는 수리 또는 교환한다. 적절한 측정이 시행되지 않는 계기를 사용하여 모니터링을 한 제품을 특정함으로써 그 안전성을 평가하며, 필요에 따라 폐기 등의 조치를 강구한다.

(5) 시험 검사 결과

① 빈도: 정기적(예: 연 ○회)

② 담당: 시험 검사 담당자

③ 목적

- 시험 검사가 미리 설정된 빈도와 방법으로 시행되고 있음을 확인한다.
- 원재료, 중간 제품, 최종 제품이 미리 규정된 규격에 적합함을 확인한다.

④ 조치

- 시험 검사가 미리 설정된 빈도로 시행되지 않은 경우는 그 원인을 조사하고, 시험 검사 담당자를 재교육한다.
- 설정된 규격과의 위반이 많은 제품 등에 대하여는 그 원인을 규명하고, 새로운 CCP의 설정, CL의 재설정 등 필요한 조치를 강구한다.
- 차이가 큰 제품 등에 대하여는 원인을 규명하고 그 원인을 배제하는 대책(예: 종사자의 재교육, 기계 기구 관리의 향상 등)을 강구한다.

2) 실제 모니터링 작업에 대한 적정도의 현장 확인

① 빈도: 정기적(CCP마다 빈도를 규정할 것)
② 담당: 제조 관리 책임자 또는 제조관리 책임자가 지명한 자(예: 모니터링 담당자의 상급자)
③ 목적
- 모니터링이 설정된 방법과 빈도로 시행되고 있음을 확인한다.
- 모니터링에서 얻어진 기준의 수치와 기록 내용이 일치함을 확인한다(상기 목적 중 두 가지는 모니터링 담당자의 배후에 서서 모니터링의 방법과 빈도가 규정된 대로 적정한가 또는 모니터링 결과대로 정확한 수치가 기록되어 있는가를 점검하는 것이다).
- 연속적인 모니터링이 불가능한 CCP의 경우에는 규정된 모니터링 시간 이외에 무작위로 느닷없이 모니터링을 한 결과, CL의 위반이 확인된 경우는 모니터링 빈도를 늘린다.

3) 원재료, 중간 제품 및 최종 제품이 공정 수준 또는 관리를 위한 목표에 적합한지 여부의 시험 검사에 의한 확인

모니터링 방법으로는 미생물 시험이 부적절하지만 검증의 방법으로는 미생물 시험을 효과적으로 이용할 수 있다.

(1) 원재료
① 빈도: 정기적(예: 매월, 특히 원재료 그 자체가 CCP인 경우는 높은 빈도로)
② 담당: 시험 검사 담당자
③ 목적: 계절이 바뀔 때, 납품업자, 생산자 등이 바뀐 직후에는 원재료가 미리 규정한 규격에 적합함을 확인한다. 또한 생산자의 보증서, 증명서 등의 내용을 확인한다.
④ 조치
- 규격에 적합하지 않은 경우나 증명 또는 보증 내용과 일치하지 않는 경우에는 그 원인을 규명하고 생산자의 재교육 등 필요한 조치를 강구한다. 또한 정기적으로 생산자, 공급자의 HACCP 등 위생관리 시스템을 감시한다.
- 예를 들면 원재료 중 병원미생물의 최대 오염을 10^4/g으로 가정한 HACCP계획에서, 원재료 검사 시 10^5/g을 검출한 경우는 계획의 수정 및 필요에 따른 조치

를 한다.

(2) 반제품(특히 CCP의 전후 공정에서 채취한 것)

① 빈도: 정기적(예: 연 ○회)

② 담당: 시험 검사 담당자

③ 목적

- CCP에서 HACCP계획 작성 시의 위해 분석에서 가정한 공정 수준을 충족시키고 있음을 확인한다.
- CL의 기준과 공정 수준의 추이 관계가 적절함을 확인한다.

④ 조치

- CCP에서 가정한 공정 수준을 충족시키지 않는 경우는 신속히 그 원인을 규명하고, HACCP계획 전체의 설정을 수정한다. 만일 충분한 시험 결과에 의하여 최종제품이 관리를 위한 목표를 충족시키고 있을 경우는 CCP에서의 공정 수준을 수정하고 그 결과에 따라 CL을 재설정할 수도 있다.

(3) 최종 제품

① 빈도: 정기적(예: 연 ○회)

② 담당: 시험 검사 담당자

③ 목적: 관리를 위한 목표를 충족시키고 있음을 확인한다. 필요에 따라 보존 시험에 의하여 품질 유지 기한의 적절함을 확인한다.

④ 조치

- 관리를 위한 목표를 충족시키지 않는 경우는 CCP의 설정 누락, CL의 설정 및 모니터링 방법과 빈도, PP의 효과 등에 대하여 그 타당성을 검토하고 관리를 위한 목표를 충족시키도록 수정한다.
- 보존 시험에 의한 품질 유지 기한이 처음 설정한 기간보다 짧은 경우, 그 원인을 규명하고 필요한 조치를 강구한다.

► 당연한 일이지만 검증은 최종 제품의 검사에 의하여 개개 제품의 안전성 확인을 목적으로 할 것이 아니고, 어디까지나 규정한 HACCP계획에 따라 제품을 제조한 경우 최종 제품이 관리를 위한 목표를 달성하고 있음을 확인하기 위한 것이다.

(4) 개선 조치 결과

① 빈도: 정기적(예: 월 1회)

② 대상: 기준 위반에 대한 개선 조치로써 공정의 반복, 재처리 등을 받은 제품
③ 담당: 시험 검사 담당자.
④ 목적: 예를 들면 공정의 반복이나 재처리 후 미생물 오염, 증식, 생존 등 여부에 대하여 검사 확인한다.
⑤ 조치: 미리 검사 대상별로 기학적인 근거에 따라 허용치를 설정하고, 검사 결과 그 허용치를 충족시키지 않는 경우는 그 원인을 규명하고 필요한 조치(개선 조치의 개정 등)를 강구한다.

4) 모니터링에 사용하는 측정 장치(계기)의 교정

① 빈도: 모니터링에 사용하는 계기의 성상, 구조, 기능, 능력 등에 따라 정기적
② 담당: 시험 검사 책임자 또는 시험 검사 책임자가 지명한 자
③ 목적: 표준계기의 수치를 비교해 봄으로써 CCP의 모니터링에서 사용하고 있는 계기류가 정확한 수치를 제시하고 있는지를 확인한다. 만일에 하나 정학하지 못한 경우에는 모니터링으로는 CL을 충족시킨다 하더라도 실제는 위해의 원인 물질이 적절히 제거, 사멸되지 않아서 위해가 발생할 가능성이 생긴다.
④ 조치: 계기류가 정확한 수치를 나타내고 있지 않은 경우, 원인으로 규명하고 그 원인을 배제하는 대책 [예를 들면 계기의 조정, 수리, 신품으로 교환(단, 신품 사용 전의 측정은 필요)]을 강구한다.

5) 소비자로부터의 불만, 위반 등의 파일의 확인

① 빈도: 정기적(예: 연 ○회).
② 담당: HACCP팀
③ 목적: 소비자로부터 제기된 불만 등의 원인 조사 결과, 위해의 열거 누락, CCP의 설정 누락, CCP의 관리 불충분, CL의 설정 실수 등 HACCP계획의 근간에 관계되는 것은 아닌지 검토한다.
④ 조치: 검토의 결과, HACCP계획의 수정이 필요한 경우는 필요한 수정을 한다.

6) HACCP계획 전체의 수정

다음과 같은 경우 HACCP계획 전체의 수정을 하고 그 유효성을 재평가할 것

① 검증의 결과 HACCP계획의 결함 또는 그 가능성이 시사된 경우
② 동일 식품 또는 동일 식품군에서 새로운 위해가 발생한 경우
③ 제조 라인, 제법, 원재료의 변경 등 위해 분석에 영향을 주는 변화가 일어난 경우
④ 제품의 안전성에 관한 새로운 정보가 얻어진 경우

또한 적어도 1년에 한 번은 HACCP팀 내에서 HACCP계획의 유효성에 관한 검토를 하여 필요에 따라 HACCP계획을 수정한다.

5. 검증 실시 결과의 기록
① 검증 결과 및 실시자의 라인 ② 검증 결과에 따라 어떤 조치를 강구한 경우는 그 내용과 실시자의 서명

검증 결과의 기록 방법을 기재한 문서에는 기록 담당자 서명 또는 부서명, 기록 장소 또는 양식명, 기록 보관 장소, 기록 보존 기간 등에 대하여 규정할 것

6. 검증에 필요한 검사법 및 검체의 채취 방법
검증에 필요한 검사법 및 검사 체취 방법은 정확하며 객관성이 있어야 한다.

검증이란 HACCP계획의 유효성을 평가하는 것이다. 즉 그 제품의 안전성을 보증하기 위하여 CCP와 CL이 적절히 관리되며 감시되고 있는지 여부를 평가, 확인하는 일이다. 검증에는 내부 검증(제조자)과 외부 검증(제3차)이 있는 바, 그 검증 방법(검사법)에는 차이가 있으나 기본적인 목적은 같다. 검증에 필요한 검사법은 정확함과 객관성이 있어야 한다. 예를 들면 식육 제품 제조 공정에서 각 CCP의 검증 항목인 대장균군, 대장균, 황색포도구균, 살모넬라균의 시험법은 공정 시험법으로 한다. 기계・기구류의 성능 시험은 공업규격 시험법으로 한다. 계량기의 정밀도 시험은 계량법에 의한 시험법, 즉 표준분동을 사용하여 규정된 재현성시험을 한다. 가열 장치의 온도 측정 및 부속 온도계 등의 비교 시험은 표준 온도계를 사용한다. 식품첨가물 정량 시험 등은 공정 시험법으로 한다. 또한 공정법이 없는 경우는 AOAC법 등으로 한다. 다만 내부 검증을 위한 검사법은 모니터링 방법으로 정해져 있는 검사법을 준용하여도 되나 미리 표준법과의 비교 시험을 통하여 교정되어 있어야 한다.

검체의 채취 방법은 검사 항목(미생물, 이물, 화학물질 등)에 따라 다르나 원칙적으로 식품공전에 준한다.

미생물 시험용의 검체 채취는 제조 라인별(동일 제품 혹은 동종의 제품이라도 중량과 포장 형태 등이 다르기 때문임)로 한다. 최종 제품의 채취는 보통, 1검체당 300g 이상을 기준으로 작업 개시 직후의 제품 5검체, 점심 휴식 전의 제품 5검체, 작업 종료 직전의 제품 5검체, 계 15검체를 채취한다. 교대제를 채택하고 있는 시설에서는 그 때마다 작업 개시 직후 및 작업 종료 직전의 제품 5검체를 채취한다. 또한 시험 항목이 많아 검채량이 부족한 경우는 채취량을 적당히 늘린다. 검체는 채취 후 신속히 검사함이 원칙이며, 만일 그렇지 못할 경우, 냉동식품은 -18℃ 이하, 상온 유통 식품은 10℃ 이하, 요냉장 식품은 4℃ 이하로 보존하여 24시간 이내에 검사한다.

이물 시험용의 검체 채취는 일반적으로 미생물 시험과 같이 제조 라인별로 5검체식 채취하고 최종 제품은 1포장 단위(100g, 250g, 500g 포장 등)마다 5검체를 채취한다. 금속탐지기로 금속조각의 혼입 유무를 확인(금속탐지기는 염분 농도가 높은 식품에서는 오작동 할 가능성이 있으므로 주의)하며, 유동 혹은 반 유동식품에 적당한 메쉬(흔히 60~200mesh)의 망 혹은 포에 1검체 모두를 옮기고 여과, 수세 후 그물을 통과하지 못한 잔사를 확인한다.

◆ HACCP계획의 실시 ◆

1. HACCP계획의 실시
① HACCP계획을 실시함에 있어서는 제조 분야와 품질관리 분야의 업무 분담을 명확히 한다. ② HACCP팀은 종업원에 대한 사전 교육훈련 등 계획을 무리 없이 실시할 수 있도록 준비한다.

식품 기업은 식품 사고의 발생을 미연에 방지하기 위하여 HACCP시스템에 의한 위생관리를 착실히 실시하여야 한다. 즉 식품의 제조에 직접 관계되는 제조 분야와 주로 그 제품 등의 검증을 실시하는 품질관리 분야가 두 주축이 되어 실시한다. 제조분야의 역할은 HACCP계획에 따라서 제품을 만드는데 있지만, 계획이 아무리 훌륭한 것이라도 그것을 실시하는 것은 종업원이므로 인위적인 실수가 발생할 가능성이 있다. 따라서 종업원에게 작업 매뉴얼 등을 준수시키고 HACCP계획에 따른 안전 식품의 생산에 대한 중요성을 인식시키는 것이 필요하다.

품질관리 분야의 역할은 주로 생산된 제품이 설계대로 제조되어 안전상 문제가 없음을 제품의 시험 감사 등을 통하여 확인하는 데 있다. 제품뿐만 아니라 원재료와 중간 제품의 검사도 실시할 필요가 있다.

이들 두 분야는 그 역할의 성질상 각 업무를 착실히 수행하기 위하여 분야별 업무의 소관 및 권한을 명확히 해야 한다. 또한 각 분야에서는 그 책임자의 지시하에 업무가 적절히 실시되어야 한다. 따라서 책임자는 위생관리에 관계되는 업무의 내용에 따라 그 업무를 실시하는 자를 지명하고, 지명된 자는 책임을 갖고 해당 업무를 집행할 필요가 있다.

HACCP시스템에 의한 식품의 위생관리는 탁상공론으로 추진하는 것이 아니라, 실제 현장에서 실행 가능한 계획을 작성하여 작업을 진행시키되, 필요에 따라 내용을 수정하여 계획이 무리 없이 실시되도록 해야 한다. 또한 계획의 실시에는 각 부서 및 직책별로 책임 분담을 명확히 한다. 즉 역할·분담을 명기한 조직도를 작성하여 종업원이 보기 쉬운 장소에 게시하는 것도 좋은 방법이다.

① 종업원(파트타이머를 포함)의 사전에 필요한 교육훈련 등
  - 식품을 취급하는 자에 대한 기본적인 위생교육
  - 건강 및 안전에 관한 교육훈련
  - 담당 작업 단계별 작업 절차 및 일반적 위생관리 프로그램에 관한 교육훈련

② 모니터링, 개선 조치, 기록 작성 등의 실시에 있어서 종업원이 익숙해질 수 있도록 시행 기간을 마련한다.

③ 종업원에게 시간적, 기술적으로 무리한 방법과 빈도로 시키면 소기의 목적을 달성할 수 없을 뿐만 아니라 미생물 오염, 이물 혼입 등의 역효과가 생길 수도 있다. 이를 방지하기 위해서는 계획의 작성 시부터 가능한 현장의 의견을 반영하도록 한다.

④ 모니터링, 개선 조치 등의 방법 및 내용은 가능한 구체적이며 오해가 없도록 지시한다. 또한 잘 모르는 일은 자신이 멋대로 판단하지 말고 반드시 상급자 또는 책임자에게 보고하고 지시를 받도록 습관을 붙인다.

⑤ 모니터링에 사용하는 관찰, 계측, 검사를 위한 기구 등은 고장날 경우 또는 급히 많은 로트를 모니터링할 경우를 대비하여 여유 있게 구비하여 둔다.

⑥ 담당자에게 모니터링의 방법 및 그 이유를 사전에 잘 이해시켜 둔다.

⑦ 개선 조치의 실시 담당자는 CL을 위반한 경우와 같이 안전성을 보증할 수 없는 제품에 대하여는 애매한 근거를 들어 출하, 유통시켜서는 안 된다. 분명하게 폐기시키거나 또는 전품 검사 등 필요한 조치를 취하도록 지시한다.

⑧ 종업원이 어떤 실수를 한 경우에는 신속히 공정을 멈추고 문제점을 수정하는 등의 작업 환경을 만든다.

⑨ 특히 그 시설에서 최초의 HACCP계획을 실시하는 경우는 일정 기간 시험 운영한 후 필요 시 외부의 HACCP시스템 전문가의 협력을 얻어 그 실시 상황에 관하여 협의하고 필요에 따라 내용을 변경하거나 보다 완전한 것으로 한다(전 검증 절차).

⑩ HACCP팀은 계획의 실시 후에도 정기적으로 검증의 일환으로서 계획 전체의 수

정 및 경신을 한다(재검증). 또한 작업 담당자가 멋대로 작업 절차, 모니터링 방법, 개선 조치 내용 등을 변경하지 못하도록 해야 하며, 반드시 작업 책임자에게 보고하여 HACCP팀의 승인을 얻은 후에 변경시키도록 지시한다. 이 경우 변경의 사항, 이유, 연월일 및 책임자를 기록한다.

2. 기업에서의 관리 체제
① 경영진으로 구성된 의사 결정 조직이 위생관리의 기본 방침을 책정하여 회사 전체에 파급되게 한다. 즉 전 종업원이 공동의 의지를 갖고 위생관리를 할 필요가 있다. ② 기업에서의 위기 관리 체제의 확립 · 원인규명 · 각 부서와 제휴한 정확한 지시 · 대외적 대응의 일원화

기업의 관리 체제는 좋은 의미든 나쁜 의미든 경제적인 활동에 직접 영향을 미친다. 따라서 사장 및 임원 그룹인 경영진으로 구성된 의사 결정 조직이 위생관리의 중요성을 인식한 다음 그 기본 방침을 책정하고, 회사 전체에 그 방침을 철저히 미치게 함으로써 종사자가 공통된 인식하에 위생관리를 하여 기업의 품질관리 향상을 도모함과 동시에 기업활동의 활성화를 기할 수 있다.

식품 기업에서 식품 사고의 발생을 미연에 방지하기 위하여 HACCP시스템에 의한 위생관리를 정확히 실시하는 것이 효과적이지만, HACCP계획에 의한 위생관리를 적절히 실시하더라도 예측할 수 없는 사고가 발생하는 경우가 있다. 따라서 사고가 발생한 경우에 대응할 위기 관리 체제를 생각해 두어야 한다.

식품 위생관리의 중심은 원칙적으로는 제조 분야와 품질관리 분야가 있으나, 식품 사고가 생한 경우 그 책임이 특정 분야에 한정되어 있는 것은 아니다. 식품 사고의 발생 원인을 제조할 때만이 아니라 유통 단계 등의 취급 등도 생각할 수 있다. 또한 위생관리는 다른 분야인 제품 기획 분야, 마케팅 분야, 소비자 창구 분야 등 기업 내의 모든 부문과의 제휴와 그곳에서의 적절한 정보를 근거로 실시되기 때문이다. 이상과 같이 기업의 위생관리 체제는 기업과 종업원 전체가 참여하여 수행함으로써 보다 효과적인 관리 체제를 이룩할 수 있다.

식품 사고가 발생한 경우에는 행정기관과 보건관서 등에 신속히 보고하고 그 지시를 받아야 한다. 또한 해당 제품을 재빨리 회수하여 소비자에게 위해가 미치지 않도록 함과 동시에, 그 식품 사고의 원인을 규명하여야 한다.

원인 규명의 실시는 전문 팀에 의해 하는 것이 효과적이다. 즉 식품 사고가 생산 현장에서 있었다면 사고를 일으킨 당사자인 생산 부문에 원인 규명을 맡기는 것이 아니라 관리 부문과 영업 부문 등 기업 내의 각 부서의 관계자가 참여하여 객관적으로 원인을 규명할 수 있는 조직을 편성하여 실시하여야 한다. 또한 원인 규명은 회사적 배경도 충분히 검토하여 해석할 필요가 있다.

원인이 판명된 경우는, 왜 그러한 사고를 일으켰는지 분명히 소비자 등에 대외적으로 설명할 필요가 있다. 식품회사가 사고를 일으킨 것은 책임으로나 그 기업에 있어서 커다란 상처가 된다. 한편 신뢰를 회복하기 위하여는 정보의 공개를 요구받게 된다. 그리고 앞으로 사고의 재발 방지를 위하여 기업으로서 어떠한 개선책을 강구할 것인가에 대하여도 소비자 등이 납득할 수 있을 만큼 설명할 필요가 있다. 그리고 다시 똑같은 원인의 식품 사고가 발생하지 않도록 재발 방지를 위한 매뉴얼을 작성하는 것도 중요하다.

4 위해 요소 및 HACCP 지원 프로그램

1. 위해 요소

식품에 잠재적으로 소비자에게 건강상 부정적 효과를 초래하는 생물학적, 화학적, 물리적 요소들을 식품의 위해 요소라고 말하다.

(1) 생물학적 위해

세균, 곰팡이, 바이러스, 효모, 조류, 원충류, 기생충 등이 있으나 이들 중 생물학적 위해를 초래하는 미생물은 대부분이 세균이다. 세균은 이분열 증식하며 부패와 식중독, 경구전염병, 인축 공통전염병을 일으키며 대부분 중온균으로 25~40℃에서 증식한다. 세균의 일반적 특성은 다음과 같다.

① 이분열 증식
② 짧은 세대 시간
③ 대부분 중온균, 중성 pH에서 최적 발육
④ 아포 형성균 - 내열성, 내건조성, 내약품성
⑤ 비아포 형성균 - 이열성
⑥ 독소 형성균 - 외독소 생성(enterotoxin, neurotoxin 등)
⑦ 산소 요구도에 따라 호기성과 혐기성균, 통성혐기성균으로 분류하기도 한다.

식품과 미생물의 관계는 동전의 앞뒤와 같이 식품이 있는 곳에는 특별한 경우를 제외하고는 항상 미생물이 상존하고 있다. 따라서 미생물에 의한 위해 사고를 미연에 방지하기 위해서는 미생물의 생육 조건을 알아야 한다. 미생물 증식에 영향을 미치는 요소로는 pH, 수분, 영양분, 항균성 물질, 온도, 습도, 산소 등이 있다.

(2) 화학적 위해

식품의 화학물질에 의한 위해는 생재료의 생산에서부터 최종 제품의 소비에 이르기까지 어떤 단계의 생산 과정에서도 발생할 수 있다. 화학적 독성으로 인한 장해는 만성적으로 장기간에 걸쳐 나타나 알레르기 반응, 신장장애 등과 같은 건강장애를 초래하여 임상증상이 나타났을 때는 치료가 불가능하게 되고 치명적이 되어 위험하다.

현재 식품에서 대두되고 있는 주요 화학적 오염물질은 다음과 같다.

① 청소 세제(식품 준비 구역에서)- 합성세제
② 농약(살균제, 살충제, 제초제), 쥐약
③ 엘러젠(알레르기를 일으키는 물질)
④ 중금속
⑤ 아질산염, 질산염 및 N-nitroso 화합물
⑥ 폴리염화비페닐(PCBs)
⑦ 가축병 치료제 잔류물 - 항생물질, 호로몬, 체외 기생충 살충제
⑧ 불허용 식품첨가물
⑨ 필로톡신(phyllotoxins) - 시안화물, 에스트로겐
⑩ 동물 독소 - 뱀독

(3) 물리적 위해

물리적 위해 요소란 식품에서 통상 발견되지는 않으나 소비자에게 질병이나 상해를 야기할 수 있는 물체에 의한 위해를 총칭하는 것으로 일반적으로 유리, 돌, 금속, 나무, 잔가지, 나뭇잎, 해충, 보석 등을 들 수 있다.

통상 식품에서 발견되는 물리적 위해 요소들은 소비자의 입이나 식도를 찌르고, 치아를 손상시키고, 호흡마비를 시켜 소비자에게 해를 끼친다. 이것들이 소비자의 위장에 흠을 낼 경우는 복막염, 장폐쇄 등의 질병을 일으키고, 구토, 내장의 쓰라림 등을 유발한다.

(4) 품질 위해

만약 HACCP 계획을 모든 분야의 제품에 확대하여 적용한다면 위해 요소는 품질 위해를 포함해야 한다. 품질 위해는 소비자의 요구를 충족하지 못하므로 그 제품이 소비자

에 의해 나쁜 품질로 간주되게 한다. 품질 위해의 예는 다음과 같다.

① 식품에서 발견되는 담배 꽁초, 페인트 조각, 껌 혹은 머리카락
② 소맥에서의 부족한 단백질 함량
③ 흠이 있는 오렌지
④ 크기가 다른 토마토
⑤ 탄 빵
⑥ 깨끗하지 못하게 제공된 식당의 음식
⑦ 바닥에 떨어진 고기 파이
⑧ 제품 사양의 불일치(예: 크기, 모양, 구조, 맛, 냄새, 색 등)

2. HACCP 지원 프로그램

HACCP는 단독으로 작동하는 프로그램이 아니고 관리 절차인 큰 시스템의 일부이다. HACCP 시스템이 효과적으로 작동하기 위해서는 SSOP나 GMP 혹은 일반적인 위생관리 프로그램의 견고한 기초 위에서 이행되어야 한다.

1) 청소 및 살균

청소 및 살균은 먹기 전에 안전한 식품의 생산에 핵심적인 분야이다. 장소별 청소 방법, 청소 주기, 사용하는 세척제 및 소독제의 종류, 희석률 농도, 사용 방법 및 저장 방법들이 문서화되어 SSOP에 포함되어야 한다.

2) 검 · 교정(Calibration)

검사 · 시험 및 측정 장비가 정확히 표시되고, 그 장비의 정확도가 적정한 수준임을 보증하는 과정으로 온도계, pH측정기, 저울 등이 그 대상이다.

3) 방역

위생 곤충과 쥐는 식품의 안전성에 심각한 장애이므로 적절한 방역 활동은 안전하고 좋은 식품의 생산에 필수적이다. 방역은 식품 취급 구역에 위생 곤충이나 쥐가 침입하는

것을 방지하는 활동과 발생 징후를 검사하여 이를 제거하는 활동으로 이루어진다. 그리고 훈련 받은 방역 기술자만 방역 업무를 해야 한다. 방역의 절차는 문서화되어 SSOP에 포함되어야 한다.

4) 교육/훈련

교육 및 훈련은 모든 분야가 그러하듯이 HACCP 시스템을 효과적으로 수립하고 효율적으로 이행하는 근간이자 첫걸음이다. 먼저 프로그램을 작성하여야 하며, 교육・훈련을 받은 사람과 그들이 받은 교육・훈련의 형태는 문서화하여야 한다.

교육・훈련 프로그램과 결과의 기록은 다음을 포함한다.

① 교육 내용
② 교육 주기/ 시간
③ 교육 기관 혹은 강사 및 장소
④ 교육 대상(참가자)
⑤ 교육 방법/교수안/도구

또한 교육/훈련의 종류는 다음과 같다.

① HACCP 팀 교육: HACCP 계획을 발전시키고, 그 계획을 확인 및 검증하는 인원은 인정된 교육 과정을 마쳐야 한다.
② 모니터링 교육: 위해 요소를 분석하여 식별된 중요 관리점에서의 모니터링 활동은 정확해야 하며, 모니터링을 책임진 사람은 교육과 훈련이 잘되어 있어야 한다. 여러 가지 모니터링 방법이 사용되는 산업체에서는 특히 교육과 훈련이 중요하다. 예를 들면 색깔, 냄새, 촉감 등의 관능 검사
③ 위생 교육: 종업원에 대한 주기적인 위생 교육은 대단히 중요하며 식품 안전성을 위한 필수적인 요구 사항이다. 교육은 매일 일과 시작 전 개인 위생 상태 점검을 겸한 교육과 주기적인 교육이 있는데, 그 주기는 업체의 사정에 따라 매주 1회, 2주 1회 혹은 매달 주기 등으로 할 수 있다.

위생 교육의 내용은 다음 사항을 포함한다.

① SSOP의 내용
② 위생 상태 감사 / 점검의 지적 사항 혹은 감독자가 발견한 부적합 사항
③ 최근의 식품 안전성이나 위생에 관한 과제

5) 예방 정비

예방이란 식품의 안전성에 영향을 미치는 장비를 사전에 계획적으로 정비하여 운영 중 장비의 고장이나 성능 미달 등으로 식품의 안전성에 부정적 영향을 미치는 것을 예방하는 것이다.

6) 제품 식별 및 추적성

제품 식별이란 용어 그대로 제품을 식별 가능하게 하는 것이다. 제품은 고객이 그것에 대하여 의문이 없도록 하고 잘못되었거나 부적합한 제품이 사용되는 것을 최소화하기 위하여 식별되어야 한다. 제품 식별은 다음을 포함한다.

① 제품명(종류 및 브렌드)
② 등급
③ 크기
④ 포장 및 제조 일자
⑤ 배치번호
⑥ 생산자

추적성은 다음과 같은 두 개의 별개 요소로 구성된다.

① 생산 중 사용된 투입 물질(예: 부재료, 포장재, 식품 첨가물, 살충제, 제초제, 비료) 및 그 출처를 식별할 수 있어야 한다.
② 최종 제품이 어디로 전달되었는지 식별할 수 있어야 한다.

따라서 식별 및 추적성은 다음을 위하여 중요하다.

① 문제의 원인 판단 및 적절한 시정 조치
② 적정 재고의 회전
③ 제품의 리콜

7) 승인된 공급자

구매하고자 하는 물품과 서비스가 제품의 안전성에 영향을 미치는 경우에는 과거의 거래 실적이나 객관적 기준에 의해 우리의 요구를 충족할 수 있을 것으로 판단되는 공급자로부터 구매하여야 한다.

공급자에 대한 평가는 HACCP 팀장이 품질관리 부서장 혹은 구매 부서장 등이 업무에 지정된 사람이 관련된 직원들의 의견과 과거의 거래 실적 및 객관적 기준을 종합하여 판단한다. 이러한 검토 절차를 통해 우리의 요구를 충족할 수 있을 것으로 판단된 공급자가 승인된 공급자이다.

승인된 공급자는 제품 생산에 투입하기 위하여 구매한 원자재와 부자재의 안전성 및 품질을 보증하지만, 나아가서는 실패 비용 및 평가 비용을 감소시켜 준다.

구매의 핵심 사항은 공급자와 우리의 요구에 대하여 명확히 의사 소통하는 것이다. 승인된 공급자 제도는 다음을 필요로 한다.

① 구매 사양서의 규명 및 문서화
② 승인된 공급자 목록 유지
③ 공급되는 생재료의 품질 검증, 승인된 공급자라도 주기적으로 실험실 검사 등의 방법으로 그들이 공급하는 원재료의 품질을 확인하여 공급자의 신뢰도를 검증하여야 한다.
④ 기록 유지

8) GMP 혹은 일반적인 위생관리 프로그램

GMP(적정 제조 기준)란, 식품 제조 시설에 적용되어야 하는 최소한의 상식적인 제조 환경, 위생 및 공정에 대한 요구 사항이다.

미국, EU 등에서는 식품의 위생관리 방법으로 GMP가 적용되어 왔는데, 이는 제조 환경을 청결하게 하여 위생적인 식품을 생산하기 위한 시설, 위생 및 공정에 관한 기준이다.

GMP의 구성은 일반 사항, 건물 및 시설, 장비, 생산 및 공정 관리로 되어 있다.

9) SSOP

SSOP(위생관리 기준)란, 특정 업체에서 위생을 어떻게 이행하고 모니터링할 것인가를 규명한 표준 절차이다. SSOP를 가진 업체는 일관성, 종업원에 대한 교육과 현장 이행의 용이, 모니터링 및 검증의 용이, 표준화 및 이에 대한 준수, 그리고 시간 및 비용의 효율성 등의 이점이 있다.

▶ 위생관리의 시스템

① SSOP의 발전, ② SSOP의 교육 및 이행, ③ 이행의 모니터링, ④ 시정 및 개선

결국 위생은 어떤 규정을 준수하는 것이므로 위생관리는 종업원이 지속적으로 그 규

정을 준수하도록 체계적으로 수행하는 것이다.

위생의 이행을 모니터링한 것과 그 결과 발견된 부적합 사항을 시정하거나 개선한 사항을 문서화된 기록을 유지하여야 한다.

▶ SSOP의 8가지 핵심 분야

① 물의 안전성

② 식품 접촉 표면의 조건 및 청결

③ 교차 오염의 방지

④ 손씻기 및 위생 시설

⑤ 비식품 물질의 유입방지

⑥ 독성 물질의 적절한 라벨링, 보관 및 사용

⑦ 종업원의 건강

⑧ 해충의 제거

▶ SSOP의 구조

① 목표

② 누가・언제・어떻게 → 이행하는가?

③ 누가・언제・어떻게 → 이행을 모니터하는가?(기록, 유지 포함)

SSOP를 작성하는 방법은 위와 같은 구조로 무엇을 목표로 누가, 언제, 어떻게 하며, 그 이행 상태를 누가, 언제, 어떻게 모니터링하고 그 결과를 기록, 유지하는가를 실제로 하고 있는 그대로 기술하면 된다. 만약 실제 업무가 SSOP의 8가지 핵심 분야를 관리하기 위하여 부적절하다면 그 업무를 실제 어떻게 수행할 것인가 하는 방법을 발견하여 기술한다.

〈표 2-2〉 GMP의 핵심 내용과 이를 절차화하는 방법

GMP 분야	GMP 기준의 핵심 내용	절차화하는 방법(예)
작업자의 질병 관리	1. 질병이 있는 종업원으로 인하여 식품이 오염되는 것을 방지하기 위하여 몸이 아픈 종업원을 식품 취급에서 제외	다음과 같은 내용을 SSOP에 포함 1. 정기적 건강 진단 및 결과의 유지 2. 위생 교육 시 몸이 아픈 종업원은 집에서 쉬도록 강조 3. 매일 일과 시작 전에 감독자가 종업원의 건강 상태 검사 4. 작업 중 다친 종업원은 감독자에 즉시 보고
작업자의 청결	1. 겉옷의 오염 방지에 적합	다음과 같은 내용을 SSOP에 포함 1. 회사는 방수되는 재질의 앞치마 지급 및 종업원은 회사 지급품만 사용 2. 매 일과 후 앞치마의 세탁, 소독 및 지정된 장소 보관 3. 회사는 여분의 위생복을 지급하고 종업원은 매일 세탁 할 것
	2. 양호한 개인 위생 -개인 청결 -손씻기: 작업시작 전, 작업장 이탈 후 복귀 시, 오염된 것 만진 후 기타 -식품 작업중 장신구 제거 -장갑의 청결 및 불침투성 재질 -옷과 개인 소지품을 식품 구역이 아닌 곳에 보관 -모자 등 머리카락 방지 도구 착용 -식품 구역 내에서 취식, 마시기, 흡연 등 금지	다음과 같은 내용을 SSOP에 포함 1. 매일 출근 전 샤워 2. 손을 씻을 것 3. 작업중 장신구를 착용할 수 없음 4. 고무장갑은 수시로 소독 5. 옷과 개인 소지품은 탈의실에 보관 6. 모자 혹은 머리덮개를 착용하여 머리카락이 밖으로 나오지 않도록 할 것 7. 취식, 마시기 및 흡연 등은 지정된 장소에서만 할 것
	3. 식품의 오염을 방지하는 예비조치	다음과 같은 내용을 SSOP 포함 1. 식품 구역 입장 시는 규정된 위생복장 착용 및 손 씻기, 장갑 및 앞치마 소독, 장화 소독 2. 식품 구역 입장 시 종업원 위생 상태 검사 3. 장화 착용하고 지정된 장소의 이탈 금지
작업자의 교육 훈련	1. 위생 교육	위생 교육 계획에 반영
작업자의 감독	1. 위생 준수를 보장하는 감독자 지정	SSOP작성 시 '누가' 에 명시

〈표 2-2〉 계속

GMP 분야	GMP 기준의 핵심 내용	절차화하는 방법(예)
공장 부지	1. 해충의 번식 방지 2. 오염의 발생 방지	1. 대부분의 식품공장의 부지는 시멘트로 포장되어 있다. 2. 주위에 오염원이 있을 시는 식품 구역의 통풍기에 에어필터 설치 3. 쓰레기 처리는 SSOP에 포함
공장 시설 및 설계	1. 원료 보관과 기계 설치의 충분한 공간 2. 오염 구역과 청결구역의 분리 3. 바닥, 벽, 지붕 : -응축수로 인한 오염 방지 -청소하기 쉬울 것 4. 식품 구역의 조명: -적절한 밝기 -안전망 5. 식품을 오염시킬 수 있는 증기나 냄새를 최소화하는 통풍기 6. 방충망 등 해충에 대한 보호 *시설은 오염을 방지하고 청소하기 쉬운가 하는 측면에서 볼 것	1. 공장의 시설에 대한 요건은 SSOP내의 시설 위생 관리기준으로 포함할 수도 있고, 내부 감사의 시설 위생감사 점검표에 포함하여 운용할 수도 있다. 2. 다음 사항은 SSOP에 포함: 방충망, 쥐 차단막, 살균등의 정기적 확인 *오염 구역과 청결 구역은 공장의 여건에 따라 상이하나 일반적으로 CCP를 기준으로 하여 전처리 구역은 오염 구역, 후처리 구역은 청결 구역이다.
시설, 기계의 위생관리	1. 보수 2. 청소	다음과 같은 내용을 SSOP 포함 1. 시설: 위생 상태의 정기적 검사 2. 청소 방법 및 주기(*3.1 청소 및 살균 참조)
청결 및 소독에 사용된 물질	1. 사용에 안전하고 적절함을 검증 2. 식품 오염을 방지하는 라벨링, 보관 및 사용	다음과 같은 내용을 SSOP에 포함 1. 구매 시 성적서를 확인 2. 원래 용기에 담아 사용하고 라벨을 부착할 것 3. 지정된 장소에 보관 4.. MSDS의 유지
해충 관리	1. 식품 구역에서 해충의 제거	다음과 같은 내용을 SSOP에 포함 1. 식품 구역 내 해충 징후의 주기적 검사 2. 해충의 예방책 (* 3.3 방역 참조) 3. 고양이 금지, 개는 묶어 둘 것

〈표 2-3〉 MSDS: Material safety date sheet

GMP분야	GMP 기준의 핵심 내용	절차화하는 방법(예)
식품 접촉 표면의 위생 (이동식 기계, 도구 포함)	1. 사용 시 건조 및 위생적 조건 2. 식품 접촉 표면의 청소 및 살균 3. 직접 식품에 접촉하지 않는 기계의 청소	*본표 시설, 기계의 위생관리와 동일
	1. 일회용품의 위생적 보관 및 사용	다음과 같은 내용을 SSOP에 포함 1. 지정된 용기에 보관 2. 필요한 양만 작업장에 반출
위생시설 및 설비	1. 물 공급 -안전 -충분 2. 배관 -충분한 양을 공급 -역류나 교차 연결이 없을 것 3.적절한 하수처리	다음 내용을 SSOP에 포함 1. 정기적인 수질검사 2. 물탱크의 청소 및 탱크 내 소독약 투입 3. 배관의 점검
	4. 화장실 -위생적 시설 및 양호한 보수 유지 -화장실 공기가 식품 구역을 오염하지 않을 것(이중문 혹은 통풍장치) 5. 손씻기 시설 -필요한 곳에 있을 것 -비누, 위생 수건의 제공 -손의 재오염을 방지하는 형태 6. 쓰레기 및 부산물 처리 설비 : 오염, 해충 발생을 최소화	다음 내용을 SSOP에 포함 1. 정기적 화장실 시설 및 손씻기 시설의 확인 2. 화장실 및 손씻기 시설의 요건 3. 화장실의 청소 주기 및 방법 4. 손씻기 시설에 보급품의 비치 5. 쓰레기 및 부산물 처리를 위한 장비 요건, 청소 주기와 방법
장비 및 용기	1. 모양은 청소하기 쉬울 것 2. 재질은 무해하고, 녹이 슬지 않고, 화학제에 견딜 것 3. 냉장, 냉동고는 온도계 부착	다음 내용을 SSOP에 포함 1. 장비 및 용기의 조건 2. 구매 시 위생 측면의 검토 3. 주기적 장비 및 용기의 적합성 평가

〈표 2-3〉 계속

GMP 분야	GMP 기준의 핵심 내용	절차화하는 방법(예)
원재료 및 기타 성분	1. 원재료 및 기타 성분의 안전성과 위생적 취급	1. 1차 가공(가열하지 않는 공정)에서는 원재료 구매가 주로 CCP가 된다. HACCP 계획에 포함(*본표 장비 및 용기 참조) 2. 원재료 보관, 해동 및 준비 시의 절차가 필요시 SSOP에 포함
제조 작업	1. 장비, 용기: 청소하기 쉽고 위생적	1. SSOP에 포함(*본표 장비 및 용기 참조)
	2. 미생물 증식 방지 관리: 시간, 온도, 습도 Aw, pH 관리 및 이를 보장하는 물리적 요인의 감시	1. 공정 중에 미생물 증식 방지 관리가 CCP일 시 HACCP 계획에 포함 2. CCP가 아닐 때는 예방 정비 및 검·교정으로 관리
	3. 냉장, 냉동, 가열 시의 적절한 온도 관리	1. 냉장, 냉동: 예방 정비 계획에 포함 2. 가열: CCP일 경우 HACCP 계획에 포함
	4. 안전성 관리가 품질을 저하하지 않을 것	절차화 불필요
	5. 작업 중 오염 방지	다음과 같은 내용을 SSOP에 포함 1. 한 번 사용한 원재료 용기의 세척 및 소독 2. 작업중 바닥에 떨어진 제품의 격리 3. 원재료와 최종 제품의 분리 보관 4. 전처리 공정 인원의 후처리 공정으로 이동 시 소독 혹은 이동을 통제
	6. 최종 제품을 원재료나 부적합품으로부터 오염 방지	
	7. 원재료 용기의 위생적 취급	
	8. 금속 등 이물질 방지	1. 금속 등의 물리적 위해가 있을 때는 CCP로서 금속탐지기 공정을 HACCP계획에 포함
	9. 재활용 식품의 사용 전 검사	1. 해당될 때 CCP로서 HACCP계획에 포함할 수 있음
	10. 제조 단계의 온도 및 시간 관리와 식품 접촉 표현의 청결 및 살균	1. 작업장의 온도는 냉방기의 예방 정비로 관리 2. 생물을 취급할 때는 작업 시간이 CCP가 될 수 있음 3. 청소 및 살균은 주기와 방법을 SSOP에 포함
	11. 준비 공정에서 데친 식품의 오염 방지	다음 내용을 SSOP에 포함 1. 작업장 온도에서 특정한 시간 동안 처리할 수 있는 양만 작업 2. 최종 포장재를 식품 접촉 표면에 직접 닿지 않게 할 것 3. 용기의 매 사용 후 세척 및 소독
	12. 준비 공정에서 반죽, 드레싱 등의 오염 방지	
	13. 필링, 조립 및 포장 등 업무시 식품의 오염 방지	

〈표 2-3〉 계속

GMP 분야	GMP 기준의 핵심내용	절차화하는 방법(예)
제조 작업	14. 건조식품의 Aw 관리	1. 해당될 때 CCP로서 HACCP 계획에 포함
	15. 산성식품의 pH 관리	
	16. 얼음의 안전성	1. 해당될 때 SSOP에 포함(*본표 위생시설 및 설비의 물 공급 참조)
	17. 식품 제조 시설에서 비식용 혹은 동물용 사료 제조 금지	절차화 불필요
창고 및 분배	1.저장과 수송 시 식품의 안전성	다음과 같은 내용을 SSOP에 포함: 1. FIFO(선입 선출) 2. 수송 차량의 청결 및 검사 3. 수송 차량의 온도 관리 혹은 소매점 감사

ABC 식품(주)
모니터링 장비 검 · 교정 일지

장 비 명:________________

사용장소:________________

일련번호:________________

모 델 명:________________

구매일자:________________

검 · 교정일자	검 · 교정결과	검 · 교정방법	담당자

ABC 식품 (주)
개인 교육 / 훈련 기록부

검 토

이 름 : 직 책 :

교육 과정／내용 교육기간 강사／교육기관

ABC 식품 (주)
위생교육 일지

일 자	년 월 일	시 간	시 분
강 사		장 소	
제 목			
내 용			
참석자			
결 과			

ABC 식품(주)
일일 위생감사 일지

년 월 일

위생 상태	시	간		비 고
	일과전			
	o / x	o / x	o / x	
1. 장비 청결 및 위생				
① 일과 시작 전 장비 청결 및 위생				
② 휴식중 장비에서 제품 찌꺼기 제거				
③ 휴식 중 그대로 취식하는 제품 장비의 청소 및 위생				
④ 장비 위생에 사용되는 염소 농도(ppm)				
2. 종업원 태도				
장갑 및 앞치마가 깨끗하고 잘 유지되었는가?				
3. 교차 오염				
① 비위생적인 물질을 접촉하는 종업원의 손, 장갑, 장비 및 용기는 제품 접촉 전 씻고 위생처리가 되었는가?				
② 전 공정의 종업원이 후 공정으로 이동 전 손, 장갑 및 앞치마를 씻고 위생처리가 되었는가?				
4. 손씻기 및 위생시설				
① 충분한 공급품				
② 손 담그는 곳의 요오드 농도(ppm)				
앞 출입구				
뒷 출입구				
옆 출입구				
1번 라인 시작 점				
1번 라인 끝				
2번 라인 시작 점				
2번 라인 끝 점				

ABC 식품(주)
일일 위생감사 일지

2 of 2

위생 상태	시간			비 고
	일과전			
	o / x	o / x	o / x	
5. 비식품의 유입 방지				
① 청소 약품의 정확한 라벨 및 보관				
② 윤활유의 정확한 라벨 및 보관				
③ 살충제의 정확한 라벨 및 보관				
④ 응결수로부터 제품 보호				
⑤ 바닥에서 튀는 물기로부터 제품 보호				
6. 냉장 저장				
포장되지 않은 조리된 제품을 생재료와 분리				
7. 종업원 건강				
제품에 영향을 미치는 질병의 징후가 없는가?				
8. 화장실 시설				
화장실이 깨끗하고 잘 기능하는가?				
9. 해충 및 쥐				
공정 구역에 해충 및 쥐는 없는가				
일자 :	감사자 :			

ABC 식품 (주)
월간 위생감사 일지

검 토

위생 상태	시간 o / x	비고
먹는 물과 하수 사이에 교차 연결은 없는가?		
공정 장비 및 용기는 적합한 조건인가?		
공정의 물리적 조건 및 장비의 배치는 오염의 위험을 최소화하기에 적합한가?		
작업장 시설은 기준에 적합하며 적절히 유지되고 있는가?		
작업장 구석의 청소 상태는 양호한가?		
위생 교육은 계획에 의해 실시되었는가?		
일일 위생 감사의 지적 사항들은 적절히 시정되었는가?		
일자:	감사자:	

5 HACCP 계획의 발전 순서(Codex 12단계)

1993년 FAO/WHO의 합동식품규격위원회가 HACCP 적용을 위한 지침을 제시하여 전 세계적으로 이 지침에 의거 HACCP 계획을 적용하고 있다. <표 2-4>는 Codex(Codex Alimentarius, 국제식품규격위원회)의 지침으로 HACCP 계획의 작성 순서를 12단계로 나타낸 것이다. 그 중에서 1단계부터 5단계까지는 예비 단계로써 HACCP팀 구성, 제품에 대한 기술, 사용자 의도의 식별, 공정도의 작성 및 공정도의 현장 검증으로 구성되어 있다. 6단계부터 12단계는 HACCP의 7원칙의 순서에 의해 구성되어 있다.

여기에서 알 수 있듯이 해당 사업장의 HACCP 계획을 작성하는 것은 이 Codex의 12단계 혹은 HACCP의 7가지 원칙이라는 길잡이를 따라 팀 활동을 하는 것이다.

〈표 2-4〉 HACCP 적용의 순서(Codex 지침서)

HACCP는 국제식품규격위원회(Codex)에서 정한 다음의 7원칙 및 12단계에 의해 수행된다. (1~5단계는 원칙1의 위해 분석을 하기 위한 준비 단계) 1단계: HACCP팀 구성을 구성한다. 2단계: 제품의 특징을 기술(Description)한다. 3단계: 제품의 사용 방법을 명확히 한다. 4단계: 제조 공정의 흐름도를 작성한다. 5단계: 제조 공정의 흐름도를 현장에서 확인한다. 6단계(원칙1): 위해 분석을 실시한다. 7단계(원칙2): 중요관리점(CCPs)을 결정한다. 8단계(원칙3): 관리 기준을(CL)을 결정한다. 9단계(원칙4): CCP에 대한 모니터링 방법을 설정한다. 10단계(원칙5): 모니터링 결과 CCP가 관리 상태의 위반 시 개선 조치(CA)를 설정한다. 11단계(원칙6): HACCP가 효과적으로 시행되는지를 검증하는 방법을 설정한다. 12단계(원칙7): 이들 원칙 및 그 적용에 대한한 문서화와 기록 유지 방법을 설정한다.

1. HACCP팀 구성(1단계)

HACCP팀을 구성하고 HACCP 계획의 목적과 범위 결정

Codex 지침서

식품 업체는 효과적인 HACCP 계획을 작성하기 위하여 HACCP 팀에 제품에 대한 특정 지식과 전문 지식을 가진 사람을 참여시켜야 한다. 가장 좋은 방법은 여러 분야의 전문가가 팀을 구성하는 것이다. 그러나 전문가가 없을 때는 외부로부터 전문가의 조언을 구할 수 있다. HACCP 계획의 범위를 식별해야 한다. 그 범위는 식품을 취급하는 일련의 과정 중 어느 부분를 포함하며 일반적인 위해 요소 등급 중 어느 것을 취급할 것인가를 기술해야 한다.

1) 경영자의 의지와 HACCP 구성

HACCP를 구성할 때 사전 단계에서 가장 중요한 것은 경영자의 의지이다. 그것은 HACCP 제도를 도입하려면 비용이 발생하기 때문이다.

HACCP 팀 구성은 먼저 HACCP 팀장을 지정해야 하는데, HACCP 팀장은 그 작업장의 모든 업무를 가장 잘 알고 선임적 위치에 있는 사람이 적합하다. 경영자는 HACCP 팀장이 자신의 대리인으로 HACCP 활동을 주도할 수 있도록 책임과 권한을 주어야 한다.

경영자의 의지는 통상 다음을 통해 실현된다.

① 예산 승인
② 회사의 HACCP 혹은 식품 안전성 정책의 승인 및 추진
③ HACCP 팀이 적절한 자원을 활용할 수 있도록 보장
④ HACCP 팀이 작성한 프로젝트의 승인 및 프로젝트가 지속적으로 추진되도록 보장
⑤ 보고 체계를 수립
⑥ 프로젝트가 현실적이고 달성 가능하도록 보장

2) HACCP 팀의 구성 방법

HACCP 팀은 제품 공정도상의 모든 공정에 대하여 충분한 기술과 업무에 대한 지식을 가지고 있어야 한다. 따라서 HACCP 팀은 다음의 분야의 전문가가 포함되어야 한다.

① 원재료
② 공정 및 업무 활동
③ 위해 요소에 관한 전문 지식(예, 미생물 전공)
④ 최종 제품
⑤ 품질관리

⑥ 장비 및 엔지니어링
⑦ 환경

여기서 전문가는 학교 교육의 전공 과목이나 특정 학위의 소지자를 요구하는 것이 아니고 실제 해당 작업장의 실정을 잘 이해하고 그 업무에 종사하는 사람이다.

3) HACCP 팀의 책임

HACCP 팀의 책임은 HACCP 계획의 수립 및 발전시키고, SSOP를 작성하며, HACCP 시스템을 검증하고 이를 이행하는 것이다.

(1) HACCP **팀장**

좋은 의사 소통 능력과 리더십이 있고, 회사에 선임적 지위에 있는 사람이 팀장이 되는 것이 대단히 중요하다. 또한 팀장은 HACCP에 대한 전문적인 지식이 있어야 한다. 팀장의 책임은 다음과 같다.

① HACCP 추진의 범위 통제
② HACCP 시스템의 계획과 이행을 관리
③ 팀 회의 조정 및 주제
④ 시스템이 Codex 지침에 적합하고, 법적 요구를 충족하며 효과적인지를 결정
⑤ 모든 문서의 기록을 유지
⑥ 내부 감사 계획의 유지 및 이행

(2) HACCP **팀원**

HACCP 팀원의 책임은 다음과 같다.

① HACCP 추진 및 문서화
② 위해 허용 한도의 이탈 감시
③ HACCP 계획의 내부 감사
④ HACCP 업무에 관한 정보 공유

따라서 HACCP 팀은 다음 분야의 공식적인 교육/ 훈련에 참여해야 한다.

① HACCP 소개/ 이행
② HACCP 시스템의 문서화
③ HACCP 내부 감사
④ 시스템 모니터링 / 시정 조치에 관한 직무 교육(OJT; On the Job Training)

4) HACCP의 범위 및 목적의 결정

(1) 범위

① 어디에서 시작해서 어디에서 끝나는가? 그리고 무엇을 포함할 것인가?

② 공정의 시작과 끝나는 시점의 내역을 규명하라.

③ 예) 토마토 생산 기업

신선한 토마토의 재배에서 공급까지의 과정을 위한 경작

(2) 목적

① 이유, 즉 왜 HACCP를 시행하는가?

② HACCP를 왜 시행하는가 하는 이유를 규명하라.

③ 예) 토마토 생산 기업

안전하고 신선한 식용 토마토(일정한 크기, 모양 및 잘 익은)를 항공 기내식 공급 회사에 제공

2. 제품에 대한 설명(2단계)

제품에 대한 설명은 제품의 성분, 물리적/화학적 특성, 포장, 안전성에 관한 정보, 취급, 보관 및 분배의 방법에 대한 상세한 내역을 제공한다.

Codex 지침서

제품에 대한 설명은 성분, 물리적/화학적 구조(Aw, pH 등 포함), 살균/정균 처리 공정(예: 가열, 냉동, 염장, 훈연 등), 포장, 유효 기간 및 저장 조건과 분배 방법 등 관련된 안전성 정보를 포함하여 완전하게 작성하여야 한다.

1) 제품 설명의 이유

제품에 대한 설명은 HACCP 팀이 각 제품에 대하여 완전히 이해할 수 있게 하고, 생재료나 최종 제품 및 포장재의 고유한 위해 요소를 포함한 발생 가능성이 있는 위해 요소를 식별하는데 필요한 정보를 제공한다.

제품에 대한 설명은 다음 내용을 포함한다.
① 제품 이름
② 구성
③ 최종 제품 특성
④ 보존 방법
⑤ 주 포장
⑥ 최종 포장(선적용)
⑦ 저장 조건
⑧ 분배 방법
⑨ 제품 수명
⑩ 특별 표시
⑪ 소비자 조리 방법

2) 제품 설명의 방법

① 제품 이름: 제품의 브랜드 명이나 통상적인 이름이다.
예) 당신이나 종업원들이 그것을 무엇이라고 부르는가?
비슷한 제품은 동일한 위해 요소를 다루는 한 같은 그룹으로 분류할 수 있다.
② 구성: 성분
③ 최종 제품 특성: 안전성을 판단하는 데 중요한 제품의 성질이나 물리적 특성은 크기, 화확을 연장하기 위하여 사용된 방법
예) 가열, 냉동, 훈연, 염적 특성은 pH, 수분 활성도(Aw) 등이다.
④ 보존 방법: 식품의 수명장
⑤ 주 포장: 제품에 직접 접촉하는 포장의 형태
예) 벌크, 카톤박스, 드럼, 사일로, CO_2가스 유입, 진공포장
⑥ 최종 포장: 제품의 수송을 위하여 사용되는 포장 형태
예) 프라스틱 백, 프라스틱 크레이트, 수출용 랩 포장 팔레트
⑦ 저장 조건: 위해 요소에 의한 위험을 최소화하기 위하여 어떻게 제품을 저장하는가 하는 방법
예) 저장 온도, 습도, 주위 온도
⑧ 분배 방법
- 위해요소에 의한 위험을 최소화하기 위하여 분배 중 적용해야 할 특별 요구 사항

예) 저장온도, 커버하여 보관, 건조한 조건의 운반차로 수송

- 운송 방법 예) 테이블-탑 트럭, 탱크 트럭, 기차, 선박

⑨ 제품 수명: 지정된 보관 조건(예 : 보관 온도 및 습도)에서 제품의 예상되는 수명을 기록, 일반적으로 통용되는 제품 수명이 있을 것이나 자사의 제품에 대한 수명에 대한 주기가 검증되어야 하다.

⑩ 특별 표시: 도매나 소매 판매를 위하여 식품에 표시해야 할 표준 지침 혹은 감독기관의 라벨링 요구 사항

예) 식품을 포장한 포장지에 표시되거나 부착된 라벨에는 그 식품을 생산이나 제조한 국가를 식별하는 표식을 포함해야 한다.

⑪ 소비자 조리 방법: 소비자의 취급이나 이용에 관한 설명

예) '다른 공정에 사용', '그대로 취식', '조리 후 취식', 개봉 후 냉장 저장', '1~4℃ 보관'

3. 사용 의도의 식별(3단계)

제품에 대한 고객의 사용 의도와 민감한 집단을 고려하여 대상 고객을 식별한다.

Codex 지침서
사용 의도는 최종 사용자나 소비자에 의해 예상되는 제품의 사용 방법이며, 특별한 경우에는 취약한 집단(예: 급식소)이 고려되어야 한다.

1) 사용 의도란?

제품의 사용 의도는 최종 사용자나 소비자에 의하여 그것이 통상적으로 사용되는 형태를 말한다.

예) -가열 후(완전한 가열은 아님) 제공
-그대로 혹은 조리 후 취식
-그대로 취식 혹은 간단히 조리 후 취식
-충분히 조리 후 취식
-추후 재가공 후 제공

대상 고객이 최종 사용자나 소비자는 다음과 같이 식별된다.
예) -일반 대중
-병원 및 요양원을 포함한 일반 대중
-다른 가공공장
-유아용

2) 민감한 집단

노인, 유아, 임산부, 병약자, 알레르기 반응자들의 민감 집단은 위해 요소에 매우 민감하다. 예를 들면, 해마다 여름철에 해산물을 날 것으로 섭취할 때 발병하는 비브리오패혈증은 주로 50대의 성인병이 있는 남자 특히 간질환자에게 발생한다.

따라서 제품이 일반 소비자를 위한 것인지, 혹은 민감한 집단 중 어느 집단을 대상으로 할 것인지를 기술해야 한다(예: 유아용 이유식).

4. 공정도 작성(4단계)

시작부터 종료까지 HACCP 계획의 전 범위를 망라하는 공정도를 작성

Codex 지침서

HACCP 팀은 공정도를 작성해야 한다. 공정도는 업무상 모든 단계를 망라해야 한다. HACCP을 적용할 때, 그 작업장의 전 단계와 이후의 단계들을 고려해야만 한다.

1) 공정도

공정도는 공정의 모든 단계를 망라한 공정의 흐름을 그림으로 제공하여 HACCP 팀이 생산 시스템을 바로 이해할 수 있게 한다. 공정도는 작업장에 관해 잘 모르는 사람도 공정의 단계를 신속히 파악할 수 있도록 다음을 포함하여 명확하고 완전하게 작성해야 한다.

① 원재료, 포장재 및 부재료 등 공정에 투입되는 물질
② 검사, 운반, 저장 및 공정의 지연을 포함하는 상세한 모든 공정 활동
③ 공정의 출력물(예: 최종 제품, 포장, 공정 중의 제품, 재작업 및 거부된 제품, 부산물)

2) 작업장 도면(lay out)

작업장의 도면을 작성해 보면 마치 높은 곳에서 작업장의 전체 현황을 한눈에 보는 것 같아서 잠재 오염의 원인 식별과 공정도의 작성이 더욱 용이하고, 특히 교차오염의 구역을 파악할 수 있다. 작업장 도면은 다음을 표시하여야 한다.

-시설 도면
-공정 단계의 순서
-시간/온도의 조건
-통풍 및 공기의 흐름
-물 공급 및 배수
-칸막이
-장비의 형태
-용기의 흐름 및 세척/소독
-출입구, 손 소독, 발 소독조
-저장 및 분배 조건

공정도 및 작업장 도면을 작성 시 현장 근무자의 도움을 받는 것이 좋다.

3) 기본 공정도의 사례

반입 제품
↓
반입 제품
↓
반입 제품
↓
반입 제품
↓
반입 제품

4) 공정도 예(조리된 냉동 쇠고기 패티)

원재료 반입(쇠고기)
↓
원재료 저장
↓
다진 쇠고기의 혼합/브렌딩
↓
그라인딩
↓
양념 혼합
↓
형태 만들기
↓
가열
↓
냉동
↓
금속 탐지기
↓
포장 및 라벨링
↓
저장
↓
선적
↓
분배

5. 공정도의 현장 검증(5단계)

공정도의 현장 검증이 요구된다. 이것은 모든 HACCP 팀 요원이 참여하여 작업 시간 중 모든 단계에서 이루어져야 한다.

> **Codex 지침서**
>
> HACCP 팀은 작업 시간 중에 모든 단계에서 공정도에 대한 현장 검증을 하고 필요한 경우 공정도를 수정하여야 한다.

공정도는 위해 요소 분석에 필수적이므로 공정도의 정확성이 매우 중요하다. 그러나 회의실에서 공정도의 정확성을 얻는 것은 어려우며, 이 공정도가 정확하고 누락된 단계가 없음을 확인할 수 있는 방법은 작업 중 직접 공정도의 순서에 의해 공정을 돌면서 확인하는 것이다. 그리고 공정도의 현장 검증을 통해 HACCP 팀은 제품이 어떻게 생산되는가에 대한 완전한 이해를 하게 된다. 이 공정도의 현장검증에는 HACCP 팀이 전원 참가해야 하며, 2개 이상의 근무조가 작업할 경우에는 모든 근무조에서도 현장검증을 실시해야 한다.

공정도의 현장 검증은 HACCP 팀이 작성된 공정도를 들고 공정도의 순서에 따라 현장을 순시하면서 공정도상의 내용과 실제 작업이 일치하는지 관찰하고, 필요할 경우 종업원과의 면접 등으로 확인하면 된다.

공정도의 현장 검증 내역은 일자를 포함하여 공정도상에 기록하여 그 결과를 유지할 수 있다.

6. 위해 요소 분석의 실시(6단계)

중대한 위해가 발생할 수 있는 공정 중의 단계를 열거하고 예방책 기술

> **Codex 지침서**
>
> 각 단계와 관련된 모든 잠재 위해 요소를 열거하고, 위해요소 분석을 실시하고, 식별된 위해 요소를 관리할 수 있는 방법을 고찰하라.
> HACCP 팀은 1차 생산에서 가공, 제조, 분배를 거쳐 소비 지점까지의 각 단계에서 발생할 것으로 예상되는 모든 위해 요소를 열거하라.
> 그 다음 HACCP 팀은 안전한 식품 생산을 보장하기 위하여, 제거하거나 허용 수준으로 감소해야 할 위해 요소를 식별하기 위하여 위해 요소 분석을 실시해야 한다.
> 위해 요소 분석을 실시할 때 가능하면 다음 사항이 포함되어야 한다.
> - 위해 요소 발생 가능성과 건강에 미치는 영향
> - 존재하는 위해 요소의 양적 · 질적 평가
> - 관련된 미생물의 발육 혹은 증식
> - 식품 생산에 사용되거나 식품에 포함될 수 있는 유독물질, 화학제, 이물질
> - 상기 사항을 유발하는 조건

1) 위해 요소 목록

① 생물학적 위해 요소: 병원미생물(예: 세균, 바이러스, 곰팡이, 원충), 기생충
② 화학적 위해 요소: 자연독, 화학약품, 농약(살충제), 잔류 항생물질, 불량 식품첨가물, 유해 분해 물질(예: histamine)
③ 물리적 위해 요소: 금속, 유리 등

2) 위해 요소 분석 방법

① 위해 요소 분석 작업표에 모든 공정의 단계를 열거
② 각 단계별로 모든 잠재적인 생물학적, 화학적 및 물리적 위해 요소를 식별(브레인스토밍)
③ 중대 위해 요소를 결정(위험성 평가)
④ 예방책을 식별: 공정도가 완성되고 이를 현장 검증한 후에 HACCP 팀은 HACCP 추진의 다음 단계인 위해 요소 분석을 실시한다. 이 단계에서는 모든 잠재적 위해 요소가 식별되고 고려되도록 해야 한다. 위해 요소를 분석할 때 모든 위해요소의 내용을 기억하지 않아도 된다. 필요하다면 관련 문헌을 참고 할 수 있고, 해당 분야 전문가의 도움을 받을 수도 있다.

위해 요소 분석이 해당 작업장의 직접 관리 밖에서 이루어지는 요인도 고려하여야 한다. 위해 요소 분석은 먼저 위해 요소 분석 작업표에 모든 공정의 단계를 순서대로 열거하고, HACCP 팀이 브레인 스토밍으로 각 단계별 모든 잠재적인 생물학적, 화학적 및 물리적 위해 요소를 식별해야 한다. 잠재적 위해 요소가 식별되면 HACCP 팀은 위험 평가를 통해 그 잠재적인 위해 요소 중 HACCP에서 관리해야 할 중대한 위해 요소를 결정한다.

브레인 스토밍과 위험 평가를 통해 특정 단계에서의 중대한 위해가 결정되면 그 위해 요소를 관리할 수 있는 예방책을 설정해야 한다.

※브레인 스토밍(Brain storming)

팀의 모든 멤버가 참여하여 아이디어를 내고 토론하여 문제를 해결하는 방법. 여기서 중요한 것은 타인의 아이디어를 비평해서는 안 되고 모든 아이디어를 기록해야 하는 것이다.

3) 중대한 위해 요소의 판단

중대한 위해 요소란 관리를 하지 않을 경우 일반적으로 발생할 것으로 생각되며 발생하면 소비자에게 질병이나 상해를 야기하는 것으로의 그 판단 기준에는 위해 요소의 발생 가능성과 위해 요소의 심각성이 있다.

(1) 위해 요소의 발생 가능성

위해 요소 발생 가능성은 HACCP 팀원에 따라 의견이 다를 수도 있으나 다음 사항을 종합적으로 고려하여 판단한다.

① HACCP 팀의 경험이나 사례
② 과거의 발생 사례
③ 역학 자료
④ 기술서적 및 과학적 연구 논문
⑤ 잡지
⑥ 대학이나 관련 연구소
⑦ 공급자
⑧ 타 식품 제조업체
⑨ 제품 리콜에 관한 정보

필요할 경우 위해의 발생 가능성은 높음(H), 보통(M), 낮음(L)으로 표시할 수 있다.

(2) 위해 요소의 심각성

위해 요소의 발생 가능성은 낮은 것으로 고려되지만 발생하면 소비자의 건강에 치명적인 영향을 미치는 경우가 있다.

위해 요소의 심각성은 소비자의 건강에 미치는 영향에 의해 판단하는데, 그 정도는 역시 높음(H), 보통(M), 낮음(L)으로 표시할 수 있다.

4) 예방책의 식별

모든 잠재적인 위해 요소를 식별하고, 그 중에서 중대한 위해 요소를 판단한 후 HACCP팀은 이 중대 위해 요소를 관리할 수 있는 예방책을 식별해야 한다. 예방책은 '이미하고 있는 것'과 '새로 도입해야 하는 것'을 모두 고려해야 한다. 특정의 위해 요소를 관리하기 위하여 한 가지의 예방책이 요구되는 경우도 있지만 두 가지 이상의 예방책이 요구되는 경우도 있다.

예방책

① 식별된 식품의 안전성을 위협하는 위해요소를 관리하기 위하여 사용할 수 있는 요소, 조치 및 활동

② 예방책은 위해 요소를 예방하거나 제거하거나 허용할 수 있는 수준으로 감소시킨다.

[예. 1] 한 가지 위해 요소를 관리하기 위하여 한 가지 이상의 예방책이 요구되는 경우

위해요소	원 인	예방책
농작물의 농약 잔류물	농약의 살포량 오용, 과량 살포(스프레이 분사구 때문) 및 중복 살포	권장된 제초제 사용으로 씨앗의 관리 스프레이 분사구의 조정 풍향 풍속의 확인 스프레이 분사구 표시 직원의 교육

[예. 2] 한 가지 예방책이 한 가지 이상의 위해를 제거하거나 예방하는 경우

위해요소	원인	예방책
미생물 및 물리적 오염	불량한 개인 위생	해당 종업원에게 양호한 개인 위생 절차 교육

(1) 생물학적 위해 요소의 예방책

① 세균: 시간/온도 관리(예: 냉장온도의 적합한 관리와 세균의 증식을 최소화하는 저장 시간

가열 및 조리 공정(예: 가열 공정)

냉장 및 냉동(예: 병원성 세균의 증식을 억제)

발효 및 pH 관리(예: 요구르트 내의 유산균은 산성에 약한 병원성 세균의 증식을 억제함

소금 첨가 및 기타 보존료(예: 어떤 병원성 세균의 성장을 억제하는 소금 및 기타 보존료)

건조(예: 건조 공정은 병원미생물을 죽이기 위하여 열을 사용한다. 또한 건조를 저온에서 하였다 해도 건조로 인해 식품 내의 수분이 제거된다면 병원성 세균의 증식이 억제될 것이다.

출처 관리(예: 오염되지 않는 구역에서 원재료를 구매함으로써 병원성 세균을 예방할 수 있다.

② 바이러스: 조리(예: 바이러스는 열에 약하므로 충분한 조리는 바이러스를 실활시킨다)
③ 기생충: 사료 관리(예: 사료로 기생충을 방지)
제거(예: 어떤 식품에서는 기생충을 시각 검사로 식별한다.)

(2) 화학적 위해 요소의 예방책
출처 관리(예: 공급자 성적서 및 원재료 검사)
생산 관리(예: 식품첨가물의 정확한 사용 및 적용)
라벨링 관리(예: 최종 식품에 성분과 알려진 알레르기 반응을 정확히 표시)

(3) 물리적 위해 요소의 예방책
출처 관리(예: 공급자 성적서 및 생재료 검사)
생산 관리(예: 자석, 금속 탐지기, 선별기, 돌 고르는 기계, 정화기 및 X-ray장비의 사용)

5) 위해 요소 분석 작업표의 사용 방법

위해 요소 분석 작업표

(1) 성분/공정 단계	(2) 이 단계에서 유입되거나 늘어나는 잠재 위해의 식별	(3) 잠재 위해요소가 식품 안전에 중대한가?(Yes, No)	(4) 3번 항에 대한 이유	(5) 중대 위해 요소를 예방하기 위해 적용할 수 있는 예방책	(6) 이 단계가 중요 관리점인가?(Yes, No)
	생물학적				
	화학적				
	물리적				

① (1) 항에 공정도의 모든 공정 단계를 순서대로 기록한다.
② 각 단계별로 브레인 스토밍을 하여 잠재적인 위해 요소를 식별하여서 (2)항에 생물학적, 화학적, 물리적 위해 요소별로 구분하여 기록한다. 잠재적인 위해 요소가 없을 때에는 '-'이나 'n/a' 등으로 표시한다.
※ n/a : not applicable, 해당 없음.
③ 브레인 스토밍으로 식별된 잠재적 위해 요소에 대한 위험 평가를 하여 그 결과를 (3)항에 중대한 위해 요소라 판단될 때는 Yes 그렇지 않을 때는 No로 표시한다.

④ (4)항에는 앞의 위험 평가에서 Yes나 No로 판단한 근거나 이유를 기록한다.
⑤ (5)항에는 잠재적인 위해 요소가 중대한 위해 요소라고 판단되었을 경우, 즉 (3)번 항이 Yes일 때에 그에 대한 예방책을 기록한다.
⑥ (6)항은 다음 단계에서 중요한 관리점을 식별 후 기록하는데, (3)항이 Yes이고 (5)에 예방책이 있는 경우에 이 단계가 CCP인지 판단하여 그 결과를 Yes와 No로 표시한다.

〈표 2-5〉 위해요소 분석작업표(예) ○○식품(주)

제품: 조리된 냉동 쇠고기 패티

(1) 성분/공정 단계	(2) 이 단계에서 유입되거나 관리되거나 늘어나는 잠재 위해의 식별	(3) 잠재 위해 요소가 식품 안전에 중대한가?(Yes, No)	(4) 3번 항에 대한 이유	(5) 중대 위해 요소를 예방하기 위해 적용할 수 있는 예방책	(6) 이 단계가 중요관리점인가?(Yes, No)
(1) 생재료의 반입	생물학적 병원미생물	Yes	병원미생물이 취급 중(부적절한 오염)	공급자의 관리 이후 단계에서 이 위해 제거	No
	화학적 화학 잔류물	Yes	농약의 잔류나 선적시 교차 오염	공급자 관리	Yes
	물리적 이물질	No	SSOP로 관리		
(2) 저장	생물학적 병원미생물	Yes	부적절한 온도관리/취급시 병원미생물 증식	적정한 온도	No
	화학적 화학약품/농약	No			
	물리적 없음				
(3) 혼합 브렌딩	생물학적 병원미생물	Yes	병원미생물 증식 혹은 종업원 장비, 온도 미달 및 해충으로부터 오염	적당한 온도 및 종업원 위생	No
	화학적 위생제 잔류물	No	SSOP로 관리		
	물리적 이물질	No	SSOP로 관리		
(4) 그라인딩	생물학적 병원미생물	Yes	종업원/장비로부터 유입된 병원 미생물의 증식	적당한 온도 및 종업원 위생	No
	화학적 위생제 잔류물	No	SSOP로 관리		
	물리적 이물질	No	GMP로 관리		

(1) 성분/공정 단계	(2) 이 단계에서 유입되거나 관리되거나 늘어나는 잠재 위해의 식별	(3) 잠재 위해 요소가 식품 안전에 중대한가?(Yes, No)	(4) 3번 항에 대한 이유	(5) 중대 위해 요소를 예방하기 위해 적용할 수 있는 예방책	(6) 이 단계가 중요관리점인가?(Yes, No)
(5) 양념 혼합	생물학적 병원미생물	Yes	적절히 관리되지 않을 때, 병원미생물 2차 오염증식	SSOP로 관리	No
	화학적 부적당한 성분	Yes	살균제의 오용	허가된 살균제의 적절한 사용 및 관리	No
	물리적 없음				No
(6) 형태 만들기	생물학적 병원미생물	Yes	부정확하게 취급 및 관리 시 미생물 증식/2차오염		
	화학적 위생제 잔류물	No	SSOP로 관리		
	물리적 이물질	No	GMP로 관리		
(7) 조리	생물학적 병원미생물	Yes	적절히 감시되지 않을 시 호열세균의 증식	적절한 조리 시간 및 온도	Yes
	화학적 없음				
	물리적 없음				
(8) 동결	생물학적 병원미생물	Yes	온도를 관리하지 않을 시, 원재료에 의한 병원성미생물 교차오염	적절한 냉각: 원재료와 조리된 제품의 분리로 2차 오염방지	Yes
	화학적 위생제 잔류물	No	SSOP로 관리		
	물리적 없음				
(9) 포장 및 라벨링	생물학적 병원미생물	No	발생하지 않음		
	화학적 화학 잔류물	Yes	허가되지 않은 포장제	수매시 포장제 공급자 확인	No
	물리적 이물질	No	GMP/SSOP로 관리		
(10) 금속 탐지기	생물학적 없음		-	-	-
	화학적 없음		-	-	-
	물리적 금속조각	No	그라인딩 장비의 금속 발생하지 않음		

(1) 성분/공정단계	(2) 이 단계에서 유입되거나 관리되거나 늘어나는 잠재 위해의 식별	(3) 잠재 위해 요소가 식품 안전에 중대한가?(Yes, No)	(4) 3번 항에 대한 이유	(5) 중대 위해 요소를 예방하기 위해 적용할 수 있는 예방책	(6) 이 단계가 중요관리점인가?(Yes, No)
(11) 저장	생물학적 병원미생물	Yes	병원미생물 증식 2차오염 가능	적당한 온도 및 저장	No
	화학적 위생제 잔류물	No	SSOP로 관리		
	물리적 이물질	No	발생하지 않음		
(12) 선적	생물학적 병원미생물	Yes	병원미생물 증식,2차오염 가능	적당한 온도 및 저장	No
	화학적 잔류물	Yes	청소제와 화학제 교차오염이 발생할 수 있음	SSOP로 관리	No
	물리적 이물질	No	SSOP로 관리		
(13) 분배	생물학적 병원미생물	Yes	외부로부터 미생물 오염	구매자와 함께	No
	화학적 화학 잔류물	No	SSOP로 관리		
	물리적 이물질	No	SSOP로 관리		

7. 중요관리점의 식별(7단계)

원칙 2 공정 중에서 중요관리점(CCP)을 식별하라.

Codex 지침서

동일한 위해 요소를 취급하기 위하여 관리를 할 수 있는 CCP가 한 개 이상 있어야 한다. HACCP 시스템에서 CCP의 결정은 논리적 접근 방법을 나타내는 다이아그램인 CCP 결정 도표를 사용하여 쉽게 할 수 있다. CCP 결정 도표는 융통성이 있게 적용되어야 하고 산지 생산, 도축, 가공, 저장, 분배 및 기타 어떠한 업무에도 적용되어야 한다. 그것은 CCP를 결정할 때 지침으로 사용되어야 한다. 여기서 제시한 결정 도표의 예는 모든 상황에서 적용될 수 있다. 결정 도표의 적용을 위한 교육, 훈련이 권장된다.

1) 중요관리점이란?

관리가 가능하고 식품의 안전성을 방해하는 위해 요소가 예방되거나, 제거되거나, 허용 수준으로 감소될 수 있는 지점, 단계 혹은 절차

(1) 위해 요소가 예방되는 지점(예)

① 병원미생물이나 잔류 항생물질의 유입은 반입 단계에서의 관리 (예: 공급자의 성적서에 의해 예방)될 수 있다.

② 화학적 위해 요소는 배합이나 첨가물 혼합 단계를 관리함으로써 예방될 수 있다.

③ 최종 제품에서의 병원미생물 증식은 배합이나 첨가물 혼합 단계에서 예방될 수 있다(예: pH의 조정이나 보존료의 첨가).

④ 병원미생물의 증식을 냉장 저장으로 관리할 수 있다.

(2) 위해 요소가 제거되는 지점(예)

① 자숙 공정은 병원미생물을 살균할 수 있다.

② 금속조각은 금속탐지기로 탐지하여 제거할 수 있다.

③ 기생충은 냉동으로 관리할 수 있다.

(3) 위해 요소가 허용 수준으로 감소하는 지점(예)

① 이물질은 수동으로 골라내거나 자동 탐지기에 의해 최소화될 수 있다.

② 패류는 허가된 해역에서 허가된 기간 중에 채취한 것만 구매하여 일부 생물학적 및 화학적 위해 요소를 최소화할 수 있다.

2) 중요관리점의 선택

① 위해 요소 분석 중 식별된 모든 중대한 위해 요소를 위하여 이 위해 요소가 관리되는 한 개 또는 그 이상의 CCP가 있어야 한다.

② 한 가지 이상의 위해 요소를 관리하기 위하여 하나의 CCP가 사용될 수 있다. 또한 한 가지 위해 요소를 관리하기 위하여 한 가지 이상의 CCP가 필요할 수 있다.

3) 중요관리점의 식별 방법

같은 제품을 생산하는 서로 다른 라인은 다음의 조건이 다르기 때문에 CCP가 달라질 수 있다. 그것은 중요 고려 사항이 다음의 조건에 따라 달라지기 때문이다.

① 공장 건물

② 제품 형성

③ 공정 흐름

④ 장비
⑤ 성분의 내용
⑥ 위생 및 HACCP 지원 프로그램

따라서 HACCP 계획을 제품별 공정별로 작성해야 하며, 팀 활동에 의해 해당 작업장에 적합하게 적용되어야 한다.

중요관리점은 다음과 같이 식별할 수 있다.

① 위해 요소 분석 중 수집된 정보
② 외부 전문가의 조언
③ 결정도표에 의한 식별
④ 전략적 지점, 안전성을 보장하기 위하여 특별히 고안된 곳

4) CCP의 결정 도표

CCP의 결정도표는 중요관리점을 판단하기 위하여 중대한 위해 요소가 식별된 각 공정단계의 위해 요소에 대한 질문의 논리적 순서로서 결정도표를 사용하는 이점은 HACCP 팀원들이 구조적인 사고를 가지고 일관성 있게 접근할 수 있고, 또한 팀원간에 토의를 하도록 도와주는 것이다.

CCP결정도표에서 사용되는 5가지 질문은 공정의 CCP를 식별하도록 도와준다. 결정문의 내용은 CCP 결정 도표와 같다.

5) 원재료 결정 도표

안전한 제품의 생산을 위해서는 원재료에 관련된 위해 요소를 이해하여야 한다. 원재료는 위해 요소가 포함되지 않아야 하고 포함되어 있을 경우에는 공정에 의해 관리되어야 한다.

이와 같은 원재료의 안전성 관리는 '공급자 품질보증(SQA)' 혹은 '승인된 공급자'에 의해 효과적으로 달성될 수 있다.

원재료의 안전성을 관리하기 위해서는 원재료 결정 도표를 사용할 수 있다. 원재료 결정 도표는 모든 원재료에 적용할 수 있으며, 오염에 민감한 원재료를 위하여 필요한 분리, 특별 취급, 저장 혹은 가공 등의 관리 방법과 교차 오염의 위험성을 식별하는데 도움이 되는 도구이다.

※SQA: Supplier Quality Assurance(공급자 품질보증)

6) 중요 품질관리점(CQP)

HACCP은 위험 관리 기법이므로 식품의 안전성뿐만 아니라 제품의 품질에 관련된 모든 문제, 환경적 위해 요인 혹은 종업원의 건강 및 안전상 위험요인을 최소화하는데 사용할 수도 있다. 이와 같은 식품의 안전성이 아닌 분야의 위험을 관리하는데 HACCP을 적용한다면 중요 품질관리점(CQP)이라는 용어를 사용하여 CCP와 구별하여야 한다.

따라서 CQP는 다음과 같이 정의할 수 있다.

"CQP는 품질상, 환경적 혹은 종업원의 건강 및 안전상 위해 요소가 방지되거나 제거되거나 허용 수준으로 감소되는 단계이다."

CCP와 CQP를 구분하는 이유는 다음 같은 두 가지 측면에서이다.

① 먹는데 안전한 식품을 생산하는 것은 절대적인 것으로 결코 타협할 수 없다. 따라서 식품의 안전성 위해 요인은 다른 형태의 위해 요인보다 우선적인 사항이다.

② 식품의 안전성에 관한 사항은 외부 감사를 받아야 한다. 이때 감사자는 식품의 안전성 위해요소와 CCP에만 관심이 있다. 따라서 CCP와 CQP를 구분하지 않으면 감사가 길어지고 또한 회사의 정보가 유출될 수 있으므로 이를 구분해야 한다.

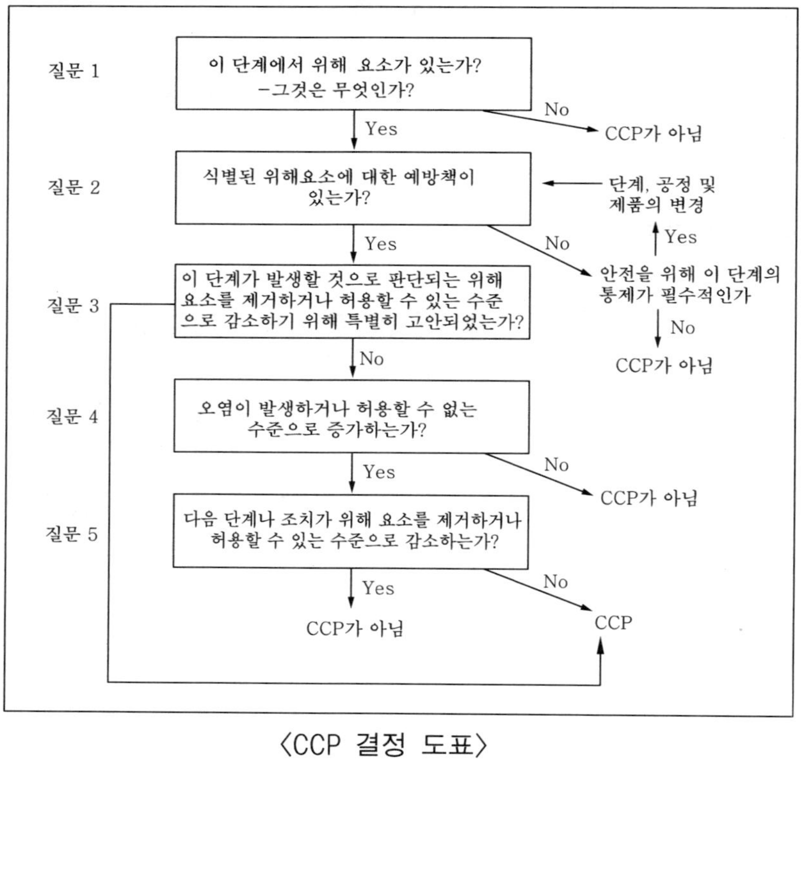

〈CCP 결정 도표〉

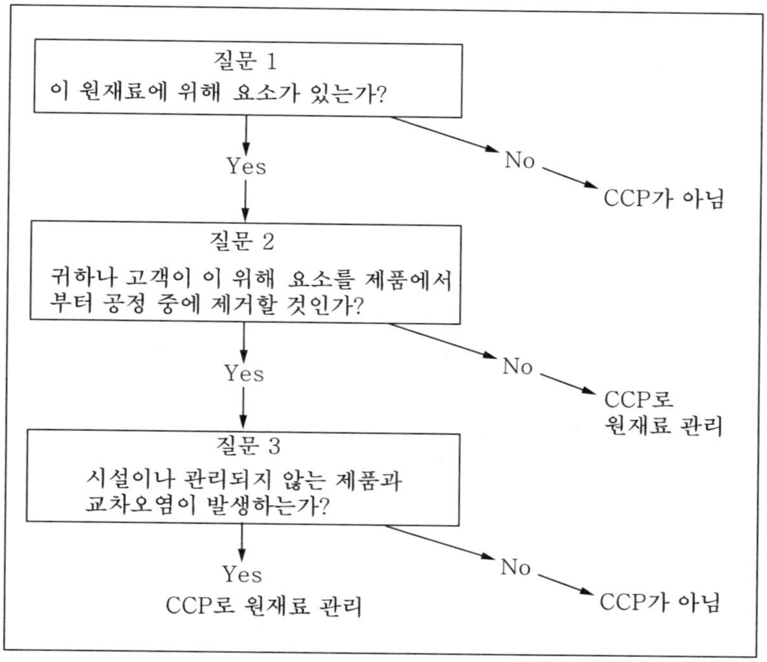

〈원재료 결정 도표〉

8. 위해 허용 한도의 설정(8단계)

식별된 각 CCP와 연계하여 예방책을 실행하기 위한 위해 허용 한도(Critical Limit)를 설정하라.

> **Codex 지침서**
>
> 각 중요관리점에서는 위해 허용 한도가 명시되어야 하고, 가능하면 정확성이 확인되어야 한다. 어떤 경우에는 특정 단계에서 두 개 이상의 위해 허용 한도가 설정되어야 한다. 위해 허용 한도를 설정할 때 사용되는 방법은 온도 및 시간의 측정, 함수율, pH, Aw, 적절한 염소 농도나 모양 및 물성과 같은 관능적 요인을 포함한다.

1) 위해 허용 한도의 정의

위해 허용 한도는 생산되는 제품이 안전한지 혹은 안전하지 못한 것인지 그 차이를 설정한 것이다.

위해 허용 한도는 다음과 같이 설정되어야 한다.
① 모든 CCP에 적용되어야 한다.
② 타당성이 있어야 한다.
③ 확인되어야 한다.
④ 측정할 수 있어야 한다.
▶ 위해 허용 한도
허용할 수 없는 것으로부터 허용할 수 있는 것을 분리하는 범주, 안전을 위한 절대적 한계치, 관리의 경계선

2) 위해 허용 한도에 대한 정보의 출처

위해 허용한도를 설정하는데 필요한 정보의 출처는 다음과 같다.
① 발간된 자료: 과학도서의 정보, 연구논문, 자체 혹은 공급자의 기록
② 전문가 조언: 컨설턴트, 조사기관, 공장시설 및 장비 제조자, 청소제 및 소독제 공급자, 미생물학자, 독극물 학자, 공장 엔지니어
③ 실험 데이터: 미생물 위해 요소의 위해 허용 한도의 정확성을 입증해 주는 자체 혹은 외부의 실험실에서의 시험에 의해 작성된다.
④ 감독기관의 지침: 정부기관의 지침, Codex의 지침
⑤ 수학적 모델링: 식품 시스템에서 미생물 위해의 존재 및 증식 특성에 관한 컴퓨터 시뮬레이션

위해 허용 한도의 설정은 자격 있는 사람에 의해 추측이 아닌 객관적 근거를 바탕으로 이에 대한 판단을 하는 것이 핵심이다.

3) 위해 허용 한도의 형태

위해 허용 한도의 3가지 형태: 물리적 위해 허용 한도, 화학적 위해 허용 한도, 생물학적 위해 허용 한도

(1) 물리적 위해 허용 한도
온도, 시간, 무게, 크기, 색깔, 형태 및 금속의 존재

(2) 화학적 위해 허용 한도

pH, 수분활성도(Aw), 염분 농도, 지방, 단백질, 섬유질, 탄수화물, 당분 및 비타민 함유율

(3) 생물학적 위해 허용 한도(통상적으로 실용적 방법이 아님)

생물학적 위해 허용 한도는 미생물의 배양 시간이 통상 수일이 필요하고 그 결과를 확인하는데 시간이 많이 소요되므로 위해 허용 한도로 잘 사용되지 않는다.

4) 위해 허용 한도의 설정 방법

(1) 위해 허용 한도의 예

위해 요소	중요관리점	위해 허용 한도
병원미생물 (생물학적)	저온살균법	우유의 병원성세균을 제거하기 위해 71.6℃에서 15초간 살균
병원미생물 (생물학적)	건조기	건조 조건: Oven온도 93℃ 건조 시간: 120분 공기 흐름률: 2cuft/min 제품 두께: 1.5cm (건조 식품 내 병원미생물을 관리하기 위하여 Aw≤0.85도달을 목표로)
병원미생물 (생물학적)	산성화	배치 스케줄- 제품 무게: 150kg 담금 시간: 8시간, 산의 농도: 3.5% 부피: 200L(절인 식품에서 병원성 세균을 관리하기 위하여 최대 pH 4.6도달을 목표로)

※ 위의 위해 허용 한도는 단지 병원미생물을 관리하기 위하여 중요관리점에서 어떻게 위해 허용 한도가 적용될 수 있는가를 설명하기 위한 예시일 뿐이다.

(2) 위해 허용 한도의 설정 방법(예)

조리된 쇠고기 패티의 예를 들어 위해 허용 한도의 설정 방법을 보면

[방안 1]

병원미생물의 모니터링

① 위해 요소 - 병원미생물의 생존

② CCP- 조리기

③ C : 병원미생물 음성(좋은 방법이 아님)

공정 중의 CCP를 정하기 위하여 미생물의 수로 CL를 설정하는 것은 실질적인 방법이 아니다. 왜냐하면 미생물 수는 즉시적으로 모니터가 불가능하기 때문이다. 미생물 수는 모니터링하기도 어렵고 검사 결과를 얻기까지는 며칠이 소요될 것이다. 따라서 이 예에서 살펴 본 쇠고기 패티의 표본에 대한 미생물 시험은 실용적인 방법이 아니다.

[방안 2]

패티의 중심 온도를 관리

① 위해 요소 - 병원미생물의 생존

② CCP: 조리기

③ C : 패티의 내부 온도 최소 68.3℃

이 예에서는 CL이 쇠고기 패티에 관련된 병원미생물을 살균할 수 있는 조건인 패티의 중심 온도로 설정되었다. 따라서 관련된 병원미생물을 패티의 조리 공정 중에 중심 온도 68.3℃에서 살균되므로 병원미생물의 수치는 모니터링하지 않아도 된다. 이 방안이 앞의 방안 1보다는 실용적이나 패티의 중심 온도를 측정하는 것은 비용이 많이 든다.

[방안 3]

패티의 중심 온도에 영향을 미치는 요인을 관리

① 위해 요소 - 병원미생물의 생존

② CCP -조리기

③ CL -조리기의 최소 온도 85℃

④ CL - 최대 패티의 두께 1.2cm

⑤ CL - 최소 조리 시간 1분

많은 경우에 CL이 준수되고 있음을 보장하기 위하여 제품의 중심 온도를 지속적으로 모니터링하는 것은 실용적이지 못하다. 그래서 그 대안으로 조리 공정 중의 가열이 병원미생물을 살균할 수 있는 제품의 중심 온도에 도달하는 것을 보장하는 조건들을 CL로 설정할 수 있다. 이 방안에서 보듯이 조리기의 온도, 패티의 두께 및 패티가 조리기 안에 머무르는 시간이 패티의 최종 중심 온도에 영향을 미치는 요인들이다.

이 방안은 [방안 1]과 [방안 2]보다 관리와 모니터하기가 용이하고, 또한 조리기의 온도와 시간을 지속적으로 모니터가 할 수 있으므로 모든 제품이 충분히 조리되고 있다는 것을 확신할 수 있게 된다. 하지만 이 방안으로 CL을 관리하려면 항상 패티의 중심 온도가 원하는 결과에 도달하고 또한 관련된 병원미생물을 살균하는지에 대한 충분한 시험을 거친 후 확정해야 한다.

5) 운용 한도(Operating Limits; OL)의 설정

(1) 운용한도란?

운용 한도는 위해 허용 한도보다 더 엄격한 범주로서 운용자가 CL에서 이탈의 위험을 줄이기 위해 사용한다. 운용 한도의 중요 내용은 다음과 같이 요약될 수 있다.

① CCP에서 위해 허용 한도나 사양으로부터 이탈이 발생 전에 시정 조치를 할 수 있게 하는 동향을 가르키는데 사용

② CCP에 설정된 위해 허용 한도보다 강화되었음

③ HACCP 계획의 통상적 부분이 아니다.

④ 감시 절차의 일부분으로 문서화된다(예: 작업 지시서)

⑤ 모든 인원이 운용 한도와 그것을 어떻게 적용하는지를 이해하도록 할 것

예) 가열을 통해 찐 어묵의 병원미생물을 살균하는 중요관리점은 중심 온도가 83℃에서 3분간 가열하는 것이다. 이때 가열 온도를 85℃에서 3분으로 하면 온도가 CL인 83℃ 이하가 되기 전에 사전 조치하여 이탈이 발생하지 않도록 보장할 수 있는데 이것이 운용 한도이다.

(2) 공정의 재조정

OL이 초과되면 CL에서의 이탈을 방지하기 위하여 공정을 재조정해야 한다. 공정이 관리에서 벗어나 CL에 이탈이 발생하면 시정 조치를 해야 하는데, 사전에 공정을 재조정함으로써 제품의 재작업이나 심한 경우 폐기해야 하는 손실을 막을 수 있다.

(3) 운용 한도 설정시 고려 사항

운용 한도의 설정은 다음의 조건을 고려하여야 한다.

① 품질(예: 높은 온도는 위해를 방지할 수 있지만, 너무 높은 온도는 제품의 품질을 저하시킬 수 있다.

② CL에서 이탈의 방지(가령, CL보다 높은 조리 온도는 조리사에게 조리 온도가 CL까지 떨어지기 전에 사전에 공정을 조정할 수 있게 한다.)

③ 통상적인 편차를 보상(가령, 조리기 온도가 평소 1℃정도 편차가 있다면 최소 1℃

이상으로 조리함으로써 온도계 편차를 보상할 수 있다.)

6) 위해 온용 한도의 명분

위해 허용 한도를 왜 선택했는가 하는 이유를 설명하는 것이 명분이다.
예를 들면 다음과 같다.

위해 허용 한도	명 분
육류 파이에서 육류의 최대 지방 함량 33.3%	식품공전, 육류 및 야채 파이의 육류 기준
닭 사육을 위한 양계장 온도: 최하 19℃, 최대 33℃	동물의 사육 환경에 관한 표준 규정- 가금류 사육
목장 우유의 수접 시 최대 온도 4℃	식품위생법상의 우유의 취급 온도
당근의 최대 카드뮴 함유 0.005mg/kg	식품공전, 식품의 표준 금속 허용량
직경이 100mm보다 작지 않은 1등급 오렌지	고객의 요구

7) 위해 허용 한도의 확인

위해 허용 한도의 확인이란 선택한 위해 허용 한도가 실제로 위해를 관리한다는 것을 입증하는 것이다.

예를 들어 육류를 냉장실에서 보관하는데 CL을 -2~0℃로 설정되었다면 이는 이미 과학적 이론에 의해 미생물의 증식을 관리할 수 있다는 것을 확신할 수 있다. 그러나 CL이 1~10℃로 설정되었다면 이론적으로 10℃ 근처는 저온 세균이 증식할 수 있으므로 미생물 관리를 확신할 수 없다.

이 경우 위해 허용 한도를 확인해야 하는데 냉장실에 보관 전과 보관 후에 제품의 표본에 대한 미생물 검사를 여러 차례하여 CL의 효과성을 검토할 수 있다.

제품은 설정된 위해 허용 한도 내에서 중요관리점이 효과적으로 관리될 때 안전을 확신할 수 있다.

HACCP 계획서(설명용으로 작성되었음)

- 회사명:
- 주소:
- 제품명: 조리된 쇠고기 패티
- 보관 및 유통 방법: 냉동 보관 및 유통(-18℃ 이하)
- 사용 의도 및 소비자: 일반 대중이 가열 후 취식

중요관리점	중요 위해요소	위해허용한도 (C.L)	모니터링				시정조치	검증	기록
			무엇을	어떻게	주기	누가			
원료 반입	살충제 약품 및 항생제 잔류뮬	보증서/ 사양서 증명서							
조리	병원 미생물	(패티 중심온도 최소 72℃에서 15초를 위하여) 조리온도 85℃에서 1분간 공정라인속도 분당 60cm 패티 두께 1.5cm							

승인: 서명 : 일자 :

HACCP 계획서

(1) 중요관리점(CCP)	(2) 중요 위해요소	(3) 위해허용한도(C.L)	(4) (5) (6) (7) 모니터링				(8) 시정조치	(9) 검증	(10) 기록
			무엇을	어떻게	주기	누가			
동결	병원 미생물	공기흐름							
		장비를 사용 전에 효과적으로 청소 및 위생처리							

9. 각 중요 관리점의 모니터링(9단계: 원칙 4)

각 중요관리점에서 위해 허용 한도가 준수되는지 모니터링하는 시스템을 수립하라.

Codex 지침서

모니터링은 중요관리점에서 위해 허용 한도와 관련하여 계획된 측정 및 관찰을 하는 것이다. 모니터링 절차는 CCP에서 관리로부터의 이탈을 찾아낼 수 있어야 한다. 나아가 모니터링은 위해 허용 한도의 이탈을 방지하도록 관리를 보장하는 공정의 조정을 위하여 이 정보를 즉시 전달하여야 한다. 가능하면 공정의 조정은 모니터링의 결과가 CCP에서 관리로부터 이탈되는 경향을 보일 때 이루어져야 하고 이탈이 발생하기 전 지식과 권한을 가진 지정된 인원에 의하여 평가되어야 한다. 만약 모니터링이 연속적이지 않을 경우, 모니터링의 규모나 주기는 CCP가 관리하에 있음을 보증하는데 충분하여야 한다.
CCP를 위한 대부분 모니터링 절차는 그것들이 연속 공정에 관계되고 장시간 분석 시험할 시간이 없기 때문에 신속히 이루어져야 한다. 물리적 및 화학적 측정이 미생물 시험보다 더 유용한데 그것은 그 방법들이 더욱 신속히 수행될 수 있으면서 제품의 미생물 관리를 나타내기 때문이다.
CCP의 모니터링과 관련된 모든 기록과 문서는 모니터링을 한 사람과 회사의 검토 책임이 있는 관리자에 의하여 서명되어야 한다.

1) 모니터링이란?

모니터링: 중요관리점이 관리하에 있는가를 평가하기 위한 계획된 순서의 관찰 혹은 측정이다.

모니터링은 작업자가 CCP에서 관리가 유지되고 있음을 신뢰하는 과정이다. 정확한 모니터링을 하여 CCP에서 관리를 벗어나 CL이 초과할 때 시정 조치를 해야 하는데, 시정 조치가 필요한 제품의 범위는 모니터링 기록을 검토하여 CL을 충족한 기록상의 마지막 제품 다음부터이다. CCP모니터링 시스템 수립은 공정을 조정하고 관리하기 위하여 모니터링 결과를 기록하는 문서화된 절차를 요구한다.

2) 왜 모니터링을 하는가?

(1) 모니터링 목적

① CCP가 언제 관리에서 벗어나고, 따라서 안전하지 못한 제품을 생산하는 위험을 알기 위하여

② 문제가 발생하기 전에 식별하기 위하여(여기서 통계적 공정 관리가 도움이 됨)

③ 문제의 원인에 대한 정확한 분석
④ HACCP 계획의 검증을 도와 줌
⑤ 해야만 하는 업무를 수행했다는 증거

(2) 모니터링은 그 결과를 기록함으로써 데이터의 수집이 포함된다. 다음은 기록을 통한 데이터 수집 방법이다.

① 올바른 질문을 하라. 즉 모니터링 기록의 양식은 필요한 특정 정보를 충분히 유지하도록 고안되어야 한다.
② 적절한 데이터 분석을 실시하라. 수집된 원자료와 CL를 비교하여 분석한다.
③ 수집을 '어디에서' 해야 하는지 규명
④ 편견이 없는 수집자(모니터링 요원)를 선택
⑤ 데이터 수집자에게 요구되는 조건을 파악할 것- 특별 근무 조건, 훈련 및 경험 포함
⑥ 단순하면서 효과적인 데이터 수집 양식(모니터링 일지)을 고안하고 단순하게 유지할 것. 양식이 자체적으로 내용을 잘 설명하고 적절한 모든 자료를 기록하며 실수를 감소시키는지 확인할 것
⑦ 필요한 경우 작업지시서 및 개정판을 준비할 것
⑧ 누가, 언제, 어디서, 어떻게 모니터할 것인가의 자세한 방법
⑨ 필요한 경우 양식과 작업 지시서와 개정판을 시험 운영할 것
⑩ 훈련된 데이터 수집자(모니터링 요원의 훈련)
⑪ 수집 과정의 감시 및 결과의 확인 : 관리자는 모든 데이터 양식을 검토 후 서명(모니터링 일지의 검토)

3) 누가 모니터링을 하는가?

모니터링 요원의 조건: 교육을 받았고, 편견이 없고, 지정된 인원

(1) 교육을 받았음

온도계를 읽는 것 같은 단순한 것도 시각 차이에 의해 실수할 수 있다. CCP의 모니터링에 책임이 있는 사람은 다음과 같은 요건을 갖추어야 한다.

① CCP 모니터링 기술을 교육 받아야 한다.
② 모니터링의 중요성을 이해해야 한다.
③ 결과의 기록을 정확히 할 수 있을 것

④ 이탈이 발생할 경우 즉시 보고할 수 있을 것

(2) 편견이 없음

만약 데이터 수집자가 단순한 전달자 일지라도 만약 위해 허용 한도를 이탈할 때 그 책임을 추궁받게 될 것이라 생각한다면 사실이 아닌 허위로 보고할 것이다.

(3) CCP 모니터링에 다음 사람이 지정될 수 있다

① 라인 종사자 ② 장비 작동자
③ 감독자 ④ 정비 인원
⑤ 품질보증 인원

4) 어떻게 모니터링을 하는가

모니터링 방법: 관찰, 측정

(1) 관찰

관리 방법은 육안, 냄새 및 맛과 같은 관찰을 통해 모니터링할 수 있다. 관찰을 통한 모니터링의 예는 다음과 같다.

① 육류로 고기 파이를 생산할 때 공정 전의 고기의 사용 가능 일자를 확인
② 케이크에 사용하기 전 크림의 냄새를 확인
③ 지정되었던 곡물의 외형을 해충의 침입을 식별하기 위해 확인
④ 스프에 다른 부재료 첨가의 필요성을 결정하기 위해 맛을 봄
⑤ 방목장 내 소의 외관적 상태로 일반적 건강 상태를 확인

(2) 측정

측정을 통한 모니터링이 관찰을 통한 모니터링보다 객관적이고 더 유용한 방법이다. 측정을 통한 모니터링의 예는 다음과 같다.

① 저온살균 공정의 시간 및 온도
② 수분활성도(Aw)의 측정
③ pH 측정
④ 과일 나무에 살충제를 살포하기 전에 풍속계를 관찰하여 바람의 속도를 확인

⑤ 배달 전 일일 제품(예: 유제품)의 온도나 냉장 보관시설의 온도를 확인
⑥ 닭의 상태를 모니터링하기 위하여 구이용 닭의 무게를 측정
⑦ 오븐에서 케이크가 있는 시간을 확인
⑧ 조리나 냉장 공정에서 걸리는 시간을 확인하기 위하여 라인 속도를 측정

5) 언제 모니터링을 하는가?

2가지 형태의 모니터링: 온라인 모니터링, 오프라인 모니터링

(1) 온라인 모니터링
자동 시스템에 의하여 데이터가 연속적으로 수집되는 곳
예): 온도 기록계를 사용한 냉장실 온도의 측정

(2) 오프라인 모니터링
시료가 다른 장소로 옮겨져서 데이터가 수집되는 곳
예): 육포의 수분활성도는 실험실에서 측정된다.

6) 모니터링의 주기

(1) 연속적 모니터링
연속적 모니터링의 예는 다음을 포함한다.
① 저온살균 공정에 게살의 batch를 위한 시간 및 온도는 연속적으로 모니터되어 온도기록 장치 차트에 기록된다.
② 냉동되고 기계적으로서는 시금치와 각 뭉치는 금속 탐지기를 통과한다.
③ 진공포장 공정은 각 용기가 진공이 형성되지 않은 것을 가려내는 진공 판별기 아래를 통과함으로써 모니터 된다.

(2) 비연속적 모니터링
CCP를 연속적으로 감시하는 것이 가능하지 않을 경우 비연속적인 모니터링을 하는데, 이때 CL로부터 이탈이 발생할 경우 가능하면 빨리 발견할 수 있도록 모니터링 주기를 짧게 해야 한다.
비연속적인 주기를 결정하는 데 도움이 되는 질문

① 공정이 통상 얼마나 많이 바뀌는가?(예: 데이터가 얼마나 일관성이 있는가?) 만약 데이터의 변화가 심하다면 모니터링을 확인하는 시간 간격은 짧아야 한다.
② 통상적인 운용 한도가 위해 허용 한도에 얼마나 가까운가?(만약 통상적인 운용 한도가 위해 허용 한도에 가까울 경우는 모니터링을 확인하는 시간 간격도 짧아야 한다)
③ 만약 위해 허용 한도가 이탈할 경우 얼마나 많은 제품이 위험 수준으로 간주되는가?

HACCP 계획서(설명용으로 작성되었음)

- 회사명:
- 주소:
- 제품명: 조리된 쇠고기 패티
- 보관 및 유통 방법: 냉동보관 및 유통(-18℃ 이하)
- 사용의도 및 소비자: 일반 대중이 가열 후 섭취

중요관리점	중요 위해요소	위해 허용한도 (C.L)	모니터링				시정 조치	검정	기록
			무엇을	어떻게	주기	누가			
생원료 반입	살충제, 약품 및 항생제 잔류물	보증서/ 사양서 증명서	깨끗함을 보증	승인된 공급자 목록작성	매 선적시	반입 감독자			
조리	병원 미생물	(패티 중심온도 최소 72℃에서 15초를 위하여) 조리기 온도 85℃에서 1분간	시간/ 온도	온도의 모니터링	연속적	품질 관리자			
		공장라인 속도 분당 60cm	컨베이어 속도	벨트나 컨베이어 속도의 검·교정	매 시간	품질 관리자			
		패티두께 1.5cm	두께	롤러의 검. 교정	매 시간	품질 관리자			

승인: 서명: 일자:

HACCP 계획서

(1) 중요관리점 (CCP)	(2) 중요 위해요소	(3) 위해 허용한도 (C.L)	(4) 모니터링 무엇을	(5) 모니터링 어떻게	(6) 모니터링 주기	(7) 모니터링 누가	(8) 시정 조치	(9) 검정	(10) 기록
동결	병원 미생물	공기 흐름	동일한 온도	시설내 공기흐름의 검증	작업전 주간	공무 직원			
		장비를 사용전에 효과적으로 청소 및 위생처리	청소/위생처리	시각검사 및 계획된 위생작업	작업전 매일 위생작업	동결 관리자			

10. 시정 조치(10단계 : 원칙 5)

위해 허용 한도에서 이탈이 발생할 경우 시정 조치를 해야 한다.

Codex 지침서

HACCP 시스템의 각 CCP에서 이탈이 발생할 경우 이를 다루기 위해 특정 시정 조치를 해야 한다. 시정 조치는 CCP가 관리하에 옮겨졌음을 보장해야 한다. 이행된 시정 조치는 또한 이탈 기간 중 생산된 제품의 적절한 조치가 포함되어야 한다. 이탈 내역과 제품 처리 절차가 HACCP기록 시스템 내에 문서화되어야 한다.

1) 시정 조치란?

시정 조치: 중요관리점의 모니터링 결과가 관리를 벗어났을 때 시행되는 어떠한 조치이다.

CCP의 CL에서 이탈이 발생할 때를 대비해 미리 결정되고 문서화된 시정 조치가 수립되어야 한다. 왜냐하면 CL에서 이탈이 발생한 것은 즉시적인 조치를 해야 하는 위급한 상황인데 미리 계획이 없다면 조치할 방법을 찾는데 시간을 낭비하여 문제가 더욱 커질 것이다.

따라서 시정 조치 계획은 CL에서 이탈 발생이라는 위급 상황에서 이를 신속히 식별하여 공정을 관리하로 옮기고 제품 손실과 안전성의 위험을 최소화하는 절차이다.

2) 시정 조치의 종류

시정 조치의 종류는 즉시적 조치, 예방적 조치 두 종류가 있다.

(1) 즉시적 조치

즉시적 조치는 공정을 재조정하여 최단 시간 내 공정을 관리하에서 재작동하고, 이탈 시간 중 생산된 제품을 식별 및 분리하여 이를 적절히 처리하는 것이다.

이때 공정을 중단하고 재조정해야 할 필요가 있는데, 그것은 계속적으로 이탈이 발생한 상태애서 안전하지 못한 제품을 생산하는 것을 중단하고, 이탈 발생 중 생산된 제품을 분리하기 위해서이다.

(2) 예방적 조치

위해 허용 한도를 벗어났을 경우 예방적 조치는 추후 재발을 방지하기 위한 것이다. 따라서 먼저 이탈 발생의 원인을 정확히 파악해야 한다. 가령 조리 공정에서 가열 온도가 미달된 경우에도 그 원인에 따라 다음과 같이 예방적 조치의 내용이 달라질 것이다.

식별된 원인	예방적 조치
예방 정비 미비로 보일러 작동 불량	공무 직원에 대한 예방 정비 교육
장비 노후로 보일러 작동 불량	보일러 교체 혹은 수리
작업자 미숙으로 보일러 온도 세팅을 잘못하였음	작업자의 교육
작업자가 태만으로 보일러 온도 관리를 하지 않았음	작업자의 처벌 혹은 교체

3) 시정 조치의 책임

각 시정 조치의 책임은 작업장 내 사람을 지정하여야 한다. 즉시적 조치의 경우 해당 공정에서 가까이 근무하는 감독자나 관리자에게 지정한다. 그러나 예방조치를 이행할 책임은 라인 밖의 사람도 지정할 수 있다. 이 업무에 지정된 사람이 모든 조치를 결정하고 이행해야 하는 책임이 있는 것은 아니다. 시정 조치에 책임이 있다는 것은 단순히 적절한 시정 조치가 이루어졌음을 확인하는 것을 의미한다.

4) 시정조치의 문서화 및 기록

(1) 시정 조치의 문서화

미리 준비된 시정 조치는 HACCP 계획에 포함되어야 한다. 이는 주로 공정의 재조정과 제품의 처리에 관한 즉시적 시정 조치를 말하며, 예방적 시정 조치는 HACCP 시스템 내의 다른 절차로 규명하는 것이 좋다.

시정 조치를 HACCP 계획에 포함할 때는 통상 'If(만약에)/ Then(다음)' 형식으로 나타내면 좋다. 'If'는 이탈의 상황을 나타내며, Then은 시정 조치의 방법을 나타낸다.

예) 만약에(이탈): 저온살균 할 경우 우유 온도가 C.L에 미달임.

다음(시정 조치): 우유의 온도가 상승할 때까지 역류됨. 역류된 우유는 저온살균 방식으로 재살균 됨. 우유의 역류를 유발한 원인을 파악하기 위해 가열. 냉각계통의 작동을 확인함. 필요할 경우 수리하고, 공정을 재조정한 후 생산을 시작함

(2) 시정 조치의 기록

이행된 시정 조치의 자세한 내역은 기록되어야 한다. 이러한 것은 모니터링 활동의 결과를 기록하기 위하여 사용되는 양식에 추가하여 기록할 수도 있고, 별도의 양식을 디자인하여 기록할 수도 있다.

시정 조치 보고서는 다음의 내용을 포함한다.

① 제품 식별(예: 재품명, 격리한 제품의 양)

② 이탈의 내역 및 발생 시간

③ 이탈 중 생산된 제품의 최종 처리를 포함한 이행된 시정 조치

HACCP 계획서(설명용으로 작성되었음)

- 회사명:
- 주소 :
- 제품명: 조리된 쇠고기 패티
- 보관 및 유통 방법: 냉동보관 및 유통(-18℃ 이하)
- 사용 의도 및 소비자: 일반 대중이 가열 후 섭취

중요관리점	중요 위해요소	위해 허용한도 (C.L)	모니터링				시정 조치	검정	기록
			무엇을	어떻게	주기	누가			
생원료 반입	살충제, 약품 및 항생제 잔류물	보증서/ 사양서 증명서	깨끗함을 보증	승인된 공급자 목록작성	매 선적시	반입 감독자	문서제공까지 거부 혹은 보류		
조리	병원 미생물	(패티 중심온도 최소 72℃에서 15초를 위하여) 조리기 온도 85℃에서 1분간	시간/ 온도	온도의 모니터링	연속적	품질 관리자	2시간 이내에서 패티의 재공정		
		공장라인 속도 분당 60cm	컨베이어 속도	벨트 나 컨베이어 속도의 검. 교정	매 시간	품질 관리자			
		패티 두께 1.5cm	두께	롤러의 검·교정	매 시간	품질 관리자			

승인: 서명: 일자:

HACCP 계획서

(1) 중요관리점 (CCP)	(2) 중요 위해 요소	(3) 위해 허용 한도 (C.L)	(4) 모니터링 무엇을	(5) 어떻게	(6) 주기	(7) 누가	(8) 시정 조치	(9) 검정	(10) 기록
동결	병원 미생물	공기 흐름	동일한 온도	시설 내 공기 흐름의 검증	작업 전 주간	공무 직원	공기 흐름의 정정 및 제품 구역을 위생 처리 전까지 생산 시작하지 말 것		
		장비를 사용 전에 효과적으로 청소 및 위생처리	청소/위생 처리	시각검사 및 계획된 위생작업	작업전 매일 위생작업	동결 관리자	재세척, 살균 및 재검사. 만약 필요시 평가 및 처리를 위해 제품을 보류		

11. 검증 절차의 수립(11단계: 원칙 6)

HACCP 시스템이 바르게 작동하고 있다는 것을 검증하는 절차를 수립하라

> **Codex 지침서**
>
> 검증 절차를 수립할 것. 무작위 표본과 분석을 포함한 검증 및 검사 방법, 절차와 시험은 HACCP 시스템이 효과적으로 작동하는지를 판단하는데 사용된다. 검증의 주기는 HACCP 시스템이 효과적이라는 것을 확인하기에 충분해야 한다. 검증 활동의 예는 다음을 포함한다.
> ① HACCP 시스템의 검토와 기록
> ② 이탈 및 제품 처리의 검토
> ③ CCP가 관리하에 있음을 확인
> ④ 가능하면 확인 작업은 HACCP 계획의 모든 요소가 효율적이라는 것을 확인하는 단계를 포함해야 한다.

1) 검증이란

HACCP 계획이 준수되고 있음을 판단하기 위하여 모니터링에 추가하여 방법·절

차 · 시험 및 기타 평가를 적용하는 것, 즉 검증은 HACCP 계획이 매일 업무를 수행할 때 준수되고 있는 그 결과 생산된 제품이 안전한 식품임을 보증한다. 그러나 검증은 HACCP에서 가장 이해가 어려운 분야이다. 이유는 시스템을 통제하는 경영 관리 기법과 식품의 안전성 관리 기법이 복합되어 있기 때문이다.

검증은 HACCP 계획아 효과적이고 효율적인가를 확인하도록 고안된 일련의 시스템을 말한다. 효과적이라는 것은 올바르게 적용된 HACCP 계획이 그 제품의 위해 요소 관리에 적절하다는 것이고, 효율적이라는 것은 그 HACCP 계획에 명시된 모니터링 절차 및 시정 조치가 실제로 이행되는 것을 말한다.

검증과 모니터링의 차임점은 모니터링은 공정의 진행에 대해 즉시 피드백을 제공해주지만, 검증은 HACCP 시스템 전반에 대하여 안전한 식품을 생산할 수 있고 문서화된 대로 준수되고 있음을 확인하는 것이다. 검증을 통해 획득한 정보는 HACCP 시스템을 개선하는데 사용되어야 한다.

검증은 다음의 4가지 형태의 활동으로 구성된다.

① HACCP 계획의 확인
② 중요관리점의 검증
③ 제품시험
④ 감사

2) HACCP계획의 확인

(1) 시행전 HACCP 계획의 확인

HACCP계획을 시작하기 전에 이것이 효과적이라는 것, 즉 그 제품과 위해 요소 관리에 적절하면 실제로 생산된 식품이 안전성을 보장할 수 있음을 확인해야 한다. 그래서 HACCP계획의 확인은 다음 활동이 정확히 수행되었는지를 검토하는 것을 포함하여야 한다.

① 위해 요소 분석
② CCP결정
③ CL의 결정
④ 모니터링, 시정 조치, 기록 및 검증 활동

즉 확인은 위해 요소 분석에서부터 검증까지 HACCP계획의 각 요소가 합리적이라는 것을 과학적 및 기술적으로 검토하는 것을 포함한다.

(2) 시행 중인 HACCP계획의 확인

HACCP 계획을 시행한 후에 필요할 때 혹은 주기적으로 확인을 해야 하는데, 이것은 위해 요소 분석과 위해 허용 한도를 새로운 과학적 정보와 각 검증 활동으로 수집된 자료에 포함시키기 위한 것이다. 그래서 현재 시행 중인 HACCP계획의 확인에는 HACCP 감사 보고서, HACCP계획의 변경과 그 이유 및 지난번 확인에 관한 보고서의 검토가 포함되어야 한다. 또한 이탈 및 시정 조치의 효과에 대한 검토도 하여야 한다.

(3) HACCP계획을 확인하는 사람

HACCP계획의 확인은 팀이나 훈련 혹은 경험에 의해 자격이 인정된 개인에 의해 수행된다. 또한 HACCP계획을 시행 전에 확인할 때나 시행 후 확인하기 위하여 독립된 전문가(예: 외부 컨설턴트, 대학교수)의 지원을 받을 수도 있다.

(4) 확인 활동의 예

제품: 조리된 냉동 쇠고기 패티
위해 요소 - 병원미생물 생존
- CCP - 조리
- CL - 조리 온도 85℃
- CL - 제품 두께 1.5cm 이하
- CL -조리 시간 1분

위의 HACCP계획은 조리된 냉동 쇠고기 패티의 잠재적 중대 위해 요소인 살모넬라 등의 병원미생물을 조리 공정에서 가열하여 살균하는 것이 목적이다. 위의 CL들은 패티의 잠재적인 위해 요소를 살균할 수 있도록 패티의 중심 온도가 최소 72℃에서 15초간 유지하기 위한 외적 조건들이다. 이 경우 CL이 과학적 및 기술적 정보를 바탕으로 설정되었음을 보장하기 위해 다음 요소들의 확인이 필요할 것이다.

① 패티 중심 온도를 최소 68.9℃에서 15초간 유지하면서 잠재적 위해 요소가 충분히 제거되는가?

② 외부 요인인 조리기 온도 85℃, 제품 두께 1.2cm 이하 및 조리 시간 1분을 유지하면 패티 중심 온도가 최소 68.9℃에서 15초간 유지되는가.

③ 조리기 내부의 모든 곳의 온도가 동일하게 유지되는가.

④ 조리기의 온도 및 조리 시간을 결정하는 컨베이어 속도 조절 장치에 대한 검·교정이 되었는가.

이를 확인하는 방법은

①의 경우는 과학도서나 정부의 지침서 등에서 그 관련 자료를 찾을 수 있을 것이다.

만약 관련 자료를 직접 수집하기 어려울 때는 대학이나 연구소 혹은 전문가에 문의하여 그에 대한 답변이 관련 자료가 된다.

②의 경우는 자체 실험실이나 외부의 전문 실험실에 용역을 의뢰하여 동일한 조건으로 가열한 표본으로 중심 온도를 측정할 수 있고, 미생물 검사를 하여 결과를 확인할 수도 있다. 이러한 실험의 결과가 관련 자료가 된다.

③의 경우는 그 조리기를 제조한 회사에 문의하는 것이 가장 좋은 방법이다. 제조회사의 답변이 관련 자료가 된다.

(5) 확인의 주기

HACCP계획의 확인은 항시 이루어져야 하고 주기적으로 행해져야 한다.

HACCP계획은 다음의 경우에 확인해야 한다.

① HACCP 계획을 최초로 작성할 때

② 다음의 사항이 발생할 경우

- 원재료의 변경
- 제품이나 공정의 변경
- 이탈이 발생할 때
- 잠재적 위해 요소나 예방책에 대한 새로운 과학적 정보가 있을 때
- 현장의 관찰에 의거
- 새로운 유통 방법이나 소비자의 사용 방법에 대한 변화가 있을 때

3) 중요관리점의 검증

중요관리점의 검증은 모니터링 활동과 시정 조치가 이행되는지를 확인하는 것인데, 이것은 모니터링 일지 및 시정 조치 일지의 검토와 Targeted sampling(CCP를 거친 중간 제품을 표본 채취하여 시험 등의 방법으로 검사하는 것)으로 할 수 있다. 일지는 매일 검토한 후 날짜와 함께 서명하여야 한다.

4) 제품 검사

원재료, 공정 중인 제품, 최종 제품의 분석은 검증에서 중요한 역할을 한다. 실험실에서의 시험은 HACCP 계획이 실제로 위해를 관리하고 있음을 보장하는 것이다. 그래서 HACCP를 도입하기 전에는 그 선적분 혹은 Lot의 제품을 확인하기 위하여 시험을 하였

지만, HACCP을 시행할 때의 제품 시험은 HACCP시스템이 효과적이고 효율적인가를 확인하는 것이다. 따라서 제품 시험 결과 요구되는 수준에 미치지 못할 때는 그 Lot의 제품이 부적합할 뿐 아니라 HACCP시스템의 개선이 요구되는 것이다.

제품 시험을 통한 HACCP시스템의 검증의 예는 다음과 같다.

- 식품을 냉장실에서 1~4℃ 사이로 저장할 때, 저장 전과 저장 후에 미생물 검사를 하여 실제로 미생물의 증식을 관리하고 있는지 확인
- 투약의 중지 기간이 적절한지 확인하기 위하여 화학 잔류물 검사를 위한 돼지의 표본 조사
- 승인된 공급자로부터 구매가 적절한지 판단하기 위하여 씨앗의 발아율, 생장률, 순도, 질병을 시험
- 쇠고기 패티를 최소 조리 온도 85℃, 제품 두께 1.5cm 이하 및 조리 시간 1분으로 처리하면 실제로 병원미생물이 사멸되는지 실험실 검사

제품의 주기는 최초 HACCP를 적용할 때 아직 제품의 안전성을 확신할 수 없어 자주 해야 할 것이나 시험의 결과가 만족스러우면 그 주기를 길게 재조정해야 한다.

5) 감사

감사는 품질 활동 및 관련된 결과가 계획된 제도와 일치하는지, 그리고 이 제도가 효과적으로 이행되고 목표 달성에 적합한지를 판단하는 체계적인 독립된 검사이다.

감사는 검증의 중요한 분야로 자사 종업원에 의한 체계적인 평가이다. 이 평가는 현장 관찰과 기록 검토를 포함한다. 감사에서 가장 중요한 것은 모니터링 활동에 책임이 없는 객관적인 사람이 감사를 수행해야 한다는 점이다. 감사는 HACCP가 지속적으로 준수되는 것을 보장하는 주기로 시행되어야 한다. 그래서 감사의 주기는 제품이나 공정의 안전성 등 업체의 여건에 의해 결정되나 통상 6개월에 1회, 혹은 최소 연 1회는 시행되어야 한다.

(1) 감사의 이점은 다음과 같다

① 모든 종업원에게 경각심 및 시스템에 대한 이해를 증가시킴

② 문서화된 증거를 제공

③ 독립적이고 개관적 검토

④ HACCP계획에 대한 신뢰성 유지

⑤ 개선의 기회 식별 및 지속적인 개선을 보장
⑥ 폐기 문서가 제거되었음을 확인

(2) 현장 관찰에 의한 감사 활동
현장의 감사 활동은 다음을 포함한다.
① 제품에 대한 기술 및 공정도의 정확성 확인
② CCP가 HACCP 계획 요구에 의거 모니터되는지 확인
③ 공정이 설정된 위해 허용 한도 이내에서 작동하는지 확인
④ 기록이 정확한가, 그리고 요구되는 시간 간격으로 작성되는지 확인

(3) 기록 검토를 통한 감사 활동은 다음을 포함한다
① 모니터링 활동은 HACCP계획에 명시된 장소에서 수행되었는가.
② 모니터링 활동은 HACCP계획에 명시된 주기로 수행되었는가.
③ 모니터링이 위해 허용 한도에서 이탈을 나타낼 때 시정 조치가 이행되는가.
④ 장비는 HACCP계획이나 별도의 계획에 명시된 주기로 검・교정되었는가.

(4) 감사의 계획 및 이행
① 감사 범위, 기간, 대상, 감사원이 포함된 감사 계획의 시달(통상 연간 계획이나 검증절차에 포함되어 시달된다)
② 계획된 기간 1~2주 전에 지정된 감사원과 피감사 부서장의 감사 일정에 대한 동의
③ 지정된 감사원의 사전 서류(HACCP계획, SSOP 등)심사 및 감사 점검표 작성
④ 현장 관찰 및 기록 검토를 통한 감사 실시
⑤ 감사 보고서 작성 및 피감사 부서장에게 통지
⑥ 피감사 부서장이 감사 지적 사항에 대한 시정 조치 계획 수립 및 이를 경영진과 지정된 감사원에게 보고와 통지
⑦ 지정된 감사원이 피감사 부서장의 시정 조치 이행을 확인

6) HACCP 계획의 검증에서 감독기관의 역할

HACCP 시스템을 적용할 때 감독기관의 가장 큰 역할은 HACCP계획이 효과적이고 이것이 준수되고 있는지를 검증하는 것이다. 검증은 통상 해당 작업장에서 이루어지지만 표본의 미생물 검사 같은 것은 다른 적절한 장소에서 수행될 수 있다.

감독기관의 검증 절차는 다음을 포함한다.

① HACCP계획과 개정에 대한 검토
② CCP모니터링 기록의 검토
③ 시정 조치 기록의 검토
④ 검증 기록의 검토
⑤ HACCP계획이 준수되는지, 그리고 기록이 적절하게 유지되는지 확인하기 위한 작업 현장의 방문 조사
⑥ 무작위 표본 채취 및 분석

7) 검증 절차의 문서화

HACCP의 검증은 확인, CCP의 검증, 제품 시험 및 감사의 4가지 형태의 활동으로 구성된다. 그러나 HACCP계획에는 CCP의 검증 방법과 제품 시험에 대한 주기만 간략히 명시되므로 실제로 검증 활동을 수행하기 위해서는 이러한 4가지 형태의 검증 활동의 구체적 절차를 문서화하여야 한다.

이 문서화의 방법은 그 업체가 어떠한 품질 시스템을 유지하고 있는가에 따라 달라지나 최소한 검증 활동을 누가 언제 어떻게 수행할 것인가 하는 것과, 검증 활동으로 부적합 사항을 발견할 경우 해당자에게 통보하여 이를 시정 조치하는 부적합 보고서와 시스템의 개선을 위한 시정 조치 요구가 포함되어야 한다.

HACCP 계획서(설명용으로 작성되었음)

- 회사명:
- 주소:
- 제품명: 조리된 쇠고기 패티
- 보관 및 유통 방법: 냉동보관 및 유통(-18℃ 이하)
- 사용의도 및 소비자: 일반 대중이 가열 후 섭취

중요 관리점	중요 위해요소	위해허용한도 (C.L)	모니터링				시정 조치	검정	기록
			무엇을	어떻게	주기	누가			
생원료 반입	살충제, 약품 및 항생제 잔류물	보증서/ 사양서 증명서	깨끗함을 보증	승인된 공급자 목록작성	매 선적시	반입 감독자	문서제공까지 거부 혹은 보류	주기적 잔류물 검사(품질관리 감독자) 일일 기록 검토	
조리	병원 미생물	(패티 중심온도 최소 72℃에서 15초를 위하여) 조리기 온도 85℃에서 1분간	시간/ 온도	온도의 모니터링	연속적	품질 관리자	2시간 이내에서 패티의 재공정	주기적인 미생물시험	
		공장라인 속도 분당 60cm	컨베이어속도	벨트나 컨베이어 속도의 검·교정	매 시간	품질 관리자		일일기록 검토	
		패티두께 1.5cm	두께	롤러의 검·교정	매 시간	품질 관리자		주기적인 조리기 검증	

승인: 서명: 일자:

HACCP 계획서

(1) 중요관리점 (CCP)	(2) 중요 위해요소	(3) 위해허용한도 (C.L)	(4) 모니터링	(5)	(6)	(7)	(8) 시정 조치	(9) 검정	(10) 기록
			무엇을	어떻게	주기	누가			
동결	병원 미생물	공기 흐름	동일한 온도	시설내 공기흐름의 검증	작업전 주간	공무 직원	공기흐름의 정정 및 제품 구역을 위생처리 전까지 생산시작하지 말것	주기적인 시험(공무 부서에 의해)	
		장비를 사용전에 효과적으로 청소 및 위생처리	청소/ 위생 처리	시각검사 및 계획된 위생작업	작업전 매일 위생작업	동결 관리자	재세척·살균 및 재검사. 만약 필요시 평가 및 처리를 위해 제품을 보류	주기적으로 장비의 미생물 제거, 불시 미생물 검사	

12. 기록 유지 및 문서화(12단계: 원칙 7)

HACCP시스템을 문서화하기 위한 효과적인 기록 유지 절차를 수립하라.

> **Codex 지침서**
>
> HACCP시스템의 적용에는 효율적이고 정확한 기록 유지가 핵심적이다.
> HACCP절차는 문서화되어야 한다. 문서 및 기록 유지는 업무의 특성과 규모에 적절해야 한다.

문서의 예

① 위해 분석
② CCP 결정
③ 위해 허용 한도 결정

기록의 예

① CCP감시 활동
② 이탈 및 시정 조치 관련 내역
③ HACCP시스템의 변경

1) 문서화

HACCP 계획은 우선 문서화되어야 한다. 문서화된 HACCP계획은 대외적으로는 HACCP를 이렇게 이행하고 있다는 약속이자 표시이고, 대내적으로는 HACCP에 대한 경영진의 의지의 구체적 표현이자 식품의 안전성을 실현하는 방법이다. 문서는 종업원이 보고 누구나 쉽게 이해할 수 있도록 누가, 무엇을, 언제, 어떻게 해야 하는가를 나타내야 하며, 작업 환경의 변화에 맞추어 항상 최신화되어야 한다. 문서 관리에서 가장 중요한 사항은 종업원이 올바른 문서, 즉 최신화된 문서를 필요한 곳에 항상 볼 수 있도록 하는 것이다.

▶ HACCP의 문서

① HACCP계획
② HACCP지원 문서(Codex 지침에 의거 HACCP계획 발전을 위한 단계의 문서)

- HACCP 팀 편성
- HACCP 목적과 범위
- 제품에 대한 설명
- 제품의 사용 의도 및 민감한 집단
- 위해 요소 분석 작업표
- CL설정의 명분

③ 확인 자료
④ 작업 지시서
⑤ SSOP
⑥ 각종 양식

- CCP 모니터링 일지
- 시정 조치(CL의 이탈시)
- 검·교정 일지
- 위생교육 일지
- 일일 위생감사 일지
- 월간 위생감사 일지
- 부적합 보고서
- 시정조치 요구서
- 반입 제품 원재료 검사일지

2) 기록

기록은 조치가 이행된 것을 글로 작성한 증거이다. 양식은 조치의 결과가 기록되는 형태이다. 따라서 양식을 완성하면 기록이 된다. HACCP에서 기록은 모니터링 기록, 시정 조치 기록, 검증 기록과 위생교육 및 위생감사 기록을 포함한다.

(1) 기록의 이점은 다음과 같다.

HACCP 시스템이 작동한다는 문서화된 증거

- 문제 발생을 방지하도록 도와주는 경향을 제시(특히 통계적 공정 관리 수단과 혼합할 경우)
- 문제의 원인을 찾아내는데 도움을 줌
- 소송을 당할 경우 방어할 수 있도록 조력

(2) 모니터링 기록

HACCP의 모니터링 기록은 CCP가 관리되고 있음을 입증하는 가장 핵심적인 것이다. 즉각적인 기록의 검토를 통해 책임자는 CCP가 HACCP계획에 의해 관리되고 있음을 확신할 수 있다.

HACCP의 모니터링 기록을 위한 모든 양식은 다음 내용을 포함한다.

- 양식 이름
- 산업체 명
- 일자 및 시간
- 제품 식별(적용 가능할 경우 제품 형태, 포장의 크기, 공정 라인 및 제품 코드를 포함
- 실제 관측 혹은 측정한 데이터
- 위해 허용 한도
- 작업자의 이름 및 서명
- 검토자의 이름 및 서명
- 검토 일자

CCP모니터링 기록의 예는 다음과 같다.

- 조리기에서 시간 및 온도 기록
- 저장 온도 기록
- 염장 시 염도 측정 기록
- 통조림 씰링 검사 기록

(3) 시정 조치 기록

위해 허용 한도를 벗어나서 시정 조치를 했을 때 그 내역은 기록되어야 한다.

시정 조치 기록은 다음 내용을 포함해야 한다.

① 양식 이름
② 산업체 명
③ 일자 및 시간
④ 제품 식별
- 제품명
- 이탈이 발생한 동안 생산되어 격리된 제품의 양

⑤ 이탈에 영향을 받은 제품의 시정 조치
⑥ 시행된 시정 조치에 책임이 있는 사람의 이름
⑦ 필요한 경우 시정 조치 후 제품이나 공정 상태에 대한 평가

(4) 검증 기록

검증 기록은 다음을 포함한다.

① 성분, 공정, 포장 및 분배 방법의 변경에 의한 HACCP 계획의 개정
② 모니터링 검사의 검・교정
③ 미생물 시험 결과
④ 공급업체가 제출하는 보증서나 성적서의 검증을 위한 공급자 평가 기록
⑤ 감사 기록

(5) 위생 기록

① 위생교육 일지
② 일일 위생감사 일지
③ 월간 위생감사 일지

(6) 기록할 때 유의사항

① 모든 사람이 다 알아볼 수 있게 기록한다.
② 모든 칸을 다 메운다. 해당이 없을 때는 '-'이나 'N/A'라고 표시해야 한다. 공란으로 남겨두면 의도적인지 혹은 기록이 완결되지 않았는지 알 수 없다.
③ 기록은 원칙적으로 수정할 수 없지만 만약 오기로 부득이 수정해야 할 때는 원본 내용을 식별할 수 있도록 그 위에 두 줄을 긋고 옆에 수정할 내용을 기록한다. 그리고 수정한 사람이 일자와 함께 서명한다.

HACCP 계획서(설명용으로 작성되었음)

- 회사명:
- 주소:
- 제품명: 조리된 쇠고기 패티
- 보관 및 유통 방법: 냉동보관 및 유통(-18℃ 이하)
- 사용 의도 및 소비자: 일반 대중이 가열 후 섭취

중요 관리점	중요 위해요소	위해 허용한도 (C.L)	모니터링				시정 조치	검정	기록
			무엇을	어떻게	주기	누가			
생원료 반입	살충제, 약품 및 항생제 잔류물	보증서/ 사양서 증명서	깨끗함을 보증	승인된 공급자 목록작성	매 선적시	반입 감독자	문서제공까지 거부 혹은 보류	주기적 잔류물 검사(품질관리 감독자) 일일기록 검토	수령기록 승인된 공급자 목록
조리	병원 미생물	(패티 중심온도 최소 72℃에서 15초를 위하여) 조리기 온도 85℃에서 1분간	시간/ 온도	온도의 모니터링	연속적	품질 관리자	2시간 이내에서 패티의 재공정	주기적인 미생물시험	일일 일지
		공장라인 속도 분당 60cm	컨베이어 속도	벨트나 컨베이어 속도의 검·교정	매 시간	품질 관리자		일일기록 검토	조리기 일지
		패티두께 1.5cm	두께	롤러의 검·교정	매 시간	품질 관리자		주기적인 조리기 검증	

승인: 서명: 일자:

HACCP 계획서

(1) 중요 관리점 (CCP)	(2) 중요 위해요소	(3) 위해 허용한도 (C.L)	(4) 모니터링	(5)	(6)	(7)	(8) 시정 조치	(9) 검정	(10) 기록
			무엇을	어떻게	주기	누가			
동결	병원 미생물	공기 흐름	동일한 온도	시설내 공기흐름의 검증	작업전 주간	공무 직원	공기흐름의 정정 및 제품 구역을 위생처리 전까지 생산시작하지 말 것	주기적인 시험(공무부서에 의해)	공무 보고서
		장비를 사용전에 효과적으로 청소 및 위생처리	청소/ 위생 처리	시각검사 및 계획된 위생작업	작업전 매일 위생작업	동결 관리자	재세척, 살균 및 재검사. 만약 필요시 평가 및 처리를 위해 제품을 보류	주기적으로 장비의 미생물 제거, 불시 미생물 검사	일일 일지

6 우리나라의 식품 위해요소 중점관기준(HACCP)

1997. 10. 30 보건복지부장관. 보건복지부고시 제1997-80호

1) 목적

이 기준은 식품위생법 제32조의 21항의 규정에 의하여 식품의 원료, 제조·가공 및 유통의 각 단계에서 발생할 수 있는 위해 요소를 분석하여 중점 관리할 수 있는 기준을 정함을 목적으로 한다.

2) 정의

이 기준에서 사용하는 용어의 정의는 다음과 같다.

① "위해요소중점관리기준"(Hazard Analysis Critical Control Point, 이하 "HACCP"라 한다)이라 함은 식품의 원료, 제조. 가공 및 유통의 전 과정에서 위해 물질이 해당 식품에 혼입되거나 오염되는 것을 사전에 방지하기 위하여 각 과정을 중점적으로 관리하는 기준을 말한다.

② "위해요소"라 함은 식품위생법(이하 "법"이라 한다) 제4조의 규정에 정하고 있는 인체의 건강을 해할 우려가 있는 생물학적, 화학적 또는 물리적 인자를 말한다.

③ "중점관리"라 함은 HACCP를 적용하여 식품의 위해를 방지·제거하거나 안전성을 확보할 수 있는 단계 또는 공정을 말한다.

④ "중점관리의 한계기준"이라 함은 위해요소의 관리가 한계치 설정대로 충분히 이루어지고 있는지 여부를 판단하는 기준을 말한다.

⑤ "감시(모니터링)"라 함은 위해요소의 관리 여부를 점검하기 위하여 실시하는 일련의 관찰이나 측정 수단을 말한다.

⑥ "개선조치"라 함은 모니터링의 결과가 중요관리점의 한계 기준으로 관리되지 못할 경우에 취하는 조치를 말한다.

⑦ "검증"이라 함은 해당 업소에서 HACCP의 계획이 적절한지 여부를 정기적으로 평가하는 조치를 말한다.

⑧ "HACCP적용업소"라 함은 보건복지부장관이 지정하는 HACCP 적용 품목을 제조·가공하는 업소를 말한다.

3) 적용 대상

이 고시는 HACCP의 적용을 받고자 하는 식품에 적용한다.

4) 작업장의 시설

작업장의 시설 등은 다음 각 호에 적합하도록 하여야 하며, 작업장 관리 기준서를 작성・비치하여야 한다.

① 건물(식품 제조시설과 원료 및 제품의 보관시설 등이 설비된 건축물)은 축산 폐수, 화학물질 기타 오염물질 발생 시설로부터 나쁜 영향을 주지 아니하는 거리를 유지하여야 한다.

② 작업장은 주거 및 불결한 장소와 분리되어야 하며, 위생적인 상태로 유지되어야 한다.

③ 작업장은 각 작업실별로 구획되어 오염 구획과 비오염 구획으로 구분되어야 하며, 적절한 온도를 유지하여야 한다.

④ 바닥은 콘크리트 등으로 내수처리하여야 하며, 파엿거나 물이 고이지 아니하여야 한다.

⑤ 배수로는 적절하게 설치되어 폐수의 역류나 퇴적물이 쌓여 있지 아니하여야 한다.

⑥ 내벽은 내수처리하여야 하며, 미생물이 번식하지 아니하도록 청결하게 관리하여야 한다.

⑦ 천정은 청소가 쉬운 시설로 되어 있고, 먼지가 쌓여 있거나 응결수가 떨어지지 않아야 하며, 미생물이 번식하지 아니하도록 청결하게 관리하여야 한다.

⑧ 문은 단단한 내수성 재질(스테인레스, 알루미늄, 에프알피, 테프론 등 물을 흡수하지 아니 하는 것을 말한다)로써 청소가 쉬운 구조로 되어 있어야 한다.

⑨ 채광 또는 조명은 적절하게 유지되어야 하고, 채광, 조명시설 등으로부터 식품오염을 유발하지 아니하도록 보호장치를 설치하여 항상 청결하게 관리되여야 한다.

⑩ 환기시설은 악취, 유해가스, 매연, 증기 등을 환기시키는데 충분하도록 설치되어야 한다.

⑪ 작업장에는 방진, 방충망 및 쥐막이 시설을 갖추고 있어야 한다.

⑫ 작업원을 위한 위생적인 화장실, 탈의실 및 수세시설이 있어야 한다.

⑬ 작업장의 제조시설은 해당 식품에 대한 제조 공정의 흐름에 따라 적절히 배치되어야 한다.

⑭ 분말이 날아 흩어지는 작업실은 이를 제거하는 시설이 있어야 한다.
⑮ 작업장 내 배관은 청결하게 관리되어야 하며, 연결 부위는 인체에 무해한 것을 사용하여야 한다.
⑯ 출입구 및 창은 완전히 꼭 닫힐 수 있어야 하며, 공중낙하세균 등을 정기적으로 측정・관리하여야 한다.
⑰ 작업실 내의 통로는 작업원 외에는 사용할 수 없도록 되어 있어야 한다.
⑱ 수돗물이 아닌 지하수 등을 사용하는 경우에는 먹는물 관리법 제5조의 규정에 의한 먹는 물의 수질 기준에 적합한 물을 공급할 수 있는 시설을 갖추어야 한다.
⑲ 지하수를 사용하는 경우 취수원은 화장실, 폐기물 처리시설, 동물사육장 등 지하수가 오염될 우려가 없는 장소에 위치하여야 하고, 이 경우 용수 저장탱크는 외부로부터 오염되지 아니하도록 설치되어야 한다.
⑳ 용수 저장탱크는 분기별 1회 이상 청소를 실시하며 오염물질의 유입을 방지하기 위하여 잠금장치를 설치하여 청결 상태가 유지되어야 한다.
㉒ 용수에 대한 정기 수질검사는 연 1회 이상, 미생물학적 검사는 월 1회 이상 실시하여야 하며, 그 결과를 기록 유지하여야 한다.

5) 제조시설 등

제조시설 및 기구는 다음 각 호에 적합하도록 하여야 하며, 제조시설 관리기준서를 작성・비치하여야 한다.

① 해당 식품에 제조에 필요한 시설 및 기구를 갖추어야 한다.
② 제조시설은 당해 품목의 제조 공정 흐름에 따라 적절히 배치되어야 한다.
③ 제조시설은 당해 품목의 제조 외에 다른 목적에 사용되지 아니하여야 한다.
④ 제조시설 및 기구는 식품과 직접 접촉하는 부위가 식품을 변질시키거나 인체에 유해한 것이어서는 아니 된다.
⑤ 제조시설 및 기구는 청소하기 쉽고 다른 제조 공정으로부터 오염되지 아니하도록 배치되어 있어야 한다.
⑥ 제조시설 및 기구는 정기적으로 점검하여 작업에 지장이 없도록 관리되어야 한다.
⑦ 포장자재는 법 제9조 제1항의 규정에 적합한 규격품을 사용하여야 하며, 포장은 오염을 방지할 수 있는 위생적인 조건하에서 실시하여야 한다.

6) 냉장 · 냉동설비 등

냉각 · 냉장 · 냉동 설비는 다음 각 호에 적합하도록 하여야 하며, 냉장. 냉동 설비 관리기준서를 작성 · 비치하여야 한다.

① 냉각 · 냉장 · 냉동 설비의 구조와 기능은 원료 및 제품을 효과적으로 수용할 수 있고 오염시킬 우려가 없어야 한다.

② 온도계의 감온봉은 적당한 곳(가장 온도가 높은 곳)에 설치하여야 한다.

③ 냉장 및 냉동기기는 자동 온도기록장치가 부착되어 온도 상황이 기록 · 유지될 수 있어야 하며, 수동 및 자동 온도조절장치에는 중대한 온도 변화를 알릴 수 있는 자동경보장치가 부착되어야 한다.

④ 냉장 · 냉동 설비 등에 대하여는 정기적으로 청소를 실시하고 그 결과를 기록 · 유지하여야 한다.

7) 위생관리 등

기구, 위험물 · 폐기물 및 작업원 등의 위생관리는 다음 각호에 적합하도록 하여야 한다.

① 위생관리에 필요한 시설 · 기구 등을 갖추어야 하며, 위생적으로 이를 유지하여야 한다.

② 원료와 제품의 처리 · 가공 등에 사용되는 기구 및 용기는 용도별로 구분 · 표시하여 청결하게 관리하여야 한다.

③ 작업장에 종사하는 작업원은 해당 작업에 필요한 위생복, 위생모, 위생마스크 및 위생장갑을 착용하여야 한다.

④ 작업원은 작업장에서 껌을 씹거나 음식물을 먹거나 담배를 피우거나, 침을 뱉어서는 아니 된다.

⑤ 신체질환 등으로 인하여 식품에 위해를 끼칠 우려가 있는 종업원은 제조 · 가공 등에 종사하여서는 아니 된다.

⑥ 작업원은 고용 전 신체검사 및 정기적인 신체검사를 받아야 하며, 그 기록을 유지하여야 한다.

⑦ 작업장 화장실의 출입구에는 손을 사용하지 아니하고 이용할 수 있는 세척시설, 손을 말릴 수 있는 시설 및 소독설비를 갖추고 있어야 한다.

⑧ 화장실과 탈의실은 외부로 통하는 환기시설을 갖추고 있어야 하며, 벽과 바닥은 내수성 재질로 되어 있고 청결한 상태가 유지되도록 한다. 또한 화장실의 구조는

수세식으로 되어 있고 출입문은 손을 사용하지 않고도 이용할 수 있도록 하여야 하며, 뚜껑이 있는 휴지통을 비치하여야 한다.

⑨ 작업장과 떨어진 곳에 폐기물, 폐수 처리시설을 설치 · 운영하여야 하며, 그 관리기록을 유지하여야 한다.

⑩ 폐기물은 매일 연속적으로 반출하여 옥외에 방치되지 아니하도록 하고, 폐기물 용기는 자주 소독 및 세척을 하여야 한다.

⑪ 작업장 내에서 쥐와 곤충의 구제는 식품 등을 오염시킬 우려가 없도록 하여야 하며, 식품 등의 오염을 방지할 수 있는 제한된 장소에서만 허용되어야 한다.

⑫ 살충제 등과 같은 유독성 물질과 인화성 물질 등은 취급주의 표시를 하여야 하며, 격리된 장소에서 안전하게 관리 및 보관되어야 한다.

⑬ 다음 사항이 구체적으로 기재된 위생관리 기준서를 작성 · 비치하여야 한다.

- 청소 장소 및 청소 주기
- 청소 방법과 청소에 사용하는 소독약품 및 도구
- 작업 복장의 규격 및 착용 규정
- 작업원 손 씻기 및 소독 방법
- 작업중 위생에 관한 주의 사항
- 청소 상태의 평가 방법
- 작업원의 건강 상태 관리 사항
- 소독조의 소독약품, 점거 횟수 및 점검 방법
- 기타 필요한 사항

8) 보관 및 운반관리 등

제품의 보관 및 운반관리 등은 다음 각호에 적합하도록 하여야 한다.

① 원료 · 자재(부자재를 포함한다. 이하 같다), 반제품 및 완제품은 명확하게 구분하여 관리하여야 하며, 적절한 온도를 유지하여야 한다.

② 부적합한 원료 · 자재 및 완제품은 별도 구분하여 보관하여야 하며, 처리 기록을 보관하여야 한다.

③ 원료 · 자재, 반제품 및 완제품은 바닥과 벽에 밀착되지 아니하도록 적재 · 보관하여야 하며, 보관 중에 이상이 생겼을 경우 보관 책임자는 즉시 HACCP팀장에게 이를 알리고 그 내용과 조치 사항을 기록 · 보관하여야 한다.

④ 원료 계량실은 구획되어 있어야 하며, 필요시 먼지 제거시설을 갖추어야 한다.

⑤ 원료 · 자재 및 완제품은 선입 · 선출 방법으로 반출하고, 반품된 제품은 구분하여 보관 · 처리하여야 한다.

⑥ 다음 사항이 구체적으로 기재된 보관관리기준서를 작성 · 비치하여야 한다.

- 원료, 자재 구입 시 품명 · 수량 및 규격 확인 방법
- 보관 관리 장소 및 방법
- 완제품의 반 · 출입 관리 방법
- 검사 결과 불량품에 대한 처리 방법
- 취급 시 교차 오염을 방지하기 위한 대책
- 기타 보관관리에 필요한 사항

⑦ 식품 및 원료 · 자재 등이 운반 중 적절하게 보관될 수 있도록 수송기구 및 벌크용기는 다음 사항이 설계 · 관리되어야 한다.

- 식품 및 포장 등에 대한 오염을 방지할 수 있어야 한다.
- 세척이 쉽고 필요시 소독이 가능하여야 한다.
- 쾌적한 환경과 적절한 온도를 유지할 수 있어야 한다.
- 내부온도 등을 외부에서 확인할 수 있어야 한다.

9) 검사시설 등

검사시설 · 기구 및 이에 대한 관리는 다음 각호에 적합하도록 하여야 한다.

① 제품검사에 필요한 시설 및 기구를 갖추어야 한다.

② 시설 및 기구를 정기적으로 점검하여 검사에 지장이 없도록 관리하여야 하며, 특히 저울 및 온도 측정 장치는 연 1회 이상 공인기관의 보정을 받아야 하고 점검 사항 및 검사 성적서를 기록 · 유지하여야 한다.

③ 원료 · 자재, 반제품 및 완제품에 대하여 필요한 정기검사를 실시하여야 하며 검사 기록을 작성 · 비치하여야 한다.

④ 검체를 채취할 때는 오염되거나 변질되지 아니하도록 채취하여야 한다.

⑤ 다음 사항이 구체적으로 기재된 검사 기준서를 작성 · 비치하여야 한다.

- 제조 번호 및 검사 연월일
- 검사 번호
- 검사자 수 및 검사 연월일
- 검사 항목, 검사 기준 및 검사 성적
- 판정 결과 및 판정 연월일

- 검사자 및 판정자의 서명 날인
- 검체의 채취, 취급 및 검사 방법
- 검사 결과의 통지 방법
- 기타 필요한 사항

10) HACCP관리

HACCP 적용 업소는 다음 각호의 사항을 관리하여야 하며, HACCP관리 기준서를 작성·비치하여야 한다.

(1) HACCP팀 구성
- 조직 및 인력 현황
- HACCP팀 구성원별 역할
- 교대근무 시 인수·인계 방법

(2) 제품설명서
- 제품명, 제품 유형 및 성상
- 품목 제조 보고 연월일
- 작성자 및 작성 연월일
- 성분 배합 비율
- 제조(포장) 단위
- 완제품의 규격
- 보관·유통상의 주의 사항
- 제품 용도 및 유통 기간
- 포장 방법 및 재질
- 기타 필요한 사항

(3) 제조 공정 설비
- 제조 공정도(공정별 가공 방법)
- 작업장 평면도(작업 특성별 구획, 기계·기구 등의 배치, 제품의 흐름 과정, 세척·소독조의 위치, 작업자의 이동 경로, 출입문 및 창문 등을 표시한 평면도면)
- 공조 시설 계통도

- 용수 및 배수처리 계통도

(4) 제조 · 가공 및 유통에 따른 위해요소 분석
(5) 중요관리점
(6) 중요관리점의 한계 기준
(7) 감시(모니터링) 방법
(8) 개선 조치 방법
(9) 기록 유지 방법
(10) 검증방법

11) 실시 점검 등

① HACCP 적용 업소는 제10조의 규정에 의거 HACCP관리와 실시 여부를 확인하여야 하며, 그 결과를 관련 서식에 식품별로 각각 작성 · 비치하여야 한다.
② HACCP 적용업소는 전항의 기록 내용이 변경된 경우에 보건복지부장관에게 그 변경 내용을 제출하여야 한다.

12) 개선 조치

HACCP 적용 업소는 제품의 안전성에 대한 개선 사항이 있을 경우에는 이를 신속하게 조사하여 그 원인을 규명하고, 이에 대한 적절한 조치를 취하여야 하며, 이를 기록 · 보관하여야 한다.

13) 기록 관리

HACCP 적용 업소는 관계법령에 특별히 규정된 것을 제외하고는 모든 제품의 업무처리에 관한 기록을 최소한 2년간 보관하여야 한다.

14) HACCP 팀장의 임무

① HACCP 팀장은 작업원이 맡은 업무를 효과적으로 수행할 수 있도록 하기 위하여 작업원에 대한 HACCP관리, 제조시설관리, 위생관리, 보관 및 운반관리, 검사관리

및 기타 필요한 사항을 정기적으로 교육·훈련하여야 한다.

② HACCP 팀장은 HACCP팀 구성원으로 하여금 원료 생산·판매업자에 대한 원료 생산관련 위생관리 교육을 실시하도록 하고, 그 기록을 보관·유지하여야 한다.

③ HACCP팀장은 원료 가공 공장의 시설·설비, 제조 공정, 작업자의 위생관리 등을 정기적으로 지도·감독하여야 하며, 개선 조치 사항 등 관련 기록을 보관·유지하여야 한다.

15) 교육 · 훈련

① 보건복지부장관은 HACCP업무를 효과적으로 수행하기 위하여 HACCP 적용 업소의 영업자, HACCP팀 구성원 및 식품위생 관련 공무원에 대하여 HACCP교육·훈련을 실시할 수 있다.

② 보건복지부장관은 제1항에 의한 HACCP 교육·훈련을 한국식품위생연구원장으로 하여금 실시하게 할 수 있다.

16) HACCP 적용 업소 지정 신청

① HACCP 적용 업소로 지정받고자 하는 자는 별지 제1호 서식의 HACCP 적용 업소지정 신청서를 보건복지부장관에게 제출하여야 한다.

② 전항의 HACCP 적용 업소로 지정받기 위해서는 식품(제조소, 공장)별로 HACCP 실시일을 보건복지부장관에게 통보한 후 3월 이상 이 기준에 의한 HACCP를 실시하여야 한다. 다만, HACCP 시범사업 실시업소의 경우에는 그러하지 아니할 수 있다.

17) HACCP 적용 업소의 지정

① 보건복지부장관은 제16조의 규정에 의한 HACCP 적용업소 지정신청을 받은 경우에는 별지 제2호 서식의 HACCP 실시 상황 평가표에 의한 실태조사를 실시하여 HACCP 적용업소를 지정하고, 별지 제3호 서식의 지정서를 발급한다.

② 보건복지부장관은 제1항에 의한 HACCP 실시상황에 대하여 한국식품위생연구원장으로 하여금 서류 검토 및 현장 확인을 하게 할 수 있다.

③ 기타 HACCP 실시상황의 평가·판정 등에 관하여 필요한 사항은 보건복지부장관이 정하는 바에 의한다.

18) 우대 조치

제17조의 규정에 의하여 HACCP 적용업소로 지정된 업소에 대하여 다음 각호의 우대조치를 할 수 있다. 이 경우 동일한 제조회사인 경우에는 HACCP를 적용하지 아니하는 공장에서 생산된 제품에는 HACCP 적용 품목의 표시를 붙여서는 아니 된다.

① 법 제17조 제1항의 규정에 의한 출입・검사・수거 등 완화

② 별표 1의 HACCP 적용 품목 표시 부착 및 HACCP 품목 지정 사실에 대한 광고 허용

19) 사후 관리

① 보건복지부장관은 제17조의 규정에 의하여 HACCP 적용업소로 지정받은 업소에 대해서는 별지 제2호 서식의 HACCP 실시 상황평가표에 의하여 2년에 1회 이상 실태조사를 실시할 수 있다.

② 보건복지부장관은 전항의 실태조사 결과 HACCP 지정업소가 제17조 제1항에 부적합하다고 인정되는 업소에 대하여는 기간을 정하여 시정을 명하거나 그 지정을 취소할 수 있다.

부 칙

이 기준은 고시한 날부터 시행하되, 식품별 관리기준이 마련되어 HACCP 실시 상황평가가 가능한 식육가공품 중 햄류・소시지류(식품공전 5-1 식육가공품 중 4) 주원료 성분 배합기준 (1) 용업의 정의 ⑦ 내지 ⑪항) 및 어육가공품 중 어묵류(식품공전 6-1 어육가공품중 4) 주원료 성분 배합기준 (1) 용어의 정의 ① 내지 ③항)에 대하여 우선 적용한다.

〈별표. 1〉 단체급식 HACCP 모델(일반적 모델)

작업 단계	구분	위해요소	CP 및 CCP	관리항목별 관리기준	모니터링 방법				관리기준 이탈 시 조치사항	검증 방법
					대상	방법	빈도	관리자		
검수	납품업체	승인되지 않은 거래처 및 납품업자		사내 구매관리기준서 중 납품업체 리스트	납품업체	리스트 확인	구매 시	구매담당자	반품	승인된 납품업체의 시험성적서 확인
	운송차량	부적절한 배송온도	CP	냉장탑 차 이용	온도	자동온도기록지 또는 온도 측정	자동기록 또는 적재·적하 시	운전자	온도 조정	자동온도기록지 확인 및 온도 보정
		위생 상태 불량		1일 1회 또는 적재 전 청소·소독	차량 위생	육안	1일 1회 적재 전	운전자	재청소·소독	차량일지 기록 확인
	검수장	식자재 중 냉장·냉동식품의 부적절한 보관		냉장, 냉동식품 : 냉장 냉동실 입고 확인	냉장, 냉동 식품	육안	검수 시	검수 담당자	반품	검수 일지
		검수대, 검수기구(저울 등)의 위생불량		검수대, 검수기구 위생: 양호	검수대, 검수 기구	육안	검수 시	검수 담당자	검수대 검수기구 세척	검수 일지
	식재료 상태	냉장 및 냉동식품의 적정 온도 유지	CCP	냉장식품: 10℃ 이하 냉동식품: -18℃ 이하	냉장, 냉동 식품	품온측정	검수 시	검수 담당자	재냉각 또는 반품	검수 일지
		식재료의 유통기간 경과	CCP	유통기간 경과 여부 확인	식재료	육안	검수 시	검수 담당자	반품, 폐기	검수 일지
		식재료의 제품 포장불량		포장 상태 : 양호	포장 상태	육안	검수 시	검수 담당자	반품	검수 일지
		식재료의 미생물·화학·물리학적 위해	CCP	사내 검수 관리기준서	식재료	관능검사	검수 시	검수 담당자	반품	검수 일지

〈별표. 1〉 계속

작업단계	구분	위해요소	CP 및 CCP	관리항목별 관리기준	모니터링 방법				관리기준 이탈시 조치사항	검증방법
					대상	방법	빈도	관리자		
저장	냉장저장	식재별의 분리 저장불량에 따른 교차오염		식자재: 분리 저장	오염되기 쉬운 식자재	육안	1일 1회	영양사	분리저장 또는 폐기	냉장/냉동고 관리일지
		포장불량에 의한 2차 오염		포장 상태: 양호	식자재의 포장상태	육안	1일 1회	영양사	재포장 또는 폐기	냉장/냉동고 관리일지
		냉장식품의 부적절한 저장 온도에 의한 미생물 증식	CCP	냉장고: 10℃ 이하	냉장고	온도 측정·기록	1일 2회	영양사	온도 보정	냉장/냉동고 관리일지
		냉장식품의 장기 저장에 의한 변질, 부패		선입선출 준수 및 저장기간 관리	냉장식품	Tag 사용	1일 1회	영양사	즉시 사용 또는 폐기	주기적인 Tag 확인
		조리식품과 식재료의 접촉에 의한 교차오염	CCP	분리 저장	구획 및 분리 상태	육안	1일 2회	영양사	재구획 및 폐기	냉장/냉동고 관리일지
		불결한 저장 용기에 또는 불결한 냉장고에 의한 오염		식자재: 분리 저장	저장 용기 및 냉장고	육안	1일 1회	영양사	세척 및 소독	냉장/냉동고 관리일지
	냉동저장	식재별의 분리 저장 불량에 따른 교차오염		저장 용기 및 냉장고 청결 유지	오염되기 쉬운 식자재	육안	1일 1회	영양사	분리저장 또는 폐기	냉장/냉동고 관리일지
		포장 불량에 의한 2차 오염		식자재: 분리저장	식자재의 포장 상태	육안	1일 1회	영양사	재포장 폐기	냉장/냉동고 관리일지
		부적절한 저장 온도에 의한 품질 저하	CCP	포장 상태 : 양호	냉동고	온도 측정·기록	1일 2회	영양사	온도 보정	냉장/냉동고 관리일지
		냉동식품의 장기 저장에 의한 변질, 부패		냉동고 : -18℃ 이하	냉동식품	Tag 사용	주 1회	영양사	즉시 사용 또는 폐기	주기적인 Tag 확인

〈별표. 1〉 계속

작업단계	구분	위해요소	CP 및 CCP	관리항목별 관리기준	모니터링 방법				관리기준 이탈 시 조치 사항	검증 방법
					대상	방법	빈도	관리자		
저장	상온저장	식재별의 분리저장 불량에 따른 교차오염		식자재: 분리저장	식자재	육안	주1-2회/사내 기준	영양사	분리저장 또는 폐기	저장·보관일지
		포장불량에 의한 2차 오염		포장 상태: 양호	식자재의 포장 상태	육안	주1-2회/사내 기준	영양사	재포장 또는 폐기	저장·보관일지
		유통기간 경과에 의한 미생물 증식		유통기간 경과 제품: 폐기	모든 식자재	유통기간 확인	주1-2회/사내 기준	영양사	폐기	저장·보관일지
		보관창고의 불결한 위생에 의한 2차 오염		보관창고 청결 유지	보관창고 위생상태	육안	주1-2회/사내 기준	영양사	청소 및 정리정돈	저장·보관일지
		식재 및 비식재 사용혼동에 의한 위생 사고		혼동하기 쉬운 식자재: 분리저장	혼동하기 쉬운 식자재	분리저장	주1-2회/사내 기준	영양사	분리저장	저장·보관일지
		해충 및 쥐에 의한 제품 오염		방충 및 방서	조리장	육안	주1-2회/사내 기준	영양사	방충, 방서 시설 설치 및 보수	저장·보관일지
전처리	조리공정 #1 및 #2 씻기 썰기	채소류의 부적절한 세척에 의한 기생충 및 잔류 농약의 잔존	CCP	흐르는 물로 2회 이상 세척 후 청결 상태 확인	채소류	육안	1일 2회	영양사	재세척	전처리 공정일지
		청결하지 못한 물의 사용(수돗물 제외)		기준·규격에 맞는 음용수 사용	음용수	서류검사		영양사	사용 금지	음용수 수질검사 서류 확인
		세척 후 바닥 방치에 의한 2차 오염		50cm 이상 높이 선반 보관	세척된 식재료 보관 상태	육안	1일 2회	영양사	재세척	위생관리일지
		불결한 작업대 및 싱크대로부터의 교차오염		작업대, 싱크대: 청결 유지	작업대 및 싱크대	육안	1일 2회	영양사	청소 및 소독	위생관리일지
		칼, 도마로부터의 교차오염	CCP	용도별 칼, 도마 구분사용	칼, 도마	육안	1일 2회	영양사	구분 사용 및 조리자 교육	전처리 공정일지
		조리 종사자로부터의 오염	CCP	위생장갑 사용 및 손의 세척·소독	조리 종사자	관찰	1일 2회	영양사	조리 종사자 교육	전처리 공정일지

〈별표. 1〉 계속

작업단계	구분	위해요소	CP 및 CCP	관리항목별 관리기준	모니터링방법				관리기준 이탈시 조치사항	검증방법
					대상	방법	빈도	관리자		
전처리	조리공정 # 3 씻기 썰기 해동	채소류의 부적절한 세척에 의한 기생충 및 잔류 농약의 잔존		흐르는 물로 2회 이상 세척 후 청결 상태 확인	채소류	육안	1일 2회	영양사	재세척	전처리 공정일지
		청결하지 못한 물의 사용(수돗물 제외)		기준·규격에 맞는 음용수 사용	음용수	서류 검사	1일 2회	영양사	사용 금지	음용수 수질검사 서류 확인
		세척 후 바닥 방치에 의한 2차 오염		50cm 이상 높이 선반 보관	세척된 식재료 보관 상태	육안	1일 2회	영양사	재세척	위생관리 일지
		불결한 작업대 및 싱크대로부터의 교차 오염		작업대, 싱크대 : 청결 유지	작업대 및 싱크대	육안	1일 2회	영양사	청소 및 소독	위생관리 일지
		칼, 도마로부터의 교차 오염		용도별 칼, 도마 구분 사용	칼, 도마	육안	1일 2회	영양사	구분 사용 및 조리자 교육	전처리 공정일지
		조리 종사자로부터의 오염	CP	위생장갑 사용 및 손의 세척·소독	조리 종사자	관찰	1일 2회	영양사	조리 종사자 교육	전처리 공정일지
		부적절한 해동 방법 및 시간에 의한 미생물 증식 및 2차 오염	CP	해동 기준서	냉동제품	해동 방법·시간 기록	1일 2회	영양사	제품 폐기	해동일지
		청결하지 못한 해동수 사용으로 인한 2차 오염		음용수 기준·규격에 맞는 해동수 사용	해동수	서류 검사	1일 2회	영양사	사용 금지	음용수 수질검사 서류 확인
		해동 후 장시간 실온 방치에 의한 미생물 증식		해동 후 즉시 사용	해동된 식재료	육안	1일 2회	영양사	제품 폐기	해동일지

〈별표. 1〉 계속

작업단계	구분	위해요소	CP 및 CCP	관리항목별 관리기준	모니터링방법				관리기준 이탈시 조치사항	검증방법
					대상	방법	빈도	관리자		
조리	조리공정 #1 무치기 버무리기 혼합	조리 종사자의 손에 의한 2차 오염	CCP	위생장갑 사용 및 손의 세척·소독	조리 종사자	육안	조리시	영양사	위생장갑 착용 및 교육	조리공정 및 검식일지
		비위생적인 조리 습관에 의한 미생물 오염	CP	맛보기 전용기구 사용 등 위생적 조리습관	조리 종사자	관찰	1일 1회	영양사	교육 및 훈련	조리장 위생관리 일지
		불결한 조리 용기의 사용에 의한 2차 오염		용기 : 청결한 위생상태	조리 용기	육안	1일 1회	영양사	재세척 및 소독	조리장 위생관리 일지
		위생적으로 청결하지 않은 양념의 사용		양념보관 : 청결유지	양념	육안	1일 1회	영양사	위생적인 보관 관리	조리장 위생관리 일지
	조리공정 #2 데치기 무치기 성형하기	부적절한 가열 온도 및 시간에 의한 미생물 잔존	CCP	중심온도 측정	식재료	온도 측정	조리시	조리사	재가열	조리공정 및 검식일지
		조리 종사자의 손에 의한 2차 오염	CCP	위생장갑 사용	조리 종사자	육안	조리시	영양사	위생장갑 착용 및 교육	조리공정 및 검식일지
		비위생적인 조리 습관에 의한 미생물 오염	CP	맛보기 전용기구 사용 등 위생적 조리습관	조리 종사자	관찰	1일 1회	영양사	교육 및 훈련	조리장 위생관리 일지
		불결한 조리 용기의 사용에 의한 2차오염		용기 : 청결한 위생상태	조리 용기	육안	1일 1회	영양사	재세척 및 소독	조리장 위생관리 일지
		위생적으로 청결하지 않은 양념의 사용		양념보관 : 청결유지	양념	육안	1일 1회	영양사	위생적인 보관 관리	조리장 위생관리 일지
	조리공정 #3 볶기, 삶기, 끓이기, 찌기, 조리기, 굽기, 부치기 튀기기, 데치기	부적절한 가열온도 및 시간에 의한 미생물 잔존	CCP	중심온도 측정	식재료	온도 측정	조리시	조리사	재가열	조리공정 및 검식일지
		조리 종사자의 손에 의한 2차 오염	CP	위생장갑 사용	조리 종사자	육안	조리시	영양사	위생장갑 착용 및 교육	조리공정 및 검식일지
		비위생적인 조리 습관에 의한 미생물 오염	CP	맛보기 전용기구 사용 등 위생적 조리습관	조리 종사자	관찰	1일 1회	영양사	교육 및 훈련	조리장 위생관리 일지
		불결한 조리 용기의 사용에 의한 2차오염		용기 : 청결한 위생상태	조리 용기	육안	1일 1회	영양사	재세척 및 소독	조리장 위생관리 일지
		위생적으로 청결하지 않은 양념의 사용		양념보관 : 청결유지	양념	육안	1일 1회	영양사	위생적인 보관 관리	조리장 위생관리 일지

〈별표. 1〉 계속

작업단계	구분	위해요소	CP 및 CCP	관리항목별 관리기준	모니터링방법				관리기준 이탈시 조치사항	검증방법
					대상	방법	빈도	관리자		
급식전보관	보관용기	불결한 보관 용기에 의한 2차 오염		용기: 청결한 위생 상태	보관용기	육안	1일 1회	영양사	재세척 및 소독	위생관리일지
		보관용 용기 덮개 미사용으로 인한 낙하균 등에 의한 오염		용기 덮개 사용	용기덮개	육안	1일 1회	영양사	덮개의 재사용 및 종사자 교육	위생관리일지
	냉장보관	부적절한 냉장온도에 의한 미생물 증식	CCP	냉장온도: 10℃ 이하	냉장고	온도측정·기록	1일 2회	영양사	온도 보정	냉장/냉동고 관리일지
	상온보관	조리 후 장시간 실온 방치로 인한 미생물 증식	CP	조리 후 2시간 이내 급식	보관시간	육안	배식시	영양사	조리된 음식 폐기	조리공정 및 검식일지
		조리된 음식의 조리장 바닥 방치에 의한 오염		50cm 이상 높이 작업대에 보관	조리음식	육안	1일 1회	영양사	작업대 재보관 및 조리종사자 교육	위생관리일지
배식	배식기구 및 용기	불결한 운반기구(운반차, 식품운반 승강기 등)의 사용으로 인한 오염		운반기구 : 청결 유지	운반기구	육안	1일 1회	영양사	세척·소독 후 사용	위생관리일지
		불결한 배식대 및 배식기구(용기 및 배식용 수저 등)에 의한 오염		배식대, 배식기구: 청결 유지	배식대, 배식기구	육안	1일 1회	영양사	세척·소독 후 사용	위생관리일지
	식기, 수저	식기, 수저의 세척·소독 불량에 의한 미생물 잔존		식기, 수저: 청결유지	식기, 수저	육안	1일 1회	영양사	세척·소독 후 사용	위생관리일지
	배식자	질환자에 의한 배식		질병 보유자 작업 배제	배식자	관찰	1일 1회	영양사	배식자 교육 및 작업 배제	조리종사자 위생관리일지
		배식자의 개인 위생 불량에 의한 오염		위생적 복장 및 배식 작업	배식자	관찰	1일 1회	영양사	배식자 교육·훈련	조리종사자 위생관리일지

〈별표. 2〉 학교급식 단계별 위해요소(Hazards)

1. 구매 및 검수 단계에서의 위해요소(Hazards during purchasing and receiving)

구분		위해요소	관리기준	관리방법
공통사항	납품업체	승인되지 않은 거래처 및 납품업자로부터의 식재료 구매에 의한 식재료의 오염	승인된 거래처로부터의 식재 구입	사내 납품업체 관리 규정
	운송차량	부적절한 배송 온도에 의한 식재의 변질, 부패	운송 차량의 적정 온도유지	자동 온도기록지 또는 온도 측정 및 기록 확인
		운송 차량의 위생 상태 블량	운송 차량의 위생적 관리	운송 차량의 정기적인 청소(1일 1회 적재 전)
	검수장	식자재 중 냉장·냉동식품의 부적절한 보관	냉장·냉동실 입고	검수일지 확인
		검수대, 검수기구(저울 등)의 위생불량에 의한 교차 오염	검수대, 검수기구의 세척 및 청소	전일 작업 후 검수대 및 검수장의 청결 상태 점검
	식재료 상태	냉장 및 냉동 식품의 적정 온도 유지	냉장식품의 경우 10℃ 이하; 냉동식품의 경우 -18℃ 이하에 보관 유지	금속 온도계로 내부 온도 측정
		식재료의 유통기한 경과에 따른 변질, 부패	유통기한 이내의 식재료 사용	식재료의 유통기한 확인
		식재료의 제품 포장불량에 의한 교차오염	양호한 포장 상태	포장 상태 확인
식재료	육류	*Salmonella spp., Campylobacter jejuni, E. coli* O157:H7, *Yersinia enterocolitica*	검수 관리기준서	관능검사
		Staphylococcus aureus, Clostridium perfringens, Listeria spp., Tersinia enterocolitica, Hepatits A virus	검수 관리기준서	관능검사
		머리카락, 포장비닐 등 이물질	검수 관리기준서	관능검사
	가금류	*Salmonella spp., Campylobacter spp., E. coli* O157:H7, *Listeria* spp., *Yersinia enteroclitica, Hepatitis A virus*	검수 관리기준서	관능검사
		Staphylococcus aureus, Clistridium perfringens, Clostridium botulinum, Bacillus cereus 의 독소 및 포자	검수 관리기준서	관능검사
		털, 포장비닐의 이물질	검수 관리기준서	관능검사

〈별표. 2〉 계속

구분		위해요소	관리기준	관리방법
식재료	육류	*Salmonella spp.,Campylobacter jejuni, E. coli* O157:H7, *Yersinia enterocolitica,*	검수 관리기준서	관능검사
		Staphylococcus aureus, Clostridium perfringens, Listeria spp., Tersinia enterocolitica, Hepatits A *virus*	검수 관리기준서	관능검사
		머리카락, 포장비닐 등 이물질	검수 관리기준서	관능검사
	가금류	*Salmonella spp., Campylobacter spp., E. coli* O157:H7, *Listeria* spp., *Yersinia enteroclitica, Hepatitis* A *virus*	검수 관리기준서	관능검사
		*Staphylococcus aureus, Clistridium perfringens, Clostridium botulinum, Bacillus cereus*의 독소 및 포자	검수 관리기준서	관능검사
		털, 포장비닐의 이물질	검수 관리기준서	관능검사
식재료	어류	Vibrio spp., *Salmonella spp.,* 기생충	검수 관리기준서	관능검사
		*Clostridium botulinum*의 독소 및 포자	검수 관리기준서	관능검사
		히스타민, Methylamine, rimethyamine	검수 관리기준서	관능검사
		돌 등 이물질	검수 관리기준서	관능검사
	패류	*Vibrio* spp., *Salmonella* spp., *Pseudomonas spp., Flavobaterium* spp.	검수 관리기준서	관능검사
		Venerupin, 마비성 조개 중독(PSP)	검수 관리기준서	관능검사
		흙, 해캄 등 이물질	검수 관리기준서	관능검사
	난류	*Salmonella* spp., *Listeria* spp., *Yersinia enterocolitica,* Hepatitis A virus	검수 관리기준서	관능검사
		*Staphylicoccus aureus, Clostridium perfringens, Clostridium botulunum, Bacillus cereus*의 독소 및 포자	검수 관리기준서	관능검사
식재료	가공품류 (육가공품, 수산가공품 및 기타 가공품)	*Salmonella* spp., *Bacillus cereus, campylobacter* spp., *E. coli* O157	검수 관리기준서	관능검사
		Clostridium perfringens, Clostridium botulinum, Listeria spp., *Staphyococcus aureus*의 포자 및 독소	검수 관리기준서	관능검사
		화학조미료, 첨가물, 보존료, nitrites	검수 관리기준서	관능검사
		카드뮴, 수은, 주석, 안티몬, 아연 등 중금속	검수 관리기준서	관능검사
		머리카락, 금속 등 이물질	검수 관리기준서	관능검사

〈별표. 2〉 계속

구분		위해요소	관리기준	관리방법
식재료	두부류(콩가공품류)	*Bacillus cereus*, *Yersinia enterocolitica*, *E. coli* O157	검수 관리기준서	관능검사
		Mycotoxin	검수 관리기준서	관능검사
		포장 상태 불량	검수 관리기준서	관능검사
	건어물류	보존제, 식품첨가물	검수 관리기준서	관능검사
		돌, 머리카락, 포장비닐 등 이물질	검수 관리기준서	관능검사
	냉동식품류	*Bacillus cereus*, *Bacillus citrinum*, *Clostidium botulinum*	검수 관리기준서	관능검사
		*Aspergillus flavus*의 Aflatoxin, 방부제	검수 관리기준서	관능검사
		포장비닐, 머리카락 등 이물질	검수 관리기준서	관능검사
식재료	채소류	*Salmonella* spp., *Listeria monocytogenes*, *Shigella* spp., *E.coli* spp., *Staphylococcus aureus*, *Bacillus cereus*, 통양세균, 효모류, 곰창이류, 회충, 십이지장충 등 기생충	검수 관리기준서	관능검사
		농약 등 살충제, muscarine, choline, neurine	검수 관리기준서	관능검사
		흙, 돌, 비닐, 종이 등 이물질	검수 관리기준서	관능검사
	쌀/잡곡/견과류	*Salmonella spp.*, *Shigella spp.*, *Bacillus cereus*, *Liseria monocytogenes*, *E. coli* spp., *Bacillus cereus*, 기생충	검수 관리기준서	관능검사
		Staphylococcus aureus, *Bacillus cereus*, *Clostridium botulinum*의 독소 및 포자	검수 관리기준서	관능검사
		mycotoxins, 중금속, 농약 등의 살충제	검수 관리기준서	관능검사
		포장 상태 불량, 흙, 돌, 벌레등 이물질	검수 관리기준서	관능검사
	면류	*Bacillus cereus*, *Salmonella* spp.	검수 관리기준서	관능검사
		Aflatoxin, 방부제	검수 관리기준서	관능검사
		돌, 머리카락, 유리조각, 높은 온도, 높은 습도	검수 관리기준서	관능검사
	김치류/장아찌류/젓갈류	*E. coli* spp., *Salmonella* spp., 장염 *Vibrio*, 기생충	검수 관리기준서	관능검사
		살충제 등 농약, 보존제, 색소	검수 관리기준서	관능검사
		돌, 머리카락, 포장비닐, 유리조각 등 이물질	검수 관리기준서	관능검사

〈별표. 2〉 계속

<table>
<tr><th colspan="2">구분</th><th>위해요소</th><th>관리기준</th><th>관리방법</th></tr>
<tr><td rowspan="6">식재료</td><td rowspan="3">물</td><td>Salmonella spp., Clostridium perfringens, Clostridium jejuni, Shigella spp., Yersinia enterocolitica, Clostridium botulinum, E. coli spp., Listeria monocytogenes, Enterovirus, Norwolk virus</td><td>검수 관리기준서</td><td>관능검사</td></tr>
<tr><td>비식용 화학물질, 비소 등 중금속</td><td>검수 관리기준서</td><td>관능검사</td></tr>
<tr><td>유해성 이물질 혼입</td><td>검수 관리기준서</td><td>관능검사</td></tr>
<tr><td rowspan="3">조미료</td><td>Salmonella spp.</td><td>검수 관리기준서</td><td>관능검사</td></tr>
<tr><td>Staphylococcus aureus, Bacillus cereus, Clostridium botulinum, Clostridium perfringens 의 독소 및 포자</td><td>검수 관리기준서</td><td>관능검사</td></tr>
<tr><td>이물질 혼입</td><td>검수 관리기준서</td><td>관능검사</td></tr>
</table>

2. 저장 단계에서의 위해요소(Hazards during storage)

구분		위해요소	관리기준	관리방법
저장온도별	냉장저장	식재별의 분리 저장 불량에 따른 교차오염	전용 용기 사용 및 내부 구획으로 분리 저장	저장소의 정기적인 정돈 및 점검
		포장 불량에 의한 2차 오염	양호한 포장 상태 유지	포장 상태 확인
		냉장식품의 부적절한 저장 온도에 의한 미생물 증식	냉장 온도 10℃ 이하로 관리	온도 점검 및 기록
		냉장식품의 장기 저장에 의한 변질, 부패	선입선출 준수 및 저장 기간 관리	납품 일시 및 시간 표시 Tag 정검 및 처리
		조리식품과 식재료의 접촉에 의한 교차오염	분리 저장에 의한 식재료 관리	구획 지정 보관
		불결한 저장 용기 또는 불결한 냉장고에 의한 오염	냉장고 및 용기의 청결 유지	정기적인 세척 및 소독 실시
	냉동저장	식재별의 분리 저장 불량에 따른 교차오염	전용 용기 사용 및 내부 구획으로 분리 저장	저장소의 정기적인 정돈 및 점검
		포장 불량에 의한 2차 오염	양호한 포장 상태 유지	포장 상태 확인
		부적절한 저장 온도에 의한 품질 저하	냉동온도 -18℃ 이하로 유지	온도 점검 및 기록
		냉동식품의 장기 저장에 의한 변질	선입선출 준수 및 저장 기간 확인	납품 일시 및 시간 표시 Tag 점검 및 처리
	상온저장	식재별의 분리 저장 불량에 따른 교차오염	전용 용기 사용 및 내부 구획으로 분리 저장	저장소의 정기적인 정돈 및 점검
		포장 불량에 의한 2차 오염	양호한 포장 상태 유지	포장 상태 확인
		유통기간 경과에 의한 미생물 증식	식재의 유통기한 관리	유통기간 확인
		보관 창고의 불결한 위생에 의한 2차 오염	보관 창고의 청결 유지	보관 창고의 정기적인 청소
		식재 및 비식재 사용 혼동에 의한 위생 사고	식재 및 비식재의 분리 저장	식재 및 비식재의 구분 구획
		해충 및 쥐에 위한 제품 오염	방충, 방서 관리	방충, 방서시설 설치 및 출입문 단속

3. 전처리 및 조리 전처리 단계에서의 위해요소 (Hazards during preparation)

구분		위해요소	관리기준	관리방법
공정#	메뉴명			
조리 공정 #1 및 #2	씻기 썰기	채소류의 부적절한 세척에 의한 기생충 및 잔류농약의 잔존	흐르는 물로 2회 이상 세척	올바른 세척 방법 교육
		청결하지 못한 물의 사용	기준·규격에 맞는 음용수 사용	지하수의 경우 6개월 1회 수질검사 실시
		세척 후 바닥장치에 의한 2차오염	바닥에서 50cm 이상의 높이에 보관	전처리 공간 및 충분한 수량의 선반 등 기구 확보
		불결한 작업대 및 싱크대로부터의 교차오염	작업대 및 싱크대의 세척 및 소독	세척 및 소독 후 재사용
		칼, 도마 등 조리기구로부터의 교차오염	용도별 조리기구 구분 사용	식품별 분리 사용을 위한 표식
		조리 종사자로부터의 오염	위생장갑 사용 및 손의 세척·소독, 질병 보유자 작업금지	1회 사용 후 폐기, 용도 변경시 새 것 사용, 종사자 위생상태 점검 및 위생교육
조리 공정 #3	씻기 썰기 해동	채소류의 부적절한 세척에 의한 기생충 및 잔류농약에 잔존	흐르는 물로 2회 이상 세척	올바른 세척 방법 교육
		청결하지 못한 물의 사용	기준·규격에 맞는 음용수 사용	지하수의 경우 6개월 1회 수질검사 실시
		세척 후 바닥 장치에 의한 2차오염	바닥에서 50cm 이상의 높이로 보관 용기 및 공간 배치	전처리 공간 및 충분한 수량의 선반 등 기구 확보
		불결한 작업대 및 싱크대로부터의 교차오염	작업대 및 싱크대의 세척 및 소독	세척 및 소독 후 재사용
		칼, 도마 등 조리기구로부터의 교차오염	용도별 조리기구 구분 사용	식품별 분리 사용을 위한 표식
		조리 종사자로부터의 오염	위생장갑 사용 및 손의 세척·소독, 질병 보유자 작업금지	1회 사용 후 폐기, 용도 변경시 새 것 사용, 종사자 위생 상태 점검 및 위생교육
		부적절한 해동 방법 및 시간에 의한 미생물 증식 및 2차 오염	해동 기준서 따라 실시	해동 방법 및 시간 기록
		청결하지 못한 해동수 사용으로 인한 이차오염	기준 규격에 맞는 음용수 사용	음용수 기준 규격에 맞는 물 사용
		해동 후 장시간 실온 방치에 의한 미생물 증식	해동 후 즉시 사용	조리 종사자 교육

4. 조리단계에서의 위해요소(Hazards during cooking)

구분		위해요소	관리기준	관리방법
공정#	메뉴명			
조리 공정 #1	무치기 버무리기 혼합	조리 종사자의 손에 의한 2차오염	위생장갑의 사용 및 손의 세척 · 소독	조리 종사자 교육/훈련
		비위생적인 조리 습관에 의한 미생물 오염	맛보기 전용기구 사용 등 위생적 조리	조리 종사자 교육/훈련
		불결한 조리 용기의 사용에 의한 2차오염	용기의 세척 및 소독 기준에 따라 실시	육안 검사 등 점검으로 확인
		위생적으로 청결하지 않은 양념의 사용	양념 보관: 청결유지	위생적인 보관 관리
조리 공정 #2	데치기 무치기 성형하기	부적절한 가열 온도 및 시간에 의한 미생물 잔존	가열 온도/시간표에 따름	가열 온도 · 시간 점검 및 기록
		조리 종사자의 손에 의한 2차오염	위생장갑의 사용 및 손의 세척 · 소독	조리 종사자의 교육/훈련
		비위생적인 조리 습관에 의한 미생물 오염	맛보기 전용 기구 사용 등 위생적 조리	조리 종사자의 교육/훈련
		불결한 조리용기의 사용에 의한 2차오염	용기의 세척 및 소독 기준에 따라 실시	육안 검사 등 점검으로 확인
		위생적으로 청결하지 않은 양념의 사용	양념 보관: 청결유지	위생적인 보관 관리
조리 공정 #3	볶가 삶기 끓이기 찌기 조리기 굽기 부치기 튀기기 데치기	부적절한 가열온도 및 시간에 의한 미생물 잔존	가열 온도/시간표에 따름	가열온도 · 시간 점검 및 기록
		조리 종사자의 손에 의한 2차오염	위생장갑의 사용 및 손의 세척 · 소독	조리 종사자의 교육/훈련
		비위생적인 조리 습관에 의한 미생물 오염	맛보기 전용 기구 사용 등 위생적 조리	조리 종사자의 교육/훈련
		불결한 조리 용기의 사용에 의한 2차오염	용기의 세척 및 소독 기준에 따라 실시	육안 검사 등 점검으로 확인
		위생적으로 청결하지 않은 양념의 사용	양념 보관: 청결유지	위생적인 보관 관리

5. 급식전 보관 단계에서의 위해요소(Hazards during holding)

<table>
<tr><th colspan="2">구분</th><th>위해요소</th><th>관리기준</th><th>관리방법</th></tr>
<tr><td rowspan="2">공통 사항</td><td rowspan="2">보관 용기</td><td>불결한 보관 용기에 의한 2차오염</td><td>청결한 보관 용기 사용</td><td>용기의 세척 및 소독</td></tr>
<tr><td>보관용 용기 덮개 미사용으로 인한 낙하균 등에 의한 오염</td><td>보관용 용기의 덮개 사용</td><td>덮개 사용 확인</td></tr>
<tr><td rowspan="3">보관 온도별</td><td>냉장 보관</td><td>부적절한 냉장 온도에 의한 미생물 증식</td><td>10℃ 이하 온도에서 보관</td><td>온도 점검 및 기록</td></tr>
<tr><td rowspan="2">상온 보관</td><td>조리 후 장시간 실온 방치로 인한 미생물 증식</td><td>조리 후 2시간 이내에 급식</td><td>보관 시간 기록</td></tr>
<tr><td>조리된 음식의 조리장 바닥 방치에 의한 오염</td><td>50cm 이상 높이의 작업대에 보관</td><td>전용 보관 용기 및 공간 확보</td></tr>
</table>

핵심 문제

1. HACCP이란?
   ① 위해요소 중점관리제도 ② 병원성 미생물에 대한 위생상 고려제도
   ③ 식품시설에 대한 고려제도 ④ 식중독의 고려제도
   ⑤ 식품구매에 대한 검사제도

2. HACCP의 핵심 사항은?
   ① 예방적 ② 보완적 ③ 사후관리적 ④ 현실적 ⑤ 관리적

3. HACCP를 최초로 식품에 적용한 나라는?
   ① 영국 ② 미국 ③ 호주 ④ 캐나다 ⑤ 러시아

4. HACCP 유래의 기원은?
   ① 단체급식 ② 학교급식 ③ 레스토랑급식 ④ 호텔급식 ⑤ 우주식

5. 미국 식품미생물기준 자문회의가 제시한 HACCP의 원칙은 몇 가지인가?
   ① 2가지 ② 3가지 ③ 5가지 ④ 7가지 ⑤ 9가지

6. CCP(Critical Control Point)란?
   ① 위해 허용 한도 ② 공정 중에서 중요 고려점 ③ 위해 미생물 수
   ④ 위해 화학물질의 농도 ⑤ 휘발성 염기질소의 농도

7. CL(Critical Limit)란?
   ① 위해 허용 한도 ② 공정 중에서 중요 고려점 ③ 위해 미생물 수
   ④ 위해 화학물질의 농도 ⑤ 휘발성 염기질소의 농도

답 1. ① 2. ① 3. ② 4. ⑤ 5. ④ 6. ② 7. ①

8. HACCP의 7원칙에 해당되지 않는 것은?
① 위해요소 분석 ② 중요관리점 식별 ③ 허용한도 설정
④ CCP를 모니터링하는 방법 설정 ⑤ 유해 물질의 이화학적 분석

9. HACCP의 7원칙 중에서 PDCA 사이클의 Plan(계획)에 들어가는 사항은?
① CCP의 식별 ② C.L의 설정 ③ 문서화 기록 유지
④ 모니터링 ⑤ 시정 조치

10. HACCP의 7원칙 중 PDCA 사이클의 Check(확인) 사항은?
① 위해요소 분석 ② 모니터링 ③ 허용 한도 설정
④ 검증 ⑤ 중요관리점 식별

11. HACCP의 적용 가능 업체가 아닌 것은?
① 식품가공업 ② 식품제조업 ③ 식품판매업
④ 가정 ⑤ 식품 서비스업

12. HACCP를 시행하는 목적은?
① 식품으로 인한 위해 방지 ② 식품으로 인한 질병 치료
③ 식품의 영양 보강 ④ 식품의 건강성 확보와 사후관리
⑤ 식품에 대한 위해성 경고

13. HACCP계획의 발전 순서는 모두 몇 단계로 구성되어 있는가?
① 3단계 ② 6단계 ③ 12단계 ④ 15단계 ⑤ 18단계

14. HACCP의 적용 순서 중 4단계에 해당되는 것은?
① 공정도의 작성 ② 제품에 대한 기술 ③ HACCP팀 구성
④ 공정도의 현장 검증 ⑤ 사용자 의도의 식별

15. HACCP의 적용 순서(codex지침) 중 7단계에 해당되는 것은?
① 공정도의 현장 검증 ② 중요관리점의 결정 ③ 공정도의 작성
④ 검증 절차의 설정 ⑤ HACCP팀 구성

답 8. ⑤ 9. ① 10. ② 11. ④ 12. ① 13. ③ 14. ① 15. ②

16. 식품 위해요소 중 생물학적 위해요소에 해당되지 않는 것은?
① 세균 ② 잔류 농약 ③ 곰팡이 ④ 기생충 ⑤ 효모

17. 세균 증식 조건 FATTOM에 해당되지 않는 것은?
① 수분 ② 산도 ③ 온도 ④ 압력 ⑤ 산소

18. 식품의 위해요소 중 화학적 위해요소에 해당되지 않는 것은?
① 합성세제 ② N-nitroso화합물 ③ 중금속
④ 경구전염병균 ⑤ 불량 첨가물

19. 식품의 위해요소 중 물리적 위해요소에 해당되는 것은?
① 유리조각 ② PCB ③ 유기염소제 ④ 항생물질 ⑤ Cd

20. 식품의 안정성까지를 보장하는 위해 요소에 추가되는 요소는?
① 화학적 위해요소 ② 물리적 위해요소 ③ 유통과정 위해요소
④ 품질 위해요소 ⑤ 생물학적 위해요소

21. 식품첨가물로 허용되었으나 일정한 양을 초과하면 위해가 되는 요소는?
① 생물학적 위해요소 ② 품질 위해요소 ③ 화학적 위해요소
④ 유통 위해요소 ⑤ 물리적 위해요소

22. GMP란?
① 위생관리 기준 ② 적정제조 기준 ③ 유해물질 기준 농도
④ 저장 기준 ⑤ 살균 기준

23. GMP의 구성에 해당되지 않는 것은?
① 일반 사항 ② 건물 및 시설 ③ 장비
④ 질병 치료 ⑤ 생산 및 공정관리

답 16. ② 17. ④ 18. ④ 19. ① 20. ④ 21. ③ 22. ② 23. ④

24. 다음 중 SSOP의 8가지 핵심 분야에 해당되지 않는 것은?
① 저온살균법 ② 교차오염의 방지 ③ 비식품 물질의 유입 방지
④ 종업원의 건강 ⑤ 물의 안전성

25. HACCP를 구성할 때 가장 중요한 것은 경영자의 의지이다. 다음 중 경영자의 의지라고 보기 힘든 사항은?
① 예산 승인
② 회사의 HACCP 혹은 식품 안전성 정책의 승인
③ 프로젝트가 현실적이고 달성 가능하도록 보장
④ HACCP 팀이 적절한 자원을 활용할 수 있도록 보장
⑤ 전문지식 습득

26. HACCP 팀은 다음 분야에 전문가가 포함되어야 한다. 해당되지 않는 사항은?
① 공정 및 업무활동 ② 위해요소에 관한 전문지식 ③ 품질관리
④ 운반수송 운전자 ⑤ 장비 및 엔지니어링

27. HACCP 팀장의 책임에 해당되지 않는 것은?
① 예산 승인 ② HACCP추진의 범위 통제
③ HACCP 시스템의 계획과 이행 관리
④ 팀 회의 조정 ⑤ 모든 문서의 기록 유지

28. HACCP 팀원의 책임과 관계가 없는 사항은?
① HACCP 추진 및 문서화 ② 위해 허용 한도의 이탈 감시
③ 식품안전 정책의 승인 ④ HACCP의 내부 감사

29. HACCP의 적용 순서 중 2단계인 제품에 대한 설명 내용에 포함되지 않아도 되는 것은?
① 제품의 이름 ② 섭취 순서 ③ 보존 방법
④ 제품 수명 ⑤ 소비자의 조리 방법

답 24. ① 25. ⑤ 26. ④ 27. ① 28. ③ 29. ②

30. HACCP의 적용 순서 중 3단계인 사용 의도의 식별에서 사용 의도란?
① 최종 사용자나 소비자에 의하여 그것이 통상적으로 사용되는 형태
② 최초 사용자나 소비자에 의하여 그것이 통상적으로 사용되는 형태
③ 통상적으로 사용되는 저장 조건
④ 통상적으로 사용되는 분배 방법
⑤ 통상적으로 사용되는 최종 포장

31. 다음 중 민감 집단에 해당되지 않는 것은?
① 노인 ② 유아 ③ 일반대중 ④ 임산부 ⑤ 병약자

32. 공정도 작성(HACCP 4단계)에 포함되지 않는 것은?
① 원재료 공정에 투입되는 물질 ② 포장재 공정에 투입되는 물질
③ 부재료 공정에 투입되는 물질 ④ 공정의 출력물
⑤ 공급되는 물의 수질상태

33. 공정도 작성(4단계)에서 작업자의 도면에 표시하지 않아도 되는 것은?
① 칸막이 ② 원료명 ③ 시설도면
④ 물 공급 및 배수 ⑤ 저장 및 분배 조건

34. HACCP상 식품 생산 공정상 최저 온도는?
① 0℃ ② 5℃ ③ 10℃ ④ 15℃ ⑤20℃

35. FATTOM 상 세균의 증식에 가장 좋은 pH는?
① pH3.6~4.5 ② pH4.6~5.5 ③ pH5.6~6.5
④ pH6.6~7.5 ⑤ pH8.5~9.5

36. 축산물 위해 중점관리는 어느 행정부서에서 고시를 제정하고 운영하는가?
① 보사부 ② 농림부 ③ 해양수산부
④ 재무부 ⑤ 산자부

답 30. ① 31. ③ 32. ⑤ 33. ② 34. ② 35. ④ 36. ②

37. 다음은 쇠고기 패티의 공정도의 일부를 나타낸 것이다. (　)에 적당한 것은?

원재료(쇠고기) → 원재료 저장 → 그라인딩 → 양념 혼합 → 가열 → 냉동 → 포장 → (　　　)

① 형태 만들기　② 금속탐지　③ 저장 및 분배
④ 쇠고기 혼합　⑤ 브렌딩

38. 공정도의 현장 검증(5단계)에 대한 설명 중 바르지 못한 것은?
① 공정도의 현장 검증은 필수 단계가 아니다.
② 공정도의 정확성이 매우 중요하다.
③ 현장 검증을 통해 제품에 대한 신뢰성을 가질 수 있다.
④ 제품이 생산 과정을 이해 할 수 있다.
⑤ 현장 검증은 HACCP 팀 전원이 참여한다.

39. 위해요소 분석의 실시(6단계)단계 중 위해요소 목록에 해당되지 않는 것은?
① 병원미생물　② 자연독　③ 영양의 가치
④ 살충제　⑤ 유해금속의 함량

40. 위해요소 발생 가능성을 판단하는 방법이 바르지 않는 것은?
① HACCP 팀의 경험이나 사례　② 경영자에게 자문 요청
③ 과거의 발생 사례　④ 역학자료
⑤ 기술서적이나 연구논문

41. 생물학적 위해요소의 예방책이 바르다고 할 수 없는 것은?
① 적정 온도 관리　② 보존료 첨가에 의한 미생물 증식 억제
③ 식품 중의 수분 탈수(건조)　④ 실온 보관　⑤ 저온 유지

42. 중요관리점의 식별(7단계)의 내용에 포함되지 않는 것은?
① 위해요소가 예방되는 지점　② 위해요소가 제거되는 지점
③ 위해요소가 허용 수준으로 감소하는 지점　④ 위해요소가 제거될 수 없는 지점
⑤ 위해요소가 안전성을 방해하는 지점

답 37. ③ 38. ① 39. ③ 40. ② 41. ④ 42. ④

43. 중요관리점 식별법이 아닌 것은?
① 소비자의 조리 방법
② 위해요소 분석 중 수집된 정보
③ 외부 전문가의 조언
④ 결정도표에 의한 식별
⑤ 안전성을 보장하기 위하여 특별히 고안 된 곳

44. 위해 허용한도의 설정(8단계) 내용에 포함되지 않는 것은?
① 모든 CCP에 적용되어야 한다.
② 타당성이 있어야 한다.
③ 유추한 자료를 이용한다.
④ 확인되어야 한다.
⑤ 측정할 수 있어야 한다.

45. 위해 허용 한도에 대한 정보 출처에 해당되지 않는 것은?
① 발간된 자료
② 팀원의 주관적
③ 전문가 조언
④ 실험데이터
⑤ 감독기관의 지침

46. HACCP의 선행 요건 프로그램 중 제품 식별과 관계없는 것은?
① 제품명
② 포장 및 제조일자
③ 등급
④ 영양 표시
⑤ 생산자

47. SSOP의 준수 방법 중 교차오염의 방지와 관계없는 것은?
① 오염 구역의 구분
② 유효기간 경과 식재료의 처리 철저
③ 냉장 냉동의 구획 보관
④ 사용 용기의 세척 살균
⑤ 오염된 것 만진 후의 손 씻기

48. 모니터링(9단계)이란?
① 중요관리점이 관리하에 있는가를 평가하기 위한 방법
② 위해 허용 한도 확인 과정
③ 위해 허용 한도 명분
④ 공정의 재조정 과정
⑤ 위해 허용 한도의 형태

답 43. ① 44. ③ 45. ② 46. ④ 47. ② 48. ①

49. 모니터링의 목적에 해당하는 것은?
① 문제의 원인에 대하여 정확한 분석 ② 공정도의 현장 검증
③ 중요관리점의 결정 ④ 위해 허용 한도의 이탈 감시
⑤ HACCP추진의 범위 통제

50. 다음 중 모니터링을 할 수 없는 사람은?
① 교육을 받은 사람 ② 편견이 없는 사람 ③ 지정된 사람
④ 특별한 감각을 가진 사람 ⑤ 관련 부분의 전문가

51. 다음 중 CCP모니터링에 지정될 수 없는 사람은?
① 라인 종사자 ② 후각이 극히 둔화된 사람 ③ 감독자
④ 품질보증 인원 ⑤ HACCP팀장

52. 다음 중 모니터링 방법에 해당하는 것은?
① 관찰 · 측정 ② 유해물질 분석 ③ 자료 수집
④ 문헌 참고 ⑤ 영양 성분의 함량 조사

53. 측정을 통한 모니터링에 해당되지 않는 것은?
① 수분활성도의 측정 ② 저온살균 공정의 시간 측정
③ 원료의 수량 ④ pH측정 ⑤ 살균온도의 측정

54. 시정 조치(10단계)보고서 내용에 포함되지 않는 것은?
① 격리한 제품의 양 ② 이탈 내역 ③ 발생 시간
④ 공급 용수의 수질 ⑤ 평가의 결과

55. 검증 절차의 수립(11단계)에서 검증을 다음 4가지의 형태의 활동으로 구성된다. ㉡에 들어갈 수 있는 것은?

㉠ HACCP 계획의 확인→㉡(　　)→㉢제품시험→㉣감사

① 중요관리점의 확인 ② 적정 제조 기준 ③ 위생관리 기준
④ 위해물질 농도 ⑤ 저장 기준

답 49. ① 50. ④ 51. ② 52. ① 53. ③ 54. ④ 55. ①

56. HACCP계획을 확인하는 사람은?

① 자격이 인정된 전문가 ② 회사 인사관련 직원 ③ 경영자
④ 업체 직원 ⑤ 특별한 규정이 없다.

57. 감독기관의 검증 절차 내용이 아닌 것은?

① HACCP계획과 개정에 대한 검토 ② CCP 모니터링 기록의 검토
③ 수입식품의 품질 검토 ④ 시정 조치의 기록 검토
⑤ 검증 기록의 검토

58. 시정 조치(10단계)에 대한 설명 중 잘못된 것은?

① 위해 허용 한도에서 이탈이 발생한 경우에 취한다.
② 시정 조치는 즉시적 조치와 예방적 조치가 있다.
③ 시정 조치의 책임을 작업장 내 사람을 지정하여야 한다.
④ 시정 조치는 문서로 기록 관리한다.
⑤ 시정 조치는 형법상의 책임이 따른다.

59. HACCP적용에 대한 설명 중 올바른 것은?

① 모든 식품가공업소는 조건 없이 HACCP를 적용할 수 있다.
② 모든 식품제조업소는 조건 없이 HACCP를 적용할 수 있다.
③ HACCP 적용 업소의 지정은 보건복지부장관이 한다.
④ 보건복지부장관은 업체의 시정 신청이 있으면 조건 없이 지정해 준다.
⑤ HACCP 적용은 보건복지부장관과 관계가 없다.

60. 다음중 위해요소 분석 시 포함되어야 할 사항이 아닌 것은?

① 관련된 미생물의 발육 혹은 증식
② 제품에 함유된 영양소의 성분
③ 식품 생산에 사용되거나 식품에 포함될 수 있는 유독물질
④ 존재하는 위해요소의 양적, 질적 평가
⑤ 위해요소의 발생 가능성과 건강에 미치는 영향

61. 위해요소 목록 중 생물학적 위해요소라고 할 수 없는 것은?

① 원충 ② 세균 ③ 자연독 ④ 바이러스 ⑤ 곰팡이

답 56. ① 57. ③ 58. ⑤ 59. ③ 60. ② 61. ③

62. 품질 위해요소에 해당하는 항목은?
① 중금속 ② 곰팡이 ③ 흠이 있는 오랜지 ④ 농약 ⑤ 세균

63. HACCP 적용 업소의 작업장 시설에 관한 사항 중 바르지 못한 것은?
① 작업장은 적절한 온도가 유지되어야 한다.
② 바닥은 내수성이어야 한다.
③ 천장은 청소하기 쉬운 시설로 되어야 한다.
④ 조명은 20Lux 정도이면 좋다.
⑤ 바닥은 구배를 두어 물이 고이지 않도록 해야 한다.

64. 식품 제조시설에 대한 설명이 바르지 못한 것은?
① 제조에 필요한 시설을 갖추어야 한다.
② 시설은 공정흐름에 따라 적절히 배치되어야 한다.
③ 제조시설은 용도 외 사용되어서는 안 된다.
④ 제조시설은 청결이 유지되어야 한다.
⑤ 제조시설의 정기 점검은 필요치 않다.

65. 한계 기준 및 모니터링 등은 ( )가 바로 적합 여부, 관리할 수 있는 항목과 기준 설정값으로 설정하여야 한다. ( )에 적합한 말은?
① 공장장 ② 사장 ③ 모든 종업원 ④ 현장 종사자 ⑤ 해당 팀장

66. HACCP지원 프로그램에 해당하지 않는 것은?
① 청소 및 살균 ② 원료 성분 조사 ③ 훈련 ④ 방역 ⑤ 교 육

67. 일일 위생감사일지 내용에 없어도 되는 것은?
① 장비의 청결 상태 ② 종업원의 태도 ③ 원료의 성분
④ 교차오염의 위험 요소 ⑤ 냉장 및 저장 상태

68. Generic HACCP에서 고위험 식품에 해당되는 것은?
① pH4.5 이하의 식품 ② Aw 0.85 이상의 식품
③ 가공하지 않은 곡물 ④ 수분함유 15% 이하의 식품
⑤ 통조림 식품

답 62. ③ 63. ④ 64. ⑤ 65. ④ 66. ② 67. ③ 68. ②

69. 제품에 대한 설명(2단계)내용에 해당되지 않는 것은?
① 식품의 성분 ② 식품의 물리적 성질 ③ 식품의 화학적 성질
④ 살균, 정균처리 공정 ⑤ HACCP의 팀 구성도

70. SQA(Supplier Quality Assurance)란?
① 공급자 품질보증 ② 품질관리 방법 ③ 교차오염의 위험성
④ 식품의 취급방법 ⑤ 원재료의 안전성 관리

71. CCP결정도표에서 사용되는 5가지 질문 내용에 포함되지 않는 것은?
① 위해요소가 있는가? ② 위해요소에 대한 예방책이 있는가?
③ 위해요소가 완전히 없어졌는가? ④ 위해요소가 증가하고 있는가?
⑤ 위해요소는 허용 이하로 감소하고 있는가?

72. 위해 허용 한도의 형태 중 화학적 위해 허용 한도 대상인 것은?
① 당분 및 비타민 함유율 ② 금속의 존재 ③ 색깔
④ 온도 범위 ⑤ 무게

73. 위해요소와 그 예방책의 연결이 맞지 않는 항목은?
① 농약 - 청결한 세척 ② 기생충 - 냉동
③ 세균 - 시간, 온도 관리 ④ 바이러스 - 가열 조리
⑤ 자연독 - 냉장, 냉동

74. 일반적으로 병원미생물에 대한 조리기의 최소 위해 허용 한도(C.L)의 온도는?
① 10℃ 이하 ② 50℃ 이하 ③ 60℃ 이하
④ 85℃ 이상 ⑤ 100℃ 이상

75. 학교급식에서 HACCP 실무 계획 및 기록 유지 업무 담당자는?
① 교사 ② 영양사 ③ 행정실장
④ 양호교사 ⑤ 조리 종사자

답 69. ⑤ 70. ① 71. ③ 72. ① 73. ⑤ 74. ④ 75. ②

76. HACCP에서 위해요소란?
① 건강을 해할 우려가 있는 물질 ② 제조 공정 과정에 불필요한 공정
③ 식품의 성분 함량 미달 성분 ④ 영양적 가치가 낮은 식품
⑤ 무기질이 함유된 식품

77. 식품 취급 시 위생관리에 대한 설명 중 바르지 못한 것은?
① 감염자는 식품 취급을 하여서는 안 된다.
② 작업장에서는 위생복을 착용하여야 한다.
③ 작업장에서 흡연은 허락하고 있다.
④ 정기적인 건강진단을 받아야 한다.
⑤ 폐기물 용기는 정기적으로 소독하여야 한다.

78. HACCP검증 4가지 형태에 해당되지 않는 것은?
① 확인 ② CCP의 검증 ③ 제품 시험 ④ 감사 ⑤ 제품 설명

79. HACCP의 7원칙 중 첫 번째에 해당되는 것은?
① 중요관리점의 설정 ② 위해 분석 ③ 관리기준의 설정
④ 모니터링 방법의 설정 ⑤ 개선 조치

80. 돼지불고기의 조리 온도를 130℃로 명시했다면 HACCP의 7원칙 중 어디에 해당되나?
① 위해요소의 분석 ② CCP의 식별 ③ CL의 설정
④ 모니터링 ⑤ 시정 조치

81. 위해분석에 대한 설명 중 바르지 못한 것은?
① 위해분석을 하지 않을 경우 중요한 위해를 빠트릴 수 있다.
② 위해분석을 하지 않으면 제조공정이 컨트롤되지 않는다.
③ 위해분석을 하지 않으면 문제가 있는 식품이 제조될 우려가 높다.
④ 중요관리점을 설정하여 적절한 정보를 수집할 수 있다.
⑤ 모든 공정에서 위해분석을 실시할 필요는 없다.

답 76. ① 77. ③ 78. ⑤ 79. ② 80. ③ 81. ⑤

82. 위해분석 내용에 해당되지 않는 것은?
① 건강에 미치는 악영향 정도 ② 제품의 기능성 평가
③ 발생 가능성에 대한 정성, 정량 평가 ④ 위해 미생물의 증식
⑤ 독소의 생성 및 지속성

83. 위해요소 특성법상 살균하지 않은 식품으로 위해에 민감한 사람에 해당하는 A등급에 해당하는 식품은?
① 유아식 ② 생과자 ③ 도시락 ④ 어육 연제품 ⑤ 식빵

84. 위해 분석에 필요한 정보수집 방법에 해당되지 않는 것은?
① 역학정보 ② 원재료의 오염 실태조사
③ 제조 환경의 오염 실태조사 ④ 제조 가공조건의 측정
⑤ 관리기준의 설정

85. 식품안전 관리상 위험 온도 구역에 해당되는 것은?
① 30℃~70℃에서 2시간 ② 30℃~70℃에서 4시간
③ 5℃~60℃에서 2시간 ④ 5℃~60℃에서 4시간
⑤ 5℃~60℃에서 6시간

86. 다음은 HACCP 7원칙 중 어느 단계를 설명한 것인가?

엄중하게 관리할 필요가 있으며 또한 위해 발생을 방지하기 위하여 관리할 수 있는 절차, 조작 단계

① CCP ② CL ③ 모니터링 ④ 개선 조치 ⑤ 위해 분석

87. 위해를 관리함에 있어서 그 허용 한계를 구분하는 모니터링의 기준을 무엇이라 하는가?
① CL ② CCP ③ SSOP ④ CP ⑤ CQP

88. CCP가 정확히 관리되고 있음을 확인하며 또는 검증 시에 이용할 수 있는 정확한 기록의 기입을 위하여 관찰, 측정 또는 시험검사를 하는 것을 무엇이라 하는가?
① SSOP ② 모니터링 ③ 중요관리점 ④ 관리 기준 ⑤ 개선 조치

답 82. ② 83. ① 84. ⑤ 85. ④ 86. ① 87. ① 88. ②

89. CCP에서 모니터링 결과 어떤 기준이 CL을 초과한 경우 등 CCP가 적절히 컨트롤되고 있지 못함이 인정된 때에 강구하는 조치는?
① 검증 ② 기록 ③ 개선 조치
④ 위해분석 ⑤ 중요관리점 설정

90. SSOP의 8가지 핵심 분야가 아닌 것은?
① 물의 안전성 ② 교차오염의 방지 ③ 비식품 물질의 유입 방지
④ 종업원의 건강 ⑤ 영양소의 함유

91. 다음 중 검증의 방법에 포함되지 않는 것은?
① 제품 등의 시험검사 ② 기록의 점검 ③ 불평 또는 회수의 원인분석
④ 실시 계획의 정기적인 확인 ⑤ 미생물의 병원성

92. 모니터링 결과의 기록에 해당되지 않는 것은?
① 기록 양식의 명칭 ② 기록한 일시 ③ 제품을 특정할 수 있는 명칭
④ 위반의 원인을 조사한 기록 ⑤ 기록, 점검자의 서명

93. 위생관리가 HACCP계획에 따라 시행되고 있는지 또는 수정이 필요한지 여부를 판정하기 위한 방법, 절차, 시험검사를 하는 것을 무엇이라 하는가?
① 검증 ② 문서 기록 ③ 개선 조치 ④ 위해분석 ⑤ 허용 한도

94. 검증 작업에 규정해야할 사항이 아닌 것은?
① 빈도 ② 담당자 ③ 검증 결과에 따른 조치
④ 검증 결과의 기록 방법 ⑤ HACCP 계획 전체의 수정

95. Codex의 4단계에 해당되는 것은?
① HACCP팀 구성 ② 제품의 특징 기술 ③ 제품의 사용 방법
④ 제조공정의 흐름도 ⑤ 위해분석

답 89. ③ 90. ⑤ 91. ⑤ 92. ④ 93. ① 94. ⑤ 95. ④

96. Codex 1단계는?
① 위해 요소 분석 ② 중요관리점 결정 ③ 한계 기준 설정
④ 감시 방법(모니터링) 확립 ⑤ 문서화 및 기록 유지

97. Codex 2단계 중 제품에 대한 설명에 포함되지 않아도 되는 것은?
① 제품 이름 ② 보존 방법 ③ HACCP소개
④ 저장 조건 ⑤ 소비자 조리 방법

98. Codex의 최종 단계는?
① 검증 ② 개선 조치 ③ 한계 기준 설정
④ 감시 ⑤ 문서화 및 기록 유지

99. 화학적 위해 허용 한도를 설정할 때 그 내용에 포함되지 않아도 되는 것은?
① pH ② Aw ③ NaCl의 농도 ④ 지방 ⑤ 무게

100. 우리나라에서 HACCP를 보건복지부장관이 법으로 규정한 연도는?
① 1980년 ② 1997년 ③ 2000년 ④ 2001년 ⑤ 2002년

101. CQP란?
① 관리 기준 ② 중요 품질 관리점 ③ 중요 관리점
④ 위해 요인 ⑤ 공급자 품질 보증

102. HACCP의 적용을 받고자 하는 작업장 시설에 있어서 조건에 미달되는 것은?
① 건물은 오염 발생원으로부터 영향을 받지 않는 거리를 유지
② 작업장은 위생적인 상태를 유지
③ 작업장의 작업실은 오염 구역과 비오염 구역으로 구분
④ 바닥은 내수성의 자재 사용
⑤ 작업장의 내벽은 나무로 이중벽을 설치

답 96. ① 97. ③ 98. ⑤ 99. ⑤ 100. ② 101. ② 102. ⑤

103. HACCP 도입 효과에 해당되지 않는 것은?
① 소비자들이 안심하고 섭취할 수 있다
② HACCP 마크 표시를 통하여 소비자 스스로가 안전하게 식품을 선택할 수 있다.
③ 해당 업체에서 수행되는 모든 단계를 광범위하게 관리할 수 있다.
④ 자율적으로 위생관리를 수행할 수 있다.
⑤ 예상되는 위해요인을 과학적으로 규명하여 효과적으로 제어할 수 있다.

104. 모니터링 담당자가 갖추어야 할 요건에 해당되지 않는 것은?
① CCP 모니터링 기술에 대하여 교육훈련을 받아 둘 것
② CCP 모니터링의 중요성에 대하여 충분히 이해하고 있을 것
③ 위반 사항에 대하여 행정적 조치를 취할 직위에 있을 것
④ 모니터링을 하는 장소에 쉽게 이동(접근)할 수 있을 것
⑤ 모니터링의 결과를 정확히 기록하고 보고할 수 있을 것

105. 다음 중 품질에 위해를 주는 것이 아닌 것은?
① 담배 꽁초 ② 페인트 조각 ③ 머리카락 ④ 영양 ⑤ 병조각

106. HACCP의 관리 체제의 운영 관리 및 유지 관리에서 일괄 실행 방식의 장점은?
① 실행 일정 계획이 길어진다. ② 오랜 기간이 소요될 수 있다.
③ 신속한 실행 가능성이 있다. ④ 필요한 만큼의 요소들을 개발할 수 있다.
⑤ 개별 요소 시스템의 예비 실험이 가능하다.

107. HACCP의 관리에서 단계별 실행 방식의 장점이 아닌 것은?
① 품질 경영 체제의 요소들을 필요한 만큼 병행해서 개발할 수 있다.
② 계층별 교육 훈련에서 개인별 주의력을 더욱 제고시킬 수 있다.
③ 운영 체계를 시험해 볼 수 있으며 실행 사항의 진전에 따라 가다듬어 질 수 있다.
④ 경영 차원의 접근이 이루어져 시스템의 실패가 감소될 수 있다.
⑤ 각 단계별로 집약적인 노력을 기울일 수 없다.

답 103. ③ 104. ③ 105. ④ 106. ③ 107. ⑤

[참고 문헌]

농림부(1998), 축산물 위해요소 중점관리기준, 농림부고시 1998-49호
농림부(1999), 도축장 위해요소 중점관리기준(HACCP) 적용 매뉴얼
농촌진흥청(국립수의과학검역원)(1999), 위해요소 중점관리기준(HACCP) 현장 적용을 위한 일반 모델, 위해요소 중점관리기준(HACCP) 적용에 관한 연구 별책
박완희 · 이병철(2001), HACCP실무, 도서출판 뱅골집
신광순(1998), HACCP-理論과 實踐 모델-, 한국 HACCP연구회
日本 厚生省(196), 總合衛生管理製造過程に係る承認について
일본 후생성(1996), 改正 屠畜場法施行規則
日本 厚生省(1996), 總合衛生管理製造過程の承認と HACCPシステムについて.
한국식품개발원
Bryan(1992), F. L., Hazard Analysis Critical Control Point Evaluations. WHO
이병철, 민경찬, 유영균, 박헌국, 김창열, 최향숙, HACCP의 이해와 적용, 광문각

제 3 장 식품시설의 위생관리

건강 관리에 필요한 식품위생이 확보되려면 신선한 식품의 재료를 선택하는 것도 중요하지만 청결하고 위생적인 제조·가공 시설에서 취급되고, 보존과 유통 등 모든 분야에서 위생적으로 이루어져야 한다.

이러한 식품 위생의 확보를 위한 여러 가지 조치가 식품위생법으로 규정되어 있다. 식품의 처리 시설에 관해서는 업종별 시설 기준에 적합하여야 영업의 허가나 신고가 가능하고, 시설의 위생적인 유지 및 관리는 영업자의 준수 사항으로 규정되어 있다.

특히 식품제조·가공업과 식품첨가물제조업 등에 대하여는 위생등급 지정기준에 의하여 우수업소와 일반업소로, 일반 음식점 영업은 모범업소와 일반업소로 각각 지정되는데 그 내용은 위생적인 시설의 확보에 큰 비중을 두고 있다.

식품위생법에 의한 영업의 종류에 따라서 각각의 시설 기준이 다르므로 공통적으로 요구되는 시설 위생에 관한 문제를 살펴보기로 한다.

1 시설기준

1. 식품제조·가공업의 시설기준

가. 식품의 제조·시설과 원료 및 제품의 보관 시설 등이 설비된 건축물의 위치 등

(1) 건물의 위치는 축산 폐수·화학물질 기타 오염물질의 발생 시설로부터 식품에 나

뿐 영향을 주지 아니하는 거리를 두어야 한다.

(2) 건물의 구조는 제조하고자 하는 식품의 특성에 따라 적정한 온도가 유지될 수 있고, 환기가 잘 될 수 있어야 한다.

(3) 건물의 자재는 식품에 나쁜 영향을 주지 아니하고, 식품을 오염시키지 아니하는 것이어야 한다.

나. 작업장

(1) 작업장은 독립된 건물이거나 식품제조 · 가공 외의 용도로 사용되는 시설과 분리(벽 · 층 등에 의하여 별도의 방으로 구별되는 경우를 말한다)되어야 한다.

(2) 작업장은 원료 처리실 · 제조가공실 · 포장실 및 기타 식품의 제조 · 가공에 필요한 작업실을 말하며, 각각의 시설은 분리 또는 구획(칸막이 · 커튼 등에 의하여 구별되는 경우를 말한다)되어야 한다. 다만 제조 공정의 자동화 또는 시설 · 제품의 특수성으로 인하여 분리 또는 구획할 필요가 없다고 인정되는 경우로써 각각의 시설이 서로 구분(선 · 줄 등에 의하여 구별되는 경우를 말한다)될 수 있는 때에는 그러하지 아니하다.

(3) 작업장의 바닥 · 내벽 및 천장은 다음과 같은 구조로 설비되어야 한다.

㈎ 바닥은 콘크리트 등으로 내수처리를 하여야 하며, 배수가 잘 되도록 하여야 한다.

㈏ 삭제

㈐ 내벽은 바닥으로부터 1.5m까지 밝은 색의 내수성으로 설비하거나 세균방지용 페인트로 도색하여야 한다.

(4) 삭 제

(5) 작업장안에서 발생하는 악취 · 유해가스 · 매연 · 증기 등을 환기시키기에 충분한 환기 시설을 갖추어야 한다.

(6) 작업장에는 쥐 · 바퀴 등 해충이 들어오지 못하도록 하여야 한다.

다. 식품취급시설 등

(1) 식품을 제조 · 가공하는 데 필요한 기계 · 기구류 등 식품취급시설은 식품의 특성에 따라 식품 등의 기준 및 규격에서 정하고 있는 제조 · 가공 기준에 적합한 것이어야 한다.

(2) 식품취급시설 중 식품과 직접 접촉하는 부분은 위생적인 내수성 재질 '스테인레스 · 알루미늄 · 에프알피(FRP) · 테프론 등 물을 흡수하지 아니하는 것을 말한다' 로써 씻기 쉬우며 열탕 · 증기 · 살균제 등으로 소독 · 살균이 가능한 것이어야 한다.

(3) 냉동·냉장 시설 및 가열처리 시설에는 온도계 또는 온도를 측정할 수 있는 기계를 설치하여야 하며, 적정 온도가 유지되도록 관리하여야 한다.

라. 급수 시설

(1) 수돗물이나 '먹는물관리법' 제5조의 규정에 의한 먹는 물의 수질 기준에 적합한 지하수 등을 공급할 수 있는 시설을 갖추어야 한다.

(2) 지하수 등을 사용하는 경우 취수원은 화장실·폐기물처리 시설·동물사육장 기타 지하수가 오염될 우려가 있는 장소로부터 20미터 이상 떨어진 곳에 위치하여야 한다.

마. 화장실

(1) 작업장에 영향을 미치지 아니하는 곳에 정화조를 갖춘 수세식화장실을 설치하여야 한다. 다만, 인근에 사용하기 편리한 화장실이 있는 경우에는 화장실을 따로 설치하지 아니할 수 있다.

(2) 화장실은 콘크리트 등으로 내수처리를 하여야 하고, 바닥과 내벽(바닥으로부터 1.5미터까지)에는 타일을 붙이거나 방수페인트로 색칠하여야 한다.

바. 창고 등의 시설

원료와 제품을 위생적으로 보관·관리할 수 있는 창고를 갖추어야 하며, 그 바닥에는 양탄자를 설치하여서는 아니 된다. 다만, 창고에 갈음할 수 있는 냉동·냉장시설을 따로 갖춘 업소에서는 이를 설치하지 아니할 수 있다.

사. 검사실

(1) 식품 등의 기준 및 규격을 검사할 수 있는 검사실을 갖추어야 한다. 다만, 다음 각 호의 1에 해당하는 경우에는 이를 갖추지 아니할 수 있다.

㈎ 법 제19조 제2항의 규정에 의하여 식품위생 검사기관 등에 위탁하여 자가 품질검사를 하고자 하는 경우

㈏ 삭 제

(2) 검사실을 갖추어야 하는 경우에는 자가 품질검사에 필요한 기계·기구 및 시약류를 갖추어야 한다.

아. 삭 제

자. 시설기준 적용의 특례

(1) 선박에서 수산물을 제조·가공하는 경우에는 다음의 시설만 설비할 수 있다.

㈎ 작업장

① 작업장에서 발생하는 악취·유해가스·매연·증기 등을 환기시키는 시설을 갖추어야 한다.

② 삭 제

㈏ 창고 등의 시설 등

냉동·냉장시설을 갖추어야 한다. 다만, 바닥에는 양탄자를 설치하여서는 아니 된다.

㈐ 화장실

수세식 화장실을 두어야 한다.

(2) 식품제조·가공업자가 제조·가공시설 등이 부족한 경우에는 식품제조·가공업의 영업신고를 한 자에게 위탁하여 식품을 제조·가공할 수 있다.

(3) 하나의 업소가 2 이상의 업종의 영업을 할 때 또는 2 이상의 식품을 제조·가공하고자 할 때로서 각각의 제품이 전부 또는 일부의 동일한 공정을 거쳐 생산되는 경우에는 그 공정에 사용되는 시설 및 작업장을 함께 쓸 수 있다. 이 경우 '축산물가공처리법' 제22조의 규정에 따라 축산물 가공처리업의 허가를 받은 업소, '먹는물관리법' 제18조의 규정에 따라 먹는샘물 제조업의 허가를 받은 업소, '주세법' 제6조의 규정에 따라 주류 제조의 면허를 받아 주류를 제조하는 업소 및 '건강기능식품에 관한 법률' 제5조의 규정에 따라 건강기능식품 제조업의 허가를 받은 업소의 시설 및 작업장도 또한 같다.

(4) '농어촌발전특별조치법' 제2조의 규정에 의한 농업인·임업인 또는 어업인과 '농수산물가공산업 육성법' 제2조의 규정에 의한 생산자 단체가 국내산 농·수산물을 주된 원료로 식품을 직접 제조·가공하는 영업에 대하여는 시장·군수 또는 구청장은 그 시설 기준을 따로 정할 수 있다.

(5) 의약품 제조업과 식품제조·가공업을 함께 허가 받거나 신고한 영업자는 식품의약품안전청장이 의약품 제조시설에 대하여 의약품이 식품에 전이될 우려가 없어 식품의 제조·가공시설로 적합하다고 인정하여 지정·고시하는 경우에는 당해 시설을 식품제조·가공시설로 이용할 수 있다.

2. 즉석 판매제조 · 가공업의 시설기준

가. 건물의 위치 등

(1) 독립된 건물이거나 즉석 판매제조 · 가공 외의 용도로 사용되는 시설과 분리 또는 구획되어야 한다. 다만, 백화점 등 식품을 전문으로 취급하는 일정 장소(식당가 · 식품매장 등을 말한다)에서 즉석 판매제조 · 가공업의 영업을 하고자 하는 경우로서 식품위생상 위해 발생의 우려가 없다고 인정되는 때에는 그러하지 아니하다.

(2) 건물의 위치 · 구조 및 자재에 관하여는 1. 식품제조 · 가공업의 시설기준 중 가. 건물의 위치 등의 관련 규정을 준용한다.

나. 작업장

(1) 식품의 제조 · 가공시설이 설치된 제조 가공실을 두어야 한다.

(2) 제조 가공실의 시설 등에 관하여는 1. 식품제조 · 가공업의 시설기준 중 나. 작업장의 관련 규정을 준용한다.

다. 식품취급시설 등

식품취급시설 등에 관하여는 1. 식품제조 · 가공업의 시설기준 중 다. 식품취급시설 등의 관련 규정을 준용한다.

라. 급수시설

급수시설은 1. 식품제조 · 가공업의 시설기준 중 라. 급수시설의 관련 규정을 준용한다. 다만, 인근에 수돗물이나 '먹는물관리법' 제5조의 규정에 의한 먹는 물의 수질기준에 적합한 지하수 등을 공급할 수 있는 시설이 있는 경우에는 이를 설치하지 아니할 수 있다.

마. 판매시설

식품을 위생적으로 유지 · 보관할 수 있는 진열 · 판매시설을 갖추어야 한다.

바. 화장실

(1) 화장실은 작업장에 영향을 미치지 아니하는 곳에 설치하여야 한다.

(2) 정화조를 갖춘 수세식 화장실을 설치하여야 한다. 다만, 상 · 하수도가 설치되지 아니한 지역에서는 수세식이 아닌 화장실을 설치할 수 있다.

(3) (2)단서의 규정에 의하여 수세식이 아닌 화장실을 설치하는 경우에는 변기의 뚜껑

과 환기시설을 갖추어야 한다.

(4) 공동화장실이 설치된 건물 안에 있는 업소 및 인근에 사용이 편리한 화장실 이 있는 경우에는 따로 화장실을 설치하지 아니할 수 있다.

사. '재래시장육성을 위한 특별법' 제2조 제1항의 규정에 의한 재래시장 또는 '관광진흥법시행령' 제2조 제5호 가목의 규정에 의한 종합유원시설업의 시설 안에서 이동판매형태의 즉석 판매제조 · 가공업을 하고자 하는 경우에는 가목 내지 바목의 시설기준에 불구하고 시장 · 군수 또는 구청장이 그 시설기준을 따로 정할 수 있다.

3. 식품첨가물 제조업의 시설기준

식품제조 · 가공업의 시설기준에 준용한다. 다만, 건물의 위치 · 구조 및 작업장에 대하여는 허가 관청이 위생상 위해 발생의 우려가 없다고 인정하는 경우에는 그러하지 아니하다.

4. 식품운반업의 시설기준

가. 운반시설

(1) 냉동 또는 냉장시설을 갖춘 적재고가 설치된 운반차량 또는 선박이 있어야 한다. 다만, 어패류에 식용얼음을 넣어 운반하는 경우에는 그러하지 아니하다.

(2) 냉동 또는 냉장시설을 된 적재고의 내부는 식품 등의 기준 및 규격 중 운반식품의 보존 및 보관기준에 적합한 온도를 유지하여야 하며, 시설 외부에서 내부의 온도를 알 수 있도록 온도계를 설치하여야 한다.

(3) 적재고는 혈액 등이 누출되지 아니하고 냄새를 방지할 수 있는 구조이어야 한다.

나. 세차시설

세차장은 '수질환경보존법'에 적합하게 전용세차장을 설치하여야 한다. 다만, 전용주차장을 설치할 수 없을 때에는 영업허가 관청 관할구역 내에서 동일 영업자가 공동으로 세차장을 설치하거나 타인의 세차장을 사용 계약에 의하여 사용할 수 있다.

다. 차 고

식품운반용 차량을 주차시킬 수 있는 전용 차고를 두어야 한다. 다만, 전용 차고를 설치할 수 없을 때에는 타인의 차고를 사용계약에 의하여 사용할 수 있다.

라. 영업소

영업활동을 위한 영업소를 두어야 한다. 다만, 영업활동에 지장이 없는 경우에는 다른 영업소를 함께 사용할 수 있다.

5. 식품소분 · 판매업의 시설기준

가. 공통 시설기준

(1) 작업장 또는 판매장(식품 자동판매기 영업 · 유통 전문판매업 및 식품 등 수입 판매업을 제외한다)

㈎ 건물은 독립된 건물이거나 주거 장소 또는 식품 소분 · 판매업 외의 용도로 사용되는 시설과 분리 또는 구획되어야 한다. 다만, '축산물가공처리법' 시행령 제21조 제6호 가목의 규정에 의한 식육 판매업소에서 식육제품을 대상으로 즉석 판매제조 · 가공업의 영업을 하고자 할 경우에는 작업장 또는 판매장을 공동으로 이용할 수 있다.

㈏ 식품 소분업의 소분실은 1. 식품제조 · 가공업의 시설기준 중 나. 작업장의 관련 규정을 준용한다.

(2) 급수시설(식품 소분업 · 식품 등 수입 판매업 등 물을 사용하지 아니하는 경우를 제외한다. 수돗물이나 '먹는물관리법' 제5조의 규정에 의한 먹는 물의 수질기준에 적합한 지하수 등을 공급할 수 있는 시설을 갖추어야 한다.

(3) 화장실(식품 자동판매기 영업을 제외한다)

㈎ 화장실은 작업장 및 판매장에 영향을 미치지 아니하는 곳에 설치하여야 한다.

㈏ 정화조를 갖춘 수세식 화장실을 설치하여야 한다. 다만, 상 · 하수도가 설치되지 아니한 지역에서는 수세식이 아닌 화장실을 설치할 수 있다.

㈐ ㈏단서의 규정에 의하여 수세식이 아닌 화장실을 설치하는 경우에는 변기의 뚜껑과 환기시설을 갖추어야 한다.

㈑ 공동화장실이 설치된 건물 안에 있는 업소 및 인근에 사용이 편리한 화장실이 있는 경우에는 따로 화장실을 설치하지 아니할 수 있다.

(4) 공통 시설기준의 적용 특례

지방자치단체 및 농림부장관 또는 해양수산부장관이 인정한 생산자 단체 등에서 국내산 농 · 수 · 축산물의 판매 촉진 및 소비 홍보 등을 위하여 14일 이내의 기간에 한하여 특정 장소에서 농·수·축산물의 판매 행위를 하고자 하는 경우에는 공통 시설기준에 불구하고 시장·군수 또는 구청장(시·도에서 농·수·축산물의 판매 행위를 하는 경우에는 시·도지사)이 시설기준을 따로 정할 수 있다.

나. 업종별 시설기준

(1) 식품소분업

㈎ 식품 등을 소분·포장할 수 있는 시설을 설치하여야 한다.

㈏ 소분·포장하고자 하는 제품과 소분·포장한 제품을 보관할 수 있는 창고를 설치하여야 한다.

(2) 삭 제

(3) 삭 제

(4) 삭 제

(5) 식용얼음 판매업

㈎ 판매장은 얼음을 저장하는 창고와 취급실이 구획되어야 한다.

㈏ 취급실의 바닥은 타일·콘크리트 또는 두꺼운 목판자 등으로 설비하여야 하고, 배수가 잘 되어야 한다.

㈐ 판매장의 주변은 배수가 잘되어야 한다.

㈑ 배수로에는 덮개를 설치하여야 한다.

㈒ 얼음을 저장하는 창고에는 보기 쉬운 곳에 온도계를 비치하여야 한다.

㈓ 소비자에게 배달 판매를 하고자 하는 경우에는 위생적인 용기가 있어야 한다.

(6) 식품 자동판매기 영업

㈎ 식품 자동판매기(이하 "자판기"라 한다)는 위생적인 장소에 설치하여야 하며, 옥외에 설치하는 경우에는 비·눈·직사광선으로부터 보호되도록 차향시설을 설치하여야 한다.

㈏ 더운 물을 필요로 하는 제품의 경우에는 제품의 최종 음용 온도가 70℃이상(다만, 제품의 최초 음용 온도는 68℃이상 이어야 한다)이 되도록 하여야 하고, 자판기 내부에는 살균 등(더운 물을 필요로 하는 경우를 제외한다)·정수기 및 온도계가 부착되어야 한다.

㈐ 자판기 안의 물탱크는 내부 청소가 쉽도록 뚜껑을 설치하고 녹이 슬지 아니하는 재질을 사용하여야 한다.

㈑ 다류 식품을 취급하는 자판기는 국내산 차(커피를 제외한다. 이와 같다)의 작동기능이 3분의 1 이상이어야 하고, 이 경우 커피는 제품의 명칭에 관계없이 1종

으로 본다. 다만, 초등학교 학생용으로 설치하는 자판기는 국내산 차의 작동 기능이 2분의 1 이상이어야 한다.

(7) 유통전문판매업

㈎ 영업 활동을 위한 독립된 영업소가 있어야 한다. 다만, 영업 활동에 지장이 없는 경우에는 다른 영업소를 함께 사용할 수 있다.

㈏ 식품을 위생적으로 보관할 수 있는 창고를 갖추어야 한다. 이 경우 보관창고는 영업 신고를 한 영업소의 소재지와 다른 곳에 설치하거나 임차하여 사용할 수 있다.

㈐ 영업 신고한 영업소와 같은 장소 또는 같은 건물 안에 상시 운영하는 반품·교환품의 보관시설을 두어야 한다.

(8) 삭 제

(9) 식품 등 수입 판매업

㈎ 영업 활동을 위한 독립된 영업소가 있어야 한다. 다만, 영업 활동에 지장이 없는 경우에는 다른 영업소를 함께 사용할 수 있다.

㈏ 식품을 위생적으로 보관할 수 있는 창고를 갖추어야 한다. 이 경우 보관창고는 영업 신고를 한 영업소의 소재지와 다른 곳에 설치하거나 임차하여 사용할 수 있다.

㈐ ㈏의 규정에 불구하고 식품 등을 직접 소비자에게 판매하지 아니하는 경우에는 별도의 보관창고를 설치하지 아니할 수 있다.

⑩ 기타 식품판매업

㈎ 냉동시설 또는 냉장고·진열대 및 판매대를 설치하여야 한다.

㈏ 식품을 검사할 수 있는 검사실과 검사에 필요한 기계·기구를 설치할 수 있다.

6. 식품 보존업 시설기준

① 식품 조사처리업

원자력 관계법령에서 정한 시설기준에 적합하여야 한다.

② 식품냉동·냉장업

㈎ 작업장은 독립된 건물이거나 다른 용도로 사용되는 시설과 분리되어야 한다.

㈏ 작업장에는 적하실·냉동예비실·냉동실 및 냉장실이 있어야 하고, 각각의 시설은 분리 또는 구획되어야 한다. 다만, 냉동을 하지 아니할 경우에는 냉동예비실과 냉동실을 두지 아니할 수 있다.

㈐ 작업장의 바닥은 콘크리트 등으로 내수처리를 하여야 하고, 물이 고이거나 습기가 차지 아니 하도록 하여야 한다.

(라) 냉동예비실 · 냉동실 및 냉장실에는 보기 쉬운 곳에 온도계를 비치하여야 한다.

(마) 작업장에는 작업장 안에서 발생하는 악취 · 유해가스 · 매연 · 증기 등을 배출시키기 위한 환기시설을 갖추어야 한다.

(바) 작업장에는 쥐 · 바퀴 등 해충이 들어오지 못하도록 하여야 한다.

(사) 상호 오염원이 될 수 있는 식품을 보관하는 경우에는 서로 구별할 수 있도록 하여야 한다.

(아) 작업장 안에서 사용하는 기구 및 용기 · 포장 중 식품에 직접 접촉하는 부분은 씻기 쉬우며, 살균소독이 가능한 것이어야 한다.

(자) 수돗물이나 '먹는물관리법' 제5조의 규정에 의한 먹는물의 수질기준에 적합한 지하수 등을 공급할 수 있는 시설을 갖추어야 한다.

(차) 화장실을 설치하여야 하며, 화장실의 시설은 2. 즉석판매제조 · 가공업의 시설기준 중 바. 화장실의 관련 규정을 준용한다.

7. 용기 · 포장류 제조업의 시설기준

식품제조 · 가공업의 시설기준에 준용한다. 다만, 신고 관청이 위생상 위해 발생의 우려가 없다고 인정하는 경우에는 그러하지 아니하다.

8. 식품 접객업의 시설기준

가. 공통 시설기준

(1) 영업장

(가) 독립된 건물이거나 식품 접객업의 영업허가 또는 영업신고를 한 업종 외의 용도로 사용되는 시설과 분리되어야 한다. 다만, 일반음식점에서 '축산물 가공처리법시행령' 제21조 제6호 가목의 식육 판매업의 영업을 하고자 할 경우에는 그러하지 아니하다.

(나) 삭 제

(다) 영업장은 연기 · 유해가스 등의 환기가 잘되도록 하여야 한다.

(라) 음향 및 반주시설을 설치하는 영업자는 영업장 내부의 노랫 소리 등이 외부에 들리지 아니하도록 방음장치를 하여야 한다.

(마) 공연을 하고자 하는 휴게음식점 · 일반음식점 및 단란주점의 영업자는 무대시설을 영업장안에 객석과 구분되게 설치하되, 객실 안에 설치하여서는 안 된다.

(2) 조리장

㈎ 조리장은 손님이 그 내부를 볼 수 있는 구조로 되어 있어야 한다. 다만, 영 제7조 제8호 바목의 규정에 의한 제과점 영업소로서 동일 건물 안에 조리장을 설치하는 경우와 '관광진흥법시행령' 제2조 제2호 가목 및 동조 제3호 마목의 규정에 의한 관광호텔업 및 관광 공연장업의 조리장의 경우에는 그러하지 아니하다.

㈏ 조리장 바닥에 배수구가 있는 경우에는 덮개를 설치하여야 한다.

㈐ 조리장 안에는 취급하는 음식을 위생적으로 조리하기 위하여 필요한 조리시설 · 세척시설 · 폐기물 용기 및 손 씻는 시설을 각각 설치하여야 하고, 폐기물 용기는 오물 · 악취 등이 누출되지 아니하도록 뚜껑이 있고 내수성 재질로 된 것이어야 한다.

㈑ 1인의 영업자가 동일 건물 안의 같은 통로를 출입구로 사용하여 휴게음식점 영업 및 일반음식점 영업을 하고자 하는 경우와 일반음식점 영업자가 당해 업소와 직접 접한 장소에서 도시락을 제조하는 즉석 판매제조 · 가공업의 영업을 하고자 하는 경우에는 하나의 조리장을 공동으로 사용할 수 있다.

㈒ 조리장에는 주방용 식기류를 소독하기 위한 자외선 또는 전기살균소독기를 설치하거나 열탕세척 소독시설(식중독을 일으키는 병원성 미생물 등이 살균될 수 있는 시설이어야 한다. 이하 같다)을 갖추어야 한다.

㈓ 충분한 환기를 시킬 수 있는 시설을 갖추어야 한다. 다만, 자연적으로 통풍이 가능한 구조의 경우에는 그러하지 아니하다.

㈔ 삭 제

㈕ 식품 등의 기준 및 규격 중 식품별 보존 및 보관기준에 적합한 온도가 유지될 수 있는 냉장시설 또는 냉동시설을 갖추어야 한다.

(3) 급수시설

㈎ 수돗물이나 '먹는물관리법' 제5조의 규정에 의한 먹는 물의 수질기준에 적합한 지하수 등을 공급할 수 있는 시설을 갖추어야 한다.

㈏ 지하수를 사용하는 경우 취수원은 화장실 · 폐기물 처리시설 · 동물사육장 기타 지하수가 오염될 우려가 있는 장소로부터 영향을 받지 아니 하는 곳에 위치하여야 한다.

(4) 삭 제

(5) 화장실

㈎ 화장실은 콘크리트 등으로 내수처리를 하여야 한다. 다만, 공중화장실이 설치되어 있는 역 · 터미널 · 유원지 등에 위치하는 업소, 공동화장실이 설치된 건물 내에 있는 업소 및 인근에 사용하기 편리한 화장실이 있는 경우에는 따로 화장실을 설치

하지 아니할 수 있다.

(나) 화장실은 조리장에 영향을 미치지 아니하는 장소에 설치하여야 한다.

(다) 정화조를 갖춘 수세식 화장실을 설치하여야 한다. 다만, 상 · 하수도가 설치되지 아니한 지역에서는 수세식이 아닌 화장실을 설치할 수 있다.

(라) (다) 단서의 규정에 의하여 수세식이 아닌 화장실을 설치하는 경우에는 변기의 뚜껑과 환기시설을 갖추어야 한다.

(6) **공통 시설의 적용 특례**

(가) '재래시장육성을 위한특별법' 제2조 제1항의 규정에 의한 재래시장에서 음식점 영업을 하는 경우 해수욕장 등에서 계절적으로 음식점 영업을 하는 경우, 고속도로 · 자동차 전용도로 · 공원 · 유원시설 등의 휴게 장소에서 영업을 하는 경우, 건설공사현장에서 영업을 하는 경우와 지방자치단체 및 농림부장관 또는 해양수산부장관이 인정한 생산자 단체 등에서 국내산 농 · 수 · 축산물의 판매 촉진 및 소비 홍보 등을 위하여 14일 이내의 기간에 한하여 특정 장소에서 음식물의 조리 · 판매 행위를 하고자 하는 경우에는 공통 시설기준에 불구하고 시장 · 군수 또는 구청장(시 · 도에서 음식물의 조리 · 판매 행위를 하는 경우에는 시 · 도지사)이 시설기준을 따로 정할 수 있다.

(나) 백화점, 슈퍼마켓 등에서 휴게음식점 영업 또는 제과점 영업을 하고자 하는 경우와 음식물을 전문으로 조리하여 판매하는 백화점 등의 일정 장소(식당가를 말한다)에서 휴게음식점 영업 · 일반음식점 영업 또는 제과점 영업을 하고자 하는 경우로서 위생상 위해 발생의 우려가 없다고 인정되는 때에는 각 영업소와 영업소 사이를 분리 또는 구획하는 별도의 차단 벽이나 칸막이 등을 설치하지 아니할 수 있다.

나. 업종별 시설기준

(1) **휴게음식점 영업 · 일반음식점 영업 및 제과점 영업**

(가) 일반음식점의 객실에는 잠금 장치를 설치할 수 없다.

(나) 휴게음식점 또는 제과점에는 객실을 둘 수 없으며, 객석에는 높이 1.5미터 미만의 칸막이(이동식 또는 고정식)를 설치할 수 있다. 이 경우 2면 이상을 완전히 차단하지 아니하여야 하고, 다른 객석에서 내부가 서로 보이도록 하여야한다.

(다) 기차 · 자동차 · 선박 또는 수상 구조물로 된 유선장 · 도선장을 이용하는 경우 다음 시설을 갖추어야 한다.

① 1일의 영업시간에 사용할 수 있는 충분한 양의 물을 저장할 수 있는 내구성이 있는 식수탱크

② 1일의 영업시간에 발생할 수 있는 음식물 찌꺼기 등을 처리하기에 충분한 크기의 오물통 및 폐수탱크

③ 음식물의 재료(원료)를 위생적으로 보관할 수 있는 시설

㈑ 소방시설 설치 유지 및 안전관리에 관한 법령이 정하는 소방·방화시설 등을 갖추어야 한다.

㈒ 휴게음식점·일반음식점 또는 제과점의 영업장에는 손님이 이용할 수 있는 자막용 영상 장치 또는 자동 반주 장치를 설치하여서는 아니 된다.

㈓ 일반음식점의 객실 안에는 무대장치, 음향 및 반주시설, 우주볼 등의 특수조명시설을 설치하여서는 아니 된다.

(2) 단란주점영업

㈎ 삭 제

㈏ 영업장 안에 객실이나 칸막이를 설치하고자 하는 경우에는 다음 기준에 적합하여야 한다.

① 객실을 설치하는 경우 주된 객장의 중앙에서 객실 내부가 전체적으로 훤하게 보일 수 있도록 투명한 유리로만 설비하여야 하며, 통로 형태 또는 복도 형태로 설비하여서는 아니 된다.

② 객실로 설치할 수 있는 면적은 객석 면적의 2분의 1을 초과할 수 없다.

③ 주된 객장 안에는 높이 1.5미터 미만의 칸막이(이동식 또는 고정식)를 설치할 수 있다. 이 경우 2면 이상을 완전히 차단하지 아니하여야 하고, 다른 객석에서 내부가 서로 보이도록 하여야 한다.

㈐ 객실에는 잠금 장치를 설치할 수 없다.

㈑ 삭 제

㈒ 삭 제

㈓ 소방시설 설치 유지 및 안전관리에 관한 법령이 정하는 소방·방화시설을 갖추어야 한다.

(3) 유흥주점영업

㈎ 삭 제

㈏ 객실에는 잠금장치를 설치할 수 없다.

㈐ 삭 제

㈑ 소방시설 설치 유지 및 안전관리에 관한 법령이 정하는 소방·방화시설을 갖추어야 한다.

8. 위탁급식 영업의 시설기준

(가) 사무소
영업활동을 위한 독립된 사무소가 있어야 한다. 다만, 영업활동에 지장이 없는 경우에는 다른 사무소를 함께 사용할 수 있다.

(나) 창고 등 보관시설
① 식품 등을 위생적으로 보관할 수 있는 창고를 갖추어야 한다. 이 경우 창고는 영업신고를 한 소재지와 다른 곳에 설치하거나 임차하여 사용할 수 있다.
② 창고에는 식품 등을 법 제7조 제1항의 규정에 의한 식품 등의 기준 및 규격에서 정하고 있는 보존 및 보관기준에 적합한 온도에서 보관할 수 있도록 냉장·냉동시설을 갖추어야 한다.

(다) 운반시설
식품 등을 위생적으로 운반하기 위하여 냉동 또는 냉장시설을 갖춘 적재고가 설치된 운반차량을 1대 이상 갖추어야 한다. 다만, 식재료 등의 납품을 전문으로 하는 업체와 계약을 체결하여 냉동 또는 냉장시설을 갖춘 운반차량을 이용하는 경우에는 그러하지 아니하다.

(라) 식재료 처리시설
식품첨가물이나 다른 원료를 사용하지 아니하고 농·임·수산물을 단순히 자르거나 껍질을 벗기거나 말리거나 소금에 절이거나 숙성하거나 가열(살균의 목적 또는 성분의 현격한 변화를 유발하기 위한 목적의 경우를 제외한다)하는 등의 가공과정 중 위생상 위해 발생의 우려가 없고 식품의 상태를 관능검사로 확인할 수 있도록 가공하는 경우 그 재료 처리시설의 기준은 별표 9 제1호 나목 내지 마목의 규정을 준용한다.

2 위생관리

1. 환경 위생관리

가. 용수관리

(1) 수돗물이나 지하수를 사용하는 경우 오염되지 않게 충분히 공급할 수 있는 밀폐된 보관설비(필요 시)와 배관시설을 갖춘다.

(2) 수돗물이나 '먹는물관리법' 제5조의 규정에 의한 먹는 물의 수질기준에 적합한 지하수 등을 공급할 수 있는 시설을 갖추어야 한다.
(3) 지하수를 사용하는 경우 취수원은 화장실·폐기물 처리시설·동물사육장 기타 지하수를 오염시킬 우려가 있는 장소로부터 20m 이상 떨어진 곳에 위치하여야 한다.
(4) 검사결과 음용에 부적합 판정을 받은 경우에는 사용을 금지한다.
(5) 접객용 음용수는 식품공전에서 규정하고 있는 미생물 권장 규격에 적합한 음용수가 공급되도록 설비에 대한 정기적인 세척·소독 및 소모품(필터 등) 교환 등을 실시한다.
(6) 얼음의 경우 수질기준에 적합한 음용수로 제조하며, 오염되지 않도록 제조·취급 및 보관한다. 또한 2차 오염의 방지를 위하여 제빙기 등은 정기적인(월 1회) 세척 및 소독을 실시하고, 별도의 용기를 사용하는 경우에도 청결하게 관리한다.
(7) 접객용 음용수에 대하여 1회/월 미생물 검사를 실시하고 결과를 기록 유지한다.
(8) 접객용 음용수에 대한 관리상태(세척, 필터교환 등)를 주 1회 점검하여 그 결과를 음용수 점검일지에 기록하여 관리한다.

※ 조리 또는 음용수 등으로 사용되는 물은 적합한 물이 사용되어야 한다.
지하수: 연 1회(정수처리 시스템 설치)
시수: 검사 생략 가능, 필요에 따라 검사
접객용 음용수: 정수기, 냉온수기
탕비기(배관): 1일 1회 세척, 소독

나. 쓰레기 및 잔반처리

(1) 쓰레기통 및 잔반 수거통은 흡수성이 없으며 단단하고 내구성이 있어야 한다.
(2) 쓰레기통 및 잔반 수거통는 반드시 뚜껑을 사용하며, 악취가 나거나 액체가 새지 않도록 하고 파손된 부분이 없는지 관리한다.
(3) 주방용, 잔반용, 일반용 등의 쓰레기를 운반 수거 시 전용 운반도구(하부에 바퀴부착)를 구비하고 충분한 수량을 확보한다.
(4) 쓰레기통를 세척하거나 소독을 할 때 주방내의 오염을 주의한다.
(5) 쓰레기통 및 잔반은 지정된 장소에 보관하며, 2/3 이상 채워지지 않도록 한다.
(6) 배식 시 잔반통이 보이지 않도록 하며, 쓰레기 및 잔반은 1일 1회 이상 수거하도록 한다.
(7) 쓰레기통이나 잔반 수거통은 항상 지정된 장소에 비치하여야 한다.
(8) 쓰레기의 처리는 식품 저장 장소와 분리된 장소에 위치하고, 환기가 잘되고 세척 및 소독이 쉬워야 한다.
(9) 방역은 '전염병예방법'에 의하여 2개월 1회 이상 실시하고 소독 필증을 보관하여야

한다. 필요한 경우에는 자체 방역을 실시하고, 약품은 허가된 제품을 사용하고 지정된 장소에 보관하며 안전사고에 주의한다.

(10) 외부업체에 방역을 의뢰할 경우에는 공인된 업체를 선정하여 수행한다.

2. 시설 위생관리

가. 주방건물 및 설비

조리시설 및 기구류는 위생상의 위해를 피할 수 있는 재질이어야 하며, 보수점검 및 위생관리를 용이하게 할 수 있도록 설치 및 관리되어야 한다.

조리장은 오염 구역과 비오염 구역으로 구분되어야 하며, 적절한 온도 및 습도를 유지하여야 한다.

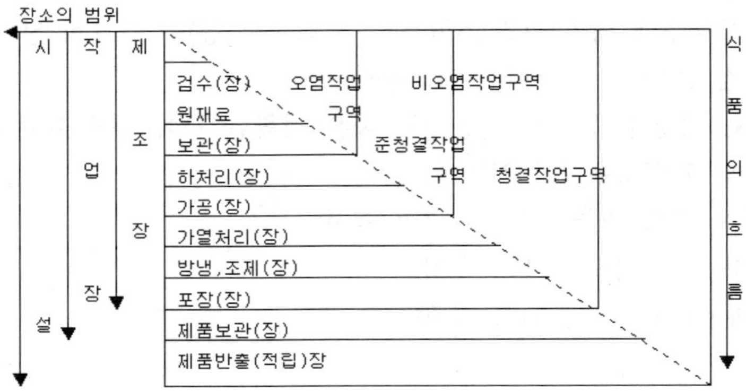

〈그림 3-1〉 시설 내 각 장소의 구분과 식품의 흐름

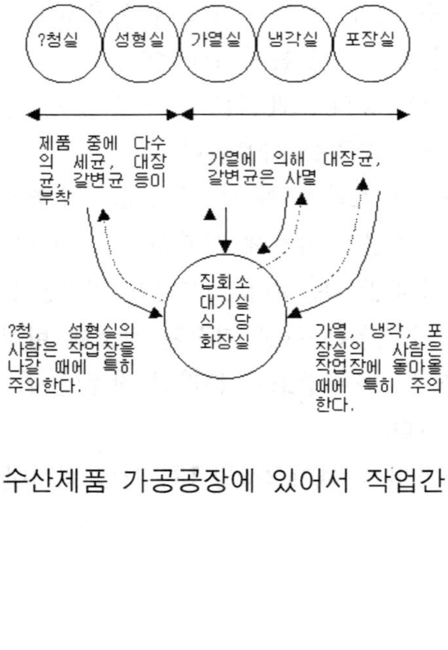

〈그림 3-2〉 수산제품 가공공장에 있어서 작업간 세균오염

나. 바닥 및 배수로

바닥은 내수처리가 되어 있고 가급적 미끄러지지 않는 재질이어야 하고, 파여 있거나 물이 고이지 않도록 적당한 구배(1m당 1.5~2.0cm)를 이루어 배수가 원활하게 이루어져야 한다. 배수로는 역류나 퇴적물이 쌓이지 않도록 하고, 청소가 용이하며 개폐가 가능해야 한다. 배수구가 있는 경우에는 덮개를 설치하여야 한다.

다. 내벽, 창문 및 천정

내벽은 내수처리를 하여 미생물이 번식하지 못하도록 청결하게 관리한다. 창틀/창문은 구배가 있는 것이 좋으며, 조리장 내에 창문은 가급적 고정식이나 밀폐식으로 하고 개폐식의 경우에는 반드시 방충망(30mesh)을 설치하여야 한다.

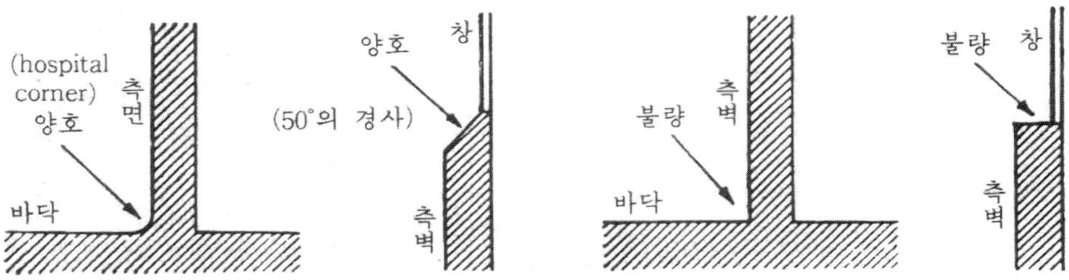

〈그림 3-3〉 바닥과 벽 및 창살과의 접속부

천장은 분기별로 먼지나 기름때 등을 제거하여야 한다. 먼지가 쌓여 있거나 응축수가 떨어지지 않도록 하고, 미생물이 번식하지 못하도록 청결하게 관리하여야 한다.

라. 환기시설

(1) 일반 환기시설: 수증기 및 악취 등을 환기시키고 조리장의 적정 온도를 조절할 수 있는 시설을 갖추어야 한다. 환기구는 2개월에 1회 정기적으로 퇴적물 등을 제거하기 위하여 청소를 해야 한다.

(2) 후드시설: 후드 덕트는 조리할 때 부착된 기름기를 제거하기 위하여 주 1회 세척제를 사용하여 청소하여야 한다. 충분한 환기를 위하여 연 1회 '작업환경측정법'에 의해 유해성 여부의 검사를 받아야 한다.

마. 기타

(1) 채광 및 조명은 적절하게 설치되어야 하고(100Lux 이상), 항상 청결하게 관리되어

야 한다.

(2) 조리장에는 쥐, 곤충 등이 출입하지 못하도록 방충 및 방서시설을 갖추어야 한다.

(3) 조리원을 위한 위생적인 화장실 및 갱의실이 있어야 하며 필요 시 적정 장소에 수세시설을 설치하고 청결히 유지하여야 한다.

(4) 조리시설은 제조공정의 흐름에 따라 적절히 배치되어야 한다.

(5) 각종 주방설비는 소독 규정에 의거 철저하게 관리되어야 하며, 주요 주방설비나 기구에 대해서는 점검을 하고 내용을 기록하고 보관하여야 한다.

〈표 3-1〉 조리장의 청소

		청 소			
		세제액	희석 배율	빈 도	방 법
시설	작업대/조리대	중성세제	500배 (물1 ℓ 당 2g)	매 작업 시	문질러 닦은 후 세제가 남지 않도록 세척한다.
	씽크대/개수대	중성세제	500배	매 작업 시	음식물의 기름기나 찌꺼기가 남지 않도록 하고 개수구 손잡이 부분을 세심히 세척한다.
	트렌치	세탁세제	1500배(물10 ℓ 당 7g)	일 1회 이상	틈 사이에 이물질을 제거하고 청소 후 트렌치 안에 음식물 찌꺼기가 남지 않도록 청소한다.
	화장실	중성세제	500배	일 1회 이상	청소빗자루나 대걸레를 이용하여 세척 후 물로 헹구어 낸다.
	바닥	세탁세제	1500배	일 1회 이상	벽과 바닥의 연결 부분에 오물이 끼지 않도록 청소한다.
	신발소독고	세탁세제	1500배	일 1회 이상	신발에서 떨어진 흙이나 오물이 남지 않도록 물로 씻어낸 후 세척한다.
	조리장내 환기팬	중성세제	500배	주 1회 이상	먼지가 남아있지 않도록 깨끗이 세척한다
	보관고(식기보관고, 찬장, 식기건조소독고 등)	중성세제	500배	주 1회 이상	식기가 놓였던 자리에 찌든 때가 남지 않도록 세척한다.
	환기후드필터	강력세제	5-10%	월 1회 이상	찌든 때가 남아서 필터가 막히지 않도록 청소한다.
	조명기구	유리크리너	원액 사용	연 2회 이상	광원에 분무 후 문질러 닦는다.

〈표 3-2〉 조리장의 청소

		소 독			
		세제액	희석 배율	빈도	방 법
시설	작업대/조리대	알코올	70~75%	매 작업 시	물기 제거 후 분무
		락스	300배	일일 작업종료 시	행주나 스폰지에 묻혀 닦은 후 물로 씻는다
	씽크대/개수대	알코올	70~75%	매 작업 시	분무한다.
	트렌치	락스	25배	일 1회 이상	작업종료 시 주변과 트렌치에 충분히 분무한다
	화장실	락스	25배	주 1회 이상	청소 후 대걸레에 묻혀 닦거나 분무한다.
	바닥	락스	300배	일 1회 이상	분무한다.
	신발소독고	락스	50배	일 1회 이상	희석액을 세척한 소독고에 부어준다.
	보관고(식기보관고, 찬장, 식기건조소독고 등)	락스	300배	주 1회 이상	행주나 스폰지에 묻혀 닦은 후 물로 씻는다.

3. 조리공정의 위생관리

가. 전처리

(1) 전처리는 지정된 장소에서 작업 순서(야채, 어류, 육류)를 정하여 작업한다.

(2) 전처리 작업은 실온(1~35℃)에서 3시간 이상 수행하지 않는다.

(3) 식품을 전처리하는 중에는 다른 작업을 하지 않는다.

(4) 열처리를 거치지 않는 식품은 가능한 한 손의 접촉을 하지 않도록 한다.

(5) 작업 중 사용하는 식자재는 적정 높이의 선반을 이용하고, 바닥에 방치되는 일이 없도록 한다.

(6) 전처리에 사용되는 칼・도마・용기 등은 용도별, 식품별(육류, 어패류, 채소류)로 분리하여 교차오염을 방지한다. 사용 후에는 소독과 청결 유지에 힘쓴다.

(7) 싱크대는 용도별(육류, 어패류, 채소류)로 구분하여 사용하고 청결하게 유지한다. 다른 작업을 하기 전에는 살균 및 세척한 후 사용한다.

(8) 해동은 식품을 완전히 밀봉하여 냉장(10℃ 이하, 72시간) 해동시키는 방법과, 21℃ 이하의 흐르는 물에서 급속히 해동시키는 방법이 있다. 해동된 식품은 실온에 방치하지 않도록 한다.

(9) 해동을 위하여 냉동육을 냉장실에 보관하거나, 육류를 주방에서 해동시킬 경우에는 반드시 '해동 중' 표시를 부착하거나, 주방에 해동 장소를 마련하여 표식을 부

착하고 그곳에 보관한다.

(10) 불리기 작업을 전일에 실시할 경우는 반드시 냉장고에 밀봉하여 둔다.
(11) 데쳐서 건질 때 재료가 바닥에 닿지 않도록 한다.
(12) 재료를 자를 때에는 신속하게 작업할 분량을 소량씩 나누어서 꺼내고 작업 후에는 바로 냉장고에 보관한다.
(13) 가열 조리하지 않는 과・채류는 반드시 흐르는 물로 3~4회 이상 깨끗이 세척한 후 필요 시는 소독을 한다.
(14) 세척할 때에는 씽크 용량의 2/3내로 사용하고 세척물이 다른 식품류에 튀기지 않도록 주의하여 사용한다.
(15) 세척 용기(또는 씽크)는 어류・육류・야채류 등으로 각각 구분하여 사용한다. 용기를 구분하여 사용이 어려울 경우에는 야채 → 육류 → 어류순으로 세척을 하고 용기는 사용 후에 반드시 세척 및 소독을 한다.
(16) 전처리 한 재료는 실온에서 장시간 방치하지 말고 위생적으로 보관한다.
(17) 식품 보관용기는 조리실 바닥에 두지 않는다.
(18) 전처리된 재료는 '먹는물관리법'에 의한 적합한 음용수를 사용하여, 이물질이 완전히 제거(육안 검사)될 때까지 세척한다.
(19) 전처리된 재료와 하지 않은 재료는 분리하여 취급하고, 재료 간에 교차오염이 발생치 않도록 위생적으로 취급한다.
(20) 전처리된 식품을 담은 용기를 바닥에 놓지 말고, 조리까지 4시간 이상 경과 시 에는 냉장 보관한다.
(21) 전처리에서 발생되는 쓰레기(상자, 깡통, 병, 비닐봉지 등)는 분리하여 즉시 처리한다.
(22) 배식시간이 길고 횟수가 많은 경우에는 아침・점심・저녁용 등의 재료를 별도로 표시하여 보관한다.

나. 조리

(1) 무치기, 버무리기, 혼합 등 조리를 할 때는 반드시 위생장갑을 착용한다.
(2) 조리한 음식물은(위험 온도 범위 10℃~65℃) 16℃~49℃에서 2시간 이상 방치되지 않도록 한다.
(3) 조리를 할 때 냉장된 재료는 사용 후 즉시 냉장 보관한다.
(4) 조리를 할 때 양념은 초기에 첨가하고 충분히(30분) 가열한다.
(5) 가열 조리를 할 때에는 중심부 온도(75℃에서 1분 이상)가 도달하도록 하고 충분

히 익었는지 확인한다.

(6) 가열 조리를 할 때 생선·가금류(닭고기 등)·덩어리 고기·다진 고기류(햄버거 패티) 등에 대하여 중심 온도가 75℃ 이상이 되는지를 확인하고, 조리공정 일지에 기록한다(75℃에서 15초 이상 가열)

(7) 소량씩 분산하여 조리한다.

(8) 조리를 할 때에는 자주 저어서 온도가 균일하게 되도록 한다.

(9) 조리된 음식은 보관 용기에 담아 덮개를 덮어둔다.

(10) 조리된 음식은 조리 전의 원재료와 접촉되지 않도록 하고, 조리자의 손 등에 접촉되지 않도록 유의하여야 한다.

(11) 조리된 음식은(60℃ 정도에서 4℃로 4시간 이내) 속히 냉각시킨다.

(12) 재가열을 할 경우에는 75℃ 이상으로 2시간 이내에 속히 가열하고, 65℃ 이상으로 유지한다.

(13) 조리되었거나 냉장 보관되었던 음식물은 75℃에서 15초 이상 전체를 골고루 가열한 후 제공되어야 한다.

(14) 튀김용 기름을 여러 번 사용하면 착색 및 점성이 증가하여 발열 온도가 저하되고 식품이 충분히 가열되지 않는다. 1회 사용함이 원칙이나, 재사용을 할 경우에는 채소류 등의 비린내가 나지 않는 것을 먼저 사용하고, 식육·생선 등의 순서로 사용하여야 한다. 1주일 정도에 새로운 기름으로 교환하며, 산화 방지를 위해 180℃ 이상으로 가열하지 않는다(교체 시기가 된 기름은 연기가 나고, 거품이 많이 발생하며 점성도 강하고 탄내나 누른 냄새가 발생함).

다. 조리된 제품관리

(1) 조리된 음식물은 뚜껑이나 덮개를 하고, 배식 전까지 잠시 보관이 필요할 때에는 보냉은 10℃ 이하, 보온은 60~70℃에서 보관되어야 한다.

(2) 조리 후 잠시 냉장고에 보관할 때에는 뚜껑을 덮어 교차 오염을 방지하여야 한다. 또한 조리 완료 후 보냉·보온 이외 에는 2시간 이내에 급식될 수 있도록 한다.

(3) 조리 후 제품을 보냉고는 10℃ 이하, 보온고는 60~70℃가 되도록 관리하며, 1일에 2회 온도를 점검하여 내용을 기록한다.

(4) 보냉고가 없어서 일반 냉장고에 조리한 제품을 보관 시에는 전처리한 재료와 별도로 위치를 구분하여 관리한다.

(5) 조리한 제품을 보관하는 용기(바트 등)·보냉·보온고 등은 청결히 관리하고, 보관 중 2차 오염이 일어나지 않도록 주의한다.

(6) 급식하기 전까지 조리된 음식물을 보관할 때에는 2차 오염을 방지할 수 있도록 깨끗한 용기에 담고 뚜껑이나 랩·호일 등으로 덮어서 오염되지 않도록 유의한다.

라. 검식

(1) 배식 전에는 반드시 검식을 하여 조리 상태를 확인하고, 검식 중 가열 상태가 완전하지 않을 경우 재조리하여 배식한다.
(2) 뜨거운 음식은 65℃ 이상, 차가운 음식은 10℃ 이하인지 확인한다.

〈표 3-3〉 적정 배식 온도

음식 종류	적정 온도	허용 오차	비고
국	65℃	± 5℃	
밥	80℃	± 5℃	
찌개	85℃	± 5℃	
조림	50℃	± 5℃	
찬 음식	5℃	± 3℃	
음용수·차	65℃	± 5℃	100℃까지 끓인 후 식힘

(3) 조리 후 맛을 볼 때는 검식 용기(작은 그릇) 및 검식 기구(수저)를 구분하여 사용한다. (검식 용기·기구 등은 다른 식기류와 구분이 용이하여야 한다)
(4) 검식을 할 때에는 음식의 맛·온도·조화·이물·이취·조리 상태(질) 등을 일지에 기록하여 보관한다.

마. 보존식

(1) 보존식은 조리 직후 매끼마다 제공된 음식을 전용의 용기에 종류별로 1인분 분량을 5℃이하에서 72시간 이상 보관한다.
(2) 보존식의 장기 보관이 필요한 경우에는 72시간 이전까지는 냉장 보관하고, 이후에는 −18℃ 이하에서 냉동 보관토록 한다.
(3) 채취 일자·배식 시기·폐기 일자를 표기하여 관리한다.
(4) 보존식의 용기 및 채취 기구 등은 청결을 유지한다.
(5) 필요한 경우 보존식에 대한 검사를 실시하고 결과를 기록·관리한다.

바. 배식

(1) 위생장갑·청결한 도구(집게·숟가락·국자 등) 등을 사용하며, 맨손으로 음식물

을 취급하는 일이 없도록 한다.

(2) 조리 후 2시간 이내에 배식을 완료한다.

(3) 배식 시간에는 음식에 적정한 온도가 유지되도록 한다.

(4) 조리장과 떨어진 곳에서 배식을 하는 경우는 운반 중에 온도가 보온 · 보냉 기준에 알맞게 해야 한다.

(5) 배식용 운반기구(카트 · 승강기) 등에 의한 오염이 되지 않도록 사용 후 세척 및 소독하여 관리하며, 승강기는 1일 1회 이상 내부를 청소하도록 한다.

(6) 배식대는 철저히 세척 및 소독을 한다. 배식에 사용하는 기구는 별도의 전용 기구를 사용하며, 세척 · 소독하여 건조된 것을 사용하도록 한다.

(7) 식기 · 수저 · 컵 등은 세척 후 건조하여 보관함에 넣고 사용하며, 외부에 배치할 경우에는 뚜껑을 하여 배식 전까지 보관한다.

(8) 배식 후 남은 음식물은 폐기한다.

사. 세척

① 기구 · 용기 및 식기류를 세척할 때는 세척 및 소독 과정을 거치고 세척 후 이물이 없어야 하며, 육안으로 볼 때 청결하여야 한다.

② 기계 세척의 경우 정상적으로 작동하고 일정 온도(83℃) 이상 유지되어야 한다.

③ 수작업에 의한 세척의 경우 세척 · 헹굼 · 소독 과정이 적절히 수행되어야 한다.

④ 세척 후에는 신속하게 건조하고 젖은 상태로 겹쳐 놓지 않아야 한다.

⑤ 용기 및 식기류를 보관할 때 식품 접촉면이 환경에 노출되지 않도록 한다.

⑥ 도마 · 칼 · 행주 등은 사용 후 깨끗이 세척하여 소독고에 보관하거나 건조한 후 보관한다.

4. 식자재 위생관리

가. 검수

(1) 모든 식자재는 도착 즉시 검수를 실시하여 장시간 방치되지 않도록 한다.

(2) 검수 시 손은 청결히 하고 반드시 위생장갑을 착용하도록 한다.

(3) 검수장에는 검수대를 설치하여 식자재가 바닥에 닿지 않도록 한다.

(4) 검수대 및 검수기구는 검수 전후 청결을 유지하도록 한다.

(5) 검수자는 매 검수 시마다 운송 차량의 청결 상태 및 온도 유지 여부를 확인하여 검수일지에 기록하여 관리한다.

(6) 육류 · 어패류 · 콩나물 · 두부 등 주의를 필요로 하는 식품은 위생적인 납품을 위하여 매 분기별로 납품 업체의 검사 성적서를 제출하도록 한다.
(7) 입고 일과 조리 작업 예정일을 기준으로 하여 유통기한이 경과하지 않은 제품만 입고하도록 한다.
(8) 검수자는 발주서에 따라 식자재명 · 제조업소명 · 제조일 · 납품업자명 · 수량 · 표시 내용 등을 확인한 후 검수 규정(첨부)에 따라 검수를 실시하고 결과를 일지에 기록한다.
(9) 검수 기준에 부적합한 식자재는 규정에 따라 반송 등의 조치를 취하며 처리 내용을 검수일지에 기록한다.
(10) 검수가 끝난 식자재는 저장 관리 규정(첨부)에 따라 신속히 냉장 · 냉동 · 실온(상온) 등으로 보관하여야 한다.
(11) 외포장 등으로 오염 우려가 있는 것은 이를 제거한 후 조리장에 반입한다.
(12) 검수자는 의심이 가는 식자재나 부적합 경력이 있는 업체의 식자재에 대하여서는 검사 의뢰 등의 필요한 조치를 취하고 결과를 기록하여 관리하여야 한다.

2) 보관

(1) 입고된 물품은 일자를 표시하고 재고 물품(선입고품)을 앞으로 배치하여 선입선출이 용이하도록 한다.
(2) 모든 저장품은 먼저 입고된 것부터 사용하되, 유통기한이 짧은 것부터 사용하는 것을 원칙으로 한다.
(3) 식자재 저장 관리 규정(첨부)에 따라 일정한 위치에 보관 · 저장함으로써 관리를 쉽게 하고 식별이 가능토록 한다.
(4) 조리 후 남은 식자재는 최초 포장 용기에 담아서 보관하고, 소분하여 보관할 때는 제품명과 유통기한을 표시하되, 유통기한이 표시된 원포장지에 보관하는 것을 원칙으로 한다.
(5) 식자재는 유효기간의 잔여 일별로 구분하여 보관한다.
(6) 식자재를 저장할 때는 바닥으로부터 15cm, 벽으로부터 8cm의 공간을 띄운다.
(7) 식품은 청결하고 포장이 손상되지 않게 보관한다.
(8) 지정된 곳에는 정해진 물품만을 보관한다.
(9) 식품과 식품 이외의 것을 분리하여 보관토록 한다.
(10) 보관고는 정기적으로 청소를 실시하여 청결하게 유지하여야 한다.
(11) 보관고의 온 · 습도를 매일 2회 측정하여 점검일지에 기록한다.

(12) 정기적으로 소독(2개월에 1회)을 하여 해충이나 쥐 등에 의한 오염을 방지한다.

다. 냉장 · 냉동고

(1) 냉동고는 −18℃ 이하, 냉장고는 10℃ 이하로 유지한다.,
(2) 시설 내부의 온도를 정확히 측정할 수 있는 온도계를 외부에서 보기 쉬운 위치에 설치한다.
(3) 매일 오전 · 오후 각 1회(총 2회) 이상 냉장 · 냉동고의 온도를 확인하여 이를 온도 점검일지에 기록한다.
(4) 냉동 · 냉장시설은 가능한 오븐 등 열원 및 직사광선에서 멀리 떨어지게 설치하여야 한다.
(5) 냉동 · 냉장고 문의 개폐는 신속하고 필요 최소한으로 하여야 한다.
(6) 냉장 · 냉동고의 식품 보관은 반드시 식힌 다음에 이루어져야 한다.
(7) 냉장 · 냉동고에 음식물을 보관할 때는 투명비닐 또는 뚜껑을 하여 낙하물질로부터의 오염을 방지하여야 한다.
(8) 냉장고 아래 부분에는 물이 떨어질 수 있기 때문에 식자재를 놓아서는 안 된다.
(9) 냉장 · 냉동고에 식품을 보관할 때는 제품의 식품 표시 사항(보관 방법)을 확인한 후 보관하여야 한다.
(10) 식자재의 보관은 조리된 식품과 조리하지 않은 것으로 구분하여 뚜껑을 덮거나 랩포장을 한다.
(11) 남은 식품을 위생적으로 관리한다(당일 처리 원칙).
(12) 뜨거운 음식은 반드시 식힌 후 보관한다.
(13) 오염 방지를 위해 날 음식은 냉장실의 아래 쪽에, 가열조리 식품은 위쪽에 보관해야 한다.
(14) 냄새가 나는 식품(생선 등)은 냄새를 흡수하는 식품(우유, 달걀 등)과는 멀리 저장하여야 하며, 달걀은 일정 장소에 별도의 투명비닐을 씌워 보관한다.
(15) 냉장 · 냉동고는 관리 책임자를 정하여 적정 가동 유지를 위해 정기적으로 내부의 서리를 제거하고 주 1회 이상 청소 및 소독을 실시하여야 한다. 식품으로부터 유출된 침출액 등에 의해 더러워진 경우에는 그때마다 청소하여야 한다.

5. 조리기구 및 설비의 위생관리

가. 칼

(1) 칼은 전처리용(육류, 어패류, 채소용)과 조리용(가열 식품용, 생채소류, 생어패류)으로 구분하여 전용으로 사용한다(교차오염 방지).
(2) 손잡이가 목재로 된 칼은 사용을 금한다.
(3) 사용 후에는 세척 및 소독을 실시하여 자외선 소독고에 보관한다.

나. 도마
(1) 나무로 만든 도마는 위생상 부적당함으로 사용을 금한다.
(2) 전처리용(육류, 어패류, 채소용)과 조리용(가열 식품용, 생채소류, 생어패류)으로 구분하여 전용으로 사용한다(교차오염 방지).
(3) 사용 후에는 세척 및 소독을 실시하여 겹치지 않도록 세워서 자외선 소독고에 건조 보관한다.

다. 행주
(1) 건조가 빠른 셀룰로이즈 재질의 행주를 사용한다.
(2) 용도별로 색 등으로 구분하여 사용한다.
- 조리, 배식 작업, 식기류 닦을 때 : 흰색
- 식탁 등을 닦을 때: 노란색
- 주방 청소시: 주황색
(3) 보관 시에는 깨끗한 용기 담아둔다.
(4) 사용한 행주는 매일 끓는 물에 각 용도별로 별도로 삶아 소독하고, 완전 건조시켜 자외선 소독고에 보관한다(흰색 행주는 다른 세탁물과의 혼합 세탁 금지).

라. 장갑
(1) 작업 목적에 맞게 용도별로 구분하여 사용한다.
(2) 고무장갑
- 전 처리용: 식자재의 전처리 작업 시, 노란색 장갑에 전처리용으로 표기)
- 조리용: 조리와 관련된 작업 시, 세척 완료된 식기류 취급 시: 노란색 장갑에 무표시
- 청소용: 청소, 소독 시 사용: 빨간색 장갑
- 고무장갑 세척방법: 고무장갑을 착용한 채로 일정량의 식기 세제류를 묻혀 서로 문지르면서 회전하는 동작으로 20초 이상 깨끗이 씻고, 흐르는 물로 세제거품을 충분히 헹구어 낸다. 그 후 온풍건조기나 페이퍼 타올로 물기를 제거하고, 소독

수를 분무하여 문질러서 건조시킨다.

(3) 1회용 장갑

- 대면 배식 때 음식을 나눠 줄 경우
- 조리된 음식을 직접 만질 경우
- 조리하지 않고 나가는 음식을 만들 경우
- 1회 사용 후는 반드시 폐기하고 한 가지 음식을 만진 후 다른 음식을 만져서는 안 된다.

(4) 면장갑

- 고무장갑 착용 전에 면장갑을 먼저 착용한다.
- 면장갑만 착용한 상태에서 조리를 하는 것은 금한다.

(5) 식자재를 취급할 때에는 한 종류만 다루어야 하며, 사용 후에는 반드시 면장갑을 소독 후 식자재를 취급한다.

(6) 사용 후 세척 및 소독(끓임)을 실시하여 건조시킨다.

6. 개인 위생시설

가. 탈의실

조리 종사자들이 옷과 소지품을 둘 수 있는 장소가 있고, 이용하기 편리한 곳으로 청결하게 관리하되, 조리용 의류(화)와 평상 의류(화)는 구분하여 보관되도록 한다.

나. 휴게실

작업 중 휴식할 수 있는 공간으로 대화를 나누거나 간식을 먹을 수 있는 장소가 마련되어야 한다.

다. 화장실

조리 종사자의 전용 화장실로 손 씻는 시설이 있어야 한다.

라. 손 세척 시실

전처리 장소・주방・화장실 등의 장소에 시설을 설치한다. 비누 등의 전용세제를 비치하고, 손 씻는 방법에 대한 안내문이 잘 보이는 곳에 부착되어야 한다.

마. 신발 소독조

조리장 출·입구에 설치하여 신발을 소독하고 출입함으로써 조리장의 오염을 방지한다. 소독액은 매일 1회 교체한다.

바. 시설 점검일지

담당자는 개인 위생시설에 대하여 매일 점검하여 결과를 시설설비 점검일지에 기록하고, 항상 위생적으로 유지되도록 관리한다.

7. 개인 위생관리

가. 직원을 채용할 때의 건강진단

식품위생법 제26조 제4항에 의하여 다음 질병에 걸린 자는 채용을 제외한다.

(1) '전염병예방법' 제2조 제1항 제1호의 규정에 의한 제1군 전염병

(2) '전염병예방법' 제2조 제1항 제3호의 규정에 의한 제3군 전염병중 결핵(비전염 성인 경우는 제외)

(3) 피부병 및 화농성 질환자

(4) 후천성면역결핍증('전염병예방법' 제8조의 규정에 의하여 성병에 관한 건강진단을 받아야 하는 영업에 종사하는 자)

나. 조리원은 자신의 위생 상태를 관리하고 유지하여야 한다

(1) 두발은 단정하고 청결하게 하며, 수염은 매일 깎는다.

(2) 손톱은 짧게 깎고 매니큐어를 바르지 않는다.

(3) 위생복 등은 착용 기준에 규정된 것을 착용하며, 항상 청결하게 유지한다.

(4) 시계·반지·목걸이·귀걸이 등의 장신구는 하지 않는다.

(5) 배식대·주방·홀 등에서 담배를 피우지 않는다.

(6) 근무 중에는 얼굴이나 머리를 만지지 않는다.

(7) 주머니에 물건을 넣어 두지 않는다.

(8) 반드시 지정된 시간이나 휴식시간에 음식물을 섭취한다.

(9) 근무 중에 껌을 씹지 않으며 이쑤시개·성냥개비 등의 사용을 금한다.

다. 조리원은 항상 손을 깨끗이 하고 소독을 하여 위생적으로 유지한다

(1) 조리작업을 시작하기 전

(2) 화장실을 다녀온 후
(3) 배식 전
(4) 휴식이나 흡연 및 식사 후
(5) 오염된 물품 접촉 후(전처리 전의 식재, 특히 육류·어패류 등)
(6) 오염 구역에서 비오염구역으로 이동한 경우

라. 올바른 손 세척 방법

(1) 온수로 팔꿈치까지 물을 묻힌 후 비누거품을 충분히 낸다.
(2) 손톱 사이는 브러시를 이용하고 손가락과 손톱 주위를 깨끗이 씻는다.
(3) 손을 서로 문지르면서 회전하는 동작으로 씻는다(20초 이상).
(4) 흐르는 물로 비누거품을 충분히 헹구어 낸다.
(5) 종이 타올이나 건조기로 물기를 제거한다.
(6) 소독수(70% 알코올 등)를 손에 분무하여 문질러서 건조한다.

마. 외부인 출입

견학 등 사업장을 방문하는 외부인은 전용 위생복이나 위생화를 착용한다. 위생화는 소독판 또는 소독액을 스프레이 하여 사용하며, 사업장 내의 위생 규칙에 따른다.

바. 개인위생 점검일지

조리실 책임자는 조리를 시작 전에 개인위생 점검기준에 따라 조리원의 위생 상태를 점검하고, 건강에 이상이 있는 경우에는 적절한 조치를 하고 내용을 기록하여 관리한다.

(1) 손의 상처(화농성 질환): 상처 부위를 치료하고 반창고 등 보호 조치를 취한 후 고무장갑을 착용한 후 조리에 임한다. 가능하면 조리에 직접 관련되지 않는 업무로 조정한다.
(2) 감기(기침, 재채기): 마스크 등의 보호조치를 취한 후 조리에 임하는데 될 수 있으면 조리에 직접 관련되지 않는 업무로 조정한다.
(3) 설사, 발열: 전염병이 우려되므로 일단 업무를 중지시키고, 검진을 받은 후 결과에 따라 업무 조정, 휴직 등의 적절한 조치를 한다.

사. 손 위생

위생 담당자는 조리원의 손에 대한 세균검사 등 개인 위생검사를 정기적으로 실시하여 그 결과를 기록 관리한다.

아. 건강기록부

조리원은 연 1회 정기적으로 건강검진을 받아 내용을 건강관리부에 기록하여 관리한다. 건강관리부에는 성명, 검진 일, 차기 검진일, 총 인원수 등이 기록되어야 한다.

자. 건강 이상 조리원

건강검진 결과 활동성 간염, 결핵, 소화기계 전염병 등이 있는 조리원은 급식 업무에 종사하지 않도록 한다.

차. 위생교육일지

담당자는 주 1회 20분 이상(월 1시간 이상) 조리원에게 위생교육을 실시하고, 교육 내용, 참석자 확인 등을 위생교육일지에 기록하여 관리한다.

8. 전문식당 및 집단급식소 위생관리

가. 위생관리의 목적

전문 급식에서의 위생관리는 음식물로 인한 위해를 방지하고, 급식자의 건강을 지킬 수 있도록 업무를 수행하여야 한다. 따라서 전 과정을 과학적인 지식과 관련 법규의 규정에 의하여 위생적으로 관리함으로써 안전한 음식물을 제공하는데 그 목적이 있다.

나. 적용 범위

전문 급식소에서 위생관리 업무를 효율적으로 처리하기 위해서는 식재 운송・검수・보관・조리・배식 등의 전 공정에 절차나 방법에 대하여 규정한다.

다. 책임과 권한

1. 위생관리 책임자

(1) 위생관리 책임자는 HACCP 팀장의 명을 받아 위탁점의 HACCP 총괄적인 운영관리를 담당한다

(2) 위탁점을 대표하여 본사 HACCP팀의 방침이나 위생 규정 등의 계획 수집에 참여하고 이를 수행한다.

(3) 위생관리 기준 이탈 시 개선 조치를 실시하고 HACCP 팀장에게 보고

(4) 위생관리 제반 규정에 대한 이행 및 관리 감독

(5) 고객 사고에 대한 신속한 처리 및 조사

(6) 중요 관리점 재설정(위해요소 지점) 및 관련 부서와 협의/실시
(7) 위탁점의 시설 환경 개선이 HACCP개념에 입각하여 효과적으로 유지 관리 및 수행되도록 노력하여야 한다.
(8) 효과적인 위생 업무를 수행하기 위하여 작업 공정별 위생 업무 책임 범위 한계를 설정할 수 있고 위생 실무 책임자 등을 선임 및 지정할 수 있다.

2. 위생관리자

(1) 식품의 생산 계절성, 고객의 기호성 등의 상황을 고려하여 식단을 구성한다.
(2) 식자재 및 위생 용기 등을 검수할 때에는 기준에 의하여 행하며, 납품 업체에 대하여는 당사가 규정하고 있는 위생 규정 이행 여부 등을 관리한다.
(3) 위생 관리자는 생산 현장에 대하여 위생 점검을 수시로 수행하고 그 결과를 작성하여 매일 위생관리 책임자에게 보고하여야 한다.
(4) 식품위생법에서 규정한 각종 행정 서류를 관리 유지하고, 항시 관계 기관의 위생 점검에 대비하여야 한다.
(5) 조리한 음식물에 대하여 검식을 하고, 일정한 용기에 담아 보존한다.

3. 위생관리 실무책임자

(1) 조리 공정 전반에 대한 위생관리 실무 책임을 맡는다.
(2) 조리기구 및 조리장비 등에 대한 위생관리 상태 및 정상 가동 여부를 수시로 점검하고 그 결과를 보고한다.
(3) 식자재 등에 대한 보관 · 품질 상태 · 유통기한 등을 점검한다.
(4) 작업 개시 시마다 위생관리 실무자에 대한 개인위생 상태를 점검한다.

4. 위생관리 실무자

(1) 위생관리 실무자는 위생 규정 및 지침을 수행하여야 한다.
(2) 자신에 대한 위생관리에 노력하여야 한다.
(3) 개인 주방도구 및 사용한 주방 장비에 대한 청소 · 소독 등을 수행한다.
(4) 작업 종료 후 작업장에 대한 전반적인 정리정돈 및 청소 · 소독 등을 수행한다.

9. 단체급식 및 학교급식의 위생관리

현대인들은 여러 가지 형태의 직장을 통하여 공동생활이 이루어짐에 따라 단체급식이 점

차 일반화되어 가고 있다. 학교급식의 경우에도 1990년 후부터 활발히 이루어지고 있다.

따라서 단체급식이나 학교급식에서 위생관리가 철저하지 못하면 식품으로 인한 중독 사고가 발생하여 건강을 위협하게 된다. 그러므로 급식 관련 종사자는 식품의 위생적인 취급을 위한 지식을 가지고 안전한 급식이 이루어지도록 해야 하며, 이를 위해 정기적인 건강진단과 위생교육 등을 실시하여 안전하고 맛있는 식사를 공급하기 위한 노력을 해야 한다.

단체급식은 식품을 다수인에게 공급하게 되므로 모든 작업이 위생적으로 이루어져야 한다. 특히, 식품 · 급식 종사자 · 급식시설 · 식기와 기구 등이 중요한 관리 대상이 된다. 그러므로 집단 급식소에서는 첫째 위생적으로 안전한 급식이 되도록 시설 및 설비를 확보해야 한다. 둘째 음식물은 위생적으로 보관 및 취급해야 하고, 한 번 제공된 음식을 다시 제공하지 않도록 한다. 공동으로 제공되는 음식물은 개인별로 덜어 먹을 수 있도록 국자 · 집게 · 빈 그릇 등을 제공해야 한다. 셋째 영양사 · 조리사 및 급식 종사자에 대해 보수교육, 건강진단 및 위생교육을 받도록 하고, 조리 등 음식물을 직접 취급하는 종사원은 반드시 위생복을 착용하도록 한다.

가. 급식 종사원의 위생과 식품 취급

1. 급식종사원의 건강진단

단체급식에 종사하는 자는 6개월에 1회 정기 건강진단을 실시하고, 이 외에 수시로 건강진단을 받아 안전한 급식이 이루어지도록 해야 한다. 건강진단을 할 때 행하여지는 검사항목은 다음과 같다.

(1) 소화기계 전염병－콜레라 · 장티푸스 · 파라티푸스 및 세균성이질 등
(2) 결핵－폐결핵 등
(3) 전염성 피부질환－나병 등 세균성 피부질환
(4) 혈청검사－매독 혈청검사
(5) 간염검사－항체 양성자(1회/5년) · 항체 음성자(1회/6개월)

이 밖에도 급식 관리자는 월 1～2회의 검변을 실시하여 전염병의 보균자를 사전에 방지해야 한다. 특히 건강 보균자는 증상은 없으나 병원균을 보유하는 경우가 있기 때문에 수시로 검변을 통하여 방지하는 것이 중요하다.

2. 조리에 종사하지 못하는 경우

식품위생법에 의해 조리에 종사하지 못하는 경우는 다음과 같다.

(1) 전염병에 걸렸을 때－콜레라 · 장티푸스 · 세균성이질 · 결핵 등

(2) 전염병의 병원균 보균자인 경우
(3) 피부병 및 기타 화농성 피부질환이 있을 때
(4) B형 간염－전염의 우려가 없는 비활동성 간염은 제외한다.

특히 손가락 등 식품에 직접 닿는 부위의 화농성 피부질환은 포도상구균에 의한 식중독의 원인이 될 수 있으므로 조리 작업 전에 손 검사 등을 실시하는 것이 바람직하다. 또한, 각종 소화기계 전염병이나 결핵 등의 전염성 질환에 감염되었을 때나 의심이 있는 경우에는 의사의 지시가 있을 때까지 급식에 종사하지 못하도록 해야 한다. 이와 같이 식품 급식에 종사하는 자는 항상 건강에 주의하도록 해야 한다.

3. 급식 종사원의 손의 청결

식품과 식기의 오염을 방지하기 위하여 조리 작업을 시작하기 전에는 물론, 작업 중에도 오물을 취급하였을 때나 용변 후에는 반드시 손의 세정과 소독이 필요하다. 올바른 손의 세정 방법은 다음과 같다.

(1) 손목 위까지 비누로 씻고 오염물을 제거한다.
(2) 손톱 밑의 세정에 유의하고 손톱솔로 잘 씻는다.
(3) 비누의 알칼리가 남지 않도록 잘 헹군다.
(4) 세균을 살균하기 위해 손을 역성비누로 소독한다.
(5) 흐르는 물에 잘 헹군다.
(6) 종이 타월이나 공기건조기로 건조시킨다.

- 역성비누의 특성 : 소독제 중 역성비누는 일반적으로 독성이 적고 무색투명하며, 살균력이 강하므로 손의 소독에 가장 적당하다. 보통 비누와 혼용하면 살균효과가 없어지므로 주의를 요한다.
- 역성비누 사용법
  ① 원액법－원액을 몇 방울 손에 떨어뜨려서 손 전체에 바르고 30초 이상 잘 문지르고 물로 씻는다.
  ② 희석법－역성비누의 3% 희석액 '전염병예방법 시행규칙'을 용기에 담고 거즈를 한 장 넣은 후 용액에 손을 30초 이상 담그고 거즈를 짜서 손을 닦는다.

4. 청결한 복장

급식 종사자는 항상 전용의 깨끗한 백색의 가운을 착용하고, 이물・세균 등이 식기류나 음식물을 오염시키지 않도록 주의해야 한다. 작업 중 외부에 나가는 경우에는 가운 복장으로 출입을 삼가하고, 청소나 오물을 취급할 때와 조리나 배식 시의 복장은 구분하는 것이 필하다. 옷을 갈아입을 때에는 탈의실을 이용하고, 마스크는 조리나 배식 시에 착용해야 한다. 조리실에서는 전용신발을 착용하고 머리에는 수건이나 모자를 착용한다.

5. 피 급식자의 위생

조리종사자 뿐만 아니라 피급식자의 위생에도 주의하고, 급식실에서 다음 사항을 지키도록 해야 한다

(1) 피급식자에게 식사 전에 손 씻기를 습관화하도록 교육한다.
(2) 식당의 출입에는 청결한 신발을 사용한다.
(3) 외부에서 준비한 음식물을 식당 내로 가져와서는 안 된다.

6. 식품 납품업자의 위생

(1) 납품업자 혹은 그 가족의 건강진단 및 검변을 실시한다.
(2) 납품업자의 출입은 가능한 한 검수실까지로 하고, 조리장의 출입을 삼간다. 출입을 할 경우는 조리장 전용의 신발을 착용하고 손의 소독을 한다.
(3) 납품 점포의 위생 상태를 점검한다.
(4) 식품의 포장·용기 등은 청결한 것을 사용하도록 하고, 재료는 포장을 하도록 한다. 용기의 뚜껑은 반드시 덮도록 한다.

7. 식품관리

식품 재료는 산지에서 소비자에게 이르기까지 복잡한 유통 과정을 거치는 동안 여러 가지의 위생과 관련된 문제가 발생한다. 그러나 이를 예방하고 해결하기 위해서는 충분한 지식을 가지고 식품 재료를 취급해야 한다.

■ 식품의 구입

안전한 급식을 위해서는 신선하고 위생적인 재료를 구입하는 것이 대단히 중요하다. 특히 식중독이 많이 발생하는 7~9월의 하절기에는 주의해야 한다. 여름철에 식중독 발생이 많은 식품으로는 어패류나 그 가공품, 육류·두류·난류, 팥을 사용한 빵이나 과자류, 감자 샐러드, 마요네즈 샐러드 등이 있다.

재료를 구입할 때에는 품질, 선도(색, 냄새), 첨가물의 사용 유무, 이물질 혼입 유무, 함량, 제조연월일, 보존법 등 전반적인 사항을 판단 후 구입한다. 야채, 어패류, 축육 등은 필요한 양만 구입하고, 48시간 이상 급식실에 방치하지 말 것이며 검수 후 조리장 내에 방치되는 일이 없도록 한다.

■ 식품의 보관

식품의 보존 및 보관은 냉장고・냉동고・온장고・식품의 창고 등을 활용한다.

(1) 냉장고: 0～10℃의 저온으로 보관한다. 냉장고 내의 온도가 5℃ 이하로 유지되도록 하며 2～4℃ 정도가 가장 이상적이다.

(2) 냉동고: 식품을 －15℃ 이하로 보존한다.

(3) 온장고: 가열된 식품을 고온 그대로 보존하는 시설로써, 세균의 발육 한계 온도 이상으로 하는 것이 중요하며 변질에 유의해야 한다.

식품 보관시설은 청결을 유지하고 적정한 온도가 유지되어야 한다.

〈표 3-8〉 식품 저장 온도

식품명	온도℃	식품명	온도℃
과일류	7～10	육류	1～3
야채, 난류	4～7	조류, 어패류	0～3
유, 유제품	3～4	냉동식품	-25～-15

■ 전처리

식품재료를 충분히 세정하여 오염을 제거해야 한다. 과채류 중의 농약을 제거하기 위해 중성세제를 사용하는데 0.15～0.25%가 적당하며 세정 후 흐르는 물에 헹군다. 대량을 한꺼번에 흐르는 물에 헹구기 곤란한 경우에는 5회 이상 나누어서 헹구도록 한다.

또한 채소류는 소독제나 차아염소산나트륨액을 사용하여 소독하는 경우 5%의 유효염소를 사용한다. 시제품은 50배의 희석 액에 5분간 담근 후 물로 씻는다. 생선은 머리와 내장을 제거하고 사용한 도마와 칼은 흐르는 물에 씻는다. 처리한 재료는 바닥에 놓지 말고 용기나 기구에 의한 2차 감염에 주의해야 한다. 어패류・축육류・야채류 등의 처리 기구와 작업 장소 등을 구분한다.

■ 조리와 배식

조리된 식품은 다음 번 급식까지 보관하여 사용하지 말고, 조리 후 배식 시까지의 시간은 최대한 단축시킨다. 배식을 할 때는 마스크를 착용하고, 식품에 직접 손을 대지 않으며 집게나 일회용 위생장갑을 사용하도록 한다. 가능한 한 가열된 상태로 제공하고 두부를 차게 하여 제공할 경우에는 삶아서 살균한 후 차게 하여 제공한다. 날달걀을 사용할 때는 껍질로 인한 오염을 제거 하고 병・통조림, 건어물, 가공식품 등은 제조일을 확인하고 사용한다. 또한 야채의 세척에 주의하고, 식중독이 많이 발생하는 여름철에는 어패류의 조리를 제한한다. 조리가 완성된 식품은 반드시 뚜껑을 덮고, 보관을 할 때는 온도관리에 유의한다.

8. 기구 · 용기의 관리

(1) 세제 : 기구 · 용기 등에 부착된 오염물을 제거하기 위한 방법은 수세만으로도 가능하지만 세제를 필요로 하기도 한다. 세제에는 천연유지를 원료로 하여 만든 비누 대신 화학적 합성품을 원료로 한 약알칼리성 세제와 중성세제로 나눌 수 있다. 집단급식 시설에서 사용되는 것은 중성세제이다.

- 중성세제의 특징 : 중성세제는 냉수나 경수, 염분을 다소 함유한 물에도 비교적 잘 녹아서 세정작용을 나타낸다. 세정작용은 침투 · 흡착 · 팽윤 · 유화 · 분산의 5가지 작용에 의한다.
- 사용상의 주의 : 일반적으로 사용하는 세제는 20% 전후의 계면활성제가 함유되어 있다. 그러므로 시판 세제액을 500~1,000배로 희석하여 사용하는 것이 주요하다. 진한 세제를 사용하면 식기나 식품 등에 잔류하는 경우가 있기 때문에 주의가 필요하다. 유해 작용으로는 손이 거칠어지는 등 독성에 대하여 논의되고 있다.

(2) 소독제 : 식기와 식품의 소독은 주로 식중독, 소화기계 전염병을 예방하기 위하여 행하여지는 것으로써, 집단급식시설에서 주로 사용되고 있는 것은 다음과 같다.

- 차아염소산 나트륨－식기, 식품 어느 것이나 사용이 가능하다. 농도는 0.2% 정도(유효 염소로서 100ppm)로 하고 용액 중에 2~5분간 담근 후 염소 냄새가 남지 않도록 잘 헹군다. 그러나 염소계의 소독제는 식기 등의 변색(특히 멜라민수지에 현저히 나타남)을 유발하므로 주의해야 한다.
- 역성비누와 계면활성제－주로 식기나 손의 소독에 사용되며 식품에 사용되지는 않는다. 농도는 0.2~1.0% 정도로 하고 이 용액에 5분 이상 담구어 소독한 후 충분히 헹군다. 이들 소독제는 유기물이 부착되어 있으면 효력이 저하되므로 소독 전에 잘 씻고 사용해야한다.

(3) 식기의 세정과 소독: 기구 · 용기 등은 위생적인 것을 구입하여야 한다. 식품에 접촉하는 기계 · 기구류는 충분히 세정을 하고 소독을 하여 항상 위생적으로 보존해야 하며, 급식 이외에는 사용하지 않도록 해야 한다.

- 세정: 세제로 세정한 후에는 반드시 먹을 수 있는 물로 헹구어야 하며, 흐르는 물에는 5초 이상, 담긴 물에는 3회 이상 헹구도록 한다.

■ 소독

- 조리대 · 가스레인지 등은 하룻밤 사이에도 더러워지므로 한 번 닦아낸 후 역성비누 200배 희석액으로 소독한 후에 사용한다.
- 소독용 용기에 역성비누 200배 희석액을 항상 준비해 두고 조리대 소독에 대비한다.
- 조리대에는 가열한 요리, 소독한 식기 등을 놓게 되므로 항상 소독하고, 소독하지 않은 재료나 식기를 놓지 않는다.
- 기구대를 설치하여 기구 · 물통 · 바구니 등을 바닥에 두지 않도록 하며, 사용 후에는 항상 청결히 씻고 소독한다.
- 조리 중에 자주 사용하는 기구나 기기 등을 수시로 소독할 수 있도록 한다.
- 도마는 조리용 · 어패류용 · 육류용 · 야채용 등을 구별하여 사용하고 사용 후에는 충분히 세정, 소독하여 보관한다. 소독 방법으로는 자비소독 · 열탕소독 · 증기소독 등의 가열소독과 자외선 조사(살균등), 약제에 의한 소독 방법 등이 있다.

■ 자외선 조사 : 살균력이 강한 2537Å의 자외선을 인공적으로 방출시키는 장치인 자외선 살균등을 이용한다.

■ 자외선 살균등의 특징

- 모든 균종에 유효하다.
- 피조사물에 대하여 조사 후 거의 변화를 나타내지 않는다.
- 자외선은 공기만을 투과하고 물질은 투과하지 않으므로 표면 살균에 적당하다.
- 살균력은 균종에 따라 현저히 다르나 같은 세균도 조도 · 습도 · 조사 거리 등에 따라 살균 효과가 달라진다.

■ 자외선 살균등을 이용한 공기 살균의 기준

- 2~4평에 살균등 1개이지만 습도가 높거나 식품공장 등은 2개 정도가 필요하다.
- 직접 표면에 조사를 하며 작업 종료 후에도 연속 조사를 한다.

■ 자외선 살균등의 도마 살균 효과

- 도마는 물로 씻거나 세제를 사용하는 정도로는 충분히 청결해지지 않는다.
- 살균등은 도마의 표면에 있는 잔 칼집 등의 흠집으로 만들어진 그늘로 인해 살균의 효과가 떨어지므로 알루미늄제 난 반사 막대기를 붙이면 효과가 있다.
- 살균등의 조사는 단시간으로는 큰 효과가 없다.
- 칼은 충분히 세정 후 열탕을 사용하여 소독하고 건조하여 살균등이 붙은 보존상자에 보관한다. 재료에 따라 구분하여 사용한다.
- 행주는 비누 또는 중성세제로 오염을 완전히 제거한 후 100℃에서 15분 이상

자비소독을 하거나 차아염소산 나트륨액으로 소독을 하여 열광 또는 건조기에서 완전히 건조하여 보관한다.

(4) 식기세정의 간이 검사법

- 전분성 잔류물: 0.1N의 요오드액이나 묽은 요오드팅크에 물을 가하여 약 3배로 희석한 것을 식기표면에 골고루 묻도록 한 다음 가볍게 물로 씻어 내어 청색으로 변하는 부분이 있는지 확인한다. 전분성 잔류물이 있는 경우 요오드와 반응하여 청색으로 변한다.
- 지방성 잔류물: 0.1% 버터 yellow 알코올 용액(디메틸아미노벤젠 0.1g을 알코올 100㎖에 용해한 것 혹은 yellow-OB로 같은 농도의 것이나 다른 지용성 색소액을 사용한다)을 식기 표면에 골고루 묻히고 물로 가볍게 씻어낸 후 황색으로 변하는 부분이 있는가를 확인한다. 지방 잔류물이 있으면 황색으로 변한다.

9. 위생관리의 계획과 검사

급식시설 내부는 항상 청결이 유지되도록 하고, 청소 계획표를 만들어 놓고 실천한다. 특히 조리 작업 전의 급식실 청소는 먼지가 나지 않게 주의해야 한다. 조리사의 정기 건강진단은 연 1회, 검변은 월 1～2회 실시한다. 비품의 점검은 월 1회, 시설・설비의 검사는 연 1회 실시한다.

10. 보존식 관리

보존식을 실시하는 것은 식중독 등 만약의 사고를 대비하여 원인 물질을 역학적으로 조사하고 규명하기 위하여 관리하는 것이다.

가. 보존식 용기 구비

사업장에서는 보존식 전용의 (뚜껑이 있는 것) 용기를 구비해야 한다. 배식용 식판에 비닐 랩을 덮어 보관하는데, 이러한 경우 음식물간의 상호 교차오염으로 인한 원인 파악이 불분명할 수가 있다.

나. 보존식 양

식당 1실당 1인 배식량을 기준으로 ISO규정상에는 약 50g으로 되어 있으나, 임의의 샘플링 실험 결과 보존식 양은 100g 이상 되어야 정확한 실험이 가능하다. 보관식 전용 용기에 3/4 이상 담아서 보관해야 한다.

다. 보존식 범위

밥을 비롯하여 배식된 모든 음식물이 보존되어야 한다.

배식 중 메뉴 변경에 따른 추가 배식시 에도 이를 채취하고 기록하여야 한다.

라. 보존식 표기

보존식 구분표 팻말을 사용하는 등 표기 사항이 지워지지 않는 방법으로 표기를 하여야 한다.

마. 보존식 개수

배식 횟수·복수 메뉴·휴무일 등의 사유로 보존식 개수를 파악하지 못하고 있는 경우가 있는데, 급식시설에서는 항상 정확하게 파악하고 있어야 한다.

바. 보존식 관리

보존식의 채취 및 관리·폐기 등은 반드시 영양사가 행하도록 되어 있다.

사. 보존식 보관 장소

보존식은 0~10℃의 전용 냉장고에 72시간 보관하도록 되어 있다.

전용 냉장고가 없는 경우에는 냉장고 내 다른 식재료와의 교차오염 방지를 위해 장소를 따로 마련하고 표기 사항(보관 장소)을 부착하여 관리해야 한다.

아. 보존식 용기 관리

보존식 용기는 다른 어떤 식기류보다 깨끗해야 한다.

용기는 자외선 소독고에 보존식 검취 전에 1시간 이상 보관(음식 담는 면이 위로 가도록)하여 사용한다. 소독고가 없는 경우에는 조리실 내 낙하균에 의한 오염이 되지 않도록 별도의 식기 보관함이나 일반 소독고(건조기)내에서 보관해야 한다. 또한 보존식 검취 시에는 반드시 1회용 위생장갑을 착용한다.

3 식중독관리

1. 식품 취급의 3대 원칙

건강을 유지하기 위하여 식품을 섭취하고 있지만 부패나 변질로 인하여 식중독이 발생되어 건강을 위협하고 있다. 따라서 이를 방지하기 위해서는 보존료를 사용하거나 위생적인 시설을 이용하는 것도 중요하지만 식품을 위생적으로 취급하는 것이 무엇보다도 중요하다. 보다 안전한 식품의 생산・가공・조리 등을 위해서는 청결하게 취급하고, 조리식품은 가급적 빠른 시간 내에 섭취하며, 저장이 불가피할 경우에는 냉각이나 가열하여 보관하여야 한다.

가. 청결의 원칙

식품의 위생관리에 가장 중요한 것은 청결한 재료, 청결한 제조(가공・조리) 장소, 청결한 설비, 청결한 기구, 식품 취급자의 청결 등 광범위한 청결을 의미한다.

나. 신속의 원칙

식품에 부착하고 있는 각종 미생물이 증식하지 못하도록 신속하게 처리하는 것이 청결 다음으로 중요하다. 즉, 재료를 구매하였을 경우에는 신속하게 조리하고 신속히 섭취한다. 세균은 적합한 증식 환경에서 20분에 1회 분열을 하는데 1개의 균이 24시간 후에는 281조로 증식될 수 있다. 균의 증식을 억제하기 위해서는 식품을 제조・가공 또는 조리 후에는 절대로 실온에 방치하지 말아야 한다.

다. 냉각 또는 가열의 원칙

세균은 종류에 따라서 증식의 최적 온도가 서로 다르지만 식중독균, 부패균은 일반적으로 36~37℃로서 사람의 체온과 비슷하나 5℃에서부터 60℃까지 광범위한 온도 범위에서 증식이 가능하다. 식품을 보관할 때에는 이 범위를 벗어난 온도에서 보관하도록 하여야 한다.

-10℃	0 ~ 10℃	37℃	60℃	65℃
거의 발육 불능	발육하는 세균도 있음	모든 세균 활발히 증식	어떤 종류의 세균은 사멸치 않음	대부분 세균 사멸

1. 냉각

식품의 안전성을 확보하기 위해서는 5℃ 이하에서 저장하여야 한다.

냉장고에 식품을 보관할 때에는 너무 과신하지 말고, 보관하는 식품의 특성과 냉장고의 온도, 보관량 및 보관 기간을 적정 수준으로 유지하여야 한다.

식품 저장의 적정 온도는 과실류 7~10℃, 야채류・알・조리식품 4~7℃, 우유・유제품, 3~4℃, 식육 1~3℃, 어패류・닭고기 0~3℃, 냉동식품(냉동식유 포함) −15℃이다. 식품의 보관량은 냉장고 부피의 2/3 이상이 되지 않도록 하는 것이 좋다.

2. 가열

냉장은 세균의 발육이나 증식을 어느 정도 억제는 시키지만 사멸시키지는 못한다. 세균은 60℃ 이상에서는 대부분 사멸되나, 가열처리 등이 불충분하거나 조리식품을 오래 방치하게 되면 공기 중의 세균이 오염되어 식중독을 일으킬 수도 있으므로 60℃ 이상의 온장고에 보관하거나 5℃ 이하의 냉장고에 보관하여야 한다.

2. 가정에서의 식중독 방지 요령

가정에서도 식품위생에 대한 지식이 많이 향상되고 있으나, 전문적인 자격을 갖고 조리하는 음식점이나 급식소와는 다소 미흡한 현실이다. 특히 냉장고를 너무 과신하는 것부터 가정에서의 식중독 방지를 위해서는 많은 관심을 가지고 노력하여야 한다.

가. 식품의 구입

- 식육 · 어패류 · 야채류 등은 신선한 것을 구입한다.
- 가공식품은 유통 기한 · 보존 방법 등 표시 사항을 확인하고 구입한다.
- 고기나 생선 등 물기가 있는 재료는 비닐봉지에 싸서 운반한다.
- 냉장 · 냉동 등 저온 보존이 필요한 식품은 마지막에 구입하며, 즉시 가져온다.

나. 가정에서의 보존

- 냉장 · 냉동이 필요한 식품은 즉시 냉장고나 냉동고에 보관한다.
- 냉장고와 냉동고에는 너무 많이 넣지 말고 2/3 정도만 넣는다.
- 냉장고는 10℃ 이하, 냉동고는 −15℃ 이하로 유지하고, 특히 온도계를 설치하여 측정하는 것이 정확하다. 대부분의 세균은 10℃에서 증식이 억제되며, −15℃에서는 정지된다. 그러나 세균이 사멸되는 것이 아니므로 가능한 빨리 소비한다.
- 식육이나 어패류 등은 비닐봉지나 용기에 넣어 냉장고의 다른 식품에 즙액이 묻지 않도록 한다. 식육 · 어패류 · 알류 등을 취급할 때에는 취급 전후 반드시 손을 씻는다. 비누를 사용하여 씻은 다음 흐르는 물로 충분히 씻어낸다.
- 식품을 싱크대 밑에 보관할 경우에는 물이 스며들지 않도록 주의하고, 바닥에 놓아두는 일이 없도록 주의한다.

다. 조리 준비

- 주방은 청결히 하고 쓰레기는 즉시 버려야 한다.
- 수건이나 행주는 깨끗한 것으로 준비한다.

- 조리대는 항상 정리 정돈하여 넓게 사용할 수 있게 한다.
- 지하수를 사용하고 있는 경우에는 수질기준의 적합 여부에 관심을 갖는다.
- 손을 잘 씻는다.
- 식육 · 어패류 · 알류를 취급한 후에는 반드시 손을 씻는다. 음식물 취급 중에 화장실에 가거나 하는 것을 삼가하고 다녀온 후에는 손을 씻는 것이 중요하다.
- 식육 및 어패류의 즙액이 과채류 등 날 것으로 먹는 음식물과 조리가 끝난 식품에 묻지 않도록 한다. 식육이나 생선을 자른 칼과 도마를 씻지 않은 채로 과채류 등 날 것으로 먹는 음식물과 조리가 끝난 식품을 자르지 않도록 한다. 칼과 도마의 세척은 세제를 사용하고 뜨거운 물로 씻은 후 사용하고, 고기용 · 생선용 · 야채용 등을 각각 준비하여 사용하면 안전하다.
- 랩으로 포장된 야채류 등도 흐르는 물에 잘 씻는다.
- 냉동식품은 조리대에서 해동시키지 않는다. 실온에서 해동하면 식중독 균이 증식할 수 있다. 해동하는 방법은 냉장고나 전자레인지를 사용하고, 물을 사용할 경우에는 밀폐된 용기에 넣어 흐르는 물로 한다. 조리에 필요한 양만 해동하고 바로 조리한다. 일단 해동한 식품은 재냉동은 하지 말아야 한다.
- 칼 · 식기 · 도마 · 행주 등은 사용 후 바로 세제와 흐르는 물로 잘 씻는다. 특히 행주가 더러워지면 깨끗한 것과 교환하여 사용하고, 락스에 담가 두면 소독 효과가 난다. 솔이나 스폰지는 물에 넣고 삶은 후 사용하는 것이 안전하다.

라. 조리

- 조리 준비 후 주방의 정리 정돈 상태를 다시 한 번 확인한다.
- 조리 전에 손은 항상 깨끗이 씻는다.
- 수건과 행주는 말려서 깨끗한 것을 사용한다.
- 가열을 요하는 재료는 중심부의 온도가 75℃에서 1분 이상 가열한다(별표의 주요 식중독 세균의 사멸 온도 참조).
- 조리 중 재료를 실온에 방치하여 두면, 세균이 부착하거나 증식할 수 있다. 방치할 경우에는 냉장고에 보관하고, 다시 조리를 할 때는 충분히 가열한다.
- 전자레인지를 이용하는 경우에는 전용의 용기를 사용한다. 조리 시간에 주의하며, 열전도가 잘 안 되는 재료는 가끔씩 섞어 준다.

마. 식사

- 식사 전에는 항상 손을 씻는다.
- 더운 음식은 65℃ 이상, 찬 음식은 10℃ 이하로 한다.

- 조리 전후에 음식물이나 재료는 실온에서 오래 방치하지 않는다. 대장균 O-157은 실온에서도 15~20분에 2배 정도로 증식한다.

바. 남은 음식

- 남은 음식은 깨끗한 기구나 용기에 보관한다. 남은 음식을 섭취할 때는 75℃ 이상 충분히 가열한다.
- 찌개나 국 등은 충분히 끓을 때까지 가열한다.

3. 식중독 사고의 원인

가. 온도 관리의 잘못

- 보관 온도의 부적합(즉시 냉장·냉동하지 않거나 실온에서 장시간 방치)
- 조리에서 섭취할 때까지 장시간 경과
- 고온 보관·유지 부적합
- 부적절한 냉각 및 해동 방법
- 각 재료별 적정한 온도 관리 미흡

나. 부적절한 조리

모든 재료는 병원체를 사멸시킬 수 있는 적절한 온도와 시간의 처리가 필요하다. 음식의 맛을 유지하기 위하여 살짝 재가열하는 것은 매우 위험하며, 이로 인하여 식중독이 발생한 예가 있다.

다. 오염된 시설·설비 및 교차오염

시설·설비의 부적절한 관리에서 교차오염이 되어 식중독으로 발생될 수 있다. 예를 들면 생닭을 작업한 도마로 야채를 취급할 경우에 병원균이 옮겨질 수 있다.

라. 개인위생과 환경위생 설비의 실천 부족

식중독 발생을 방지하는데 가장 기본적인 요소는 손을 깨끗이 하는 것이 중요하다. 특히 식사 전, 생식품 취급, 용변 후에는 반드시 손을 씻어야 한다. 또한 환경위생관리를 위해서는 방충이나 방서시설을 하고, 2개월에 1회 정도는 소독을 실시한다.

마. 조리원 위생관리의 오류

손의 상처나 피부병, 감기 및 설사 등의 증상이 있는 자는 조리를 금지시켜야 한다. 조리 관리자를 포함하여 조리원 모두가 위생에 대한 세심한 관심과 배려가 중요하다.

4. 하절기 매뉴 구성의 주의사항

〈표 3-9〉 사용 금지 식재 LIST

구분	A군 (4~9월) 생굴, 회, 생새우류, 패류	B군 (5~9월) 내장류, 삶은 고기류	C군 (6~8월) 위생포장 안된 식품, 꽃게류, 젓갈류
1~12월	수입홍어 수입홍어슬라이스 참홍어 홍어		
4월	동태알 맛조갯살 해래기살 멍게/ 개소라 우렁이살		
5월	모시조개 참꼬막/ 새꼬막 바지락조개 맛조개	족편 국산곱창 국산간 국산천엽 국산선지 국산깐양 순대 국산우육허파 편육	연두부/ 순두부 콩비지 냉동암/숫꽃게(연안/원양) 암꽃게 조개젓/ 창란젓 황석어젓 꼴뚜기젓무침 방게무침 명란젓 밴뎅이젓 어리굴젓 아가미젓
6월	고니/ 석화 바지락살 새우살/시바새우살 방게/ 해삼 홍합살/ 홍합		
7월	미더덕/ 재치 참소라 개조개/ 피조개 동태고니원양		
8월	깐생굴 초밥용피조갯살 초밥용새조갯살 초밥용깐새우살 적참치횟감		
9월	백참치횟감 참치회덮밥용깍뚝 초밥용문어살		
금지 이유	바다수온이 상승하는 4~5월에는 독소생성으로 위험 /6~9월은 배송, 취급, 보관시 고온으로 변질 가능성 높음	채취, 운송, 보관과정 중 고온의 환경에 의해 변질될 가능성이 높음	취급, 운송, 보관과정에서 고온의 환경에 의해 변질 및 오염 우려됨

〈표 3-10〉 메뉴별 세부지침

구분	메뉴 예	비고 / 대책
금지 메뉴	· 어패류 이용 찬류 및 탕류 예) 꼬막무침, 꽃게장, 소라숙회등 ※어패류: 홍합, 바지락, 재첩, 꽃게, 활어류 등	· 마비성 독성 및 식중독균에 의한 사고 우려
	· 선지, 곱창, 순대, 쇠머리고리 등	· 위생제조 및 포장이 어려운 소형업체 제품의 급속변질 우려
	· 냉면육수, 사골육수 등	급속냉각 및 위생처리 불가능한 업장 조리금지 냉각과정에서 위해미생물 증식우려
요주의 메뉴	· "生"채소 이용 메뉴 예) 야채무침, 샐러드류 등	· 가급적 가열조리하되, 불가피한 경우 채소는 수회세척하여 청결소재 이용 · 계란, 육류 및 육류가공품(햄, 소시지 등)을 사용한 샐러드류 등은 2시간이내에 먹도록
	· 각종 캔류 조리가공식품 · 계절성 특별메뉴(삼계탕 등)	· 식재료 및 원료 검수 철저 · 가열조리원칙 준수
	· 냉동육류 및 어류	· 실온 장시간 해동 및 방치시 위해미생물 번식 우려 · 해동 후 청결하게 씻어 신속 조리

4 식품 제조 및 가공업소에서의 HACCP 적용

1. HACCP의 정의 및 의의

HACCP란 Hazard Analysis Critical Control Point의 약칭으로 '위해요소 중점관리기준'으로 번역된다. 이 제도는 식품제조·가공공정의 모든 단계에서 위해를 끼칠 수 있는 요소를 공정별로 분석하고, 각 과정에서 이들 위해 물질이 해당 식품에 혼입되거나 오염되는 것을 사전에 방지하기 위하여 개발된 집중적 관리 방식이다. 즉 식품의 생산에서부터 제조·가공·보존·유통 등 단계를 거쳐 최종 소비자에게 도착할 때까지의 모든 단계에서 발생할 우려가 있는 미생물의 위해, 즉 병원성 및 부패성 미생물에 대하여 조사하고 위해를 예방하기 위한 감시나 관리를 하는 방식이다. 따라서 HACCP 제도는 위해의 가능성이 있는 요소를 찾아 분석·평가하는 위해분석(Hazard Analysis)과 그 위해요소를 방지·제거하고 안전성을 확보하기 위한 중요관리기준(Critical Control point)의 두 가지 부분으로 나눌 수 있다.

HACCP에 의한 식품의 위생관리 제도는 FAO/WHO 합동식품규격위원회(Codex Alimentarius Commission)의 가이드라인에 근거한 기본 개념으로서 최근 선진 각국의 식품위생관리에 활용되고 있다. 이 제도는 이미 우리나라를 비롯한 여러 선진국에서 식품의 위생적 관리와 안전성 확보 차원에서 법적으로 도입을 한 바 있는 새롭고 종합적인 자율 규제 방법이다.

HACCP은 생육, 채취・도살, 제조・가공 및 서로 다른 기술을 이용하는 여러 식품산업 분야를 통해 이루어지는 최종 소비를 위한 처리 등 모든 식품 공급 단계에 적용할 수 있다. 또한 HACCP의 개념은 계획・개발 단계에서도 적용이 가능하며, 이때 가능한 위해를 제품 및 공정에서 설계상으로 가려낼 수 있다.

여러 분야에 HACCP 기본 활동을 적용하기 위해서는 어느 정도의 융통성이 필요하며, HACCP은 급식과 같은 특별한 경우에도 성공적으로 적용되고 있다. 그러나 다른 식품공급 단계, 특히 식품의 생육 단계에 적용할 HACCP은 아직 개발이 미흡하다. 여기에서는 HACCP의 적용을 중・대형 식품 제조・가공업소에서 제조된 식품에 한정하고 있지만, 식품의 안전성이 가장 중요한 요소인 소형 공장에도 적용할 수 있다.

2. HACCP 도입 효과

식품 안전성의 관리 도구로서 식품 산업체에 HACCP을 적용하면 다음과 같이 많은 이익을 가져 올 수 있다.

(1) HACCP 접근 방식이란 원료・생육・채취・구매・생산・유통・저장 등 최종 제품이 소비가 될 때까지의 모든 단계에서 생물학적・화학적・물리적 위해 등 식품의 안전성과 관련된 모든 분야에 적용할 수 있는 체계적인 접근 방식이다.

(2) HACCP 제도는 위해 요인이 소비자에게 도달되는 것을 막기 위해 취하는 모든 합리적인 사전 예방조치를 설명할 수 있는 과학적이고 확실한 근거를 제시한다.

(3) HACCP 접근 방식은 주로 사후 방문격이고 통계학적으로 신뢰성이 부족한 최종 제품의 분석을 통한 관리 방식으로부터 안전한 식품의 생산을 위한 사전 예방 접근방식으로의 전환을 가능하게 한다.

(4) HACCP 개념의 적용은 식품 안전성을 확보하고 식이성 질병 및 손상을 막을 수 있는 경제적인 방법이다.

(5) HACCP 제도는 안전한 제품을 확보하기 위해 가장 중요한 공정에 자원을 집중 투자하게 한다.

(6) HACCP 제도는 변질에 의한 제품 손실을 감소시킬 수 있다.
(7) HACCP 제도는 식품의 안전성에 대한 신뢰를 제고하여 식품 교역상의 신뢰 및 식품 영업의 안전성을 증진시킨다.
(8) HACCP는 발생 가능한 위해를 예측하고 이의 관리 방법을 제시할 수 있어 새로운 식품가공 기계·기구의 설계 및 제작을 용이하게 한다.

3. HACCP의 7원칙

가. 이해 분석(Hazard Analysis)

HACCP계획을 작성하려고 하는 식품의 원재료 및 공정에 대하여 발생할 가능성이 있는 위해 또는 위해 원인 물질(생물학적·화학적·물리적)의 특성을 리스트화하는 것이다. 또한 그 위해들과 위해 원인 물질의 발생 요인, 발생을 방지하기 위한 조치 및 관리방법 등을 명확히 하는데 있다. 이 단계에서는 HACCP팀을 구성하여 제품에 관한 특성 등 기록이 작성되어야 하고 제품의 사용 용도에 대한 확인과 제조 공정에 대한 흐름도 및 흐름도에 따른 현장 검증을 해야 한다. 따라서 이 원칙은 가장 중요한 원칙으로서 HACCP을 효과적으로 실시하기 위한 필수 조건이 된다.

나. 중요관리점의 설정(CCP : Critical Control Point)

이해 분석으로 특정된 식품의 안전 확보상 중요한 위해로서 일반적 위생관리 프로그램에서 관리할 수 없는 모든 위해에 대하여 위해 분석에서 수집한 정보에 따라 어떤 공정이 CCP에 해당하는가를 정한다. 즉 관리가 안 될 경우 안전하지 못한 식품이 제조될 가능성이 있는 공정 단계의 결정을 의미한다.

다. 관리기준의 설정(CL: Critical Limit)

각각의 특정된 CCP에 대하여 CL을 설정한다. CL은 각각의 CCP에서 위해를 예방, 배제 또는 허용 범위 내로 하기 위하여 관리되어야 하는 기준의 최대 또는 최솟 값을 말한다(목표치 ±오차).

예를 들면 온도, 시간, 습도, 수분활성, pH, 산도, 염분 농도, 유효 염소 농도 등이다. CL은 제조기준, 과학적인 자료(문헌, 실험)에 근거하여 설정되어야 한다.

라. Monitoring 방법의 설정

모니터링은 CCP가 CL의 범위 내에서 관리되고 있음을 확인하기 위하여 관찰·측정 또는 검사하는 것을 말한다. 연속적인 모니터링이 바람직하지만 그것이 불가능한 경우에는 개개의 제품에 대하여 CCP의 관리 상태가 적절함을 보증할 수 있는 충분한 빈도로 하여야 한다.

각각의 CCP에서 모니터링 담당자를 지명하는 것은 필수적인데, 각 담당자는 모든 결과를 정확하게 기록할 수 있도록 하는 교육훈련을 받아야 한다.

마. 개선 조치(Corrective Action)의 설정

CCP의 모니터링 결과 CL로부터 위반이 명백해진 경우 취해야 하는 개선 조치가 포함되어야 한다. 즉 규정에 맞지 않는 제품의 처리에 관한 기준을 설정하는 것이다. 또 안전성이 손상되어 있을 가능성이 있는 제품에 대하여 식품위생상 필요한 처분을 행함과 동시에 위반 요인을 특정한 후 그것을 배제하고 공정의 관리 상태를 원래대로 돌려야 한다. 경우에 따라서는 새로운 CL 또는 추가 CCP의 설정이라는 HACCP 계획의 수정이 필요하게 되는 경우도 있을 수 있다.

바. 검증(Verification) 방법의 설정

HACCP 제도는 체계적으로 검정되어야 한다. 계획 작성 시에 검증한 후에도 위해의 발생 방지를 위하여 HACCP 계획이 정확하고 또 효과적으로 가능한 것을 정기적으로 검증(내부 및 외부에 의한)해야 한다. 정기적인 검증에는 행해지고 있는 위생관리가 HACCP 계획에 적합한지의 여부 또는 식품의 안전성 확보상의 목표를 달성하기 위하여 수정 및 재검토가 필요한지의 여부를 결정하기 위하여 모니터링 이외의 검사, 조사, 절차가 포함된다.

사. 기록(Record)의 유지관리

HACCP 계획에 따라 위생관리 전체를 효과적으로 기록하는 방법, 담당자, 양식 등을 정하고 그에 따라 실행되도록 해야 한다. HACCP계획을 실시하고 있는 동안 계속적이고도 신뢰성 있는 기록이 유지관리되지 않는다면 HACCP은 성립될 수 없다. 또한 이들 기록은 HACCP 계획 수정 시에 사용할 수 있어야 한다. HACCP 장점은 공정관리를 행함으로써 영업자 및 행정 담당자 모두에게 객관적이며 적절한 기록을 얻을 수 있기 때문이다.

4. HACCP 기본 활동의 적용

HACCP 계획을 수립하기 전에 HACCP 제도의 적용 범위를 설정하는 것이 필수적이다. 여기에는 계획상 한 개 또는 그 이상의 위해, 예를 들어 생물학적·화학적 또는 물리적 위해를 고려할 것인가를 결정하는 것을 포함한다. 처음으로 HACCP 계획을 수립할 때에는 한 가지 위해만을 고려하는 것이 더 현실적이다. 그러나 이와 같은 선택은 가공공정이나 제품에 따라 결정되며 계획의 최종 단계도 설정해야 한다. 즉, 식품이 공장에서 출고되면 계획을 종료할 것인지 또는 추후 사용 및 적절한 지침까지 고려할 것인지를 결정해야 한다.

식품 제조·가공 분야에 HACCP의 7대 기본 활동을 적용할 때는 다음 사항에 유의해야 한다.

가. 작업반의 구성

수립할 HACCP의 계획 형태는 HACCP의 작업반 구성에 영향을 준다. 작업반에는 여러 부문의 전문가를 포함시켜야 하며, 고려 중인 가공공정 및 제품과 관련된 위해요소, CCP및 관리기준 설정 시에 신뢰성 제고를 위해 필요한 자료에 접근할 수 있어야 한다.

작업반에는 지정된 회장과 결정 사항을 문서화할 서기를 포함시켜야 한다. 작업반원의 수는 고려 대상인 식품과 공정의 형태, 예상되는 위해의 성질, 바람직한 관리 방법의 난이도 등에 따라 달라진다. 소규모 조직에서는 한 사람이 한 가지 이상의 역할을 담당함으로써, 작업반이 위해를 방지하고 관리하기 위해 필요한 모든 관련 자료를 구독하고 사용할 수 있도록 하는 것이 바람직하다. 필요한 경우 외부 전문가의 조언을 들어야 한다.

나. 제품설명서의 작성

검토 대상 제품이나 공정의 일부분만이 검토 중이라면 그 중간 제품에 대한 자세한 설명서가 작성되어야 한다. 제품의 내용물·조직 특성·가공 공정(예를 들면 열처리가 되는가 또는 어느 정도 열처리가 되는가), 포장 공정·저장·유통 조건·필요한 유통 기한·사용시 지침 등이 명확히 설정되어야 한다.

다. 사용 목적의 확인

사용 목적은 최종 사용자 또는 소비자가 기대하는 그 제품의 용도를 근거로 해야 한다. 특정의 경우에는 유아·임산부, 건강이 약한 사람, 노인 등 취약 집단도 고려하여야 한다.

라. 작업공정도 및 시설배치도의 작성

위해분석 전에 고려 중인 공정·제품을 세밀히 검토하고, HACCP 계획의 기초가 될 수 있는 작업공정도를 작성한다. 작업공정도의 형태는 자유롭게 작성해도 되며 어떤 규칙이 있는 것은 아니지만 공정도상에는 가공 공정(가공 공정 중 지연 공정 포함)의 각 단계가 원료의 선택으로부터 가공, 유통, 판매 및 소비자 취급까지 순서대로 간략히 설명되어 있어야 한다.

작업공정도는 앞으로의 검토를 위해 충분한 기술적 자료를 가지고 작성되어야 한다. 가공 공정 중 시설의 위치와 제품이나 작업자의 움직임을 표시한 시설배치도도 작성해야 한다.

필요한 자료란 다음의 것들을 의미하나, 이것만을 한정하는 것은 아니다. 즉, 사용하는 모든 원재료·부재료 및 포장재의 생물학적·화학적·물리적인 자료, 원재료 투입 단계를 포함한 모든 공정의 순서, 모든 원료·중간 제품·최종 제품의 지연 가능성을 고려한 시간·온도 조건, 액체·고체의 이동 조건, 제품의 재순환·재작업 회전 속도, 공간의 존재 여부를 포함한 시설의 설계 형태, 세척 및 소음 공정의 효율성, 주변 환경의 위생 상태, 작업원의 출입 통로, 가능한 상호 오염 과정, 고위해 및 저위해 지역의 격리, 개인 위생 실천 상태, 저장 및 유통 조건 또는 소비자의 사용지침서 등을 말한다.

마. 작업공정도 및 시설배치도의 현장 확인

HACCP 작업팀은 모든 단계 및 공정 시간별로 작업공정도에 따른 가공 과정을 확인하고, 필요한 경우 작업공정도 및 시설배치도를 바꾸어야 한다.

바. 단계별 관리방안 고려(기본 활동 1)

각 단계별로 가능한 모든 위해를 나열하고 위해를 제거하거나 최소화할 수 있는 관리방안을 고려해야 한다.

HACCP 작업반은 예상되는 원재료의 구입과 저장을 포함한 모든 단계에서 일어날 생물학적·화학적·물리적 위해를 열거해야 한다. 위해란 수용할 수 없는 생물학적·화학적·물리적 오염 및 식품의 안전성과 관련된 미생물의 생육·증식, 독성물질 또는 좋지 않은 미생물의 생성물이 함유된 식품이 지속적이거나 수용할 수 없는 양으로 생산되는 것을 말한다. 생물학적 위해에는 병원성 미생물이나 독성물질을 가진 식물 및 동물이 포함된다. 화학적 위해에는 잔류 농약, 세척제, 항생물질, 중금속, 황산염 등과 같은 첨가물과 기타 물질들이 포함된다. 물리적 위해란 입이 찢기거나 치아가 손상되거나 질식을 일으키거나 식도에 구멍을 낼 수 있는 금속조각, 유리, 돌 등의 물질을 포함한다. 작업반은 각 위해별로 적용 가능한 관리 방법을 기술하고 고려해야 한다.

관리 방법이란 위와 같은 위해요인을 제거하거나 수용할 수 있는 수준으로 위해 발생이나 영향을 낮출 수 있는 모든 행위 및 활동을 말한다.

사. 중요관리점(CCP)의 설정(기본활동 2)

위해가 확인된 후에는 그 공정이 확인된 위해의 관리를 위한 CCP인지 여부를 결정하기 위하여 CCP 결정도(decision tree)를 이용할 수 있다. 그러나 이의 적절한 적용을 위해서는 이용에 대한 훈련이 필요하다. 또한 결정도 모델의 적용은 생산, 도살, 가공 및 제조, 저장, 유통 등 적용하고자 하는 공정에 따라 조금씩 달라질 수 있다.

CCP의 설정은 결정도를 적용하면 용이하게 될 수 있으나 다른 방법들도 이용되고 있다. 그러나 숙련되지 않은 HACCP 작업반에 의한 HACCP 적용의 초기 단계 및 훈련 시에는 결정도에 의한 접근법을 이용해야 한다. CCP의 설정에서는 위해가 합리적으로 나타날 수 있고, 도입될 것으로 예상되는 각 단계에서의 모든 위해가 고려되어야 한다. 어떤 위해가 관리 방법이 없다는 것이 확인되면, 그 위해가 제거되거나 최소 수준으로 받아들일 수 있는 수준으로 낮추어지도록 제품이나 공정을 바꾸어야 한다.

아. 각 CCP에 대한 관리 기준의 설정(기본 활동 3)

각 CCP의 관리 방법에 대한 관리 기준이 정확히 설정되어야 한다. 어떤 경우에는 한 CCP에 대하여 한 개 이상의 관리 기준을 설정해야 할 경우도 있다. 관리 기준에는 보통 온도 · 시간 · 수분 · pH · 수분활성도 · 유효 염소 및 외관이나 조직 감 등과 같은 관능적 기준이 사용된다. 관리 기준에는 강제적인 규격 및 지침서, 문헌, 연구 결과, 전문가의 조언 등 여러 가지 자료 원을 이용할 수 있다.

어떤 경우, 가공 공정상 일어나는 변이에 따라서 반드시 관리 기준을 맞추기 위한 목표수준(target level)을 따로 설정 · 운영할 수 있다. 목표 수준이란 관리 기준보다 좀더 엄격한 기준으로 관리 기준을 벗어날 위험을 감소시키기 위해 가공업자들이 사용한다. 예를 들어, 어떤 병원 미생물의 생육을 방지하기 위해 최종 제품의 pH에 대한 관리 기준이 4.6 또는 그 이하로 설정된 식품에 있어서, 가공 공정상 일어날 수 있는 변이에 대비해 가공업자는 관리 기준(pH 4.6)을 넘는 위험을 감소시키기 위해 목표 수준을 pH 4.5로 설정할 수 있다.

자. 각 CCP에 대한 모니터링 제도의 설정(기본 활동 4)

모니터링이란 각 CCP에 설정된 관리 기준이나 목표 수준이 지켜지고 있는가를 확인하기 위한 정기적인 조치와 관찰을 말한다. 모니터링은 CCP의 관리상의 실수를 감지해낼 수 있어야 한다. 또한 모니터링은 제품의 폐기 필요성이 나타나기 전에, 공정 중에서 관리 상태를 유지하기 위한 개선 조치가 이루어질 수 있도록 적기에 정보를 제공할 수 있는 것이 가장 바람직하다. 모니터링이 지속적이지 않을 경우, 그 간격은 CCP가 관리하는 것을 보증할 수 있을 정도이어야 한다.

CCP에 대한 모니터링은 신속히 이루어져야 하므로 대부분의 경우 시간이 오래 걸리는 분석 시험은 이용할 수 없다. 물리적이고 화학적인 방법이 오랜 시간이 걸리는 미생물 검사보다 유용하다. 어떤 물리적·화학적 지표들은 제품의 미생물 관리의 지표로도 사용될 수 있다. 모니터링은 지식이 있고 필요한 경우 개선 조치를 취할 권한이 있는 지정된 사람에 의해 수행되어야 한다.

차. 개선 조치의 설정(기본 활동 5)

개선 조치란 모니터링의 경과 CCP가 관리 기준이나 목표 수준을 벗어난 것이 밝혀졌거나, 모니터링의 결과 관리를 벗어나는 경향(trend)이 보일 때 취하는 조치를 말한다. 후자의 경우에는 위생상 위해를 유발하기 전에 공정을 바꾸고 관리가 유지되도록 할 수 있다. CCP가 관리하에 있지 않은 기간에 생산된 식품은 폐기할 필요가 있다. 개선 조치와 폐기 조치는 HACCP 기록 문서상에 기록·보존되어야 한다. 이와 같은 조치의 문서화에 대한 책임이 정확히 할당되어야 한다.

카. 검증 방법의 설정(기본 활동 6)

확인방법은 HACCP 제도가 올바르게 작동되고 있는지 확인할 수 있도록 설정되어야 한다. 모니터링 및 검사 방법, 무작위 시료 채취 및 분석을 포함하는 방법이나 검사 등을 사용할 수 있다. 확인의 빈도는 HACCP 계획과 이 계획의 적용이 제품의 안전성 문제를 방지할 수 있다는 확신을 줄 수 있을 정도로 충분해야 한다. 확인 활동에는 HACCP제도와 이의 문서 재검토 CCP가 관리하에 있는가를 확인하는 방법, 관리 기준에 부적합하여 취한 개선 조치 및 폐기 조치의 재검토, 설계된 관리 기준의 적합성 확인 등이 포함된다.

타. 기록의 유지·보관 시스템의 설정(기본 활동 7)

적절하고 정확한 기록 유지와 문서화는 HACCP 제도의 적용에 필요불가결한 것이다. HACCP의 모든 단계에 대한 문서화 방법이 포함되어야 하고, 이를 기록 보관철상에 설정하여야 한다. 기록에는 HACCP 계획철, CCP 모니터링 기록철, 세척·소독철과 같은 정보철이 있다. 실제로 기록 유지 및 문서화 방법은 주로 확인 방법의 설정 시나 그 전에

HACCP 작업팀에 의해 설정된다.

파. HACCP 계획의 적용

어떤 공정에 대한 HACCP 계획이 설정되면, 이를 곧바로 적용해야 한다. 이와 같은 적용을 용이하게 하기 위해 다음의 사항이 고려되어야 한다.

① 총괄 관리, 계획 관리, CCP에 대한 모니터링, 기록 유지 및 문서화에 대한 책임자 지정
② CCP의 모니터링에 대한 간결하고 명확한 작업 지침서의 작성
③ 기록지와 기타 문서의 작성
④ HACCP 계획과 무엇을, 어떻게, 언제, 누가 해야 할 것인가를 지시하는 작업지침서에 근거한 요원들의 훈련과 교육
⑤ 개선 조치와 폐기 조치에 대한 결정권자의 지정

하. HACCP 계획의 재검토

이와 같은 확인방법과 함께 제품의 안전성에 영향을 줄 수 있는 어떠한 변이를 주기 전에 자동적으로 HACCP 계획을 재검토할 수 있는 제도를 마련해 두어야 한다. 이러한 변화에는 원재료 또는 배합비의 변화, 가공 공정의 변화, 공장시설 배치 또는 환경의 변화, 가공 기계의 변화, 세척 및 소독 공정의 변화, 포장・저장・유통 체계의 변화, 관리 직원이나 책임자의 변화, 소비자 이용 시에 예상되는 변화, 제품과 관련된 건강상 위해 발생 관련 정보의 취득 등이 포함된다.

HACCP의 재검토 중에 나타나는 자료는 문서화하여 HACCP 기록 유지 시스템에 포함되도록 한다. HACCP의 재검토에 따라 일어나는 어떠한 변화도 HACCP 계획 내에 전부 포함되어야 한다. 왜냐하면 이와 같은 변화에 따라 이미 설정된 CCP의 관리 방법, 또는 지정된 관리 기준이나 목표 수준을 바꾸고 공정상에 추가로 CCP나 관리방법을 설정하여야 할지 모르기 때문이다. 또한 기록상 정확한 최신 자료를 정리해 두는 것은 사용자에게 대단히 중요하다. 따라서 HACCP 기록 유지 제도의 유지를 위한 관리제도가 필요하며 이의 올바른 시행이 대단히 중요하다.

5 건전한 식품의 확보와 건강장애 예방

WHO에서는 건전한 식품을 확보하고 식품으로 인한 질병을 예방하기 위하여 가정과 소비자 차원에서 지켜야 할 사항들을 다음과 같이 제시하였다.

가. 안전하게 가공된 식품을 선택할 것

식품은 생산 과정부터 여러 위험에 노출된다. 생산 및 제조 과정 중에 화학적으로 유해·유독한 물질이 함유될 수도 있으며, 식중독성 세균이나 기생충 등 미생물학적인 오염 가능성이 있다. 또한, 인위적으로 유해한 식품첨가물이 과량 함유되어 인체에 해를 일으킬 수도 있다. 따라서 어떠한 식품이 안전하게 생산·가공되었는가를 알려면 생산부터 소비자에게 획득될 때까지 유통 경로가 위생적으로 안전한가를 먼저 고려하는 것이 필수적이다.

나. 철저하게 조리할 것

구입된 원료는 여러 유통 과정을 거치게 되므로 위생적으로 다루어졌다 하더라도 여러 오염 원인에 노출되었을 가능성이 있다. 그러므로 각 식품에 알맞은 세척 및 조리를 철저하게 하여야 한다. 특히 대부분의 병원성 미생물들은 가열로 인해 불활성화되며, 채소 등에 함유된 농약 및 기생충도 세척을 통해 상당 부분 제거될 수 있다.

다. 조리된 음식은 즉시 먹을 것

식중독 세균이 인체에 해를 일으킬 만큼 증식하기 위해서는 충분한 시간을 필요로 한다. 즉, 원료에 균이 함유되었다 하더라도 조리가 적정 온도로 이루어졌다면, 미생물학적 식중독의 위험은 거의 없다고 볼 수 있다. 따라서 제대로 조리된 음식을 즉시 섭취한다면 세균성 식중독의 위험을 줄일 수 있을 것이다.

라. 조리된 음식은 조심해서 저장할 것

조리실에서의 식중독 발생 원인의 상당 부분이 원료의 오염보다는 교차오염에 의한 것이 많다. 식기나 도마·칼 등에 부착된 세균이 조리된 음식에 접촉하게 되면 빠른 속도로 증식하여 식중독의 원인이 된다. 따라서 조리된 음식을 보관할 때는 깨끗이 세척된 용기를 사용하고, 저온에서 보관하여 미생물이 증식할 수 있는 위험을 제거하여야 한다.

마. 한 번 조리된 음식은 철저히 재가열할 것

한 번 조리된 음식은 미생물이 증식하기에 더욱 좋은 조건이 되며, 다른 원료와의 접촉으로 교차오염의 가능성이 있다. 음식이 장기간 보관되었을 경우에는 재가열하여 세균을 사멸시키는 것이 안전하다.

바. 날로 된 식품과 조리된 음식이 섞이지 않도록 할 것

식중독의 발생은 교차오염에 의한 것이 상당 부분을 차지한다. 따라서 원료에 사용되었던 칼이나 식기는 깨끗이 세척하여 조리된 음식을 자르거나 담아야 한다. 원료를 다루었던 도마에 조리된 음식을 바로 올려놓는 일도 없어야 한다.

사. 손을 자주 씻을 것

조리에서 가장 중요한 것은 손의 위생이다. 음식물을 다룰 때마다 손을 자주 씻어주는 것이 좋으나, 그렇지 않을 경우에는 위생장갑을 착용한다. 특히, 손에 상처 등이 있을 경우는 포도상구균의 오염에 주의하여야 한다.

아. 부엌의 모든 표면을 아주 깨끗이 할 것

조리실은 미생물 및 곤충의 증식에 좋은 조건을 제공하게 된다. 식품에 직접 접촉하지 않는 표면이라 하더라도 식품이 오염될 가능성을 가지고 있으므로 항상 깨끗하고 위생적으로 해야 한다.

자. 곤충이나 쥐, 기타 동물들을 피해서 식품을 보관할 것

식품이 곤충이나 쥐 등에 노출될 경우에는 상해를 가져오고 세균이나 진드기 등을 오염시킬 수 있다. 따라서 식품을 다루는 장소는 침입할 수 없도록 위생적으로 관리되어야 할 것이다.

차. 깨끗한 물을 사용할 것

음식을 조리하는 것뿐만 아니라 사용한 용기의 세척에도 물은 필수적이다. 그러므로 위생적인 물이 사용되어야 한다는 것은 식품위생의 기본이다. 불을 가하지 않는 채소류 등의 섭취뿐 아니라 조리된 음식을 자르고 담기 위해 사용하는 식기나 칼의 위생을 위해 물의 위생은 매우 중요하다.

핵심 문제

1. 식품시설에 대한 설명 중 잘못된 것은?
   ① 건물의 벽은 바닥과 직각을 이루도록 하여야 한다.
   ② 건물의 자제는 식품에 나쁜 영향을 주지 않아야 한다.
   ③ 건물의 구조는 식품의 특성에 따라 환기가 잘 되어야 한다.
   ④ 건물의 구조는 식품의 특성에 따라 적정 온도가 유지되어야 한다.
   ⑤ 건물의 위치는 오염 물질 발생원으로부터 나쁜 영향을 주지 않는 거리에 있어야 한다.

2. 식품 제조 작업장에 대한 설명 중 바르지 못한 것은?
   ① 작업장은 독립된 것이 좋다.
   ② 작업장의 천장은 표면이 거칠어야 한다.
   ③ 작업장은 공정별로 분리 또는 구획되어야 한다.
   ④ 작업장의 바닥은 콘크리트 등으로 내수처리를 해야 한다.
   ⑤ 작업장은 제조·가공 외의 용도로 사용되는 시설과 분리되어야 한다.

3. 식품 제조, 가공 작업장의 내벽은 바닥에서 얼마까지 내수설비를 하여야하는가?
   ① 1.5m ② 2.5m ③ 3.5m ④ 4.5m ⑤ 5.5m

4. 식품 제조시설에서 지하수 등을 사용할 때 취수원은 오염 우려 장소로부터 일정한 거리에 위치하여야 한다. 일정한 거리는?
   ① 5m 이상 ② 10m 이상 ③ 20m 이상 ④ 30m 이상 ⑤ 50m 이상

5. 식품 접객업의 영업장 밝기는 객석 및 객실의 경우 얼마 이상이어야 하는가?
   ① 10 Lux 이상 ② 20 Lux 이상 ③ 30 Lux 이상
   ④ 40 Lux 이상 ⑤ 50 Lux 이상

답 1. ① 2. ② 3. ① 4. ③ 5. ③

6. 유흥주점 영업의 경우 조명의 밝기는?
   ① 5 Lux 이상 ② 10 Lux 이상 ③ 20 Lux 이상
   ④ 30 Lux 이상 ⑤ 40 Lux 이상

7. 식품 접객업소 조리장의 조명의 밝기는?
   ① 10 Lux 이상 ② 20 Lux 이상 ③ 30 Lux 이상
   ④ 40 Lux 이상 ⑤ 50 Lux 이상

8. 다음 중 설명이 잘못된 것은?
   ① 휴게음식점에는 객실을 둘 수 없다.
   ② 일반 음식점의 객석에는 잠금장치를 설치할 수 없다.
   ③ 일반 음식점의 객실 안에는 무대장치 시설을 설치해서는 안 된다.
   ④ 일반 음식점의 영업장에는 손님이 이용할 수 있는 자동 반주장치를 설치할 수 있다.
   ⑤ 휴게음식점 영업장에는 손님이 이용할 수 있는 자막용 영상장치를 설치해서는 안 된다.

9. 휴게음식점 영업에서 객석에는 칸막이를 설치할 수 있다. 일정한 높이는?
   ① 1.0m ② 1.5m ③ 2m ④ 2.5m ⑤ 3m

10. 단란주점 영업 시설에 대한 설명 중 잘못된 것은?
   ① 객실에는 잠금장치를 설치할 수 있다.
   ② 영업장 안에 객실을 설치하고자 하는 경우 기준에 적합해야 한다.
   ③ 영업장 안에 칸막이를 설치하고자 하는 경우 기준에 적합해야 한다.
   ④ 객실로 설치할 수 있는 면적은 객석 면적의 1/2를 초과할 수 없다.
   ⑤ 칸막이를 설치할 경우 다른 객석에서 내부가 보이도록 하여야 한다.

11. 음용수의 경우 검사 결과 부적합 판정을 받은 경우 취해야 할 사항은?
   ① 사용을 금지한다. ② 재검사를 요청한다.
   ③ 살균 처리하여 사용한다. ④ 그대로 사용한다.
   ⑤ 끓여서 사용한다.

답 6. ② 7. ⑤ 8. ④ 9. ② 10. ① 11. ①

12. 먹는 물 수질기준 및 검사에 의한 규정 중 전 항목의 검사 기간은?
① 1년 ② 2년 ③ 3년 ④ 4년 ⑤ 5년

13. 접객용 음용수에 대한 규격 중 대장균의 기준은?
① 양성/50㎖ ② 양성/100㎖ ③ 음성/50㎖ ④ 음성/150㎖ ⑤ 음성/250㎖

14. 식품 접객업소의 조리 판매 식품 등에 대한 미생물 권장 규격 중 냉면육수의 권장 보존기한은?
① 1일 0℃ 이하 ② 1일 5℃ 이하 ③ 1일 10℃ 이하 ④ 2일 0℃ 이하 ⑤ 2일 5℃ 이하

15. 식품 제조·가공업소에서 사용하는 쓰레기통에 대한 설명 중 잘못된 것은?
① 흡습성이 없어야 한다.
② 내구성이 있어야 한다.
③ 파손된 부분이 없어야 한다.
④ 색깔이 아름다운 것이어야 한다.
⑤ 주방의 오염에 주의해야 한다.

16. 지방자치단체 등에서 국내산 농·수·축산물의 판매 촉진 등을 위해 특정장소에서 일정 기간 판매 등을 할 경우에는 시장·군수·구청장이 시설기준을 따로 정할 수 있다. 일정 기간은?
① 5일 ② 7일 ③ 10일 ④ 14일 ⑤ 30일

17. 식품 제조·가공공장의 바닥에 대한 설명 중 틀린 것은?
① 내수처리가 되어야 한다. ② 미끄럽지 않아야 된다.
③ 패어있지 않아야 한다. ④ 물의 흡수가 잘되어야 한다.
⑤ 배수가 잘되어야 한다.

18. 식품 제조·가공공장의 바닥은 배수를 위하여 구배를 두어야 한다. 1m당 구배는?
① 1.5~2.0cm ② 2.0~5.0cm ③ 5.0~8.0 ④ 7.0~10.0cm ⑤ 8.0~12.0cm

답 12. ① 13. ⑤ 14. ③ 15. ④ 16. ④ 17. ④ 18. ①

19. 식품 제조·가공공장에서는 해충의 침입을 방지하기 위하여 방충망을 설치해야 하는데 어느 정도가 적합한가?

① 10 mesh ② 20 mesh ③ 30 mesh ④ 40 mesh ⑤ 50 mesh

20. 조리장 내의 창문은?

① 고정식이 좋다.
② 밀폐식이 좋다.
③ 고정식과 밀폐식 모두 사용할 수 있다.
④ 고정식과 밀폐식 모두 사용하면 안 된다.

21. 식품 제조·가공공장에서의 창문은 창틀과 어느 정도의 경사각을 유지하는 것이 좋다. 적당한 경사각은?

① 10° ② 20° ③ 30° ④ 40° ⑤ 50°

22. 식품 제조·가공업체에서는 환기시설을 갖추고 정기적으로 분해하여 퇴적물 등을 제거하여 위생적으로 관리해야 한다. 기간과 횟수는?

① 1개월, 1회 ② 1개월, 2회
③ 2개월, 1회 ④ 2개월, 2회

23. 식품 제조·가공업체에서는 적절한 밝기의 조명시설을 설치하여야 한다. 조명의 밝기는?

① 10 Lux 이상 ② 20 Lux 이상 ③ 30 Lux 이상
④ 50 Lux 이상 ⑤ 100 Lux 이상

24. 다음은 조리 공정의 전처리에 관한 설명이다. 설명이 잘못된 것은?

① 실온에서 3시간 이상 수행하지 않는다.
② 전처리 중에는 다른 일을 하지 않는다.
③ 식품을 조리 중간 중간에 소독을 실시한다.
④ 식품을 오염된 손으로 만지지 않는다.
⑤ 식품을 바닥에 방치하지 말아야 한다.

답 19. ③ 20. ③ 21. ⑤ 22. ③ 23. ⑤ 24. ③

25. 조리에 대한 설명 중 잘못된 것은?
① 가능하면 많은 양을 한 번에 조리한다.
② 실온에서 2시간 이상 방치하지 않도록 한다.
③ 조리 작업을 할 때에는 반드시 위생장갑을 착용한다.
④ 조리를 할 때는 자주 저어서 음식의 온도가 균일하게 되도록 한다.
⑤ 차가운 음식을 조리할 때는 냉장된 재료를 사용하고 즉시 냉장 보관한다.

26. 조리 후 재가열을 할 경우 요구되는 알맞은 온도는?
① 10℃ 이상 ② 50℃ 이상 ③ 60℃ 이상 ④ 70℃ 이상 ⑤ 75℃ 이상

27. 조리된 음식물을 배식할 때까지 잠시 보관이 필요할 경우에 안전하게 보관되어야 한다. 적당한 조건은?
① 보냉 5℃ 이하, 보온 10~20℃ ② 보냉 5℃ 이하, 보온 20~30℃
③ 보냉 10℃ 이하, 보온 30~40℃ ④ 보냉 10℃ 이하, 보온 50~60℃
⑤ 보냉 10℃ 이하, 보온 60~70℃

28. 음식물을 조리한 후 최소한 몇 시간 이내에 급식을 실시하여야 하는가?
① 1시간 이내 ② 2시간 이내 ③ 3시간 이내
④ 4시간 이내 ⑤ 5시간 이내

29. 배식을 할 때 밥의 배식 점검 온도는?
① 40℃ ② 50℃ ③ 60℃ ④ 70℃ ⑤ 80℃

30. 일반적으로 국의 배식 적정 온도는?
① 25℃ ② 35℃ ③ 45℃ ④ 55℃ ⑤ 65℃

31. 보존식에 대한 다음 설명 중 잘못된 것은?
① 3일간 냉장 보관한다.
② 종류별로 50g 이상 채취한다.
③ 보존식 용기 및 기구의 청결을 유지한다.
④ 채취 일자, 끼니, 폐기 일자를 표기하여 관리한다.
⑤ 보존식은 음식을 다음에 식용하기 위해 보관하는 것이다.

답 25. ① 26. ⑤ 27. ⑤ 28. ② 29. ⑤ 30. ⑤ 31. ③

32. 배식에 대하여 바르게 설명한 것은?
① 조리 후 2시간 이상 지나서 배식한다.
② 배식용 기구는 소독할 필요가 없다.
③ 배식은 맨손으로 음식을 직접 담아야 한다.
④ 배식 시간 동안 적정 온도가 유지되도록 한다.
⑤ 배식 후 남은 잔반은 다음에 사용하도록 잘 보관해야 한다.

33. 음식용 기구의 세척 방법에 대한 설명 중 잘못된 것은?
① 맑은 물로 세척한 경우 소독은 필요치 않다.
② 칼·도마 등은 세척 후 건조한 후 보관한다.
③ 기계 세척 시 일정한 헹굼 온도가 유지되어야 한다.
④ 세척 후 용기가 젖은 상태로 겹쳐 놓지 않아야 한다.
⑤ 세척된 용기를 보관할 때는 이물에 오염되지 않도록 해야 한다.

34. 손으로 세척 작업을 할 경우에 순서가 올바른 것은?
① 세척 → 헹굼 → 소독 ② 세척 → 소독 → 헹굼
③ 소독 → 헹굼 → 세척 ④ 소독 → 세척 → 헹굼
⑤ 헹굼 → 세척 → 소독

35. 식재료의 검수 방법에 대한 설명 중 잘못된 것은?
① 식재료는 도착 즉시 검수한다.
② 검수자는 검수 시 손을 청결히 해야 한다.
③ 검수 기준에 부적합한 것은 반품 처리한다.
④ 식재료는 직접 바닥에 놓아둔 상태에서 검수한다.
⑤ 검수 시 검수자는 반드시 위생장갑을 착용해야 한다.

36. 검수가 끝난 식자재의 관리 방법에 대한 설명 중 올바른 것은?
① 종류와 관계없이 상온에 보관한다. ② 종류와 관계없이 실온에 보관한다.
③ 종류에 따라 냉장, 냉동, 실온 보관한다. ④ 특별 보관의 필요성이 없다.
⑤ 검수자 재량에 따라 보관한다.

답 32. ④ 33. ① 34. ① 35. ④ 36. ③

37. 식재료의 보관에 대한 설명 중 올바른 것은?
① 유통 기한이 짧은 것부터 사용한다.
② 식재료에 대한 입고 일자 기록은 필요치 않다.
③ 식자재는 저장 관리의 규정에 따를 의무는 없다.
④ 식자재의 유효 기간은 관계없이 무시한다.
⑤ 조리 전 보관이기 때문에 특별히 청결할 필요는 없다.

38. 식재료 보관에 대한 설명 중 잘못된 것은?
① 지정된 곳에 식품 보관
② 포장이 손상되지 않게 보관
③ 바닥이나 벽에 붙여 잘 보관
④ 저장고의 온·습도 관리 필요
⑤ 식품과 이외의 것을 분리하여 보관

39. 식품을 냉장 저장할 때 유지할 온도는?
① −10℃ 이하 ② −5℃ 이하 ③ 0℃ 이하 ④ 5℃ 이하 ⑤ 10℃ 이하

40. 식품을 냉동 저장할 때 냉동고의 온도는?
① 0℃ 이하 ② −℃ 이하 ③ −10℃ 이하 ④ −18℃ 이하 ⑤ −25℃ 이하

41. 냉장·냉동고에 대한 올바른 설명은?
① 온도계는 특별히 부착할 필요가 없다.
② 냉장·냉동고의 온도는 가끔씩 점검한다.
③ 냉동은 0℃, 냉장은 15℃가 유지되도록 한다.
④ 온도계는 외부에서 보기 쉬운 위치에 설치한다.
⑤ 냉장·냉동고 내의 온도는 구분할 필요 없이 0℃가 유지되면 된다.

답 37. ① 38. ③ 39. ⑤ 40. ④ 41. ④

42. 냉장 · 냉동고에 대한 설명 중 잘못된 것은?
① 개폐는 신속하게 하여야 한다.
② 보관 방법을 확인하여 보관한다.
③ 열원 및 직사광선에서 떨어져 설치한다.
④ 조리한 식품은 즉시 냉장 · 냉동고에 넣는다.
⑤ 냉장고 내 팬 아래 부분에는 식 재료를 두지 않는다.

43. 가열 조리된 식품은 냉장고에 보관할 때의 위치는?
① 냉장실의 하부 ② 냉장실의 상부 ③ 냉장실의 중심부
④ 냉장실 위치와 무관 ⑤ 사용자의 편리에 따름

44. 조리에 사용하는 칼을 전처리용과 조리용으로 구분하여 사용하는 이유는?
① 미관상 ② 교차오염 방지 ③ 편의에 의하여
④ 사용상의 편리성 ⑤ 구분하여 사용할 필요성 없음

45. 조리에 사용한 칼의 보관 방법은?
① 세척→ 소독 없이 열탕 보관 ② 세척→ 소독 후 냉동고 보관
③ 세척→ 소독 없이 냉장고 보관 ④ 세척→ 소독 후 실온 보관
⑤ 세척→ 소독 후 자외선 살균기 보관

46. 조리에 사용하는 도마에 대한 설명 중 틀린 것은?
① 교차오염에 주의하여야 한다.
② 나무 재질의 도마는 사용을 금한다.
③ 사용 후에는 마른걸레로 닦아둔다.
④ 사용 후 자외선 살균기에 건조 보관한다.
⑤ 전처리용과 조리용으로 구분하여 사용한다.

47. 식품에 사용되는 행주에 대한 설명 중 잘못된 것은?
① 보관은 깨끗한 용기에 담아둠 ② 셀룰로이즈 재질의 행주 사용
③ 주방 청소 시는 주황색을 사용 ④ 식탁을 닦을 때는 붉은색을 사용
⑤ 조리 · 배식 작업대를 닦을 때는 흰색을 사용

답 42. ④ 43. ② 44. ② 45. ⑤ 46. ③ 47. ②

48. 조리용 재료를 전처리할 때 착용하는 고무장갑의 색깔은?
① 노란색 ② 붉은색 ③ 갈색 ④ 흰색 ⑤ 검정색

49. 조리실에서 청소할 때 사용되는 고무장갑의 색깔은?
① 노란색 ② 빨간색 ③ 검정색 ④ 흰색 ⑤ 분홍색

50. 1회용 비닐장갑을 사용하는 경우에 해당되지 않는 것은?
① 면류를 배식할 때
② 간단한 조리를 할 때
③ 조리장의 청소를 할 때
④ 조리된 음식물을 취급할 때
⑤ 조리하지 않고 나가는 음식물을 만들 때

51. 다음은 개인 위생시설에 대한 설명이다. 잘못된 것은?
① 손 세척실은 별도로 설치한다.
② 휴게실을 청결하게 관리한다.
③ 별도의 장소에서 흡연한다
④ 조리복과 평상복은 같이 보관한다.
⑤ 탈의실을 두고 개인 보관함을 설치한다.

52. 식품 제조에 종사할 수 없는 사람은?
① 고혈압 환자 ② 심장질환자 ③ 화농성 질환자
④ 색맹인자 ⑤ 알콜중독자

53. 식품의 제조·가공 등에 종사할 수 있는 사람은?
① 제1종 전염병 감염자 ② 제2종 전염병 감염자
③ 제3종 전염병 감염자 ④ B형 간염 현성환자
⑤ 비염이 있는 자

답 48. ① 49. ② 50. ③ 51. ④ 52. ③ 53. ⑤

54. 조리원의 위생 상태에 대한 설명 중 바르지 못한 것은?
① 두발은 짧게 한다. ② 화장을 하고 품위를 유지한다.
③ 매니큐어를 칠하지 않는다. ④ 위생복을 착용하고 청결을 유지한다.
⑤ 조리를 할 때는 흡연을 금한다.

55. 조리자의 손 세척이나 소독 등 관련이 없는 사항은?
① 배식 전 ② 화장실 사용 후 ③ 조리작업 시작 전
④ 조리 중 틈틈이 ⑤ 오염된 물품 접촉 후

56. 올바른 손 세척 방법이라 할 수 없는 것은?
① 맑은 물로 깨끗하게 씻는다.
② 씻은 후 건조기로 물기를 제거한다.
③ 손을 서로 문지르면서 회전하는 동작으로 씻는다.
④ 온수로 팔꿈치까지 물을 묻힌 후 비누로 충분히 낸다.
⑤ 브러시를 이용하여 손가락과 손톱 주위를 깨끗이 씻는다.

57. 식품 제조·가공의 작업장에 외부인이 출입할 때 관리 방법이 잘못된 것은?
① 작업장의 출입을 금해야 한다.
② 외부인 전용 위생화를 착용케 한다.
③ 외부인 전용 위생장갑을 착용케 한다.
④ 외부인 전용 위생복을 착용케 한다.
⑤ 소독 판을 설치하여 오염을 방지한다.

58. 개인위생의 점검 사항과 관련이 없는 것은?
① 설사 여부 ② 발열 여부 ③ 감기 감염 여부
④ 손의 상처 유무 ⑤ 체중 과다 여부

59. 조리 종사원은 정기적으로 건강검진을 받고 결과를 기록하여야 한다. 정기적 건강검진은?
① 연 1회 ② 연 2회 ③ 연 3회 ④ 연 4회 ⑤ 연 5회

답 54. ② 55. ④ 56. ① 57. ① 58. ⑤ 59. ①

60. 집단급식소에서 위생관리의 목적은?
① 영업 활동의 합리화
② 안전한 음식물 제공
③ 영업의 영리 활동
④ 공중도덕 준수
⑤ 위생 지식의 향상

61. 집단급식소 위생 관리자에 대한 설명 중 잘못된 것은?
① 위생관리 제반 규정을 이행
② 위생관리 기준 이탈 발생 시 개선 조치 실행
③ 위생 관리자 개인의 사고에 의해서 작업 처리
④ 위생관리의 책임자는 HACCP 팀장이 수행
⑤ 고객의 요구를 신속히 접수 및 처리

62. 다음 중 위생 관리자의 역할과 관련이 없는 것은?
① 위생 상태 점검은 개인에게 부여
② 여러 상황을 고려하여 식단을 구성
③ 위생 규정 이행 여부를 관리 및 점검
④ 위생 점검 비용을 작성하여 상부에 보고
⑤ 식품위생법에서 규정한 행정 서류를 유지 관리

63. 식품 제조·가공업소에서 종업원의 기본적인 근무 태도와 거리가 먼 것은?
① 위생 규정 준수
② 개인 위생관리 철저
③ 위생 의식에 대한 지식 함양
④ 위생 관리자의 지시에 수동적 이행
⑤ 주방기구 등에 대한 청소 및 소독 철저

64. 단체급식에서 위생관리의 목적은?
① 영리의 목적 향상
② 식품의 질을 향상
③ 급식 자에게 편리 제공
④ 식품위생상 위해 방지
⑤ 식품의 영양성을 향상

답 60. ② 61. ① 62. ② 63. ④ 64. ④

65. 집단급식소의 운영에서 금하여야 하는 사항은?
① 전문적인 위생관리
② 음식물의 위생적 관리
③ 영리를 위한 수단 강구
④ 위생시설 및 설비를 확보
⑤ 안전한 급식이 되도록 노력

66. 집단급식소의 종업원에게 실시하는 건강검진 항목이 아닌 것은?
① 결핵 ② 간기능 검사 ③ 피부성 질환
④ 매독 혈청검사 ⑤ 소화기계 전염병

67. 조리 종사자의 손 소독에 주로 많이 사용하는 것은?
① 알코올 ② 크레졸 ③ 석탄산 ④ 자외선 ⑤ 역성비누

68. 종업원들이 착용하는 위생복의 색깔은?
① 검은색 ② 흰색 ③ 붉은색 ④ 노란색 ⑤ 분홍색

69. 피급식자의 바르지 못한 행동은?
① 식사 중 대화 ② 깨끗한 복장으로 식사
③ 식사 전 손 씻기 ④ 불필요한 행위 삼가
⑤ 타인에게 불쾌감을 주는 언행 삼가

70. 식품의 재료를 구입할 때 주의할 사항은?
① 신선한 것 선택 ② 필요한 양만 구입
③ 보관 상태가 양호한 것 선택 ④ 안전하고 위생적인 것 선택
⑤ 값이 싸며 양이 많은 것 구입

71. 일반적으로 사용하는 세제에는 몇 %의 계면활성제가 함유되었는가?
① 10% ② 20% ③ 30% ④ 40% ⑤ 50%

답 65. ③ 66. ② 67. ⑤ 68. ② 69. ① 70. ⑤ 71. ②

72. 시중에 판매되고 있는 세제는 몇 배로 희석하여 사용하는 것이 가장 좋은가?
① 10~100배 ② 100~200배 ③ 200~300배
④ 400~500배 ⑤ 500~1000배

73. 소독제인 차아염소산나트륨에 대한 설명 중 잘못된 것은?
① 식품, 기구·용기 등 사용 가능
② 유효 농도는 0.2%가 적합
③ 유효 염소는 100ppm이 적합
④ 용액 중에 2~5분간 침지
⑤ 냄새가 없어 소독 후 헹굼 불필요

74. 조리용 기구 등의 소독에 대한 설명 중 잘못된 것은?
① 자주 사용하는 기구는 수시로 소독
② 조리용 기구 등은 별도의 소독이 불필요
③ 소독 방법은 자비소독·열탕소독 등 이용
④ 조리대를 소독하지 전에서는 식품 취급 불가
⑤ 조리대 등은 역성비누를 200배 희석하여 소독

75. 자외선 살균등의 특징이 아닌 것은?
① 모든 균종에 유효하다.
② 살균력은 모든 균종이 같다.
③ 투과력이 없으므로 표면 살균에 적당하다.
④ 조도·습도·거리에 따라 살균 효과가 다르다.
⑤ 피조사물에 대하여 조사 후 거의 변화를 나타내지 않는다.

76. 제조된 식품의 최종적으로 선택하는 자는?
① 조리자 ② 소비자 ③ 경영자 ④ 위생 책임자 ⑤ 종업원 전체

77. 보존식을 하는 이유는?
① 만약의 사고에 대비 ② 경영 정책상 ③ 기록을 남기기 위해
④ 다음에 시판하기 위해 ⑤ 영양의 보존을 위해

답 72. ⑤ 73. ⑤ 74. ② 75. ② 76. ② 77. ①

78. 보존식의 범위는?

① 밥 ② 국 ③ 된장 ④ 간장 ⑤ 배식된 모든 음식

79. 보존식의 보관에 적합한 온도는?

① 0℃ 이하 ② 0~10℃ ③ 10~20℃
④ 20~30℃ ⑤ 50℃ 이상

80. 야채류 및 난류를 저장할 때 적당한 온도는?

① -5℃ ② -2℃ ③ 0℃ ④ 5~10℃ ⑤ 20℃ 이상

81. 식품 취급의 3대 원칙은?

① 청결・신속・가열 ② 구매・조리・배식 ③ 검식・포장・배식
④ 계획・조리・배식 ⑤ 생산・조리・포장

82. 가정에서 식품을 구입하는 요령이 잘못된 것은?

① 신선한 것 구입
② 유통 기한 확인 후 구입
③ 보존 방법 확인 후 구입
④ 생선은 눈이 돌출된 것 구입
⑤ 저온 보존이 필요한 식품은 구입 후 즉시 냉장고에 보관

83. 가정에서 식품을 보존하는 방법 중 잘못된 것은?

① 실온에 보관
② 냉장고에 보관
③ 냉장고에는 ⅔ 정도 식품 보관
④ 오래두지 말고 가능한 빨리 소비
⑤ 식육이나 어류는 비닐봉지에 넣어 보관

84. 가정에서 조리하는 방법을 설명한 것 중 잘못된 것은?

① 조리 전 반드시 손 세척 ② 도마는 세제로 세척
③ 냉동식품은 실온에서 해동 ④ 행주는 자주 열탕소독
⑤ 음식물을 손으로 접촉 삼가

답 78. ⑤ 79. ② 80. ④ 81. ① 82. ④ 83. ① 84. ③

85. 더운 음식의 적합한 보존 온도는?
① 10℃ 이상 ② 20℃ 이상 ③ 40℃ 이상 ④ 50℃ 이상 ⑤ 65℃ 이상

86. 찬 음식의 보존에 적합한 온도는?
① 0℃ 이하 ② 10℃ 이하 ③ 20℃ 이하 ④ 40℃ 이하 ⑤ 65℃ 이하

87. 남은 음식(잔식) 처리에 대하여 설명이 잘못된 것은?
① 실온에 방치해서는 안 된다.
② 변질되지 않도록 저온 보존한다.
③ 시간이 오래 경과한 것은 버린다.
④ 깨끗한 용기를 이용하여 보관한다.
⑤ 변질되었을 때는 가열하여 섭취한다.

88. 식중독의 발생 원인에 해당되지 않는 것은?
① 온도 관리의 잘못 ② 부적절한 조리 ③ 오염된 시설설비
④ 적절한 식품 보존 ⑤ 개인위생의 부족

89. 식품의 위생관리와 관련성이 없는 것은?
① 철저하게 조리할 것
② 조리된 음식을 즉시 먹을 것
③ 조리된 음식을 조심해서 저장할 것
④ 조리에 사용하는 물은 크레졸소독할 것
⑤ 한 번 조리된 식품은 철저히 재가열할 것

90. 식품위생상 위해사고 방지를 위해 가장 요구되는 사항은?
① 철저한 살균 처리
② 안전한 식품의 제조
③ 미생물의 오염 방지
④ 불량 식품첨가물의 혼입 방지
⑤ 식품 제조 등 관련자의 위생 의식 향상

답 85. ⑤ 86. ② 87. ⑤ 88. ④ 89. ④ 90. ⑤

[참고 문헌]

김동원(2005), 식품위생관계법규・해설, 형설출판사
한국식품공업협회(2005), 식품위생법, 한국식품공업협회
김동술 외 1명(1998), 꼭 알아야 할 식품위생, 유림문화사
문범수(1997), 식품위생학, 신광출판사
박홍현 외 3명(2001), 실무를 위한 식품위생학, 광문각
송형익 외 4명(1999), 현대 식품위생학, 지구문화사
신광순 외 3명(1987), 최신 식품위생학, 신광출판사
오승희 외 1명(1996), 최신 식품위생학, 문운당
이광배(2002), 식품위생학, 신광출판사
이치영 외 3명, 식품위생학, 동화기술
장동석 외 4명(1999), 식품위생학, 정문각

제 4 장 단체급식 관리

1 단체급식

1. 단체급식의 개념

1) 단체급식의 정의

오늘날 단체급식이 급속도로 증가하면서 편리한 점도 많아졌지만 위생상의 문제점이 많아 단체급식의 올바른 관리가 시급하며 특히 위생상의 관리가 무엇보다도 요구되고 있는 실정이다.

단체급식은 식품위생법 제2조 9호에 의하면 비영리를 목적으로 특정인을 대상으로 계속적으로 식사를 제공하는 것을 단체급식(집단급식)이라고 정의하였다. 또한 집단급식소는 상시 1회 50인 이상에게 식사를 제공하는 급식소를 말한다(중소기업의 경우 상시 100인 이상). 그러므로 일반 음식점이나 레스토랑 등 불특정인에 대해 이루어지는 식사 제공은 아무리 대규모라 하여도 단체급식이라고 말할 수 없다.

2) 단체급식의 의의와 목적

급식이란 가족 이외의 특정 다수인에게 계속적으로 식사를 공급할 경우에 사용되며 이러한 급식을 하고 있는 곳을 급식시설 혹은 단체급식소라고 한다. 그러나 급식은 단순히 음식을 제공하거나 피급식자의 기호를 만족시켜 줄 뿐만 아니라 적정한 영양소 공급과 피급식자 건강 유지 및 증진에 도움이 되어야 한다.

또한 집단급식에 있어서는 대상이 특정되어 있다는 점, 다수의 사람이라는 점, 연속하여 행해진다는 점에서 급식의 내용이 피급식자의 건강에 크게 영향을 미치므로 급식 운영자는 위생관리와 영양관리 등 급식 관리 전반에 충분한 지식을 가지고 다음과 같은 목적으로 관리하여야 한다.

즉 급식시설의 공통된 목적은 다음과 같다.

① 피급식자의 영양 개선과 건강 증진을 도모한다.
② 피급식자의 식비를 경감한다.
③ 피급식자에게 정신적 만족을 준다.
④ 피급식자, 급식 관계자 및 사회 일반의 식인식(食認識)을 고양한다.

3) 단체급식의 종류

(1) 급식 대상별 분류

① 병원급식: 입원 환자를 대상으로 한 급식이다. 병원급식은 치료의 일환으로 실시되며 적정한 식사를 제공하여 주사, 약물치료와 함께 환자의 건강을 회복시키는 급식으로 일반식과 치료식으로 나누어 식사가 제공된다.

② 학교 급식: 학교급식은 초・중・고등학교 학생들에게 필요한 영양을 공급함으로써 건전한 심신의 발달과 편식 교정, 올바른 식습관 형성, 공동체 의식의 고취 등을 통해 전인격적인 인간 교육을 돕기 위한 급식이다. 학교급식은 교육의 일환으로 진행된다.

③ 사업체 급식: 공장이나 회사 등에서 종업원에 대한 복지후생의 일환으로 실시되며 종업원의 건강 증진과 생산 능률 향상을 높이기 위한 급식이다.

④ 사회복지시설 급식: 아동복지시설을 포함하여 사회복지시설에서 식사를 제공하는 급식으로 가정적인 분위기에서 식사를 하여 사람이 살아가는 데 필요한 기본적인 요건을 만족시키면서 건강 유지와 정신 건강에 도움을 주는 급식이다.

⑤ 기숙사 급식: 넓은 의미로 볼 때 사업체 급식에 포함시킬 수도 있는데 기숙사 급식은 아침, 저녁 2식인 경우와 1일 3식인 경우가 많다.

⑥ 군대 급식: 규칙적인 식사를 제공함으로써 생활의 규범은 물론 건강 유지와 체력

단련에 기여한다.

(2) 경영 형태별 분류

- 직영 방식: 경영자가 직접 급식 사업을 운영하는 것으로 급식시설, 설비, 기기 등의 정비 및 급식직원의 채용 등 모든 것을 경영자의 책임하에 운영하는 방식이다. 직영 방식의 장점과 단점은 아래와 같다.
  장점: ① 위생관리, 영양관리가 철저하다.
  ② 이윤을 남기지 않으므로 재료비를 전부 사용할 수 있다.
  단점: ① 인건비의 증가를 가져온다.
  ② 서비스가 결여된다.
- 위탁 방식: 급식 업무의 전부 또는 일부를 급식 전문회사에 위탁하는 것으로 근래에 이 방식이 증가하는 추세에 있다. 위탁 급식의 장점과 단점은 다음과 같다.
  장점: ① 인건비를 절감할 수 있다.
  ② 대량 구입으로 식재료비를 줄일 수 있다.
  ③ 복잡한 노무관리의 직접적인 책임을 피할 수 있다.
  단점: ① 위생관리, 영양관리가 소홀해 질 수 있다.
  ② 위탁 경영자를 잘못 선택하면 원가 상승의 결과를 가져온다.
  ③ 지나친 경쟁 등으로 계약 기간이 짧을 경우 합리적인 경영 개선이 어렵다.

(3) 급식 횟수별 분류

1일에 급식하는 횟수에 따라 분류한다.

- 1일 1식: 1회 급식은 점심을 주로 제공되며 학교, 사업체가 많다.
- 1일 2식: 아침과 저녁 2회 식사를 제공하는 것으로 사업체나 기숙사에서 많이 행한다.
- 1일 3식: 1일 3회 식사를 제공하는 형태로 병원, 복지 시설, 교정 시설, 군대 급식이 이에 해당한다.

(4) 식사 형태별 분류

- 정식 급식: 1인분의 식사를 세트화하여 제공하는 것으로 1종류만을 제공하는 단일 식단과 두 가지 이상을 제공하는 복수 식단이 있다.
- 카페테리아 식단: 피급식자가 자신의 기호를 고려하여 음식을 자유롭게 선택하는 방식이다. 장점은 피급식자의 입장에서는 자신의 ① 기호, ② 양, ③ 경제에 맞춰

선택할 수 있다. 그러나 관리자측은 ① 메뉴표 작성, 요리에 필요한 시간과 노력이 증대되고 ② 인기 있는 메뉴는 빨리 없어지고 그렇지 않은 것은 남는 결점이 있다. 특히 개인의 취향을 파악하기 어려워 영양관리상 곤란한 점도 발생할 수 있다.

카페테리아 운영시 유의할 점, 특히 메뉴표 작성시에 유의할 점은

① 조리 작업을 원활하게 하는 시간 연구
② 피급식자의 기호 조사 및 음식 섭취 상황을 충분히 조사
③ 적온 급식의 배려와 동시에 메뉴의 조리 양식, 일품요리의 분량 등에 대하여 상세히 검토하여 다양화된 식사가 되도록 연구하여야 한다.

(5) 배식 방법별 분류

식사를 받고 식기를 반납하는 방법에 따라 분류한 것이다.

- 셀프서비스(self service): 피급식자가 배식과 반납을 하는 형태이다. 여기에는 카페테리아, 뷔페서비스, 샐러드 바, 자동판매기가 있다.
- 쟁반 서비스(tray service): 음식을 쟁반에 담아 피급식자에게 운반되어지는 형태로 보통 병원의 입원 환자나 거동이 불편한 양로원의 노인 등에게 제공되는 형태이다.
- 배식원에 의한 서비스(waiter-waitress service): 피급식자의 주문에 의하여 배식원이 음식을 배식하고 식사가 끝난 후 그릇을 회수하는 방법이다.
- 배달 음식(portable meals): 피급식자의 주문에 의하여 식사를 가정이나 작업장으로 배달해 주는 방식이다.

4) 단체급식의 문제점

(1) 위생면에서 문제점

단체급식은 동시 다발적으로 식중독을 일으킬 수 있으므로 식품 취급 시에 독물이나 세균이 오염되지 않도록 주의하고 식기 소독 등도 철저히 하여야 한다. 종업원에 대한 위생교육과 주방 및 기기의 위생관리 등을 하여 안전한 급식이 되도록 노력하여야 한다.

최근에는 식중독 사고를 줄이고자 제공되는 음식에 대한 미생물적 품질과 이에 영향을 미치는 요인 분석을 위해 HACCP를 이용한 미생물적 관리가 많이 진행되고 있다.

(2) 영양면에서 문제점

영양량을 피급식자의 연령, 성별, 노동별로 결정한다 하여도 개인의 신체 상태나 소요량이 일정하지 않는 경우가 많으므로 영양량을 결정하는데 어려움이 있다. 또 다량의 식

품을 여러 단계에 걸쳐 조리하는 동안에 가정식보다 많은 영양소 손실을 초래하게 되므로 영양소 파괴를 최소로 하는 조리 기술이 요구된다.

또, 적온 급식의 어려움과 맛의 저하가 있을 수 있으므로 계속적인 메뉴 개발과 연구가 필요하다.

(3) 피급식자의 심리면에서의 문제점

피급식자는 일방적으로 선택의 자유가 결여되어 있는 단체급식에 거부감을 가질 수 있으며 개인의 기호, 생리적 상태, 습관 등에 따라 식습관이 차이가 있는데 이를 고려하지 않은 식사는 불만을 느끼게 된다.

그러므로 급식 관리자는 가정에서 식사를 하는 것처럼 다양한 메뉴 개발과 적온 급식 및 식 환경을 통하여 심리적인 만족감을 줄 수 있도록 세심한 노력이 필요하다. 또한 기호 조사를 행하고 고객의 다양한 요구에 부응할 수 있도록 2~3종류의 메뉴를 고를 수 있는 선택 식단제 도입이 요구된다.

(4) 경제적인 문제점

식품 예산이 부식비의 물가 상승을 따르지 못할 경우 충분한 재료비 확보가 어렵게 된다. 또한 급식비를 절약하기 위해 인건비를 줄이면 조리원의 업무량이 많아지면서 불만이 커지고 업무의 정확성도 떨어진다. 따라서 효과적인 급식비 책정을 위해서는 조리원의 적재적소 배치와 적절한 급식시설 설비 및 기계화가 필요하다.

식품 구매 시에도 계절 식품을 이용하고 대량 구입을 하여 재료비 원가를 낮추도록 한다. 또 작업 분석을 통하여 종업원의 기술 지도와 적절한 업무 분담, 원만한 인간 관계를 통하여 동기 유발 등으로 효율적인 업무 수행을 행하도록 하는 것이 바람직하다.

(5) 시간과 배식 등의 문제점

정해진 시간 내에 다량의 음식을 준비해야 하는 제약이 있으므로 조리원의 업무량이 집중되는 문제가 있다. 또한 조리 후 바로 식사가 제공되지 못하거나 운반 또는 배식을 거치면 적온 급식이 어려워 맛이나 질의 저하가 오게 된다. 그러므로 식당 시설 및 편리성, 기계화 등을 통하여 급식 및 배식 시간을 조정한다.

2. 단체급식 제도의 유형

1) 전통적인 급식 제도(conventional food service system)

대부분 급식 기관에서 이용하는 급식 제도로 한 장소에서 식품을 구입하여 음식을 준비하고 같은 장소에서 동일한 피급식자에게 배식이 이루어지는 형태이다.

(1) 장점

① 한 곳에서 생산과 배식이 동시에 이루어지므로 배달 비용을 최소화할 수 있다.
② 가격 변동이 심하고 계절적 요인을 많이 받을 때 더욱 유리하다.
③ 식단 작성 시 탄력성이 있어 피급식자를 만족시킬 수 있는 음식 제공이 가능하다.

(2) 단점

① 한 곳에서 모든 작업이 이루어지므로 적온 배식이 어렵다.
② 다량의 음식 생산을 위해 숙련된 조리원이 요구되므로 인건비가 상승된다.
③ 작업 분업이 어렵고 따라서 생산성이 낮고 노동 비율이 높아진다.

2) 커미셔리 급식 제도(commissary food service system)

공동 조리장에서 식품의 구입에서부터 모든 음식 생산이 이루어지고 생산된 음식은 일정한 양으로 나뉘어 각 급식소로 운반되고 그 곳에서 해동, 재가열, 약간의 조미 등을 하여 피급식자에게 배식되는 제도이다.

(1) 장점

① 식재료의 대량 구입으로 식재료비가 절감된다.
② 중앙 집중화된 음식 생산으로 음식의 질과 양을 표준화할 수 있고 관리가 효과적이다.
③ 시설비 절약과 필요한 공간이 줄어든다.

(2) 단점

① 음식의 안전성에 관한 위험 요인이 높고 운반 과정에서 발생할지 모르는 돌발사태(배달차 고장 또는 기타)로 배달 시간에 지장을 초래할 수 있다.

② 각 급식소에서는 음식을 배식하기에 적당한 온도로 해동이나 재가열할 수 있는 설비를 갖추어야 하고 운반을 위한 특별 장비가 필요하다.

3) 예비 저장식 급식 제도(ready prepared food service system)

예비 저장식 급식 제도는 저장 방법에 따라 냉장 저장 급식과 냉동저장급식으로 나눈다. 이 제도는 음식을 생산함에 있어서 종업원의 여유 시간 등을 이용하여 조리 과정을 끝낸 후 배식할 때까지 저장하였다가 간단한 열처리를 한 후 피급식자에게 공급되는 형태이다.

(1) 냉장저장 급식

음식을 조리한 후 급속 냉각시키고 3℃ 부근에서 냉장 저장한 후 급식 전에 전자레인지 오븐에서 재가열하여 배식하는 방법이다. 비교적 단기간 저장하므로 생산된 음식의 질의 저하가 적다.

(2) 냉동 저장 급식

음식을 조리한 후 급속 냉동시키고 -18℃에서 냉동 저장한 후 급식 전에 해동시켜 재가열하여 배식하는 방법이다. 재가열하는 데는 전자레인지 오븐이나 대류형 오븐이 필요하다. 냉동 저장 기간이 냉장 저장보다 장시간이므로 급식소에서 더 많은 저장 공간이 필요하다.

■ 장점

① 숙련된 종업원을 장시간 필요로 하지 않으므로 인건비를 감소시킬 수 있다.

② 대량의 식재료 구입으로 식재료비를 낮출 수 있다.

■ 단점

① 급속냉각기와 냉장·냉동고, 재가열을 위한 대류형 오븐 등의 조리기기의 설치와 운영 기술이 필요하다.

② 냉동에 적절하지 않은 음식이 있으므로 메뉴 선택에 제한이 있다.

③ 많은 저장 공간이 필요하다.

4) 조합식 급식 제도(assembly food service system)

식품제조업체나 가공업체로부터 완전히 조리되어 상품화된 음식을 구입하여 제공하는 급식 제도로 다른 급식 제도보다 소규모 음식을 급식하는 경우에 많이 이용된다.

이 급식 제도는 3가지로 나눌 수 있는데 완전히 조리되어 그대로 제공되는 형태와 간단히 재가열하여 제공되는 형태 및 가열이나 차게 하기 전에 약간의 준비를 한 후에 음식을 제공하는 형태로 나뉜다.

(1) 장점

① 노동과 시간이 절약된다.
② 시설, 설비를 최소화할 수 있다.
③ 분량 통제가 철저하고 낭비가 거의 없다.

(2) 단점

① 일률적으로 만들어진 음식이므로 피급식자의 영양과 기호를 충족시키지 못한다.
② 인건비는 낮으나 생산비가 비싸므로 경제성은 적다.

2 영양관리

1. 영양관리의 의의 및 계획

1) 영양관리의 의의와 중요성

영양관리란 인간이 보다 좋은 건강을 유지하고 완전한 발육을 하는데 필요한 영양을 합리적으로 섭취하기 위하여 계획하고 실시하고 평가하여 영양 개선의 효과를 높여가는 것이다. 즉 생명에 필요한 각 영양소를 포함한 균형잡힌 식생활을 위해서는 영양적인면, 조리적인면, 사회적인면, 심리적인면, 물리화학적인면, 신체적인면, 종교적인면을 고려하여 피급식자에게 제공하여 그들의 행복과 건강을 증진시켜 원만한 인간 형성을 이루려는 것이다.

2) 영양관리의 목적

영양관리의 목적은 사람이 필요로 하는 영양소의 양과 질을 충족시킬 수 있도록 식품을 다양하게 선택하고, 조리하여 섭취하기까지의 일련의 과정을 관리하여 인체가 필요로 하는 영양 급식을 하여 인체의 생리, 화학, 물리적인 작용을 만족시키는 활동이다.

이를 위해서는 끊임없는 식품 지식과 조리 기술의 변화와 기기 및 시설의 발달과 위생적인 처리 과정의 진보가 계속되어 결국 건강 유지와 건강 증진에 목표를 두는 영양개선의 관리이다.

3) 매일 섭취해야 할 필수 영양소

(1) 물

분자 구조가 단순한 물은 지구의 물질 순환에 중요한 역할을 할 뿐 아니라 인간의 생명활동에도 필수적이다. 성인의 경우 매일 섭취해야 하는 물의 양은 약 2ℓ 정도이다.

(2) 에너지와 영양소

유기물질인 당질, 단백질, 지질은 체내에서 산화되어 에너지를 발생하므로 이들 3대 영양소를 열량소라고 한다. 이들은 체내에서 연소될 때 발생하는 에너지량이 각기 다르다. 체내에서 당질 1g은 4kcal, 지질 1g은 9kcal 그리고 단백질 1g은 4kcal의 에너지를 발생한다.

① 당질은 우리가 주식으로 하는 쌀, 보리, 밀, 옥수수, 감자, 고구마 등의 식물성 식품의 식사에 상당량을 차지하고 에너지 공급에 가장 많이 기여한다.
2005년 한국인 영양 섭취 기준에 의하면 성인(20세 이상)섭취하여야 할 당질은 55~70%이고 지질은 15~25%, 단백질은 7~20%가 바람직하다고 한다.

② 지질은 동식물에 저장 형태로 존재하는 열량소이다. 지질은 트리글리세라이드(중성지방), 스테로이드(콜레스테롤 등) 및 인지질(레시틴 등)을 포함하는 수많은 화합물들을 통칭하는 개념이다.

③ 아미노산과 단백질은 체내의 모든 효소와 다수의 호르몬과 성장 인자에 관여한다. 세포분열과 조직의 성장은 새로운 단백질의 합성을 요구하는데 임신기, 영아기, 사춘기 등 급격한 성장이 일어나는 기간에 특히 필요량이 높아지므로 필수아미노산을 함유하는 식사를 해야 한다.
필수아미노산은 생체 내의 단백질을 구성하는 아미노산의 상당수가 사람의 몸에서 생합성되지 못하거나, 생성되는 양이 상대적으로 부족하기 때문에 영양학적으로 중요하다. 이러한 아미노산은 외부로부터 식품을 통하여 공급되어야 하기 때문에

이를 필수아미노산이라고 부른다. 필수아미노산은 Lysine, Isoleucine, Threonine, Tryptophane, Leucine, Valine, Methionine, Phenylalanine, Histidine 등이다.
단백질 섭취가 부족하면 콰시오커, 마라스무스 등의 영양 불량증이 나타나고, 과잉 섭취하면 지방조직에 축적되어 변비 유발, 골다공증이 초래되어 심각한 문제가 될 수 있다. 또한 한두 가지 아미노산을 과량 섭취하여 아미노산 불균형이 되면 호르몬 분비 이상, 아미노산의 대사장애가 나타날 수 있다.

④ 비타민: 비타민은 인간의 삶에 필수적인 유기 화합물인 미량 영양소이다. 비타민들은 당질, 지질, 단백질 대사에 조효소로 작용하므로 필수적인 영양소이다.

⑤ 무기질: 자연계에 존재하는 물질 중 탄소를 함유하지 않은 물질을 무기질이라고 한다. 무기질은 단일 원소 그 자체가 바로 영양소이다. 생체 내에 비교적 다량 존재하는 무기질은 칼슘, 나트륨, 칼륨, 인, 마그네슘 및 황이다. 현재 필수성이 인정된 미량의 무기질은 철, 아연, 요오드, 구리, 망간, 붕소, 크롬, 셀레늄 및 몰리브덴이다.

2. 식단 작성 시 고려사항

성공적인 급식 계획을 세우기 위해서는 식단 작성 시 ① 급식 대상자의 영양 필요량을 정확히 산정하고 ② 급식 대상자의 기호를 충족시켜 주고 ③ 식품의 조화로운 배합이 필요하며 ④ 예산에 맞는 식단이어야 한다.

1) 예산에 맞는 식재료비의 비율

- 호텔, 식당: 30～40%
- 학교 카페테리아 급식: 50～60%
- 학교 급식, 산업체 급식 등 단체급식: 60～70%
- 군대 급식: 90-100%가 대체로 적용되는 비율이다.

2) 식단의 종류

단체급식에서는 주로 일정한 주기를 정하여 그 주기별로 급식을 함으로써 관리자는 시간적 여유를 가질수 있고 조리원은 익숙한 음식을 숙련되게 할 수가 있다.
그러나 주기가 짧아지면 식품 선택의 폭이 적어 편식을 하게 될 수 있다.

사이클 메뉴의 단조로움을 피하기 위해서는 주기를 가능한 한 길게 하는 것이 좋다. 또한 단일 식단보다는 복수 식단이나 카페테리아 식단을 이용하면 비교적 피급식자가 음식을 선택하는데 있어서 자유로워 진다.

3. 단체급식의 조리와 배식

1) 단체급식 조리의 의의와 목적

음식을 통하여 건강과 생명 유지에 필요한 영양소를 공급받게 되고, 음식은 식품을 조리하여 얻게 된다. 음식은 색, 맛, 향기, 형태, 질의 변화를 좌우하는 비영양 성분도 포함하고 있다.

조리 과정에서 일어나는 조리 반응을 이해하려면 식품의 물리화학적 구조를 이해하고 화학적 성분의 종류와 성질에 관하여 상세한 지식을 가지고 있고 열, 산, 알카리와 같은 조리 조건이 이들 성분에 어떠한 영향을 미치는지를 알고 있어야 한다.

식품을 맛있게 조리하려면 첫째 식품 자체의 품질이 우수하고, 용도에 따라 등급이 선택되어 경제적으로 무리가 없으며, 손질하는 방법을 익히고 조리하여 식욕을 충족시킬 수 있는 문제를 생각해야 한다.

조리의 목적은 식품이 함유한 영양가를 보유하고, 향신료와 조리법의 변화로 기호성을 증가시켜 조리함으로써 소화율을 증가시키고, 영양 효율을 높이며 위생면에서는 안전성이 증가되어야 하고, 음식의 저장성을 높여야 한다.

2) 조리의 계량 단위 및 계량법

조리는 계량을 함으로써 균일한 음식을 누구나 동일하게 만들 수 있고 대대로 조리 방법을 전수할 수 있으며 식품의 낭비를 막을 수 있다.

조리 시 계량은 무게나 부피, 온도 등을 계측한다. 맛있는 음식을 조리하려면 식품 재료를 적절히 잘 배합해야 한다. 이를 위해서는 정확한 무게와 용량에 대한 계량 기술이 필수적이고 계량기의 종류는 저울, 계량컵, 계량스푼, 온도계, 타이머, 염도계 등이 사용된다.

계량법은 식품을 부피보다 무게로 측정하고 조미료는 부피로 측정하나 큰 단위일 때는 무게로 측정한다. 염도계는 간장의 농도를 측정하고, 계량스푼 계량컵은 ml 단위로 측정된다.

■ 계량 단위

Quart법과 Meter단위와의 관계

1gallon = 4quats	1Cup = 200ml
1quat = 4cup	1Cup = 240ml =16Table spoon
1Cup = 16Table spoon	1Table spoon = 15ml
1Table spoon = 3Tea spoon	1Tea spoon = 5ml

■ 계량법

① 액체: 조청, 기름, 꿀 같은 점성이 높은 것은 할편된 계량컵을 사용하고 물, 우유는 투명한 컵을 사용한다.

② 지방: 버터, 마가린, 쇼트닝과 같은 지방을 계량할 때는 냉장 온도보다 실온일 때 계량컵에 꼭꼭 눌러 담고 직선으로 된 칼이나 주걱으로 깎아 계량한다.

③ 설탕: 백설탕은 계량컵을 사용하고, 흑설탕은 설탕 표면에 피막입자가 있어 서로 밀착시키려는 경향이 크므로 꼭꼭 눌러서 잰다.

④ 가루(밀가루): 가루 제품은 계량컵을 사용하고 측량 직전에 체로 쳐서 누르지 말고 수북하게 담고 직선 주걱으로 깎아 측량한다. 정확하게 측정하려면 제시된 표준 무게를 재는 것이 더 정확하다.

3) 단체급식 조리 방법에 따른 영양소의 변화

단체급식에서는 다량 조리하므로 적은 양의 가정식 조리와 공기중 노출 시간, 온도 조절, 수분량 조절, 화력의 조절 등이 차이가 있다. 또한 생식품이 가지고 있는 영양소도 수확한 후부터 경과되는 시간의 길이에 따라 영양소 변화가 발생한다. 조리 시 다듬고, 씻고, 썰기 작업인 전처리 과정에서 영양소 변화가 발생한다. 뿐만 아니라 식품과 식품을 배합할 때 영양소 변화, 조미함으로써 오는 영양소 변화, 불을 사용하여 가열조리시의 영양소 변화 등 다양하다. 그러므로 조리 시 영양소가 손실되는 것을 줄이고 방지하는 것이 중요하다.

4) 조리 작업의 안전

음식물의 안전관리는 필요하다. 음식물의 위해는 음식물의 위해 원인 물질과 생물학적 위해, 즉 식품 중에 함유된 병원균 감염과 이들이 체내에서 생성하는 독소 작용의 피해, 화학적 위해, 즉 식품 중에 함유되는 화학물질의 작용에 의한 건강 피해, 물리적 위해, 즉 식품 중에 함유되는 이물의 물리적인 작용에 의한 건강 피해가 있으므로 이에 대응하는 대책이 필요하다.

식품 안전을 위해서는 식중독균과 온도 관리, 시간 관리, 산도 관리(pH), 수분 관리, 산소 관리 등이 필요하며 식중독균의 감염 경로 차단 대책이 필요하다. 식중독균 감염 경로 차단 대책으로는 원료 식품 취급 시 청결, 식품 취급자의 청결, 환경의 청결에 대한 대책이 있어야 한다.

또한 조리 작업을 할 때 부적절한 냉각, 준비로부터 섭취까지 12시간 이상 경과, 개인위생 불량과 감염자에 의한 식품 취급, 바로 먹을 수 있는 식품의 생식품에 의한 오염, 부적절한 온도에서 조리, 부적절한 염장, 부적절한 재가열, 안전하지 못한 재료의 사용, 부적절한 해동, 파리 등 해충에 의한 오염 등이 있으므로 각각에 대한 구체적이고도 세밀한 대책을 세움으로써 청결하고 위생적인 음식을 섭취할 수 있을 것이다.

5) 단체급식 조리를 위한 선행 조건

단체급식 조리하기 전에 식품의 구매, 검수, 보관, 전처리 과정이 필요하다. 전처리 작업은 씽크대, 조리대, 도마, 칼, 식기류, 기구류 등의 철저한 세정 및 살균・소독을 해야 한다. 조리원의 올바른 식품 취급 습관을 갖도록 교육되어야 하고 전처리 작업은 인건비율이 매우 높은 작업이므로 작업에 소요되는 시간, 작업량, 조리 종사자의 숙련도 및 능력, 근무 의욕, 가공식품의 사용 여부에 따라 영향을 받는다.

6) 급식 생산 계획

급식생산은 주어진 예산 범위 내에서 양적, 질적으로 만족한 음식을 생산하여 피급식자에게 제공하는 것이다. 급식 생산 시에는 양적, 질적, 관능적, 영양적으로 만족되고 미생물적, 위생적으로 안전성이 유지되어야 한다.

급식 생산 계획이란 식단을 기초로 생산할 음식 및 생산량, 식수 인원, 생산 방법, 생산 시기와 장소, 조리원 결정 등을 기록하고 실행되기 전에 생각하고 과정마다 식단이나 작업의 결과를 예측 계획하는 것이다. 급식 생산 계획 시 고려할 점은 다음과 같다.

① 식단을 기초로 음식 종류, 생산량 결정을 위한 식수 인원 파악
② 양질의 음식을 생산하기 위한 표준 조리법에 따른 식품의 분량을 정확히 계산
③ 조리 종사자의 작업 효율과 음식 생산과의 관계를 상세히 지도(작업 소요 시간

및 전처리, 조리법, 배식 방법)

급식 생산 계획은 식단과 생산 수요 예측이 필요하고, 정확한 수요 예측은 원가 조절에 필수적이고 생산량 과부족이 해결된다. 과잉 생산은 비용이 증가되고, 부족 생산은 피급식자가 실망하므로 이때 대치 식단을 준비해야 한다. 급식관리를 효율적으로 운영하기 위해서는 정확한 수요 예측이 필요하다.

① 과거의 기록, ② 급식 식수 파악, ③ 생산 수요 예측 방법(직감에 의한 방법, 공식적 통계자료를 이용한 방법), ④ 급식 생산 계획 회의: 급식 담당 관리자 및 조리 종사자들은 매일 모여 메뉴, 생산 계획을 의논하고 작성된 생산 계획표의 효과를 의논한다.

7) 생산 예정표 작성의 장점

생산 예정표를 작성하기 위해서는 생산성을 측정하여 표로서 작성한다. 급식 산업에서 생산성은 다양한 재원의 투입과 산출의 비율이다. 투입(input)의 요소는 급식에 소요된 비용, 즉 에너지, 노동력, 음식의 생산 과정에 필요한 식재료, 시설 등이며 산출(output) 요소는 음식 또는 급식 수를 의미한다.

급식소의 기능을 수행하기 위해 필요한 종업원의 수와 능력 및 자질을 고려하고 설정된 표준 작업 시간을 기준으로 적정 위치에 적정 인원을 배치하여 업무를 효율적으로 할당하여야 한다.

적정 인원을 배치하기 위해 고려되어야 할 요소는 다음과 같다.

① 급식소의 운영 형태, ② 제공하는 식 수, ③ 식단의 형태 및 사용하는 식품의 종류, ④ 사용하는 기기의 유형, ⑤ 음식의 서빙 방법, ⑥ 종업원의 숙련도, ⑦ 일회용 식기의 사용 여부 등

작업에 필요한 적정 인원을 산정하기 위해서 우선적으로 작업원의 업무를 파악하여 작업을 표준화하고 작업에 소비되는 시간을 측정하여 업무에 따른 인원 수를 산출한 후 작업의 난이도와 작업원의 숙련도를 고려하여 업무별로 적정 인원 수를 결정하여 생산 예정표를 작성한다.

이때 조리 공정에 대한 지시와 작업 시간의 배분, 기기 사용 여건을 고려하여 생산 예정표를 작성한다. 그 결과 작업 공정 지시로 누가 어떤 일을 하고 작업 시간 배분의 장단, 작업의 난이도에 따른 배치 등으로 기록이 남아 있으므로 다음 기간에는 회전식으로 작업하면 균등하게 일이 배분된다.

8) 단체급식 조리 절차 과정

조리에는 전처리 작업과 조리 과정으로 나누어진다.

(1) 전처리

① 계량: 무게를 측정할 때: 저울
부피를 측정할 때: 계량컵, 계량스푼
온도를 측정할 때: 튀김용, 육류용, 캔디용 온도계

② 세정: 쌀 세정: 쌀겨, 무미성분, 먼지 제거
채소류 세정: 기생충란, 농약 제거
어패류 세정: 아가미, 내장 제거

③ 담그기: 흡수와 팽윤의 목적 : 건물, 곡류, 두류
냄새 및 유독한 물질 추출의 목적(아린맛, 쓴맛, 떫은맛)
변색 방지의 목적: 연근, 우엉, 감자류, 과일
염분 추출의 목적: 염장한 생선, 염장한 채소
조미료 침투의 목적: 식품에 맛들리기, 냄새 제거

④ 해동: 냉장시설 이용, 유수 이용, 마이크로 오븐 이용

⑤ 썰기: 썰기는 불가식부 제거, 열전도와 조미료 침투 용이, 모양의 정리(다양한 썰기 방법 포함)

⑥ 갈기 및 다지기: 조직과 세포를 파괴하여 미세한 분상으로 효소 활동을 좋게 한다. 강판, 믹서로 갈기, 칼, 기구 이용으로 다지기

⑦ 섞기: 재료의 균질화: 고기완자, 후렌치 드레싱
열전도의 균질화: 루(roux), 팥소
조미료 침투 용이: 무침, 조림
거품내기 : 메링게, 케이크
점탄성 증가: 경단, 도넛

⑧ 혼합, 교반, 성형

⑨ 압착(누르기), 여과: 짜기: 과즙, 팥소, 초밥, 주먹밥, 편육, 생선묵

⑩ 냉각, 냉장: 감각적 특질(맛, 향기, 질감, 외관), 건조되는 단점

⑪ 동결, 해동: 육류의 크기로 줄지 않음

⑫ 담기: 시각적, 미각적으로 아름다운 음식의 표현으로 음식에 대한 애정 표현, 식욕 증진 효과

(2) 조리 작업

가열 조리에는 습식 가열, 건식 가열, 전자레인지 가열로 분류된다.

① 끓임, 삶기: 재료의 5~7배의 물의 사용
불미 성분 제거, 식품 조직의 연화, 선명한 색깔 유지, 단백질 응고
② 데침: 채소 데치기, 조직의 변화
③ 찌기: 식품의 특성에 따라 온도 및 방법에 차이가 있다.
④ 구이: 직접 구이, 간접 구이, 오븐 구이
⑤ 튀김: 옷입힌 재료 튀김, 해동여부에 따른 형태, 외관, 질감 차이
옷 입히지 않은 재료튀김
⑥ 조림: 양념장의 ⅔는 처음에 넣고 다 익었을 때 나머지 ⅓을 넣고 조림
⑦ 볶기: 소량의 기름 사용
⑧ 전유어: 표면적이 작을수록 잘 지져진다.
⑨ 무치기: 조미료의 종류와 양에 따라 맛이 달라진다.
⑩ 냉각: 초밥의 경우 밥을 식히기
젤리, 냉면, 샐러드 등의 냉각

9) 급식 시설에 따른 적절한 배식 방법

급식 관리자들은 음식 준비가 끝난 후 안전하게 음식을 운반 및 배식해야 한다. 운반 및 배식관리는 음식을 각자의 식기에 담아서 피급식자에게 공급하는 최종 단계의 마무리 작업에 해당된다.

음식은 조리 직후가 가장 품질이 좋기 때문에 조리가 끝난 즉시 피급식자에게 운반, 배식이 되어야 한다. 그러나 생산되는 곳에서 소비(식사)하는 곳까지 떨어진 거리와 걸리는 시간에 따라 음식 품질의 잠재적인 손실이 증가하게 된다. 최근에 음식의 운반, 배식방법 및 사용되는 기기에 대해서 많은 발전을 이루어 왔다. 운반 및 배식 관리의 기본 사항은 다음과 같다.

① 음식과 식기의 조화를 이루고 먹음직스럽게 담겨서 좋은 외관을 유지하여야 한다.
② 적온으로 보존되고, 위생적이어야 한다.
③ 배식 담당원의 태도가 좋아야 한다.

운반 및 배식의 주요 목적은 다음과 같다.

① 음식의 적온과 품질을 유지
② 제공되는 음식이 미생물적으로 안전성을 보장

③ 피급식자에게 외관상 만족스러운 음식을 제공
④ 에너지를 절약
⑤ 노동 시간과 비용을 절감

운반 및 배식관리에 영향을 미치는 요인은 급식의 종류, 급식시설의 규모, 조리원의 능력, 노동비, 기기와 연관된 경제적인 요인, 음식의 일관된 품질과 미생물적 안전성, 식사 제공을 위해 필요한 시간 계획, 필요한 면적과 그 면적의 유용성을 모두 포함하는 급식제도의 유형에 적합한 운반과 배식관리를 하게 된다.

급식 제도의 유형에 따라 운반 및 배식관리가 다르므로 네 가지의 급식 제도의 유형에 따라 운반과 배식 방법 형태가 결정된다.

10) 배식 방법의 형태

(1) 중앙 집중식 배식 방법

공동 조리장에서 준비된 음식을 원거리에 있는 급식소로 운반하는 방법이다. 이 때에 준비된 음식은 대량 혹은 1인분씩 포장하여 냉동, 냉장 혹은 보온된 상태로 운반된다. 냉동의 경우는 재가열하고, 냉장 및 보온의 경우는 뚜껑 있는 콘테이너에 넣어서 넘치지 않도록 주의하여 운반해야 한다.

음식의 운반에는 식사 시간에 맞게 따뜻하게 배식되도록 시간을 맞추는 것이 중요하다.

(2) 분산식 배식 방법

많은 양의 음식을 한 곳에서 만들어 여러 곳에 정해진 수량만큼 배분하고 이곳에서 피급식자에게 배식하는 방법이다. 주로 병원 급식에서 많이 이용되는 배식 방법이다.

분산식 배식은 중앙식 배식보다 식기저장 장소가 많아지고 종업원의 수도 많아지게 된다. 또한 음식이 배식 및 운반 때 감독자가 신속히 움직이지 못하면 감독자의 수가 많게 된다. 분산식 배식 방법은 건물 구조가 낮고 넓을 때 적절하고, 중앙 집중식 배식은 배달이 곤란하거나 장거리 운반해야 할 때 온도 유지에 주의하여야 한다.

11) 배식 시 온도 보존 방법

적온 유지는 맛있는 음식 조건 중에서 절대적인 요소라고 할 수 있다. 단체급식은 적온에 관한 시스템과 기술이 필요하다. 음식물은 서비스가 없으면 단순한 음식물에 지나지 않지만 요즈음에는 서비스가 강조되고 있다.

적온을 강조하는 서양요리나 중국요리가 보급되면서 적온 서비스는 단순한 작업의 시간만으로 성립되지 않고, 보온기기의 도입만으로도 이루어지지 않는다. 결국 기기설비나 적온 기술은 얼마만큼 '시스템으로 성립'하는가에 달려있다.

배식은 음식을 담아서 피급식자에게 서빙하는 작업으로 급식 생산의 최종 단계의 마무리에 해당하는 부분이며 품질관리상 매우 중요하다.

대부분 음식은 조리 직후가 가장 질이 좋다. 조리 생산과 음식 섭취가 공간적, 시간적으로 분리되어 있으므로 조리 생산 단계에서 운반 배식되는 시간과 거리가 클수록 음식 품질의 잠재적인 손실이 증가된다.

3. 급식 평가

음식 종류별로 또는 조리 방법별로 개발된 평가지에 의한 검식과 기록은 급식 활동을 통제하고, 계획 및 실행 과정을 개선하고 조정하는데 좋은 근거가 된다.

1) 검식

검식은 단체급식소의 급식 실시에 따른 의무 사항으로 완성된 조리가 계획된 식사의 내용으로 적정한지 평가하기 위하여 배식하기 전에 배식할 1인분량을 상차림하여 영양, 분량, 관능, 기호, 위생적인면 등을 종합적으로 평가하여 기록 보관하는 급식관리의 절차이다.

검식의 필요성은 완성된 음식을 평가함으로써 식사에 대한 불만이나 문제 발생을 줄이고 새로운 식사 계획에 반영하여 급식의 개선 자료가 된다.

검식은 객관적으로 실시하여 잘못된 것은 즉시 조정하고 재발생되지 않도록 한다. 검식에 참여하는 자는 식품위생관리사, 영양사, 조리실장 등 최소한 2인 이상이며 그날 배식할 때 사용된 그릇, 분량, 음식의 온도 및 상차림 등 조건을 똑같이 하여 검식하거나 5인 이상 모니터링하여 그 결과를 기록하여 저장한다.

2) 검식부의 구비 사항

검식 방법은 전산으로 출력된 검식일지에 A(양호), B(보통), C(불량)으로 기록한다. 검식일지 기록 시 검식자 서명이 반드시 필요하다. 검식 항목으로는 맛, 외관, 색상, 위생적인 조리 상태 등이다.

검식 후의 조치는 평가 "B"일 경우는 재조리, 재등급하고 평가 "C"일 경우는 폐기로 검식일지에 기록하고 그 조치 사항은 영양사에게 권한이 있다.

검식 시는 급식소의 시설과 작업 능력, 배식 상황 등을 고려하여야 하며, 검식 후에는 반드시 검식부를 작성하여 보관해야 하며 검식부에는 반드시 검식 일자, 식단명, 평가 내용, 검식자의 날인 등을 기록하여야 한다.

검식부에는 메뉴, 요리에 대하여 분류하여 검식하게 된다. 메뉴에 대하여 요리와 맛의 조화 방법, 1인 분량, 상차림 방법을 관찰하고 각 요리에 대하여 맛과 양과 온도를 확인, 평가한다.

검식 시 주의 사항은 다음과 같다.

① 혀 전체로 맛을 본다. 맛에는 짠맛, 단맛, 쓴맛 등이 있는데 맛을 느끼는 부위가 다르기 때문이다.

② 맛보기는 한 번만 한다. 맛을 여러 번 반복하여 볼 경우 혀가 둔감해져 맛을 제대로 볼 수 없기 때문에 다시 맛을 볼 때는 잠시 사이를 두어 물로 입안을 헹군 다음 보도록 한다.

3) 보존식의 정의 및 필요성

식중독 사고 발생에 대비하여 검체로써 정착한 기능을 가진 냉장고에 급식으로 제공된 요리 1인분을 72시간 이상 보존하여 식중독 사고 발생의 원인을 확인하기 위하여 보존하는 것을 보존식이라고 한다.

만일 사고가 발생할 경우는 보건소에 72시간 경과한 급식 내용, 다소 변패한 것도 보관하여 보건소에 제출해야 한다. 검식은 단체급식소에서 음식 조리가 완료되면 배선까지의 사이의 식사에 대한 불만 및 문제점이 없도록 영양적, 위생적, 기초적인 관점에서 식사를 검토하여 검식일지에 그에 대한 의견과 느낌, 보완 및 개선점을 기재한다.

4) 급식 평가의 방법

급식을 평가할 때 많은 자료에 기반을 두고 가장 적절한 방법을 선택하여 객관성을 높이는 것이 중요하다. 평가한 후 계획과 동일하지 않을 경우는 계획을 수정하며, 수정된 계획을 기초로하여 다시 실시하여 되풀이한다.

급식 평가 대상은 급식 생산 조직 체계를 운영할 때 통제 및 피드백 과정에 수행되는 내용으로 급식 생산 과정에서 평가되는 것이다.

평가 대상은 식단(식단 평가표, 영양가 산출표), 피급식자의 식사에 대한 반응(섭취 정도 조사, 기호도 조사, 만족도 조사), 위생(위생 점검표, 미생물 검사), 수량(산출량 조사), 재(검수일지, 영구 재고 조사, 실사 재고 조사), 작업(작업 측정, 생산성 분석), 종업원의 직무 태도(종업원의 직무 만족도 조사, 종업원의 업적 평가 조사), 시설(조리장 점검표), 재무(대차 대조표, 손익 계산서, 재무 관련 자료 분석) 등이 있다.

〈표 4-1〉 식단평가 점검표의 예

항 목	응 답 란	
	예	아니오
영양 -모든 식단이 영양 요구량을 만족시키는가? -비타민 C가 풍부한 식품이 자주 포함되었는가? -비타민 A가 풍부한 식품이 1주일에 두 번 이상 포함되었는가? -철분이 풍부한 식품이 자주 포함되었는가?		
관리 -현재의 재고 품목이 식단 계획에 반영되었는가? -식단의 조리를 위해 기기 사용이 적절히 분배되었는가? -종업원의 작업량이 적절히 분배되었는가? -계획된 식단의 조리 방법이 종업원의 기술 수준과 일치하는가?		

항 목	응 답 란	
	예	아니오
관능 -색상의 조화가 이루어졌는가? -풍미의 조화(단백한 맛, 신맛, 단맛)가 이루어졌는가? -형태의 크기의 다양성이 있는가? -질감(바삭바삭함, 단단함, 부드러움)의 대조가 이루어졌는가? -어린이의 기호에 적합한 것인가?		
기타 -계절 식품의 적절한 사용이 이루어졌는가? -주기에 따른 식품비의 적절한 분배가 이루어졌는가? -예산 범위 내의 식단 계획인가?		

(1) 식단 평가표에 의한 평가

메뉴 평가표를 작성하여 식사자를 대상으로 조사하여 고객이 평가 내용을 점수화하여 식단을 분석하여 개선한다.

(2) 식단에 대한 고객의 반응 조사에 의한 평가

① 기호도 조사: 설문조사, 그날 배식 시 조사
② 섭취 빈도 수 조사
③ 잔반량 조사: 실측법, 관찰법, 설문조사법

고객의 식사에 대한 반응 평가는 다음과 같다.

① 섭취 정도 조사는 한 개인이 실제로 섭취한 음식의 양이나 종류, 섭취량 조사는 실제 계측방법, 집합 선택계측방법에 의하여 측정한다.
② 고객의 수용도(음식이 실제 주어졌을 때 나타내는 선호도)와 기호도(음식 품목 명에 대해 나타내는 선호도)의 측정 시 가장 많이 이용되는 척도로는 범주 척도, 비율 척도, 빈도 척도가 가장 많이 이용된다.
③ 고객 만족도 조사는 시설, 식단, 식사의 양과 질 및 서비스에 대한 기대가 충족되어야만 만족할 수 있다. 소비자의 만족도를 조사하기 위하여 이용되는 방법은 IPA(Important Performance Analysis)를 들 수 있다.

5) 수용도와 기호도 조사

수응도와 기호도의 측정 시 가장 많이 이용되는 척도로는 ① 범주 척도, ② 비율 척도, ③ 빈도 척도 등을 들 수 있다. 이 중에서 범주 척도가 가장 자주 이용되는 방법이다. 정해진 범주를 이용하는 방법으로서 음식에 대해 좋아하거나 싫어하는 정도를 여러 등급 중 하나로 평가하면 된다.

기호도 조사 방법에는 9점 기호도 척도법, 7점 기호도 척도법, 관능 검사지 조사법, 기호도 조사 설문지법 등이 있다. 그 예는 다음과 같다.

〈표 4-2〉 9점 척도법

굉장히 좋다.	9
매우 좋다.	8
좋다.	7
약간 좋다.	6
보통이다.	5
약간 나쁘다.	4
나쁘다.	3
매우 나쁘다.	2
굉장히 나쁘다.	1

6) 잔식량 조사

식단 평가를 위해서는 식사자의 섭취 정도 조사, 기호도와 수응도 조사, 배식량 조사, 잔식량 조사를 해야만 실제 섭취량을 추정할 수 있고 영양소 섭취량을 분석 산출할 수 있다. 이것에 근거하여 영양권장량과 비교 분석하여 식사자의 건강 유지, 건강 증진, 질병 예방, 질병 치료에 기여할 수 있다.

실제 계측법은 시간과 노력의 비용이 많이 들기 때문에 이러한 복잡성을 개선한 집합 선택 계측 방법에 의해서 잔식량 측정 방법이 더 많이 활용되고 있다.

$$\text{1인 1식에 대한 평균 잔반율(\%)} = \frac{\text{메뉴 품목별 잔반량 집합 총량의 합계}}{\text{1식에 대한 평균 배식량}} \times \frac{1}{\text{참여 인원 수}} \times 100$$ 이다.

4. 급식관리와 전산

현대 생활은 고도의 자동화 시대에서 다량의 정보를 신속하고 정확하게 처리하므로 컴퓨터 사무 자동화나 기업의 경영 정보 체계에서 필수적인 요소로 이용되고 있다. 최근 단체급식소에서도 급식 사무의 합리화를 도모하기 위하여 컴퓨터가 도입되어 급식관리의 계획 및 통제 기능 등 급식 경영 정보 관리에 유용하게 쓰이고 그 기능을 발휘하고 있다.

컴퓨터 활용은 급식 경영에서 비용을 절약하여 생산성을 증가시키고 보다 효율적이며 고객에 대한 서비스를 개선시키기 위한 것은 물론 투자 효과를 증대시키고 종업원들의 직업 의식 향상을 도모하는데 필수적이다.

컴퓨터는 표준화된 계획 수립, 의사 결정, 사후 관리 등에 강점을 발휘하므로 영양 상담 및 위생 상담에 관하여 컴퓨터 프로그램을 개발하여 활용한다면 상담 요원의 개인차에도 불구하고 영양 및 위생 상담의 일정한 최소 수준을 보장받을 수 있고 효율적이고 정확한 결론을 얻을 수 있어 사후 관리가 쉬워질 수 있다.

3 재료관리

1. 구매관리

1) 구매관리의 의의와 목적

급식관리에서 식재료 관리라 함은 식사 계획에 의하여 식재료를 구입하고 식품의 특성에 맞는 방법으로 보관을 하여야 한다. 정해진 예산 범위 내에서 가능한 한 신선하고 좋은 식품을 필요한 시기에 적정량을 적정 가격에 구입하고 사용할 때까지 그 품질을 보존하면서 안전하게 보관하는 것은 매우 중요하다.

이와 같은 예산을 유효하게 사용하기 위해 더 좋은 재료를 확보하고 식재료 관리를 효과적으로 하기 위한 것이 식재료 관리의 목적이라고 할 수 있다. 얼마나 피급식자에게 먹는 즐거움을 주는 맛있는 음식을 제공하느냐는 재료의 구입에 의해 결정된다고 해도 과언이 아니다. 이러한 목적을 달성하기 위해서는 식품에 대한 지식, 구입 방법, 업자의 선정, 식품 감별법, 검수 방법, 보관 방법 등 전문적인 지식과 기술이 요구된다. 식재료 관리 업무의 흐름과 내용은 다음과 같다.

1단계: 예정 식단
2단계: 구입계획(공급원 선정, 구입 식품 결정, 가격 조사, 구입 방법 결정)
3단계: 발주(발주량 산출, 발주 방법 결정)
4단계: 남품・검수(식품 감별 방법, 검수 방법 결정)
5단계: 보관(보관 방법 선정, 품질 관리, 재고 관리)
6단계: 조리

2) 구입 계획

급식에 맞는 적절한 양과 식품을 선택하기 위해서는 식사 계획에 의하여 구입되어야 한다. 단체급식에 사용되는 식재료의 조건은 아래와 같다.

① 식단에 의한 종류와 형태일 것
② 신선하고 양질이어야 할 것
③ 위생적이며 안전할 것
④ 적정 가격일 것
⑤ 적정한 양이 적시에 공급되어야 할 것
⑥ 취급과 보관 방법이 다량 조리의 조건에 맞을 것

(1) 식재료의 분류 및 구입 방법

① 식품의 보관 조건과 보관 기간에 의한 분류: 식재료의 분류는 보관 기간과 보관 조건에 의한 분류가 일반적으로 사용되고 있다. 보관 기간에 따른 분류는 구입하여 바로 소비하는 생선 식품과 구입하여 필요에 따라 사용하는 저장 식품 및 냉동 식품으로 구분한다.

〈표 4-3〉 보관 조건, 보관 기간별 식품 분류

	보관 조건	보관 기간	식품 예
생선 식품 (당일 소비 식품)	냉장 보관	1~3일	생선, 육류, 채소, 과일, 우유, 계란, 두부, 생면
저장 식품 (상비 식품)	실온	1주간~1년간	쌀, 스파게티, 두부, 건조식품, 병조림, 유지류, 조미료
냉동 식품	냉동	3개월~2년간 (-18℃)	냉동생선, 냉동육, 냉동채소, 냉동과일, 냉동튀김, 냉동크로켓

② 가공도별 분류: 최근의 조리 작업의 간소화로 인하여 조리 가공식품이 단체급식에서 사용되는 빈도가 증가하고 있다. 가공도별 분류는 아래 표와 같다.

〈표 4-4〉 가공도별 식품 분류

분 류		실 온	냉 장	냉 동
1차 가공품	채소류	각종 채소통조림, 병조림, 절임류(김치류 포함)	절임류(김치류 포함), 절단채소, 양배추 등	냉동채소, 냉동완두콩
	어육류	건조 어육류	육포(썰은 고기류)	
	조미료류	설탕, 주류, 된장, 간장 소금, 식물성 기름		
2차 가공품	채소류	잼, 넥타		
	계란류			오믈렛
	어육류		햄, 소시지, 베이컨, 훈제류	햄버그, 크로켓, 튀김류, 파이껍질
	조미료류	소스통조림류, 수프류(가루·통조림)	소스류, 마아가린, 마요네즈	소스류
3차 가공품		제과, 칡가루		햄버그, 크로켓, 튀김류

(2) 식품 구입의 기준 자료

① 물가 파악: 식품 구입 계획을 세우기 전에 시장의 도매 시세, 구입 단가, 소비자 물가지수, 신문의 물가란을 이용하여 정보를 수집하고 이용하면 유리하다.

② 출하기 파악: 최근에는 생산 기술의 발달로 식품의 출하기가 연장되거나 또는 연중 생산되고 있다. 또 수입 자유화로 인한 외국의 수입 식품도 많이 출하되고 있다. 그러나 식품의 출하기를 정확히 알고 있으면 가격도 싸고 영양가와 맛이 좋은 식품을 구입할 수가 있다. 특히 어패류, 채소류, 과일류는 출하기를 알아두면 편리하다.

③ 유통 기구 파악: 식재료가 생산자로부터 소비자에게까지 들어가는 경로는 식품의 종류에 따라 다르다. 유통 경로가 복잡할수록 유통 경비와 이익이 더하여지므로 값싸고 신선한 식품을 파악하는 것이 중요하다.

3) 구입 방법

구입 방법으로서는 산지 직결 구입, 도매업자에 의한 구입, 업자에 의한 구입 등 여러 방법이 있다. 신선하고 안전한 식품을 싼 가격으로 구입하기 위해서는 충분히 연구하여 업자 선정을 하여야 한다.

(1) 집중 구매와 분산 구매

① 집중 구매 방법

기업이 필요로 하는 물품을 한 개 업소에서 집중시켜 구매하는 방식이다.

장점: -일관된 구매 방법을 확립할 수 있다.
-구매 방법과 비용이 절약된다.

단점: -한 개 업소에서 여러 가지를 취급하므로 비전문적이고 능률이 저하된다.
-긴급 구입 시 구매가 어렵다.

② 분산 구매 방법

각 업소별로 필요한 물품을 분산해서 구매하는 방식이다.

장점: 구매 절차가 간단하고 능률적이며 긴급시 유리하다.

단점: 장비가 많이 들고 고가로 구입하기 쉽다.

(2) 정기 구매와 수시 구매

① 정기 구매 방법: 계속적으로 사용되는 물품 구입 시 이용되는 방식으로 표준 재고량이 일정량에 도달하면 자동적으로 구매하는 경우와 구매 계획에 의하여 정기적으로 구매하는 경우가 있다.

② 수시 구매 방법: 구매요구서가 들어올 때마다 수시로 구매하는 방법이다.

(3) 정기 계약 구매와 당용 구매

① 정기 계약 구매 방법: 어떤 물품이 계속적으로 필요할 때 정기 계약을 체결하고 일정한 시기마다 일정량씩 납품되도록 하는 방식이다.

② 당용 구매 방법: 당장 필요한 물품을 그때그때 즉시 구입하는 방식이다.

(4) 일괄 위탁 구매

구매하고자 하는 물품이 소량이면서 다양한 경우 특정업자에게 구입 원가를 정하고 일괄 위탁하여 구매하는 방식이다.

4) 구매 절차

(1) 필요성의 인지

어떤 품목의 원재료가 얼마만큼 왜 필요한가를 구매 부문에 구체적으로 인정시키는 과정이다.

(2) 필요성의 기술

특정한 원재료의 구입의 필요성이 인지되면 그것을 구매 요구서에 필요한 양과 가격을 정확히 기술하여 구매 부문에 송부한다. 구매 부분의 실질적인 구매 활동은 이 구매 요구를 접수함으로써 시작된다. 구매 요구서는 2통을 작성하여 1부는 구매 담당부문에 보내고 1부는 구매 요구부문에서 보관한다.

(3) 공급원의 선정

구매 요구서를 검토한 후 구매하여야 할 원재료가 결정되면 다음에는 어디에서 누구로부터 그 원재료를 구입할 것인가를 결정하여야 한다. 공급원을 선정할 때에는 아래와 같은 조건을 고려한다.

① 업자의 규모, 시설, 경영 내용, 신용, 판매 실적 등이 좋은 곳
② 입지 조건, 교통 사정, 운반 능력 등이 좋은 곳
③ 위생 시설, 보관시설이 좋은 곳
④ 서비스가 좋은 곳

(4) 가격의 확인

가격 확인 절차는 구매자와 공급자의 양쪽을 법률적으로 규제하는 중요한 항목이기 때문에 반드시 해야 한다. 일반적으로 구입하려는 품목이 표준품일 경우에는 목록을 보고 결정하고, 표준품이 아닌 경우에는 구매자와 공급자 간의 협의로 결정한다. 또 구매 방법이 경쟁 입찰일 경우에는 입찰 가격으로 결정한다.

(5) 발주(주문)

이상의 절차가 끝나면 발주를 한다. 일정한 양식을 갖춘 문서에 의해 행해지고 이것은 구매표(주문서)에 의해 공급자측에 발송한다.

(6) 주문의 독촉

주문의 독촉은 중요한 품목을 주문했거나 주문서를 공급자가 받지 못한 경우 또는 납품 기일을 지키도록 공급자에게 강조하기 위한 절차이다.

(7) 납품서의 체크

구매 담당자가 지참한 납품서를 주문서와 대조하여 체크하고 주문한 물품이 도착하였을 때의 수령 전표와도 대조하여 오류가 없이 모든 절차가 끝나면 물품의 대금 지불을

위하여 회계부문으로 넘긴다.

(8) 기록과 파일의 보존

이상의 모든 절차가 끝나면 구매 담당자는 그간의 구매 업무와 관련된 모든 기록과 자료를 파일로 보관하여 다음 주문시에 참고가 되도록 한다. 구매 주문서는 법률적인 계약 서류이므로 상당 기간 보관하여야 한다.

(9) 수령 및 검수

도착된 물품을 수령하고 불량품 여부, 수량 확인 등을 체크하고 수령한다.

검수라 함은 업자가 납품한 물품이 발주한 것과 같은가를 현품과 발주 전표를 대조, 점검하여 수령하는 작업이다.

- 검수 내용: 발주 전표와 납품 전표를 현품과 대조하는데 수량, 품질, 중량, 가격, 규격, 위생 상태 등을 관리 책임자가 엄정한 태도로 행한다. 부적격품이 납품되었을 때는 반납하고 대체품을 의뢰하거나 대치가 빠른 시간 내에 되지 않을 때는 급히 일부 식단을 변경하여야 한다.
- 검수 방법

① 전수 검사법: 납품된 식재료를 전부 하나하나 검사하는 방법이다. 시간과 노력이 많이 걸리고 경제적으로 불리한 경우도 있다. 또 물품의 성질상 전수 검사가 사실상 불가능한 경우도 있다.

② 발취 검사: 납품된 식재료 중에서 시료를 뽑아서 검사하여 그 결과를 판정 기준과 대조하여 합격, 불합격을 판정하는 방법으로 확률도 비교적 높고 현실적인 방법이다. 검사 항목이 많은 경우 대량 구입으로 어느 정도 혼입되어도 무방한 경우, 검수 비용과 시간을 절약해야 할 경우 또는 파괴 검사일 경우에 많이 이용한다.

(10) 입고

마지막으로 창고에 물품을 입고시킨다.

5) 구매 계약

계약 방법에는 크게 경쟁 입찰 방법과 수의 계약 방법이 있다.

(1) 경쟁 입찰

① 일반 경쟁 입찰: 입찰 및 계약에 관한 사항을 신문 또는 게시와 같은 방법으로 일정 기간 동안에 일반에게 널리 공고하여 응찰자를 모집하고 입찰에 있어서 상호 경쟁을 시켜 가장 타당성 있는 입찰 가격을 제시한 응찰자에게 낙찰시키는 계약방법이다.

장점: -공평하고 경제적이다.
-정실 의혹을 방지할 수 있다.

단점: -긴급 시 조달 시기를 놓칠 수 있다.
-자본, 신용, 경험이 부족한 업자가 응찰하기 쉽다.
-공고로부터 개찰까지의 수속이 복잡하다.

② 지명 경쟁 입찰: 특정한 자격을 구비한 업자만이 계약 내용을 이행할 수 있다고 판단할 때 이러한 자격을 갖춘 업자만이 지명해서 경쟁 입찰시키는 계약 방법이다. 절차는 업자를 선정하여 입찰 안내서를 발부하고 입찰에 응하도록 하며 나머지 절차는 일반 경쟁에 준한다.

장점: -절차가 간단하고 경비가 절약된다.
-계약 이행의 확실성이 보장되고 경제성도 어느 정도 확보된다.

단점: -계약에 독단성이 조성될 수 있다.
-업자간에 업무 내용이 동일하여 담합할 기회가 많다.

(2) 수의 계약

계약 내용을 경쟁에 붙이지 않고 이것을 수행할 수 있는 자격을 가진 특정인과 계약을 체결하는 방법이다. 이 계약 방법은 특정한 업무와의 계약이 가장 유리하다고 판단될 때 이용하는 방법이다. 일반적으로 특허품이나 독점품이 정해져 있는 경우, 특수한 기술이 필요한 경우, 납기가 급한 경우, 기밀 유지가 필요한 제품인 경우에 많이 이용된다.

장점: -절차가 간편하고 경비와 인원을 줄일 수 있다.
-신용이 확실한 자를 선정할 수 있으므로 안전하다.

단점: -취급에 공정성을 잃고 정실에 흐르기 쉽다.
-불리한 가격으로 계약하기 쉽다.
-숨은 유능한 업자를 발견하기 어렵다.

(3) 계약 시 주의할 점

① 지불 조건을 명시한다.: 대금 지불 조건에 의하여 가격이 영향을 받는 일이 있으므로 계약 시에 명시하는 것이 좋다. 일반적으로 월말 마감으로 다음달에 지불 일을

정하고 현금이나 수표로 지불한다.

② 품질을 포함한 적정 가격으로 계약한다: 가격이 저렴하여도 품질이 좋지 않아 폐기량이 많아지면 가식률이 감소하므로 좋은 품질의 식재료를 적정한 가격인지 검토, 판단하여 계약한다.

6) 식품의 감별법

식품의 감별은 관능검사(감각적 판단)와 이화학적 방법(객관적 검사)이 사용된다.

(1) 관능검사

시각, 미각, 촉각, 후각, 청각의 오감에 의하여 물품을 감별하는 방법인데 경험에 의한 숙련이 필요하다.

(2) 이화학적 방법

일반적으로 관능검사로 감별이 안 되는 특별한 문제가 있을 때 이용한다.

① 물리적 방법: 경도, 건조도, 용량, 온도, 비중, 융점, 응고점 등을 측정하여 판단한다.

② 화학적 방법: 성분, 유사성 첨가물, 항생물질, 농약 등을 분석하거나 pH, 효소활성 등을 정한다.

③ 세균학적 방법: 세균수, 병원균을 측정한다.

〈표 4-5〉 식품의 감별 방법

식품명	검 수 방 법(감별방법)
고구마 감자	병충해, 상처, 부패, 발아가 없는 것. 형태가 고르고 껍질이 깨끗한 것이 좋다.
토란	신선하고 껍질이 건조하지 않은 것을 고른다. 씻겨져 있는 것은 표면이 굳어져 있어 오래가지 못한다.
참마	털뿌리가 적고 곧바로 뻗어 있으며 병충해 등이 없는 것이 좋다.
송이버섯	갓이 피지 않고 봉오리 모양의 것을 고르며 대가 단단하고 건조하지 않고 갓이 광택이 있고 향기가 좋은 것이 좋다.
건조버섯	건조가 좋고 변색, 변질되지 않으며 모양이 고른 것이 좋다.
쇠고기 돼지고기	식품위생법에 저촉되지 않고 규정적인 규격품을 고르면 걱정할 필요가 없다. 쇠고기는 적색, 돼지고기는 분홍색이면 좋으며 탄력이 있고 고유의 냄새가 있는 것이 좋다.
닭고기	신선한 광택이 있고 냄새에 이상이 없고 특유의 향기를 가지며 흐린 적색이나 흰색이 좋다.

식품명	검 수 방 법(감별방법)
소시지, 햄	제조연월일을 확인하고 절단했을 때 탄력이 있고 향기와 특유의 훈연한 냄새가 있는 것이 좋다.
베이컨	특유의 훈연한 냄새가 있고 광택이 있는 것이 좋으며 마른 것은 좋지 않다.
난류	표면이 까실까실하고 오염이 되어 있지 않은 것으로 일광에 비추어 보아 난황부가 약간 작게 보이고 기실이 적은 것이 좋다.
당근	모양이 통통하고 윗부분과 아랫부분이 거의 일정할 정도로 살찌고 갈라지지 않은 것이 좋다.
미나리	잎이 신선하고 줄기를 부러뜨렸을 때 쉽게 부러지고 단 자체가 흐트러지지 않아야 한다.
무	무 속이 꽉 차 있고 무거우며 잔뿌리가 적은 것이 좋다. 얼거나 속에 바람이 든 것은 좋지 않다.
더덕	모양이 일정하고 색상이 누렇지 않고 흰 것이 좋으며 퍼석퍼석해서는 안 된다.
쑥갓	대가 짧고 잎이 시들지 않고 가지런히 정리되어 있는 것이 좋으며 꽃대가 없어야 한다.
시금치	잎사귀가 넓고 녹색이 짙고 광택이 있는 것이 신선하다.
양파	촉감이 단단하고 딱딱한 것이 좋으며 속이 차고 성숙한 씨가 없는 것이 좋다.
애호박	연두색의 윤기가 흐르고 단단한 것이 좋으며 속이 차고 성숙한 씨가 없는 것이 좋다.
오이	형태가 곧고 가시가 있는 것으로 무거운 느낌이 나는 것이 좋다.
가지	표면이 매끄럽고 윤기가 있으며 자랐을 때 성숙한 씨가 없고 꽉 차 있는 것이 좋다.
사과	색깔이 좋고 향기가 있으며 당도가 높고 윤기가 나야 한다.
배	윤기가 있고 당도가 11 이상이며 모양이 둥글고 수분이 많은 것이 좋다.
귤	수분이 많고 신맛이 적어야 하며 껍질이 얇은 것이 좋다
단감	주홍색이 나고 표면이 매끄럽고 떫은 맛이 없고 육질이 부드러운 것이 좋다.
파인애플	약간의 노란색을 띠는 것이 좋으며 향기가 좋고 단맛이 나는 것이 좋다.

2. 저장관리

1) 보관 설비

납품된 식재료는 검수 후 사용할 때까지의 품질 유지, 위생면을 고려하여 사용할 때까지 적절히 보관할 필요가 있다. 식재료에 따라 저장에 알맞는 조건을 찾아 저장하고 사용할 때까지 그 품질을 유지하도록 하여야 한다. 식품에는 저온 장애를 받는 식품(예, 바나나의 검은 반점, 파인애플의 후숙 불량, 토마토의 이상 연화)이 있으므로 특히 저장 온도에 유의하여야 한다.

2) 저장관리의 원칙

효율적인 저장관리를 위해서는 아래와 같은 원칙에 따라 관리하면 좋다.

(1) 저장 위치 표시의 원칙
저장된 물품의 위치 표시가 정확해야 출고 때에 시간과 노력이 절약된다.

(2) 품질 보존의 원칙
최초로 납품된 품질이 그대로 사용할 때까지 유지되도록 저장 온도와 습도 등을 고려하여 저장하여야 한다.

(3) 분류 저장의 원칙
저장되는 물품은 종류별, 구역별로 분류하여 저장하여야 하다.

(4) 공간 활용의 원칙
물품을 저장하는 기본 공간 이외에도 물품을 운반할 수 있는 장비의 이동 공간이 필요하다.

(5) 선입 선출의 원칙
먼저 입고한 물품은 먼저 출고하여 사용한다는 원칙이다.

3) 저장 시설의 종류

(1) 식품 창고
① 보관 창고: 곡류, 조미료, 건물류, 통조림, 병조림류, 채소류, 침채류 등을 보관한다.
- 곡류 창고: 미곡 창고는 습기와 쥐, 기타 해충 및 환기에 유의하여야 한다. 환기 방법에는 자연 환기와 기계 환기의 두 가지 방법이 있다. 자연 환기는 창문을 이용한 환기로 바닥과 천장으로부터 약 50cm 높이에 구멍이나 창문을 두고 창에는 방충망을 설치한다. 기계 환기는 환기창을 바닥에서 30~50cm 높이에 두고 배기용 환풍기를 천장이나 천장 가까이에 설치한 다음 벽에서 70~100cm 정도 공간을 두고 곡물을 쌓는 것이 좋다.
- 건어물, 조미료, 통조림 창고: 건어물은 방습성에 뛰어난 용기에 분류하여 수납한다.

선반은 목재나 스테인리스가 좋으며 4~5단 정도로 설치하고 선반의 폭은 60cm이내가 사용하기에 편리하다.

- 침채 식품: 침지액이 넘쳐 흐르지 않도록 위생적으로 관리한다.

② 저장시의 유의점

- 온도, 습도, 화기를 조절한다.
- 쥐, 파리, 바퀴 등의 침입을 막는다.
- 배치 장소는 사용 빈도, 중량, 식품의 특성 등을 고려하여 결정한다.
- 수납한 순서대로 사용하면 편리하다.
- 창고는 정기적으로 청소하고 식품 관계자 이외에는 출입을 통제하고 창고 관리의 철저를 기하도록 한다.

(2) 냉장고(실)

① 보관 식품: 어패류, 육류, 채소류, 과일류, 콩제품, 우유, 유제품, 고형 유지류(버터, 마가린), 조미된 식품 등을 보관한다.

② 저장 시 유의점

- 식재료에 따라 저장 적온이 다르므로 어패류, 육류, 계란, 채소류로 나누어 구분하여 저장하는 것이 좋다.
- 식품을 대량으로 수납했을 때는 냉기의 대류를 방해하므로 수납량은 냉장고 용적의 60~65% 정도로 하는 것이 이상적이다.
- 냉장고에 수납되어 있어도 오랜 기간 안전하지 못하므로 식품의 선도 확인을 반드시 하고 온도 유지가 10℃ 이하가 되도록 유의한다.
- 가열한 것을 넣을 경우는 상온까지 식힌 후 저장하는 것이 좋다.
- 냉장고 내는 정기적으로 청소하고 깨끗하게 유지되도록 한다.

(3) 냉동고(실)

① 보관 식품: 각종 냉동 식품, 완전 조리 식품, 반조리 식품 등

② 저장 시 유의점

- 장기 보존이 많으므로 냉동고의 온도가 -18℃ 이하가 되도록 관리한다.
- 일반적으로 급속 동결(-30℃ 이하)이 품질 저하가 적다.
- 제조 가공 연월일이 확인될 수 있게 표시하고 품질 보존 기간 내에 사용한다.
- 식품의 저장 장소는 생것, 조리된 식품, 반조리 식품 등을 구분해서 일정한 위치에 저장하도록 한다.

4) 재고관리

식재료의 입고와 출고는 전표에 의하여 이루어지므로 재고량과 식품수불부는 대채로 일치한다. 그러나 보관 중에 약간의 손실이 있을 수 있으므로 월말에 정기적으로 체크할 필요가 있다. 재고량 조사는 원가 관리의 자료가 된다.

(1) 입고

입고라 함은 납품된 재료를 창고에 넣는 일로써 업자는 지참한 납품서에 의하여 입고 전표를 작성하는데 생략할 때에는 그대로 입고 전표로 사용한다. 식품수불부의 입고란 양과 단가 등을 옮겨 기재하고 재고량을 산출하여 기록한다.

(2) 출고

출고라 함은 식재료를 사용 시 꺼내는 작업을 말한다. 이때 출고 전표를 작성하여 식품수불부의 출고란에 내용을 기재하고 재고량을 산출하여 기록한다.

(3) 재고량

어떤 시점에서 창고에 보관되어 있는 양을 말한다. 입고에 의하여 증가하고 출고에 의하여 감소한다. 생선은 입고된 당일 또는 2일 이내에 출고되어서 재고량이 0이 되는 상태가 적절하며 비상식품은 하한량 이하가 되지 않도록 일정량을 확보해 둔다.

(4) 재고조사

재고품의 수량, 품질을 정기적으로 조사하고 실제량과 식품수불부의 재고량과 대조한다. 기재 누락이나 오차, 계량 감소, 품질 저하 등에 의하여 오차가 생겼을 때는 식품수불부의 적요란에 기입하여 재고량을 수정한다.

이때 원인을 분석하여 개선 방향을 검토한다. 일반적으로 재고조사는 월말에 실시하고 결산 시에 그 결과를 잔고로 계산한다.

(5) 재고 회전율

재고 회전율이란 재고관리를 평가하는 방법으로 가장 널리 쓰이는 방법으로 현재 보유하고 있는 재고 품목들이 얼마나 빈번히 주문되고, 이 품목들이 어느 정도의 기간 동안 사용되어지는지를 계산하는 것을 말한다.

즉 재고 회전율은 일정 기간 중에 재고가 몇 차례 사용되고 또는 판매되었는가를 의미하는 것으로 재고 회전율치 계산은 실제 재고가 있을 때 주로 1달에 1회 산출한다.

4 위생 및 안전관리

1. 위생관리의 의의

위생(sanitation)의 어원은 라틴어로 sanitas로 건강을 의미하는데, 급식소에서 위생이란 식품이 질병을 유발하는 물질(미생물이나 다른 새로운 물질)에 오염되지 않도록 취급되거나 조리되어 피급식자에게 안전한 상태로 공급되는 것을 의미한다.

최근 위생은 식품의 안전 시스템(food safty system)의 한 부분으로 식중독을 유발하는 요인을 중점적으로 관리하는 것을 주 내용으로 하고 있다.

우리나라 기후는 계절의 변화가 뚜렷하고 계절에 따라 기온과 습도가 다르며 세균이 번식하기에 적당한 계절도 있어서 소회기계 전염병이나 세균성 식중독이 종종 발생한다.

단체급식에서 식중독의 발생률이 높은 것은 이 방면에서 충분한 위생관리가 이루어지지 못하고 있다는 사실을 나타내는 증거이다. 대량 급식을 다루는 곳에서는 위생관리가 제대로 이루어지지 못하면 많은 사람들이 위험을 느끼며 때로는 순식간에 많은 환자가 발생하기도 한다. 이러한 경우 환자 자신의 불행은 말할 것도 없고 단체급식 시설은 사회적인 신용을 잃게 되며 나아가서는 생산, 운영, 기타 경제면에서 막대한 손해를 입게 된다. 따라서 단체급식에서는 조리시설과 그 운영의 위생적인 면에 특히 유의하여야 한다.

〈표 4-6〉 음식물의 안전성과 관련된 요소

식품	모든 식품은 안전하지 않으며, 납품 시에 식품(특히 동물성 식품)은 세균에 오염되어 있을 수 있다. 식재료가 들어왔을 때부터 저장, 조리, 공급을 위생적으로 해야 한다.
사람	가장 위험한 요소가 될 수 있다. 조리원의 철저한 위생교육과 훈련뿐만 아니라 피급식자의 비위생적인 행동에 대한 대책을 마련해야 한다.
기구 설비	비위생적인 작업 환경과 부적절한 기구, 설비를 적절히 개선해야 한다.

2. 식중독

식품위생관리상 가장 중점을 두고 관리되어야할 부분이 바로 식중독 관리이다. 식중독은 과거에 비해 그 발생 건수나 환자 수 면에서 폭발적으로 증가하고 있는 실정이다. 이는 학교급식과 단체급식의 확대에 기인되는 현상으로 학교급식 및 단체급식소의 위생관리가 그 어느 때보다도 절실히 요구된다.

식중독은 크게 세균성 식중독, 화학성 식중독, 자연독 식중독 등으로 분류되고 있다. 이들 중 가장 발생 빈도가 높고 환자 수가 많은 것은 세균성 식중독으로 해마다 학교급식이나 단체급식을 통하여 많은 사람이 감염되고 있는 실정이다.

1) 세균성 식중독

세균성 식중독에 의한 식중독 발생 건수가 가장 많으며 우리나라에서는 장염비브리오, 살모넬라, 포도상구균 등에 의한 식중독 사고가 많이 발생한다. 세균성 식중독은 세균 자체에 의한 감염형과 그 대사 산물인 독소에 의한 독소형, 감염형과 독소형의 중간 형태인 생체 내 독소형(중간형)으로 구분된다.

2) 화학성 식중독

화학성 식중독은 여러 가지 유해, 유독물질들이 오용, 혼입, 잔류, 생성 등에 의하여 식품을 오염시키고 그러한 음식물의 섭취로 일어나는 식성 장애이다. 화학성 식중독을 일으키는 원인 물질로는 유해 금속류, 유해 농약, 불량 첨가물, 그리고 음식을 담는 용기, 기구, 포장 등에서 용출되는 유해물질이 식품에 혼입되는 경우, 제조 공정 중 형성되는 유독물질 등이 있다. 또한 급식소에서 문제가 될 수 있는 화학적 위험으로는 세척제와 소독제 및 보존료, 조미료와 식품첨가물의 과도한 사용 등이 있다.

3) 자연독 식중독

자연독 식중독은 천연에 존재하는 식물이나 동물의 유독 성분 또는 곰팡이의 대사산물인 곰팡이 독을 섭취함으로써 발생한다. 우리가 식생활에 흔히 이용하는 것일지라도 계절 및 서식 장소에 따라 유독 성분이 생성되거나 특정 부위에 유독 성분이 집중되는 경우가 있다. 자연독 식중독을 예방하기 위해서는 식용 가능한 식품과 독성이 있는 식품을 구분, 감별할 수 있는 지식을 습득하고, 계절에 따라 유독화하는 시기를 피하여 섭취하도록 해야 한다.

자연독 식중독의 특징은 세균성 식중독에 비하여 발생 건수는 적으나 사망률이 높다는 것이다.

3. 식중독 발생 원인

1) 식중독을 일으키기 쉬운 식품

어떤 음식이든지 식중독의 원인이 될 수 있다. 자체 내에 독소를 함유하여 식중독을 일으키는 경우도 있으나 우리가 항상 먹는 고단백 식품은 식중독을 일으킬 확률이 가장 높다. 특히 다음의 식품은 미생물의 증식 위험성이 높은 식품들이다.

우유 및 유제품, 우유가 첨가된 음식물, 달걀, 육류 및 가금류, 생선, 조개, 갑각류, 두부 및 콩제품, 굽거나 삶은 감자, 조리된 채소류 등이다.

2) 식중독을 발생시킬 수 있는 경우

① 안전하지 못한 곳에서 식자재를 구입한 경우
② 오염된 식재료를 사용하여 충분히 익히지 않은 경우
③ 뜨거운 음식물을 잘못 식혔을 경우
④ 음식을 재가열할 때 내부까지 충분히 가열하지 않아 세균이 살아 있을 경우
⑤ 식품을 세균이 증식 가능한 온도(5~60℃)에 4시간 이상 방치한 경우
⑥ 감염된 조리원(손에 상처, 화농, 기침 등)이 식품을 취급한 경우
⑦ 생식품과 조리된 음식물을 혼용 사용한 경우
⑧ 조리원이 비위생적으로 음식을 처리한 경우
⑨ 주방기기, 기구, 설비를 충분히 세척, 소독하지 않은 경우

4. 식중독과 소화기계 전염병

소화기계 전염병은 일반적으로 식중독과 마찬가지로 식품을 통해서 감염된다. 소화기

계전염병은 세균성 식중독에 비해 미량의 균으로도 인체에 질병을 일으킬 수 있다. 또한 소화기계전염병은 식품에 오염되어도 식품의 성질을 변화시키지 않고 육안으로 구별하기가 불가능하기 때문에 특별한 위생관리 대책이 필요하다.

5. 식중독 발생 시 대책

식중독 발생시 대책을 열거해 보면 다음과 같다.

의사가 식중독이라고 진단했을 때는 식중독 발생 후 24시간 이내에 보건소에 통보하고 사고 피해를 최소한으로 줄이기 위해 노력하며, 급식 인원을 파악해 두고 환자의 증세를 기록한다. 그리고 식품의 입수 경로, 오염 경로, 오염원 등 원인으로 생각되는 것을 기록하여 보존식과 같이 제출하여 원인 규명에 도움을 준다. 최종적으로 사고가 재발하지 않도록 세심한 주의를 기울이고 종업원에 대한 위생교육을 철저히 실시한다.

6. 소화기계 전염병 발생 시 대책

음식물을 매개로 하여 사람의 입으로 들어가서 발병하는 소화기계 전염병은 주로 소화기계의 장애를 일으킨다. 세균에 의한 것으로는 이질, 콜레라, 장티푸스 등이 있다. 그리고 바이러스에 의한 것으로는 급성 회백수염, 전염성 설사 등이 있다. 단기간에 광범위하게 퍼지며 식중독보다 잠복기가 길고 미량으로 발병할 수 있다.

예방 대책으로는 감염원을 없애고 감염 경로를 차단한다. 구체적인 예방책은 다음과 같다.

① 조리 종사원의 정기적인 검변을 실시한다.
② 방충과 소독을 철저히 한다.
③ 식품, 기구의 위생적 취급에 유의한다.
④ 손씻기를 철저히 생활화한다.
⑤ 충분한 수면과 휴식으로 피로를 방지한다.
⑥ 생수, 생식품의 급식을 피한다.
⑦ 수질검사를 실시한다.
⑧ 의심스러울 때는 의사의 진단을 받는다.

7. 위생관리 대상

1) 급식 종사원의 위생관리

식품이 급식시설에 도착하여 피급식자에게 공급될 때까지의 모든 단계에서 조리원은 음식을 오염시킬 수 있다. 그러므로 급식 관리자들은 조리원에게 위생적인 식품 취급에 대한 지식과 기술, 태도를 훈련시켜야 한다.

식품을 조리하는 사람은 위생적이며 영양이 좋은 음식을 공급하여 많은 사람에게 즐거움을 주는 것이 의의가 있는 것이므로, 이에 긍지를 느끼고 작업의 중대성을 재인식해야 할 것이다. 조리사는 바른 위생 지식과 자주적인 실행 태도를 가져야 한다. 우선 각 개인이 각자의 식생활과 건강에 주의하여 자신이 사고를 발생시키지 않음과 동시에 위생에 대한 철저한 의식과 주의 깊은 태도 등을 겸비하고 업무에 종사하여 사고 발생을 미연에 방지해야 한다. 특히 소화기계 전염병이나 식중독의 유행기에는 날 것을 피하고 가열한 것을 섭취하도록 주의해야 한다.

(1) 조리사의 건강

식품위생법상 조리에 종사할 수 없는 조리원

① 제1종 전염병 중 소화기계 전염병(장티푸스, 콜레라, 파라티푸스, 세균성이질)에 걸린 자
② 제3종 전염병 중 결핵(비활동성 결핵의 경우 제외)에 걸린 자
③ 피부병, 기타 화농성 질환에 걸린 자
④ B형 간염(s항원은 양성이나 e항원은 음성으로서 전염의 우려가 없는 비활동성 간염은 제외)에 걸린 자

(2) 조리원의 건강진단

① 소화기계 전염병 검사(콜레라, 장티푸스, 파라티푸스, 세균성이질): 6개월에 1회
② 흉부 X선 검사(폐결핵): 6개월에 1회
③ 전염성 피부질환검사(나병 등 세균성 피부질환) : 6개월에 1회
④ 간염검사(항체 양성자): 5년에 1회
(항원 · 항체 음성자): 6개월에 1회
⑤ 혈청검사(매독): 6개월에 1회
⑥ AIDS: 1년에 1회

(3) 검사 결과 대책

① 장티푸스, 이질, 콜레라 등 소화기계 전염병 보균자는 음성일 때까지 근무을 중단한다.

② 간염은 비전염성인 경우는 제외하며, 활동성 B형 간염자는 완치될 때까지 근무를 중단한다.

③ 활동성 결핵, 피부병, 기타 화농성 질환 소유자는 완치될 때까지 근무에 종사할 수 없다.

④ AIDS(후천성 면역결핍증) 환자는 근무에 종사하지 못한다.

2) 식품의 위생관리

(1) 식품 위생관리의 의의

식중독의 예방을 위해서는 무엇보다 식품의 위생적 취급이 중요하다. 식품은 산지에서 생산되어 소비자에게 이르기까지 복잡한 유통 과정을 거치게 되는 등 많은 시간과 여러 과정을 필요로 하는 경우가 많다. 그러므로 식품과 건강과의 관계 및 그 예방법에 관한 지식을 갖고 식품을 취급해야 한다.

(2) 식품의 검수 및 검수 방법

온도계 사용 시 유의 사항

① 모든 온도계와 케이스는 청결을 유지할 것(사용 전후에 씻고 소독하여 건조시킨다)

② 음식물의 온도를 측정할 경우에는 음식물 중간의 제일 두꺼운 부분을 측정할 것

③ 온도계를 꽂고 바늘이 움직이지 않을 때까지(디지털 온도계인 경우에는 숫자가 천천히 움직일 때까지) 기다린 다음 15초 후에 온도를 기록할 것

④ 빙점(0℃) 이용: 얼음과 물을 50대 50으로 섞은 컵에 담가 온도 표시가 고정될 때까지 기다린 다음 눈금을 0℃로 맞춘다.

⑤ 비등점(100℃) 이용: 끓는 물에 넣고 눈금이 고정될 때까지 기다린 다음 100℃로 맞춘다.

식품별 검수 방법

① 육류

- 고기의 몸통과 박스에 검사필 표시를 확인한다.
- 냉동된 것은 -18℃ 이하, 생것은 5℃ 이하인지를 온도계를 사용하여 측정한다.
- 색깔의 변화가 있는지 잘 살핀다. 밤색, 초록색, 보라색의 큰 얼룩이나 반점은 미생

물균체의 증거가 되며 검은색, 흰색, 초록색 반점은 곰팡이나 냉동 상태가 나쁜 증거이다.

- 포장이 손상되지 않아야 한다.
- 쇠고기의 경우 밝은 빨간색을 띠어야 하며, 어두운 빨간색은 오래 저장된 경우, 엷은 보라색은 오랜 시간 동안 공기 순환이 없는 곳에 방치하였거나 상하고 있는 상태를 나타낸다.
- 돼지고기의 지방은 하얗고 탄력이 있어야 하며, 살코기는 엷은 분홍색을 띠어야 한다.

② 닭고기류

- 얼리지 않은 생가금류가 가장 좋으며, 얼음에 채워 배달되어야 한다. 이때 온도는 5℃ 이하로 유지되어야 한다.
- 품질이 좋지 못한 것은 살이 단단하지 못하고 탄력성이 없다. 고약한 냄새, 날개 부분이 끈적거리거나 날개 끝이 어두운 색으로 변한 것은 부패한 증거가 된다.

③ 생선

- 생것인 경우 온도는 0~5℃로 얼음을 채워서 배달되어야 한다.
- 싱싱한 생선은 선명한 빨간색으로 축축하고, 눈은 흐리지 않고 깨끗하며 튀어나와 있다. 또한 살과 배 부분이 단단하고 탄력성이 있으며 심한 비린내가 나지 않는다.
- 냉동된 것은 녹혔다 다시 얼린 표시가 있어서는 안 된다. 다시 얼린 생선은 건조되거나 탈수된 것처럼 보이며, 상자 안 밑에 많은 얼음이 얼어 있고, 하얗게 솜털 모양의 얼음상이 있거나 물이 고여 있으며, 생선살 끝 부분이 밤색을 띠고 있다.

④ 갑각류

- 살아있는 갑각류는 운송 과정에서도 살아 있어야 한다. 신선한 조개, 홍합, 굴은 껍질이 닫혀 있으며, 껍질이 열려 있을 경우 껍질 윗쪽을 두드리면 껍질이 닫힌다.
- 냉동된 게, 새우, 바닷가재 등의 살은 탄력성이 있으며, 모양에 이상이 없어야 한다. 강한 냄새가 나면 받지 않는다.

⑤ 달걀

- 달걀은 한 개를 깨서 소독된 온도계로 측정하여 5℃ 이하여야 한다.
- 깨뜨려 보았을 때 흰자와 노른자의 탄력이 있고 흘러내리지 않아야 한다.
- 껍질은 깨끗하고 깨지지 않았으며 오물이 묻어 있지 않아야 한다.

⑥ 우유 및 유제품

- 배달된 우유 중 하나를 열어 소독된 온도계로 측정하여 5℃ 이하여야 한다. 플라스틱 봉지에 포장되어 있으면 봉지를 접어 온도계를 감싸 올리고 온도를 측정한다.
- 신선한 우유는 주로 단맛이 난다. 쉰 냄새 또는 불쾌한 냄새가 나면 받지 않는다.

- 유통 기간을 확인하여 피급식자에게 공급할 당시 유통 기한이 경과되지 않도록 유의한다.
- 버터는 단맛과 산뜻한 맛이 나야 하며, 곰팡이나 얼룩, 흠이 없어야 한다. 손상이 가지 않은 깨끗한 상자에 담겨 있어야 한다.
- 치즈는 각 종류별로 맛의 특징과 질감, 색을 지녀야 하며, 건조되거나 곰팡이가 생기지 않아야 한다.

⑦ 진공된 포장식품
- 포장 내에 거품이 있으면 받지 않는다.
- 온도계를 두 물품 사이에 끼워 넣어 온도를 측정한다.

⑧ 냉동식품
- 온도 측정 시 -18℃를 넘지 말아야 한다.
- 포장된 냉동식품은 상자를 열거나 상자의 옆 부분을 잘라 온도계를 물품과 물품 사이에 넣어 온도를 측정한다.
- 얼은 자국(상자 밑이나 식품 밑의 고드름)이 없나 확인한다.

⑨ 통조림
- 통조림에 움푹 들어간 자리가 있으면 반품한다.

⑩ 과일과 채소

〈표 4-7〉 신선한 식품과 불량식품의 관능검사

종 류	좋은 품질의 경우	품질이 나쁘거나 부패한 경우
사과	단단하고, 아삭아삭하고 색깔이 밝음	푸석푸석하고, 멍이 난 것
바나나	단단하고, 색깔이 밝아야 함	회색빛이거나 어두운 겉모양
자몽	크기보다 무거움	물렁한 부분 어두운 색
포도	줄기가 단단히 붙어 있음. 색깔이 밝고 포동포동한 것은 좋음	줄기가 마른 것, 포도알에서 물이 흐름
레몬	단단하고, 무거움, 진한 노란색	어두운 색, 껍질이 건조된 것
오렌지	단단하고, 무거움, 밝은 색깔	껍질이 건조된 것, 스폰지 같은 감촉, 푸른 곰팡이
복숭아	약간 말랑말랑한 살	엷은 밤색 점(썩기 시작하는 표시), 굉장히 딱딱하든지 물렁함

종 류	좋은 품질의 경우	품질이 나쁘거나 부패한 경우
양파	단단하고 딱딱함, 줄기가 가늘어야 하고, 밖의 껍질은 종이같이 얇아야 함	줄기가 젖어있고 물렁함
파	아삭아삭하고, 초록색, 흰 부분의 길이가 5~8cm	노란색, 늘어짐
고추	반짝이는 외모, 짙은 초록색	얄팍함, 구멍이 남
감자	단단함, 대부분 매끄러움	초록색 곰팡이가 또는 초록색 썩은 부분이 있음, 크게 잘린 자국, 싹이 남
고구마	밝은 껍질	젖었거나 오그라 듬, 움푹진 자리와 퇴색한 부분
토마토	매끄럽고 빨간색	멍, 깊게 패임

8. 위생관리의 계획과 청소 검사

1) 청소 계획

급식시설은 항상 위생이 유지되어야 하므로 계획적인 청소와 계속적인 점검이 필요하다. 그러므로 당일 청소할 곳과 주간, 월간, 특별 기간에 따라 청소 계획표를 만들어 매일 매일 청소를 실시함으로써 항상 급식시설의 구석구석까지 청결이 유지되도록 해야 한다. 또한 급식실의 청소에서 조리 작업 전의 청소는 먼지가 나지 않도록 주의한다.

2) 위생검사

조리사의 건강진단은 연 1회 실시하고, 조리사의 검변은 월 1~2회 실시하며, 비품의 점검은 월 1회, 시설과 설비의 검사는 연 2회 실시한다.

〈표 4-8〉 급식 일상 위생 점검표

구분	검사 항목	월일(　　)	월일(　　)
조리원	1. 조리인원	(인)	(인)
	2. 조리원의 건강 상태 ㉠ 설사 ㉡ 감시 ㉢ 손가락, 얼굴의 상처 ㉣ 종기	㉠ ㉡ ㉢ ㉣	㉠ ㉡ ㉢ ㉣
	3. 가운, 마스크, 삼각건 또는 모자의 청결	A B C	A B C
	4. 손의 소독이 완전한가?	A B C	A B C
	5. 조리실 밖에 나갈 때 가운, 삼각건은 벗고 있는가?	A B C (　　)	A B C (　　)
식품의 취급	6. 원재료 선도의 식·부식 (특히 생선식품에 대해서는 중점적으로 기재)	A B C (　　)	A B C (　　)
	7. 납입 식품의 취급은 위생적인가?	A B C	A B C
	8. 조리 과정이 위생적인가?	A B C	A B C
	9. 조리 후의 취급이 좋은가?	A B C	A B C
조리법	10. 소독액은 더럽지 않은가?	A B C	A B C
	11. 조리기구, 기타 고장의 유무	있다 없다	있다 없다
	12. 식기, 기구의 보관 장소의 청결 상태	A B C	A B C
	13. 쥐, 곤충류는 없는가?	있다 없다	있다 없다
	14. 냉장고의 정리, 청결 상태, 온도	A B C	A B C
	15. 조리실의 온도	℃	℃
	16. 조리실의 통풍, 환기 상태	A B C	A B C
식기·기구 세정 소독	17. 식기의 밑세척은 적절한가?	A B C	A B C
	18. 세제의 농도는 적절한가?	A B C	A B C
	19. 식기·기구의 세정은 충분한가?	A B C	A B C
	20. 식기·기구의 소독은 적절한가? 끓는 물의 온도, 소독 시간	A B C ℃	A B C ℃
	21. 도마의 세정 살균은 확실한가?	A B C	A B C
	22. 조리기계·기구의 세정 소독은 적절한가?	A B C	A B C
	23. 행주의 세정 소독은 확실한가?	A B C	A B C
잔채의 처리 폐품	24. 빈깡통, 빈병 등 폐품은 청결히 처리되었는가?	A B C	A B C
	25. 잔채의 처리는 적절한가?	A B C	A B C
	26. 남은 음식 두는 곳의 청결 상태	A B C	A B C
	27. 잔채 두는 곳, 용기의 청결 상태	A B C	A B C
창고	28. 물자의 정리 정돈	A B C	A B C
	29. 쥐, 곤충류의 유무	있다 없다	있다 없다
	30. 통풍 습기의 상태는 좋은가?	A B C	A B C
	31. 급식 물자 이외의 것은 없나?	있다 없다	있다 없다
유의 사항			

〈표 4-9〉 위생 평가

채 점 대 상 항 목	배점 기준	1회 채점	2회 채점	3회 채점
1. 장소 및 설비	40			
① 청결한 장소에 위치하고 있는가?	6			
② 건물은 충분한 내구력이 있는가?	5			
③ 독립 건물이거나 완전히 구획되어 있는가?	4			
④ 채광시설이 있고 완전히 구획되어 있는가?	6			
⑤ 조명시설은 법정 규정에 적합한가?	4			
⑥ 환기시설은 충분하게 되어 있는가?	5			
⑦ 조리장을 제외한 곳에 종업원 수에 따른 상당한 크기의 옷장 또는 강의실이 있는가?	4			
⑧ 살충기구의 악취 등을 제거할 수 있는 소독기구 및 소독약제를 비치하고 있는가?	4			
⑨ 기타 전반적으로 청결한가?	2			
2. 조리장	60			
① 급식 수에 따른 충분한 넓이인가?	6			
② 조리 과정 또는 사용 용도별로 구획되어 있는가?	6			
③ 내구력이 있는 구조인가?	6			
④ 바닥과 내벽(바닥으로부터 1m까지)은 타일, 콘크리트 등 내수성 자재로 되어 있는가?	7			
⑤ 바닥과 벽은 배수 및 청소하기 쉬운 구조로 되어 있는가?	7			
⑥ 매연, 증기 등의 배기를 위한 환기시설이 되어 있는가?	6			
⑦ 창구, 출입구 등에는 방서·방충을 위한 방충망, 기타 적정한 설비를 하였는가?	6			
⑧ 식품 및 식기류의 세척을 위한 위생적인 고정된 세척설비와 소독시설이 있는가?	6			
⑨ 종업원 전용의 위생적인 수세설비가 있는가?	6			
⑩ 기타 전반적으로 청결한가?	4			
3. 식품 취급 및 설비	40			
① 기계, 기구류 중 식품에 직접 접촉하는 부분은 내수성이 있는 것인가?	6			
② 세척하기 쉬운 것인가?				
③ 열탕, 증기 또는 살균제 등으로 소독 살균이 가능한가?	6			
④ 상당한 수의 식기류가 있는가?	5			
⑤ 상당한 수의 조리기구가 있는가?	4			
⑥ 금이 간 식기류를 사용하지 않는가?	4			
⑦ 식품 또는 원재료를 위생적으로 보관하는 충분한 냉장시설을 갖추었는가?	7			
⑧ 기타 전반적으로 청결하게 취급되고 있는가?	4			

채점 대상 항목	배점 기준	1회 채점	2회 채점	3회 채점
4. 변소 시설	50			
① 조리장에 영향을 주지 않는 곳에 있는가?	5			
② 변기 뚜껑을 비치하고, 환기 시설을 갖추고 있는가?	5			
③ 바닥, 벽, 천장은 타일, 콘크리트 등 내수성 자재인가?	7			
④ 출입문, 창구 등에는 방충·방서를 위한 방충망, 기타 적당한 설비를 하고 있는가?	5			
⑤ 남녀로 구분되어 있는가?	5			
⑥ 손 씻는 시설이 있는가?	5			
⑦ 종업원이 사용하는데 불편이 없는가?	6			
⑧ 종업원이 사용하는데 불편이 없는 구조로 되어 있는가?	6			
⑨ 기타 전반적으로 청결한가?	6			
5. 기타 설비	10			
① 급수는 수돗물 또는 공공 시험기관에서 음료수로 적합하다고 인정한 것인가?	6			
② 폐기물 용기는 목재 이외의 내수성 자재로 된 충분한 용량의 것으로 뚜껑이 있고 운반용일 경우 운반에 용이한 것인가?	4			
시설 조사 연월일 :				
총 점 :				
평가자 서명 :				

9. 안전관리의 의의

단체급식에서 안전관리의 목적은 급식 시설 내에서의 사고와 재해를 방지하고 작업원이 안전하게 작업할 수 있도록 운영하는데 있다. 그러나 조리 작업은 화기, 동력, 칼날 등을 사용하여 상처, 화상, 감전, 화재, 폭발 재해 등을 일으키기 쉽다.

이와 같은 사고는 사고 당사자의 육체적인 고통만이 아니라 부자유스런 신체가 되면 직업적인 생명이 끊어지게 되고, 본인의 장래는 물론 가족에게도 영향이 크며, 또한 직장 동료들에게도 불안과 걱정을 갖게 하여 직장 전체의 사기에 큰 영향을 미치는 등 인명과 건물 설비의 손실이 커, 급식 경영면에서도 안전관리는 상당히 중요하다고 할 수 있다.

따라서 급식관리자는 가스 누출, 화재, 작업 도중의 상처, 부상 등의 사고가 일어나지 않도록 시설·설비의 점검을 철저히 하고 조리 종사자에게는 기기의 안전 취급, 작업 방법, 작업 동작 등에 대하여 교육훈련을 실시하여야 하며, 무엇보다도 중요한 것은 작업원

자신이 이 중요성을 이해하고 업무에 의욕적으로 임하는 자세를 갖도록 하는 것이다.

1) 사고와 재해의 원인

조리장 내에서는 크고 작은 일들이 사고 직전에 매일 일어나고 있다. 기물을 부서뜨리거나, 운반 도중 미끄러지거나, 조그만 상처를 입거나, 기기의 과열로 화재 직전의 위험이 생기는 등 큰 사고로 연결되지 않았지만 언제나 큰 사고가 날 위험성이 존재한다. 일반적으로 사고와 재해의 원인으로는 다음과 같은 경우들이 있다.

① 설비가 불안전한 경우
② 사람이 불안전한 행위를 하는 경우
③ 불안전한 설비에 불안전한 행위가 연결된 경우
④ 불가결하게 일어난 경우

2) 안전 확보를 위한 점검 내용

(1) 시설 일반

① 건물의 상황은 안전면에서 어떤가.
② 급수원, 화재 예방을 위한 소화 시설의 종류, 소재 위치, 그 표시 방법은 적절하게 되어 있는가.
③ 특수 위험물(LPG)의 수납 방법은 안전한가.
④ 기기의 성능, 배치, 배수 작업은 좋은가.
⑤ 배기, 배연, 배수 설비는 완전한가.

(2) 통로

① 운반 통로의 넓이는 충분한가.
② 바닥은 미끄럽거나 발이 걸려 넘어질 위험성은 없는가.
③ 계단은 미끄럽거나 헛디딜 위험은 없는가.
④ 배수구, 배수로의 덮개는 안전한가.
⑤ 비상구, 대피 통로 및 그 표시판은 설치되어 있는가.

(3) 전기 설비

① 감전, 누전의 위험은 없는가.

② 코드, 스위치는 안전하며 가연물과 접촉되어 있지는 않는가.
③ 퓨즈는 적합한가.
④ 취급 책임자는 명확하게 정해져 있는가.

(4) 기계

① 기계는 정확하게 설치되어 있으며 안전 장치는 충분한가.
② 고장 시 처리 절차와 취급 책임자는 정해져 있는가.
③ 기계 장치의 관리 및 손질방법과 그 사용 방법은 올바른가.
④ 마모되나 파손된 부분 및 파손되기 쉬운 부분은 없는가.
⑤ 동력 차단 장치는 안전하며 동력 전도 장치의 방어는 완전한가.
⑥ 운전 속도(합성조리기, 채소, 슬라이서 등)는 적정한가.
⑦ 냉동실에 비상벨 등은 설치되어 있는가.

(5) 위험물

① LPG의 안전 점검, 올바른 사용 방법이 실시되고 있는가.
② 도시가스의 올바른 사용과 가스 점검 확인이 정기적으로 실행되고 있는가.
③ 배기후드(hood)의 필터가 돌출되어 떨어질 위험이 없으며, 청소는 완전한가.
④ 식용유는 사용 시기, 폐유 저장통은 인접 기기로부터 인화할 위험은 없는가.
⑤ 가스벨브를 열고 나서 성냥불을 켜는가.
⑥ 소화기, 방화용수, 모래는 가까운 곳에 준비되어 있는가

(6) 정리, 정돈 청소

① 물품은 소정의 장소에 올바르게 놓여 있으며 채광, 조명에 방해가 되지는 않는가.
② 넘어지기 쉬운 물건에는 안전 장치가 되어 있는가.
③ 물품을 사용 후 제자리에 돌려 놓았는가(조리장의 소기구).
④ 물건을 쌓아올려 놓은 방법은 올바른가(큰 것은 아래, 작은 것은 위 등 안정되게 하였는지).
⑤ 물품은 정해진 용기에 정해진 양이 보관되어 있고, 먼저 넣은 것을 먼저 쓸 수 있도록 명확히 표기되어 있는가.
⑥ 보관물이 변질, 변형된 것은 없는가.
⑦ 불필요한 물품은 처리되어 있고, 파손된 것은 수리되어 있는가.
⑧ 직장에 개인적인 물건을 들고 들어오지는 않는가.

⑨ 폐기물은 정기적으로 처분되어 쌓여 있지는 않으며, 소정의 용기에 넣어 뚜껑과 정해진 장소에 위치하여 있고, 주변 청소는 완전한가.
⑩ 기기의 안팎 및 가스버너의 청소는 완전한가.
⑪ 청소 도구는 올바르게 보관되어 있는가.
⑫ 손씻는 설비가 청결한가.
⑬ 화장실, 탈의실, 휴게실, 숙직실은 청소가 잘되어 있고 기구는 청결한가.
⑭ 후드(hood), 후드 필터에 먼지나 기름때는 쌓여 있지 않는가.
⑮ 배수강에 기름, 채소 찌꺼기, 쌀알 등이 막혀 있거나 바닥에 흩어져 있지 않는가.

(7) 작업 방법

① 작업 표준의 내용은 적절한가.
② 작업 표준은 능률이 오르는 방법이며 순서는 적당한가.
③ 작업 공정 전후의 연결은 좋은가?
④ 취급이 용이하며 안전하게 할 수 있는 방법인가.
⑤ 온도, 습도, 조명, 통풍은 적절한가.

(8) 작업자

① 작업 표준을 지키고 있는가.
② 작업 능률은 좋은가.
③ 책임 의식은 강한가.
④ 문제 의식과 의욕을 갖고 있는가.
⑤ 기량과 경험을 갖고 있는가.
⑥ 건강 상태는 좋은가.
⑦ 인간 관계는 좋은가.
⑧ 복장은 갖추었는가(위생복, 위생모, 신발 등).

〈표 4-10〉 위생 및 안전 관리의 항목

	급식담당자	식 품	시설·설비
매일	• 건강 상태(손의 상처, 화농, 설사, 피로 등) • 손씻기의 습관화 • 적정한 노동 시간	• 납품 시의 검수 • 식품의 보관 상황 • 조리된 식품의 중심 온도 측정 • 조리에서 배식까지의 시간 경과 • 배식 온도 • 검식, 보존식의 실시	• 온도 측정(실온, 냉장고, 냉동실) • 작업 동선 및 작업 환경 설비 • 조리기구의 세정 및 소독 • 기기, 식기의 정리 정돈 • 업무 종료 후의 청소(주방, 휴게실, 사무실) • 배수관의 청소 및 소독 • 가스, 전원의 점검 • 주방 쓰레기 처리 등
정기적 주·월·년	• 건강진단(연 1회) • 검변 • 작업복의 세탁 • 위생교육 • 구급용구, 의료용품 정비 • 방화훈련	• 식품저장고 내의 식품 검수(제조연월일, 포장 등) • 냉장고, 냉동고 내의 식품 점검 • 간이 검출법에 의한 세균검사(손, 식품, 기구 등에 대한 장염비브리오균, 대장균, 포도상구균 등)	• 기기의 보수 점검 • 식기 세정 테스트(전분, 단백질, 지방) • 대청소(주방, 휴게실, 사무실, 화장실) • 바닥, 벽, 천장, 창, 배수관, 잔반처리장 등의 청소 • 시설·설비의 소독 • 해충 구제 • 수질검사(연 2회 이상) • 저수조의 검사(연 2회 이상)

3) 교육 훈련

안전 확보를 위한 점검 내용을 이용하여 점검표를 작성함으로써 안전교육의 효과도 있겠지만 특히 신입 사원과 미숙련자를 교육, 훈련시키는 것으로 안전의 현장 교육이 필요하다.

■ 안전에 대한 사고 방식과 훈련 방법

제1단계: 배울 마음가짐을 갖게 한다.

① 편안하고 부담을 갖지 않도록 한다.
② 어떻게 작업을 하는가 목적을 말한다.
③ 그 작업에 대한 지식 정도를 확인한다.
④ 작업을 외우고 싶도록 한다.
⑤ 작업 위치에 배치시킨다.

제2단계: 작업을 설명한다.

① 한 번에 한 가지씩 중요한 것을 말해 주며, 실행하고 적어 보도록 한다.

② 중요한 것을 강조한다.
③ 확실하고 명확하게 계속적으로 한다.

제3단계: 작업을 하도록 한다.
① 시켜본다(틀렸을 때는 고쳐준다).
② 다시 한 번 시켜보고 중요한 점을 말하게 한다.
③ 잘 이해하고 적응하고 있는가를 확인한다.
④ 상대가 이해할 때까지 계속한다.

제4단계: 계획했던 것을 확인한다.
① 지도하는 것을 마치고 작업에 배치시킨다.
② 모를 때 질문할 수 있는 사람을 정하여 준다.
③ 실수가 없어지고 있는지 가끔 조사하여 본다.
④ 질문하도록 유도한다.
⑤ 점점 지도를 줄여 나간다.

4) 안전 확보를 위한 여러 활동

(1) 재해 발생 요인을 도표로 작성

사고 요인과 그 결과의 관계를 일목요연하게 작성, 관계자 전원을 참석시켜 의견을 내어 만들어 보도록 하며 서로 팀웍을 이루어 개발하도록 한다.

(2) 안전 점검

안전 점검표를 만들어 점검하고, 점검 결과를 기록하며, 개선을 거듭하도록 하며 안전의식이 완전하게 정착되도록 한다.

(3) 안전 제안

안전에 관한 작업 개선 제안이다. 제안을 장려하며, group제안을 권장시킨다. 효과가 있는 것에는 평가와 표창을 하여 자극이 되도록 한다.

(4) 안전 회의

한 달에 한 번 정도 안전을 제목으로 하여 누구나 발언하도록 한다. 이 회의는 안전 외에 다른 모든 업무도 향상되지만 특히 동료 의식, 인간 관계에도 좋은 효과를 얻을 수 있다.

(5) 취업 규칙, 직장 규정의 수행

안전을 확보하기 위해서는 회사의 취업 규칙, 직장 규정이 있다. 회사는 종업원에 대하여 책임을 갖지만 종업원도 실행할 의무가 있으므로 먼저 내용을 충분히 알리는 것이 중요하다.

(6) 안전 책임자

작업이나 시설의 위험성에 대한 보고와 처리, 대책을 명확히 하고 위험하다고 생각되는 곳은 즉시 처리하며, 전문가나 상사에게 보고·수리토록 한다. 작업 표준을 정할 때에는 종사하는 모든 자들에 의하여 결정되어야 하며, 일에 대하여 먼저 자기 자신부터 익숙하도록 하며 자기 과신을 없애도록 한다.

5) 산업재해와 재해 보상

(1) 산업재해

산업재해란 인간의 생명, 생활, 재산이 피해를 입는 것으로 천재, 사고, 공해 등이 있다. 천재란 호우, 홍수, 폭풍우 등 자연 현상의 결과로 일어나는 재해이다. 그러나 이런 재해를 잘 살펴보면 직접 원인으로서는 자연 현상 외에 관리 부족이나 재해 대책 부족이 원인으로 방지할 수 있었던 경우가 꽤 많다. 산업재해는 생산 현장에서 작업자가 부상을 입는 사고를 총칭한다. 이와 같은 재해 발생에 따른 노동 시간의 상실 등 경제적 손실과 영향은 상당히 크다.

(2) 재해 보상

사고로 인한 피해자의 치료와 보상에 관해서는 근로기준법 제8장에 다음과 같이 규정되어 있다.

- 요양 보상: 근로자가 업무 수행 중 부상 또는 직업병에 걸렸을 경우 사용자는 그에 대한 비용으로 필요한 요양을 하거나 요양비를 부담하도록 되어 있으며(동법 78조), 전조의 규정에 따라 요양 중에 있는 근로자에 대하여 사용자는 평균 임금의 100분의 60에 해당하는 휴양 보상을 하도록 정해져 있다(동법 79조).
- 재해 보상: 근로자가 업무 수행상 부상 또는 질병에 걸려 완치된 후에도 신체상의 장해가 있는 경우 사용자는 그 장해 정도에 따라 정해진 일수를 곱하여 얻은 금액

을 보상해야 한다(동법 80조).

- 보상의 예외: 근로자 자신이 중대한 과실로 인한 부상 또는 질병에 대하여는 노동위원회의 인정을 받아 보상을 하지 않아도 된다(동법 81조).
- 유족 보상 및 장례비: 근로자가 업무 수행상 사망하였을 때 사용자는 그 유족에 대하여 평균 임금의 1,000일분의 유족 보상비를 지불하여야 하며(동법 82조), 장례비로 평균 임금의 90일분을 지불하여야 한다(동법 82조).

이상과 같은 근로기준법 외에 노동자 재해보상 보험법(산업재해보상 보험법)에 의한 보상이 있다.

5 경영관리

1. 경영관리의 개념

경영관리는 조직의 목적을 달성하기위하여 사람, 물질, 재무 등 인적 자원과 물적 자원으로 구성된 경영 자원을 최적으로 활용하는 과정이다.

이러한 점에서 볼 때 경영관리는 기업체뿐만 아니라 모든 조직체의 운영에 없어서는 안 될 주요한 직능인 것이다.

2. 경영관리의 직능

1) 계획 직능

조직이 나아갈 목표를 달성하기위하여 필요한 방침, 실시 방법, 절차 등에 대해 계획을 세우는 과정이다.

경영 계획에는 단기 계획(전술적 경영 계획)과 장기 경영 계획(전략적 경영 계획)으로 크게 나누는데 전자는 목적 달성을 하기 위한 구체적 수단을 말하며 후자는 기업체의 방향을 설정하는 것을 말한다.

2) 조직화

조직화란 수립된 계획을 성공적으로 수행하기 위하여 인적 자원(사람)과 물적 자원(일)을 연결시키는 과정을 말한다.

즉, 적당한 사람을 적당한 일에 배치하는 직능을 말한다.

3) 지휘

조직의 목표를 달성하기 위하여 구성원에게 실시하는 직능으로 작업을 지시하고 그것을 실행하도록 하는 행위이다.

명령에는 구두 명령과 문서 명령으로 나누는데

- 구두 명령이 효과적인 경우는 아래와 같다.

① 긴급을 요할 경우
② 간단한 지시나 조언을 할 경우
③ 문서 명령을 한뒤에 재강조의 필요성이 있을 경우
④ 수령자가 명령의 내용을 잘알고 있을 경우
⑤ 수령자가 싫어하는 일을 시킬 경우

- 문서 명령이 효과적인 경우는 아래와 같다.

① 명령을 수령자 이외의 사람들에게도 전달할 필요성이 있는 경우
② 명령의 내용이 어려운 경우
③ 내용에 정밀한 수자나 도표가 있는 경우
④ 장시간에 걸쳐서 많은 사람들에게 이행시킬 필요가 있는경우

4) 조정

목표를 효과적으로 달성하기 위하여 개인과 각 부문에서 이루어지는 일들이 원활하게 협력을 이루어나가도록 집단의 노력을 통합하고 이것을 조정하는 기능을 말한다.

5) 통제

실제로 계획한 것과 실적 결과를 비교 검토하여 실적을 측정하고 만약 계획과 실적

사이에 어떤 차이가 나타나면 그 원인을 찾아 계획에 따른 목표 달성이 가능하도록 그 차이를 수정하는 활동이다. 그렇기 때문에 계획없이 통제는 불가능한 것이다.

3. 경영관리 조직의 원칙

경영 조직이 그이 목적을 효과적으로 달성하기 위해서는 일정한 원칙에 따라서 구성되고 운영되어야 한다.

일반적인 원칙은 아래와 같다.

1) 명령 일원화의 원칙

각 구성원은 라인에 따라 항상 한 사람의 장으로부터 명령을 받아야 한다는 원칙이다.

즉, 한 사람이 다수의 상사로부터 명령을 받으면 명령에 모순이 생겨 조직은 불안정하게 되어 혼란이 일어나게 된다.

또 각자의 책임도 모호해지기 때문에 능률도 떨어지게 된다.

그러므로 이 원칙은 책임을 일원화하는데 매우 필요한 원칙이기도 하다.

2) 전문화의 원칙

전문화의 원칙은 조직의 각 구성원은 가능한 한 한 가지의 특수화된 업무만을 담당해야 일의 능률이 오른다는 것이다.

3) 권한 위양의 원칙

경영의 규모가 확대되면 될수록 상층의 관리 부문은 경영 활동을 전부 담당할 수 없게 되어 권한과 책임을 일부 부하에게 위양할 필요가 생기게 된다.

이렇게 함으로써 경영 활동을 원활하게 수행할 수가 있게 된다.

이것을 권한 위양의 원칙이라고 한다.

4) 기능화의 원칙

이 원칙은 경영 조직이란 '사람위주'가 아니라 '해야 할 일' 즉, 기능 본위로 형성된 다음에 각 직무에 합당한 요건을 갖춘 적임자가 배치되어야만 합리적이고 능률적으로 경영활동이 된다는 것이다.

5) 감독 한계 적정화의 원칙

한 사람의 장이 직접 지휘 감독할 수 있는 부하의 수에는 일정한 한계가 있다는 원칙이다.

즉, 감독의 폭이 크면 조정이나 대화가 곤란하여 능률이 저하되고 관리도 어렵게 된다. 반대로 폭이 너무 좁으면 관리비가 많이 늘어나게 되므로 감독의 폭을 적절하게 정해야하는 것이다.

4. 경영관리 조직의 형태

1) 직계 조직

가장 오래되고 단순한 형태로써 모든 경영자의 명령은 최상부에서 하부로 직선적으로 전달되는 조직 형태이다.

이 조직은 명령 일원화의 원칙에 의해서 형성된 조직으로 일명 군대식, 또는 직선식이라고도 한다.

이 조직에서 의사 소통은 명령과 보고뿐이므로 각 지위간에는 라인 관계만 존재한다.

(1) 장점

① 조직 구조가 단순하고 권한과 책임이 명확하여 이해하기가 쉽다.

② 조직이 비교적 안정되어 있어서 통솔력이 강하다.

③ 결정이 신속하다.

(2) 단점

① 관리자는 만능가가 되어야 하므로 관리자 양성이 어렵다.

② 각 부문 간에 독립성이 너무 강해서 각 부문 간에 유기적인 조정이 곤란하다.

③ 기업의 규모가 커지면 업무가 복잡해져 업무 수행이 어려워진다.

2) 직능식 조직

이 조직은 과학적 관리법의 창시자인 테일러에 의해서 제창된 것으로 직계 조직의 단점을 시정하기 위해서 마련된 조직이다.

관리자의 업무를 전문화시키고 각기 다른 관리자를 두어 그들로 하여금 노무자를 전문적으로 지휘, 감독하도록 하는 조직이다.

(1) 장점

① 감독을 전문화할 수 있으므로 능률적이다.

② 각자의 과업이 설정되어 있어서 그 성과에 따라서 보수를 가감할 수 있다.

(2) 단점

① 한 작업에 대해 다수의 관리자가 그의 전문 사항에 관해서 명령과 지시를 하기 때문에 통일되지 못한 명령으로 인해 모순과 충돌이 일어난다.

② 관리자의 전문적 직능의 합리적인 분할이 사실상 어렵기 어렵기 때문에 관리자 상호간에 권한 싸움이 생기며 책임전가가 쉽고 파벌주의가 될 우려가 크다.

3) 직계참모조직

이 조직은 명령일원화의 원칙을 확보하고 동시에 그의 결점을 보완하기 위해서 참모제도를 도입한 절충된조직이다.

즉, 이 조직은 스텝은 라인 부문에 대해 지휘와 명령의 권한을 갖지 않으므로 명령 통일의 원칙이 확보되고 책임의 일원성이 유지되는 장점이 있다.

(1) 장점

① 라인은 스텝의 조언을 받으므로 자신의 업무와 무관한 사항에 시간을 소비할 필요가 없다.

② 라인은 유능한 스텝의 활용으로 보다 신중하고 유익한 의사를 결정할 수 있다.

③ 소수의 강력한 인물의 능력에 의존하는 위험성이 줄어들고 사업이 안정된다.

(2) 단점

① 라인 부문과 스텝 부문이 혼동될 우려가 있다.

② 스텝은 라인 부문의 실정을 잘 이해하지 못해서 조언의 내용이 현실과 떨어질 수 있다.

5. 단체급식 시설의 운영 형태

단체급식 시설의 운영 형태는 얼마 전까지만 해도 규모가 작고 또한 그 중요성이 인정되지 않았기 때문에 주로 그 시설의 설치가 자신에 의하여 비합리적인 방법으로 운영되어 왔다. 그러나 최근에 와서는 사회의 발전과 산업의 분화, 그리고 급식 시설의 규모가 확대되고 또한 그 중요성이 점점 크게 인식되어 독립된 별도 기관이나 또는 전문 경영인에 위탁하여 합리적으로 운영하는 방식으로 변환되고 있다.

1) 직영 방식

이 방식은 가장 초기적인 것이며, 소규모 급식 시설에서 주로 이용하고 있는 운영 방식으로써 그 시설의 설치자 자신이 직접 운영하는 방식이다. 이 방식은 병원급식, 학교급식, 일부 산업 급식 또는 복지시설 급식에서 채택하고 있다.

이 방식의 장점은 급식 시설의 설치 목적이나 영양 및 위생면에 있어서 설치자의 운영방침이 그대로 적용될 수 있다는 점이고, 단점으로는 고용이 비교적 안정되어 있기 때문에 오히려 작업 의욕이 떨어지고, 조리 기술의 향상이나 작업 개선이 결여되고, 경비 절감의 실현을 기대하기 어렵다는 점이다.

2) 위탁 방식

이 방식은 단체급식 시설의 운영을 전문 경영인인 제3자에게 위탁하는 방식으로서 산업 급식 시설이나 기타 일부 급식 시설에서 채택하고 있다.

종류로는 전면 위탁 방식과 업무 위탁 방식이 있다. 전자의 경우는 급식 업무를 전부 위탁하는 방식이고, 후자의 경우는 기술 제공이 주된 목적이므로 재료비 등은 별도 계산하는 방식이다. 이 방식을 채택할 경우에는 급식 종사자의 노무 관리 문제나 급식 업무의 번잡함을 피할 수 있고, 경비 절감을 꾀할 수 있는 이점이 있으나, 반면에 전면 위탁의 경우에는 설치자의 의사가 반영되지 않는 단점도 있다.

실제 위탁에 있어서는 식사 시간이 길 경우나 대상자가 소수인 경우 또는 통상 경영이 곤란한 시설의 경우에는 업무 위탁 방식을 채택하는 것이 유리할 때가 많다.

전문 경영회사가 급식 업무를 위탁받아 경영하게 되면, 저렴한 가격으로 식재료를 구입하며 작업 및 인력 관리, 생산 관리 연구나 기술 개발, 메뉴 개발, 업무에 전산시스템 도입 등으로 전문적인 경영에 의한 경영 효과를 올릴 수 있다는 장점이 있다.

한편 위탁 운영시의 단점으로는 다음과 같은 점들이 지적되고 있다.

① 원가 조절을 위한 노무비 삭감으로 경험이 적은 신입 사원이나 일용직이 차지하는 비율이 높아져 이직률이 높고 오히려 식품, 시설, 설비, 위생관리에 소홀해질 우려가 있다.

② 계약 후 발생한 업무에 대한 경비를 추가로 지출해야 하는 경우가 생길 수 있다.

③ 명령 계통의 이원화에 따라 업무 지시의 혼선과 작업의 중복으로 신속한 업무 수행에 차질이 생기고, 이에 따라 인건비 낭비가 발생할 수도 있다.

6 사무관리

1. 급식 사무관리의 의의 및 기능

사무란 정보의 기록, 전달, 정리 등을 목적으로 하는 행위라고 규정할 수 있는데 사무의 기능은 단순한 문서처리 기능에만 국한시켜서는 안 되며, 정보처리 기능으로 보아야 할 것이다.

즉 사무관리란 사무상 계획, 조직, 지휘, 조정, 통제 등을 종합적으로 집행하는 경영 활동으로써 눈에 보이지 않는 무형의 힘에 의하여 조직의 목표를 달성할 수 있도록 지휘·감독하는 모든 행위라고 규정할 수 있다. 따라서 그것은 집행적 기능과 저장적 기능에 속하는 것이다.

한편 급식 사무를 수행하기 위해서도 과학적인 정보 및 자료가 필요하다. 이와 같은 각종 정보 및 자료를 작성하는 것을 급식 사무라 하고, 단체급식 업무의 합리적인 운영을 위해서 이와 같은 각종 정보 및 자료를 경영 원리에 따라서 합리적으로 처리하는 것을 급식사무관리라고 규정할 수 있다.

이와 같은 사무의 종류는 구체적으로 정보의 기록, 계산, 회의, 연락 및 분류 정리 등으로 구분할 수 있다.

2. 급식 사무관리

1) 식수의 파악

단체급식 사무관리에서 정확한 식수를 파악하는 것은 합리적인 급식관리를 위하여 대단히 중요한 기본적인 과제라 할 수 있다. 그러나 식수는 피급식자의 인원 변동으로 매일 달라지게 되므로 정확한 파악이 쉽지 않은 문제이나, 피급식자의 영양 소요량이나 식품 구성을 근거로 하여 급식시설의 실정에 맞는 합리적인 방법으로 정확하게 파악하여야 한다.

단체급식 시설에서 피급식자의 인원 변동을 중심으로 급식 시설을 분류해 보면 ① 학교, 군대, 사회복지시설, 기숙사, 장기 입원한 환자가 많은 병원 등과 같이 피급식자의 인원이 월간 내지 연간을 통해 심한 변동을 나타내지 않는 급식 시설과 ② 피급식자의 인원이 수시로 변동하는 급식 시설 등이 있다.

이상과 같이 급식 시설을 2개의 그룹으로 구분할 때 식수 파악 방법은 이들 그룹에 따라 달라지게 된다.

첫 번째 그룹에서는 대체로 전원이 피급식자이므로 평상시에는 피급식자 대상에 수록된 인원으로 파악하여 식사 전표 또는 식사표 등을 작성하면 되고, 인원에 변동이 있을 때에만 식수의 변경 전표 형식으로 처리한다. 따라서 이 경우의 식수 파악 문제는 그리 복잡하지 않고 간단히 해결될 수 있다.

그러나 두 번째 그룹에서와 같이 피급식자의 변동이 매일매일 심한 급식 시설에서의 식수 파악은 간단하지 않으며 대체로 식권 제도를 많이 이용하고 있다.

급수 예정 수의 결정법은 다음과 같다.

① 평균 급식 수보다 약 1할 정도 적게 준비하고 그 부족분은 임시 식단(예: 냉동제품, 달걀 부침)으로 한다.

② 전일 오후 2시까지 결식 신고 수에 의해서 식당에 예정 인원 수를 통지하고, 그 수에 따라 식수를 예정 수로 한다.

③ 전날 식수 및 당일의 종업원 수를 생각하여 준비한다.

④ 총 종업원의 약 2할을 뺀 수로 한다.

⑤ 매월 급식 수를 기록해 두고 1개월의 총 급식 수에서 1일의 평균 급식 수를 예정 수로 정한다.

2) 식권 제도

(1) 회수권 식권

사전에 1개월 또는 수 개월분의 식권을 피급식자에게 분배해 주고 급식 때마다 1매씩 회수하는 방식이다.

(2) 플라스틱제 식권

식권 자동판매기를 설치하여 피급식자가 급식 때마다 현금을 투입하면 그 금액에 해당하는 플라스틱제 식권이 발행되어 나오도록 되어 있다. 이 방식은 식권 판매에 따르는 인건비가 절약되고 혼잡을 방지할 수 있는 이점이 있는 반면에 피급식자가 항상 현금을 준비하여야 하는 불편함이 있다.

(3) 전자식 식권

선불 카드식으로 미리 일정액을 입력하여 차감하거나 또는 후불 카드식으로 일정 기간 사용액을 정산하는 방식이다.

(4) ID카드

최근에는 ID카드(신분증, 학생증)에 바코드를 부착해서 식권을 병행해서 사용토록 하는데 식당 입구 쪽에 바코드리더기를 설치하여 확인 작업 및 식수 집계가 편리하다.

3) 장표류 성질과 종류

(1) 장표류의 성질

장표란 사무 작업의 수행 시 도구로 사용하는 장부와 전표 두 용어의 복합어이다. 이 장표는 기능적인 면에서 볼 때 일정한 형식, 기록 방법 및 운영 방법을 가지고 일정한 목적을 달성하기 위하여 계속적으로 사용되는 사무용 문서를 가리키며, 외형적인 면에서 볼 때는 정보를 기입하기 위하여 정형으로 인쇄된 공백의 사무용지라고 말할 수 있다.

이와 같은 장표의 기본적인 성질을 장부와 전표로 구분하여 살펴보면 다음과 같다.

- 장부의 성질

장부의 성질에는 고정성과 집합성이 있다.

① 고정성: 장부는 사무의 흐름에 따라서 움직이지 않고 일정한 장소에 항상 머물러

있으며 사무가 반대로 장부 있는 장소에 찾아와서 수행되는 성질을 가리킨다. 즉 장부의 고정성이란 특수한 경우를 제외하고는 다른 장소에 들고 갈 수 없으며 일정한 장소에 항상 고정적으로 머물러 있는 것을 말한다.

② 집합성: 정보의 기재 내용이 한 군데에 모여진다는 뜻으로써, 내면적으로 볼 때는 동일한 대상에 대해서만 여러 번 걸쳐 여러 가지가 기입되는 성질의 것을 가리킨다. 따라서 장부는 정보의 기재 순서에 따라서 차례차례로 기록되어질 수 있도록 설계되어야 한다.

- 전표의 성질

전표의 성질에는 이동성과 분리성이 있다.

① 이동성: 장부의 고정성과는 반대로 전표 자체가 사무의 흐름에 따라서 이동하면서 기록되는 성질을 가리킨다. 즉 전표는 장부와는 달리 보통 2개소 이상의 담당 분야를 이동하면서 1회마다 새로 제작되는 것이 보통이다. 이것을 전표의 이동성이라고 한다. 따라서 전표의 설계 시 기록 사항은 가능한 한 간단하게 또는 가능하면 무게나 크기, 부피 및 지질 등은 자주 이동하는데 편리하도록 특히 신경을 써야 한다.

② 분리성: 장부의 집합성과는 반대로 보통 1매에 1개의 사항만을 1회에 한하여 기입해야 한다는 것이다.

- 장표의 기능 및 원칙

장표의 기능은 일반적으로 정보의 전달, 정보의 처리 및 정보의 보전이라는 세 가지 기능으로 요약할 수 있다. 이들은 장부와 전표로 구분하여 좀더 구체적으로 살펴보면 다음과 같다.

① 장부의 기능: 장부의 기능에는 기록, 현상의 표시, 대상의 통제 등이 있다.

㉮ 기록: 장부의 가장 기본적인 기능으로써 어떠한 일이 발생했는가? 하는 것을 관계자들이 후일에 잘 알 수 있도록 기록해 놓은 것을 말한다. 장부는 이와 같이 어떤 대상의 변화를 기록하는 기능을 수행한다.

㉯ 현상의 표시: 현재 관리하고 있는 대상이 지금 어떠한 상태에 놓여 있는가를 표시하는 기능이다. 즉 장부에는 어떤 대상의 현재 관리 상태만을 나타낼 뿐이므로 구체적으로 무엇을 표시하는가는 보는 사람의 판단에 맡겨진다.

㉰ 대상의 통제: 어떤 대상의 현 상태가 파악되면 그것을 이미 설정해 높은 표준과 비교하여 어떤 편차가 발견되면 그 대상을 통제하여야 한다. 이와 같이 장부의 기록은 대상의 통제 수단으로 이용된다.

② 전표의 기능: 전표의 기능에는 경영 의사의 전달, 대상의 상징화가 있다.

㉮ 경영 의사의 전달: 전표가 가지는 이동성의 성질을 이용하여 상사의 경영 의사를 각 담당자에게 전달해 주는 기능을 가리킨다. 이 전표의 기능에 의해서 각 담당자에게는 자동적으로 직무가 생기게 된다.

㉯ 대상의 상징화: 전표는 그 성질상 보통 1매에 1개의 사항만을 기입하게 되므로 결과적으로 전표 그 자체는 그곳에 기입된 대상의 상징으로 볼 수 있다. 따라서 그 전표를 분류함으로써 그 대상을 구체적으로 관리할 수 있다.

• 장표의 기본 원칙

장표는 사무관리에 필요한 판단력을 최소한으로 줄이는데 그 특색이 있다. 따라서 장표는 직무를 정확하게 파악할 수 있도록 설계되어야만 사무 능력을 올릴 수 있다.

그렇기 때문에 장표를 실제로 설계할 때에는 다음과 같은 원칙들이 충분히 고려되어야 한다.

① 장표는 필요한 자료를 기입할 수 있는 칸이 있어야 한다.
② 장표는 그 이용자에 대하여 중요한 것이라는 인상을 줄 수 있도록 만들어져야 한다.
③ 장표는 그 이용자가 자료를 용이하게 얻을 수 있도록 작성되어야 한다.
④ 장표는 자료의 기입 및 이용에 있어서 착오가 발생되지 않도록 만들어져야 한다.
⑤ 장표는 경제적으로 복사할 수 있도록 만들어져야 한다.

2) 장표의 종류

단체급식 시설에서 사용되는 장표는 그 목적에 따라 여러 가지 종류가 있는데, 현재 우리나라에서 사용되고 있는 장표의 기본 성질을 중심으로 살펴보면 다음과 같다.

(1) 식단표

식단표는 급식 업무에 있어서 가장 중심적인 기능을 담당하고 있다. 이 식단표는 급식 사무의 기본 계획표로서 급식 담당자에 의해서 작성되며, 관리자의 승인을 얻어야 한다. 이와 같이 관리자의 승인을 받은 식단표는 바로 관리자의 급식 관계들에 대한 급식 지시서가 된다.

급식 작업이 끝난 후에는 이 급식표는 급식 업무의 실시 보고서로서 보존하도록 되어 있다.

(2) **식품수불부**

단체급식 시설의 합리적인 운영을 기하기 위해서는 식품의 수불 관계가 명확하게 기록되어야 한다. 따라서 모든 식품의 수불 관계는 이 장부에 의해서 구체적으로 정확하게 기록된다.

〈표 4-11〉 식단표

구분 / 요일	아 침	점 심	저 녁	비 고
월 ○○ 일				
화 ○○ 일				
수 ○○ 일				
목 ○○ 일				
금 ○○ 일				
토 ○○ 일				
일 ○○ 일				

〈표 4-12〉 식품수불부

품명 : ____________________ 단위: ____________________

월일		적 요	수 입			불 출			잔 고		
			수량	단가	금액	수량	단가	금액	수량	단가	금액

(3) **급식일지**

단체급식 시설에 있어서 어떤 종류의 식사가 매일 얼마만큼 급여되었는가의 구체적인 내용이 과학적으로 기록되어야만 합리적인 급식관리가 가능해 진다. 이와 같은 목적을 달성하기 위하여 마련된 장표가 바로 급식일지이다. 따라서 매일 급여되는 식사가 이것에 의해서 구체적으로 기록된다.

〈표 4-13〉 급식일지

식 단 명	영양가		단 가	식 수	비 고
	열량	단백질			

(4) 식품 사용 일계표

단체급식 시설에 있어서 급식 예정 식단이 마련되어 사용해야 할 식품의 종류와 수량 등이 결정되면 이 식품 사용 일계표에 기록되며, 이것에 의해서 식품의 출고 전표가 끊어지게 된다. 한편 급식 작업이 완료된 후 이 일계표에 기록된 사항은 식품수불부의 불출란에 전기된다.

〈표 4-14〉 식품 사용 일계표

식 품 명	사 용 량					비 고
	상 식	연유식	특별식	합계	직원식	

(5) 구매 요구서

〈표 4-15〉 구매 요구서

No. 연 월 일

종 목			사용기간		요구부서		주무	(인)	부서장	
연 번	물품 번호	품명	규격	단위	수 량			예상가격		비 고
					소요량	재고량	구매량	단가	금액	
1 2 3 4 5 6 7 8 9										
합 계										

구매 요구서는 식품의 사용 부문에서 작성하여 구매 부문에 송부하는 것으로서, 구매 청구서라고도 한다. 이것은 보통 두 통이 작성되어 원본은 구매 부문에 보내지고 사본은 요구 부문에서 보관한다.

(6) 구매표(발주 전표)

구매 부문의 발주 전표로서 구매 요구서에 의해서 작성된다. 구매자 측은 이로써 발주한 물품에 대한 대금 지불의 의무가 생기고, 판매자 측은 대금을 청구할 수 있는 권한을 가지게 된다. 그렇기 때문에 구매자가 이 구매표를 발행하게 되면 즉각 법률상의 계약이 성립하게 되어 그 계약에 대한 법률상의 구속을 받게 된다.

따라서 어떠한 경우에도 이 구매표에는 발주 일자, 주문 번호, 납품업자의 명칭 및 주소, 물품명 및 가격, 수량, 구매 담당자의 서명, 기타 여러 조건 등이 구체적으로 기입되어야 한다.

〈표 4-16〉 발주 전표

<table>
<tr><th rowspan="2">요리명</th><th rowspan="2">식품번호</th><th rowspan="2">식 품 명</th><th colspan="5">발 주 용</th><th colspan="4">원 가 계 산 용</th></tr>
<tr><th>1인분 사용량 (g)</th><th>순 사용량 (kg)</th><th>발주 단위</th><th>발주량</th><th>구입처</th><th>실시 사용량</th><th>단가 (원)</th><th>가격 (원)</th><th>1인분 가격 (원)</th></tr>
<tr><td></td><td></td><td></td><td></td><td></td><td></td><td></td><td></td><td></td><td></td><td></td><td></td></tr>
<tr><td></td><td></td><td></td><td></td><td></td><td></td><td></td><td></td><td></td><td></td><td></td><td></td></tr>
<tr><td></td><td></td><td></td><td></td><td></td><td></td><td></td><td></td><td colspan="2">합 계</td><td></td><td></td></tr>
</table>

3. 원가 관리

원가란 제품의 제조 활동과 이에 관련하여 소비된 경제 가격으로 다시 말하면 매입 대금에 부대 비용이 가산된 금액이다. 원가 계산의 목적은 경제의 실체를 계수적으로 파악하여 적정한 가격을 설정하고 능률적인 경영 증진의 기초 자료로 이용되는데 있다.

1) 급식비의 원가 계산

급식 재료비란 일정한 기간에 소비된 재료의 수량에 단가를 곱하여 계산하는 것이다.

급식비의 원가 계산은 위의 급식 재료비를 포함하여 급식 관계자들의 인건비와 급식 실시에 필요한 일체의 비용을 실제적으로 또는 이론적으로 계산하는 것이다.

실제로 급식소에서 원가 계산은 재료비, 노무비, 경비를 합계한 제조 원가를 산출하고 여기에 관리비를 포함하여 산출하고 있다.

원가 계산 기간은 통상 1개월을 원칙으로 하나, 계산의 자료를 마련하기 위하여 3개월 또는 1년 단위로 한다.

2) 소요별 원가 계산

급식소에서 원가 구성에는 재료비, 노무비, 경비가 있다.

(1) 재료비(식료비)

급식 재료로 소비된 비용을 말하며 급식 예산 중에서 가장 큰 변수이다. 효율적인 재료비의 관리를 위해서는 식단의 계획, 식품의 구매와 가공, 저장, 조리 및 식사 시에 합리적인 방법이 강구되어야 한다.

(2) 노무비

급료, 시간 외 수당, 가족 수당, 상여금 등 급식으로 인해 소비된 노무 가치이다. 노무비에 영향을 미치는 요소들로는 급식소의 서비스 형태, 식 단위 형태와 식품 구매 방법, 작업 조건, 조리 시설이나 주방의 배치, 자동 장비의 유무, 초과시간 수당급여 등을 들수 있으며 급식 담당자는 작업 일정과 업무량을 보다 효율적으로 배분하여 이러한 노무비를 최소한으로 줄여야 한다.

(3) 경비

모든 원가 요소에서 식료비와 노무비를 제외한 나머지로서 여기에는 공과금(전기, 수도, 가스 요금), 세탁비, 수선비, 전화료, 문구류비, 사무용품 및 청소비, 임대료, 보험료, 세금 등이 있다.

단체급식 시설의 원가 요소에 대해 세분화하여 살펴보면 단체급식 시설의 운영 과정에서 발생하는 원가 요소는 다음과 같다.

① 급식 재료비: 조리제 식품, 반제품, 급식 원료 또는 조미료 등 급식에 소요된 모든 재료에 대한 비용을 말한다.

② 노무비: 급식 업무에 종사하는 모든 사람들의 노동력의 대가로 지불되는 비용이다.

③ 시설 사용료: 급식 시설의 사용에 대하여 지불하는 비용을 말한다. 이것은 시설의

경우와 청소비 또는 수선비 등을 포함하는 경우도 있다.

④ 수도 광열비: 전기료, 수도료, 연료비 등으로 구분한다.

⑤ 전화 사용료: 업무 수행상 사용한 전화료이다.

⑥ 소모품비: 급식 업무에 소요되는 각종 소모품의 사용에 지불되는 비용이다. 이것은 식기, 집기 등의 내구 소모품과 소독제, 세제 등의 완전 소모품으로 구분되기도 한다.

⑦ 기타 경비: 위생비, 피복비, 세척비 또는 기타 잡비를 가리킨다.

⑧ 관리비: 단체급식 시설의 규모가 큰 경우에는 그 시설의 직접 경비 이외에도 종업원의 채용이나 결산서 등의 작성을 위해서는 별도의 간접 경비가 필요하게 되는데, 이것을 별도로 계산하는 것이다.

3) 원가 계산의 원칙

(1) 진실성의 원칙

제품의 제조에 소요된 원가를 정확하게 계산하여 진실하게 표현해야 된다는 원칙이다.

(2) 발생 기준의 원칙

현금 기준과 대립되는 것으로 모든 비용과 수익의 계산은 그 발생 시점을 기준으로 해야 한다는 원칙이다.

(3) 계산 경제성의 원칙

중요성의 원칙이라고도 하는데, 원가 계산에서 경제성을 고려해야 한다는 원칙이다.

(4) 확실성의 원칙

실행 가능한 여러 방법이 있는 경우 가장 확실성이 높은 방법을 선택해야 한다는 원칙이다.

(5) 정상성의 원칙

정상적으로 발생한 원가만을 계산하고 비정상적으로 발생한 원가는 계산하지 않는다는 원칙이다.

(6) 비교성의 원칙

원가 계산이 다른 일정 기간의 것과 또는 다른 부문의 것과를 비교할 수 있도록 실행되어야 한다는 원칙이다.

(7) 상호 관리의 원칙

원가 계산과 일반 회계, 그리고 각 요소별 계산, 부문별 계산, 제품별 계산 간에 서로 밀접하게 관련되어 하나의 유기적 관계를 구성함으로써 상호 관리가 가능해져야 한다는 원칙이다.

4) 급식의 원가 계산 방법

기간은 1개월을 원칙으로 하나 계산 자료 구비 기간의 길고 짧음에 따라 1일에서 1년으로도 한다.

① 급식의 원가 = 재료비 + 인건비 + 경비
② 식품 재료비 = 소요 재료량 + 소요 재료량의 단위당 재료비
= 소요 재료량×(구입 재료비 ÷ 구입 재료량)
③ 인건비 = 소요 시간 ×1시간당 임금 = 소요 시간 ×(1일 임금 ÷ 8시간)
= 소요 시간 ×(1개월 임금 ÷ 24시간)
④ 수도료 = 소요 물량 ×소요 물량 단위당 요금
⑤ 전기료 = 소요 전기량 ×소요 전기량의 단위당 요금
⑥ 가스료 = 소요 가스량 ×소요 가스량의 단위당 요금

5) 손익분기 분석

어떠한 경우이든 경영의 목표는 적정 이익의 실현이다. 일정 기간 동안의 판매 수익에서 총비용을 감하고 남는 부분이 이익에 해당하고, 총비용에서 판매 수익을 제한 부분이 손실을 의미한다.

손익분기점(Break-even point)이란 총비용과 총수익이 일치하여 이익도 손실도 발생되지 않는 지점을 말한다. 즉 판매 총액이 모든 원가와 비용만을 만족시켰을 때를 손익분기점이라 하고, 그렇지 못했을 경우에는 적자, 모든 비용을 충당하고도 이익을 남기면 흑자 경영으로 돌아섰다고 한다.

기업의 경영 규모가 커지고 복잡해지면서 고정비가 증대되는 반면에 시장 경쟁의 심화 등으로 기업의 매출액과 비용, 수익 관계의 과학적인 관리가 요구되었다. 이에 관리 목표를 수립하고 경영 활동을 수행하는 것들에 가장 적절한 것이 손익분기점 분석이라고 할 수 있다.

손익분기점은 일정 기간의 매출액을 일정하게 책정한 경우, 그 손익은 어떻게 되고 일정 이익을 올리기 위해서는 총비용 혹은 총 판매액을 얼마로 실현시켜야 될 것인가를 나타내 준다. 따라서 손익분기 분석은 손익 비용의 상호 관계를 분석하는 것이라고 말할 수 있겠다.

관리 원가를 정확히 수행하기 위해서는 손익 계산을 잘해야 한다. 급식 경영자가 손익분기점이 되려면 몇 명분의 식사를 얼마나 판매해야 하는가를 미리 계산해 보고 메뉴 설계를 시작하면 합리적인 예측을 할 수 있으므로 바람직한 결과에 도달하기 쉽다.

이러한 계산에는 임대료, 관리비, 광열비, 고정 직원의 인건비 등 매출의 크기에 무관하게 발생하는 고정 비용을 포함해야 한다. 따라서 손익분기점 산출에서 선결되어야 할 것이 총비용을 고정비와 변동비로 명확히 구분하는 것이다. 그러나 현실적으로 고정비와 변동비의 명확한 구분이 어렵다는 것이 난점이기도 하다.

6) 원가 통제

원가 통제의 기능은 효율적인 재무 관리와 계획성 없는 급식 운영으로 일어나는 손실을 사전에 예방하여 기업이 가능한 한 최대의 이익을 얻는데 있다. 우리나라의 급식업에서 급식비의 원가 통제에 영향을 미치는 원인들은 다음과 같다.

① 최고 경영자의 이해 부족
② 심한 물가 변동
③ 원가에 대한 종업원들의 인식 부족
④ 원가 통제 관리 분야의 전문가 부족
⑤ 종업원의 과잉 서비스
⑥ 규격화되지 않은 상품으로 인한 낭비
⑦ 재고에 대한 인식 부족
⑧ 급식업의 영세성

7 작업관리

1. 작업관리의 목적과 의의

작업관리란 작업을 능률적이고 효과적으로 수행하기 위한 제반 관리 업무이다.

능률적인 작업 관리를 위해서는 업무에 대한 정확한 분석과 필요한 인원 수를 파악하고 올바른 작업을 종업원에게 지도하는 과정이 필요하다.

작업관리의 목표는 생상성 향상에 있으며 급식 관리자는 급식부 내의 각 조리원의 위치와 기능, 책임 한계 등을 나타내는 도구로 조직도, 업무 분담표, 직무 기술서, 작업 일정표를 작성하여 사용함으로써 효율적인 작업관리를 할 수 있다.

① 조직도: 직책과 기능의 관계를 나타낸 도표로 업무 진행상 결재의 라인이 되므로 중요하다.

② 업무 분담표: 직책과 기능에 따라 각자의 업무를 명시한 것이다.

③ 직무 기술서: 특정 직책에 요구되는 기술과 책임을 나타낸 것으로 책임 한계를 분명히 한 것이다.

④ 작업 일정표: 개인 업무를 명시한 절차와 시간에 맞게 수행하기 위한 작업 개요로 관리자와 조리원 간의 의사소통 수단이다.

⑤ 작업 관리표: 작업 과정을 나타내어 개인의 작업 과정을 쉽게 평가하여 작업을 분석한다.

작업관리를 위한 중요 요점은 다음과 같다.

① 노동력의 절약, ② 작업 방법의 단축화, ③ 경비의 절감, ④ 작업 내용의 정확한 표준화, ⑤ 안전 작업

작업관리를 함으로써 작업 시간의 단축, 생산량의 증대, 품질의 개선과 균일화, 원가의 절감을 유도하여 생산성을 향상하고 종업원의 만족을 가져올 수 있다.

2. 급식의 작업관리

급식소의 작업관리는 운영 사무, 조리 작업, 운반 작업으로 나눌 수 있다.

〈표 4-17〉 급식에서 작업관리 대상

분 야	내 용
운영 사무	▪ 메뉴 작성 ▪ 식재료, 그외 제경비의 파악 ▪ 식재료의 발주 ▪ 입출고, 재고량 관리 ▪ 식재료 이외의 물품 발주 ▪ 급식 수, 판매고의 파악 ▪ 피급식자 수의 파악
조리 작업	▪ 조리 작업 ▪ 식당의 청소, 정비 ▪ 배식, 서비스 작업 ▪ 식재료의 검수 · 보관, 조리기기의 보수 ▪ 식기 · 기구 등의 세정, 청소, 정비 작업
운반 작업	▪ 배식을 하기 위한 요리의 운반 ▪ 식재료 구입에 동반되는 운반

3. 작업 연구

1) 공정 연구

작업의 현상을 분석하는 것으로 재료가 상품으로 변형되어가는 과정을 가공, 운반, 검사, 정체 등으로 분류하여 분석하는 방법이다.

2) 시간 연구

시간 연구는 작업자가 주어진 작업 조건하에서 표준 작업 방법에 의해 작업을 수행할 때의 표준 시간을 산전하기 위한 연구로 작업 측정이라고도 한다.

(1) stopwatch법

1사이클의 작업 시간이 경우에는 그 작업을 요소 작업으로 분석하여 각각의 요소 작업이 어느 정도의 시간이 필요한지, 실제 작업의 몇 사이클인가를 stopwatch로 관측한다.

(2) 목시 동작 연구

관찰자가 눈으로 자세히 작업자의 행동을 관찰하는 방법

(3) worksampling법

1사이클의 작업 시간이 상당히 길든가 관측하여야 하는 대상의 수가 많은 경우에는 연속적으로 관찰하는데 시간이 너무 많이 걸리므로 임의 시각에 작업 내용을 관찰하고 관측도수에 의해 시간 비율을 구하는 방법이다.

(4) V.T.R 법

VTR을 이용하여 작업을 녹화하고 시간을 측정하여 작업 측정을 하는 방법이다.

(5) Micro motion study(미세 동작 연구)

화면에 timing device를 삽입한 영화를 촬영하고 그 영화로부터 therblig 시간 분석표를 작성하여 동작 연구를 한다.

3) 동작 연구

Gilbreth는 어떠한 작업을 하더라도 그것을 할 때의 동작을 세밀하게 나누어 가면 18가지 동작 요소로 성립되어 있으며, 이것들을 분석하면 작업에 불필요한 동작을 쉽게 제거하여 최소의 피로로 최대의 생산을 올릴수 있다고 하였다.

그는 이 미세 동작 분석을 발전시켜 그 방법으로 therblig를 제안하였다.

4. 작업 개선의 원칙

작업 연구에 의한 작업 분석을 하고나면 그 작업의 불합리한 점이 발견된다.

작업 개선은 이 불리한 점을 개선하여 작업 능률을 올리려는 것이다.

작업 개선의 목표는 신속성(빠르게),용이성(쉽게), 경제성(싸게), 정확성(바르게), 안전성(안전하게)라고 할수 있다.

작업 개선을 위한 원칙은 아래와 같다.

1) 목적 추구의 원칙

작업자는 왜 이 일을 하고 있는지를 명확히 알고 최종 목적에 맞게 일을 추진해 나갈 필요가 있다.

2) 배재의 원칙

작업의 최종 목적을 달성하기 위하여 현재 필요한 것 외의 불필요한 일은 배재하여야 한다는 것이다.

3) 선택의 원칙

하나의 목적을 달성하기 위해서는 여러 개의 수단 중 가장 효과가 큰 것을 선택하여 일을 행하여야 한다는 원칙이다.

4) 호적화의 원칙

작업 개선의 방법에서 최종적인 합리화를 기하는 데에는 5가지 원칙이 있다.

(1) 전문화의 원칙

작업의 기능을 숙련화 내지는 고도로 작업을 전문화하려는 원칙이다.

(2) 단순화의 원칙

작업을 가능한 한 단순화시키고자 하는 원칙이다.

(3) 표준화의 원칙

작업의 처리 기준 내지 방법을 일정화시키고 이것을 작업 담당자에게 이해시켜 작업을 수행케하며 처리 결과를 일정화하는 것이다.

(4) 기계화의 원칙

수작업을 기계로 대체시킴으로써 모든 작업을 균일화 내지 능률화를 꾀하려는 것이다.

(5) 자동화의 원칙

작업을 기계화하고 나아가서 자동화함으로써 최대의 능률을 올리려는 것이다.

5. 급식의 작업관리

1) 조리 작업관리

단체급식의 조리 작업관리는 급식 작업의 ½ 이상을 차지하는 주요 작업으로 식단에서 시작된다. 예정 식수, 요리명, 식품명, 재료량, 조리 순서 등이 식단표에 의해 제시되고 조리되므로 조리 작업관리의 목적은 식단표에 제시된 분량과 품질대로 만들어 피급식자에게 제공하는 것이다. 하지만 단체급식의 식단은 매끼마다 변화가 있어야 하므로 식단의 변화에 따라 작업 내용, 작업 방법, 작업량이 바뀌므로 이런 변화에 합리적으로 대응하여 계획성 있는 작업관리를 하는 것이 필요하다.

작업에 소요되는 시간은 급식 수, 조리원의 숙련 정도, 조리 시설의 배치, 조리 기기의 기계화와 성능 등에 따라 달라지고 식사의 내용과 다양화 정도에 따라 조리 소요 시간이 영향을 받으므로 다음 사항이 요구된다.

① 작업을 분해해서 단순화한다.

② 작업의 기준을 만들어 표준화한다(1인 분량, 품질 기준, 기기 사용법, 조미료 사용기준)

2) 배선·배식의 작업관리

배선·배식의 작업관리는 완성된 음식을 식기에 담고 피급식자에게 제공하는 작업으로 피급식자에게 기다리지 않고 좋은 환경에서 요리를 가장 맛있고 위생적인 상태로 식사하도록 하는 것이 목적이며, 이를 위해서는 다음의 사항이 필요하다.

① 메뉴 작성 시 완성된 조리 분량을 예측하여 분량을 정하고 식기 선정, 음식 담는 방법, 1인 분량의 정량화 등을 습득한다.
② 각 음식마다 최적 온도로 배식되도록 적온 급식에 유의한다.
③ 위생적이고 안전한 보관이 되도록 차가운 음식은 7℃ 이하, 따뜻한 음식은 75℃ 이상으로 보관한다.
④ 피급식자가 급식에 대해 좋은 인상을 가질 수 있도록 친절한 태도와 서비스 정신을 가져야 한다.

3) 식기 세정·수납 및 청소 작업관리

식기나 조리기기의 세정 작업과 조리장 주변의 청소 작업은 급식 시설의 위생적 안전을 위한 중요한 작업으로 하루의 급식 총 작업 시간의 30~45%를 차지하며 단조로운 동작의 반복 작업이면서도 노동 강도가 높고 피로도가 큰 작업이다.

(1) 식기류 세정·수납 작업관리

식기류 세정 작업은 1회 식사의 식기 사용 수에 비례하고 식기의 재질 형태에 따라 세정 방법이 각각 다르다.

세정 작업의 흐름은 먼저 식사가 끝나고 식기를 회수하는 작업에서부터 시작된다. 회수 방법에 따라 세정 작업의 담당자 배치, 작업 시간, 인원 수가 달라진다. 사용한 식기를 피급식자가 식기 반납 코너까지 운반하는 경우, 식기 반납 코너에서 잔반을 버리고 세정 코너와 연결된 컨베이어에 놓는 경우, 혹은 종업원이 회수하여 정리, 운반하는 경우 등이 있는데 급식 시설의 특징과 배식 형태에 맞추어 적정한 방법을 택하여야 한다.

음식물 찌꺼기에는 단백질, 지방, 전분, 색소가 있으며 이를 세정하기 위해서는 40℃ 온탕에 담갔다가 40~50℃의 온탕과 세제와 물리적 압력으로 오물을 제거한 뒤 온탕으로 헹구어 잔류 세제를 없애도록 한다. 세정이 끝난 뒤에는 식기의 살균을 위하여 소독을 하고 식기를 종류별로 분류, 정리하여 보관고에 수납한다.

(2) 청소 작업관리

조리장 바닥, 선반, 배수구, 조리실 주변의 청소는 쓰레기 및 잔반을 제거하여 기름 등의 더러움을 없애고 쥐, 파리 등 해충류를 제거하며 악취를 방지하는 등 매일 작업이 끝날 때 실시하는 작업이다.

이와 같은 관리는 급식의 위생면과 작업의 안전면으로도 상당히 중요하며 매일 실시하는 것은 물론 정기적으로 작업 일을 정하여 철저하게 실시하는 것이 필요하다. 또한 조리 과정에서 나오는 쓰레기는 시설의 입지 조건과 최종적인 회수 방법에 따라 구별하며, 일시적으로 보관·수집할 때는 악취와 해충 발생이 없도록 관리하여야 한다.

6. 시설 · 설비관리

1) 주방 위치와 각 부문별 작업 공간 계획

(1) 위치

- 위치 선정의 조건

① 재료 반입, 오물의 반출이 편리한 곳
② 통풍이 잘되고 밝고 청결한 곳
③ 급수와 배수가 잘되고 소음, 잡음, 기름연기, 냄새 등을 처리하기 쉬운 곳
④ 사고 발생 시 대피하기 쉬운 곳
⑤ 급식 대상자의 왕래가 편리한 곳

2) 면적과 형태

(1) 주방 면적

주방의 면적은 기기의 종류와 크기, 배식 수, 조리 인원, 식단 등을 고려하여야 한다.
① 대규모 시설: 기기 바닥 점유 면적×3-4
② 소규모 시설: 기기 바닥 점유 면적×2-2.5
③ 사업소 급식: 식당 면적×⅓ - ¼

(2) 식당 면적

급식 형태, 급식 인원 수에 의해 결정되는데 급식 대상자 1인당 1.0m^{2}를 기초로 하며

식기 회수로 인한 잔반 처리, 허드레 씻기, 식기 회수하는 차를 설비할 경우 이를 위한 최소 공간을 더한다.

3) 조리실 내장과 설비

(1) 바닥

강도가 강하고 내구성, 내마모성인 동시에 내소성, 내습성, 내유성 등의 성능이 요구된다. 또한 습식의 바닥에서는 보통 1/100 이하의 구배가 있어 물 빠짐을 좋게 하는 것도 중요하다.

(2) 벽

내화성, 내열성, 내수성, 방습성, 방부성이 요구되며 미관이 좋고 청소가 쉬워야하며 오염에 대응하기 쉬운 재질을 사용한다.

(3) 급·배수시설

㈎ 급수

각 습식소에서 필요한 수량은 1인 1식당 공장 급식은 5~10ℓ로 평균 7ℓ,병원급식은 10~20ℓ로 평균 15ℓ,학교급식은 4~6ℓ로 평균 5ℓ,보통급식은 6~10ℓ로 평균 8ℓ, 기숙사급 식은 7~15ℓ로 평균 11ℓ이다.

㈏ 배수

① 배수관

트랩의 형태는 배수구와 배수관이 벽, 바닥에 연결되는 상태에 따라 곡선형인 S트랩, P트랩, U트랩 중 선택하여 설치한다.

찌꺼기가 많은 경우에는 수조형이 효과적이다.

수조형에는 관트랩, 드럼트랩, 그리스트랩, 실형트랩등이 있다.

(4) 환기 설비

환기 방법에는 자연 환기, 기계 환기, 후드가 있다.

후드는 열원 주변에 설치하며 습기 및 냄새를 제거하는데 효과적이다..

(5) 주요 조리기기와 용도

㈎ 구근탈피기

감자나 당근 등을 회전판 안에 넣어 껍질을 벗기는 기기이다.

㈏ 베지터블커터(vegetable cutter)
채소를 여러 형태로 썰어주는 기기이다.
㈐ 슬라이서(slicer)
육류를 일정한 두께로 썰어주는 기기이다.
㈑ 초퍼 또는 그라인더(chopper 또는 grinder)
식품을 다져주는 기기이다.
㈒ 취반기
다량의 밥을 하는 기기이며 열원은 가스, 증기가 사용된다.
㈓ 오븐(oven)
빵이나 식품을 고온으로 굽는 기기로 식품을 극초단파로 익히는 마이크로웨이브 오븐과 오븐 내의 공기를 환풍기를 통하여 강제적으로 순환시키는 컨벡션 오븐이 있다.
㈔ 브로일러(broiler)
복사와 적외선에 의해 생선이나 조류를 굽는 기기이다.
㈕ 번철(griddle)
철판구이 방식의 부침기기로 기름이 흐르도록 철판을 약간 경사지게 만들었으며 자동온도 조절기를 부착하는 것이 좋다.
㈖ 온장고(warmer)
음식을 조리한 후 배식하기 전에 식지않도록 보온 장치를 한 것이다.
㈗ 배상차
각 급식소까지 음식을 운반하는데 사용하는 장치로 운반 도중 음식이 식지 않도록 보온 하거나 보냉한다.
㈘ 스팀쿠커(steam cooker)
채소나 그 외 여러 가지 식품을 15～20분만에 쪄내는 기기로 압력은 보통 팬이 1～2개인 경우 15파운드 정도된다.
㈙ 자동 식기세척기
설거지하는 과정을 기기로 하는 장치로 수작업보다 시간과 노동력을 절약할 수 있다.
㈚ 식기 소독 보관고
세정한 식기를 선번에 넣어 그대로 보관고 내에 열풍을 불어넣어 소독, 건조 보관한다. 열원은 증기, 가스, 전기 등이 사용된다.

(6) 식기의 필요량

급식 대상자 수의 20～30%증가하여 보유하는 것이 좋다.

기타 급식 시간, 급식 형태, 식단의 종류에 따라 필요량을 가감한다.

8 각종 단체급식

1. 학교급식

학교 급식은 유치원, 초등학교, 중학교, 고등학교의 학생을 대상으로 학교에서 급식하는 식사의 형태이다.

학교라는 교육의 장소에서 학교 급식이 실시되므로 단순한 식사 제공이 아닌 급식을 통하여 학교 생활을 풍요롭게 하고 바람직한 인간성을 육성하며, 급식을 받는 학생 스스로가 건강과 식생활에 관심을 갖고 바람직한 식 습관을 몸에 익힐 수 있는 계기가 된다.

학교 급식은 성장 발육기의 학생들에게 심신 발달에 필요한 영양 공급과 합리적인 식생활에 관한 지식 및 올바른 식생활 습관 형성을 위하여, 학교에서 일정한 지도 목표를 설정함으로써 계획적으로 실시하는 집단급식을 말한다.

1) 학교급식의 목적

학교급식을 요약하면 다음과 같다.

① 합리적인 영양 섭취: 적절한 영양량 공급으로 학생들의 건강 증진과 체위 향상에 기여한다.

② 올바른 식습관 형성: 학교급식의 체험을 통하여 학생들에게 올바른 식사 태도와 식 습관을 몸에 익히도록 한다.

③ 실천을 통한 생활 규범 및 사회성 발달: 예의범절을 배우고 학생들간의 우정과 협동심을 키울수 있으며 식사에 대해 감사하는 마음을 가질 수 있으며 도덕교육의 실습장이 된다.

④ 영양 교육을 실천할 수 있는 가장 좋은 기회가 되며 또한 학교급식을 통해 정부의 식량 정책에 대한 이해도를 높일 수가 있다.

2) 학교급식 운영 원칙 및 관리 기준

(1) 학교급식의 운영 원칙

① 학교급식은 교육의 일환으로 운영되어야 한다.

② 학교급식의 내용은 학생의 발육과 건강에 필요한 영양을 충족할 수 있는 식품으로 구성되어야 하며, 급식관리에 있어서는 위생과 안전에 철저를 기하여야 한다.

(2) 관리 기준

① 수업 일의 주식 시간에 급식한다.

② 학교 조리실에서 조리를 하여 제공한다(학교 조리실에서 조리가 불가능한 경우와 조리하기 부적당한 식품은 감독청의 승인을 받아 위탁 업체에서 조리한 완제품 제공 가능).

③ 완제품을 제공하는 경우는

- 학생들의 영양과 건강 관리에 적합한 식품을 선정한다.
- 제조, 운반, 공급 과정에서 식품의 위생관리에 유의한다.

④ 위생과 안전에 철저를 기한다.

3) 학교급식의 운영 실태

(1) 급식비 부담에 따른 구분

① 유상 급식: 피급식자가 급식비를 부담하는 방식으로 자부담 급식이라고도 한다.

② 무상 급식: 국가 및 원조 기구에서 급식비를 전액 부담하여 피급식자에게 무상으로 급식을 제공하는 방식이다.

(2) 영양에 따른 분류

① 완전 영양 급식: 주식 + 부식 + 음료(우유) 등으로 완전한 영양 균형을 고려하여 급식하는 방식이다.

② 부분 영양 급식: 빵과 우유만을 급식함으로써 부분적으로만 영양 요구량을 충족시키는 방식이다.

4) 식사 제공 형태에 따른 분류

학교급식의 식사 제공 형태로는 단독교의 조리시설을 사용하여 그 학교만 조리를 하는 경우와 공동 조리장을 설치하여 여러 학교를 대상으로 하여 공동 조리를 하는 경우 등이 있다.

〈표 4-18〉 공동 조리장 급식의 장단점

장점	▪ 물자 구입, 검수, 급식비, 보고 등의 급식에 관한 사무분담이 경감된다. ▪ 급식 내용별 학교차가 줄어든다. ▪ 영양, 위생에 관한 집중 관리를 할 수 있다. ▪ 대량 구매로 인한 식재료비를 절감할 수 있다.
단점	▪ 학생과의 관계가 간접적이며, 학교급식을 통한 교육의 의의가 약해진다. ▪ 각 학교급식에 대한 의지나 희망이 반영되기 어렵다. ▪ 적온 급식이 곤란하며 단독교의 급식과 비교해 대체로 맛이 좋지 않다. ▪ 대량 조리 및 배송차 운반이기 때문에 대단위로 식단이 제약된다. ▪ 식중독, 전염병이 발생했을 때 피해가 대단위로 발생한다. ▪ 도시 지역의 경우 교통 사정의 악화로 시간 내에 배식하기가 어렵다.

2. 사업체 급식

1) 사업체 급식의 의의 및 목적

사업체 급식은 사무실, 공장, 기업체 및 연수원, 기숙사 등의 근로자를 대상으로 특정 다수인에 대해 계속적으로 식사를 제공하는 집단급식을 말하며 급식의 형태는 단일 식단, 복수 식단, 카페테리아 식이 있다. 급식 횟수는 일반적으로 1일 1식이지만 교대 근무자나 야근자를 대상으로 하는 1일 2식, 3식도 있으며 그외 심야 근무자에게 제공되는 심야식도 있다.

사업체 급식의 대상은 연령적으로 18세 전후부터 60대까지의 남녀로 연령, 성별, 노동 강도와 작업 환경, 노동 조건(노동 시간 · 휴일 · 시간 외 근무, 출장 등) 등의 차이에 따라 다양하다.

그러므로 사업체 급식은 무엇보다 적합한 영양 필요량을 산정하는 것이 필요하고 그 외 기호나 식사 환경 등에 대한 배려를 고려해야 한다. 또한 획일적인 영양 관리보다 복수 메뉴의 실시, 카페테리아 식 운영 등으로 개개인을 대상으로 한 영양 지도가 필요하다. 사업체 급식의 의의와 목적을 요약하면 다음과 같다.

① 노동 정도에 따라 적절한 영양이 함유된 급식은 근로자 개인의 영양관리와 건강

유지를 위해 중요하다.

② 적절한 영양 교육을 통하여 질병의 예방에 기여할 수 있다.

③ 급식을 통해 작업의 능률과 생산성을 높여 기업의 이윤 증대와 나아가 국가 경제발전에 기여한다.

④ 사업체 급식을 통해 합리적인 식품 소비를 유도하며 국가의 식량 정책 및 식생활 개선에 이바지할 수 있다.

⑤ 같은 장소에서 같은 내용의 식사를 하므로 동료나 상급자와의 대화를 통하여 원만한 인간관계를 유지하고 명랑한 직장 분위기를 조성하는데 기여할 수 있다.

3) 사업체 급식의 위생 설비

최근 식품위해요소 중점관리 기준(HACCP) 및 식품회수제도(recall) 도입 등 식품위생 사고를 미연에 방지하려는 자세가 요구된다.

조리장과 식당의 환경 정비와 개선을 위한 점검 사항은 아래 표와 같다.

〈표 4-19〉 조리실과 식당의 환경 정비와 개선

구 분	점 검 사 항
조리실관리	조리원 위생 상태: 세면, 손톱, 두발, 위생복, 모자 착용 유무 주방 용품의 정리정돈 상태 집기의 세척 및 소독 상태 기기, 기구, 기물 사용 가능 여부 배수시설 확인 및 정화조 청소 방충시설 및 벌레 퇴치 여부 주방 안의 정리정돈 및 청결 상태 화재, 위생 안전 점검 세제 사용 억제 흡연 구역 이외의 흡연 금지(주방에서 절대 흡연 금지) 행주 사용 후에는 반드시 삶아서 말림 음식 조리 때의 정성 여부
식당관리	식탁, 의자 청결 및 정돈 상태 바닥의 위생 상태 점검 급수대 및 식수통의 청결 상태 배식, 30분 전 식수, 이쑤시게, 냅킨 준비 점검 자판기 운영 현황, 청결 및 재료 보충 확인 창틀, 유리, 천장, 구축물 청결 및 청소 상태 난방기구, 소화기 관리 상태 미사용 기자재 정리 상태

3. 병원 급식

병원 급식은 일반식과 치료식으로 나누어지며, 병인식(환자식)은 다시 신체의 성장과 조직에 재생, 그리고 각 기관의 정상적 기능을 위해 필요한 모든 영양소를 공급하는 일반 병인식과 정상 식사를 변경하여 병의 예방과 치료를 위해 특별히 처방된 치료식으로 나누어진다.

1) 병원 급식의 의의 및 목적

병원 급식이란 진료 지원의 측면에서 환자에 대한 진료나 간호와 같은 의료 행위의 일환으로 환자의 증상에 따라서 적절한 식사를 공급하고 환자의 영양 상태 개선을 통하여 질병의 치료와 회복을 촉진하며 체력을 향상시키는 것을 목적으로 공급되는 급식이다.

또한 식사와 함께 영양요법 지도를 통해 영양과 관련된 지식과 식행동 변화를 위한 자가 관리 방법을 환자 및 보호자에게 지도함으로써 기존의 식습관을 개선하고 올바른 식이요법을 이해시켜 질병의 재발을 방지하고 장·단기적으로 치료 효과를 높이는 것이 매우 중요하다.

최근 인구의 노령화 추세로 성인병 발병이 증가함에 따라 병원 급식은 질병 치료의 보조적 수단뿐만이 아니라 직접적인 치료 수단의 일환으로 자리잡고 있다.

〈표 4-20〉 일반식과 치료식의 비교

	일 반 식	치 료 식
서비스	개인적인 기호에 맞게 선택한다. 식기의 모양, 재질 등이 자유롭다. 자유로운 식단의 선택과 식사	대량 일률적인 방식 식기의 모양, 재질 등이 한정된다. 일정한 시간과 장소에서의 식사 침실 및 병실에서 먹는다. 식단을 선택할 수 없다.
맛	향신료, 조미료를 사용한다. 맛에 따라 주문할 수 있다.	제한된다. 엄격히 제한되어 주문이 힘들다.
가격	가격 변동에 따라 자신의 경제에 맞게 주문할 수 있다.	일정한 음식값으로 제한된다.
신체적	쾌적하게 적응할 수 있다.	기분이 나쁘지만 적응한다.
정신적	불만을 해소할 수 있다.	항상 속박되어 스트레스가 쌓인다.

2) 특징

병원 급식은 일반인 및 환자를 대상으로 해야 하기 때문에 다른 급식에 비해 식단 계획 및 조리 과정이 복잡하고 까다롭다.

그 특징과 고려할 점은 다음과 같다.

① 병원 급식의 대상자는 신생아에서 고령자까지 각 연령층의 남녀로 다양하게 이루어져 있다.

② 식사를 제공할 때에는 획일적으로 제공하기보다는 환자 개인의 질병의 종류와 정도를 고려하여 개개인에게 적합한 식단을 구성하여 식사를 제공한다.

③ 급식 대상이 감염의 기회가 높고 저항력이 약한 환자라는 것을 염두에 두고 영양적으로 만족하고 위생적으로 안전한 식사를 제공하여야 한다. 특히 세균의 번식을 억제하면서 적온 관리가 되도록 주의하여야 한다.

④ 입원과 퇴원으로 인한 식수 변동이 심하고, 1일 3회 연중 무휴로 식사가 제공된다.

⑤ 대규모 급식이면서 동시에 1회당 수십 종류의 치료식을 준비해야 하므로 이를 위한 적절한 시설, 설비 및 기기가 필요하다.

⑥ 병원은 늘 연중 무휴라서 조리기기나 설비를 점검, 수리할 시간이 충분하지 못하므로 기기 관리 및 작업 관리에도 세심한 주의가 요구된다.

급식 대상으로서의 환자는 건강한 상태가 아니고 갖고 있는 질병의 형태와 종류, 진행 정도 등이 가지각색이다. 이러한 다양한 환자의 요구 사항과 기호를 만족시키기 위한 식단 개발, 조리 방법, 배식 온도, 배선 방법 등을 고려해야 하고 위생관리를 철저히 함으로써 급식의 질을 유지하는 동시에 환자 개개인의 조건을 고려해야 한다.

3) 병원 급식의 운영

일반 식사의 준비는 다른 단체급식의 경우와 같으나 특별식에 있어서는 반드시 의사의 지시를 받아서 식단을 작성해야 한다. 또 식사 전후에는 병실을 순회하며 환자의 기호를 알아서 환자의 구미에 맞는 것을 택하여 준비하도록 한다.

병원 급식의 식단 작성은 비교적 복잡하므로 우선 식사 형태를 알아보고 필요한 식품의 양과 지시된 영양소의 양 및 식사의 횟수를 알아야 한다.

병원 급식은 직영이 원칙이나 급식의 질이 확실히 보장된 경우에는 병원의 최종 책임하에 급식 업무의 일부를 제3자에게 위탁하는 경우도 있다.

■ 의료기관의 급식관리 기준(의료법 시행 규칙 제28조 제7항)

① 환자의 영양 관리에 관한 사항을 심의하기 위하여 병원장 또는 부원장을 위원장으로 하는 영양관리위원회를 둔다.

② 환자의 식사는 일반식과 치료식으로 구분하여 제공한다.

③ 환자 급식을 위한 식단은 의사 처방전에 의해 영양사가 작성하고 환자의 필요 영양량을 충족시켜야 한다.

④ 환자 음식은 뚜껑이 있는 식기나 밀폐된 배식차에 넣어 적당한 온도를 유지한 상태에서 제공하여야 한다.

⑤ 영양사는 완성된 식사를 평가하기 위하여 매끼 검식을 실시하며, 이에 대한 평가 결과를 검식부에 기록하여야 한다.

⑥ 영양사는 의사가 영양 지도를 의뢰한 환자에 대하여 영양 상태를 평가하고 영양 상담 및 지도를 실시하며, 그 내용을 기록하여야 한다.

⑦ 식기 및 급식 용구는 매 식사 후 깨끗이 세척, 소독하여야 하며 전염성 환자의 식기는 일반 환자의 식기와 구분하여 취급하고 매 식사 후 완전 멸균 소독하여야 한다.

⑧ 수인성 전염병 환자의 잔식은 소독 후 폐기하여야 한다.

⑨ 병원장은 급식 관련 종사자에 대하여 연 2회 이상 정기 건강진단을 실시하여야 하며, 종사자가 전염성 질병에 감염되었을 경우에는 필요한 조치를 취하여야 한다.

⑩ 병원장은 급식 관련 종사자에게 위생교육을 실시하여야 한다.

9 외식 산업

1. 외식 산업의 정의

외식은 '가정이 아닌 밖에 나가서 음식을 사서 먹는 것' 이라고 풀이할 수 있다. 특히 국민 소득이 향상되면서 사람들에게 가정 밖에서 음식을 사서 먹는 외식 활동이 일상생활의 한 부분으로 보편화하기 시작하자 예전보다 외식에 대한 정의와 범위의 합리적인 설정이 필요하게 되었다.

외식 산업이란 음식과 관련된 산업으로 우리가 일상생활을 영위하기 위한 기본적 행위인 식사와 직접적인 관련을 가지고 있다. 외식 산업이라는 말이 사용된 것은 1980년대

접어들면서 외식업이 사회, 경제적으로 비중이 증대되면서 시작되었다. 이는 소비자의 입장에서 외식 기회의 증대와 외식에 대한 사회적 개념의 변천에 따른 현상으로 넓은 의미에서의 외식 산업은 식사를 조리해서 제공하는 식품제조업, 소비자에게 직접 소매하는 소매업, 소비자가 중추를 이루는 서비스 산업적 성격이 강한 복합 산업으로 볼 수 있다.

다시 말하면 식품 또는 그 원자재와 부자재를 중앙 공급식에 의하여 공급받아 신속하고 저렴한 가격으로 음식을 제공하고 셀프서비스 방식의 도입으로 운영의 간소화를 기하며 메뉴의 통일과 대규모의 체인 전개 등을 특징으로 하는 서비스 산업이라고 할 수 있다.

외식 산업은 좁은 의미에서 보면 음식을 만들어 제공하는 사업으로 식사의 제공, 인적 서비스의 제공, 분위기 연출의 서비스, 식사에 관련된 편익 제공 등을 상품으로 하는 산업을 말한다.

2. 외식산업의 분류

① 내식적 내식: 전통적 의미의 내식으로 가정 내 가공, 조리 과정을 거친 식생활 중심

② 외식적 내식: 가정 내 식사이나 제한적인 조리로 완전 조리와 반조리 식품을 중심으로 외부의 생산자에 의하여 조리되어진 것을 가정 내에서 식사. 예) 배달된 음식, 출장 음식

③ 내식적 외식: 일반적인 가정 음식으로 가정 이외에서의 식사 형태, 즉 외부에서 식사. 예) 도시락

④ 외식적 외식: 외식 본래의 형태로써 가정 외에서 식사는 형태, 즉 가정 밖에서 외부의 생산자에 의하여 조리되어진 것을 식사. 예) 전문 요리점, 고급 음식점 등

3. 외식 산업의 업종별 분류

외식 산업의 업종을 분류하는 기준은 일반적으로 음식과 음료(주류)를 중심으로 구분하기도 한다.

음식, 주류, 음료를 제조하고 판매하는 사업으로 오로지 영리만을 목적으로 경영 활동을 하는 상업적 외식 산업과 국가나 공공 단체 또는 기업에서 직원들의 복리 후생 차원에서 비영리를 목적으로 실시하는 비상업적 외식 산업으로 분류할 수 있다.

1) 비상업적 외식 산업

비상업적 외식 산업은 주로 단체급식 형태로 식사를 제공하는데 이에는 학교, 병원, 군대, 경찰, 교도소, 양로원 등이 속하며 이들 단체들 중의 일부는 전적으로 정부의 자금의 지원을 받고 자체적으로 음식을 무상으로 제공하는 사회복지 영역에 속한 외식 산업이지만, 최근에는 사기업에서 운영하는 단체급식 전문 업체에 위탁하여 식사를 제공하는 곳도 나타나고 있다.

〈표 4-21〉 단체급식소와 일반 외식 업소의 차이

구 분	일반 외식 산업	단체급식소
급식 담당 주체	대부분 독립적 사업체	대부분 큰 조직체의 한 부서
목 적	음식 제공	음식 제공 외에 복리후생이나 교육적 차원도 중요한 목적
시 장	불특정 시장	특정 시장
만족 추구 대상	고객(guest)	고객(customer) + 고객(client)
고객의 욕구 및 급식의 목표	일반인이며 단기 목표에 근거	특정 집단을 대상으로 급식하므로 영구적인 목표에 근거(예: 요양소 환자들에게 영양을 적절히 공급)
이 윤	급식소 운영의 가장 큰 동기	이윤이 운영의 가장 중요한 동기는 아니며 대개 미리 정해진 일정한 예산에서 운영
식수 예측 및 위험 부담	식수의 예측이 어려우며 이 위험이 비용의 형태로 반영된다.	상주 인구가 정해져 있으므로 조리 식수나 양을 예측하기가 비교적 용이하고 위험 부담이 적다.
운영 시간	장시간	식사 제공 시간이 한정
메 뉴	고객이 규칙적으로 찾는 것이 아니므로 한 가지 내지 몇 가지의 메뉴를 특화할 수 있으며, 메뉴 계획이나 생산에 어려움이 적다.	특정 고객에게 계속적으로 제공해야하므로 메뉴계획이나 생산이 다양하며 복잡하다.

2) 상업적 외식 산업

상업적 외식 산업은 판로가 일반 대중에게 넓게 열려져 있는 일반적인 외식 산업과 특정 시설에서 제한되어 있는 제한적 외식 산업으로 분류할 수 있다.

일반적 외식 업소는 불특정 다수의 고객에게 음식, 음료 및 주류 등을 복합적으로 제공하는 것으로 근래에는 일반적 외식 업소 중에서 햄버거, 치킨, 피자 등의 메뉴 품목을 셀프서비스를 통하여 빠른 시간에 음식을 제공하는 패스트푸드점 사업이 활발하다.

제한적 외식 산업은 음식을 공급, 판매하는 것을 주된 업무로 하는 외식산업과 철도, 항공기에서와 같이 음식을 제공하는 것이 단지 부차적인 업무에 불과한 외식 산업으로 구분할 수 있다.

핵심 문제

1. 단체급식이란?
   ① 비영리를 목적으로 특정 다수인에게 계속적으로 식사를 공급하는 것
   ② 비영리를 목적으로 불특정 다수인에게 계속적으로 식사를 공급하는 것
   ③ 영리를 목적으로 특정 다수인에게 계속적으로 식사를 공급하는 것
   ④ 영리를 목적으로 불특정 다수인에게 계속적으로 식사를 공급하는 것
   ⑤ 영리를 목적으로 인원에 관계없이 계속적으로 식사를 공급하는 것

2. 급식 시설의 공통된 목적에 해당되지 않는 것은?
   ① 피급식자의 영양 개선과 건강 증진을 도모
   ② 피급식자의 식비를 경감
   ③ 피급식자에게 정신적 만족
   ④ 피급식자에게 식 인식을 고양
   ⑤ 피급식자 지적 수준 향상

3. 학생들에게 필요한 영양을 공급하고 올바른 식생활 습관을 길러주기 위해서 실시하는 습식의 형태는?
   ① 사업 급식　② 학교 급식　③ 기숙사 급식
   ④ 사회복지시설 급식　⑤ 군대 급식

4. 규칙적인 식사를 제공함으로써 생활의 규범은 물론 건강 유지와 체력 단련에 기여를 목적으로 하는 급식 형태는?
   ① 병원 급식　② 학교 급식　③ 군대 급식　④ 기숙사 급식　⑤ 사업 급식

답 1. ①　2. ⑤　3. ②　4. ③

5. 위탁 급식의 장점에 해당되지 않는 것은?
① 인건비를 절감할 수 있다.
② 대량 구입으로 식재료를 줄일 수 있다.
③ 복잡한 노무 관리의 직접적인 책임을 피할 수 있다.
④ 영양 관리가 소홀해 질 수 있다.
⑤ 질 높은 서비스를 기대할 수 있다.

6. 1일 3식을 제공하는 급식 시설에 해당되는 것은?
① 학교 급식 ② 사업체 급식 ③ 기숙사 급식
④ 군대 급식 ⑤ 노숙자 급식

7. 피급식자가 배식과 반납을 하는 형태의 배식 방법은?
① 셀프서비스 ② 쟁반 서비스 ③ 배식원에 의한 서비스
④ 배달 서비스 ⑤ 공급 서비스

8. 피급식자의 주문에 의하여 배식원이 음식을 배식하고 식사가 끝난 후 그릇을 회수하는 방법은?
① 배달 서비스 ② 공급 서비스 ③ 배식원에 의한 서비스
④ 쟁반 서비스 ⑤ 셀프서비스

9. 단체급식에 대한 다음 설명 중 바르지 못한 것은?
① 단체급식은 동시에 많은 식중독을 일으킬 소지가 있다.
② 유해물질이 식품에 혼입되지 않도록 주의하여야 한다.
③ 종업원의 위생교육은 특별히 실시할 필요가 없다
④ HACCP를 도입하는 것이 바람직하다.
⑤ 메뉴 구성에 있어서 고객의 불만을 살 수 있다.

10. 한 장소에서 식품을 구입하여 음식을 준비하고 같은 장소에서 피급식자에게 배식이 이루어지는 단체급식의 유형은?
① 커미셔리 급식 제도 ② 전통적인 급식 제도 ③ 예비저장식 급식 제도
④ 조합식 급식 제도 ⑤ 계단식 급식 제도

답 5. ④ 6. ④ 7. ① 8. ③ 9. ③ 10. ②

11. 공동 조리장에서 조리되어 급식소로 운반된 다음 그곳에서 해동·재가열하여 피급식자에게 배식되는 단체급식의 유형은?

① 커미셔리 급식 제도 ② 전통적인 급식 제도 ③ 예비저장식 급식 제도
④ 조합식 급식 제도 ⑤ 계단식 급식 제도

12. 일상적으로 매일 섭취해야 할 필수영양소가 아닌 것은?

① 당질 ② 지질 ③ 단백질 ④ 아미노산 ⑤ 카드뮴

13. 다음 중 필수 아미노산이 아닌 것은?

① Lysine ② Threonine ③ Histidine ④ Pepsine ⑤ Leucine

14. 다음 중 조리의 목적에 해당하는 것은?

① 노동 비율을 높인다.
② 식재료비를 절감시킨다.
③ 시설비를 줄인다.
④ 소화율의 증가로 영양 효율을 높인다.
⑤ 인건비를 줄여 준다.

15. 단체급식 조리를 위한 선행 조건에 해당되지 않는 것은?

① 조리전 식품의 전처리 과정이 필요하다.
② 싱크대·조리대 등의 철저한 살균·소독을 실시한다.
③ 조리원의 개인 위생을 청결히 한다.
④ 간단한 화농염증 질환자는 조리에 종사해도 상관없다.
⑤ 조리에 적절한 온도가 유지되도록 한다.

16. 급식 생산 계획에 포함되지 않는 것은?

① 생산할 음식 ② 생산량 ③ 식수 인원
④ 생산 방법 ⑤ 위해물질 분석

17. 급식관리를 효율적으로 운영하기 위한 수요 예측 방법이 아닌 것은?

① 급식 생산 계획 회의 ② 원재료의 질 ③ 과거의 기록
④ 급식 식수 파악 ⑤ 생산 수요 예측

답 11. ① 12. ⑤ 13. ④ 14. ④ 15. ④ 16. ⑤ 17. ②

18. 단체급식 조리 절차 과정 중 전처리에 해당되는 것은?
① 튀김 ② 데침 ③ 세정 ④ 끓임 ⑤ 조림

19. 단체급식 조리 절차 과정 중 조리 과정에 해당되는 것은?
① 계량 ② 담그기 ③ 해동 ④ 조림 ⑤ 썰기

20. 운반 및 배식의 목적에 해당되지 않는 것은?
① 음식의 배식과 품질 유지
② 제공되는 음식이 미생물적으로 안전성 보장
③ 피급식자에게 외관상 만족스러운 음식 제공
④ 에너지 절약
⑤ 노동 시간과 비용 상승

21. 분산식 배식 방법이란?
① 공동 조리장에서 조리하여 원거리에 있는 급식소로 운반하는 방법
② 음식을 한 곳에서 만들어 여러 곳에 정해진 수량만큼 배분하는 방법
③ 즉석에서 음식을 만들어 피급식자에세 배식하는 방법
④ 1일 전에 만든 음식을 다음날 피급식자에게 배식하는 방법
⑤ 인스턴트 식품과 같이 조리 시간이 짧은 음식을 배식하는 방법

22. 음식의 질이 가장 우수한 상태는?
① 조리후 일정 시간이 지났을 때 ② 조리 전 원재료 때
③ 조리 직후 ④ 조리 직전
⑤ 음식의 질은 조리 조건과 무관하다.

23. 배식을 여러 곳에 하기 위한 필요한 기기가 아닌 것은?
① 음식을 소독을 하기 위한 기기 ② 음식 담기에 필요한 기기
③ 보온・보냉에 필요한 기기 ④ 운반과 배달을 위한 기기
⑤ 배식에 필요한 기기

답 18. ③ 19. ④ 20. ⑤ 21. ② 22. ③ 23. ①

24. 검식에 대한 설명 중 잘못된 것은?
① 단체급식소의 급식 실시에 의무 사항이다.
② 완성된 음식을 자체 평가하는 방법이다.
③ 식사에 대한 불만이나 문제 발생을 줄일 수 있다.
④ 급식의 개선 자료가 된다.
⑤ 검식을 배식 후 실시하는 것이 이상적이다.

25. 검식일지 기록시 검식항목에 해당되지 않는 것은?
① 맛 ② 영양성분 ③ 색상 ④ 외관 ⑤ 위생적인 조리 상태

26. 검식 시 주의 사항이 잘못된 것은?
① 보존식 - 조리 후 72시간 동안 전용 냉장고에 보존한다.
② 우유 - 냄새, 맛의 이상 유무와 유통 기한을 확인한다.
③ 맛을 보는 것은 배고프지 않을 때 한다.
④ 맛보기는 여러 번에 걸쳐 실시한다.
⑤ 혀 전체로 맛을 본다.

27. 수응도란?
① 음식이 실제 주어졌을 때 나타나는 선호도
② 음식 품목명에 대해 나타나는 선호도
③ 영양분에 대한 선호도
④ 원재료에 대한 선호도
⑤ 음식 맛에 대한 선호도

28. 기호도 조사 방법에 해당되지 않는 것은?
① 9점 기호도 척도법 ② 7점 기호도 척도법 ③ 5점 기호도 척도법
④ 관능검사지 조사법 ⑤ 기호도 조사 설문지법

29. 식단의 평가를 위해서 하지 않아도 되는 조사는?
① 식사자의 섭취 정도 조사 ② 기호도 조사 ③ 수응도 조사
④ 배식량 조사 ⑤ 열량 조사

답 24. ⑤ 25. ② 26. ④ 27. ① 28. ③ 29. ⑤

30. 소비자의 만족도를 조사하기 위하여 이용되는 방법은?
① IPA법 ② UPA법 ③ EGA법 ④ CPI법 ⑤ IGP법

31. 구매 관리의 목적이라고 볼 수 없는 것은?
① 예산을 유효하게 사용 ② 보다 질 좋은 재료의 확보
③ 식재료의 효율적 관리 ④ 식품 판매의 원활성 확보
⑤ 필요한 시기에 적정 가격으로 구매

32. 올바른 식품 구매를 달성할 수 있는 방안이 아닌 것은?
① 식품에 대한 전문적 지식 ② 식품 구입 방법에 대한 지식
③ 공급업자의 선정에 대한 지식 ④ 식품 감별법에 대한 지식
⑤ 식품 판매 방법에 대한 지식

33. 식재료 관리 업무의 흐름이 가장 이상적인 것은?
① 예정 식단 → 구입 계획 → 발주 → 납품 → 검수 → 보관 → 조리
② 예정 식단 → 발주 → 구입 계획 → 납품 → 검수 → 보관 → 조리
③ 예정 식단 → 납품 → 구입 계획 → 검수 → 보관 → 조리 → 발주
④ 구입 계획 → 예정 식단 → 발주 → 납품 → 검수 → 보관 → 조리
⑤ 구입 계획 → 발주 → 납품 → 검수 → 보관 → 조리 → 예정 식단

34. 단체급식에서 사용되는 식재료가 갖추어야 할 조건에 해당되지 않는 것은?
① 신선하고 양질이어야 할 것 ② 위생적이며 안전할 것
③ 적정 가격일 것 ④ 취급이 다량의 조건에 맞을 것
⑤ 장기간 실온보관에서 변질되지 않을 것

35. 구입하여 곧 바로 조리하여 소비해야 하는 식재료는?
① 건조식품 ② 생선 ③ 병조림 ④ 조미료 ⑤ 쌀

36. 냉동식품의 일반적인 보관 기간은?
① 3개월~2년 ② 1주~1년간 ③ 6개월
④ 8개월 ⑤ 1~10일

답 30. ① 31. ④ 32. ⑤ 33. ① 34. ⑤ 35. ② 36. ①

37. 식품은 냉동으로 보관하고자 할 때 유지되어야 할 온도는?
① 0℃ 이하 ② -5℃ 이하 ③ -10℃ 이하 ④ -18℃ 이하 ⑤-25℃ 이하

38. 식품 구입의 기준 자료로 활용할 수 있는 것만으로 된 항은?
① 물가 파악, 출하기 파악, 유통기구 파악
② 물가 파악, 영양가 파악, 신선 파악
③ 출하기 파악, 생산지 파악, 인력 구조 파악
④ 인력 구조 파악, 영양가 파악, 선도 파악
⑤ 유통기구 파악, 생산지 파악, 인력 구조 파악

39. 식품의 공급원을 선정할 때 고려할 사항이 아닌 것은?
① 서비스가 좋은 곳 ② 공급자 지식이 많을 것
③ 보관 시설이 좋은 곳 ④ 위생시설이 좋은 곳
⑤ 교통 사정이 좋은 곳

40. 식품의 검수 내용에 포함되지 않아도 되는 것은?
① 유통 경로 ② 수량 ③ 품질 ④ 신선도 ⑤ 중량

41. 구매 계약 시 일반 경쟁 입찰의 장점에 해당하는 것은?
① 긴급 시 조달 시기를 놓칠 수 있다. ② 자본이 부족한 업자가 응찰하기 쉽다.
③ 공평하고 경제적이다. ④ 경험이 부족한 업자가 응찰하기 쉽다.
⑤ 절차가 복잡하다.

42. 식품구매 계약 시 수의 계약을 하는 경우에 해당되지 않는 것은?
① 특허품인 경우 ② 독점품인 경우 ③ 기밀 유지가 필요 없는 경우
④ 특수한 기술이 필요한 경우 ⑤ 납기가 급한 경우

43. 식품의 감별 방법 중 사람의 감각적 판단에 의하여 검사하는 방법은?
① 물리적 검사 ② 화학적 검사 ③ 미생물학적 검사
④ 관능검사 ⑤ 이화학적 검사

답 37. ④ 38. ① 39. ② 40. ① 41. ③ 42. ③ 43. ④

44. 식품의 감별법 중 화학적 검사에 해당되지 않는 것은?
① 성분 검사 ② 농약 검사 ③ 응고점 검사
④ 효소활성 검사 ⑤ 첨가물 검사

45. 저온장애를 받는 식품이 아닌 것은?
① 바나나 ② 파인애플 ③ 토마토 ④ 딸기 ⑤ 고구마

46. 저장 관리의 원칙에 해당되지 않는 것은?
① 우선 순위의 원칙 ② 저장 위치 표시의 원칙 ③ 품질 보존의 원칙
④ 분류 저장의 원칙 ⑤ 공간 활용의 원칙

47. 식품 저장 창고 저장시 유의할 점이라 보기 어려운 것은?
① 적절한 온도가 유지되도록 한다.
② 적절한 습도를 유지하도록 해야 한다.
③ 식품의 특성을 고려하여 저장한다.
④ 식품의 성질과 관계없이 모두 냉동 저장한다.
⑤ 해충의 침입을 방지해야 한다.

48. 단체급식에서 식중독이 많이 발생하는 이유에 해당되는 것은?
① 대량의 식품을 비위생적으로 제조 ② 불량 첨가물만을 사용
③ 식품 공장은 항상 전염병균이 존재 ④ 피급식자의 위생 의식 결여
⑤ 이상 모두

49. 다음 중 조리에 종사할 수 없는 사람은?
① 장티푸스에 감염된 사람 ② 당뇨병 환자 ③ 고혈압 환자
④ 신장에 장애가 있는 사람 ⑤ 면역 기능이 저하된 사람

50. 음식물의 온도를 측정할 경우 어느 부분을 측정하는 것이 이상적인가?
① 음식물 중간의 제일 두꺼운 부분 ② 음식물의 외측
③ 음식물의 최하부 ④ 음식물의 최상부 ⑤ 아무 곳이나 상관없다.

답 44. ③ 45. ⑤ 46. ① 47. ④ 48. ① 49. ① 50. ①

51. 신선한 쇠고기의 색깔은?

① 보라색 ② 검은색 ③ 선홍색 ④ 검고 붉은 색 ⑤ 도적색

52. 위생 상태를 점검하는 방법에 해당되지 않는 것은?

① 손의 소독이 완전한가? ② 쥐 · 곤충류는 없는가?
③ 도마의 세정살균은 확실한가? ④ 잔채의 처리는 적절한가?
⑤ 영양소의 파괴는 일어나지 않았는가?

53. 단체급식에서 안전관리의 목적은?

① 사고와 재해 방지 ② 식품의 안전성 유지
③ 식품에 대한 신뢰감 구축 ④ 영업의 전략적 정보 획득
⑤ 피급식자에 대한 서비스

54. 안전 확보를 위한 점검 내용이 아닌 것은?

① 건물의 상황은 안전한가? ② 소화시설은 갖추었는가?
③ 영업자의 지식은 높은가? ④ 배수설비는 완전한가?
⑤ 매연설비는 완전한가?

55. 식품 산업체에 종사하는 작업자에 대한 안전 점검 내용이 아닌 것은?

① 표준 작업을 지키고 있는가? ② 작업 능률은 좋은가?
③ 책임 의식은 강한가? ④ 건강 상태는 좋은가?
⑤ 작업자의 나이는 얼마인가?

56. 공동 조리장 급식의 장점에 해당되는 것은?

① 식중독이 발생했을 때 피해가 단단위로 발생한다.
② 교통 사정 등으로 짧은 시간 내 배식이 어렵다.
③ 위생에 관한 집중관리를 할 수 있다.
④ 적온 급식이 곤란하다.
⑤ 대체로 맛이 없다.

답 51. ③ 52. ⑤ 53. ① 54. ③ 55. ⑤ 56. ③

57. 치료식에 대한 설명 중 잘못된 것은?
① 식기의 모양, 재질 등이 한정된다. ② 일정한 시간과 장소에서 식사
③ 침실 및 병실에서 먹는다. ④ 대량 일률적인 방식이다.
⑤ 식단을 선택할 수 있다.

58. 외식산업의 성장 요인에 해당되지 않는 것은?
① 국민 소득의 증가 ② 전통 음식의 보존 ③ 식생활 패턴의 변화
④ 가치관의 변화 ⑤ 외식 기회의 증대

59. 외식산업에 대한 다음 설명 중 잘못된 것은?
① 생산과 판매가 일시에 이루어지는 서비스 산업이다.
② 제조, 유통, 서비스 산업의 성격을 띤 복합 산업이다.
③ 업소의 위치를 최우선으로 하는 입지 산업이다.
④ 표준화, 단순화, 전문화 시스템을 전제로 하는 산업이다.
⑤ 품질, 서비스, 청결은 강조되지 않은 산업이다.

60. 비상업적 외식산업에 속하지 않는 것은?
① 학교 급식 ② 병원 급식 ③ 대중 음식업
④ 교도소 급식 ⑤ 양로원 급식

61. 무기물이란?
① 탄소를 함유하지 않는 물질을 말한다. ② 질소를 함유하는 물질을 말한다.
③ OH기를 가진 물질을 말한다. ④ SH기를 가진 물질을 말한다.
⑤ COOH기를 가진 물질을 말한다.

62. 단체급식 조리를 위한 선행 조건에 해당되지 않는 것은?
① 구매 ② 시식 ③ 검수 ④ 보관 ⑤ 전처리

63. 무게를 측정할 때 사용되는 기구는?
① 계량컵 ② 계량스푼 ③ 저울 ④ 온도계 ⑤ pH메타

답 57. ⑤ 58. ② 59. ⑤ 60. ③ 61. ① 62. ② 63. ③

64. 운반 및 배식 관리에 영향을 미치는 요소가 아닌 것은?
① 급식의 종류 ② 급식시설의 규모 ③ 조리원의 능력
④ 노동비 ⑤ 전처리

65. 다음 중 식중독을 일으킬 요소에 해당되지 않는 것은?
① 안전하지 못한 곳에서 식자재를 구입한 경우
② 오염된 식재료를 사용하여 충분히 익히지 않은 경우
③ 조리된 식품이 저온 상태에 보관된 경우
④ 식품을 세균이 증식 가능한 온도에 4시간 이상 방치한 경우
⑤ 감염된 조리원이 식품을 취급한 경우

66. 소화기계전염병 예방책에 해당되지 않는 것은?
① 조리 종사원의 정기적인 검변을 실시한다. ② 손 씻기를 철저히 생활화한다.
③ 예방접종자는 식품 취급을 않도록 한다. ④ 생식품의 급식을 피한다.
⑤ 기구의 위생적 취급에 유의한다.

67. 장표의 세 가지 기능에 해당되는 것은?
① 정보의 전달, 정보의 처리, 정보의 보관 ② 정보의 분류, 정보의 관리, 정보의 개발
③ 정보의 기록, 정보의 보관, 정보의 분류 ④ 정보의 확인, 정보의 유출, 정보의 전달
⑤ 정보의 처리, 정보의 분류, 정보의 판독

68. 원가 계산의 원칙에 해당되지 않는 것은?
① 진실성의 원칙 ② 발생 기준의 원칙 ③ 확실성의 원칙
④ 정상성의 원칙 ⑤ 생산성의 원칙

69. 외식산업의 범주에 해당되지 않는 것은?
① 식품제조업 ② 식품소매업 ③ 폐기물 처리업
④ 대중음식점 ⑤ 식품가공업

70. 외식산업에서 3S란?
① 표준화, 단순화, 전문화 ② 표준화, 제도화, 전문화 ③ 제도화, 단순화, 기업화
④ 전문화, 단순화, 기업화 ⑤ 특별화, 표준화, 기업화

답 64. ⑤ 65. ③ 66. ③ 67. ① 68. ⑤ 69. ③ 70. ①

71 .병동 배선 방식의 장점으로 옳은 것은?

① 인건비가 적게 든다.
② 관리와 감독이 쉽다.
③ 식기 소독과 보관이 잘된다.
④ 적온 급식이 잘된다.
⑤ 식품의 낭비가 적다.

72. 단체급식에서 배식은 몇 시간 내에 이루어지는 것이 좋은가?

① 2시간 이내에 배식을 끝낸다.
② 3시간 이내에 배식을 끝낸다.
③ 4시간 이내에 배식을 끝낸다.
④ 5시간 이내에 배식을 끝낸다.
⑤ 6시간 이내에 배식을 끝낸다.

73. 워크샘플링(work sampling)이란 무엇인가?

① 육안으로 자세히 작업 방법을 측정하는 기법이다.
② 무작위로 추출한 관측 시간에 작업 방법을 측정한 후 전체적인 작업 분석을 하는 기법이다.
③ 작업 분석의 한 방법으로 시간 연구와 같다.
④ 실제적으로 일어난 작업 방법을 연구하는 기법이다.
⑤ 동작 경제 원칙의 한 기법이다.

74. 단체급식 중 1인당 급수량이 가장 많이 필요한 급식소는?

① 학교 급식
② 병원 급식
③ 사업체 급식
④ 군대 급식
⑤ 사회복지시설 급식

75. 우리나라 학교 급식의 변천에서 볼때 구호 급식에서 자립 급식으로 넘어가는 해는?

① 1969년
② 1970년
③ 1971년
④1973년
⑤ 1975년

76. 단체급식에서 세균성 식중독 방지상 가장 주의하여야 할 점은?

① 주위 환경을 깨끗이 한다.
② 식품 중의 수분을 감소시킨다.
③ 조리에서 배식까지의 시간을 2시간 이내로 한다.
④ 식기를 청결히 보관한다.
⑤ 위생복을 착용한다.

답 71. ④ 72. ① 73. ② 74. ② 75. ④ 76. ③

77. 단체급식에서 위생관리를 철저히 하는 이유는?
① 조리사의 건강을 위하여 ② 피급식자의 상쾌한 기분을 위하여
③ 식중독 발생을 방지하기 위하여 ④ 깨끗한 주변 환경을 위하여
⑤ 올바른 식습관을 위하여

78. 보존식의 보존 기간은?
① 24시간 이상 ② 36시간 이상 ③ 48시간 이상
④ 60시간 이상 ⑤ 72시간 이상

79. 식단 작성할 때에 가장 먼저 결정하여야 할 사항은?
① 단백질의 양 ② 비타민의 양 ③ 무기질의 양
④ 주식의 양 ⑤ 영양가의 산출

80. 순환 메뉴 사용의 장점이 아닌 것은?
① 영양사와 조리사의 작업 분담이 쉽다.
② 주기가 짧을수록 식단이 다양해진다.
③ 음식의 질을 일정한 수준으로 유지하기가 쉽다.
④ 식단 작성하는데 소요되는 시간을 줄일 수가 있다.
⑤ 재고 통제가 쉬워진다.

81. 주방의 후드가 하는 역할로 가장 적당한 표현은?
① 통풍을 시킨다. ② 실내 먼지를 제거한다.
③ 증기, 냄새, 연기를 뽑아낸다.
④ 따뜻한 공기를 제공한다. ⑤ 화기를 뽑아낸다.

82. 한 사람의 부하는 한 사람의 장으로부터 명령을 받아야 한다는 원칙은?
① 명령 일원화의 원칙 ② 전문화의 원칙 ③ 감독 한계 적정화의 원칙
④ 기능화의 원칙 ⑤ 권한위양의 원칙

83. 단체급식 예산에서 가장 큰 비중을 차지하는 항목은?
① 인건비 ② 운영비 ③ 수도비 ④ 경비 ⑤ 식품재료비

답 77. ③ 78. ⑤ 79. ④ 80. ② 81. ③ 82. ① 83. ⑤

84. 경영 관리 순환의 순서가 올바른 것은?
① 계획→조정→통제→지휘→조직
② 조직→계획→조정→지휘→통제
③ 계획→조직→지휘→조정→통제
④ 계획→통제→지휘→조정→조직
⑤ 계획→조직→조정→지휘→통제

85. 중앙 급식 체제의 장점은?
① 대량 구매로 인한 식재료의 절감 효과가 있다.
② 한 곳에서 모든 작업이 이루어지므로 적온 배식이 어렵다.
③ 숙련된 조리원이 요구되므로 인건비가 상승된다.
④ 작업 분업이 어렵다.
⑤ 생산성이 낮고 노동 비율이 높다.

86. 배수의 형식 중 곡선형에 속하지 않는 것은?
① S트랩 ② 드럼트랩 ③ P트랩 ④ W트랩 ⑤ U트랩

87. 전염병 예방을 위해 조리실 계획 시 가장 중요한 것은?
① 조리실의 입구를 별도로 한다.
② 실내 공기를 깨끗이 하는 시설을 갖춘다.
③ 조리 관계자 전용의 화장실을 설계한다.
④ 반입 반출이 쉽도록 설계한다.
⑤ 실내 조명을 밝게 설계한다.

88. 병원 급식에서 환자 식단을 작성할 때 가장 중요한 점은?
① 환자의 병세
② 환자의 기호
③ 여섯 가지 기초 식품의 배합
④ 의사의 처방전
⑤ 식재료비

89. 다음은 구두 명령이 효과적일 때이다. 아닌 것은?
① 긴급을 요할 때
② 수령자가 그 내용을 잘 알고 있을 때
③ 문서 명령을 재강조할 때
④ 숫자나 도형이 필요할 때
⑤ 하기 싫은 일을 시킬 때

답 84. ③ 85. ① 86. ② 87. ③ 88. ④ 89. ④

90. 어디에서 구입해도 원재료의 품질이 동일하다고 할 경우 다음 방법 중 가장 저렴한 가격으로 구입할 가능성이 있는 것은?

① 지명 경쟁 입찰 ② 일반 경쟁 입찰 ③ 수의 계약
④ 복수 견적 ⑤ 단일 견적

91. 구매관리의 목적을 열거한 것이다. 가장 옳은 것은?

① 적정한 품질 및 양의 원자재를 적정한 시기에 적정한 가격으로 적정한 장소에서 구입하기 위하여
② 싼 가격으로 식재료를 구입하기 위하여
③ 구매를 통하여 공급업자와 관계를 개선하기 위하여
④ 합리적인 구매 기록을 위하여
⑤ 좋은 식재료를 확보하기 위하여

92. 다음 중 헌법에 보장된 노동자의 3대 권리가 아닌 것은?

① 자주적 단결권 ② 단체 교섭권 ③ 단체 행동 자유권
④ 경영 참여권 ⑤ 자주적 단결권+단체 교섭권

93. 작업 개선의 목표가 아닌 것은?

① 싸게 ② 바르게 ③ 천천히 ④ 안전하게 ⑤ 정확하게

94. 다음 중 전제형 리더십의 성격을 가장 잘 나타낸 것은?

① 참여 의식이 강하다. ② 책임감이 강하다.
③ '나'라는 개인 의식이 강하다. ④ 단결심이 강하다.
⑤ 자유 방임적이다.

95. 다음 중 테일러 시스템의 특징이 아닌 것은?

① 차별 성과급 제도 ② 능률급 제도
③ 기획부 제도 ④ 작업 지시표 제도
⑤ 기능적 직공장 제도

답 90. ② 91. ① 92. ④ 93. ③ 94. ③ 95. ②

96. 인간 관계론이 시도하는 목적은?

① 경영권 강화
② 인간의 비합리적 요소의 배제
③ 관리상 민주주의의 구현
④ 과학적 관리법의 확대 실현
⑤ 공식적 인간관계 강화

97. 전표의 기능은?

① 일정한 장소에 두고 언제든지 볼 수 있는 것
② 경영 의사의 전달
③ 현상의 표시
④ 기록
⑤ 대상의 통제

98. 다음은 남품 검사 때 발취 검사가 효과적인 경우이다. 아닌 것은?

① 검사 항목이 많을 때
② 파괴 검사일 때
③ 생산 업자에게 품질 향상의 의욕을 자극하고자 할 때
④ 신뢰감을 높이고자 할 때
⑤ 불량품이 어느 정도 들어가도 괜찮을 때

99. 맥그리거의 X이론과 Y이론 중 Y이론 설명으로 옳은 것은?

① 인간은 천성적으로 게으르고 일하기 싫어 한다.
② 인간은 조직에 수동적이다.
③ 인간은 조직에 보조적인 역할을 한다.
④ 인간은 근본적으로 발전과 책임을 지는 노력을 한다.
⑤ 인간은 조직의 문제를 해결할 수 있는 창의성을 가지고 있지 않다.

100. 사기 저하 시에 나타나는 증상이 아닌 것은?

① 사고율 증가
② 결근율 증가
③ 태업(怠業)
④ 생산성 저하
⑤ 소득 저하

답 96. ③ 97. ② 98. ⑤ 99. ④ 100. ⑤

[참고 문헌]

곽동경(1986), 급식관리의 전산화 방안, 국민영양
곽동경(1995), 집단급식을 위한 식품 위해요소 중점관리 기준(HACCP) 관리지침서, 국민영양
김덕권(1996), 급식경영학, 신광출판사
김동승외3인(1997), 급식경영학, 광문각
김혜경(1999), 최신 단체급식, 효일문화사
대한영양사회(2000), 급식관리지도서 3차 개정판
박춘란 외 4인(2001), 단체급식. 도서출판 광문각
박춘란, 김윤선(2006), 식생활관리학, (주)대가출판사
양일선외5인(2003), 단체급식 (주)교문사
이상덕(1996), 급식소의 위생관리, 1996년도 보수교육자료집, 대한영양사회
이애랑(1998), 급식관리실무, 도서출판 광문각
이진영(1997), 식품구매론, 효일문화사
전은자(1990), 단체급식과 실무영양 II, 홍익제
한국영양학회(2005)한국인섭취기준량 제8차개정
한국영양관련학과 교수협의회(2000), 단체급식, 삼광출판사
현기순(1999), 단체급식, 수학사
Bassie Brooks Qest,Levelle Wood,virginia F,Harger,1997,Food service in Institution S.
Lendel H.Kotschevar, Margaret E,Terrel,1983,Foodservice planning,layout and equipment,John wiley and Sons,Inc
The educational foundation of national restraurant association applied foodservice sanitation 4th National Restraurant Association Chicago II, 1992

제5장 식품의 저장관리

1 식품의 저장

1. 식품 저장관리의 의의와 목적

식품은 유기화합물로 자연계에서 여러 종류의 미생물로부터 오염되어 변질되기 쉽다. 변질된 식품은 식품으로서 가치가 없을 뿐만 아니라 위생상으로 매우 위험하여 우리의 건강을 해칠 수도 있어, 식품의 위생관리는 위생학적 측면에서 대단히 중요하다고 할 수 있다. 식품 저장관리의 목적은 첫째, 경제적, 사회적인 견지에서 식량의 손실을 막음으로써 가격의 안정성을 부여하고 유통 과정을 원활하게 하는 것과 둘째, 식품 위생학적인 면과 영양학적인 면에서 부패나 변질된 음식으로부터 일어나는 사고를 사전에 방지하여 우리의 식생활을 보다 안정되게 하고 식품의 영양학적 가치를 장기간 유지하는데 있다.

식품의 변질과 부패의 원인은 온도, 습도 등 여러 가지 요인이 있지만 주로 미생물의 번식으로 인한 것이 가장 많다. 그러므로 식품의 부패와 변질을 방지하기 위해서는 미생물의 오염을 방지하거나 오염된 미생물의 증식과 발육을 억제하는 것이 중요하다.

2. 식품 저장의 원리

1) 미생물의 번식 억제

식품의 변질은 대부분 미생물에 의하여 발생하기 때문에 식품에서 미생물의 번식 작용을 억제하는 방법이 가장 중요하다. 식품에 오염된 미생물을 모두 사멸시켜서 식품을 무균적으로 한다는 것은 현실적으로 불가능하기 때문에 식품의 성질에 따라 미생물을 사멸시키는 방법, 미생물의 성장을 억제시키는 방법 등을 이용한다.

식품 중의 미생물을 사멸시키는 방법에는 미생물의 생존 한계 온도 이상에서 가열하는 방법을 가장 많이 이용하고 있다. 이 방법에는 병조림, 통조림, retort pouch 식품, 우유 등의 초고온 살균, 간헐 살균, 원적외선 살균 등이 있다.

또한 미생물의 성장을 억제시키는 방법은 기구나 약품을 이용하여 사람이 인위적으로 미생물의 생육 환경을 부적당하게 만드는 것이다. 즉 식품 중에서 미생물이 증식하지 못하도록 미생물이 번식하는데 요구되는 수분, 온도, pH, 영양 물질 중 어느 하나를 부적절하게 하는 것이다.

수분의 경우 식품 중의 수분을 어느 정도 제거하면 식품 중의 용액의 삼투압이 증가되어 식품으로부터 미생물의 생육에 필요한 수분을 잃어버리기 때문에 미생물의 생육과 번식이 억제된다. 수분을 제거하여 식품을 저장하는 방법에는 일광 건조, 열풍 건조, 분무 건조, 증발 건조, 포말 건조, 고주파 건조, 적외선 건조 등 방법이 다양하다.

미생물은 온도와 밀접한 관계를 가지고 있기 때문에 미생물이 생육할 수 있는 온도 영역 이하로 하게되면 번식이 억제된다. 이와 같이 미생물이 번식할 수 있는 영역 이하에서 식품을 저장하는 방법을 저온 저장이라 하는데 여기에는 냉동·냉장법, 움저장법 등이 있다.

대부분의 미생물은 강산이나 강알카리 상태에서는 생육이나 번식을 하지 못한다. 세균의 경우 대부분 중성 영역에서 번식하고, 효모는 미산성 영역, 곰팡이는 산성 영역에서 번식한다. 식품의 변질의 원인은 대부분 세균이기 때문에 세균이 번식하지 못하도록 식품에 산을 첨가하여 식품을 저장하기도 한다. 산 저장법에 이용되는 산은 젖산이나 초산을 이용한다. 이외에 복합적인 훈연 및 훈증법 등도 있다. 그러나 미생물을 사멸하는 방법과 저지하는 방법에는 차이가 있기 때문에 주의가 요망된다.

2) 효소 작용의 억제 및 상실

식품 중의 효소도 식품의 품질을 저하시키기도 하고 변질시키는 요소로써 작용한다. 효소는 그 자체가 단백질이기 때문에 열과 산 또는 알카리에 불안정한 특성을 가지고 있다. 그리고 효소는 미생물과는 달리 저온에서도 느리게 활성을 나타내는 경우도 있어 식품을 저온에 저장하였다고 해서 안심해서는 안 된다.

예를 들면 냉동 채소의 경우 동결 전 열처리가 나쁜 상태에서 효소의 활성이 남아 있으면 냉동 저장 중에 색택, 향기의 변화 현상이 일어난다. 그러나 저온으로 내려갈수록 효소의 활성은 점차 억제 내지 상실된다. 특히 농산물 중 과일류, 채소류 중의 과채류, 근채류, 곡류 등을 신선한 상태로 오래 저장하려면 저온에서 대사작용을 억제하여 발아나 발근, 추숙, 수분 증발 등을 억제함으로써 효과를 얻을 수 있다. 이 방법은 CA저장이나 MAP저장 등에 해당된다.

3) 산소의 차단 및 제거

산소가 식품에 미치는 영향은 크게 두 가지로 볼 수 있다. 첫째는 산소에 의해서 지방질이 산패(rancidity)되는 경우와 둘째 산소를 이용해서 살아가는 호기성 미생물의 증식에 의한 식품의 변질이다. 지방질 식품의 산패를 방지하기 위해서 식품에 직접 산화방지제를 첨가하는 경우와 탈 산소제를 첨가하는 방법을 이용되고 있다. 이것은 식품의 포장과 밀접한 관계가 있다. 예를 들면 분유에 질소가스 충전 포장, 햄이나 소시지 등 각종 식품의 진공 포장, 그 외 탄산가스나 혼합가스 포장 등이 있다. 또 냉동식품에서 glazing 등도 산화를 방지하는 목적으로 행해진다.

산화작용은 수분이 많으면 그 만큼 증가하므로 건조 식품의 저장에는 습기에 주의를 해야 한다. 특히 지방 함유 분말식품의 경우 공기 접촉이 없도록 해야한다. 또 산패는 광선에 의해서도 촉진되므로 광선을 차단하는 포장을 이용해야 한다. 지방함유 식품의 산패를 방지하기 위해서는 식품을 비금속성 용기에 넣고 냉암소에 보관하는 것이 가장 이상적이고 보편적이다.

2 건조 저장

식품의 건조는 미생물의 생육에 필요한 수분을 제거시켜 미생물의 발육을 저지하여 식품의 장기 저장을 가능케 하며, 건조 과정에서 독특한 색, 맛, 향기가 형성되는 경우가 많아 상품적 가치를 높여 준다. 그러나 식품 중의 수분은 잘 제거되지 않는 특성을 가지고 있기 때문에 열에너지를 많이 소모할 뿐 아니라 많은 시간이 소요되는 결점이 있다. 따라서 열효율을 높이고 짧은 시간 내에 효과적으로 수분을 제거하는 방법과 원리를 습득하는 것이 중요하다. 여기에는 열의 전달과 수분 이동의 원리가 적용되어 열원의 공급 매체와 수분의 운반매체로 작용하는 건조 공기의 성질이 중요한 위치를 점하고 있다.

햇빛을 이용하여 수분을 제거하는 자연 건조와 같은 경우는 특별한 시설이 필요 없지만 인공 건조에 해당되는 열풍 건조, 분무 건조, 드럼 건조, 복사 건조, 감압 건조, 냉동 건조, 초단파 건조 등은 특별한 건조 장치를 이용해야 하기 때문에 시설비가 많이 드는 결점이 있으나 시간이 절약되는 이점이 있어 많이 사용하고 있다.

식품을 건조시키면 식품 중의 가용성 고형 성분의 농도가 증가되고 삼투압이 높아지는데 미생물은 삼투압에 대하여 저항성이 약하므로 생육하지 못하게 된다.

식품 중의 화학적 및 미생물학적 부패반응을 일으키는 가장 중요한 요인은 수분 함량과 수분 활성도이다.

수분 함량은 식품의 저장성이나 그 가공, 수송 등에도 매우 중요한 역할을 하며 미생물의 발육과 수분 함량과는 밀접한 관계가 있으므로 식품의 저장 수명은 식품 중의 수분 함량에 의하여 가장 큰 영향을 받는다. 건조되었거나 동결 건조되어 저장성이 좋은 식품은 수분 함량이 5~15% 범위이다. 일반적으로 세균은 수분 함량이 15% 이하에서는 번식하지 못하나 곰팡이는 13% 이하에서도 번식할 정도로 건조에 강하다. 따라서 식품을 건조해 저장하려면 곰팡이의 생육이 불가능할 정도로 건조해야 한다. 식품 중에 존재하는 수분에는 자유수(free water)와 결합수(bond water)가 있는데, 결합수는 식품의 성분, 즉 탄수화물이나 단백질, 지방질 등의 유기분자가 수소결합(hydrogen bond)에 의하여 밀접하게 결합된 것을 말하고 염류, 수용성 단백질 등을 용해하는 용매(solvent)로서 작용하는 성질을 가진 것을 자유수 또는 유리수라고 한다. 한 식품에서 자유수와 결합수는 서로 독립적으로 존재하는 것이 아니며 일부 자유수는 경우에 따라서 결합수로 될 수 있고, 또 일부 결합수는 자유수로 될 수 있다.

〈표 5-1〉 자유수와 결합수의 비교

자 유 수	결 합 수
용매로 작용한다. 건조하면 쉽게 제거된다. 0℃ 이하에서는 쉽게 동결된다. 미생물에 이용된다. 비점과 융점이 높다. 4℃에서 비중은 제일 크다. 비열이 크다. 표면 장력이 크다. 점성이 크다.	당류와 같은 용질에 대하여 용매로 작용하지 않는다. 0℃ 이하로 냉각시켜도 동결되지 않는다. 식품을 압착하여도 제거되지 않는다. 100℃ 이상의 가열하여도 제거되지 않는다. 정상적인 물보다 밀도가 크다. 미생물의 증식에 이용되지 못한다.

1. 수분 활성도(Water activity, Aw)

수분 활성도는 식품이 나타내는 수증기압과 그 온도의 순수한 물의 수증기압과의 비이다. 미생물 생육에 필요한 수분 활성도는 세균 0.93, 효모 0.85, 곰팡이 0.80 정도이다. 그러므로 채소(Aw 0.97~0.99), 쌀, 밀, 콩(Aw 0.60~0.75) 등은 수분 활성도를 0.70까지 건조하면 미생물에 의한 부패는 일어나지 않는다. 그러나 호염균 세균은 0.75, 내건성 곰팡이는 0.65, 내삼투압성 효모는 0.60 이상에서도 생육할 수 있다.

식품의 수분 활성도를 낮추는 방법은 용매 제거(건조), 용질 가하기(당장, 염장), 얼리기(냉동)가 있다.

2. 건조의 원리

식품의 건조는 내부 확산과 표면 증발로 이루어진다. 표면 증발보다 내부 확산이 빠르면 건조 속도는 표면 증발의 속도로 결정되고, 표면 증발보다 내부 확산이 느리면 내부 확산 속도로 결정된다. 식품은 건조에 따라 건조 속도가 느려진다. 식품 표면 가까운 곳의 물이 우선 증발하여 표면과 내부와의 사이에 수분 농도차가 생기고 이어서 내부에서 외부로 향하여 물의 확산이 일어나 표면에 도달한 후 증발한다. 그래서 건조가 진행될수록 건조 속도는 느려진다.

건조를 잘 하려면 표면 증발 속도와 내부 확산 속도가 균형을 이루도록 건조 온도, 습도, 공기 속도 및 흐름 방향 등의 외적 조건과 재료의 두께, 형상, 배열 등의 내적인 조건을 잘 설정해야 한다.

공기 온도가 높고 공기의 상대 습도가 낮으면 수분 함량이 큰 식품의 내부에서 외부로 확산하는 수분의 양보다 더 많은 수분이 식품의 표면에서 증발하여 제거되므로 겉마르기나 표면 경화가 일어난다. 즉 두께가 두껍고 내부 확산이 느린 식품을 급격히 건조하면 표면만 과도하게 건조되고 겉마르기 현상이 일어난다. 이 막은 수분 확산을 막는다. 이 막을 표면 피막 경화라 하며 건조를 어렵게 한다. 공기의 상대 습도와 온도를 조절하면 방지할 수 있다.

건조 초기의 표면 증발은 건조물의 표면에 유리수분이 충분하여 별로 큰 저항 없이 시간이 경과됨에 따라 거의 일정한 건조 비율로 건조되는데 이 기간을 항률 건조기(constant rate period of drying) 또는 항속 건조 기간이라 하며, 건조 속도가 크고 식품의 온도가 일정하다.

항률 건조 후에 표면의 수분은 점차 감소하므로 건조물의 중심에서 수분이 표면으로 이동하는 내부 확산이 일어난다. 그러나 저항이 커서 시간 경과에 따라 건조 속도가 떨어지며 식품의 온도도 상승한다.

이 기간을 감률 건조기(falling rate period of drying) 또는 감속 건조 기간이라 한다. 항률 건조 기간은 감률 건조 기간보다 짧다. 항률 건조에서 감률건조로 옮아가는 시점의 함수율을 한계함수율이라 한다.

3. 건조 속도에 영향을 미치는 요인

건조 속도에는 온도, 습도, 기압, 공기 속도, 공기의 방향 등 외적 조건이 영향을 미치며 식품 자체의 크기, 모양, 성질, 성분, 함수율 등도 영향을 미친다.

- 공기 속도: 빠를수록 일정 한계까지 표면의 수분증발이 빨라진다.
- 공기 온도: 높을수록 건조 속도는 높아진다. 공기의 최대 습도는 온도와 함께 급격히 증가하므로 적은 공기로 많은 수분을 제거하려면 허용 범위 안에서 온도를 높여야 한다.
- 습도: 습도가 높을수록 건조 속도는 감소된다. 습도를 감소시키면 그 온도에서의 최대 수증기압과의 차이가 커져서 건조 속도가 빨라진다.
- 기압: 낮을수록 건조 속도가 높아진다. 예를 들면 0℃의 물도 4.6mmHg 감압하에서 끓게 되며, -40℃의 얼음도 0.1mmHg의 진공하에서 승화하여 기체가 된다. 따라서 동결시킨 채로 건조할 수 있다.
- 식품의 크기와 모양: 표면 증발 속도는 표면적에 비례하며 내부 확산의 속도는 두께의 제곱에 반비례한다.
- 식품의 성질: 수분 함량이 같아도 식품의 성질에 따라 건조 시간이 달라진다. 조직 중에 기름이나 교질과 혼합되어 있는 것은 건조 속도가 느리다.
- 공기의 방향: 공기가 식품 표면과 평행으로 흐르면 건조 속도가 크고 45°로 흐르면 그 보다 작아지고, 수직으로 되면 가장 작아진다.

4. 식품 건조의 종류

1) 일광 건조

태양열의 복사열과 바람으로 수분을 제거하는 방법으로 농수산물이나 해산물 등을 건조할 때 이 방법을 사용한다. 설비가 필요 없고 한꺼번에 많은 양을 처리할 수 있으며 경비가 거의 들지 않는 장점이 있으나 시간이 많이 걸리고 건조 중에 착색, 퇴색, 산화 등의 화학적 변화를 초래하는 결점이 있다.

2) 열풍 건조

열풍 건조는 전기 가열 장치, 가스버너, 수증기 열교환기로 2~3m/s의 열풍으로 가열,증발시키고, 증발한 수분을 송풍기로 강제 순환시켜 제거한다. 공기가 열전달과 물질 이동매체로 작용하므로 공기의 온도와 습도가 중요하다. 열풍 건조에는 킬른 건조, 캐비닛 건조, 터널 건조, 부상 건조, 기송 건조 등이 있다.

(1) 킬른 및 캐비닛 건조

킬른 건조기나 캐비닛 건조기는 그 구조가 간단하며 쉽게 제작할 수 있는 장점을 갖고 있으며 소량의 식품(1~2ton/day)을 건조하는데 적합하다. 그러나 이들 건조기는 열풍의 자연 순환 상태에서 건조하면 아래와 위쪽의 온도차가 크기 때문에 식품을 수시로 저어 주어야 하는 번거로움이 따르게 되므로 공기 순환펜을 설치하여 사용한다.

(2) 터널 건조

터널 건조는 송풍 장치가 가열 공기를 외부에서 송풍한다. 대량의 식품을 건조하는데 적합하고 연속적으로 건조 작업을 수행할 수 있다. 터널 건조기에는 열풍이 흐르는 방향과 식품이 이동되는 방향에 따라서 병류식과 향류식으로 분류된다. 병류식은 열풍과 시료가 같은 방향으로 이동되는 것으로 건조 초기에 건조 속도가 크다. 향류식은 그 흐름의 방향이 서로 반대인 것으로 초기 건조 속도는 낮으나 건조 효율이 높은 장점이 있다. 터널 건조기의 규모는 가로세로가 2m, 길이가 5~20m 정도인데 식품은 여러 개의 선반을 갖고 있는 선반차(truck)에 실려 터널의 한쪽 끝으로 들어가서 다른 끝으로 나오게 된다.

(3) 부상 건조(유동층 건조)

부상식 건조는 식품이 담긴 탱크의 아래쪽에서 가압된 열풍을 불어넣어 열풍 속에서 식품이 약간 뜨게 함으로써 시료와 열풍과의 접촉을 좋게 만든 건조기이다.

부상식 건조는 식품의 건조 속도가 빠르고 균일한 건조 제품을 얻을 수 있다. 그러나 강한 열풍을 식품에 통과시키는 관계로 미세 입자의 배출 손실이 발생하게 되는데 이것은 사이클론을 설치하면 회수할 수 있다. 이 방법은 곡물과 같은 시료를 건조하는데 적합하며 회분식 및 연속식 조작이 가능하다.

(4) 기송 건조

기류 건조기라고도 하며, 유동층 건조기보다 속도가 빠르게 하며, 원료를 잡는 사이클론이 있다. 풍속은 20~40m/s이다. 연속식은 건조 파이프가 순환식 고리 모양이다. 식품은 순환 건조되고 제품도 연속 배출된다. 기송 건조는 부상식과 같이 건조 속도가 빠르고 고른 건조 제품을 얻을 수 있으며, 건조와 동시에 제품을 수송할 수 있는 이점을 갖고 있다.

3) 냉풍 건조

습기를 제거하여 수증기압을 적게 한 냉풍을 불어서 표면의 수증기 장력과 냉풍의 수증기 장력 차이로 수분을 증발시킨다. 공기 제습은 냉동기를 사용하므로 열풍 건조보다 설비비나 운전 경비가 많이 든다. 그러나 식품의 갈변이나 지방의 산화를 막을 수 있다. 주로 20~35℃에서 수산물 등이 많이 건조된다.

4) 분무 건조

분무 건조를 이용하는 식품에는 분유, 아이스크림 믹서, 버터, 치즈, 유아 식품, 커피, 차, 계란 분말, 주스 분말, 단백질 분말, 육엑기스 분말 등이 있는데 주요 이점은 열에 아주 예민한 물질들을 건조할 수 있고 속이 빈 구형 입자들을 생산할 수 있다는 것이다. 또 용액, 슬러리 또는 엷은 반죽으로부터 한 단계 공정만으로 건조 제품을 만들 수 있는 우수한 건조 방법이다.

분무 건조는 슬러지나 액체 재료를 미세한 액체 입자(10~200㎛)로 건조실 내(180℃ 부근)에 분무하여 미세 액체 입자와 열풍을 접촉시켜 짧은 시간 내(1~10초)에 건조하는 방법이다. 이때 수분은 액체 입자로부터 빠르게 기화되어 건조 고체의 입자로 남으며 이들은 기체 흐름을 통해 분리된다. 액체 입자는 정률 건조 조건에서 대부분 건조되는데 이 입자는 부피에 비하여 표면적이 매우 크고 열풍과 잘 접촉하므로 증발 속도가 빠르다. 특히 입자 온도는 증발 잠열 때문에 열풍의 습구 온도 이상 올라가지 않으므로 제품의 열에 의한 변화도 적게 일어난다. 실제 분무 건조실 내부 온도는 180℃ 부근이지만 액체 입자의 표면 온도는 55℃ 정도밖에 되지 않는다.

분무 건조 장치는 공기 가열부, 원액 분무 장치, 제품 회수 장치로 구성되어 있는데 분무 장치와 건조 장치가 가장 중요한 부분이다. 분무 장치는 분무 노즐을 통해 액체 재료를 원하는 크기의 액체 입자로 미립화하여 건조실 꼭대기에 있는 노즐로부터 분무하여 고온의 기체 흐름 속으로 분산시키는 장치이다. 건조 장치는 분무된 미립자와 열풍이 접촉하여 수분이 제거되는 것으로 건조 분말이 건조실 벽면에 부착하지 않고 모두 회수장치로 들어간다. 분무된 액체 미립자의 온도는 열풍 온도보다 낮으며 열풍으로부터 대류,

전도에 의해 열을 받는다. 미립자 내의 수분은 열을 받고 표면의 공기 경계막을 통과한 후 열풍과 접촉하게 된다.

건조가 진행되면 미립자 표면의 수분 농도가 감소하여 수분 이동 저항이 커지므로 수증기 분압이 저하하고 따라서 수분 증발 속도(건조 속도)가 낮아진다. 용액을 분무 건조하는 경우 액체 입자 표면으로부터의 증발은 입자 내부가 포화 상태에 다다르기 전에 표면에 용질을 침적하게 만든다. 용질이 입자 속으로 확산하는 속도는 내부에서 표면으로 물이 이동하는 것보다 느려서 전체 용질 함량은 표면에 누적된다. 분무 건조의 경우에는 분무된 액체 입자가 건조 중 팽창, 파열 등 복잡한 변화를 일으키므로 향기 성분의 잔류율은 감소한다. 따라서 향기 성분의 가능한 손실을 방지하기 위해서는 건조 속도를 빨리 하고 습도를 적게 하여야 한다.

5) 동결 건조

동결 건조에는 자연 동결 건조와 인공 동결 건조가 있다. 자연 동결 건조는 겨울에 한천, 명태 등을 얼려서 영하의 바람으로 말리는 것으로 비용이 적게 들어간다.

인공 동결 건조는 원료를 급속 냉동(-18℃ 이하)한 다음 0.1~1torr에서 감압 건조한다. 인공 동결 건조는 유지비가 많이 들지만 제품의 복원성과 제품의 품질 보전성이 우수하다. 동결 건조의 기본 이론은 승화 현상이다. 승화 현상이란 고체 상태의 얼음이 기체 상태의 증기로 변하는 현상이다.

승화 현상이 일어나는 것은 동결 식품 주위의 수증기의 분압이 식품 내부 얼음의 포화증기압보다 낮을 때 증기압차가 생기므로 얼음이 승화한다. 그러므로 승화에 필요한 증기압차를 형성하기 위하여 건조실 내부 압력을 진공 상태로 해주어야 한다. 동결 건조를 하려면 우선 동결에 의하여 식품 중의 수분이 얼게 하여야 하며 둘째, 얼음의 승화에 의해서 원료로부터 수분을 제거하고 셋째, 원료 중의 잔존 수분 제거를 위해 진공 하에서 원료의 온도를 높여야 한다.

동결 건조의 속도를 지배하는 인자로는 동결 식품 표면으로부터 승화하는 증기의 이동 속도와 동결 식품 표면으로 가해지는 열의 이동 속도가 있다. 승화한 증기의 이동 속도는 증기압차, 즉 얼음의 포화 수증기압과 건조층 표면에서 수증기 분압과의 차에 비례하므로 가능한 한 얼음의 온도가 높아야 한다. 그러나 승화에 필요한 열을 공급하여 주지 않으면 승화 잠열로 인하여 얼음 온도가 낮아져 건조 속도는 감소한다. 동결 건조에 소요되는 시간은 식품의 두께, 건조층의 표면 온도, 건조층의 열전도도에 따라 달라진다. 열 이동이 한 방향일 때보다 다양한 방향으로 이동될 때 전체 건조 시간은 크게 단축된다.

동결층 중에 건조층이 부분적으로 존재할 경우에는 건조층의 열전도가 동결층에 비하여 극히 낮기 때문에 전열 저항은 건조 속도에 현저한 영향을 미치게 된다.

냉동 건조 장치는 식품을 동결 상태로 유지할 수 있는 냉동시설, 건조실 내를 감압으로 유지할 수 있는 감압시설, 승화열을 공급할 수 있는 가열 장치로 구성되어 있으며 여기에 증발되는 다량의 수분을 응축, 제거할 수 있는 응축기가 부가되어 있다. 따라서 인공 동결 건조는 건조 비용이 많이 들므로 고가의 식품에 한하여 사용하는 것이 보통이다. 그러나 냉동 건조 식품은 식품의 조직 파괴가 덜 일어나고 복원성이 뛰어나며 향미 성분의 보존성이 높기 때문에 그 실용화 범위가 차츰 증대되고 있다.

6) 과열 증기 건조

건조부의 유입 온도는 140℃, 배기 온도 110℃로, 건조에 30℃ 차에 해당하는 열이 사용된다. 증기를 순환시켜 건조하며 재료에서 증발한 증기는 외부로 배출한다. 열효율이 매우 높고, 배출 가스 처리 경비가 적게 들고, 산화가 일어나지 않고, 살균 효과가 있고, 제품 복원성이 있고, 재료의 냄새가 제거된다.

7) 피막 건조

가열된 열판의 표면에 식품을 직접 접촉시켜서 건조하는 방법으로 액체, 죽 상태 등 점도를 가진 것을 드럼 건조기의 가열 드럼 표면에 얇은 막(0.3~0.5mm)으로 묻혀서 건조한다. 드럼이 약 3/4 회전하면 마른다. 건조된 것을 칼로 긁어낸다. 수프, 유아 식품 등 녹말 제품의 건조에 많이 사용되며 전분은 α화되어 건조된다. 단식, 복식, 쌍드럼식이 있고 건조 속도와 열효율이 높다.

8) 거품 건조

건조 식품의 표면적을 최대로 넓혀 건조하는 것으로 죽 상태의 식품에 카르복시메틸 셀룰로오스, 메틸 셀룰로오스, 모노글리세리드, 달걀 알부민 등 발포제를 건조물의 1% 정도 가하고 고압의 질소가스로 거품을 만들어 이동식 구멍 뚫린 선반에 넣고 다공판의 하부에서 열풍을 보내 건조하거나 벨트 위에 펴서 열풍 건조기를 통과시켜 건조한다.

9) 배건

장작불 등으로 직접 건조하는 방법이다. 배건로 위에 식품을 얹고 가열한다. 장작 연기에 향기 물질과 항산화물이 있으므로 독특한 향기를 내고, 유지 산화가 방지된다. 전열 등의 다른 화력을 이용하는 경우도 있다. 중국산 녹차, 김 건조, 장어류의 건조에 이용된다. 제품 표면에 피막 경화가 일어나기 쉬우므로 여러 단계로 실시하고, 배건과 배건 사이는 방치하여 수분이 확산될 수 있는 시간을 준다.

10) 감압 건조

감압하에서는 물의 끓는 점이 낮아지므로 낮은 온도에서 건조할 수 있다. 건조물을 밀폐 용기에 넣고 저온(3～5℃), 감압(30～100torr)하므로 진공 건조법이라고도 한다. 품질과 가격이 분무 건조법과 동결 건조법의 중간 정도이다. 품질은 좋으나 시설비가 많이 든다.

11) 초단파 건조

초단파는 식품 전체가 동시에 가열된다. 전자레인지는 초단파에 의한 가열 방법이다. 전자레인지는 마그네트론(magnetron)에서 발진되는 2,450 메가 사이클의 초단파로 가열시킨다. 그러나 수분이 많거나 적은 원료에는 부적당하다. 가열 속도가 빠르고, 균일하고, 식품 이외에는 가열되지 않고, 열효율이 높고, 단시간에 가열되므로 영양소 파괴가 적고, 식품의 열손상이 적고, 장치가 간단하여 취급하기 쉽다.

12) 원적외선 건조

파장이 긴 4～15㎛의 적외선으로 건조하는 방법이다. 조사 거리는 100～350mm, 히터 간격은 100～200mm로 안전성이 있고 깨끗하게 건조된다. 에너지 파장이 재료의 흡수파장과 일치하면 효율이 높다. 전열 가열보다 경비가 적게 소요된다.

5. 건조 식품의 저장

건조 식품은 습도가 높은 상태에서 흡습하며, 수축하면 서로 부착한다. 미생물과 효소의 작용으로 색, 맛, 향기, 외관에 변화가 생기고 동결 건조식품은 복원성도 변한다. 당, 아미노산, 염류의 함량이 높으면 흡습성도 높다. 건조식품을 보존하는데는 습기와 산소를 차단하는 재료로 포장한다. 흡습재와 탈산소재를 함께 밀봉 포장하든가 질소가스를 채운다.

흡습을 방지하기 위해서는 진공포장하고, 염화칼슘, 5산화인, 실리카겔 등의 건조제를 동봉한다. 지방질 함유 식품의 산패를 방지하기 위해서는 공기를 질소로 치환하든가 탈산소재를 동봉한다. 훈증 처리하는 경우도 있다. 훈증제로는 황, 메틸 브로마이드, 에틸렌 디클로리드＋사염화탄소 등이 있으나 유독하므로 주의해야 한다.

3 저온 저장

1. 저온 저장의 기초

식품의 변질 및 부패는 부패세균의 발육과 자기 소화 작용으로 온도와 수분이 필요하다. 그러나 식품을 얼리면 자유수가 없어지므로 부패작용은 정지한다. 온도가 10℃ 떨어지면 화학반응 속도는 1/2로 떨어지므로 -20℃에서 저장하면 산화 속도는 30℃일 때의 1/30 정도로 감소한다. 이것이 저온 식품 저장의 원리이다. 저온 상태가 되었다고 해도 산화 작용 속도가 느려지는 것이지 완전히 멈추는 것은 아니기 때문에 식품을 장기간 저온상태에 보관하는 것은 좋지 않다.

일반적으로 어는점에서 15℃까지의 온도대를 냉장, 이 온도대에서의 저장을 냉장 저장, -10℃ 이하의 온도대를 동결, 이 온도대에서 식품의 저장을 동결 저장이라 한다. -5℃의 온도대를 반동결, 이 온도대에서 식품의 저장을 반동결 냉장이라 하며 이를 모두 포함하여 저온이라 하고 이들 온도대에서의 저장을 저온 저장이라 한다.

1) 저온 저장의 원리

식품을 저온에 두면 저장성을 얻을 수 있는 원리는 온도가 내려감에 따라 품질 변화 속도가 감소하고, 동결시키면 자유수의 감소로 수분 활성도가 감소하기 때문이다. 이와 같은 저온 저장법은 식품의 품질을 자연 상태로 유지할 수 있는 저장법이라 할 수 있다.

2) 동결 진행에 따른 현상

식품을 어느 온도 이하로 냉각시키면 식품 성분의 대부분이 물이 빙결하기 시작한다. 그렇게 되면 빙결 온도 이상에서의 냉각과는 다른 물리적 현상들이 일어난다.

(1) 빙결점

온도가 내려가서 빙결정이 처음으로 발생할 때의 온도를 빙결점 또는 동결점이라 한다. Rault법칙에 따라서 용질의 mol 농도에 비례하고 순순의 빙결점 0℃보다 낮아진다. 이것을 빙점 강하라고 하며, 수용액의 경우 빙점 강하도는 1.86℃/mol이다.

대부분 식품의 빙결점은 -1～-2℃이지만, 같은 종류의 식품에서도 부위, 선도, 생사 등에 따라 용해 성분의 농도가 다르기 때문에 빙결점은 달라진다.

〈표 5-2〉 주요 식품의 빙결점

식품명	방결점(℃)	식품명	빙결점(℃)
사과	-2	우유	-0.5
오렌지	-2.2	난백	-0.45
감	-2.1	버터	-2.2
바나나	-3.4	치즈	-8.3
양파	-1.1	우유	-0.6～-1.7
감자	-1.7	우육	-0.6～-2

(2) 빙결율

식품 중에 들어있는 수분의 일부분이 동결 진행 중에 빙결정으로 변한 값을 수분 빙결률 또는 동경률이라 부르며, 식품의 종류와 온도에 의해서 다른 값을 가진다. 수분 빙결률이 80%를 초과하면 식품은 감각적으로 딱딱해져서 동결된 상태가 된다.

(3) 냉동 곡선

식품을 동결하는 경우에 시간이 경과함에 따라 식품 내의 어느 한 점에서 품온의 변화를 기록하여 연결하면 곡선이 그려진다. 이것을 냉동 곡선 또는 동결 곡선이라 한다. 그림 5-1의 최대 빙결정 생성대는 빙결정이 가장 많이 만들어진 온도대로서, 일반적인 식품에서는 -1～-5℃ 사이를 말한다. 이 온도대를 통과하는 속도에 따라 빙결정의 형태, 크기, 숫자, 분포 등이 결정되며 동결 식품의 품질에 가장 영향이 큰 온도대이다. 이 온도대를 통과 시간이 짧으면 급속 동결이고 길면 완만 동결이다.

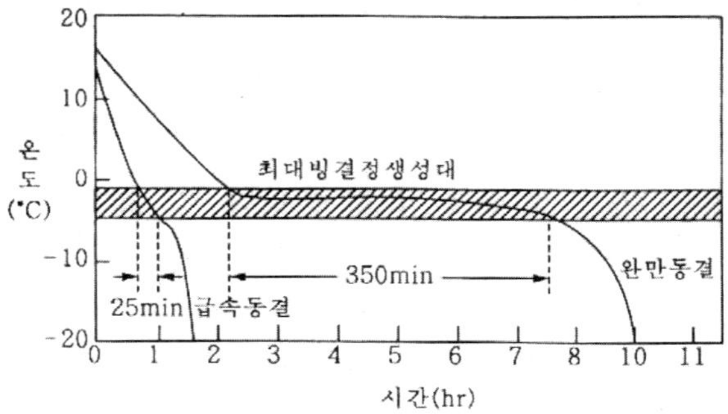

〈그림 5-1〉 식품의 냉동 곡선

급속 동결의 경우는 빙결정이 세포 내에 균일하게 분산되어 있으며, 빙결정의 크기는 70㎛ 이하이고 숫자는 많아서 조직의 손상이 적다. 한편 완만 동결의 경우는 빙결정이 세포 외에서 발생하며 빙결정의 성장으로 조직이 손상되어 품질이 나빠진다.

(4) 저온 장해

과실, 야채 중에는 빙결점 이상의 저온에서 장해를 일으키는 경우가 있는데 이를 저온 장해라 한다. 저온 장해는 식물체의 대사작용의 균형이 깨져서 일어나는 일종의 생리적 장해인데 단기간에 발생하는 것은 아니며 특정 온도 이하의 장기 저장에서 문제가 된다.

저온 장해는 식품의 종류에 따라서 가지각색이지만 과피의 변색, 반점, 과육의 연화, 갈변 등이 많으며 열대, 아열대 원산인 것이 저온에 대한 감수성이 크므로 쉽게 발생하는 것으로 알려졌다.

2. 냉장 저장

냉장은 저온 세균이 증식할 수 있는 0~10℃ 부근이므로 저온균의 단백질 분해작용과 효소작용의 반응 속도가 떨어질 뿐 대사가 완전히 정지되지 않으므로 수송, 가공, 소비의 전 단계에서 이용되는 일시적인 저장 방법일 뿐 장기간 저장은 불가능하다.

대부분의 식품은 -5℃ 이하로 냉각되면 수분의 60~80% 이상이 얼음의 결정으로 바뀌게 되므로 수분의 활성은 현저하게 떨어져 저온 세균도 증식이 중지되며, 저장 기간에 따라서 일반 세균, 즉 장염비브리오균, 병원성 대장균 등의 생균 수는 현저히 감소된다.

야채류, 과실류는 -2℃ 이하로 저장하면 오히려 조직이 파괴되어 변질하게 된다. 또한 감자, 바나나, 밀감, 호박, 파인애플 등 온대, 열대 원산의 채소와 과일은 0℃ 이상에서도 한랭 장해를 받기 쉬우므로 조심하여야 한다. 일반적으로 야채류의 저장에는 0~5℃에서 습도 80~90%로 저장하고, 과실류는 당분이 많으므로 -1℃ 이하로 냉장하지 않아야 한다. 육류나 조리된 식품은 0~5℃에서, 어패류는 -4~-6℃에서 저장하는 것이 이상적이다.

3. 냉동 저장

냉동은 식품을 동결시키기 때문에 식품에 변화를 주는 단점이 있지만 장기간 보존이 가능하며 수육, 어육, 난, 채소, 과일 등 광범위하게 응용된다. 식품을 -18℃ 이하로 유지하면 저장 중에 미생물에 의한 피해를 방지할 수 있지만 동결할 때 일어나는 조직의 파괴로 인하여 식품의 품질이 저하되는 경우가 많다. 이 때문에 등장한 급속 동결법은 식품을 -30～-40℃로 급속하게 동결시키는 방법인데 얼음 결정이 미세하기 때문에 해동 후 품질 저하가 적다. 식품을 냉동하기 전에 염장(bring)을 하는 경우가 있다. 염장은 원료를 염액(NaCl 1～3%)에 침지하는 방법이다. 또 냉매를 사용하여 냉각시키기도 한다. 냉매로는 NH_3, Freon(dichlorodifuoro methane)이 많이 이용된다.

식품을 냉동 저장하기 위해서는 그 전에 동결이라는 처리를 하여야 한다. 동결은 식품의 품온을 빙결점 이하로 내려 함유하고 있는 수분을 빙결시키는 것이다. 식품의 품질을 본래대로 유지한 채 동결시키기 위해서는 동결의 조건, 동결 방법 그리고 장치 등이 적절하게 사용되어야 하며 또 그 제조 관리에도 충분한 배려가 필요하다.

1) 냉동식품의 정의

- 식품위생법규에서의 정의: 냉동식품이라 함은 가공 또는 조리한 식품을 장기 보존할 목적으로 동결 처리하여 용기, 포장에 넣어진 것으로서 냉동 보관을 요하는 식품을 말한다.
- 일반적인 정의: 일반적으로 세계 각국에서 냉동식품의 정의는 약간씩 차이가 있으나 다음의 4가지 사항은 필수적으로 포함하고 있다.

(1) 전처리

냉동식품을 제조하는 경우 동결하기 전에 행하는 일체의 처리 행위를 전처리라 한다. 냉동식품에서 전처리를 하는 목적은 다음과 같다.

① 경제성, 불가식성에 해당하는 운임, 보관료 절약
② 편리성, 불가식성의 사전 처리에 의해 조리의 편리
③ 위생성, 불가식성의 제거(비위생적인 부위의 신속 제거)에 의해 위생성 향상
④ 품질의 저하 억제: 데치기 등에 의한 효소 실활로 품질 저하 억제

(2) 급속 동결

① 정의: 급속 동결은 일반적으로 최대 빙결정 생성대(-1～-5℃)를 단시간(30～35분 이내)에 통과하여 빙결정의 크기를 작게 함으로써 고품질의 제품을 제조하고자 하는 동결 방법이다.
② 목적: 급속 동결에 의해 냉동식품을 제조하는 경우, 빙결정의 크기를 작게 하여 조직감의 저하 억제, 해동 중에 드립(drip)의 유출로 인한 영양 성분의 손실 억제, 동결 시간을 단축하여 경제적인 손실 절감 효과가 있다.

(3) -18℃ 이하의 품온으로 유지

일반적으로 동결식품의 빙결정은 보존 온도가 높거나, 보존 기간이 경과하면 서서히 성장하여 냉동식품의 조직을 파괴한다.

따라서 냉동식품의 조직 파괴를 억제하기 위하여는 반드시 급속 동결, 저장 온도의 저온유지(-18℃ 이하) 및 보존 중의 온도 변화 억제 등을 실시하여야 한다.

(4) 소비자용 포장

냉동식품은 저장 및 유통 중에 건조 등의 내부적 품질 저하를 억제하고, 외부로부터 충격 및 오염을 억제하기 위하여 반드시 소비자용 포장이 되어야 한다.

2) 냉동식품의 특성

(1) 식생활면

① 신선도: 식품을 미생물이 증식하기 어려운 상태의 품온으로 유지시켜 신선도를 고도로 유지시킨 아주 위생적인 식품이다.

② 편리성: 산지에서 이미 전처리하고 또한 바로 식용할 수 있게 만들어 경제적, 사회적 여건의 변화로 증가하는 맞벌이 부부들에게 조리면에서 편리성을 부여한 식품이다.

③ 다양성: 일반 식품을 그대로 또는 간단히 가공 및 조리하여 저온 처리한 식품이어서, 그 종류가 아주 다양하다.

④ 영양 및 향미: 식품의 품온 만을 저하시키고 가열 처리 등이 거의 없어 향미, 영양 및 비타민 등의 열 파괴는 없으나, 해동 시에 드립의 유출로 약간의 영양 저하는 있다.

⑤ 불가식부의 제거: 불가식 부분이 제거된 상태에서 소비자가 접함으로 인하여 불가식 부분의 처리에 대한 노력 및 폐기에 대한 고민 해결, 불가식 부분에 해당하는 운임료, 창고료 등의 절감 및 오염원의 근원적 제거로 인한 신선도 및 위생성 향상을 기할 수 있다.

(2) 유통면

냉동식품은 큰 품질 저하 없이 1년 정도 보존 가능하다. 따라서 그 수요를 예상하여 냉동식품을 생산할 수 있어 대량의 규격화가 가능하다.

〈표 5-3〉 냉동식품의 특징

특 성	이 유
저장성	품온 저하 만으로 신선도 유지
편리성	불가식부의 제거로 전자레인지 등으로 간편하게 조리 가능
안전성	저온(-18℃ 이하)에서 1년 정도 저장 가능한 안전 식품
가격 안정성	원료의 장기 보존이 가능하며 가격 안정
유통 합리화	냉동식품은 품질 규격 및 위생 기준에 따라 제조된 것이므로 자연 그대로의 생선 식품과는 형태, 크기, 품질에 있어서 차이가 있음

3) 기타 저장법과의 비교

① 품질 향상: 전처리로 인하여 냉동식품의 품질은 자연스럽게 향상된다.

② 저장 및 유통의 일관성: 냉동식품의 규격화에 의해 수송, 보관 및 구매에 일관성이 있다.

③ 가격 안정: 식품의 소비 기간 연장에 의한 가격의 안전화에 일익을 담당한다. 그 하나의 좋은 예로 월명기에는 어류가 어획되지 않으나 비월명기에 어획된 냉동어류를 월명기에 출하하여 어류의 가격을 안정화시킨다.

④ 운임 및 창고료의 절약: 냉동식품을 제조하는 경우 이미 폐기물은 제거되었으므로 이로 인한 운임 및 창고료 지불 등의 손실은 없다.

〈표 5-4〉 식품의 저장 방법과 그 특성

저장방법	원 리	생원료와의 차이
건조	자유수의 감소에 의한 수분활성 저하	1. 조직감 2. 중량 및 부피
염장 및 당장	1. 삼투압 작용 2. 수분활성 저하 3. 염소이온의 미생물에 대한 살균작용 4. 산소용해도 저하	짠맛 또는 단맛 부여
초절임	1. pH 저하 2. 초산 살균작용	산맛 부여
훈연	1. 가열 2. 건조 3. 식염 첨가 4. 훈연 성분 5. 표층 피막 형성	1. 조직감 변화 2. 독특한 맛 부여 3. 안전성 문제
가열 및 포장	탈기, 밀봉, 살균 및 냉각	1. 조직감 2. 영양분 파괴
첨가물	첨가물의 살균 및 방부 효과	안전성 문제
방사선	방사선의 살균 및 방부 효과	안전성 문제
저온저장	1. 온도저하 2. 수분활성 저하	생원료와 유사

4) 냉동식품의 전망

식품에 대한 가치 기준 및 식품의 소비 경향으로 미루어 보아 냉동식품에 대한 선호도는 상당히 증가하리라 예상된다.

(1) 식품에 대한 가치 기준

식품의 가치 기준면에서 저온 저장 식품은 거의 모두 만족하나 기타 식품은 이들 중에서 한두 항목을 만족시키지 못하고 있다.

〈표 5-5〉 식품의 가치 기준

가치기준	결여 대상 식품
영양성	통조림, 레트르트 파우치 식품, 병조림, 건제품, 훈제품
경제성	전처리를 하지 않는 가공식품
위생성	전처리를 하지 않는 가공식품
보존성	전처리를 하지 않는 가공식품
편리성	전처리를 하지 않는 가공식품
기호성	초절임, 훈제품
안전성	훈제품, 염장품 및 방사선 조사 식품

5) 냉동식품의 분류

(1) 소재에 따른 분류

〈표 5-6〉 소재에 따른 냉동식품의 분류

소 재	특 징
수산물	무가열 수산물 식품이 주류를 이루고 있음
농산물	야채류와 과실류가 주류를 이루고 있음
축산물	조육과 육류를 원료로 한 냉동식품이 주류를 이루고 있음
조리식품	햄버거 등과 같이 즉석 냉동식품이 주류를 이루고 있음

(2) 가열 시기에 따른 분류

〈표 5-7〉 가열 시기에 따른 분류

<table>
<tr><th colspan="2">분 류</th><th>특 징</th></tr>
<tr><td colspan="2">무가열 섭취 냉동식품</td><td>동결 전의 가열 유무에 관계없이 먹기 전에 가열 없이 그대로 식용하는 냉동식품</td></tr>
<tr><td rowspan="2">가열 후 섭취 냉동식품</td><td>동결 전 가열</td><td>동결 전에 조리하고 섭취 전에 가열하여 식용하는 것으로 대부분의 조리식품</td></tr>
<tr><td>동결 전 미가열</td><td>전제품 미가열 냉동식품과 일부 원료 미가열 냉동식품이 있고, 식용 시에 가열</td></tr>
<tr><td colspan="2">생식용 냉동 선어패류</td><td>참치회(마구로) 등과 같은 횟감용</td></tr>
</table>

(3) 소비 용도에 따른 분류

〈표 5-8〉 소비 용도에 따른 냉동식품의 분류

소비 용도	특 징
업무용	학교급식, 산업급식, 영업 식당용으로 판매하고자 하는 재료
가정용	일반용이라고도 하는데, 일반 가정용으로 판매하는 냉동식품

4. 식품 저온저장과 미생물

동결은 다른 저장 방법에 비하여 향미, 식감 및 식품 고유의 품질 변화가 적으면서 미생물의 증식에 의한 변패가 거의 억제 가능하고 기타 화학적, 물리적, 생물학적 요인에 의한 식품의 변질도 저지되는 특징을 갖고 있다. 그러나 동결처리는 열처리와는 달리 미생물에 대한 살균작용은 거의 없어 동결식품은 일단 해동하면 동결 전의 미생물의 상황이 그대로 재현되어 식품의 부패 및 식중독 등의 문제가 발생하므로 동결 전 취급에 특히 주의하여야 한다.

1) 식품 미생물의 발육과 온도

거의 모든 미생물은 상온 부근에서 활발히 증식하고 저온(10℃ 이하) 또는 고온(50℃)에서는 거의 증식이 억제된다. 세균의 생육 최적 온도는 균의 종류에 따라서 현저하게 차이가 있어, 고온성 세균, 중온성 세균, 저온성 세균으로 분류하고 있다.

(1) 고온성 세균

고온성 세균은 호열성 세균으로도 불린다. 이 세균은 보통의 세균(중온균)이 사멸되는 온도(75℃)대에서도 발육하고, 50~60℃에 최적 온도대를 갖는다. 이 호열성균의 발육 최저 온도대는 40℃ 정도로 상온에서는 거의 발육하지 않는다.

(2) 중온성 세균

중온 세균은 20~40℃에서 생육하며, 37℃전후에 최적 온도대를 갖고, 0℃ 이하 및 50℃ 이상에서는 증식하지 않는다. 병원성 세균을 포함한 대부분의 세균이 여기에 포함된다.

(3) 저온성 세균

저온성 세균은 20℃ 부근에 최적 생육 온도대가 있고, 7℃ 이하에서도 잘 생육하며 0℃에서도 2주 이내에 증식을 한다. 특히 저온에서 생육하는 것을 호냉성 세균이라 하지만 일반적으로 저온 세균에 포함시키고 있다.

2) 식품의 저온저장과 미생물

식품의 처리 온도는 참치 횟감 저장 온도인 약 -40℃부터 튀김 온도인 약 180℃에 이른다. 이중 저온 저장 온도는 대체로 동결 저장 온도인 약 -40℃부터 상온보다 약간 낮은 20℃ 정도에 이른다.

세균은 주위 환경 온도가 낮을수록 증식이 억제된다. 특히 식중독 세균은 10~40℃에서 빨리 증식하며, 5~10℃에서는 일부의 것이 완만히 증식하지만, 5℃ 이하에서는 증식을 하지 않는다. 그러나 저온 세균은 0℃까지 신속히 증식하고, 0~10℃에서는 완만한 증식을 하며, -10℃ 이하에서는 증식이 중지되고 사멸된다.

저온 세균이 저온 영역에서 증식이 가능한 이유는 저온에서도 세포막의 유동성 및 기질 투과성 기능이 유지 및 단백질 합성이 가능하기 때문이다.

〈표 5-9〉 저온에서 식품미생물의 생장 온도

<table>
<tr><th rowspan="2">온도</th><th rowspan="2">효 소</th><th colspan="4">미 생 물</th></tr>
<tr><th>식중독 세균</th><th>저온세균</th><th>효 모</th><th>곰팡이</th></tr>
<tr><td>10℃</td><td rowspan="3">작 용</td><td>발육 왕성한 하한 온도</td><td rowspan="2">발육 왕성</td><td rowspan="2">작 용</td><td rowspan="3">작 용</td></tr>
<tr><td>3℃</td><td>일부균 발육 하한 온도</td></tr>
<tr><td>0℃</td><td rowspan="4">작용 못함</td><td>발육 왕성 하한 온도</td><td rowspan="2">일부 작용</td></tr>
<tr><td>-10℃</td><td rowspan="2">일부 작용</td><td>일부균 발육 하한 온도</td><td>일부 작용</td></tr>
<tr><td>-20℃</td><td rowspan="2">작용 못함</td><td rowspan="2">작용 못함</td><td rowspan="2">작용 못함</td></tr>
<tr><td>-30℃↓</td><td>작용 못함</td></tr>
</table>

3) 미생물의 저온 사멸

(1) Cold shock

Cold shock은 식품을 급속히 냉각하여 어는점 이상에서 일부의 균이 사멸하는 현상을 말하는 것이다. Cold shock은 저온 세균≤고온 및 중온 세균, 그람 양성균≤그람 음성균 등이 있다. 이와 같은 현상은 식품을 급속히 냉각함에 의하여 세균의 세포막이 손상을 받아 세포 내 성분(핵산, peptide, 보효소, 아미노산, 마그네슘 등)의 유출에 의하여 증식, 대사활성 등이 저하할 뿐만이 아니라 유해 성분의 침입도 용이하기 때문이다.

(2) 최대 빙결정 생성대

대부분의 미생물은 빙결점 부근에서 사멸하기 쉬우며, 이보다 저온에서는 오히려 생존하기 쉽다. 이와 같은 이유는 최대 빙결정 생성대에서는 미생물의 증식이 정지하나 일부의 효소계가 작용하고 있어 대사계에 불균형이 생겨 차츰 사멸하나, 최대 빙결정 생성대보다 저온으로 처리한 경우 생리적 기능이 완전히 정지하여 휴면 상태로 되기 때문이다. 여기서 빙결점(freezing point)이란 대상 물체 내에 빙결정이 생성되기 시작하는 온도 즉 얼기 시작하는 온도를 말하는데 순수한 물의 빙결점은 0℃이다.

(3) 동결

미생물을 동결하는 경우 세포 내의 빙결정의 생성, 탈수, 염류 농축 등의 작용을 받아 여러 가지 장해가 일어나고, 세포막이 투과성을 잃어버려 세포 성분의 유출, 유해물질의 침입, 환경 인자의 감수성 증대 또는 영양 요구성이 일시적으로 복잡하게 된다. 또한 세포 내에 동결이 일어나면 세포 구조가 기계적으로 파괴되어서 사멸하게 된다.

동결에 의한 미생물의 사멸 정도는 균의 종류에 따라 다르고, 세균 포자는 동결 저장에 의해 사멸은 거의 일어나지 않는다.

동결에 의한 사멸의 형태는 동결 및 해동 시의 속도에 따라서 다르며, 일반적으로 동결 속도가 빠를수록 높은 사멸률을 나타낸다.

4) 해동과 미생물

해동식품이 미해동식품에 비하여 선도 저하가 빠르면서 부패하기 쉬운 이유는 다음과 같다.

① 해동에 의한 조직 변화로 표면 세균이 내부로 침입한다.
② 연약한 조직으로 미생물의 및 증식이 용이하다.
③ 드립(아미노산, 비타민군 등)이 미생물 증식을 위한 영양원이 된다.

5) 냉동식품의 오염 지표 세균

식품의 오염 지표 세균은 통상 대장균군(*Escherichiae coliform* group) 및 대장균(*E.coli*)이다. 이 세균들은 온혈동물의 장내에 상존하여 있는 균으로 식품에서 이 균이 검출될 때에는 직접 또는 간접으로 온혈동물의 분뇨에 의한 오염이 되었다는 근거가 되어 부적격으로 판정한다.

냉동식품에서 오염 지표 대상으로 대장균을 선정한 이유로는, 오염 지표 세균의 동결 내성은 대장균 〈 장구균이므로 대장균보다 장구균이 오염 지표 세균으로 적절하다. 그러나 장구균은 검사 방법이 대장균보다 비교적 복잡하고 어려우며 대장균처럼 각국에서 공통으로 채택한 방법이 없어 선택되지 못하고 있다.

5. 식품 냉동 용어

1) 냉동품과 냉동식품

냉동품은 원료, 가공품을 장기 보존할 목적으로 단순히 동결 처리한 것이고, 냉동식품은 전처리(가공 또는 조리)한 식품을 장기 보존할 목적으로 급속동결하여 포장처리한 것으로서 -18℃ 이하의 품온이 되도록 냉동 보관한 식품을 말한다.

2) 동결 시간 및 속도

동결 시간은 동결 초온에서부터 종온에 도달할 때까지의 시간을 말하며, 동결 속도의 경우 동결 초온과 종온과의 품온 차이를 동결 시간으로 나눈 값이다.

3) 냉동화상(프리저번, freeze burn)

냉동화상은 동결저장 중에 승화한 다공질의 표면에 산소가 반응하여 갈변한 현상으로 이로 인해 맛과 풍미가 저하하여 소비자의 기호도를 저하시키는 현상을 말한다.

4) 해동경직(thaw rigor)

해동경직은 사후 경직기 전 동결한 육 중에는 다량의 ATP가 존재하여, 이것이 해동 중에 분해되어 급격한 수축 현상을 나타내고, 이로 인해 다량의 드립이 유출되는 현상이다.

5) 심온동결식품(deep frozen foods)

심온동결식품은 정상적이고 실용적인 동결 방법(급속동결이나 이에 가까운 동결방법)으로 동결하여 식품의 평균 품온을 -18℃ 이하로 내리고, 그 품온을 유지할 수 있도록 동결 냉장한 식품을 말한다.

6) 평균 품온

평균 품온은 식품을 동결하기 위해 일정한 온도에 둔 경우 표면과 중심간의 온도가 균일하게 되었을 때의 온도를 말한다.

7) 중심 온도 및 온도 중심점

중심 온도는 식품을 냉각하거나 동결할 때에 식품의 기하학적 중심부의 온도를 말하고, 온도 중심점은 포장 또는 비포장 식품을 동결하는 경우 품온 강하가 가장 늦은 점을 말한다. 기하학적인 중심점이 이에 가까운 말이 되겠으나, 식품의 열역학적 성질이 균일하지 못하거나 형상이 불규칙하므로 온도 강하가 가장 늦은 점은 반드시 기하학적인 중심점과 일치하지는 않는다.

8) 용적 저장 기간

동결 저장 중 동결식품의 품질이 식품 고유의 성상을 잃지 않고, 소비용 또는 가정용으로 사용하는데 지장이 없을 만큼의 관능적 품질을 유지하는 기간이다. 일반적으로 저장 기간이라고 하면 실용적 저장 기간을 의미한다.

9) 고품질 저장 기간

우수한 품질의 식품을 동결한 시점에서 계산하여, 관능검사에 의하여 검사원의 70%이상이 대조품과 비교하여 품질 저하를 감지한 시점까지의 기간으로 실용적 저장 기간보다 짧다.

10) IQF식품(individual quick freezing foods)

IQF식품은 개체 한 개씩을 동결한 식품을 일컫는 말로 설치비 및 운영비가 많이 소요되며 새우와 같은 고급 어종에 많이 이용되고 있다. 동결 방법은 주로 액화가스 동결법이 이용되고 있다.

11) 숙성화

딸기, 토마토 등과 같은 야채류를 포함한 과실에는 완숙보다 약간 이른 숙도에서 수확된 것을 출하하고, 유통 과정에서 성숙이 진행하여 소비자에게 도달하였을 때에 적절한 숙도가 되도록 조절하는데, 이와 같이 수확 후에 숙성되는 현상을 추숙이라 한다.

12) 휴면

휴면은 양파, 감자 등에서와 같이 식물이 성장이나 성숙, 도중에 생활 활동을 휴지하는 현상을 말한다. 휴면은 환경 조건이 나빠졌을 때에 견디어 내기 위한 타발적 휴면과 생물체의 조직이나 기관의 생리적 편의를 위한 자발적 휴면의 2종류가 있다. 어느 쪽이나 휴면 기간에 맞추어 저장하여야 하므로 휴면은 주요한 현상으로 취급된다.

13) 유효 동결 시간

유효 동결 시간은 초기의 평균 품온이 식품을 동결시켜 주어진 평균 품온으로까지 내리는데 소요되는 시간을 말한다.

14) 유효 동결 속도

온도 중심점을 지나는 두께, 즉 절단면 두께의 반을 L이라 하고, 유효 동결 시간을 t라 한다면 유효 동결 속도=L/t로 나타낼 수 있다.

4 식품의 저온 저장 방법 및 장치

온도가 5℃ 이하로 되는 경우 식중독균은 증식이 억제되고 -10℃ 이하로 되는 경우 호냉성 세균마저 증식이 억제될 뿐만이 아니라 지질산화도 억제된다. 따라서 식품의 환경 온도를 저온으로 함으로써 미생물의 증식 및 지질 산화가 억제되게 하여 식품의 저장성을 갖게 할 수 있다. 식품미생물의 생장 온도는 <표 5-10>과 같다.

〈표 5-10〉 식품미생물의 생장 온도

℃	식중독균	저 온 성 균
37	급속 증식	급속 증식
10	완만 증식 (어떤 균종)	
5	증식하지 않음	완만 증식 (어떤 균종)
0		
-10	증식하지 않음 완만한 사멸 (완전하지는 않음)	
-18		

1. 냉각 저장법

1) 빙장법

얼음을 사용하여 식품을 얼지 않는 범위에서 실온보다 낮게 저장하는 방법으로 쇄빙법과 수빙법이 있으며 어류의 선도 유지에 주로 이용되고 있다. 빙장법은 식품 조직 내에 수분이 빙결되지 않아 자가 소화 효소에 의한 분해나 세균의 증식을 완전히 저지할 수는 없어, 주로 단시간 저장을 목적으로 이용되고 있다.

(1) 쇄빙법

쇄빙법은 얼음조각을 식품에 얹어서 얼음 자체의 냉각력을 이용해 저온 저장하는 방법이다. 일반적으로 어체를 그대로 매몰시키나 참치 등과 같은 대형어의 경우 내장을 제거하고 그 속에 얼음을 채운다. 용기나 어창 바닥에 얼음을 깔고 벽쪽으로 얼음을 채우면서 어체를 놓고 그 위에 얼음을 채운다. 이 때에 용기나 어창에는 얼음물의 배출구가 있어야 한다.

(2) 수빙법

수빙법은 쇄빙을 가한 냉수 중에 식품을 침지하여 저온 저장하는 방법이다. 일반적으로 담수어에는 담수를, 해수어에는 해수를 사용하며, 담수어에 해수를 사용할 수 도 있으나 해수어에 담수를 사용하는 경우 어체 표면에 광택을 잃고 안구가 백탁되는 수가 있다.

〈표 5-11〉 저온 저장법의 종류

저장온도	저장기간	저장방법
냉각저장(0℃ 〈온도 〈실온)	단기 저장(2~3일)	빙장법
		냉장법
		CA저장법
동결저장(동결점 이하의 온도)	중기 저장(1주일~10일)	Partial freezing
	장기 저장(몇 개월)	공기 동결법
		송풍 동결법
		접촉식 동결법
		참자식 동결법
		엑화가스 동결법
		저온삼투압 탈수 동결법

(3) 주의사항

① 쇄빙법: 쇄빙법은 얼음을 충분히 사용하여야 하고, 어체가 연약하므로 너무 높이 쌓는 경우 조직이 허물어지기 쉬우며, 얼음물에 의한 오염이 되기 쉬우므로 주의하여야 한다. 그리고 ice burn(얼음이 어체에 접촉되 않는 등에 의해 냉각 불충분으로 변색이나 악취를 발생하는 현상)이 발생하지 않도록 하여야 한다.

② 수빙법: 수빙법은 청수나 해수를 미리 냉각(-1~0℃)시켜 두어야 하고, 얼음을 충분히 사용하여야 하며, 오염을 고려하여 어류는 미리 세척하는게 좋다. 그리고 잘

교반하여 온도가 균일하도록 하고, 염분 및 수분의 침투를 고려하여 어류의 중심부가 0℃로 냉각되면 쇄빙으로 옮기는 것이 좋다.

〈표 5-12〉 쇄빙법과 수빙법의 비교

항 목	쇄 빙 법	수 빙 법
작업	용이	어려움
냉각 속도	완만	신속
산화	용이	일부 억제
손상	있음	없음
건조	일부 진행	진행 안됨
퇴색	산화 변색	수용 퇴색

(4) 사용하는 얼음의 종류

① 빅뱅(opaque ice): 빅뱅은 원료수를 정지 상태에서 급속 동결시켜 물 중의 염류 및 기포를 빙결정 사이에 포착시켜 유백색으로 만든 얼음을 말한다.

② 투명빙(transparent ice): 투명빙은 원료수를 교반 유동시켜 빙결면에서 기포 및 염류 등을 제거해 가면서 비교적 완만히 빙결시킨 얼음을 말한다. 그러나 시중 얼음의 경우 최종적으로 불투명한 물을 제거하지 않아 중심부에 불투명한 부분이 잔존한다.

③ 결정빙(crystal ice): 결정빙은 완전히 탈염, 탈기시켜 불순물이 제거된 원료수를 빙결시킨 얼음으로 종전에는 증류수를 사용했지만 최근에는 이온교환수지로 탈염처리된 원료수가 사용된다.

④ 해수빙(salt ice): 해수빙은 해수로 만든 얼음인데 해수의 어는점이 약 -2℃이므로 생선을 해수빙으로 빙장한 것이 일반빙으로 빙장한 것보다 저장 기간이 더 연장된다.

⑤ 약품빙(cjemical ice): 약품빙은 원료수나 차아염소산 나트륨, 아질산나트륨, 과산화수소 등과 같은 살균 방부제를 넣어 만든 얼음으로 안전성 문제, 색 및 냄새 등의 이유로 실용화되지 못하고 있다. 그러나 약품빙에는 chlorotetracycline(CTC) 등과 같은 항생 물질의 첨가(5ppm 이하)가 인정되어 사용하는 경우도 있다.

⑥ 염수빙(brine ice): 염수빙은 식염, 염화마그네슘, 염화칼슘 등의 수용액을 동결시켜 만든 얼음을 말한다.

⑦ 공융빙(eutetic ice): 공융빙은 포화식염수를 동결시킨 얼음을 말한다.

2) 냉장법

냉장법은 빙장법과 0℃ 내외의 온도에서 저장하는 것은 동일하나 냉각 매체가 얼음이 아니고 공기라는 점이 다르다. 냉장법은 주로 과실 및 야채의 저장이나 축육 및 수산물과 그를 원료로 한 가공품의 단기간 저장을 목적으로 하는 저온 저장법이다.

식품을 저온 저장한 후에 이를 이용하고자 하는 경우 미리 외기 온도와 가까운 온도에 저장하여 식품의 표면에 물방울이 생성되는 것을 방지하기 위하여 품온 완화를 실시하여야 한다.

냉장을 위한 장치로는 가정용 냉장고, 개방형 쇼케이스, 반개방형 쇼케이스, 밀폐형 쇼케이스, 영업용 대형 냉장고 등이 있다.

(1) 가정용 냉장고

가정용 냉장고는 주위가 단열재로 싸여 있고, 상부는 냉동실(-18℃)로 냉동식품, 아이스크림 등의 동결식품을 저장하는 곳이고, 하부는 냉장실(5℃)로 비동결 식품을 저장하는 곳이다.

(2) 개방형 쇼케이스

개방형 쇼케이스는 가장 일반적으로 사용되고 있는 저온 쇼케이스이며, 소비자가 직접 식품을 보고 선택할 수 있다는 장점이 있으나, air curtain 등으로 외기의 유입을 막지만 항상 열려져 있는 상태이므로 냉기의 누설 방지가 곤란한 단점이 있다.

(3) 반개방형 쇼케이스

반개방형 쇼케이스는 외관이 개방형과 유사하나 유리문을 붙인 것이 차이가 있다. 일반적으로 문이 닫혀 있으나 소비자가 상품을 선택하고자 할 때에 열려 있는 상태가 되므로 온도 보존이 개방형보다 용이하다. 근래에 슈퍼 등에서 아이스크림 등의 진열에 많이 사용하고 있는 냉장고이다.

(4) 밀폐형 쇼케이스

밀폐형 쇼케이스는 유리문이 앞뒤로 또는 좌우로 열리는 저온 저장고로 근년에 슈퍼 등에서 음료수 등의 냉각 및 진열에 많이 사용하고 있다.

(5) 영업용 대형 냉장고

영업용 대형 냉장고는 소비자가 직접 접하는 냉장고라기 보다는 생산자가 소비자에게 공급하기 전에 보관하는 용도에 많이 사용한다.

2. 동결 저장법

동결 저장은 식품 중에 함유되어 있는 수분의 대부분을 빙결시켜서 저장하는 방법으로 국제냉동협회에서는 -18℃ 이하의 온도에서 저장하도록 권장하고 있다.

동결 장치에 요구되는 일반적인 조건으로는 다음과 같다.

① 품온 유지를 위하여 급속 동결과 심온 동결이 가능할 것
② 비용을 낮추기 위하여 자동률을 높일 수 있을 것
③ 동결 작업 시에 에너지 절약이 가능할 것
④ 위생적인 작업이 가능할 것

〈표 5-13〉 냉장법 및 동결법의 비교

구 분	냉 장 법	동 결 법
효소적, 비효소적 갈변	진행	억제
미생물의 발육	진행	억제
고품질 보존 기간	단기간	장기간
원상태로의 복원	가능	불가능
동결 변성 및 조직 파괴	없음	있음
드립 유출	없음	있음
에너지 소비	적음	많음

1) 공기 동결법

정지공기 동결법은 일반적인 동결법으로 냉각관을 선반 모양으로 조립하고 그 위에 식품을 얹은 다음, 동결실 내의 정지한 공기 중에서 동결하는 방법이다.

장점으로는 ① 동결 장치가 간단하고, ② 모양에 구애됨이 없이 대량 처리가 가능하다는 점이 있다. 단점으로는 완만 동결된다는 점이다.

2) 송풍 동결법

송풍 동결법은 동결실이 상자 터널형이며 식품을 tray rack이나 컨베이어 위에 얹어 식품 표면에 차가운 냉풍(-40～-30℃)을 팬으로 순환(3～5m/s)시켜 단시간에 동결하는 방법이다.

〈표 5-14〉 공기 동결법과 송풍 동결법의 장단점

구 분	공기 동결	송풍 동결	비 고
동결 속도	아주 완만	신속	송풍 동결은 공기의 온도가 낮으면서 동결시간이 짧다.
건조 속도	신속	완만	

3) 접촉식 동결법

접촉식 동결법은 냉각된 냉매 또는 염수를 흘려 금속판을 냉각(-30~-40℃)시킨 후 이 금속판 사이에 원료를 넣고 양면을 밀착(압력 0.1~0.2kg/cm^2)하여 동결하는 방법이다.

최초에는 선상 동결법으로 고안되었으나 동결 효과가 좋아 현재에는 육상동결로도 널리 이용되고 있다.

① 급속 동결이 되고 ② 동결품의 모양이 일정하며 ③ 동결 장치가 차지하는 면적이 적은 등의 장점이 있으나, ① 식품의 형상, 치수에 제약을 받으며 ② 조작이 다소 번거롭다는 점 등의 단점도 있다.

4) 침지식 동결법

침지식 동결법은 냉각 부동액 즉 2차 냉매 중에 식품을 침지하여 동결하는 방법이다. 초기에는 포화 식염수를 -16℃ 정도로 냉각하여 그 용액 중에 수산물을 직접 침지하여 동결하는 방법으로 고안되었다.

이 방법은 식염이 어체에 침투할 수 있고, 글레이징 작업이 힘들며, 식염수에 의해 식품이 오염될 우려가 있는 등의 결점으로 널리 이용되지 못하였다. 그러나 최근에는 방수 및 내한성이 있는 포장재가 개발되어, 이 포장재로 수산물을 밀착 포장하여 침지액에 침지시키면, 이러한 단점들을 보완할 수 있어 급속동결 방법으로써 그 가치를 새로이 인정받고 있다.

또한 밀착 포장하지 않고 사용하는 경우 인체에 유해성 등으로 인해 식품에 직접 접촉시켜 사용하기 곤란하였던 염화칼슘, 염화마그네슘, 메틸 알코올, 프로펠렌 글리콜 등도 이용할 수 있게 되었다.

이 방법은 동결 속도가 빠르고 조작이 간편하다는 장점이 있다.

5) 액화가스 동결법

액화가스 동결법은 액체 질소 등을 식품에 직접 살포하여 급속 동결하는 방법으로 새우, 반탈각굴 등과 같은 고가 제품의 IQF제품 등에 한정되어 이용되고 있다.

장점으로는 ① 초급속으로 동결되고 ② 연속 작업이 가능하며 ③ 동결 장치에 맞는 블록으로 하지 않아도 된다는 점 등이 있다. 단점으로는 ① 설치비, 운영비가 많이 소요되고 ② 제품에 균열이 생길 우려가 있다는 점 등을 들 수 있다.

6) 저온삼투압 탈수동결법

저온삼투압 탈수동결법은 근년에 일본에서 아주 활발히 연구되고 있는 새로운 동결저장법의 하나이다. 최근에는 국내에서도 이에 대한 연구가 이루어져 저온삼투압 탈수법에 의한 동결의 우수성이 입증된 바 있다. 일반적으로 동결품의 품질 저하는 빙결정의 생성에 의한 조직 손상으로 야기된다고 보아도 큰 무리는 없다. 이러한 관점으로 볼 때에 동결 처리를 실시하기 전에 미리 빙결정 생성 인자인 수분을 탈수시트로 탈수한 후 동결하는 방법이다.

장점으로는 ① 자유수의 제거로 동결 변성이 적고 ② 드립량이 적으며 ③ 육색 개선의 효과가 있고 ④ 탈수에 의해 동결 에너지가 절감된다는 점 등을 들 수 있고, 단점으로는 대량 처리가 곤란하다는 점 등을 들 수 있다.

탈수시트는 고흡수성 수지를 셀로판이 감싸고 있는 형태를 하고 있고, 고흡수성 수지의 경우 건조기에 건조 후 20회 정도는 재사용이 가능하다. 탈수시트 처리 저온삼투압 동결식품의 제조과정은 먼저 식품의 크기를 1인분 정도의 크기로 절단한 다음, 오염을 줄이기 위하여 수세 및 탈수하고 셀로판 필름과 같은 반투막의 손상을 줄이기 위해 뼈와 같이 예리한 것은 제거하는 등의 전처리를 한다. 이어서 전처리를 한 수산물을 고삼투압성 식품 및 고분자 흡수제를 내재한 탈수시트로 감싸서 냉장고에 넣고, 일정 기간 경과시켜 탈수시킨 다음 탈수시트를 제거하여 저온삼투압 탈수법으로 전처리한 수산가공품을 제조한다. 이어서 단기간 내에 식용하기 위한 제품은 냉장고에 저장하여 두고, 장시간 경과한 후에 식용할 제품은 동결고에 저장하는 것이 좋다.

7) Partial freezing

최대 빙결정 생성대의 온도(일반적으로 -1～-5℃)에서 저장하는 경우 해당 작용, 근원섬유 단백질의 변성, 지질산화 및 전분의 노화 등이 야기되기 쉬우나 세균세포의 경우도 조직적 손상을 입게 된다.

Partial freezing은 이러한 원리를 응용하여 -3℃부근에서 식품을 저장하는 방법이다. 이 방법은 식품 성분의 품질저하는 야기되나 식품위생적으로는 안전하여 1주일에서 약 10일간의 저장에는 적절한 방법으로 1980년대에 일본에서 선풍적으로 연구가 진행되었으나, 최근에는 거의 실용화가 되지 않고 있는 실정이다.

〈표 5-15〉 저온삼투압 탈수의 효과와 응용

대상 식품	원 리	효 과
냉동식품	· 자유수의 적당한 탈수 · 미세 빙결정으로 세포막 파손 억제	냉동 내성의 향상
염장품 및 젓갈	· 탈수에 의한 세포막의 경고	저염 가공 가능
선어, 염장어 및 축육	· 정미 성분 농축, 어취 제거 , 조직감 향상	향미 향상
냉장식품	· 표층에 단백질 층의 생성으로 균의 침입 방지 · Glutamic acid, Asparaginic acid 등의 농도 증가로 인한 조직 세포의 변성 억제 · 드립 감소로 조직 세포의 변성 억제	품질 수명의 연장
쇠고기, 돼지고기 및 양고기	· 칼슘 농도의 증가로 조직 연화 촉진 · 칼슘에 의한 단백 분해효소의 작용으로 정미성분 증가	숙성 촉진
청어, 정어리 등의 다지어	· 수분의 감소에 의한 산화 억제	산패취의 발생 억제
다랑어회	· 용존 산소 감소, 아미노산 농도 증가, 염소이온의 감소	변색 및 퇴색의 억제
상어, 다랑어회	· 색소(철분 등)의 농축	색의 농후
향신료 대용	· 어취 제거에 의한 어육 및 축육 고유의 향미 유지	고유의 향미 유지
절임식품, 훈제품	· 세포간 수분의 탈수	조미액의 침투성 향상
튀김 및 가열식품	· 중심부의 여분 수분 제거 · 조리 중 여분의 수분 및 용해 성분의 유출 감소	조리성 향상

5 냉동식품의 저온 저장 중 품질 변화

1. 냉장 중 식품 성분의 변화

1) 수분 증발

식품 중의 수분이 증발하면 중량의 감소가 일어나고 이어서 과일과 야체의 시들음 현상, 연화, 적색육의 변색 및 비타민 C 등의 산화 작용도 수반한다.

2) 생리 작용에 의한 성분 변화

냉장 중 과일, 야채의 경우 성숙 작용이 진행되어 당, 유기산 및 비타민 C 등이 감소하고, 계란의 경우 알칼리성으로 되어 선도가 저하하게 된다.

3) 숙성

냉장 중 식육은 자가 소화 작용이 진행되어 연화와 풍미가 향상되나, 너무 과도하게 진행되는 경우 상품의 가치를 잃기 쉽다.

4) 지질의 변화

냉장 중에도 식품 중의 유지는 가수분해, 지방산의 산화와 중합 등의 변화로 풍미악화, 산패 및 점성의 증가 등과 같은 변화가 일어난다.

5) 미생물의 증식

일반적으로 저온 저장 중에는 미생물의 증식이 억제되기는 하나 완전 억제는 불가능하여 저온 미생물을 중심으로 서서히 증식과 식품 성분의 분해 작용을 하여 최종적으로는 변패를 야기한다.

6) 이취 전이

저온 미생물에 의한 식품 성분의 분해로 이취가 생성되는 경우도 있고 마늘과 같은 풍미가 강한 식품과 혼재하여 저장하였을 때에 마늘로부터 이취가 옮겨오는 경우도 있다.

7) 노화

식품 중의 성분이 α상태로 있는 경우 일정 범위에서는 β화가 용이하여 노화가 신속히 진행되어 품질을 저하시킨다.

8) 저온 장해

바나나 및 토마토와 같은 청과물을 CA저장 또는 냉장 시 일정 온도 이하에서 저장한 경우 저온 장해라고 하는 품질 저하 현상이 일어난다.

2. 동결 저장 중 식품 성분의 변화 및 억제

1) 동결 저장 중 식품 성분의 변화

(1) 단백질 변성

① 기전(mechanism): 냉동 중에는 육질의 손상이 일어나나, 그에 대한 기전(mechanism)에 대해서는 명확하지 않고 단지 기계적 손상설, 세포 파괴설, 기계분리 팽창설 및 탈수 손상설 등과 같은 몇 가지 설로 일반화되어 있다.

② 결과

- 육질의 스폰지화 - 육조직감의 저하
- pH의 변화
- 드립의 증가 등 - 보수력의 감소로 인한 중량 감소

〈표 5-16〉 냉동에 의한 단백질 변성

단백질 변성설	특 징
기계적 손상설	빙결정 생성으로 세포간 배열이 기계적으로 손상된다는 학설
세포 파괴설	빙결정의 팽압에 의해 세포막이 파괴된다는 학설이며, 기계적 손상설이 극단적으로 심한 경우에 해당
기체 분리 팽창설	수분에 용해한 기체가 유리되면서 재팽창하여 이것이 빙결정 자체의 팽압에 더하여져 미동결 수분은 큰 빙결정을 형성
탈수 손상설	빙결정 생성의 결과 삼투압 차이로 수분이 유리되어 세포 내에는 염류가 농축되고 pH가 변화하기 때문

③ 억제 방안

- 동결전 수세: 동결 전 수세에 의한 변성 인자의 제거로 단백질 변성을 억제할 수 있다. 즉 동결 변성에 관여하는 구리 및 철이온은 물로써 쉽게 제거되며, 마그네슘과 칼슘이온은 식염수(농도 0.1～0.35%)로 수세한다. 이 외에도 수세에 의하여 formaldehyde, 유리지방산 등이 제거되어 동결 변성을 억제할 수 있다.
- 당류 및 당 알코올의 첨가: 포도당 등과 같은 당류와 솔비톨과 같은 당 알코올을 2～6% 범위에서 단백질에 첨가하는 경우 당분자 중의 OH기에 의해 단백질 분자간의 반응기가 서로 반응하여 결합하는 것을 방지함으로 단백질 변성을 억제한다.
- 중합 인산염의 첨가: 중합 인산염을 단백질에 첨가하는 경우 중합 인산염의 강한 염용효과, pH 상승으로 actomyocin의 수화를 촉진하여 보수력 상승, 금속이온 봉쇄 작용에 기여함으로 단백질 변성을 억제한다. 연제품의 경우 중합 인산염 첨가에 의해 단백질 변성을 억제하는 대표적인 제품이다.
- 기타: 기타 단백질 변성을 억제하기 위한 물질로는 아미노산 및 그 유도체 등이 있다.

(2) 변색

냉동에 의한 변색은 냉동 중에만 특별히 진행되는 것이 아니고, 상온에서 진행되는 것이 냉동 상태가 되어도 계속 진행된다.

① 동물: 근육색소인 myoglobin(적색)은 도살 후에 산소와 반응하여 초기에는 oxy-myoglobin(선홍색)으로 되고, 이를 오랜 기간 방치하는 경우 metaglobin(적자색)으로 되어 품질이 일시적이나 저하하게 된다.

② 야채류: Chlorophyll은 혼재하여 있는 유기산에 의하여 갈색의 pheophytin으로 이중결합을 많이 가진 carotenoid의 경우 산화 퇴색한다.

③ 수산물: 새우의 경우 tryosin이 tryosinase에 의하여 흑색의 melanin으로 되어 흑변된다.

④ 기타: 동결 저장 중 수분의 증발로 인한 색소 농축, 변색, 형광 미생물의 증식에 의한 변색 및 지질의 산화 갈변하는 경우가 있다. 이중 지질산화에 의한 갈변은 주로 중성지질에 의한 갈변이라기 보다는 인지질에 의한 산화 갈변이다. 동결 저장 중 중성 지질에 비하여 인 지질의 산화가 용이한 것은 인 지질 분해효소가 저온에서 활성이 높고, 중성 지질에 비하여 인 지질의 불포화도가 높으며, 저온에서도 액상 유지가 용이하기 때문이다.

(3) 냄새의 이행

지질 산화에 의한 산패취가 강한 식품과 마늘과 같은 냄새가 강한 식품을 혼재하여 저장하였을 때에 마늘로부터 냄새가 옮겨와 이취가 발생하므로 주의하여야 한다.

(4) 승화

동결식품은 동결 중에 빙결정이 승화하여 중량 감소, 산화에 의한 품질 저하 등이 야기되므로 가능하다면 밀착 포장으로 승화를 방지하여야 한다.

(5) 전분의 노화

일반적으로 농산식품의 경우 상온보다는 저온에서 노화가 촉진된다.

(6) 무기질소의 감소

무기질의 함량은 동결 중에는 거의 변화가 없으나, 해동 시에는 드립과 함께 유출되어 감소한다.

(7) 드립의 발생

드립의 발생은 단백질의 동결 변성으로 보수력이 결여되어 수분을 재흡수하지 못하고 유출시키기 때문에 발생하며, 이로 인해 수용성 영양 성분이 손실되고, 중량적 손실도 야기된다.

2) 동결저장 중 식품 성분의 변화 억제 방안

(1) 데치기(blanching)

야채를 동결하는 경우 빙결정의 생성 및 기체 팽압으로 세포막이 파손되고, 효소에 의한 갈변이 진행된다. 이를 억제하기 위하여 데치기를 실시하며, 그 주목적은 다음과 같다.

① 효소(phenoloxidase 등)의 불활성화에 의한 갈변 방지
② 원료 중의 수분이 유리되고, 세포막의 탄력화에 의한 동결 팽창 내성 강화로 조직의 연약화 방지
③ 원료에 부착한 미생물의 살균
④ 가열 팽창에 의한 기체 제거 및 체내의 유기산 제거로 냉동 중 변화 억제

(2) 가당 처리

과실을 동결하는 경우 세포벽이 파괴될 뿐 아니라 수용성 산화효소에 의해 갈변이 진행되나, 이를 억제하기 위하여 데치기를 실시할 수 없는 과실의 경우 가당 처리를 하여 향미 유지를 한다. 가당 처리 과실은 과실이 당 또는 당액에 의해 피복되어 공기와의 접촉이 억제되어 갈변이 방지되고, 삼투압 차이에 의하여 수분의 유출로 동결 속도도 신속하여 에너지가 절감될 뿐만이 아니라 빙결정이 적음으로 인해 단백질의 변성도 적어 고품질의 제품이 된다.

(3) 가염 처리

명태, 넙치, 가자미 등과 같은 백색육을 동결 및 해동을 하는 경우 다량의 드립이 발생하여 영양분이 손실되고 무게가 감소할 뿐만 아니라 조직감이 결여되어 저급품으로 취급되기 쉽다. 이러한 경우 3~5%의 식염수 용액(0~2℃)에 침지(0.5~1시간)하는 가염처리를 하는 경우 가당 처리와 같이 육 중의 수분이 미리 유리되어 빙결정의 생성이 적음으로 인해 해동하는 경우 드립의 유출이 적게 되어 보다 고품질의 냉동식품을 제조할 수 있게 된다.

(4) 인산염 처리

일반적으로 단백질의 변성은 pH 6.5 이하에서 진행하므로 인산염으로 처리하는 경우 식품의 pH를 6.5~7.2 정도로 유지하고, 변성 촉진인자인 금속이온을 봉쇄하여 단백질의 변성을 억제하게 된다.

(5) 산화방지제 처리

일반적으로 동결 저장 중에도 식품은 지질의 산화가 진행되어 유리지방산을 산생하게 되고, 이로 인해 단백질 변성을 촉진하게 된다. 또한 지질 산패 그 자체가 식품의 품질을 저하하는 요인이므로 tocopherol, ascorbic acid, erythorbic acid 등과 같은 산화 방지제를 유도기에 적절히 처리함으로써 고품질의 냉동품을 제조할 수 있게 된다.

(6) 글레이징 처리(빙의 처리)

동결식품을 냉수 중에 수초간 침지한 후 건져 올리면 부착한 수분은 표면에 얼어붙어 박빙의 막이 생기는 것이 글레이즈이고, 이와 같은 처리가 글레이징이다. 글레이징 처리는 공기를 차단하여 건조 및 산화에 의한 표면의 변질을 방지하기 위하여 실시한다.

(7) 포장 처리

일반적으로 냉동식품은 다음과 같은 목적을 위하여 포장 처리를 하여야 한다.

① 공기 차단에 의한 산화 방지
② 수분의 증발 및 승화 방지에 의한 감량 방지
③ 물리적 충격 완화 효과
④ 소비자의 구매 의욕 상승 효과

(8) 삼투압 탈수 처리

식품을 탈수시트로 처리하는 경우 식품 중의 다량의 수분이 외부로 유출되어 저수분 식품으로 된다. 이를 냉동 저장하는 경우 빙결정에 의한 식품의 품질 저하가 적어 우수한 냉동식품의 제조가 가능하다.

6 해동(Defrosting, Thawing)

해동은 냉동식품을 조리하거나 가공하기 위하여 식품 내에 형성된 빙결정을 다시 녹이는 현상을 말한다. 이 때에 녹은 물은 동결 전과 같이 식품의 조직 구조 내로 다시 흡수되는 것이 이상적이나, 대부분의 경우는 동결 등에서 일어난 단백질의 변성으로 인하여 다시 흡수되지 않고 분리되어 드립으로 발생한다. 해동 공정 중에는 냉동식품보다 온도가 높은 매체, 즉 공기, 물, 얼음, 증기, 금속판, 오븐 등이 사용되는데 이들을 해동 매체라 한다.

1. 해동의 조건

해동은 식품의 종류, 모양, 이용 목적에 따라 방법을 달리하지만 품질을 유지하기 위해서는 다음과 같은 조건을 만족시키는 것이 바람직하다.

① 온도가 균일하게 해동되고 특히 온도의 승온 부분이 없을 것
② 품질 저하가 적을 것
③ 중량 감소, 드립이 적을 것
④ 해동 중에 세균 번식, 오염이 적을 것
⑤ 해동 효율이 좋을 것
⑥ 해동 비용이 적을 것

이와 같이 바람직한 상태로 해동하기 위해서는 식품에 따라 해동 속도, 해동 종온 및 해동 환경 등을 검토하고 방식이나 장치를 결정하여야 한다.

2. 해동에 의한 복원성

1) 형태적 복원

산업적 규모로 동결된 동결품은 조직 세포 내에 존재하는 수분이 동결 과정 중에 서서히 세포 외로 흘러 나와서 일반적으로 세포 외 동결을 한다. 세포 외 동결 제품을 행동하면 세포 외의 얼음은 녹아 세포 내로 흡수되어서 세포의 형태는 원형으로 복원된다.

이러한 흡수에 의한 복원을 형태적 복원이라고 하며, 동결 저장 초기의 세포 내에서는 복원이 충분히 이루어지나 저장 기간이 연장됨에 따라서 세포의 흡수능이 약해져서 많은 양의 수분이 세포 내로 흡수되지 못하고 세포 외에 남아 세포는 복원이 불충분한 상

태로 해동이 종료되며 자유 드립으로 유출된다. 즉 동결육의 품질이 우수한 경우에는 조직 세포의 활성이 높기 때문에 흡수 복귀도 충분히 일어난다고 볼 수 있다.

2) 본질적 복원

세포 내로 흡수된 물은 세포 내의 단백질과 단단히 결합(수화)하여야 하고 이와 같이 흡수된 물과 단백질이 단단히 결합된 상태를 본질적 복원이라고 한다.

본질적 복원이 충분히 진행되어야 동결 전의 육이 가지고 있던 높은 보수성 및 조직이 살아나게 된다. 형태적 복원이 충분히 진행된 경우에도 본질적 복원인 수화가 불충분한 경우에는 행동품으로서의 품질이 저하하게 된다. 그러므로 본질적 복원은 필수 조건이며 형태적 복원은 수화를 유도하기 위한 전제 조건이라 할 수 있다. 수화의 근원은 세포 내의 단백질이며 수화를 방해하는 근원은 동결 저장 중에 진행한 단백질의 동결 변성이다. 따라서 단백질 변성을 억제한 고품질의 동결육은 수화가 충분히 진행되어서 본질적인 복원이 달성된다고 할 수 있다.

3. 해동의 종류

1) 완전 해동

대부분 동결식품을 해동하여 이용하고자 하는 경우 완전 해동을 하는데, 이는 어떠한 해동 방법에 의해서 원상태로 만들어 조미하거나 형상을 바꾼 후에 가열 조리하는 것이 보통이다.

해동 전에는 조미가 잘되지 않으므로 반드시 해동시킨 후에 실시하여야 한다.

2) 반해동

해동 시의 온도 조절은 용도에 따라서 다르나 해동 후에 보존할 필요가 있을 경우에는 반해동 상태로 두면 보존 중에 나머지 해동이 진행하게 된다. 이러한 반해동 상태에서는 빙결률이 적으므로 식품을 칼로 자를 경우 완전 해동한 경우보다 오히려 절단 작업이 쉬우며 원하는 모양으로 절단하는 것이 가능하다.

3) 별도의 해동이 불필요한 경우

IQF 제품에서는 조리 전의 준비를 하는 동안에 조리에 지장이 없을 정도로 자연히 해동되고, 또한 조리 냉동식품 및 반조리 냉동식품 등은 얼린 그대로 가열 조리가 가능하도록 만들어져 있어 특별히 해동 공정이 필요 없다.

4) 해동시켜서는 안 되는 경우

생선스틱, 생선패티 등은 특별히 결착제를 사용하지 않고 동결에 의해 형상을 유지하고 있으므로 만약에 이를 가열 조리 전에 해동시키는 경우 식품의 형태가 허물어져 상품가치를 잃게 된다. 따라서 이와 같은 제품의 경우 해동시켜서 사용하여서는 안 된다.

4. 해동 종온

1) 완전 해동

해동 종온을 얼마로 하는가는 식품이 종류와 용도에 따라 차이가 있다. 신선한 어육, 축육 등과 같은 동결 제품을 해동한 후에도 보존할 필요가 있을 경우에는 동결이 일어나지 않는 온도에서 가능한 한 낮은 온도가 좋다. 이 온도대는 최대 해동 온도대의 상한 온도, 즉 빙결점에 가까운 온도이다. 신선한 어육과 축육의 빙결점은 대부분이 -1℃ 전후이므로 식품의 온도 중심점이 일반적인 식품의 빙결점인 -1℃에 달한 때가 빙결률이 0이 되는 완전 해동 상태로 볼 수 있겠으나, 표면은 해동 매체의 온도에 가까워지므로 -1℃보다 높다. 이 때의 시간적인 차이는 두께와 직경이 클수록 현저하며 표면이 10℃ 이상이 되면 그 부분의 변질이 빨라지므로 표면부가 10℃ 이상이 되지 않도록 하여야 한다.

2) 반해동

완전 해동은 해동 공정 중에 품질이 저하할 우려가 있으므로, 온도 중심점이 -1℃로 되는 것과는 상관없이 칼로 절단할 수 있을 정도의 온도대, 즉 유효 해동 온도대의 하한 온도와 상한 온도의 중간 정도의 온도에서 해동을 종료하는 것이 고품질을 유지하는 데 좋다. 일반적으로 냉동식품의 가공은 반해동 상태에서 착수하고 그 이후의 해동은 가열 조리 중에 진행시키는 방법을 취하기도 한다. 가공은 반해동 상태에서 실시하는 것이 간편하며 드립도 억제할 수 있다. 특히 신선한 상태에서 식용으로 사용하는 경우 해동법으로서 반해동이 좋다.

5. 해동 속도

품온의 상승 속도에 따라 완만 해동과 급속 해동으로 구분하며, 가온매체의 종류, 온도, 방법 등외에 해동하는 식품의 종류, 모양 등에 따라 달라진다. 완만 해동은 해동된 수분이 세포에 재흡수되므로 식육, 어육 그리고 과실에 적합한 방법이며 재흡수에는 10~20분이면 충분하다. 완만 해동은 시간이 많이 걸리므로 산화, 효소작용, 미생물 등의 영향을 받기가 쉽다. 급속 해동은 해동 매체의 온도를 높이거나 유속을 빠르게 하는 것으로 표면부만 빠르게 녹거나 온도가 올라가기 쉬우므로 여러 가지 문제가 된다. 이 방법은 해동과 동시에 조리를 하거나 취식 온도까지 가온을 동시에 행하는 경우에 특히 적합하다. 식품의 크기(두께)를 작게하면 해동을 빠르고 균일하게 할 수 있다. 고주파 등을 사용하면 식품을 내부에서 가열하는 것이 가능하고 특히 승온이 빨라서 초급속 해동이라고도 불리고 있다.

6. 해동 방법

1) 공기 중 해동

공기 중 해동은 상온의 공기 중에서 해동하는 방법으로 장점으로는 ① 설비가 필요없고, ② 식품의 종류에 구애됨이 없다는 점이 있으며, 단점으로는 ① 해동이 완만하고, ② 주위 환경이 일정하지 않아 해동 시간을 예측하기 어려우며, ③ 표면 변색, 건조 및 오염되기 쉽다.

2) 송풍 해동

송풍 해동은 다습한 공기(15~20℃)를 순환(2~6m/s)시켜 해동하는 방법으로 장점으로는 해동 시간이 짧다는 점이 있고, 단점으로는 ① 표면이 건조하기 쉽고 ② 가습 공기를 송풍함에 의한 운전 경비가 다소 소요되며, ③ 미생물의 오염이 용이하다는 점 등이 있다.

3) 침수 해동

침수 해동은 액체(정지 청수, 유동 청수 및 염수)에 직접 침수시켜 해동시키기도 하나 일반적으로 비닐팩에 넣어서 해동하는 방법으로 장점으로는 ① 해동 시간이 공기 해동보다 짧고, ② 표면의 변질이 적다는 점 등이 있다. 단점으로는 ① 액량이 적은 경우 완만 해동이 되기 쉽고 ② 유수를 사용하는 경우 경제적 손실이 크며, ③ 비닐 포장을 하는 등의 번거롭다는 점 등이 있다.

4) 수증기 해동

수증기 해동은 감압하(10~15mmHg)에서 생성한 수증기(15℃)를 사용하여 해동하는 방법으로 장점으로는 ① 해동 속도가 빠르고 ② 변질이 적으며, ③ 균일하게 해동되고, 또한 ④ 미생물의 오염 방지가 용이하다는 점 등을 들 수 있다. 단점으로는 특별한 설비가 필요하다는 것이다.

5) 접촉 해동

접촉 해동은 온수를 흘린 금속판 사이에 해동하려는 원료를 끼워 해동하는 방법으로 장점으로는 ① 해동 속도가 빠르고 ② 균일하게 해동된다는 점이 있다. 단점으로는 특별한 장치가 필요하다는 점을 들 수 있다.

6) 전기 해동=고주파 해동

전기 해동은 고주파(915∼2,450MHz)를 이용하는 유전 가열에 의한 해동 방법으로 전자레인지(일반적으로 2,450MHz)에 의한 해동 방법이며, 다른 방법은 외부 가열식이나 이 유전 가열에 의한 해동 방법은 내부 가열식이다. 이 방법의 장점으로는 ① 단시간에 해동되고, ② 드립량이 적으며, ③ 변색, 이미, 이취가 적고, ④ 용기 채로 해동이 가능하다는 점이 있다. 단점으로는 ① 해동 종온이 불균일하고, ② 부정형 식품에 적용이 곤란하며, ③ 해동 경비가 많이 소요된다는 점을 들 수 있다.

7. 해동에 의한 품질 변화

동결 식품을 해동하는 경우 다음과 같은 해동에 의한 품질 변화를 들 수 있다.

① 육질 연화
② 미생물 및 효소의 활동 용이
③ 산화 용이
④ 표면 건조
⑤ 정미 성분 및 영양 성분의 손실

8. 해동 중 유의 사항

주파 해동(전기 해동) 등의 일부 해동법을 제외하고, 대부분의 해동법은 해동 시에 다음과 같은 사항에 주의하여야 한다.

① 해동 매체의 온도는 가능하다면 낮아야 한다.
② 동결 식품은 두께를 작게 하고, 해동 매체가 잘 순환될 수 있도록 개체별로 분리하여야 한다.
③ 해동 매체는 유동시켜야 하고, 동결 식품에 비하여 많은 양을 사용하여야 한다.

④ 침수 해동을 하는 경우에는 물에 가용성 성분의 용출을 방지하면서, 물의 침투 방지를 위하여, 그리고 공기 중 해동을 하는 경우에는 건조, 산화 및 오염 방지를 위하여 밀착 포장하여 해동하여야 한다.

⑤ 품온을 가능한 한 낮게 유지하기 위하여 해동 후에 보존을 요하는 경우에는 0℃ 정도에서 냉장하여야 한다.

7 저온 유통

저온 유통이란 생선 및 동결 식품을 생산지에서 소비자에게까지 유통하는 사이에 저온으로 보존하는 시스템으로 저온 유통을 구성하는 것은 생산지 출하 시에 예냉, 동결 및 냉장시설, 중계지 및 소비지의 냉장고, 소매점의 쇼케이스, 가정용 냉장고와 수송 및 배송 설비이다.

1. 수송 및 배송의 정의

식품을 저온으로 운반하는데 사용되는 냉동차는 용도에 따라 수송차와 배송차로 나누어진다.

1) 수송차

수송차란 생산 공정에서 소비지의 냉동 창고나 배송 센터까지 비교적 장거리를 수송하는 것으로 주로 대형 트럭이 사용된다.

2) 배송차

배송차란 소비지의 냉동 창고에서 판매점 및 슈퍼마켓의 매장까지 비교적 단거리를 수송하는 것으로 소형 트럭이 이용된다.

2. 냉각 장치의 종류

수송, 배송용 냉각 장치는 기계식, 액체 질소식, 드라이 아이스 및 얼음식, 냉동판식으로 분류되며, 이 중에서 현재 가장 많이 사용되는 것은 기계식이고, 다음은 냉동판식이다. 액체 질소식은 특수한 용도에만 사용되고 있다.

1) 기계식

기계식은 압축기와 냉매를 사용하는 것으로 소위 말하는 기계식 냉동식이다. 기계식은 현재 트럭용 냉동 장치의 약 80%를 차지하고 있는데, 그 이유는 냉동고 내 온도를 화물에 따라 임의로 선정할 수 있어서 단거리 및 장거리 수송이 가능하기 때문이다. 기계식에는 다음과 같은 종류가 있다.

(1) 압축기 구동 방식에 의한 분류

기계식 냉동 장치에서 차의 엔진으로 압축기를 구동하는 것을 주엔진(main engine)식 또는 직결식이라 부르고, 압축기 구동 전용 엔진을 장비한 것을 부엔진(subengine)식 또는 전용 엔진식이라 부른다.

주엔진식은 소형차 대부분 또는 중형차의 일부분에 채용되고 있다. 이 방식은 압축기 구동 전용 엔진이 필요 없기 때문에 소형, 경량이며 가격도 저렴한 특징이 있으나, 차의 속도에 따라 엔진의 회전 속도가 다르기 때문에 냉동 능력이 변동하는 결점이 있다.

부엔진식은 차의 주행 속도에 관계없이 일정한 냉동 능력을 얻을 수 있는 장점이 있는 동시에 냉동 장치를 자유롭게 설계할 수 있는 이점이 있으나, 주엔진식에 비해 대형이며 무겁고 가격이 비싼 결점이 있다. 이 방식은 대형차의 장거리 수송에 적합하다.

(2) 냉동 장치 자체의 형태에 의한 분류

냉동 장치에는 그 자신의 기본 형태로 일체형과 분리형의 두 종류가 있다. 일체형은 장착 및 보수가 용이하기 때문에 수출용 냉동 트럭은 대부분 이 형식이다. 반면에 분리형은 차체의 하부에 콘덴싱 유닛(condensing unit)을 장치한 것이다. 이 형식은 기계 부품이 노면에 노출되어 있기 때문에 노면의 상태에 따라 파손의 우려가 있다는 결점이 있다.

2) 액체 질소식

액체 질소의 기화 잠열과 기화한 질소가 소정의 냉동고 내 온도까지 상승하는데 필요한 열량으로써 냉동고 내를 냉각하는 방법이다.

이 방식의 특징은 비점이 -196℃라는 액체 질소를 사용하기 때문에 급속 냉각이 가능하고, 소음이 없으며 구조가 단순하고 고장이 적은 특징이 있으나, 유지비가 비싸며 쉽게 액체 질소를 얻을 수 없는 결점이 있다.

3) 냉동판식

금속 용기에 축냉제를 충진하고 여기에 냉매를 배관을 통하여 냉각시킨 후 냉각된 축냉재의 융해 잠열 및 감열로 냉동고 내를 냉각하는 것이다.

축냉식 냉동판 중량 때문에 화물 적재량이 감소하며 또 사용 온도 범위도 다양하지 못하기 때문에 화물 배송용에만 사용된다.

4) 드라이 아이스 및 얼음식

보냉차의 냉동고 내에 드라이 아이스(dry ice) 및 얼음 등의 냉각제를 사용하는 예도 많다. 이 경우에도 액체 질소식과 같이 한 번 사용하고 버리며, 또 온도 조절이 불가능한 점은 냉동판식과 같다. 설비적으로는 보냉용 자체 뿐으로 냉각 장치를 필요로 하지 않으므로 제작비가 싸지만, 냉각제 소비량을 적게 하기 위하여 단열 성능을 강화시킬 필요가 있다.

① 드라이 아이스식: 드라이 아이스식은 승화열(승화 온도: -78.5℃)을 이용하여 냉동고 내를 냉각하는 방법으로 드라이 아이스 1kg당 약 153kcal의 냉각력이 있다. 동결식품에서는 큰 문제가 없지만, 냉장하여 운반하는 식품에는 직접 접촉하지 않도록 해야 하며, 야채류의 호흡작용을 저해하지 않도록 주의해야 한다.

② 얼음식: 얼음식은 융해열을 이용하여 냉동고 내를 냉각시키는 방법으로 1kg당 약 80kcal의 냉각력이 있으나, 0℃ 이하의 온도를 유지하는 것은 불가능하다.

3. 냉동 컨테이너

컨테이너는 육상 → 해상 → 육상의 일관 수송 과정에서 인력을 배제하여 수송 원가를 절감시킬 수 있는 효과적인 수송 수단의 하나이다. 냉동화물을 위한 컨테이너의 냉각 방법으로는 드라이 아이스나 액체 질소 등이 사용되기도 했으나 현재로는 소형 냉동 장치를 장비한 컨테이너가 주로 사용되고 있다. 해상, 육상 수송 과정에서 계속적으로 받게 되는 진동, 동요, 충격 등을 충분히 견딜 수 있도록 고려되어야 하며, 해수, 조풍으로 인한 부식에도 견딜 수 있는 표면 처리가 되어야 한다. 화물의 종류에 따라 -25～25℃까지의 범위에서 실온 조절이 가능하도록 되어 있으며, 특히 과일이나 야체 등 호흡작용을 계속하는 화물을 위해서는 산소와 이산화탄소의 농도 조절을 위한 환기가 가능한 구조로 되어야 한다.

〈표 5-17〉 각종 냉동차의 특성 비교

냉각장치	장 점	단 점
기계식	냉동고 내 온도 제어 용이	복잡한 구조로 고장이 많음
	적재화물에 따라 수송 온도 제어 가능	소음이 큼
	운전 경비 저렴	설비비가 높음
		대형차의 경우 냉각에 장시간 소요
		제상을 요함
액체 질소식	냉동고 내 온도 제어 용이	운전 경비 고가
	적재화물에 따라 수송 온도 제어 가능	액화 질소 보급이 불편
	냉각속도 신속	소형차의 경우 설비비가 고가
	고장 적고, 보수비가 저렴	질식의 위험이 있음
	소음 없음	
	산화하기 쉬운 물품에 적합	
냉동판식	운전 경비 저렴	장거리 수송 부적합(온도 제어 곤란)
	고장이 적고 보수비가 저렴	설비비 고가
	소음이 없음	설비 중량이 무거움
		냉각 속도 완만
		제상 요망
드라이 아이스식	시설비 극히 저가	냉동고 내 온도차 큼(온도 제어 불가능)
	고장 염려 없고, 보수비 저렴	냉각 속도 완만
	소음이 없음	운전 경비 고가
		취급 주의 요망(질식 위험)

8 기타 식품의 저장법

1. 염장법(소금절임법: Salting)

1) 염장법의 의의와 방부 원리

소금은 모든 식품에 첨가하여 기본 맛을 내는 물질로서 식품 저장에서는 다량 첨가하여 보존성을 높이는 것으로 우리나라에서는 전통적으로 옛부터 장류계통, 수산식품계통 등에 주로 널리 이용되어 왔다. 서양에서는 햄, 베이컨, 소시지 등 육류계통에서 많이 이용되어 왔다.

소금절임법의 방부 원리는 삼투압 작용에 의해서 이루어진다. 소금의 삼투 작용이란 식품 내외의 삼투압차에 의하여 침투와 확산 두 작용에 의한 식품 내에 존재하는 수분과 소금이온 용액이 바뀌어 소금은 식품 내로 스며들어 흡수되고 수분은 탈수되어 식품의 수분활성도가 저하되며 또 한편으로는 부착되어 있는 미생물 자체도 소금에 의한 높은 삼투압으로 세포는 원형질 분리를 일으켜 미생물 증식이 억제되거나 아니면 사멸을 가져오는 현상을 말한다. 또한 소금에 대한 미생물의 저항력은 식품의 종류, 균의 종류, 내성이나 포자의 유무 등과 식염의 농도 등에 따라 저장 효과는 다르다.

식품의 종류는 고형 식품이나 액상 식품이나 지방, 단백질 등 성분 함량의 대소 여부, 식품의 대소에 따라 삼투 속도, 삼투량 등이 다르다. 고형 식품은 액상 식품보다 지방이 많은 식품은 적은 식품보다, 또 대형 식품은 소형 식품보다 삼투 속도가 느린 것을 볼 수 있다. 균중에서 세균은 상온에서 대략 소금 농도가 2%에서부터 억제되기 시작하여 10% 정도 되면 상당히 억제되는 반면 *Thiobacillus denitroficans*는 30%의 고농도 식염에서도 저항력을 가지고 있는 것도 있고 효모는 보통 15% 이상에서 활성이 억제되며 곰팡이는 대부분 20% 이상에서 억제되는 것을 볼 수 있다.

2) 염장 방법

(1) 염수법(brine salting pickle curing)

식품을 소금물에 담그는 방법을 말한다. 수분이 빠져 나오므로 농도를 일정하게 하기 위하여 소금을 수시로 첨가하여 유지하여야 한다. 또 장시간 방치 시는 염수층이 생기므로 교반을 수시로 실시해야 한다. 김치 절임, 젓갈 등의 수산식품, 간장, 된장 등에 이용되어 왔다

(2) 건염법(drying salting)

식품에 식염을 직접 뿌려 염장하는 방법을 말한다. 식품 표면의 수분이나 또는 내부에서 침출한 수분에 식염이 녹아 포화식염수 상태를 만들어 덮여 있는 상태가 된다. 그러므로 소금의 삼투는 건염법이 식품 내외의 삼투압차가 크므로 염수법보다 빠르다. 그러나 식염이 균일하게 침투되기 어려워 품질이 고르지 못하고 식품 표면에 공기의 접촉으로 산화되어 산패나 유지 변색을 일으키는 결점이 있다. 햄 등의 축산식품, 굴비와 같은 수산식품, 김치 절임, 된장 등에 이용되고 있다.

(3) 개량 염수법

처음에는 염장 용기에 식품을 한 층씩 건염법으로 쌓아 놓고 내림뚜껑을 하여 가압하

면 식품으로부터 침출된 수분에 의해 포화식염수가 형성되어 뒤에는 염수법으로 한 것 같은 염장법을 개량 염수법이라고 한다.

(4) 개량 건염법

처음에는 염수법으로 염지하여 세균 및 식품 표면의 점물질, 염용액 등을 제거한 후 건염법으로 본 염지를 하여 염장 효과를 높이는 방법이다.

(5) 염수 주사법

형태가 큰 대형 축육이나 어육의 염지에 통상 사용하는 방법으로 염지 기간을 1/3 이내로 단축시키고 균일하게 염지가 되도록 염장하는 방법으로 근육 주사법과 맥관 주사법이 있다. 근육 주사법은 염지액 주사기에 염지 용액을 넣고 근육 중심부에 주사하여 염지하는 방법이고 맥관 주사법은 도살 즉시 흉부를 절개하여 좌심실로부터 대동맥 속에 염지용액을 넣은 주사침을 장치하고 우심실에는 구멍을 뚫어 혈압과 같은 압력으로 혈관 내에 주입하여 염지하는 방법을 말한다.

(6) 감압 염장법

밀폐된 용기에 식품을 넣고 용기 내를 감압하여 식품 조직 내의 기체를 배제한 다음 염수를 주입하여 염지하고 다음에 용기 내를 가압하여 식염의 삼투를 신속히 하는 급속 염장법의 하나이다. 햄 등의 제조에 주로 이용되고 있다.

(7) 압착 염장법

처음에 건염법으로 하고 다음에 염수법으로 염지하여 식염의 삼투를 한 후 염수에서 건져내어 적당히 가압하여 과잉의 염분과 수분을 압출시키는 방법으로 소금기를 적게 하고 풍미를 목적으로 할 때 이용되고 있다.

2. 당장법(당 절임법: Sugaring)

당장법도 염장법과 같이 삼투압 작용의 방부 원리로써 식품에 당을 가하면 삼투압차에 의해 당이 침투되고 수분이 빠져나와 식품 중의 수분은 적어지고 또한 부착한 미생물의 성장을 억제시키는 방법을 당장법이라고 한다.

그러나 당은 식염에 비해 삼투압이 낮아 식품 내부로의 삼투가 느리게 진행된다. 더욱이 당의 종류에 따라 그 삼투 속도가 다른데 당의 분자량이 적은 것일수록 침투 속도는 빠르게 된다. 그러므로 단당류인 포도당(분자량 180), 과당 등은 소당류인 설탕(분자량 342)보다 빠르다. 또한 미생물에 대한 각종 당의 저장력 순서는 Erickson 등에 의하며 과당〉포도당〉설탕〉젖당 순이었으나, Fabain 등은 flatsour 고온균에 대한 저장 효과는 포도당〉과당〉설탕의 순서로 나타났다.

따라서 전체적으로 안전성을 고려하면 일반적으로 미생물은 당농도가 50% 이상일 때 미생물의 성장이 억제되어 저장성을 가지며 당 농도가 50% 이하가 되면 오히려 영양물질로써 작용하여 미생물이 더 번식하여 식품을 썩게 만들게 된다. 그러므로 세균의 번식을 억제하기 위해서는 대략 당 농도가 50% 이상이어야 하고 효모나 곰팡이는 대략 70% 이상일 때 저장성을 갖게 된다.

농축 당 조림인 잼, 젤리, 마말레이드, 당침 인삼, 인삼 과자류, 과일 버터, 가당 연유 등은 대표적인 당장법의 이용이다. 아울러 잼, 젤리에서 산도 1.2% 시에는 당농도 45%에서 효모와 세균의 발육을 억제할 수 있으나 산도가 0.8%에서는 억제할 수 없어 산이나 염분의 첨가는 보존 효과를 더 높일 수 있다고 한다.

3. 산장법(산 절임법: Pickling)

산장법은 염장법, 당장법과는 달리 수소이온(pH) 농도가 낮은 초산, 젖산, 구연산 등을 이용하여 미생물들이 잘 살 수 없는 중산성 내지 강산성 영역으로 해주어 식품을 저장하는 방법이다. 이 방법을 이용하는 식품은 오이피클, 마늘피클, 단무지, 김치, 죽순, 양배추 등 채소류와 토마토 등의 과일류, 칼피스, 탄산음료, 어육의 초지식품 및 육류 등이 있다.

산 저장법은 주로 산의 살균작용에 의한 원리로 보고 있으나, 그 외에도 해리되지 않는 분자나 산화합물의 음이온이 관계하는 것으로 생각된다. pH로 말하면 pH가 낮은 숫자의 강산성 쪽으로 갈수록 저장성의 효과는 큰데 산류의 살균작용은 수소이온에 의한 세포 단백질의 응고의 결과로 생기는 현상이라고 한다. 식품 중 채소류, 과일류는 대략 pH 3~5 범위에 있지만 곡류, 육류, 수산물식품은 약 산성 영역인 pH 5~7 영역에 많이 분포되어 존재하고 있으며, 미생물 중 대부분의 세균은 중성인 pH 7.0 내외 영역에서 잘 성장한다. 그러므로 세균은 점차 pH 7.0 → pH 6.0 → pH 5.0 이하의 낮은 숫자의 강산성 영역 쪽으로 하면 생육이 억제되어 보존성을 높이게 된다. 효모는 약산성인 pH 5.0 전후에서 잘 생육하나 그 이하에서부터 pH 4.0 이하가 되면 점차 억제하나 어떤 효모는 pH 2.5까지 생육한다.

곰팡이는 효모보다 더 강해 pH 4.0 전후 영역에서 잘 생육하나 그 이하에서 점차 억제되며 pH 1.5 정도까지도 생육하는 것이 있다. 식품저장에서 가장 많이 사용되는 산으로는 식초라고 하는 초산(acetic acid), 김치 등의 젖산(lactic acid) 및 구연산(citric acid) 등이 이용되고 있다. 균의 종류에 따라 차이가 있지만 Erickson 등은 pH값에 근거를 두었을 때 흔히 사용되는 산 중 저장력과 세균에 대한 살균력은 초산〉구연산〉젖산의 순이였으며 산의 양을 근거로 할 때는 젖산 〉초산 〉구연산의 순이였다고 한다.

4. 움 저장법

고구마, 감자, 무, 배추, 오렌지 등은 10℃ 정도의 움 속에서 저장한다. 무, 배추는 밭에 구덩이를 파서 넣고 짚으로 덮은 다음 공기 구멍을 짚단으로 만든 다음 흙으로 덮고 필요에 따라 꺼내어 먹는다. 날씨가 따뜻하거나 오래되면 무는 바람이 든다. 고구마 껍질에 상처가 있으면 병균이 침입하여 부패한다. 이때 고구마를 약 33℃, 습도 90% 이상에서 4일간 놓아두면 상처에 가까운 조직의 전분이 차차 변하여 크로크층이 생겨 부패균, 흑반균, 연부균 등의 침입을 막을 수 있다.

5. 훈연 및 훈증법

1) 훈연법(smoking)

(1) 훈연의 의의와 방부 원리

축육이나 어패류 등의 식품에 목재 등을 불완전 연소시켜 연기 즉, 연기 속의 방부성 성분, 산화방지성 성분 등을 침착시키거나 살균력을 가진 연기성분의 물질을 흡착시키는 동안 건조를 수반하면서 상승 효과를 얻어 저장성을 갖는 방법을 훈연법이라고 한다. 훈연 시 사용되는 목재는 첫째로 수지(resin)가 있어서는 안 되며, 잘 건조된 단단한 나무가 좋고, 나무의 종류에 따라 향기 성분 등에 차이가 있으므로 그 선택도 중요하다. 특히 수지가 많은 소나무, 전나무, 뽕나무, 감나무, 삼나무 등을 사용하면 제품이 좋지 않다. 훈연 성분은 연기 속에 약 200여 종 이상의 화학 성분이 존재한다고 하며 그중 방부 작용(살균 작용)을 갖는 성분으로는 알데히드류, 알코올, 초산이나 개미산, 지방산 등이 관여되는 것으로 보고 있으며, 알데히드류는 미량이므로 제품에 대한 유독성은 없다고 하고, 산류는 훈연육을 더욱 산성으로 하여 보존성을 갖게 한다. 두 번째로 항산화 작용으로서 훈연성분 중에는 cresote, guaiacol과 polyphenol류가 지방을 함유한 축육, 어육 식품의 산화를 방지하는 효과를 볼 수 있다. 그 외 염지 성분과 냄새와 훈연성분이 합쳐서 훈연취가 부여되므로 풍미를 갖게 된다.

(2) 훈연 방법

① 냉훈법(cold smoking, slow smoking): 20～30℃의 온도에서 3～4주일간 훈연하여 제품의 수분을 20～45%까지 감소시켜서 장기간의 저장성을 목적으로 훈연시키는 방법을 냉훈법이라 한다. Dry sausage제조에 많이 이용되나 regular햄, 베이컨 등의 제조에도 이용된다.

② 온훈법과 열훈법(hot smoking): 30～50℃에서 1～3일 훈연하는 것을 온훈법이라 하고 50～80℃에서 5～12시간 훈연하는 것을 열훈법이라 한다. 또 학자에 따라 50℃ 내외에서 훈연 처리하는 것을 중온법(warm smoking), 70℃ 내외에서 훈연 처리하는 것을 고온법(rapid smoking)이라고 하고 시간은 2～12시간 정도 훈연한다. 온훈법의 주 목적은 독특한 풍미를 주기 위한 것으로 장기 저장은 곤란하다.

③ 배훈법(roast smoking): 95～120℃에서 2～4시간 정도 훈연하는 것을 배훈법 또는 소훈법이라 하고 저장보다는 바로 식용할 수 있는 훈연법이다.

④ 액훈법(liguid smoking): 훈연 재료를 사용하는 대신 목초액, cresol, 알코올, 붕산, 명반, 두송유, 초석, 색소 등을 배합하고 필요 시 조미료, 향신료도 배합하여 염지와 동시에 고기를 담구어 연기 성분을 침투시키는 방법을 액훈법이라 한다. 이는 조성 성분에 따라 침지 시간 등을 고려해야 한다.

⑤ 훈연액법(smoke solution): 목초액, cresol, 두송유 등의 배합으로 액훈법과 같이 만든 훈연액을 증발되기 쉬운 용기에 넣고 다시 탈지면을 띄워 훈연액을 가열하여 증발시켜 식품을 훈연하는 방법을 훈연액법이라 한다.

⑥ 전훈법(electric smoking): 원료 식품을 5cm 간격으로 교차시켜 +, －전극으로 하여 훈연하면서 10～30kv의 전압을 걸어 corona 방전을 시키면 연지 중의 하전된 유효 성분이 반대극의 원료에 흡착시키는 방법을 전훈법이라고 한다. 이것도 수분 증발이 적어 저장성도 약하다.

2) 훈증법(fumigation)

훈증법은 주로 곡물 저장에 또는 일부 과일류 등을 저장할 때 해충이나 미생물로부터 보호하기 위하여 일정한 용기 내에 또는 포장된 포대 등에 휘발성 살충제나 살균제, 즉 훈증제를 기화가스로 하여 해충과 충란 또는 미생물을 사멸시키는 방법을 말한다.

훈증할 때에는 곡물 중에 가스가 잘 침투되도록 하여야 할 것이며, 살균제는 그 종류나 사용량에 따라 사람과 가축에게도 유해하므로 적절한 훈증이 요망된다. 살포 시 방독면 등을 사용하여 위생적인 피해가 없도록 해야 한다. 또 저장 창고는 잘 밀폐되지 않으면 가스가 새어나가므로 완전 밀폐하여 훈증하도록 해야 한다. 그러나 종자용 곡물에는 잘못하면 발아가 상실되므로 적절한 사용이 필요하다.

방충제는 곤충류나 진드기류의 해충 방제의 목적에서 같거나 비슷하나 방충제의 종류나 방제 방법의 차이로 농약의 분제나 유제로 식품에 낮은 농도로 혼합하든가, 아니면 식품 표면에 분무 살포하여 해충을 방제시키는 것을 말한다. 특히 주의할 것은 바로 섭취할 식품에는 방제해서는 안 된다. 훈증제로는 ethylene oxide, chloropicrine, methyl bromide 등이 사용되어 왔다.

6. 가스 저장(Contrilled atmosphere storage)

1) 가스 저장의 의의와 분류

생체 식품의 경우 수확을 하여도 호흡작용을 하여 당류 및 유기산과 같은 체내 성분을 소실 및 고갈하여 미생물이 증식하기 용이한 조건으로 만들어 부패하게 이른다.

또한 호흡작용을 하게 되면 발열 반응으로 주위 환경 온도가 상승하게 되고, 이로 인하여 호흡 작용은 촉진하게 된다. 따라서 생체 식품의 저장성을 연장하기 위하여 실시하는 가스 저장은 저장고 내의 공기 조성을 인위적으로 변화시키고 또한 냉장하여 인위적으로 호흡 속도를 늦추어서 청과물의 저장 중 품질을 유지하고자 하는 방법이다. 가스 저장은 넓은 의미에서 '물리적 수단에 의해 저장 환경 중의 가스 조성을 인위적으로 변경하여 식품의 품질 유지 기간을 연장하는 방법' 이라고 말할 수 있다.

〈표 5-18〉 가스 저장의 분류

저장 방법	가스 환경	첨가 식품
밀폐 저장	공기 → 낮은 O_2, 높은 CO_2, 미량가스	곡류
감압 저장	공기 일부 제거	곡류, 두류, 채소, 과일
진공 저장	미량의 공기 또는 N2 잔존	가공식품
탈산소제 첨가 저장	공기 → O_2만 제거	가공식품, 곡류
가스 저장	낮은 O_2 높은 CO_2 또는 N_2 O_2, CO_2, 미량가스의 엄밀한 억제	곡류, 채소, 과일
간이 가스 저장	공기 → 낮은 O_2, 높은 CO_2, 미량가스	채소, 과일
MA저장	낮은 O_2 높은 CO_2 또는 N_2 공기에 의한 조제된 MA가스	채소, 과일, 곡류 가공식품
가스치환 저장	N_2, CO_2, O_2 N_2 +O_2, O_2 + CO_2 등의 혼합가스	농수축산물 조리 가공식품 일반
선도 유지 저장	마량가스(에틸렌가스 등)의 제거 미량가스(알코올가스 등)의 첨가	채소, 과일 가공식품

생체 식품을 가스 저장함으로써 추숙, 연화, 발아 및 유기산의 감소 억제, 변색 방지, 방충 및 방제에 효과가 있다.

이용되는 가스의 종류는 CO_2, O_2, N_2, ethylene, Ar, He 또는 혼합가스 등이 있다. 가스 저장을 넓게 분류해 보면 <표 5-18>과 같다.

2) 가스의 성질

(1) **질소가스**(N_2)

질소가스는 공기 중에 약 78%(78.09%)가 존재한다. 고순도 질소가스는 통상 공기를 액화 분리 정제하여 얻는다. 질소가스 자신은 미생물이나 곤충에 대한 효과는 없지만 가스치환에 의해 용기 내의 질소가스 농도를 높이고 상대적으로 잔존 산소량을 낮춤으로써 미생물이나 해충을 억제하는데 있다. 상온에서 무미, 무취, 무색의 기체로서 물에의 용해도도 없고 낮은 화학반응도 일으키지 않기 때문에 산화 방지의 목적에 이용된다.

곰팡이는 산소 농도가 1%에서도 상당히 발육하므로 아주 고농도의 질소로 하지 않으면 효과가 없다. 또 효모도 거의 마찬가지고 혐기성 세균의 번식도 억제되지 않는다. 그러나 곤충은 산소 농도 1%에서는 가사상태에 이른다.

(2) **탄산가스**(CO_2)

탄산가스는 생물의 호흡이나 유기화합물의 불완전 연소 시에 발생한다. 공기 중에는 0.03% 존재한다. 고농도의 탄산가스는 호기성균뿐만 아니라 혐기성균에 대하여도 정균 작용을 가지고 있다.

일반적으로 곰팡이에 대한 작용이 가장 강하고 탄산가스 농도가 30%에서 억제 효과를 나타낸다. 또 탄산가스는 산소의 존재하에서도 상당히 유효하지만 다소의 잔존 산소가 있어도 곰팡이의 생육을 억제한다. 효모도 생육 억제 효과도 있지만 100% 탄산가스 하에서도 생육하는 것도 있다. 세균의 경우는 고농도의 탄산가스에서 증식 억제가 기대된다. 또 탄산가스는 저장 해충에 대해서도 살충 효과를 가지고 있다. 탄산가스는 매우 약한 산성취나 산미를 가지고 있는 무색의 기체로 물에 아주 잘 용해되기 쉽다. 그러므로 수분이 많은 식품에서는 pH 저하가 일어난다. 유지에도 용해되기 쉽다. 단백질, 아미노산 등에도 흡착되는 경우가 있다. 따라서 미각에 유의하여야 하며 용기의 변형도 있고 채소, 과일 등에서 고농도의 탄산가스는 생리 장해도 일으키는 경우도 있다.

(3) **산소가스**(O_2)

공기 중에 약 21%(20.95%)가 존재하는 산소는 신선한 채소, 과일 등의 식품에 신선도를 유지하는 데 매우 중요하다. 수확 후 산소는 채소나 과일, 활어패류의 기본대사의 유지에 필요하나 품질 유지의 기본은 대사 억제, 특히 호흡작용의 적절한 억제에 있어서 산소량의 감소는 호흡량의 저하를 초래한다. 그럼으로써 대사 활동이 억제되어 저장성을 갖게 된다. 또 혐기적 미생물의 생육을 억제할 수 있다.

한편 가공식품의 저장에서 산소가스의 존재는 오히려 좋지 않는 것을 볼 수 있다. 유지 함유 식품이나 색소 함유 식품은 산소의 작용으로 산화되어 유지는 산패를 일으키고 색소는 퇴색을 가져온다.

(4) 혼합 가스

단독으로 사용하는 가스 외에 혼합 가스를 사용하면 좋은 경우가 있다. 저장 해충에서 산소, 질소, 탄산가스의 혼합 가스로 매우 훌륭한 살충 효과를 볼 수 있다. 오스트리아의 소맥 사일로에 혼합 가스를 훈증하여 저장에 실용화는 매우 좋은 예이다.

햄, 소시지의 저장에서 통상 질소 70~80%, 탄산가스 20~30%의 혼합 가스로 무균포장되어 있으므로 퇴색 방지의 목적에 매우 효과적이었다. 식육에서 선홍색의 발색 유지를 목적으로 탄산가스 20%의 혼합 가스가 사용되고 있다.

(5) 에텔렌가스(ethylene gas)

에틸렌은 식물호르몬의 하나로 휴면 타파, 생장 촉진, 과실의 성숙 촉진, 엽록소 분해 촉진, 호흡 작용의 촉진, 노화 촉진 등의 여러 가지 생리 작용을 가지고 있다. 숙성된 과일에서는 에틸렌가스가 다량 발생하므로 미숙한 과일이 빨리 익기 때문에 이의 억제가 중요하며 채소도 마찬가지이다.

(6) 미량 가스

Ethanol가스는 1~3%의 저농도에서도 상당한 정균 작용을 하기 때문에 가공식품의 가스 저장에 보조적으로 사용되고 있다. 다만 에탄놀의 냄새, 착색, 단백질의 변성 등의 문제가 있어 사용 범위에서 제한되어 있다. 알코올가스 또는 분말 알코올이 카스테라나 생과자에 사용되고 있다. 그 외에도 아르곤, CO, ethylene oxide, 아황산가스 등이 이용된 바 있다.

3) CA저장(controlled atmosphere storage) MAP저장(modified atmosphere packaging, MA포장)

(1) 수확 후 농·수·축산물의 생활 작용

가스 저장의 대상에는 생명이 살아있는, 즉 호흡하는 원료 식품과 살아 있지 않는 가공식품으로 나눌 수 있다. 수확 후 원료 식품인 농산물의 채소류, 과일류, 곡류나 두류, 수산물 활어패류, 그리고 축산물 중의 알류는 살아 있는 생물이다.

살아있지 않는 가공식품의 대상에는 분유, 식육이나 어육, 지방 함유 스넥류, 제빵 등의 분야에 가스 저장법이 이용되어 왔다. 수확 후 채소류, 과일류를 대기 환경의 자연 상태로 놓아두면 외관상 시들고 말라 점점 품질이 떨어지는 것을 볼 수 있는가 하면 시간이 흐르면 썩기도 하고 한편으로 어떤 종류는 익기도 하며 온습도가 적당하면 싹이 터 자라는 것도 있다.

이와 같이 수확 후 원료 식품의 생활 작용에는 그 첫째가 호흡작용과 호흡열을 볼 수 있다. 식품의 종류에 따라 많은 차이가 있지만 이산화탄소의 방출 수분의 탈수 현상, ethylene가스의 발생과 반대로 공기 중의 산소가스를 흡입하며 대사작용에 의해 호흡열 즉 발열 현상을 볼 수 있다. 예로 늦가을 추운 날씨에 김장배추 속에 손을 넣어 보면 따뜻한 것을 느낄 수 있다. 이것은 바로 호흡에 의한 발열 현상이라고 볼 수 있다. 둘째로 증산작용을 한다. 채소, 과일은 수분이 85~93% 정도로 보통 함유되어 있으므로 당 대사작용(TCA)에 의해 수분이 생기며 또 한편으로는 대기 환경이 건조하면 탈수하므로 증산 작용을 하여 시들게 된다. 아울러 향기 성분도 증발하게 된다. 셋째로 추숙 작용을 한다. 일반적으로 채소, 과일은 미숙 상태에서 수확한 후 운송, 저장, 판매 시 시간이 경과하면 점점 익는 추숙 작용을 한다. 특히 과일의 경우 미숙 상태에서의 과일보다 더 단맛을 내게 한다. 수확 후 밀감류는 이산화탄소가 계속 감소되는 점감형으로 사과, 토마토, 서양배, 바나나, 아보가드 등은 원숙기에 일시 증가하다가 감소하는 일시 상승형 그리고 딸기, 복숭아, 감, 일본배 등은 과숙기에 증가했다가 감소하는 말기 상승형의 3타입이 있다.

넷째로 생장 작용을 하는 것도 있다. 적당한 온습도가 되면 고구마, 감자, 양파, 무, 밤, 수분 투여량이 높은 콩 등의 두류, 벼 등의 곡류 등은 뿌리가 생기는 발근, 또는 싹이 돋는 발아를 볼 수 있다. 그러므로 발근, 발아는 본래의 영양소를 저하시키게 된다.

다섯째로 부착된 미생물에 의해 병해 작용을 볼 수 있다. 논이나 밭에서 오염된 농산물, 축산물 또 담수나 해수에서 오염된 수산물은 수송, 판매 시 취급 부주의로 병해 작용을 받아 썩거나 질병을 수반할 수 있다. 가령 고구마, 당근, 토마토, 밀감의 흑반병, 딸기, 감자, 양파의 연부균, 감자, 양파의 탄저병, 사과, 밀감의 푸른곰팡이, 배, 포도, 사과의 회색곰팡이 등 여러 질병을 가져올 수 있다. 그러므로 미생물, 해충을 억제하도록 해야 한다. 수산물의 활어패류를 밀봉 포장해 수출할 경우 밀폐된 공기 중의 산소는 점점 부족해져 죽게 되기 때문에 최소한의 산소를 공급함으로써 생명을 유지할 수 있다. 축산물의 신선한 알류는 이산화탄소의 양을 신선란과 같은 정도로 유지하면 오래 저장할 수가 있다. 가공식품은 내용물의 구성 성분 등과 변태 요인에 따라 가스의 특성에 맞는 종류를 선택하여 사용하면 된다.

(2) CA저장과 MAP저장 등

CA저장이나 MAP저장은 통상 신선한 채소나 과일 등의 저장에 선진국에서는 많이 이용되어 왔다. CA저장이나 MAP저장의 원리와 필수 요건은 다음과 같다.

대기의 환경 기체인 공기는 N_2 78.09%, O_2 20.95%, CO_2 0.03% 그 외 미량의 Ar, He 등의 혼합 기체로 조성되어 있다. 그에 반해 원료 식품을 ① 가스의 조성에서 대개 그 농도는 1~10% 정도로 감소시키고 이산화탄소 농도는 1~20% 정도로 증가시켜 대체로 매우 낮은 농도로 조절하거나 공기를 N_2로 치환하여 조성하기도 하고, ② 온도는 냉장 상태(0~10℃)의 저온하에서, ③ 상대 습도는 85~95% 상태에서 보관하면 저장 수명을 연장시키는 것을 볼 수 있다.

그러나 CA저장과 MAP저장의 차이점은 근본적인 원리와 필수 조건은 다 같으나, 다르다면 CA저장은 살아 있는 식품이나 살아 있지 않는 식품에 적용되며 통상 인공적으로 가스 공급 장치(generator)를 갖춘 냉장고나 저장고 내에 주입시켜 온도와 습도를 유지하면서 대량으로 저장하는데 비해, MAP저장은 살아있는 식품에만 적용되는데 플라스틱 필름이나 저장 상자 등에 포장하여 필름 등의 기체투과 특성이나 원료 식품의 발생 기체의 양과 종류에 의하여 소포장 단위로 저장고 등에 보관하여 저장에 적합한 농도를 유지하면서 저장하는 점이 차이라 하겠다. 채소나 과일의 호흡량은 종류에 따라 차이가 크고 온도에 따라 10℃ 증가하고 감소하는데 따라 2~3배(Q10치)가 커지고 작아진다.

MA 포장 시 포장 재료는 기체나 습기의 투과성이 있는 재료나 포장 재료에 구멍을 뚫던가 하여 그 식품에 따른 필름의 두께(0.02~0.1mm) 등에 따라 선택하는데 통상 LDPE, HDPE, PVC, PP, 제오라이트를 함유한 Bio-PE필름, 기능성 Bio-상자, 가정용 랩, 수축 포장 재료 등이 통상 사용하여 왔거나 연구되고 있다. CA저장 시 산소가 없으면 세포조직은 분자간 호흡에 의해 알코올을 생성하여 품질 저하를 가져오므로 철저한 유지가 요망된다. 또, CA저장 시 단점은 저장고 내외의 기압차가 심하므로 균열이 올 수 있고 온도를 항온으로 해야 함으로 완벽한 밀폐의 저장고를 설치해야 하고 장기간의 유지비가 많이 들기 때문에 고가의 채소나 과일에만 적용된다. 그리하여 포장을 이용한 MAP저장이 더 이용되고 연구되고 있다.

4) 종류

CA저장을 실시하는데 필요한 설비는 극히 간단한 것부터 복잡한 고급 기계 시설 등으로 다양하게 구성되어 있다.

① 플라스틱 밀봉 포장: 플라스틱 밀봉 포장은 플라스틱 필름을 이용하여 청과물을 밀봉 및 저장하여 개방 상태로 저장하는 것보다 상당 기간 선도를 유지할 수 있도록 하는 방법으로 CA저장 중 가장 간단한 방법이다.
그러나 필름 중의 가스 조성을 임의로 조절할 수 있는 기능이 없어 완전한 CA저장이라고 할 수는 없다.

② 보통 CA저장: 보통 CA저장은 기밀도가 높은 저장고에 과체류를 밀폐 저장하여 청과물 자체가 호흡함에 따라서 산소를 소비하고 이산화탄소가스를 배출하는 현상을 이용한 것이다. 보통 CA저장은 밀폐된 냉장고 내에서는 자연히 산소가 감소하는 반면 이산화탄소가 축적되어 소정의 조건에서 CA저장 조건에 맞는 산소 및 이산화탄소의 농도에 도달하고, 농도에 도달한 후에는 이산화탄소 소거제(수산화나트륨, 수산화칼슘) 등으로 과잉의 이산화탄소를 제거하여 저장고 내의 이산화탄소를 일정하게 계속 유지하는 방법이다.

〈표 5-19〉 일반적인 CA저장고의 특성

장 점	단 점
경제성	한 번 개방으로 재고물을 출하하는 비연속식
편리성	다량 적용하여야 효과
	이산화탄소의 농도 조절 난이

③ Generator방식의 CA저장고: Generator방식의 CA저장고는 냉장고 내의 산소 농도를 저장 조건에 알맞는 CA상태로 낮추는데 저장과채의 호흡에 의한 산소의 감소가 아니라, 공기 중의 산소를 탄화수소 연료(메탄가스, 프로판가스)이 연소에 의하여 산소의 소모가 급속히 진행되도록 한 장치이다.

5) 효과

농산물의 CA저장 효과는 다음과 같다.

① 추숙 억제
② 유기산 감소 억제에 의한 신맛 중시 과실에 신맛 부여
③ 이산화탄소에 의한 클로로필 분해 억제에 의한 변색 방지
④ 연화 억제
⑤ 발아 억제, 방출 및 방서의 방제

핵심 문제

1. 식품 저장의 목적과 부합되지 않는 것은?
   ① 식량의 손실 방지 ② 가격의 안정성 부여
   ③ 식품으로 인한 위해 사고 방지 ④ 영양적 가치의 보존
   ⑤ 영업자의 영리 추구

2. 식품의 부패에 주역을 담당하는 것은?
   ① 미생물 ② 햇빛 ③ 산소 ④ 기압 ⑤ 먼지

3. 식품의 변질과 부패에 관여하는 인자가 아닌 것은?
   ① 온도 ② 습도 ③ 압력 ④ 산소 ⑤ 산화성 금속

4. 식품의 저장법에 해당되지 않는 것은?
   ① 저온 저장 ② 건조 ③ 염장 ④ 당장 ⑤ 알칼리 저장

5. 냉동식품이란?
   ① 동결 처리하여 냉동 상태에 보관된 식품 ② 저온 상태에 보관된 식품
   ③ 실온 상태에 보관된 식품 ④ 상온에서 보관된 식품
   ⑤ 소금에 넣어 보관된 식품

6. 냉동식품에서 전처리를 하는 이유 중 타당성이 적은 것은?
   ① 경제성 ② 편리성 ③ 기호성 ④ 위생성 ⑤ 품질 저하 억제

답 1. ⑤ 2. ① 3. ③ 4. ⑤ 5. ① 6. ③

7. 급속 동결의 목적은?
① 빙결점의 크기를 작게하여 조직감의 저하 억제
② 외부로부터 충격 억제
③ 오염 억제
④ 피급식자의 요구 충족
⑤ 불가식성의 제거

8. 냉동식품의 조직 파괴를 억제하기 위한 방안이 아닌 것은?
① 급속 동결 ② 저장 온도의 저온 유지 ③ 보존 중의 온도 변화 억제
④ 급속 해동 ⑤ -18℃ 이하 유지

9. 냉동식품의 특성에 대한 설명 중 잘못된 것은?
① 신선도를 유지할 수 있다. ② 변질되기 쉽다.
③ 편리성이 부여된다. ④ 영양소의 파괴를 막을 수 있다.
⑤ 위생성을 향상시킬 수 있다.

10. 냉동식품 일반적인 보존 가능 기간은?
① 1년 ② 3년 ③ 5년 ④ 7년 ⑤ 9년

11. 냉동식품의 특징이 아닌 것은?
① 저장성 ② 편리성 ③ 안전성
④ 가격의 불안정성 ⑤ 유통의 합리화

12. 건조 저장법의 원리는?
① 삼투압 작용 ② 산소 용해도 저하 ③ 자유수의 감소로 수분활성 저하
④ 표층 피막 형성 ⑤ 방부 효과

13. 염장법의 원리에 해당되지 않는 것은?
① 삼투압 작용 ② 수분활성 저하 ③ 염소이온에 의한 살균 작용
④ 산소 용해도 저하 ⑤ pH 저하

답 7. ① 8. ④ 9. ② 10. ① 11. ④ 12. ③ 13. ⑤

14. 식품의 저온 저장에 대한 설명 중 잘못된 것은?
① 다른 저장법에 비하여 품질의 변화가 적다.
② 미생물에 의한 변질이 거의 억제된다.
③ 동결식품은 해동하면 미생물이 그대로 복원된다.
④ 식중독 및 경구전염병균은 사멸되지 않는다.
⑤ 부패 미생물은 동결하면 대부분 사멸한다.

15. 대부분의 미생물이 증식이 활발한 온도는?
① 저온 ② 중온 ③ 고온 ④ 초저온 ⑤ 초고온

16. 미생물이 고온에서 사멸하는 이유는?
① 지방질의 변성 ② 탄수화물의 변성 ③ 효소 단백질의 변성
④ 무기질의 변성 ⑤ 비타민의 파괴

17. 50~60℃에 최적의 발육 상태를 나타내는 미생물은?
① 초저온균 ② 중온균 ③ 고온균 ④ 저온균 ⑤ 혐기성균

18. 식중독균이 잘 번식하는 온도대는?
① 5℃ 부근 ② 10℃ 부근 ③ 30℃ 부근 ④ 50℃ 부근 ⑤ 60℃ 부근

19. 식중독균이 거의 번식하지 못하는 온도대는?
① 5℃ 이하 ② 20℃ 부근 ③ 30℃ 부근 ④ 40℃ 부근 ⑤ 50℃ 이상

20. Cold Shock란?
① 저온에서 미생물이 발육하는 현상
② 냉동 상태가 되면 미생물의 증식이 억제되는 현상
③ 식품을 급속히 냉각하면 어는점에서 미생물의 일부가 사멸하는 현상
④ 고온 상태에서 미생물이 사멸하는 현상
⑤ 고온 상태에서도 미생물이 증식하는 현상

답 14. ⑤ 15. ② 16. ③ 17. ③ 18. ③ 19. ① 20. ③

21. 다음 설명 중 잘못된 것은?
① 대부분의 미생물은 빙결점 부근에서 사멸하기 쉽다.
② 빙결점보다 낮은 저온에서는 오히려 생존하기 쉽다.
③ 동결은 모든 미생물 세포를 파괴한다.
④ 세균의 아포는 동결에 의해 파괴되지 않는다.
⑤ 동결 속도가 높을수록 사멸률이 높다.

22. 해동 식품이 미해동 식품에 비해 부패하기 쉬운 이유는?
① 해동에 의한 조직 변화로 표면 세균이 내부로 침투가 용이하기 때문
② 파괴된 세포에서 유리된 영양 물질이 많기 때문
③ 해동으로 인하여 미생물 수가 급격히 증가하기 때문
④ 해동 식품에는 처음부터 많은 미생물이 존재하기 때문
⑤ 이상 모두

23. 식품의 오염 지표로 이용되는 세균은?
① 포도상구균 ② 대장균 ③ 젖산균
④ 이질균 ⑤ 살모넬라균

24. 냉동품이란?
① 가공한 식품을 장기 보존할 목적으로 급속 동결하여 -18℃ 이하로 보관된 식품
② 조리한 식품을 장기 보존할 목적으로 급속 동결하여 -18℃ 이하로 보관된 식품
③ 원료, 가공품을 장기 보존할 목적으로 단순 동결 처리한 식품
④ 완재품을 상온에서 단기간 보존할 목적으로 저장된 식품
⑤ 가공한 식품을 실온 이하에서 장기간 보존할 목적으로 저장한 식품

25. 동결 시간이란?
① 동결 초온에서부터 종온에 도달할 때까지의 시간
② 동결 초온에서부터 중온에 도달할 때까지의 시간
③ 동결하기 전부터 0℃에 도달할 때까지의 시간
④ 동결하기 시작해서 0℃에 도달할 때까지의 시간
⑤ 동결하기 시작해서 2℃에 도달할 때까지의 시간

답 21. ③ 22. ① 23. ② 24. ③ 25. ①

26. 식품을 동결하기 위해 일정한 온도에 둔 경우 표면과 중심간의 온도가 균일하게 되었을 때의 온도를 무엇이라 하는가?
① 중심 온도 ② 온도 중심점 ③ 평균 품온 ④ 내부 온도 ⑤ 외부 온도

27. IQF(individual guick freezing foods)식품이란?
① 개체 한 개씩을 동결한 식품 ② 모든 식품을 동시에 동결한 식품
③ 식품의 성질별로 동결한 식품 ④ 사용자 임의로 동결한 식품
⑤ 수분이 많은 식품을 동결한 경우

28. 식품에서 휴면(과일)이란?
① 완전히 성숙된 상태 ② 성장 도중에 생활 활동을 중지한 상태
③ 성장 활동이 진행되는 상태 ④ 성장단계가 종료된 상태
⑤ 진행되기 전의 상태

29. 호냉성균의 증식이 완전히 저지될 수 있는 온도는?
① 10℃ 이하 ② 5℃ 이하 ③ 0℃ 이하
④ -5℃ 이하 ⑤ -10℃ 이하

30. 얼음을 이용하여 식품을 얼지 않는 범위에서 실온보다 낮게 저장하는 방법은?
① 저온 저장법 ② 빙장법 ③ 염장법
④ 당장법 ⑤ 실온 저장법

31. 얼음조각을 식품에 얹어서 얼음 자체의 냉각력을 이용해 저장하는 방법은?
① 수빙법 ② 냉수법 ③ 쇄빙법 ④ 냉염법 ⑤ 냉장법

32. 다음 중 냉각 저장법에 해당되는 것은?
① 공기 동결법 ② 송풍 동결법 ③ 접촉식 동결법
④ 냉장법 ⑤ 액화가스 동결법

33. 포화식염수를 동결시킨 얼음을 무엇이라 하는가?
① 공융빙 ② 염수빙 ③ 약품병 ④ 해수빙 ⑤ 결정빙

답 26. ③ 27. ① 28. ② 29. ⑤ 30. ② 31. ③ 32. ④ 33. ①

34. 물을 완전히 탈염, 탈기시켜 불순물이 제거된 원료수를 빙결시킨 것을 무엇이라 하는가?
① 빅뱅 ② 투명빙 ③ 결정빙 ④ 약품빙 ⑤ 염수빙

35. 식품을 0℃ 내외에서 저장하는 방법을 무엇이라 하는가?
① 냉동법 ② 냉장법 ③ 염수법 ④ 염장법 ⑤ 산저장법

36. 식물성 식품에 인위적으로 공기의 조성을 변화시켜 호흡 속도를 늦추어 신선도를 유지시키는 저장법은?
① CA 저장 ② 액체 저장 ③ 고체 저장 ④ 산 저장 ⑤ 저온 저장

37. 식물성 식품은 CA저장함으로써 나타나는 효과가 아닌 것은?
① 추숙 억제 ② 연화 억제 ③ 발아 억제 ④ 변색 방지 ⑤ 호흡작용 상승

38. 국제냉동협회에서 권장하는 동결 저장 시의 온도는?
① 10℃ ② 5℃ ③ 0℃ ④ -10℃ ⑤ -18℃

39. 동결 장치에 요구되는 일반적인 조건에 해당되지 않는 것은?
① 품온 유지를 위하여 급속 동결과 심온 동결이 가능할 것
② 비용을 낮추기 위하여 자동률을 높일 수 있을 것
③ 누구나 작동하지 못하도록 작동법이 복잡하게 할 것
④ 동결 작업 시에 에너지 절약이 가능할 것
⑤ 위생적인 작업이 가능할 것

40. 공기 동결법에 대한 설명 중 틀린 것은?
① 동결실 내의 정지한 공기 중에서 동결한다.
② 동결 장치가 간단하다. ③ 대량 처리가 가능하다.
④ 완만 동결되는 결점이 있다. ⑤ 급속동결이 가능하다.

답 34. ③ 35. ② 36. ① 37. ⑤ 38. ⑤ 39. ③ 40. ⑤

41. 액화가스 동결법의 설명에 해당되는 것은?
① 냉매 중에 식품을 침지하여 동결하는 방법이다.
② 액체 질소를 식품에 직접 살포하여 급속 동결하는 방법이다.
③ 빙결점 생성 인자인 수분을 탈수한 후 동결하는 방법이다.
④ 정지한 공기를 동결하는 방법이다.
⑤ 냉각된 냉매를 흘려 금속판을 냉각시킨 후 식품을 동결하는 방법이다.

42. 냉동식품의 저온 저장 중 품질의 변화를 설명한 것 중 잘못된 것은?
① 수분이 증발하여 중량이 감소된다.
② 과일이나 야채의 시들음 현상이 나타난다.
③ 비타민 C의 산화가 발생한다.
④ 지질은 온도와 관계가 없기 때문에 변화가 나타나지 않는다.
⑤ 적색육의 변색이 나타난다.

43. 동결 저장 중인 식품 성분의 변화를 방지하는 방법이 아닌 것은?
① 가당 처리 ② 가염 처리 ③ 살균 처리
④ 포장 처리 ⑤ 삼투압 탈수 처리

44. 냉동식품을 조리하거나 가공하기 위하여 식품 내에 형성된 빙결점을 다시 녹이는 현상을 무엇이라 하는가?
① 해동 ② 빙결 ③ 빅뱅 ④ 빙냉 ⑤ 빙수

45. 해동을 시켜서는 안 되는 식품은?
① 쇠고기 ② 돼지고기 ③ 생선스틱 ④ 닭고기 ⑤ 양고기

46. 다음 중 해동 방법에 해당되지 않는 것은?
① 공기 중 해동 ② 송풍 해동 ③ 침수 해동
④ 수증기 해동 ⑤ 자동 해동

47. 해동에 의한 품질의 변화에 해당되지 않는 것은?
① 육질 연화 ② 효소 활동의 억제 ③ 미생물의 활동 용이
④ 산화 용이 ⑤ 표면 건조

답 41. ② 42. ④ 43. ③ 44. ① 45. ③ 46. ⑤ 47. ②

48. 식품의 수송 시 냉동차에 부착하는 냉각 장치 중 가장 널리 이용되는 것은?
① 액체 질소식 ② 냉동판식 ③ 기계식
④ 드라이 아이스식 ⑤ 얼음식

49. 냉동차에 장착하는 액체 질소식에 대한 설명이 아닌 것은?
① 냉동고 내 온도 제어가 용이 ② 냉각 속도 신속
③ 보수비가 저렴 ④ 냉각 속도 완만 ⑤ 산화하기 식품에 적합

50. 식품 중의 수분을 제거한 후 식품을 저장하는 방법은?
① 건조법 ② 냉동법 ③ 훈연법 ④ 훈증법 ⑤ 연막법

51. 다음은 수분 활성도(Aw)에 대한 설명이다. 틀린 것은?
① 미생물이 이용하는 수분은 자유수이다.
② 식품이 물을 흡수하는 힘의 강도이다.
③ 식품이 나타내는 수증기압과 그 온도의 최대 수증기압의 비이다.
④ 수분 활성도가 0.60 이하에서는 대부분 미생물은 번식하지 못한다.
⑤ 미생물은 식품 중의 결합수까지도 이용한다.

52. 건조 속도에 미치는 요소가 아닌 것은?
① 공기의 속도 ② 기압 ③ 습도 ④ 공기 온도 ⑤ 식품의 산도

53. 태양의 복사열과 바람으로 식품의 표면을 건조하는 방법은?
① 천일 건조 ② 열풍 건조 ③ 터널 건조 ④ 기류 건조 ⑤ 냉풍 건조

54. 파장이 긴 4~5㎛의 적외선으로 건조하는 방법은?
① 가압 건조 ② 분무 건조 ③ 피막 건조 ④ 원적외선 건조 ⑤ 냉풍 건조

55. 장작불 등으로 직접 건조하는 방법은?
① 거품 건조법 ② 배건법 ③ 감압 건조법
④ 분무 건조법 ⑤ 냉품 건조법

답 48. ③ 49. ④ 50. ① 51. ⑤ 52. ⑤ 53. ① 54. ④ 55. ②

56. 건조식품의 저장 방법이 바르지 못한 것은?
① 습기와 산소를 차단하는 재료로 포장한다.
② 흡습재를 함께 밀봉 포장한다.
③ 탈산 소재를 함께 밀봉 포장한다.
④ 고온 다습한 곳에 보관한다.
⑤ 질소가스를 채운다.

57. 식품을 소금에 저장하는 방법을 무엇이라 하는가?
① 냉장법 ② 냉수법 ③ 염장법 ④ 당장법 ⑤ 산 저장법

58. 식품을 당에 저장하는 방법을 무엇이라 하는가?
① 건조법 ② 염장법 ③ 산 저장법 ④ 당장법 ⑤ 냉동법

59. 식품을 소금에다 저장할 때 소금의 농도는 얼마를 하는 것이 이상적인가?
① 5% ② 10% ③ 20% ④ 30% ⑤ 50%

60. 다음 중 무열살균법에 해당되는 것은?
① 저온 살균법 ② 고온 살균법 ③ 자외선 살균법
④ 초고온 순간 살균법 ⑤ 배건법

61. 순수한 물의 빙결점은?
① -5℃ ② -1℃ ③ 0℃ ④ 5℃ ⑤ 10℃

62. 원적외선으로 식품을 건조할 때 조사 거리는?
① 100~350nm ② 200~400nm ③ 300~500nm
④ 400~700nm ⑤ 500~800nm

63. CA저장법의 원리에 해당되는 것은?
① 호흡 작용 억제 ② 호흡 작용 촉진 ③ 단백질 변성 차단
④ 미생물 번식 억제 ⑤ 산화 방지

답 56. ④ 57. ③ 58. ④ 59. ② 60. ③ 61. ③ 62. ① 63. ①

64. 빙결점(freezing point)이란?

① 대상 물체에서 빙결정이 녹기 시작하는 온도
② 대상 물체에서 빙결정이 생성되기 시작하는 온도
③ 대상 물체에서 수증기가 발생하기 시작하는 온도
④ 대상 물체에서 가스가 발생하기 시작하는 온도
⑤ 대상 물체에서 미생물이 사멸되는 온도

65. Partial freezing을 이용하여 식품을 보관할 때 유지해야 할 온도는?

① -5℃ ② -3℃ ③ 0℃ ④ 3℃ ⑤ 5℃

답 64. ② 65. ②

[참고 문헌]

공재열(1983), 식품냉동공학의 기초, 형설출판사
김덕웅 외(2001), 식품가공 저장학, 도서출판 광문각
김진수(2000), 식품 냉동냉장학, 도서출판 효일
박희열(1998), 수산가공학, 형설출판사
송재철 외(1998), 식품가공 저장학, 도서출판 효일
안용근 외(1999), 식품가공 저장학, 도서출판 효일
이광배 외(2002), 식품위생학, 신광출판사
전재근(1992), 식품공학 이론과 실제, 개문사

제6장 식품위생 법규

식품위생 행정의 근본이 되는 식품위생법은 1962년 1월 20일 법률 제1007호로 공포되었고, 2005년 3월 31일 법률 제7450호로 제23차 개정하여 시행 중에 있다. 식품위생법은 식품으로 인한 위생상의 위해를 방지하고 식품 영양의 질적 향상을 도모하여 국민보건의 증진에 이바지함을 목적으로 하고 있으며, 총 제13장, 제80조 및 부칙으로 구성되어 있다.

〈표 6-1〉 식품위생법의 구성과 주요 내용

구 분	구 성	주 요 내 용
제1장	총 칙	법의 목적, 정의, 식품 등의 취급
제2장	식품 · 식품첨가물	위해식품, 병육 등의 판매 금지, 기준과 규격
제3장	기구와 용기 · 포장	유독 기구 등의 판매 · 사용 금지, 기준과 규격
제4장	표 시	표시 기준, 허위 표시 등의 금지
제5장	식품 등의 공전	식품 등의 공전
제6장	검 사	위해평가, 수입식품 등의 신고, 특정 식품 등의 판매 등 금지, 출입 · 검사 등, 재검사, 검사기관의 지정, 자가 품질검사, 식품위생감시원
제7장	영 업	시설기준, 영업의 허가 및 제한, 건강진단, 위생교육, 영업자의 준수사항, 위해식품 등의 회수, 위해요소중점관리기준
제8장	조리사 및 영양사	면허 관리제도, 교육

구 분	구 성	주 요 내 용
제9장	식품위생심의위원회	위원회의 설치 및 운영
제10장	식품위생단체	동업자조합 및 식품공업협회 등의 설립 · 운영
제11장	시정명령 등	시정명령, 폐기처분, 허가취소, 폐쇄조치, 면허취소, 청문, 과징금처분
제12장	보 칙	국고보조, 식중독의 보고, 집단급식소 설치, 식품진흥기금, 포상금
제13장	벌 칙	위반 사항에 대한 벌칙, 과태료 부과

(1) 위해 식품 및 식품첨가물 등의 판매 등 금지

법 제4조에서는 위해 식품이나 식품첨가물 등에 대해여 판매하거나 판매를 목적으로 채취 · 제조 · 수입 · 가공 · 사용 · 조리 · 저장 · 운반 또는 진열 행위 등을 금지하고 있다. 이를 위반한 때에는 제56조에 의하여 압류나 폐기를 하거나 위해가 발생한 때에는 회수, 폐기, 원료 및 제조 방법, 성분, 배합 비율 등을 변경할 것을 명할 수 있다. 또한 위반 행위자에 대해서는 제74조 2의 규정에 의하여 7년 이하의 징역 또는 1억원 이하의 벌금에 처하거나 이를 병과하여 처벌할 수 있다.

(2) 식품 등의 기준 · 규격의 제정, 위반품 등의 판매 등 금지

법 제7조 및 제9조에서는 식품 및 식품첨가물, 기구와 용기 · 포장 등의 기준과 규격을 정하고 있으며, 내용을 공전서라 하며 법 제12조에 의하여 작성 · 보급하고 있다. 공전서에 의한 기준에 맞지 않는 것은 판매를 하거나 판매를 목적으로 취급할 수 없다.

(3) 화학적합성품의 지정 및 사용 금지

법 제6조의 규정에 의한 식품의약품안전청장이 정하여 고시한 화학적합성품인 첨가물과 이를 함유한 물질 이외의 것은 판매 및 판매를 목적으로 취급할 수 없다. 지정된 것은 법 제12조의 식품첨가물 공전에 규격과 기준을 수록하고 있다.

(4) 표시 기준의 제정과 위반 등의 규정

판매를 목적으로 하는 식품 또는 식품첨가물, 기구와 용기 · 포장 등의 표시에 관하여 필요한 기준을 법 제10조에 의하여 식품의약품안전청장은 고시할 수 있다. 제11조에서는 허위 표시나 과대 광고 · 과대 포장 등을 규정하고 있다.

(5) 수입 식품에 대한 관리

수입이 금지된 것이나 수입 신고를 하지 않은 식품 등은 판매 등 취급하지 못하도록 법 제4조에서 규정하고 있으며, 기준과 규격에 맞지 않는 것은 제6, 7조와 제9조 등의 규정에 따라 수입이 금지되고 있다. 또한 제16조에 규정에 따라 식품 등을 수입할 때에는 보건복지부장관·식품의약품안전청장에게 신고를 하도록 함으로써 수입 식품에 대한 관리를 제도화하고 있다.

(6) 위해 식품 및 유전자 재조합 식품 등의 안전성 평가

식품의약품안전청장은 위해 우려가 제기되는 식품 등이 판매 등 사용 금지에 해당하는 경우에는 법 제13조의 규정에 의하여 위해 요소를 신속히 평가 및 여부를 결정하여야 한다. 유전자 재조합 기술을 활용하여 재배·육성된 농·축·수산물 등은 제15조에 의하여 안전성 평가를 받게 할 수 있다.

(7) 식품위생 감시

식품의약품안전청과 지방자치단체에서는 법 제20조에 규정에 의하여 식품위생 감시원을 두고, 제17조에 의한 영업 장소 등에 출입·검사·수거 등을 통하여 영업시설 등에 대한 감시와 지도를 행한다. 또한 제20조의 2에 의한 소비자 식품 위생감시원과 제20조의 3에서 규정하고 있는 시민 식품 감사인을 위촉하여 식품위생의 계몽이나 지도를 하게 할 수 있다.

(8) 영업허가 등의 관리

① 영업의 허가 등

식품위생법에 의한 영업을 하고자 할 경우에는 법 제21조의 규정에 의한 영업의 종류에 따른 적합한 시설을 갖추고, 제22조에 의한 허가를 받거나 신고를 하여야 한다. 허가관청은 필요하다고 인정할 경우에는 제24조에 의하여 영업의 허가나 신고 등을 제한할 수 있다. 식품 접객 영업의 영업 시간, 행위 등은 제30조에 의하여 제한할 수 있으며, 허가나 신고를 한 자가 영업을 양도하거나 사망한 때, 합병 등이 있을 때에는 제25조에 의하여 양수인·상속인 또는 존속이나 설립되는 법인은 영업자의 지위를 승계할 수 있다.

② 영업자 준수 사항 등

영업자는 영업의 위생관리 등을 위하여 법 제31조에서 규정한 업종별로 정해진 영업자의 준수 사항과 제31조의 2의 위해식품 등의 회수, 제32조의 2 위해요소 중점관리 기

준 등을 지켜야 한다. 식품 및 식품첨가물을 제조·가공하는 영업자는 제29조에서 규정한 품질 관리 및 생산 실적 등을 보고하여야 한다.

(9) 시정 명령·허가 취소 등 행정 제재

식품위생법에 의한 관련 규정을 준수하지 아니한 경우에는 법 제55조에 의한 시정 명령, 제56조 폐기 처분, 제57조 허가의 취소 등, 제59조 품목의 제조 정지 등, 제62조 폐쇄 조치 등, 제63조 면허 취소 등 각종 행정 제재를 가할 수 있다. 식품위생 검사기관 및 위해요소 중점관리 기준 적용 업소 지정 취소, 영업 허가 취소 및 영업소 폐쇄, 면허취소 등을 행할 때에는 제64조의 규정에 의한 청문을 행한다.

(10) 벌칙

식품위생법에서 규정하는 사항을 준수하지 않고 국민 보건에 악영향을 줄 수 있는 위반 사항을 규정하고, 이를 위반하는 영업자에 대하여 징역 또는 벌금형에 처하거나 이를 병과하여 처벌할 수 있도록 법 제74조, 제74조의 2, 제75조, 제76조, 제77조에서 규정하고 있다. 이 외에 제78조 과태료, 제79조 양벌 규정 등이 있다.

(11) 기타

조리사 및 영양사에 대한 규정은 법 제36조~제41조, 식품위생 심의위원회의 설치 등은 제42조~제43조, 식품위생 단체 등의 설립 제44조~제54조, 국고보조 제66조, 식중독에 관한 조사 보고 제67조, 식품 진흥기금 제71조, 위임 및 수수료 등은 제72조~제73조에서 규정되어 있다.

1 식품위생법(일부 개정 2005. 3. 31 법률 제7450호)

제1장. 총칙

제1조(목적) 이 법은 식품으로 인한 위생상의 위해를 방지하고 식품영양의 질적 향상을 도모함으로써 국민 보건의 증진에 이바지함을 목적으로 한다.

제2조(정의) 이 법에서 사용하는 용어의 정의는 다음과 같다.

1. "식품"이라 함은 모든 음식물을 말한다. 다만, 의약으로서 섭취하는 것은 제외한다.
2. "식품첨가물"이라 함은 식품을 제조·가공 또는 보존함에 있어 식품에 첨가·혼합·침윤 기타의 방법으로 사용되는 물질(기구 및 용기·포장의 살균·소독의 목적에 사용되어 간접적으로 식품에 이행될 수 있는 물질을 포함한다)을 말한다.
3. "화학적 합성품"이라 함은 화학적 수단에 의하여 원소 또는 혼합물에 분해 반응 외의 화학반응을 일으켜 얻은 물질을 말한다.
4. "기구"라 함은 음식기와 식품 또는 식품첨가물의 채취·제조·가공·조리·저장·운반·진열·수수 또는 섭취에 사용되는 것으로써, 식품 또는 식품첨가물에 직접 접촉되는 기계·기구 기타의 물건을 말한다. 다만, 농업 및 수산업에 있어서 식품의 채취에 사용되는 계기·기구 기타의 물건은 제외한다.
5. "용기·포장"이라 함은 식품 또는 식품첨가물을 넣거나 싸는 물품으로써, 식품 또는 식품첨가물을 수수할 때 함께 인도되는 물품을 말한다.

5의 2. "위해"라 함은 식품, 식품첨가물, 기구 또는 용기·포장에 존재하는 위험요소로써, 인체의 건강을 해하거나 해할 우려가 있는 것을 말한다.

6. "표시"라 함은 식품, 식품첨가물, 기구 또는 용기·포장에 기재하는 문자·숫자 또는 도형을 말한다.
7. "영업"이라 함은 식품 또는 식품첨가물을 채취·제조·가공·수입·조리·저장·운반 또는 판매하거나 기구 또는 용기·포장을 제조·수입·운반·판매하는 업을 말한다. 다만, 농업 및 수산업에 속하는 식품의 채취 업은 제외한다.
8. "식품위생"이라 함은 식품, 식품첨가물, 기구 또는 용기·포장을 대상으로 하는 음식에 관한 위생을 말한다.
9. "집단급식소"라 함은 영리를 목적으로 하지 아니하고 계속적으로 특정 다수인에게 음식물을 공급하는 기숙사·학교·병원 기타 후생기관 등의 급식시설로서 대통령령이 정하는 것을 말한다.
10. "식중독"이라 함은 식품의 섭취로 인하여 인체에 유해한 미생물 또는 유독물질에 의하여 발생하였거나 발생한 것으로 판단되는 감염성 또는 독소형 질환을 말한다.

제3조 (식품 등의 취급) ① 판매(판매 외의 불특정 다수인에 대한 제공을 포함한다. 이하 같다)를 목적으로 하는 식품 또는 식품첨가물의 채취·제조·가공·사용·조리·저장·운반 및 진열은 깨끗이 하고 위생적으로 행하여야 한다.

② 영업상 사용하는 기구 및 용기·포장은 깨끗하고 위생적으로 다루어야 한다.

③ 제1항 및 제2항의 규정에 의한 식품, 식품첨가물, 기구 또는 용기·포장(이하 "식

품 등"이라 한다)의 위생적 취급에 관한 기준은 보건복지부령으로 정한다.

제2장. 식품 및 식품첨가물

제4조(위해식품 등의 판매 등 금지) 다음 각호의 1에 해당하는 식품 등은 판매하거나 판매할 목적으로 채취·제조·수입·가공·사용·조리·저장 또는 운반하거나 진열하지 못한다.

1. 썩었거나 상하였거나 설익은 것으로서 인체의 건강을 해할 우려가 있는 것
2. 유독·유해물질이 들어 있거나 묻어 있는 것 또는 그 염려가 있는 것. 다만, 인체의 건강을 해할 우려가 없다고 식품의약품안전청장이 인정하는 것은 예외로 한다.
3. 병원미생물에 의하여 오염되었거나 그 염려가 있어 인체의 건강을 해할 우려가 있는 것
4. 불결하거나 다른 물질의 혼입 또는 첨가 기타의 사유로 인체의 건강을 해할 우려가 있는 것
5. 제22조 제1항 또는 제5항의 규정에 의하여 영업의 허가를 받아야 하는 경우 또는 신고를 하여야 하는 경우에 허가받지 아니하거나 신고하지 아니한 자가 제조·가공한 것
6. 제15조의 규정에 의한 안전성 평가의 대상에 해당하는 농·축·수산물 등으로서 안전성 평가를 받지 아니하거나 안전성 평가결과 식용으로 부적합하다고 인정된 것
7. 수입이 금지된 것 또는 제16조 제1항의 규정에 의하여 수입신고를 하여야 하는 경우에 신고하지 아니하고 수입한 것
8. 삭 제

제5조 (병육 등의 판매 등 금지) 보건복지부령이 정하는 질병에 걸렸거나 그 염려가 있는 동물 또는 그 질병으로 인하여 죽은 동물의 고기·뼈·젖·장기 또는 혈액은 이를 식품으로 판매하거나 판매할 목적으로 채취·수입·가공·사용·조리·저장 또는 운반하거나 진열하지 못한다.

제6조 (기준·규격이 고시되지 아니한 화학적합성품 등의 판매 등 금지) 제7조 제1항의 규정에 의하여 기준·규격이 고시되지 아니한 화학적합성품인 첨가물과 이를 함유한 물질을 식품첨가물로 사용하거나 이를 함유한 식품을 판매하거나 판매의 목적으로 제조·수입·가공·사용·조리·저장 또는 운반하거나 진열하지 못한다. 다만, 식품

의약품안전청장이 식품위생심의위원회(이하 "심의위원회"라 한다)의 심의를 거쳐 인체의 건강을 해할 우려가 없다고 인정하는 것은 그러하지 아니하다.

제7조 (기준과 규격) ① 식품의약품안전청장은 국민보건상 필요하다고 인정하는 때에는 판매를 목적으로 하는 식품 또는 식품첨가물의 제조·가공·사용·조리 및 보존의 방법에 관한 기준과 그 식품 또는 식품첨가물의 성분에 관한 규격을 정하여 고시한다. 다만, 식품첨가물 중 기구 및 용기·포장의 살균·소독의 목적에 사용되어 간접적으로 식품에 이행될 수 있는 물질의 경우에는 그 성분명만을 고시할 수 있다.
② 식품의약품안전청장은 제1항의 규정에 의하여 기준과 규격이 고시되지 아니한 식품 또는 식품첨가물(식품에 직접 사용하는 화학적합성품인 첨가물을 제외한다)에 대하여는 그 제조·가공업자로 하여금 제조·가공·사용·조리 및 보존의 방법에 관한 기준과 그 성분에 관한 규격을 제출하게 하여 제18조의 규정에 의하여 지정된 식품위생 검사기관의 검토를 거쳐 당해 식품 또는 식품첨가물의 기준과 규격을 한시적으로 인정할 수 있다.
③ 수출을 목적으로 하는 식품 또는 식품첨가물의 기준과 규격은 제1항 및 제2항의 규정에 불구하고 수입자가 요구하는 기준과 규격에 의할 수 있다.
④ 제1항 및 제2항의 규정에 의하여 기준과 규격이 정하여진 식품 또는 식품첨가물은 그에 의하여 제조·수입·가공·사용·조리 또는 보존하여야 하며, 그 기준과 규격에 맞지 아니하는 식품 또는 식품첨가물은 판매하거나 판매의 목적으로 제조·수입·가공·사용·조리·저장·운반·보존 또는 진열하지 못한다.

제3장. 기구와 용기·포장

제8조 (유독기구 등의 판매·사용금지) 유독·유해물질이 들어 있거나 묻어 있어 인체의 건강을 해할 우려가 있는 기구 및 용기·포장과 식품 또는 식품첨가물에 접촉되어 이에 유해한 영향을 줌으로써 인체의 건강을 해할 우려가 있는 기구 및 용기·포장을 판매하거나 판매의 목적으로 제조·수입·저장·운반 또는 진열하거나 영업상 사용하지 못한다.

제9조 (기준과 규격) ① 식품의약품안전청장은 국민보건상 필요하다고 인정하는 때에는 판매를 목적으로 하거나 영업상 사용하는 기구 및 용기·포장의 제조방법에 관한 기준과 기구, 용기·포장 및 그 원재료에 관한 규격을 정하여 고시한다.

② 식품의약품안전청장은 제1항의 규정에 의하여 기준과 규격이 고시되지 아니한 것에 대하여는 그 제조·가공업자로 하여금 그 기구, 용기·포장의 제조방법에 관한 기준과 기구, 용기·포장 및 그 원재료에 관한 규격을 제출하게 하여 제18조의 규정에 의하여 지정된 식품위생 검사기관의 검토를 거쳐 당해 기구, 용기·포장 및 그 원재료의 기준과 규격을 한시적으로 인정할 수 있다
③ 수출을 목적으로 하는 기구, 용기·포장 및 그 원재료의 기준과 규격은 제1항 및 제2항의 규정에 불구하고 수입자가 요구하는 기준과 규격에 의할 수 있다.
④ 제1항 및 제2항의 규정에 의하여 기준과 규격이 정하여진 기구 및 용기·포장은 그 기준에 의하여 제조하여야 하며, 그 기준과 규격에 맞지 아니하는 기구 및 용기·포장은 판매하거나 판매의 목적으로 제조·수입·저장·운반·진열하거나 기타 영업상 사용하지 못한다.

제4장. 표시

제10조 (표시기준) ① 식품의약품안전청장은 국민보건상 특히 필요하다고 인정하는 때에는 판매를 목적으로 하는 식품 또는 식품첨가물과 제9조 제1항의 규정에 의하여 기준 또는 규격이 정하여진 기구와 용기·포장의 표시에 관하여 필요한 기준을 정하여 이를 고시할 수 있다. 다만, 생물의 유전자 중 유용한 유전자만을 취하여 다른 생물체의 유전자와 결합시키는 등의 유전자 재조합 기술을 활용하여 재배·육성된 농·축·수산물 등을 원료로 하여 제조·가공한 식품 또는 식품첨가물의 경우에는 그 표시에 관하여 필요한 기준을 정하여 이를 고시한다.
② 제1항의 규정에 의하여 표시에 관한 기준이 정하여진 식품 등은 그 기준에 맞는 표시가 없으면 이를 판매하거나 판매의 목적으로 수입·진열 또는 운반하거나 영업상 사용하지 못한다.
제11조 (허위 표시 등의 금지) ① 식품 등의 명칭·제조 방법 및 품질에 관하여는 허위 표시 또는 과대 광고를 하지 못하고, 포장에 있어서는 과대 포장을 하지 못하며, 식품·식품첨가물의 표시에 광고에서는 의약품과 혼동할 우려가 있는 표시를 하거나 광고를 하여서는 아니 된다. 식품·식품첨가물의 영양가 및 성분에 관하여도 또한 같다.
② 제1항의 규정에 의한 허위 표시·과대 광고·과대 포장의 범위 기타 필요한 사항은 보건복지부령으로 정한다.

제5장. 식품 등의 공전

제12조(식품 등의 공전) 식품의약품안전청장은 제7조제1항의 규정에 의하여 정하여진 식품・식품첨가물의 기준・규격, 제9조제1항의 규정에 의하여 정하여진 기구 및 용기・포장의 기준・규격과 제10조 제1항의 규정에 의하여 정하여진 식품 등의 표시기준을 수록한 식품 등의 공전을 작성・보급하여야 한다.

제6장. 검사 등

제13조 (위해평가) ① 식품의약품안전청장은 국내・외에서 유해물질이 함유된 것으로 알려지는 등 위해 우려가 제기되는 식품 등이 제4조 또는 제8조의 규정에 의한 식품 등에 해당한다고 의심되는 경우 당해 식품 등의 위해요소를 신속히 평가하여 그 위해 여부를 결정하여야 한다.
② 식품의약품안전청장은 제1항의 규정에 의한 위해 평가가 완료되기 전까지 국민건강을 위하여 예방 조치가 필요한 식품 등에 대하여는 판매 또는 판매의 목적으로 채취・제조・수입・가공・사용・조리・저장・운반 또는 진열하는 것을 일시적으로 금지할 수 있다.
③ 식품의약품안전청장은 제2항의 규정에 의한 일시 금지 조치를 하고자 하는 경우에는 미리 심의위원회의 심의・의결을 거쳐야 한다. 다만, 국민건강에 급박한 위해가 발생할 우려가 있어 신속한 금지 조치가 필요한 경우에는 사후에 지체 없이 심의위원회의 심의・의결을 거칠 수 있다.
④ 제3항의 본문 및 단서의 규정에 의하여 심의위원회가 심의를 할 경우 심의위원회는 대통령령이 정하는 이해 관계인의 의견을 들어야 한다.
⑤ 식품의약품안전청장은 제1항의 규정에 의한 위해 평가의 결과 또는 제3항 단서의 규정에 의하여 사후에 심의위원회의 심의・의결을 거친 결과 위해가 없는 것으로 인정되는 식품 등에 대하여는 지체 없이 제2항의 규정에 의한 일시 금지 조치를 해제하여야 한다.
⑥ 제1항의 규정에 의한 위해 평가의 대상・방법 및 절차 그 밖에 필요한 사항은 대통령령으로 정한다.

제14조 삭제

제15조 (유전자 재조합 식품의 안전성 평가 등) ① 식품의약품안전청장은 국민보건 상 필요하다고 인정하여 대통령령이 정하는 경우에는 생물의 유전자 중 유용한 유전자만을 취하여 다른 생물체의 유전자와 결합시키는 등의 유전자 재조합 기술을 활용하여 재배·육성된 농·축·수산물 등을 식용을 목적으로 수입·개발·생산하는 자에 대하여 안전성 평가를 받게 할 수 있다.
② 제1항의 규정에 의한 안전성 평가의 대상, 안전성 평가를 위한 자료 제출의 범위 및 심사 절차 등에 관하여는 식품의약품안전청장이 정하여 고시한다.

제16조 (수입식품 등의 신고 등) ① 판매를 목적으로 하거나 영업상 사용하는 식품 등을 수입하고자 하는 자는 보건복지부령이 정하는 바에 의하여 보건복지부장관·식품의약품안전청장에게 신고하여야 한다.
② 보건복지부장관·식품의약품안전청장은 보건복지부령이 정하는 사유가 있는 경우에는 제1항의 규정에 의하여 신고 된 식품 등에 대하여 통관절차 완료 전에 관계 공무원 또는 검사기관으로 하여금 필요한 검사를 하게 하여야 한다. 다만, 기구 또는 용기·포장의 경우에는 통관절차 완료 후에 검사를 하게 할 수 있다.
③ 보건복지부장관 또는 식품의약품안전청장은 제1항의 규정에 의하여 신고 된 식품 등이 다음 각호의 1에 해당하는 경우에는 제2항의 규정에 불구하고 검사의 전부 또는 일부를 생략할 수 있다.
1. 제4조 내지 제6조·제8조 및 제11조의 규정에 의한 위해식품 등에 해당하지 아니하고, 제7조·제9조·제21조 및 제32조의 2의 규정에 적합하다고 보건복지부장관 또는 식품의약품안전청장이 사전에 확인하여 고시(이하 "수입식품 등 사전 확인 등록"이라 한다)한 경우(수산 동식물의 경우 수출국의 정부가 인정하는 경우를 포함하되, 수출국이 우리나라로부터 수입하는 수산 동식물에 대하여 같은 제도를 인정하는 경우에 한한다.)
2. 보건복지부장관 또는 식품의약품안전청장이 인정하여 고시한 국내외 검사기관에서 검사를 받아 그 검사성적서 또는 검사증명서를 제출하는 경우
3. 그 밖에 제1호 및 제2호에 준하는 사항으로서 보건복지부령이 정하는 사유에 해당하는 경우
④ 제2항 및 제3항의 규정에 의한 검사의 종류·대상, 검사 방법 및 수입식품 사전등록의 기준·절차 등에 관하여 필요한 사항은 보건복지부령으로 정한다.

제16조의 2 (특정 식품 등의 판매 등 금지) ① 식품의약품안전청장은 특정 국가 또는

지역에서 채취·제조·가공·사용·조리 또는 저장된 식품 등이 그 특정 국가 또는 지역에서 위해가 있는 것으로 판명되거나 위해 우려가 있다고 인정되는 경우에는 당해 식품 등을 수입·판매하거나 판매의 목적으로 제조·가공·사용·조리·저장·운반 또는 진열하는 것을 금지할 수 있다.

② 식품의약품안전청장은 제1항의 규정에 의한 금지를 하고자 하는 경우에는 미리 관계 중앙 행정기관의 장의 의견을 듣고 심의위원회의 심의·의결을 거쳐야 한다. 다만, 국민건강에 급박한 위해가 발생할 우려가 있어 신속한 금지조치가 필요한 경우에는 사후에 지체 없이 심의위원회의 심의·의결을 거칠 수 있다.

③ 제2항의 본문 및 단서의 규정에 의하여 심의위원회가 심의를 할 경우 대통령령이 정하는 이해 관계인은 심의위원회에 출석하여 의견을 진술하거나 서면으로 의견을 제출할 수 있다.

④ 식품의약품안전청장은 직권으로 또는 제1항의 규정에 의하여 수입·판매 등이 금지된 식품 등에 대하여 이해 관계를 가진 국가나 영업자의 신청에 의하여 당해 식품 등이 위해가 없는 것으로 인정되는 경우에는 심의위원회의 심의·의결을 거쳐 제1항의 규정에 의한 금지의 전부 또는 일부를 해제할 수 있다.

⑤ 식품의약품안전청장은 제1항의 규정에 의한 금지 또는 제4항의 규정에 의한 해제의 경우에는 이를 고시하여야 한다.

제17조 (출입·검사·수거 등) ① 식품의약품안전청장(대통령령이 정하는 그 소속기관의 장을 포함한다. 이하 제17조의 2, 제20조의 2 및 제32조의 2 제8항에서 같다), 특별시장·광역시장·도지사(이하 "시·도지사"라 한다), 시장·군수 또는 구청장(자치구의 구청장에 한한다. 이하 같다)은 식품 등의 위생적 관리 및 영업의 질서 유지를 위하여 필요하다고 인정하는 때에는 영업을 하는 자 또는 기타 관계인에 대하여 필요한 보고를 하게 하거나 관계 공무원으로 하여금 영업장소·사무소·창고·제조소·저장소·판매소 또는 기타 이와 유사한 장소에 출입하여 판매를 목적으로 하거나 영업상 사용하는 식품 등 또는 영업시설 등을 검사하게 하거나 검사에 필요한 최소량의 식품 등을 무상으로 수거하게 할 수 있으며 필요에 따라 영업 관계의 장부나 서류를 열람하게 할 수 있다.

② 보건복지부장관 또는 식품의약품안전청장은 시·도지사 또는 시장·군수·구청장이 제1항의 규정에 의한 출입·검사·수거 등의 업무를 수행함에 있어서 식품 등으로 인하여 발생하는 위생 관련 위해 방지 업무의 효율적인 시행을 위하여 필요하다고 인정하는 경우에는 다른 시·도지사 또는 시장·군수·구청장에게 행정 응원을 하도록

요청할 수 있다. 이 경우 행정 응원의 요청을 받은 시·도지사나 시장·군수·구청장은 특별한 사유가 없는 한 이에 응하여야 한다.
③ 제1항 및 제2항의 경우에 출입·검사·수거 또는 열람을 하고자 하는 공무원은 그 권한을 표시하는 증표를 지녀야 하며 관계인에게 이를 내보여야 한다.
④ 제2항의 규정에 의한 행정 응원의 절차, 비용 부담 방법 그 밖에 필요한 사항은 대통령령으로 정한다.

제17조의 2 (식품 등의 재검사) ① 보건복지부장관·식품의약품안전청장, 시·도지사, 시장·군수 또는 구청장은 제16조 또는 제17조의 규정에 의하여 식품 등을 검사한 결과 당해 식품 등이 제7조 또는 제9조의 규정에 의한 식품 등의 기준 및 규격에 적합하지 아니한 경우로서 적정한 검사를 위하여 특히 필요한 때에는 대통령이 정하는 바에 의하여 미리 당해 영업자에게 그 검사 결과를 통보할 수 있다.
② 제1항의 규정에 의한 통보를 받은 영업자가 그 검사 결과에 대하여 이의가 있는 경우에는 보건복지부장관·식품의약품안전청장이 인정하는 국내외 검사기관의 검사성적서 또는 검사증명서를 첨부하여 보건복지부장관·식품의약품안전청장, 시·도지사, 시장·군수 또는 구청장에게 재검사를 요청할 수 있다.
③ 제2항의 규정에 의한 재검사의 요청을 받은 보건복지부장관·식품의약품안전청장, 시·도지사, 시장·군수 또는 구청장은 대통령이 정하는 바에 의하여 재검사를 할 것인지 여부를 결정한 후 그 결과를 당해 영업자에게 통보하여야 한다.
④ 보건복지부장관·식품의약품안전청장, 시·도지사, 시장·군수 또는 구청장은 제3항의 규정에 의하여 당해 식품 등에 대하여 재검사하기로 결정한 경우에는 지체 없이 재검사를 실시한 후 그 결과를 당해 영업자에게 통보하여야 한다. 이 경우 재검사 수수료 및 보세창고료 등 재검사의 실시에 따르는 비용은 영업자가 부담한다.

제18조 (식품위생 검사기관의 지정) ① 식품의약품안전청장은 제16조 제2항의 규정에 의한 수입식품 등의 검사와 제17조 제1항의 규정에 의하여 수거한 식품 등의 검사에 관한 사무를 행하게 하기 위하여 그에 필요한 시설을 갖춘 기관을 식품위생 검사기관으로 지정할 수 있다.
② 제1항의 규정에 의한 식품위생 검사기관의 지정에 관하여 필요한 사항은 보건복지부령으로 정한다.
③ 식품의약품안전청장은 제1항의 규정에 의하여 지정된 식품위생 검사기관이 다음 각호의 1에 해당하는 때에는 보건복지부령이 정하는 바에 따라 지정을 취소하거나 6

월 이내의 기간을 정하여 검사업무의 정지를 명할 수 있다.

1. 검사성적 서를 허위로 발급한 때
2. 보건복지부령이 정하는 검사관련 장부를 보관하지 아니하거나 허위로 기재한 때
3. 보건복지부령이 정하는 검사업무에 관한 규정에 위반하여 검사를 한 때

제19조 (자가 품질검사의 의무) ① 식품 등을 제조·가공하는 영업을 하는 자는 보건복지부령이 정하는 바에 의하여 그가 제조·가공하는 식품 등이 제7조 제1항 및 제2항 또는 제9조 제1항 및 제2항의 규정에 의한 기준·규격에 적합한지 여부를 검사하여야 한다.
② 제1항의 경우에 식품의약품안전청장·시·도지사는 영업을 하는 자가 직접 검사하기 부적합한 때에는 제18조의 규정에 의하여 지정된 식품위생검사기관에 위탁하여 검사하게 할 수 있다.
③ 제1항 및 제2항의 규정에 의한 검사항목, 검사절차 기타 검사에 관하여 필요한 사항은 보건복지부령으로 정한다.

제20조 (식품위생감시원) ① 제17조 제1항의 규정에 의한 관계공무원의 직무 기타 식품위생에 관한 지도 등을 행하게 하기 위하여 식품의약품안전청(대통령령이 정하는 그 소속기관을 포함한다), 특별시·광역시·도(이하 "시·도"라 한다) 또는 시·군·구(자치구에 한한다. 이하 같다)에 식품위생감시원을 둔다.
② 제1항의 규정에 의한 식품위생감시원의 자격·임명·직무범위와 기타 필요한 사항은 대통령령으로 정한다.

제20조의 2 (소비자식품위생감시원) ① 식품의약품안전청장, 시·도지사 또는 시장·군수·구청장은 식품위생관리를 위하여 소비자보호법 제19조의 규정에 의하여 등록한 소비자 단체의 임·직원 중 당해 단체의 장이 추천한 자 또는 식품위생에 관한 지식이 있는 자를 소비자식품위생감시원으로 위촉할 수 있다.
② 제1항의 규정에 의하여 위촉된 소비자식품위생감시원(이하 "소비자식품위생감시원"이라 한다)의 직무는 다음과 같다.

1. 제21조 제1항 제3호의 규정에 의한 식품접객업을 하는 자(이하 "식품접객영업자"라 한다)에 대한 위생관리상태의 계도에 관한 사항
2. 유통 중인 식품 등의 표시기준 또는 허위표시·과대광고 금지의 위반행위에 관한 관할 행정관청에의 신고 또는 자료제공
3. 제20조의 규정에 의한 식품위생감시원이 행하는 식품 등에 수거 및 검사지원

4. 그 밖에 식품위생에 관한 사항으로서 대통령령이 정하는 사항

③ 소비자식품위생감시원이 제2항 각호에 규정된 직무를 수행함에 있어서는 그 권한을 남용하여서는 아니 된다.

④ 제1항의 규정에 의하여 소비자식품위생감시원을 위촉한 식품의약품안전청장, 시·도지사 또는 시장·군수·구청장은 소비자식품위생감시원의 직무수행에 필요한 교육을 실시하여야 한다.

⑤ 식품의약품안전청장, 시·도지사 또는 시장·군수·구청장은 소비자식품위생감시원이 다음 각호의 어느 하나에 해당하는 때에는 당해 소비자식품위생감시원의 해촉하여야 한다.

1. 추천받은 소비자 단체에서 퇴직하거나 해임된 때
2. 제2항 각호에 규정된 직무와 관련하여 부정한 행위를 하거나 권한을 남용한 때
3. 질병·부상 등의 사유로 직무수행이 곤란하게 된 때

⑥ 소비자식품위생감시원이 제2항 제1호의 직무를 수행하기 위하여 식품접객영업자의 영업장소에 단독으로 출입하고자 하는 경우에는 미리 식품의약품안전청장, 시·도지사 또는 시장·군수·구청장의 승인을 얻어야 한다.

⑦ 소비자식품위생감시원이 제6항의 규정에 의한 승인을 얻어 식품접객영업자의 영업장소에 단독으로 출입하는 때에는 승인서 및 그 신분을 표시하는 증표를 지니고 이를 관계인에게 내 보여야 한다.

⑧ 소비자식품위생감시원의 자격·직무의 범위 및 교육 그 밖의 필요한 사항은 대통령령으로 정한다.

제20조의 3 (시민식품감사인) ① 제22조의 규정에 의하여 영업허가를 받거나 신고를 한 자 중 대통령령이 정하는 영업자는 식품 등의 위생관리상태의 점검을 위하여 식품위생에 관한 전문적인 지식이 있는 자로서 다음 각호의 어느 하나에 해당하는 자 중 식품의약품안전청장 또는 시·도지사가 지정하는 자를 시민식품감사인 으로 위촉할 수 있다.

1. 소비자보호법 제19조의 규정에 의하여 등록한 소비자단체의 장의 추천을 받은 자
2. 비영리민간단체지원 법 제2조의 규정에 의한 비영리민간단체 중 식품위생관련단체의 장의 추천을 받은 자
3. 고등교육법 제2조의 규정에 의한 대학의 식품관련학과에서 조교수 이상의 직에 있는 자

② 제항의 규정에 의하여 위촉된 시민식품감사인(이하 이 조에서 "시민식품감사인"이

라 한다)은 제1항의 규정에 의한 영업자의 영업장소에 대한 위생관리상태를 분기별로 1회 이상 점검하고, 점검결과 위생상태가 불량하거나 식품안전을 위하여 개선이 필요한 사항에 대하여는 영업자에게 개선 등 필요한 조치를 권고할 수 있다.

③ 시민식품감사인은 제2항의 규정에 의한 권고사항을 해당 영업자가 이행하지 아니하는 때에는 식품의약품안전청장, 시 · 도지사 또는 시장 · 군수 · 구청장에게 이를 보고하여야 한다.

④ 시민감사인은 그 업무상 알게 된 영업자의 영업에 관한 비밀을 타인에게 누설하거나 업무목적외의 용도로 사용하여서는 아니 된다.

⑤ 제1항의 규정에 따라 시민감사인을 위촉하거나 위촉한 시민감사인을 해촉하는 영업자는 다음 각호의 사항을 보건복지부령이 정하는 바에 따라 식품의약품안전청장, 시 · 도지사 또는 시장 · 군수 · 구청장에게 보고하여야 한다.

1. 위촉한 시민식품감사인의 위촉일자 및 인적사항
2. 제2항의 규정에 의하여 시민식품감사인이 권고한 개선내용 및 이에 따라 조치한 개선사항
3. 시민식품감사인을 해촉하는 경우에는 해촉일자 및 사유

⑥ 식품의약품안전청장, 시 · 도지사 또는 시장 · 군수 · 구청장은 제1항의 규정에 의하여 시민식품감사인을 위촉한 영업자의 영업장소 등에 대하여 관계공무원으로 하여금 보건복지부령이 정하는 일정기간 동안 제17조의 규정에 의한 출입 · 검사 등을 하지 아니하게 할 수 있다. 다만, 다음 각호의 어느 하나에 해당하는 때에는 그러하지 아니하다.

1. 시민식품감사인을 위촉한 영업자가 시민식품감사인의 권고사항에 응하지 아니한 때
2. 시민식품감사인이 제2항의 규정에 의한 직무를 성실히 수행하지 아니하거나 직무와 관련하여 부정한 행위를 한 때
3. 제1항의 규정에 의한 영업자가 제조 · 판매하여 유통 중인 제품을 수거 · 검사한 결과 위해요인이 있는 것으로 확인된 때

⑦ 시민식품감사인의 자격 · 위촉일자 및 직무의 범위 그 밖의 필요한 사항은 대통령령으로 정한다.

제7장. 영업

제21조 (시설기준) ① 다음의 영업을 하고자 하는 자는 보건복지부령이 정하는 시설기준에 적합한 시설을 갖추어야 한다.

1. 식품 또는 식품첨가물의 제조업 · 가공업 · 운반업 · 판매업 및 보존업
2. 기구 또는 용기 · 포장의 제조업
3. 식품접객업

② 제1항 각호의 규정에 의한 영업의 세부종류와 그 범위는 대통령령으로 정한다.

제22조 (영업의 허가 등) ① 제21조의 규정에 의한 영업 중 대통령령이 정하는 영업을 하고자 하는 자는 대통령령이 정하는 바에 따라 영업의 종류별 · 영업소별로 식품의약품안전청장, 시 · 도지사, 시장 · 군수 또는 구청장의 허가를 받아야 한다. 대통령령이 정하는 중요한 사항을 변경하고자 하는 때에도 또한 같다.

② 삭 제

③ 식품의약품안전청장, 시 · 도지사, 시장 · 군수 또는 구청장은 제1항의 규정에 의한 영업허가를 하는 때에는 필요한 조건을 붙일 수 있다.

④ 제1항의 규정에 의하여 영업의 허가를 받은 자가 그 영업을 폐업하거나 허가 받은 사항 중 동항 후단의 중요사항을 제외한 경미한 사항을 변경하고자 하는 때에는 식품의약품안전청장, 시 · 도지사, 시장 · 군수 또는 구청장에게 신고하여야 한다.

⑤ 제21조의 규정에 의한 영업 중 대통령령이 정하는 영업을 하고자 하는 자는 대통령령이 정하는 바에 따라 영업의 종류별 · 영업소별로 식품의약품안전청장 또는 시장 · 군수 · 구청장에게 신고하여야 한다. 신고한 사항 중 대통령령이 정하는 중요한 사항을 변경하거나 폐업하고자 하는 때에도 또한 같다.

⑥ 제1항 또는 제5항의 규정에 의하여 식품 또는 식품첨가물의 제조업 · 가공업의 허가를 받거나 신고를 한 자가 식품 또는 식품첨가물을 제조 · 가공하는 때에는 보건복지부령이 정하는 바에 의하여 식품의약품안전청장 또는 시 · 도지사 또는 시장 · 군수 · 구청장에게 그 사실을 보고하여야 한다. 보고한 사항 중 보건복지부령이 정하는 중요한 사항을 변경하는 때에도 또한 같다.

제23조 삭 제

제24조 (영업허가 등의 제한) ① 다음 각호의 1에 해당하는 때에는 제22조 제1항의 규정에 의한 영업허가를 할 수 없다.

1. 당해영업의 시설이 제21조의 규정에 의한 시설기준에 적합하지 아니한 때
2. 제58조 제1항 또는 제2항의 규정에 의하여 영업의 허가가 취소(제31조 제2항 제1호의 규정에 위반하여 영업의 허가가 취소된 경우를 제외한다)된 후 6월이 경과하지

아니한 경우에 그 영업장소에서 같은 종류의 영업을 하고자 하는 때 다만, 영업시설의 전부를 철거하여 영업의 허가가 취소된 경우에는 그러하지 아니하다.

2의 2. 제31조 제2항 제1호의 규정에 위반하여 영업의 허가가 취소된 후 1년이 경과하지 아니한 경우 그 영업장소에서 제21조 제1항의 규정에 의한 식품접객업을 하고자 하는 때

3. 제58조 제1항 또는 제2항의 규정에 의하여 영업의 허가가 취소(제4조 내지 제6조·제8조 또는 제31조 제2항 제1호의 규정에 위반하여 영업의 허가가 취소된 경우를 제외한다)된 후 2년이 경과하지 아니한 자(법인인 경우에는 그 대표자를 포함한다)가 취소된 영업과 같은 종류의 영업을 하고자 하는 때

3의 2. 제31조 제2항 제1호의 규정에 위반하여 영업의 허가가 취소된 후 3년이 경과하지 아니한 자(법인의 경우에는 그 대표자를 포함한다)가 제21조 제1항의 규정에 의한 식품접객업을 하고자 하는 때

3의 3. 제4조 내지 제6조 또는 제8조의 규정에 위반하여 영업의 허가가 취소된 후 5년이 경과되지 아니한 자(법인인 경우에는 그 대표자를 포함한다)가 취소된 영업과 같은 종류의 영업을 하고자 하는 때

4. 국민보건위생상 그 허가를 제한할 필요가 현저하다고 인정되어 시·도지사가 지정하여 고시하는 제21조 제1항 제3호의 규정에 의한 식품접객업의 영업에 해당되는 때

5. 영업의 허가를 받고자 하는 자가 금치산자이거나 파산의 선고를 받고 복권되지 아니한 자인 때

6~7. 삭 제

② 다음 각호의 1에 해당하는 때에는 제22조 제5항의 규정에 의한 영업의 신고를 할 수 없다.

1. 제58조 제1항 또는 제2항의 규정에 의한 영업소의 폐쇄명령(제31조 제2항 제1호의 규정에 위반하여 영업소의 폐쇄명령을 받은 경우를 제외한다)을 받은 후 6월이 경과하지 아니한 경우에 그 영업장소에서 같은 종류의 영업을 하고자 하는 때 다만, 영업시설의 전부를 철거하여 영업소가 폐쇄명령을 받은 경우에는 그러하지 아니하다.

1의 2. 제31조 제2항 제1호의 규정에 위반하여 영업소의 폐쇄명령을 받은 후 1년이 경과하지 아니한 경우 그 영업장소에서 제21조 제1항의 규정에 의한 식품접객업을 하고자 하는 때

2. 제58조 제1항 또는 제2항의 규정에 의한 영업소의 폐쇄명령(제4조 내지 제6조·제8조 또는 제31조 제2항 제1호의 규정에 위반하여 영업소의 폐쇄명령을 받은 경우

를 제외 한다)을 받은 후 1년이 경과하지 아니한 자(법인인 경우에는 그 대표자를 포함한다)가 폐쇄명령을 받은 영업과 같은 종류의 영업을 하고자 하는 때

2의 2. 제31조 제2항 제1호의 규정에 위반하여 영업소의 폐쇄명령을 받은 후 2년이 경과하지 아니한 자(법인의 경우에는 그 대표자를 포함한다)가 제21조 제1항의 규정에 의한 식품접객업을 하고자 하는 때

3. 제4조 내지 제6조 또는 제8조의 규정에 위반하여 영업소의 폐쇄명령을 받은 후 5년이 경과되지 아니 한 자(법인인 경우에는 그 대표자를 포함한다)가 폐쇄명령을 받은 영업과 같은 종류의 영업을 하고자 하는 때

③~④ 삭 제

제25조 (영업의 승계) ① 제22조 제1항의 규정에 의하여 영업의 허가를 받은 자 또는 동조 제5항의 규정에 의하여 영업의 신고를 한 자(이하 “영업자”라 한다)가 그 영업을 양도하거나 사망한 때 또는 법인의 합병이 있는 때에는 그 양수인·상속인 또는 합병 후 존속하는 법인이나 합병에 의하여 설립되는 법인은 그 영업자의 지위를 승계한다.
② 민사집행법에 의한 경매, 「채무자 회생 및 파산에 관한 법률」에 의한 환가나 국세징수법·관세법 또는 지방세법에 의한 압류재산의 매각 기타 이에 준하는 절차에 따라 영업시설의 전부를 인수한 자는 그 영업자의 지위를 승계한다. 이 경우 종전의 영업자에 대한 영업허가 또는 그가 한 신고는 그 효력을 잃는다.
③ 제1항 또는 제2항의 규정에 의하여 영업자의 지위를 승계한 자는 1월 이내에 보건복지부령이 정하는 바에 따라 식품의약품안전청장, 시·도지사, 시장·군수 또는 구청장에게 신고하여야 한다.
④ 제24조 제1항 및 제2항의 규정은 제1항 및 제2항의 규정에 의한 승계에 이를 준용한다. 다만, 상속인이 제24조 제1항 제5호의 규정에 해당하는 경우에 상속을 받은 날부터 3월 동안은 그러하지 아니하다.

제26조 (건강진단) ① 보건복지부령이 정하는 영업자 및 그 종업원은 건강진단을 받아야 한다. 다만, 다른 법령의 규정에 의하여 같은 내용의 건강진단을 받는 경우에는 이 법에 의한 건강진단으로 갈음할 수 있다.
② 제1항의 규정에 의하여 건강진단을 받은 결과 타인에게 위해를 끼칠 우려가 있는 질병이 있다고 인정된 자는 그 영업에 종사하지 못한다.
③ 영업자는 제1항의 규정에 위반하여 건강진단을 받지 아니한 자나 제2항의 건강진단결과 타인에게 위해를 끼칠 우려가 있는 질병이 있다고 인정된 자를 그 영업에 종

사시키지 못한다.
④ 제1항의 규정에 의한 건강진단의 실시방법 등과 제2항 및 제3항의 규정에 의하여 영업에 종사시키지 못하는 질병의 종류는 보건복지부령으로 정한다.

제27조 (위생교육) ① 영업자 및 대통령령이 정하는 유흥종사자를 둘 수 있는 식품접객업영업자의 종업원은 매년 위생에 관한 교육을 받아야 한다.
② 제21조의 규정에 의한 영업을 하고자 하는 자는 미리 위생에 관한 교육을 받아야 한다. 다만, 부득이한 사유로 미리 교육을 받을 수 없는 경우에는 영업개시 후 보건복지부장관이 정하는 바에 따라 교육을 받을 수 있다.
③ 제1항 및 제2항의 규정에 의한 위생교육을 받아야 하는 자중 영업에 직접 종사하지 아니하거나 2이상의 장소에서 영업을 하고자 하는 자로서 그 종업원 중 식품위생에 관한 책임자를 지정하는 경우에는 그 책임자로 하여금 교육을 받게 할 수 있다.
④ 제2항의 규정에 불구하고 조리사 또는 영양사의 면허를 받은 자가 제21조 제1항 제3호의 식품접객업을 하고자 하는 때에는 위생교육을 받은 것으로 본다.
⑤ 영업자는 특별한 사유가 없는 한 제1항의 규정에 의한 위생에 관한 교육을 받지 아니한 자를 그 영업에 종사시키지 못한다.
⑥ 제1항 및 제2항의 규정에 의한 위생에 관한 교육의 실시기관 및 내용 등은 보건복지부령으로 정한다.

제28조 삭 제

제29조 (품질관리 및 보고) ① 식품 또는 식품첨가물을 제조·가공하는 영업자 및 그 종업원은 원료관리·제조공정 기타 식품 등의 위생적 관리를 위하여 보건복지부령이 정하는 사항을 지켜야 한다.
② 제1항의 영업자는 보건복지부령이 정하는 바에 의하여 식품 및 식품첨가물의 생산실적 등을 식품의약품안전청장 또는 시·도지사에게 보고하여야 한다.

제30조 (영업의 제한) ① 시·도지사는 영업의 질서유지 또는 선량한 풍속을 유지하기 위하여 필요하다고 인정하는 때에는 영업자 중 식품접객영업자 및 그 종업원에 대하여 영업시간 및 영업행위에 관한 필요한 제한을 할 수 있다.
② 제1항의 규정에 의한 제한사항은 대통령령이 정하는 바에 따라 해당 시·도의 조례로 정한다.

제31조 (영업자 등의 준수사항) ① 식품접객영업자 등 대통령령이 정하는 영업자 및 그 종업원은 영업의 위생적 관리 및 질서유지와 국민보건위생의 증진을 위하여 보건복지부령이 정하는 사항을 지켜야 한다.
② 식품접객영업자는 청소년보호법 제2조의 규정에 의한 청소년(이하 이 항에서 "청소년"이라 한다)에 대하여 다음 각호의 행위를 하여서는 아니 된다.
1. 청소년을 유흥접객원으로 고용하여 유흥행위를 하게 하는 행위
2. 청소년보호법 제21조 제5호 가목(1)의 규정에 의한 청소년 출입·고용금지업소 또는 동호나목(1)의 규정에 의한 청소년고용금지업소에 청소년을 고용하는 행위
3. 청소년보호법 제2조 제5호 가목(1)의 규정에 의한 청소년 출입·고용금지업소에 청소년을 출입하게 하는 행위
4. 청소년에게 주류를 제공하는 행위

제31조(영업자등의 준수사항) ① 식품접객영업자등 대통령령이 정하는 영업자 및 그 종업원은 영업의 위생적 관리 및 질서유지와 국민보건위생의 증진을 위하여 보건복지부령이 정하는 사항을 지켜야 한다.
② 식품접객영업자는 청소년보호법 제2조의 규정에 의한 청소년(이하 이 항에서 "청소년"이라 한다)에 대하여 다음 각호의 행위를 하여서는 아니된다.
1. 청소년을 유흥접객원으로 고용하여 유흥행위를 하게 하는 행위
2. 제21조제1항제3호의 식품접객업중 청소년보호법에 의한 청소년유해업소(이하 이 항에서 "청소년유해업소"라 한다)에 청소년을 고용하는 행위
3. 청소년유해업소에 청소년을 출입하게 하는 행위
4. 청소년에게 주류를 제공하는 행위

제31조의 2 (식품 등의 자진회수) ① 판매의 목적으로 식품 등을 제조·가공·소분·수입 또는 판매한 영업자는 당해 식품 등이 제4조 내지 제6조·제7조 제4항, 제8조 또는 제9조 제4항의 규정을 위반한 사실(식품 등의 위해와 관련이 없는 위반사항을 제외한다)을 알게 된 때에는 지체 없이 유통 중인 당해 식품 등을 회수하거나 회수에 필요한 조치를 하여야 한다. 이 경우 영업자는 미리 회수계획을 식품의약품안전청장, 시·도지사 또는 시장·군수·구청장에게 보고하여야 한다.
② 식품의약품안전청장, 시·도지사 또는 시장·군수·구청장은 제1항의 규정에 의한 회수에 필요한 조치를 성실히 이행한 영업자에 대하여 당해 식품 등으로 인하여 받게 되는 제58조 또는 제59조의 규정에 의한 행정처분을 대통령령이 정하는 바에 따라 감

면할 수 있다.
③ 제1항의 규정에 의한 회수대상 식품·회수계획 및 회수절차 등에 관하여 필요한 사항은 보건복지부령으로 정한다.

제32조 (위생등급) ① 식품의약품안전청장, 시·도지사, 시장·군수 또는 구청장은 보건복지부령이 정하는 위생등급기준에 따라 위생관리상태 등이 우수한 식품 등의 제조·가공업소 또는 식품접객업소를 우수업소 또는 모범업소로 지정할 수 있다.
② 제1항의 규정에 의하여 지정한 우수업소 또는 모범업소에 대하여 식품의약품안전청장, 시·도지사, 시장·군수 또는 구청장은 관계공무원으로 하여금 일정기간 동안 제17조의 규정에 의한 출입·검사를 하지 아니하게 할 수 있으며, 시·도지사, 시장·군수 또는 구청장은 제71조 제3항 제1호의 규정에 의한 영업자의 위생관리시설 개선을 위한 융자사업과 동항 제6호의 규정에 의한 음식문화의 개선 및 좋은 식단 실천을 위한 사업의 우선지원 등을 할 수 있다.
③ 식품의약품안전청장, 시·도지사, 시장·군수 또는 구청장은 제1항의 규정에 의하여 우수업소 또는 모범업소로 지정된 업소가 그 지정기준에 미달하게 되거나 영업정지이상의 행정처분을 받게 된 때에는 지체 없이 그 지정을 취소하여야 한다.
④ 제1항 및 제3항의 규정에 의한 우수업소 또는 모범업소의 지정 및 그 취소에 관한 사항과 제2항의 규정에 의한 출입·검사를 하지 아니하는 기간은 보건복지부령으로 정한다.

제32조의 2 (위해요소중점관리기준) ① 식품의약품안전청장은 식품의 원료관리, 제조·가공·조리 및 유통의 모든 과정에서 위해한 물질이 식품에 혼입되거나 식품이 오염되는 것을 방지하기 위하여 각 과정을 중점적으로 관리하는 기준(이하 "위해요소중점관리기준"이라 한다)을 식품별로 정하여 이를 고시할 수 있다.
② 식품의약품안전청장은 제1항의 규정에 의하여 위해요소중점관리기준을 정한 때에는 그 식품을 제조·가공하는 영업자중 보건복지부령이 정하는 영업자에 대하여 이를 준수하게 할 수 있다.
③ 식품의약품안전청장은 제2항의 규정에 의하여 위해요소중점관리기준을 준수하여야하는 영업자와 그 밖에 위해요소중점관리기준의 준수를 원하는 영업자의 업소를 위해요소중점관리기준 적용업소(이하 "위해요소중점관리기준 적용업소"라 한다)로 지정하여 고시할 수 있다.
④ 위해요소중점관리기준 적용업소의 영업자 및 종업원은 보건복지부령이 정하는 교

육훈련을 받아야 한다.

⑤ 위해요소중점관리기준 적용업소의 지정절차와 제4항의 규정에 의한 영업자 및 종업원에 대한 교육훈련의 방법 및 절차 등에 관하여 필요한 사항은 보건복지부령으로 정한다.

⑥ 식품의약품안전청장은 위해요소중점관리기준 적용업소가 다음 각호의 1에 해당하는 때에는 그 지정을 취소하거나 시정을 명할 수 있다.

1. 위해요소중점관리기준을 준수하지 아니한 때
2. 제58조의 규정에 의하여 영업정지 2월 이상의 행정처분을 받은 때
3. 영업자 및 종업원이 제4항의 규정에 의한 교육훈련을 받지 아니한 때
4. 그 밖에 제1호 내지 제3호에 준하는 사항으로서 보건복지부령이 정하는 사항을 준수하지 아니한 때

⑦ 위해요소중점관리기준 적용업소가 아닌 업소의 영업자는 위해요소중점관리기준 적용업소라는 명칭을 사용하지 못한다.

⑧ 식품의약품안전청장, 시·도지사, 시장·군수 또는 구청장은 위해요소중점관리기준 적용업소에 대하여 관계공무원으로 하여금 보건복지부령이 정하는 일정기간 동안 제17조의 규정에 의한 출입·검사를 하지 아니하게 할 수 있으며, 시·도지사 또는 시장·군수·구청장은 제71조 제3항 제1호의 규정에 의한 영업자의 영업시설개선을 위한 융자사업의 우선지원 등을 할 수 있다.

제8장. 조리사 및 영양사

제34조 (조리사) 대통령령이 정하는 식품접객영업자와 집단급식소의 운영자는 조리사를 두어야 한다. 다만, 식품접객영업자 또는 집단급식소의 운영자 자신이 조리사가 되어 직접 음식물을 조리하는 경우에는 그러하지 아니하다.

제35조 (영양사) 대통령령이 정하는 집단급식소의 운영자는 대통령령이 정하는 바에 따라 영양사를 두어야 한다. 다만, 집단급식소의 운영자 자신이 영양사가 되어 직접 영양의 지도에 종사하는 경우에는 그러하지 아니하다.

제36조 (조리사의 면허) 조리사가 되고자 하는 자는 국가기술자격법에 의한 해당 기술분야의 자격을 얻은 후 시장·군수 또는 구청장의 면허를 받아야 한다.

제37조 (영양사의 면허) ① 영양사가 되고자 하는 자는 다음 각호의 1에 해당하는 자로서 영양사자격시험에 합격한 후 보건복지부장관의 면허를 받아야 한다.

1. 고등교육법에 의한 학교에서 식품학 또는 영양학을 전공한 자로서 교과목 및 학점 이수 등에 관하여 보건복지부령이 정하는 요건을 갖춘 자
2. 외국에서 영양사면허를 받은 자
3. 외국의 영양사양성학교 중 보건복지부장관이 인정하는 학교를 졸업한 자

② 보건복지부장관은 제1항의 규정에 의한 자격시험의 관리를 보건복지부령이 정하는 바에 의하여 시험관리능력이 있다고 인정되는 관계 전문기관으로 하여금 하게 할 수 있다.

제38조 (결격사유) 다음 각호의 1에 해당하는 자는 조리사 또는 영양사의 면허를 받을 수 없다.

1. 정신질환자
2. 전염병환자
3. 마약 기타 약물중독자
4. 조리사 또는 영양사 면허의 취소처분을 받고 그 취소된 날부터 1년이 지나지 아니한 자

제39조 (명칭사용의 금지) 조리사 또는 영양사가 아니면 조리사 또는 영양사라는 명칭을 사용하지 못한다.

제40조 (교육) ① 보건복지부장관은 식품위생수준의 향상을 위하여 필요하다고 인정하는 경우에는 조리사 및 영양사에게 교육을 받을 것을 명할 수 있다.

② 제1항의 교육의 교육대상자 · 교육방법 기타 필요한 사항은 보건복지부령으로 정한다.

제41조 (권한의 위임 및 위탁) ① 조리사 및 영양사의 면허와 영양사의 자격시험 등에 관하여 필요한 사항은 보건복지부령으로 정한다.

② 보건복지부장관은 조리사 및 영양사에 대한 교육 등 업무의 일부를 대통령령이 정하는 바에 의하여 관계 전문기관 · 단체에 위탁할 수 있다.

第9장. 식품위생심의위원회

第42조 (식품위생심의위원회의 설치 등) 보건복지부장관·식품의약품안전청장의 자문에 응하여 다음 사항을 조사·심의하기 위하여 보건복지부에 식품위생심의위원회를 둔다.

1. 식중독방지에 관한 사항
2. 농약·중금속 등 유독·유해물질의 잔류허용기준에 관한 사항
3. 식품 등의 기준과 규격에 관한 사항
4. 국민영양의 조사·지도 및 교육에 관한 사항
5. 기타 식품위생에 관한 중요사항

第43조 (심의위원회의 조직과 운영) ① 식품 등의 국제기준 및 규격을 조사·연구하게 하기 위하여 심의위원회에 연구위원을 둘 수 있다.
② 이 법에서 정한 것 외에 심의위원회의 조직과 운영에 관하여 필요한 사항은 대통령령으로 정한다.

第10장. 식품위생단체

第1절. 동업자조합

第44조 (설립) ① 영업자는 당해영업의 건전한 발전을 도모함으로써 국민보건향상에 이바지하기 위하여 대통령령이 정하는 영업의 종류 또는 식품의 종류별로 동업자조합(이하 "조합"이라 한다)을 설립할 수 있다.
② 조합은 법인으로 한다.
③ 조합을 설립하고자 하는 경우에는 대통령령이 정하는 바에 의하여 조합원의 자격이 있는 자 10분의 1(20인을 초과하는 때에는 20인)이상의 발기인이 정관을 작성하여 보건복지부장관의 설립허가를 받아야 한다.
④ 조합은 제3항의 설립인가가 있는 날에 성립한다.
⑤ 조합은 정관이 정하는 바에 의하여 하부조직을 둘 수 있다.

第45조 (조합의 사업) 조합은 다음의 사업을 행한다.

1. 영업의 건전한 발전과 조합원 공동의 이익을 도모하는 사업

2. 조합원의 영업시설의 개선에 관한 지도
3. 조합원의 경영지도
4. 조합원 및 그 종업원의 교육훈련
5. 조합원 및 그 종업원의 복지증진을 위한 사업
6. 보건복지부장관이 위탁하는 조사 · 연구사업
7. 제1호 내지 제5호의 사업의 부대사업

第46조~第47조 삭 제

第48조 (대의원회) ① 조합원이 500인을 초과하는 조합은 정관이 정하는 바에 따라 총회에 갈음할 수 있는 대의원회를 둘 수 있다.
② 대의원은 조합원이어야 한다.

第50조 (민법의 준용) 조합에 관하여는 이 법에 규정된 것을 제외하고는 민법 중 사단법인에 관한 규정을 준용한다.

第51조 (자율지도원 등) ① 조합은 조합원의 영업시설에 관한 지도 · 경영지도 사업 등의 효율적인 수행을 위하여 자율지도원을 둘 수 있다.
② 조합의 관리 및 운영 등에 관하여 필요한 기준은 대통령령으로 정한다.

第2절. 식품공업협회

第52조 (설립) ① 식품공업의 발전과 식품위생의 향상으로 국민보건의 증진을 도모하기 위하여 한국식품공업협회(이하 "협회"라 한다)를 둔다.
② 제1항의 규정에 의하여 설립되는 협회는 법인으로 한다.
③ 협회의 회원이 될 수 있는 자는 영업자중 식품 또는 식품첨가물을 제조 · 가공하는 자로 한다.
④ 협회에 관하여는 이 법에 규정된 것을 제외하고는 민법 중 사단법인에 관한 규정을 준용한다.

第53조 (사업) 협회는 다음 사업을 행한다.
1. 식품공업에 관한 조사 · 연구

2. 식품 · 식품첨가물 및 그 원재료의 시험 · 검사업무
3. 식품위생에 관한 교육
4. 영업자 중 식품 또는 식품첨가물을 제조 · 가공하는 자의 영업시설의 개선에 관한 지도
5. 제1호 내지 제4호의 사업의 부대사업

제54조 (준용) 제51조 제1항의 규정은 협회에 관하여 이를 준용한다. 이 경우 "조합"은 "협회"로, "조합원"은 "협회의 회원"으로 본다.

제2절. 삭 제

제54조의 2～제54조의 3 삭 제

제11장. 시정명령 · 허가취소 등 행정제제

제55조 (시정명령) ① 식품의약품안전청장, 시 · 도지사, 시장 · 군수 또는 구청장은 제3조의 규정에 의한 식품 등의 위생적 취급에 관한 기준에 적합하지 아니하게 영업을 하는 자와 기타 이를 지키지 아니하는 자에 대하여 필요한 시정을 명하여야 한다.
② 식품의약품안전청장, 시 · 도지사, 시장 · 군수 또는 구청장은 제1항의 시정명령을 한 경우에는 그 영업을 관할하는 관서의 장에게 그 내용을 통보하여 그 시정명령이 이행되도록 협조를 요청할 수 있다.

제56조 (폐기처분 등) ① 식품의약품안전청장, 시 · 도지사, 시장 · 군수 또는 구청장은 영업을 하는 자가 제4조 내지 제6조, 제7조 제4항, 제8조, 제9조 제4항, 제10조 제2항, 제11조 또는 제15조의 규정에 위반한 때에는 관계공무원으로 하여금 그 식품 등을 압류 또는 폐기하게 하거나 영업을 하는 자에 대하여 식품위생상의 위해를 제거하기 위하여 용도 · 처리방법 등을 정하여 필요한 조치를 할 것을 명하여야 한다.
② 식품의약품안전청장, 시 · 도지사, 시장 · 군수 또는 구청장은 제22조 제1항 및 제5항의 규정에 의하여 허가를 받아야 하는 경우 또는 신고를 하여야 하는 경우에 그 허가를 받지 아니하거나 신고를 하지 아니하고 제조 · 가공 · 조리한 식품 또는 식품첨가물이나 이에 사용한 기구 또는 용기 · 포장 등을 관계공무원으로 하여금 압류 또는 폐기하게 할 수 있다.

③ 식품의약품안전청장, 시・도지사, 시장・군수 또는 구청장은 식품위생상의 위해가 발생하였거나 발생할 우려가 있다고 인정되는 때에는 영업자에 대하여 유통 중인 당해식품 등을 회수・폐기하게 하거나 당해 식품 등의 원료, 제조방법, 성분 또는 그 배합비율을 변경할 것을 명할 수 있다.
④ 제1항 및 제2항의 규정에 의한 압류 또는 폐기를 하는 경우에 관계공무원은 그 권한을 표시하는 증표를 지니고 관계인에게 이를 내보여야 한다.
⑤ 제1항 및 제2항의 규정에 의한 압류 또는 폐기에 관하여 필요한 사항과 제3항의 규정에 의한 회수대상 식품 등에 해당하는 기준 등은 보건복지부령으로 정한다.

제56조의 2 (위해식품 등의 공표) ① 식품의약품안전청장, 시・도지사 또는 시장・군수・구청장은 다음 각호의 어느 하나에 해당되는 때에는 해당 영업자에 대하여 그 사실의 공표를 명할 수 있다.
1. 식품위생에 관한 위해가 발생하였다고 인정되는 때
2. 제31조의 2의 규정에 의한 회수계획을 보고 받은 때
② 제1항의 규정에 의한 공표방법 기타 공표에 관하여 필요한 사항은 대통령령으로 정한다.

제57조 (시설의 개수명령 등) ① 식품의약품안전청장, 시・도지사, 시장・군수 또는 구청장은 영업자에 대하여 그 영업시설이 제21조의 규정에 의한 시설기준에 적합하지 아니한 때에는 기간을 정하여 시설의 개수를 명할 수 있다.
② 건축물의 소유자와 영업자 등이 다른 경우 건축물의 소유자는 제1항의 규정에 의한 명령에 따른 시설의 개선에 최대한 협조하여야 한다.
③ 삭 제

제58조 (허가의 취소 등) ① 식품의약품안전청장, 시・도지사, 시장・군수 또는 구청장은 영업자가 다음 각호의 1에 해당하는 때에는 대통령령이 정하는 바에 따라 영업허가를 취소하거나 6월 이내의 기간을 정하여 그 영업의 전부 또는 일부를 정지하거나, 영업소의 폐쇄(제22조 제5항의 규정에 의하여 신고한 영업에 한한다. 이하 이 조에서 같다)를 명할 수 있다.
1. 제4조 내지 제6조, 제7조 제4항, 제8조, 제9조 제4항, 제10조 제2항, 제11조, 제16조 제1항, 제19조 제1항, 제22조 제1항 후단・제4항・제5항 후단 및 제6항, 제26조 제3항, 제27조 제5항, 제29조, 제31조 또는 제34조의 규정에 위반한 때

2. 제22조 제3항의 규정에 의한 조건에 위반한 때
3. 제24조 제1항 제1호 또는 제5호에 해당하게 된 때
4. 제30조의 규정에 의한 영업자의 제한에 위반한 때
4의 2. 제31조의 2 제1항 전단의 규정에 의한 회수조치를 하지 아니한 때
4의 3. 제31조의 2 제2항의 규정에 의한 위해요소중점관리기준을 준수하지 아니한 때
5. 제55조 제1항, 제56조 제1항 및 제3항, 제56조의 2 제1항 또는 제57조 제1항의 규정에 의한 명령에 위반한 때
6. 기타 이 법 또는 이 법에 의한 명령에 위반한 때

② 식품의약품안전청장, 시·도지사, 시장·군수 또는 구청장은 영업자가 제1항의 규정에 의한 영업의 정지명령에 위반하여 계속 영업행위를 하는 때에는 그 영업의 허가를 취소하거나 영업소의 폐쇄를 명할 수 있다.

③ 식품의약품안전청장, 시·도지사, 시장·군수 또는 단체장은 영업자가 정당한 사유 없이 계속하여 6월 이상 휴업하는 때에는 그 영업의 허가를 취소하거나 영업소의 폐쇄를 명할 수 있다.

④ 제1항 및 제2항의 규정에 의한 행정처분의 세부적인 기준은 그 위반행위의 유형과 위반의 정도 등을 참작하여 보건복지부령으로 정한다.

제59조 (품목의 제조정지 등) ① 식품의약품안전청장, 시·도지사, 시장·군수 또는 구청장은 영업자가 다음 각호의 1에 해당하는 때에는 대통령령이 정하는 바에 의하여 6월 이내의 기간을 정하여 당해품목 또는 품목 류(제7조 또는 제9조의 규정에 의하여 정하여진 식품 등의 기준 및 규격 중 동일한 기준 및 규격을 적용받아 제조·가공되는 모든 품목을 말한다. 이하 같다)의 제조정지를 명할 수 있다.

1. 제7조 제4항, 제9조 제4항, 제10조 제2항, 제11조 제1항, 또는 제19조 제1항의 규정에 위반한 때
2. 기타 이 법 또는 이 법에 의한 명령에 위반한 때

② 삭 제

③ 제1항의 규정에 의한 행정처분의 세부적인 기준은 그 위반행위의 유형과 위반의 정도 등을 참작하여 보건복지부령으로 정한다.

제60조 (영업허가 등의 취소요청) ① 보건복지부장관·식품의약품안전청장은 축산물가공처리법·수산업법 또는 주세법에 의하여 허가 또는 면허를 받은 자가 제4조 내지 제6조 또는 제7조 제4항의 규정에 위반한 때에는 당해허가 또는 면허를 관할하는 중

앙행정기관의 장에게 그 허가 또는 면허의 전부 또는 일부를 취소하거나 기간을 정하여 영업을 정지시키거나 기타 위생상 필요한 조치를 할 것을 요청할 수 있다. 다만, 주류의 경우에는 보건범죄단속에 관한 특별조치법이 정한 유해기준에 해당하는 경우에 한한다.

② 제1항의 규정에 의하여 요청을 받은 관계중앙행정기관의 장은 특별한 사유가 없는 한 이에 응하여야 한다.

第61조 (행정제재처분효과의 승계) 영업자가 그 영업을 양도하거나 법인의 합병이 있는 때에는 종전의 영업자에 대하여 제58조 제1항 각호 · 동조 제2항 또는 제59조 제1항 각호의 위반을 사유로 행한 행정제재처분의 효과는 그 처분기간이 만료된 날로부터 1년간 양수인 또는 합병 후 존속하는 법인에 승계되며, 행정제재처분의 절차가 진행 중인 때에는 양수인 또는 합병 후 존속하는 법인에 대하여 행정제재처분의 절차를 속행할 수 있다. 다만, 양수인 또는 합병 후 존속하는 법인이 양수 또는 합병 시에 그 처분 또는 위반사실을 알지 못하였음을 증명하는 때에는 그러하지 아니하다.

第62조 (폐쇄조치 등) ① 식품의약품안전청장, 시 · 도지사, 시장 · 군수 또는 구청장은 제22조 제1항 또는 제5항의 규정에 위반하여 허가를 받지 아니하거나 신고를 하지 아니하고 영업을 하는 때 또는 제58조 제1항 또는 제2항의 규정에 의하여 허가가 취소되거나 영업소의 폐쇄명령을 받은 후에 계속하여 영업을 하는 때에는 관계공무원으로 하여금 당해영업소를 폐쇄하기 위하여 다음의 조치를 하게 할 수 있다.

1. 당해영업소의 간판 기타 영업표식물의 제거 · 삭제
2. 당해영업소가 적법한 영업소가 아님을 알리는 게시문 등의 부착
3. 당해영업소의 시설물 기타 영업에 사용하는 기구 등을 사용할 수 없게 하는 봉인

② 식품의약품안전청장, 시 · 도지사, 시장 · 군수 또는 구청장은 제1항 제3호의 규정에 의한 봉인을 한 후 봉인을 계속할 필요가 없다고 인정되거나 당해영업을 하는 자 또는 그 대리인이 당해영업소를 폐쇄할 것을 약속하거나 기타 정당한 사유를 들어 봉인의 해제를 요청하는 때에는 봉인을 해제할 수 있다. 제1항 제2호의 규정에 의한 게시문 등의 경우에도 또한 같다.

③ 식품의약품안전청장, 시 · 도지사, 시장 · 군수 또는 구청장은 제1항의 규정에 의한 조치를 하고자 하는 경우에는 미리 이를 당해영업을 하는 자 또는 그 대리인에게 서면으로 알려주어야 한다. 다만, 급박한 사유가 있는 경우에는 그러하지 아니하다.

④ 제1항의 규정에 의한 조치는 그 영업을 할 수 없게 함에 필요한 최소한의 범위에

그쳐야 한다.

⑤ 제1항의 경우에 관계공무원은 그 권한을 표시하는 증표를 지니고 관계인에게 이를 내보여야 한다.

第63조 (면허취소 등) ① 보건복지부장관 또는 시장・군수・구청장은 조리사 또는 영양사가 다음 각호의 1에 해당하는 때에는 그 면허를 취소하거나 6월 이내의 기간을 정하여 그 업무의 정지를 명할 수 있다.

1. 제38조 각호의 1에 해당하게 된 때
2. 영양사가 그 직무를 행하거나 조리사가 그 조리업무에 행함에 있어서 식중독 그 밖의 위생에 관한 중대사고 발생에 책임이 있는 때
3. 면허를 타인에게 대여하여 이를 사용하게 한 때
4. 기타 이 법 또는 이 법에 의한 명령에 위반한 때

② 제1항의 규정에 의한 행정처분의 세부적인 기준은 그 위반행위의 유형과 위반의 정도 등을 참작하여 보건복지부령으로 정한다.

第64조 (청문) 식품의약품안전청장, 시・도지사, 시장・군수 또는 구청장은 다음 각호의 1에 해당하는 처분을 하고자 하는 경우에는 청문을 실시하여야 한다.

1. 제18조 제3항의 규정에 의한 식품위생검사기관의 지정취소

1의 2. 제32조의 2 제6항의 규정에 의한 위해요소중점관리기준 적용업소의 지정취소

1의 3. 제58조 제1항 내지 제3항의 규정에 의한 영업허가의 취소나 영업소의 폐쇄명령

2. 제63조 제1항의 규정에 의한 면허의 취소

第65조 (과징금 처분) ① 식품의약품안전청장, 시・도지사, 시장・군수 또는 구청장은 영업자가 제58조 제1항 각호 또는 제59조 제1항 각호의 1에 해당하는 때에는 대통령이 정하는 바에 의하여 영업정지, 품목제조정지 또는 품목류 제조정지 처분에 갈음하여 2억원 이하의 과징금을 부과할 수 있다. 다만, 제6조의 규정에 위반하여 제58조 제1항에 해당하는 경우와, 제4조・제5조・제7조・제10조・제11조・제22조・제29조 내지 제31조의 규정에 위반하여 제58조 제1항 또는 제59조 제1항에 해당하는 중대한 사항으로서 보건복지부령이 정하는 경우를 제외한다.

② 제1항의 규정에 의한 과징금을 부과하는 위반행위의 종별・정도 등에 따른 과징금의 금액 기타 필요한 사항은 대통령령령으로 정한다.

③ 식품의약품안전청장, 시・도지사 또는 시장・군수・구청장은 과징금의 징수를 위

하여 필요한 때에는 다음 각호의 사항을 기재한 문서에 의하여 관할 세무관서의 장에게 과세정보의 제공을 요청할 수 있다.
1. 납세자의 인적사항
2. 사용목적
3. 과징금 부과기준이 되는 매출금액
④ 식품의약품안전청장, 시·도지사, 시장·군수 또는 구청장은 제1항의 규정에 의한 과징금을 기한 내에 납부하지 아니하는 때에는 대통령령이 정하는 바에 따라 제1항의 규정에 의한 과징금부과처분을 취소하고 제58조 제1항 또는 제59조 제1항의 규정에 의한 영업정지 또는 제조정지 처분을 하여야 한다. 다만, 제22조 제4항 및 제5항의 규정에 의한 폐업 등으로 제58조 제1항 또는 제59조 제1항의 규정에 의한 영업정지 또는 제조정지 처분을 할 수 없는 때에는 국세 또는 지방세의 체납처분의 예에 따라 이를 징수한다.
⑤ 제1항 및 제4항 단서의 규정에 의하여 징수한 과징금 중 식품의약품안전청장이 부과·징수한 과징금은 국가에 귀속되고, 시·도지사가 부과·징수한 과징금은 시·도의 식품진흥기금(제71조의 규정에 의한 식품진흥기금을 말한다. 이하 이 항에서 같다)에 귀속되며, 시장·군수 또는 구청장이 부과·징수한 과징금은 시·도 및 시·군·구의 식품진흥기금에 귀속된다. 이 경우 시·도 및 시·군·구에의 귀속방법 등에 관하여는 대통령령으로 정한다.
⑥ 시·도지사는 제72조의 규정에 의하여 시장·군수 또는 구청장에게 제1항의 규정에 의한 과징금의 부과·징수권한을 위임한 경우에는 그 소요경비를 대통령령이 정하는 바에 의하여 시장·군수 또는 구청장에게 교부할 수 있다.

제65조의 2 (위반사실의 공표) 식품의약품안전청장, 시·도지사 또는 시장·군수·구청장은 제56조·제58조·제59조·제62조 또는 제65조의 규정에 의하여 행정처분이 확정된 영업자에 대한 처분내용, 해당 영업소와 식품 등의 명칭 등 처분과 관련한 영업정보를 대통령이 정하는 바에 따라 공표하여야 한다.

제12장. 보칙

제66조 (국고보조) 보건복지부장관·식품의약품안전청장은 예산의 범위 안에서 다음의 경비의 전부 또는 일부를 보조할 수 있다.
1. 제17조 제1항(제69조에서 준용하는 경우를 포함한다)의 규정에 의한 수거에 소요되

는 경비

2. 제18조의 규정에 의하여 지정된 식품위생검사기관에서의 검사와 실험에 소요되는 경비
3. 조합 및 연구원의 교육훈련에 소요되는 경비
4. 제20조 제1항의 규정에 의한 식품위생감시원 및 제20조의 2의 규정에 의한 소비자식품위생감시원의 운영에 소요되는 경비
5. 제45조 제6호의 규정에 의한 조사ㆍ연구사업에 소요되는 경비
6. 제51조 제1항(제54조에서 준용하는 경우를 포함한다)의 규정에 의한 조합의 자율지도원의 운영에 소요되는 경비
7. 제56조(제69조에서 준용하는 경우를 포함한다)의 규정에 의한 폐기에 소요되는 경비
8. 삭 제

제67조 (식중독에 관한 조사보고) ① 다음 각호의 어느 하나에 해당하는 자는 지체 없이 관할 보건소장 또는 보건지소 장에게 보고하여야 한다. 이 경우 의사 또는 한의사는 대통령령이 정하는 바에 따라 식중독 환자 또는 식중독의 의심이 있는 자의 혈액ㆍ배설물의 보관에 필요한 조치를 취해야 한다.

1. 식중독 환자 또는 그 의심이 있는 자를 진단하였거나 그 사체를 검안한 의사 또는 한의사
2. 집단급식소에서 제공된 식품 등으로 인하여 식중독 환자 또는 그 의심이 있는 자를 발견한 집단급식소의 설치ㆍ운영자

② 보건소장 또는 보건지소 장은 제1항의 규정에 의한 보고를 받은 때에는 대통령령이 정하는 바에 따라 지체 없이 그 사실을 조사하고 시ㆍ도지사에게 보고하여야 한다. 이 경우 보건지소 장은 보건소장을, 보건소장은 시장ㆍ군수 또는 구청장을 거쳐야 한다.
③ 시ㆍ도지사는 제2항의 규정에 의한 보고를 받은 때에는 대통령령이 정하는 바에 따라 지체 없이 보건복지부장관ㆍ식품의약품안전청장에게 보고하여야 한다.
④ 제2항 및 제3항의 규정에 불구하고 보건소장은 제1항의 규정에 의하여 보고받은 사실이 중대하다고 인정하는 경우에는 이를 보건복지부장관ㆍ식품의약품안전청장, 시ㆍ도지사, 시장ㆍ군수ㆍ구청장에게 각각 보고하여야 한다.

제68조 삭 제

第69조 (집단급식소) ① 집단급식소를 설치・운영하고자 하는 자는 보건복지부령이 정하는 바에 따라 시장・군수・구청장에게 신고하여야 한다.

② 집단급식소를 설치・운영하는 자는 집단급식소 시설의 유지・관리 등 급식의 위생적 관리를 위하여 다음 각호의 사항을 준수하여야 한다.

1. 식중독 환자가 발생하지 아니하도록 위생관리를 철저히 할 것
2. 조리한 식품의 매회 1인분 분량을 보건복지부령이 정하는 바에 따라 72시간 이상 보관 할 것
3. 영양사를 두고 있는 경우에는 그 영양사의 업무를 방해하지 아니할 것
4. 영양사를 두고 있는 경우 그 영양사로부터 집단급식소의 위생관리에 필요한 요청을 받은 때에는 정당한 사유가 없는 한 이에 응할 것
5. 그 밖에 식품 등의 위생적 관리를 위하여 필요한 사항으로서 보건복지부령이 정하는 사항을 준수할 것

③ 제3조 내지 제6조, 제7조 제4항, 제8조, 제9조 제4항, 제10조 제2항, 제17조, 제26조, 제27조, 제32조의 2, 제55조, 제56조 및 제57조의 규정은 집단급식소의 경우에 이를 준용한다.

④ 집단급식소의 시설기준 그 밖의 운영에 관한 사항은 보건복지부령으로 정한다.

第70조 삭 제

第71조 (식품진흥기금) ① 식품위생 및 국민영양의 수준의 향상을 위한 사업을 수행하는데 필요한 재원에 충당하기 위하여 시・도 및 시・군・구에 식품진흥기금(이하 "기금"이라 한다)을 설치한다.

② 기금은 다음의 재원으로 조성한다.

1. 식품위생단체의 출연금
2. 제65조 및 건강기능식품에 관한법률 제37조의 규정에 의하여 징수한 과징금
3. 기금의 운용으로 생기는 수익금
4. 기타 대통령령이 정하는 수입금

③ 기금은 다음의 사업에 사용한다.

1. 영업자(건강기능식품에 관한법률에 의한 영업자를 포함한다)의 위생관리시설개선을 위한 융자사업
2. 식품위생에 관한 교육・홍보사업(소비자 단체의 교육・홍보에 대한 지원을 포함한다) 및 소비자식품위생감시원의 교육・활동지원

3. 식품위생 및 국민영양에 관한 조사 · 연구사업
4. 제71조의 2의 규정에 의한 포상금지급의 지원
5. 식품위생교육 · 연구기관의 육성 및 지원
6. 음식문화의 개선 및 좋은 식단 실천을 위한 사업의 지원
7. 그 밖에 식품위생, 국민영양, 식품산업진흥 및 건강기능식품에 관한 사업으로서 대통령령이 정하는 사업

④ 기금은 시 · 도지사 및 시장 · 군수 · 구청장이 관리 · 운영하되, 그에 필요한 사항은 대통령령으로 정한다.

第71조의 2 (포상금 지급) 식품의약품안전청장, 시 · 도지사 또는 시장 · 군수 · 구청장은 이 법의 위반행위를 신고한 자에 대하여 1천만 원 이하의 범위 안에서 보건복지부령이 정하는 기준에 따라 포상금을 지급할 수 있다.

第72조 (위임) 이 법에 의한 보건복지부장관 · 식품의약품안전청장의 권한은 그 일부를 시 · 도지사 또는 지방식품의약품안전청장에게, 시 · 도지사의 권한은 그 일부를 시장 · 군수 또는 구청장 또는 보건소장에게 대통령령이 정하는 바에 의하여 각각 위임할 수 있다.

第73조 (수수료) 다음 각호의 1에 해당하는 자는 보건복지부령이 정하는 수수료를 납부하여야 한다.

1. 제15조의 규정에 의한 안전성 평가를 받은 자
2. 제16조 제1항의 규정에 의한 식품 등의 수입신고를 하는 자
3. 제16조 제2항의 규정에 의한 검사를 받거나 동조 제3항의 규정에 의한 수입식품 등 사전확인등록을 신청하는 자
4. 제18조의 규정에 의한 식품위생검사기관의 지정을 신청하는 자
5. 제22조의 규정에 의한 허가를 받거나 신고를 하는 자
6. 제27조 또는 제32조의 2 제4항의 규정에 의한 교육 또는 교육훈련을 받은 자
7. 제32조의 2 제3항의 규정에 의한 위해요소중점관리기준 적용업소의 지정을 신청하는 자
8. 제36조 및 제37조의 규정에 의한 조리사 및 영양사의 면허를 받는 자
9. 제69조의 규정에 의한 집단급식소의 설치 · 운영을 신고하는 자

제13장. 벌칙

제74조 (벌칙) ① 대통령령이 정하는 질병에 걸린 동물 또는 마황(麻黃)·부자(附子) 등 대통령령이 정하는 원료·성분 등을 사용하여 판매의 목적으로 식품 또는 식품첨가물을 제조·가공 또는 조리한 자는 1년 이상의 징역에 처한다.
② 제1항의 경우에 제조·가공·조리된 식품 또는 식품첨가물을 판매한 때에는 그 소매가격의 2배 이상 5배 이하에 상당하는 벌금을 병과 한다.

제74조의 2 (벌칙) 제4조 내지 제6조(제69조에서 준용하는 경우를 포함한다)·제8조(제69조에서 준용하는 경우를 포함한다) 또는 제22조 제1항의 규정에 위반한 자는 7년 이하의 징역 또는 1억원 이하의 벌금에 처하거나 이를 병과 할 수 있다.

제75조 (벌칙) 다음 각호의 1에 해당하는 자는 5년 이하의 징역 또는 5천만원이하의 벌금에 처하거나 이를 병과 할 수 있다.
1. 제7조 제4항(제69조에서 준용하는 경우를 포함한다), 제9조 제4항(제69조에서 준용하는 경우를 포함한다) 또는 제16조 제1항의 규정에 위반한 자
2. 제30조의 규정에 의한 영업의 제한에 위반한 자
3. 제56조 제1항·제3항(제69조에서 준용하는 경우를 포함한다) 또는 제56조의2 제1항의 규정에 의한 명령에 위반한 자
4. 제58조 제1항의 규정에 의한 영업정지명령에 위반하여 영업을 계속한 자(제22조 제1항의 규정에 의한 영업의 허가를 받은 자에 한한다)

제76조 (벌칙) 제34조 또는 제35조의 규정에 위반한 자는 3년 이하의 징역 또는 3천만원이하의 벌금에 처하거나 이를 병과 할 수 있다.

제77조 (벌칙) 다음 각호의 1에 해당하는 자는 3년 이하의 징역 또는 3천만원이하의 벌금에 처한다.
1. 제10조 제2항(제69조에서 준용하는 경우를 포함한다), 제11조 제1항, 제19조 제1항, 제22조 제4항·제5항, 제25조 제3항 또는 제39조의 규정에 위반한 자
2. 제16조 제2항, 제17조 제1항(제69조에서 준용하는 경우를 포함한다) 또는 제56조 제1항 및 제2항(제69조에서 준용하는 경우를 포함한다)의 규정에 의한 검사·출입·수거 또는 압류를 거부하거나 방해 또는 기피한 자

2의 2. 제20조의 3 제4항의 규정을 위반한 자
3. 제21조(제69조에서 준용하는 경우를 포함한다)의 규정에 의한 시설기준 또는 제22조 제3항의 규정에 의한 조건에 위반한 영업자
4. 삭 제
5. 제29조 제1항 또는 제31조 제1항의 규정에 의한 영업자가 지켜야 할 사항을 지키지 아니한 자
6. 제58조 제1항의 규정에 의한 영업정지명령에 위반하여 계속 영업을 한 자(제22조 제5항의 규정에 의하여 영업의 신고를 한 자에 한한다) 또는 동조 제1항 및 제2항의 규정에 의한 영업소의 폐쇄명령 위반하여 영업을 계속한 자
7. 제59조 제1항의 규정에 의한 제조정지명령에 위반한 자
8. 제62조 제1항의 규정에 의하여 관계공무원이 부착한 봉인·게시문 등을 함부로 제거 또는 손상한 자

제78조 (과태료) ① 다음 각호의 1에 해당하는 자에 대하여는 500만 원 이하의 과태료에 처한다.
1. 제3조, 제26조 제1항 및 제3항(제69조에서 준용하는 경우를 포함한다), 제27조 제1항 및 제5항(제69조에서 준용하는 경우를 포함한다) 또는 제67조 제1항의 규정에 위반한 자
1의 2. 제20조의 3 제5항의 규정을 위반하여 보고를 하지 아니하거나 허위로 보고를 한 자
2. 제22조 제6항의 규정에 위반하여 보고를 하지 아니하거나 허위로 보고를 한 자
3. 제29조 제2항의 규정에 위반하여 보고를 하지 아니하거나 허위의 보고를 한 자
3의 2. 제31조의 2 제1항 후단의 규정을 위반하여 보고를 하지 아니하거나 허위로 보고를 한자
3의 3. 제32조의 2 제7항(제69조에서 준용하는 경우를 포함한다)의 규정을 위반한 자
4. 제57조 제1항(제69조에서 준용하는 경우를 포함한다)의 규정에 의한 명령에 위반한 자
5. 제69조 제1항의 규정에 위반하여 신고를 하지 아니하거나 허위의 신고를 한 자
6. 제69조 제2항의 규정을 위반한 자

② 제1항의 규정에 의한 과태료는 대통령령이 정하는 바에 따라 식품의약품안전청장, 시·도지사, 시장·군수 또는 단체장이 부과·징수한다.

③ 제2항의 규정에 의한 과태료처분에 불복이 있는 자는 그 처분을 고지 받은 날부터 30일 이내에 식품의약품안전청장, 시·도지사, 시장·군수 또는 구청장에게 이의를

제기할 수 있다.
④ 제2항의 규정에 의한 과태료처분을 받은 자가 제3항의 규정에 의하여 이의를 제기한 때에는 식품의약품안전청장, 시・도지사, 시장・군수 또는 구청장은 지체 없이 관할법원에 그 사실을 통보하여야 하며 그 통보를 받은 관할법원은 비공사건절차법에 의한 과태료의 재판을 한다.
⑤ 제3항의 규정에 의한 기간 내에 이의를 제기하지 아니하고 과태료를 납부하지 아니한 때에는 국세 또는 지방세의 체납처분의 예에 의하여 이를 징수한다.

第79조 (양벌규정) 법인의 대표자나 법인 또는 개인의 대리인・사용인 기타의 종업원이 그 법인 또는 개인의 업무에 관하여 제74조 내지 제77조의 위반행위를 한 때에는 그 행위자를 벌하는 외에 그 법인이나 개인에 대하여도 해당각조의 벌금형을 부과한다.

第80조 (과태료에 관한 규정적용의 특례) 제78조 과태료에 관한 규정을 적용함에 있어서 제65조의 규정에 의하여 과징금을 부과한 행위에 대하여는 과태료를 부과할 수 없다. 다만, 제65조 제4항 본문의 규정에 의하여 과징금 부과처분을 취소하고 영업정지 또는 제조정지처분을 한 경우에는 그러하지 아니하다.

2 식품위생법시행령(일부개정 2005. 7. 27 대통령령 제18978호)

제1조 (목적) 이 영은「식품위생법」에서 위임된 사항과 그 시행에 관하여 필요한 사항을 규정함을 목적으로 한다.

제2조 (집단급식소의 범위)「식품위생법」(이하 "법"이라 한다) 제2조 제9호의 규정에 의한 집단급식소는 상시 1회 50인 이상에게 식사를 제공하는 급식소를 말한다.

제2조의 2 (위해평가의 대상 등) ① 법 제13조 제1항의 규정에 의한 식품, 식품첨가물, 기구 또는 용기・포장(이하 "식품 등"이라 한다)의 위해평가(이하 "위해평가"라 한다)의 대상・방법 및 절차는 다음 각호와 같다.
1. 위해평가의 대상
 가. 국제식품규격위원회 등 국제기구 또는 외국의 정부가 인체의 건강을 해할 우려가

있다고 인정하여 판매 또는 판매의 목적으로 채취 · 제조 · 수입 · 가공 · 조리 · 저장 · 운반 · 진열 등을 금지하거나 제한한 식품 등

나. 국내 · 외의 연구 · 검사기관에서 인체의 건강을 해할 우려가 있는 원료 또는 성분 등을 검출한 식품 등

다. 「소비자보호법」 제19조의 규정에 의하여 등록한 소비자단체 또는 식품관련학회가 위해평가를 요청한 식품 등으로 법제42조의 규정에 의한 식품위생심의위원회(이하 "심의위원회"라 한다)가 인체의 건강을 해할 우려가 있다고 인정한 식품 등

라. 새로운 원료 · 성분 또는 기술을 사용하여 생산 · 제조 · 조합되거나 안전성에 대한 기준 및 규격이 정하여지지 아니하여 인체의 건강을 해할 우려가 있는 식품 등

2. 평가대상인 유해요소

가. 잔류농약, 중금속, 식품첨가물, 잔류 동물용의약품, 환경오염물질 및 제조 · 가공 · 조리 과정에서 생산되는 물질 등 화학적 요인

나. 식품 등의 형태 및 이물(異物) 등 물리적 요인

다. 식중독 유발세균 등 미생물적 요인

3. 위해평가의 방법 및 절차

가. 위해평가는 위해요소의 인체 내 독성을 확인하는 위험성 확인과정, 위해요소의 인체노출 허용량을 산출하는 위험성 결정과정, 위해요소가 인체에 노출된 양을 산출하는 노출평가과정 및 위험성 확인과정 · 위험성 결정과정 · 노출평가과정의 결과를 종합하여 당해 식품 등이 건강에 미치는 영향을 판단하는 위해도(危害度) 결정과정을 순차적으로 거친다. 다만, 식품의약품안전청장이 현재의 기술수준이나 위해요소의 특성에 따라 별도의 방법을 정한 경우에는 그에 따를 수 있다.

나. 식품의약품안전청장은 제1호의 규정에 의한 위해평가의 대상에 대하여 국제식품규격위원회 등 국제기구 또는 국내 · 외의 연구 · 검사기관에서 이미 위해평가를 실시하였거나 위해요소에 대한 과학적 시험 · 분석 자료가 있는 경우에는 심의위원회의 심의 · 의결을 거쳐 그 평가결과 또는 시험 · 분석 자료를 심의위원회의 위해평가결과로 갈음할 수 있다.

② 제1항의 규정에 의한 위해평가의 세부적인 방법, 기준 및 절차 등에 관하여 필요한 사항은 식품의약품안전청장이 정하여 고시한다.

제2조의 3 (위해평가에 관한 이해관계인 범위) 법 제13조 제4항에서 "대통령령이 정하는 이해관계인"이라 함은 법 제13조 제2항의 규정에 의한 일시금지조치로 인하여 영업상의 불이익을 받았거나 받게 되는 영업자를 말한다.

제3조 (유전자재조합식품의 안전성 평가) 법 제15조 제1항에서 "대통령령이 정하는 경우"라 함은 다음 각호의 경우를 말한다.

1. 최초로 유전자재조합식품을 수입하거나 개발 또는 생산하는 경우
2. 안전성 평가를 받은 후 10년이 경과한 유전자재조합식품으로서 시중에 유통되어 판매되고 있는 경우
3. 그 밖에 안전성 평가를 받은 후 10년이 경과하지 아니한 유전자재조합식품으로서 식품의약품안전청장이 새로운 위해요인이 발견되었다는 등의 사유로 인체의 건강을 해할 우려가 있다고 인정하여 심의위원회의 심의를 거쳐 고시하는 경우

제3조의 2 (특정식품 등의 판매 등 금지조치에 관한 이해관계인의 범위) 법 제16조의 2 제3항에서 "대통령령이 정하는 이해관계인"이라 함은 법 제16조의 2 제1항의 규정에 의한 수입·판매 등의 금지조치로 인하여 영업상의 불이익을 받았거나 받게 되는 영업자를 말한다.

제3조의 3 (출입·검사·수거 등) 법 제17조 제1항에서 "대통령령이 정하는 그 소속기관의 장"이라 함은 「식품의약품안전청과 그 소속기관 직제」 제20조 제1항의 규정에 의한 지방식품의약품안전청을 말한다.

제3조의 4 (행정응원의 절차 등) ① 법 제17조 제2항의 규정에 의하여 보건복지부장관 또는 식품의약품안전청장이 다른 관할구역의 특별시장·광역시장·도지사(이하 "시·도지사"라 한다) 또는 시장·군수·구청장(자치구의 구청장을 말한다. 이와 같다)에게 행정응원을 요청하는 때에는 응원이 필요한 대상지역, 업무수행의 내용, 위생 점검반의 편성 및 운영에 관한 계획을 수립하여 이를 통보한다.

② 제1항의 규정에 의한 행정응원 업무를 수행하는 공무원은 당해 행정응원을 요청한 보건복지부장관 또는 식품의약품안전청장의 지휘·감독을 받는다.

③ 제1항의 규정에 의한 행정응원에 소요되는 비용은 행정응원을 요청한 보건복지부장관 또는 식품의약품안전청장이 부담 한다.

제4조 (식품 등의 재검사) ① 법 제17조의 2 제1항의 규정에 의하여 당해 식품 등이 법 제7조 제1항 또는 법 제9조 제1항의 규정에 의한 식품 등의 기준 및 규격에 적합하지 아니한 경우로서 적정한 검사를 위하여 필요한 때라 함은 법 제7조 제1항 또는 법 제9조 제1항의 규정에 의한 식품 등의 기준 및 규격으로 고시된 검사방법이 2이상인

경우로서 각각의 방법으로 검사한 결과가 서로 다르게 나타난 때를 말한다.

② 법 제17조의 2 제1항의 규정에 의하여 보건복지부장관 · 식품의약품안전청장, 시 · 도지사 또는 시장 · 군수 · 구청장은 당해 영업자에게 당해 검사에 적용한 검사방법, 검체의 채취 · 취급방법 및 검사결과를 당해 검사성적서 또는 검사증명서가 작성된 날부터 7일 이내에 통보하여야 한다.

③ 법 제17조의 2 제2항의 규정에 의한 재검사의 요청을 받은 보건복지부장관 · 식품의약품안전청장, 시 · 도지사, 시장 · 군수 또는 구청장은 다음 각호의 1에 해당하는 경우에는 재검사를 실시할 수 있다.

1. 법 제7조 제1항 또는 법 제9조 제1항의 규정에 의한 식품 등의 기준 및 규격으로 고시된 검사방법 또는 보건복지부장관 · 식품의약품안전청장이 인정하는 검사방법에 따라 검사한 검사성적서 또는 검사증명서가 제출된 경우
2. 보건복지부장관 · 식품의약품안전청장, 시 · 도지사, 시장 · 군수 또는 구청장이 행한 검체의 채취 및 취급방법, 검사방법 또는 검사과정 등이 법 제7조 제1항 또는 법 제9조 제1항의 규정에 의한 식품 등의 기준 및 규격에 위반된다고 인정되는 경우

④ 보건복지부장관 · 식품의약품안전청장, 시 · 도지사, 시장 · 군수 또는 구청장은 법 제17조의 2 제3항의 규정에 의하여 재검사를 할 것인지 여부를 결정한 때에는 재검사의 요청을 받은 날부터 7일 이내에 그 결과를 당해 영업자에게 통보하여야 하며, 법 제17조의 2 제4항의 규정에 의하여 재검사를 실시한 때에는 재검사의 실시를 통보한 날부터 18일 이내에 그 결과를 당해 영업자에게 통보하여야 한다.

⑤ 제3항의 규정에 의한 재검사의 실시방법 · 절차 기타 재검사에 관하여 필요한 사항은 보건복지부령으로 정한다.

제5조 (식품위생감시원의 자격 및 임명) ① 법 제20조 제1항에서 "대통령령이 정하는 그 소속기관"이라 함은 「식품의약품안전청과 그 소속기관 직제」 제2조 제2항의 규정에 의한 지방식품의약품안전청을 말 한다

② 법 제20조 제1항의 규정에 의한 식품위생감시원은 식품의약품안전청장, 시 · 도지사, 시장 · 군수 또는 구청장이 다음 각호의 1에 해당하는 소속공무원 중에서 임명한다.

1. 삭 제
2. 위생사, 식품기술사 · 식품기사 · 식품산업기사 · 수산제조기술사 · 수산제조기사 · 수산제조산업기사 또는 영양사
3. 전문대학 또는 대학에서 의학 · 한의학 · 약학 · 한약학 · 수의학 · 축산학 · 축산가공

학·수산제조학·농산제조학·농화학·화학·화학공학·식품가공학·식품화학·식품제조학·식품공학·식품과학·식품영양학·위생학·발효공학·미생물학·조리학·생물학분야의 학과 또는 학부를 이수하여 졸업한 자 또는 이와 동등이상의 자격이 있는 자

4. 외국에서 위생사 또는 식품제조기사의 면허를 받은 자나 제1호 또는 제3호와 동등한 과정을 졸업한 자로서 식품의약품안전청장이 적당하다고 인정하는 자
5. 1년 이상 식품위생행정에 관한 사무에 종사한 경험이 있는 자

② 식품의약품안전청장, 시·도지사 또는 시장·군수·구청장은 제1항 각호의 요건에 해당하는 자만으로는 식품위생감시원의 인력확보가 곤란하다고 인정될 때에는 식품위생행정에 종사하는 자중 소정의 교육을 2주 이상 받은 자에 대하여 그 식품위생행정에 종사하는 기간동안 식품위생감시원의 자격을 인정할 수 있다.

제6조 (식품위생감시원의 직무) 법 제20조 제2항의 규정에 의한 식품위생감시원의 직무는 다음 각 호와 같다.

1. 식품 등의 위생적 취급기준의 이행지도
2. 수입·판매 또는 사용 등이 금지된 식품 등의 취급여부에 관한 단속
3. 표시기준 또는 과대광고 금지의 위반여부에 관한 단속
4. 출입·검사 및 검사에 필요한 식품 등의 수거
5. 시설기준의 적합여부의 확인·검사
6. 영업자 및 종업원의 건강진단 및 위생교육의 이행여부의 확인·지도
7. 조리사·영양사의 법령준수사항 이행여부의 확인·지도
8. 행정처분의 이행여부 확인
9. 식품 등의 압류·폐기 등
10. 영업소의 폐쇄를 위한 간판제거 등의 조치
11. 기타 영업자의 법령이행여부에 관한 확인·지도

제6조의 2 (소비자식품위생감시원의 자격 등) ① 법 제20조의 2 제1항의 규정에 의한 소비자식품위생감시원(이하 "소비자식품위생감시원"이라 한다)이 될 수 있는 자는 다음 각호의 어느 하나에 해당하는 자로 한다.

1. 식품의약품안전청장이 고시하는 교육과정을 이수한 자
2. 제5조 제2항 제2호 내지 제5호에서 정하고 있는 자격에 해당하는 자

② 법 제20조의 2 제2항 제4호에서 "대통령령이 정하는 사항"이라 함은 법 제20조의

규정에 의한 식품위생감시원이 행하는 법 제21조 제1항 제3호의 규정에 의한 식품접객업을 하는 자(이하 "식품접객영업자"라 한다)에 대한 행정처분의 이행여부 확인을 지원하는 업무를 말한다.

③ 법 제20조의 2 제4항의 규정에 의하여 식품의약품안전청장, 시・도지사 또는 시장・군수・구청장은 위촉한 소비자식품위생감시원에 대하여 매 반기별로 식품위생법령 및 위해식품 식별 등에 관한 교육을 실시하고, 소비자식품위생감시원이 직무를 수행하기 전에 그 직무에 관한 교육을 실시하여야 한다.

④ 식품의약품안전청장, 시・도지사 또는 시장・군수・구청장은 소비자식품위생감시원의 활동지원을 위하여 예산 및 법 제71조의 규정에 의한 식품진흥기금(이하 "기금"이라 한다)의 범위 안에서 식품의약품안전청장이 정하는 바에 따라 수당 등을 지급할 수 있다.

⑤ 법 제20조의 2 제6항의 규정에 의한 단독출입의 승인절차와 이 영에 정한 것 외의 소비자식품위생감시원의 운영에 관한 사항은 식품의약품안전청장이 정하여 고시하고, 법 제20조의 2 제7항의 규정에 의한 단독출입시의 승인서 및 증표의 서식은 보건복지부령으로 정한다.

제6조의 3 (시민식품감사인 위촉 등) ① 법 제20조의 3 제1항의 규정에 의하여 시민식품감사인을 위촉할 수 있는 영업자는 다음 각호의 영업허가를 받거나 신고를 한 자를 한다.

1. 제7조 제1호의 규정에 의한 식품제조・가공업
2. 제7조 제3호의 규정에 의한 식품첨가제조업

② 법 제20조의 3 제1항 제1호 및 제2호의 규정에 의한 소비자단체의 장 및 식품위생관련단체의 장은 시민식품감사인을 추천하고자 하는 때에는 제5조 제2항 제2호 내지 제5호에서 정하고 있는 자격의 어느 하나를 갖춘 자를 추천하여야 한다.

③ 제1항의 규정에 의한 영업자가 시민식품감사인을 위촉하고자 하는 경우에는 제1항 제1호의 규정에 의한 영업자는 시・도지사에게, 제1항 제2호의 규정에 의한 영업자는 식품의약품안전청장에게 각각 지정을 신청하여야 한다.

④ 제3항의 규정에 의하여 지정신청을 받은 식품의약품안전청장 또는 시・도지사는 법 제20조의 3 제1항의 규정에 의하여 시민식품감사인이 될 수 있는 자격을 갖춘 자를 2인 이상 지정하여 영업자에게 통보하여야 하고, 영업자는 그 중 1인을 위촉한다.

⑤ 법 제20조의 3 제7항의 규정에 의한 시민식품감사인의 직무는 다음 각호와 같다.

1. 법 제3조의 규정에 의한 식품 등의 위생적 취급기준의 이행여부에 관한 점검

2. 수입·판매 또는 사용 등이 금지된 식품 등의 취급여부에 관한 점검
3. 법 제10조의 규정에 의한 표시기준 또는 법 제11조의 규정에 의한 허위표시 등의 금지의 위반여부에 관한 점검
4. 법 제19조의 규정에 의한 자가 품질검사 실시여부의 확인·점검
5. 법 제21조의 규정에 의한 시설기준의 적합여부의 확인·점검
6. 법 제26조의 규정에 의한 건강진단 및 법 제27조의 규정에 의한 위생교육의 이행여부의 확인·점검

⑥ 제1항 내지 제4항의 규정에 정한 것 외에 시민식품감사인의 위촉절차, 위촉방법 및 직무수행 보고 등에 관하여 필요한 사항은 보건복지부령으로 정한다.

제7조 (영업의 종류) 법 제21조 제2항의 규정에 의한 영업의 세부종류와 그 범위는 다음 각호와 같다.

1. 식품제조·가공업 : 식품을 제조·가공하는 영업
2. 즉석판매제조·가공업 : 보건복지부령이 정하는 식품을 제조·가공업소 내에서 직접 최종소비자에게 판매하는 영업
3. 식품첨가물제조업은 다음 각목의 영업을 말한다.

가: 감미료·착색료·표백제 등의 화학적합성품을 제조·가공하는 영업
나. 천연의 물질로부터 유용한 성분을 추출하는 등의 방법으로 얻은 물질을 제조·가공하는 영업
다. 식품첨가물의 혼합제재를 제조·가공하는 영업
라. 기구 및 용기·포장의 살균·소독의 목적에 사용되어 간접적으로 식품에 이행 될 수 있는 물질을 제조·가공하는 영업

4. 식품운반업 : 직접 마실 수 있는 유산균음료(살균유산균음료를 포함한다. 이하 같다)나 어류·조개류 및 그 가공품 등 부패·변질되기 쉬운 식품을 위생적으로 운반하는 영업. 다만, 당해 영업자의 영업소에서 판매할 목적으로 식품을 운반하는 경우와 당해 영업자가 제조·가공한 식품을 운반하는 경우를 제외한다.
5. 식품소분·판매업

가. 식품소분업 : 보건복지부령이 정하는 식품 또는 식품첨가물의 완제품을 나누어 유통을 목적으로 재 포장·판매하는 영업

나. 식품판매업

(1)～(3) 삭 제

(4) 식용얼음판매업 : 식용얼음을 전문적으로 판매하는 영업

(5) 식품자동판매기영업 : 식품을 자동판매기에 넣어 판매하는 영업. 다만, 유통기간이 1월 이상인 완제품만을 자동판매기에 넣어 판매하는 경우를 제외한다.

(6) 유통전문판매업 : 식품 또는 식품첨가물을 스스로 제조 · 가공하지 아니하고 타인에게 의뢰하여 제조 · 가공된 식품 또는 식품첨가물을 자신의 상표로 유통 · 판매하는 영업

(7) 삭 제

(8) 식품 등 수입판매업 : 식품 등을 수입하여 판매하는 영업. 다만, 식품 등의 채취 · 제조 또는 가공에 사용되는 기계를 수입하는 경우를 제외한다.

(9) 기타 식품판매업 : (4) 내지 (8) 외에 보건복지부령이 정하는 일정규모이상의 백화점 · 슈퍼마켓 · 연쇄점 등에서 식품을 판매하는 영업

6. 식품보존업

가. 식품조사처리업 : 방사선을 쬐어 식품의 보존성을 물리적으로 높이는 것을 업으로 하는 영업

나. 식품냉동 · 냉장업 : 식품을 얼리거나 차게 하여 보존하는 영업. 다만, 수산물의 냉동 · 냉장을 제외한다.

7. 용기 · 포장류제조업

가. 용기 · 포장지제조업 : 식품 또는 식품첨가물을 넣거나 싸는 물품으로서 식품 또는 식품첨가물에 직접 접촉되는 용기(옹기류를 제외한다) · 포장지를 제조하는 영업

나. 옹기류제조업 : 식품을 제조 · 조리 · 저장할 목적으로 사용되는 독 · 항아리 · 뚝배기 등을 제조하는 영업

8. 식품접객업

가. 휴게음식점영업 : 주로 다류, 아이스크림류 등을 조리 · 판매하거나 패스트푸드점, 분식점 형태의 영업 등 음식류를 조리 · 판매하는 영업으로서 음주행위가 허용되지 아니하는 영업. 다만, 편의점 · 슈퍼마켓 · 휴게소 기타 음식류를 판매하는 장소에서 컵라면, 1회용 다류 기타 음식류에 뜨거운 물을 부어주는 경우를 제외한다.

나. 일반음식점영업 : 음식류를 조리 · 판매하는 영업으로서 식사와 함께 부수적으로 음주행위가 허용되는 영업

다. 단란주점영업 : 주로 주류를 조리 · 판매하는 영업으로서 손님이 노래를 부르는 행위가 허용되는 영업

라. 유흥주점영업 : 주로 주류를 조리 · 판매하는 영업으로서 유흥종사자를 두거나

유흥시설을 설치할 수 있고 손님이 노래를 부르거나 춤을 추는 행위가 허용되는 영업

마. 위탁급식영업 : 집단급식소를 설치·운영하는 자와의 계약에 의하여 그 집단급식소 내에서 음식류를 조리하여 제공하는 영업 주로

라. 제과점영업 : 주로 빵, 떡, 과자 등을 제조·판매하는 영업으로서 음주행위가 허용되지 아니하는 영업

제8조 (유흥종사자의 범위) ① 제7조 제8호 라목의 규정에 의한 유흥종사자의 범위는 다음 각호와 같다.

1. 유흥접객원

2~6. 삭 제

② 제1항 제1호의 유흥접객원은 손님과 함께 술을 마시거나 노래 또는 춤으로 손님의 유흥을 돋구는 부녀자를 말한다.

③ 제7조 제8호 라목에서 "유흥시설"이라 함은 유흥종사자 또는 손님이 춤을 출 수 있도록 설치한 무도장을 말한다.

제9조 (영업허가를 받아야 할 업종) 법 제22조 제1항의 규정에 의하여 허가를 받아야 하는 영업은 다음 각호와 같다.

1. 제7조 제3호의 식품첨가물제조업
2. 제7조 제6호 가목의 식품조사처리업
3. 제7조 제8호 다목의 단란주점영업과 동호 라목의 유흥주점영업

제10조 (영업의 허가관청) 법 제22조 제1항의 규정에 의한 영업의 허가는 다음 각호의 구분에 의하여 행한다.

1. 제7조 제3호의 식품첨가물제조업 및 동조 제6호 가목의 식품조사처리업의 영업허가는 식품의약품안전청장이 행한다.
2. 삭 제
3. 제7조 제8호 다목의 단란주점영업과 동호 라목의 유흥주점영업의 영업허가는 시장·군수 또는 구청장이 행한다.

제11조 (허가를 받아야 하는 변경사항) 법 제22조 제1항 후단의 규정에 의하여 허가를 받아야 하는 변경사항은 영업소의 소재지의 변경으로 한다.

제12조 삭 제

제13조 (영업신고를 하여야 할 업종) ① 법 제22조 제5항의 규정에 따라 식품의약품안전청장에게 신고를 하여야 하는 영업은 제7조 제5호 나목(8)의 식품 등 수입판매업으로 하고 시장·군수·구청장에게 신고를 하여야 하는 영업은 다음 각호의 영업으로 한다.

1. 제7조 제1호의 식품제조·가공업
2. 제7조 제2호의 즉석판매제조·가공업
3. 제7조 제4호의 식품운반업
4. 제7조 제5호의 식품소분·판매업. 다만, 동호 나목(8)의 식품 등 수입판매업을 제외한다.
5. 제7조 제6호 나목의 식품냉동·냉장업
6. 제7조 제7호의 용기·포장류제조업(그 자신의 제품을 포장하기 위하여 용기·포장류를 제조하는 경우를 제외한다)
7. 제7조 제8호 가목의 휴게음식점영업과 동호 나목의 일반음식점영업. 동호 마목의 위탁급식영업 및 동호 바목의 제과점영업

② 제1항의 규정에 불구하고 다음 각호의 1에 해당하는 경우에는 신고를 하지 아니한다.

1. 「양곡관리법」에 의한 양곡가공업중 도정업을 하는 경우
2. 「수산물품질관리법」 제19조의 규정에 의하여 수산물가공업등록을 받아 당해 영업을 하는 경우
3. 「주세법」 제5조의 규정에 의하여 주류제조의 면허를 받아 주류를 제조하는 경우
4. 「축산물가공처리업」 제22조의 규정에 의하여 축산물가공업의 허가를 받아 당해 영업을 하는 경우

4의 2. 「건강기능식품에 관한 법률」 제5조 및 제6조의 규정에 따라 건강기능식품제조업·건강기능식품수입업 및 건강기능식품판매업의 영업허가를 받거나 신고를 하고 당해 영업을 하는 경우

5. 식품첨가물이나 다른 원료를 사용하지 아니하고 농·임·수산물을 단순히 자르거나 껍질을 벗기거나 말리거나 소금에 절이거나 숙성하거나 가열(살균의 목적 또는 성분의 현격한 변화를 유발하기 위한 목적의 경우를 제외한다)하는 등의 가공과정 중 위생상 위해발생의 우려가 없고 식품의 상태를 관능으로 확인할 수 있도록 가공하는 경우

제13조의 2 (신고를 하여야 하는 변경사항) ① 법 제22조 제5항 후단의 규정에 의하여 신고를 하여야 하는 변경사항은 다음 각호와 같다.

1. 영업자의 성명(법인의 경우에는 그 대표자의 성명을 말한다)
2. 영업소의 명칭 또는 상호
3. 영업소의 소재지
4. 제7조 제1호의 식품제조·가공업을 하는 자가 추가로 시설을 갖추어 새로운 식품군(법 제7조 제1항의 규정에 의하여 식품의약품안전청장이 고시하는 식품의 기준 및 규격에 의한 식품군을 말한다)에 해당하는 식품을 제조·가공하고자 하는 경우
5. 제7조 제2호의 즉석판매제조·가공업을 하는 자가 동호의 규정에 의한 즉석판매제조·가공 대상 식품 중 식품의 유형을 달리하여 새로운 식품을 제조·가공하고자 하는 경우
6. 냉장·냉동차량을 증감하고자 하는 경우(제7조 제4호의 규정에 의한 식품운반업을 하는 자에 한한다)
7. 「지방자치법」 제3조 제3항 또는 제4항의 규정에 의한 동일 읍·면·동에서 식품자동판매기의 설치대수를 증감하고자 하는 경우(제7조 제5호 나목(5)의 규정에 의한 식품자동판매기영업을 하는 자에 한한다)

제14조~제15조 삭 제

제16조 (영업의 제한 등) 법 제30조 제2항의 규정에 의하여 시·도의 조례로 영업의 제한을 함에 있어서 영업시간의 제한은 1일당 8시간 이내로 한다.

제17조 삭 제

제17조의 2 (준수사항 적용대상 영업자의 범위) 법 제31조 제1항에서 "대통령령이 정하는 영업자"라 함은 다음 각호의 영업을 영위하는 자를 말한다.

1. 제7조 제1호의 식품제조·가공업
2. 제7조 제2호의 즉석판매제조·가공업
3. 제7조 제3호의 식품첨가물제조업
4. 제7조 제5호의 식품소분·판매업
5. 제7조 제8호의 식품접객업
6. 제7조 제4호의 식품운반업, 제6호의 식품보존업 및 제7호의 용기·포장류제조업 중

보건복지부령이 정하는 영업

제17조의 3 (위해식품 등을 회수한 영업자에 대한 행정처분의 감면) 법 제31조의 2 제2항의 규정에 의하여 위해식품 등의 회수의무를 성실히 이행한 영업자에 대한 행정처분의 감면기준은 다음 각호와 같다.

1. 법 제31조의 2 제1항 후단의 규정에 의한 회수계획에 따른 회수계획량(이하 이 조에서 "회수계획량"이라 한다)을 전량 회수한 때에는 그 위반행위에 대한 행정처분의 면제
2. 회수계획량 중 일부를 회수한 때에는 다음 각 목의 어느 하나에 해당하는 기준에 의한 행정처분의 경감

가. 회수계획량의 2분의 1 이상을 회수한 경우(제1호의 경우를 제외한다)

(1) 법 제58조 제4항 및 제59조 제3항의 규정에 의한 행정처분의 기준(이하 이 조에서 "행정처분"이라 한다)이 영업허가 취소 또는 영업장 폐쇄인 경우에는 영업정지 2월 이상 6월 이하의 범위 안에서의 처분

(2) 행정처분기준이 영업정지 또는 품목·품목류의 제조정지인 경우에는 정지처분기간의 3분의 2 이하의 범위 안에서의 처분

나. 회수계획량의 3분의 1 이상 2분의 1미만을 회수한 경우

(1) 행정처분기준이 영업허가 취소 또는 영업장 폐쇄인 경우에는 영업정지 3월 이상 6월 이하의 범위 안에서의 처분

(2) 행정처분기준이 영업정지 또는 품목·품목류의 제조정지인 경우에는 정지처분기간의 2분의 1 이하의 범위 안에서의 처분

제18조 (조리사를 두어야 하는 영업 등) ① 제7조 제8호의 식품접객업 중 복어를 조리·판매하는 영업과 다음 각호의 자가 설립·운영하는 집단급식소의 경우에는 법 제34조의 규정에 의한 조리사를 두어야 한다.

1. 국가·지방자치단체
2. 학교·병원·사회복지시설
3. 「정부투자기관 관리기본법」 제2조의 규정에 의한 정부투자기관
4. 「지방공기업법」 에 의한 지방공사 및 지방공단
5. 특별법에 의하여 설립된 법인

② 제1항의 규정에 불구하고 복어를 조리·판매하는 영업자 또는 동항 각호의 자가 두는 영양사가 조리사의 면허를 받은 자인 경우에는 조리사를 따로 두지 아니할 수

있다.

제19조 (영양사를 두어야 할 집단급식소 등) ① 법 제35조의 규정에 의하여 영양사를 두어야 하는 집단급식소는 다음 각호의 자가 설립・운영하는 상시 1회 50인 이상에게 식사를 제공하는 집단급식소로 한다.

1. 국가・지방자치단체
2. 학교・병원・사회복지시설
3. 「정부투자기관 관리기본법」 제2조의 규정에 의한 정부투자기관
4. 「지방공기업법」 에 의한 지방공사 및 지방공단
5. 특별법에 의하여 설립된 법인

② 제1항의 규정에 불구하고 집단급식소에 두는 조리사가 영양사의 면허를 받은 자인 경우에는 영양사를 따로 두지 아니할 수 있다.

제19조의 2 (교육의 위탁) ① 보건복지부장관은 법 제4조 제2항의 규정에 의하여 조리사 및 영양사에 대한 교육업무를 위탁하고자 하는 경우에는 조리사 및 영양사에 대한 교육을 목적으로 설립된 전문기관 또는 단체에 위탁하여야 한다.
② 제1항의 규정에 의하여 교육업무를 위탁받은 전문기관 또는 단체는 조리사 및 영양사에 대한 교육을 실시하고, 교육이수자 및 교육시간 등 교육실시 결과를 보건복지부장관에게 보고하여야 한다.

제20조 (식품위생심의위원회 구성) ① 심의위원회는 위원장 1인과 부위원장 2인을 포함한 100인 이내의 위원으로 구성한다.
② 심의위원회의 위원장은 위원 중에서 호선하고, 심의위원회의 부위원장은 심의위원회의 위원장이 지명하는 위원이 된다.
③ 심의위원회의 위원은 다음 각호의 어느 하나에 해당하는 자 중에서 보건복지부장관이 임명 또는 위촉한다.

1. 식품위생 관계공무원
2. 식품 등에 관한 영업에 종사하는 자
3. 시민단체(「비영리민간단체 지원법」 제2조의 규정에 의한 비영리 민간단체를 말한다. 이하 같다)의 추천을 받은 자
4. 법 제44조 또는 법 제52조의 규정에 의한 동업자조합 또는 한국식품공업협회(이하 "식품위생단체"라 한다)의 추천을 받은 자

5. 식품위생에 관한 학식과 경험이 풍부한 자
④ 제3항의 규정에 의하여 위원의 위촉을 함에 있어서 보건복지부장관은 위촉위원의 3분의 1을 시민단체가 추천하는 자로, 위촉위원의 3분의 1을 식품위생단체가 추천한 자로 위촉하여야 한다.

제21조 (위원의 임기와 직무) ① 위원의 임기는 2년으로 한다. 다만, 공무원인 위원의 임기는 그 재직기간으로 하며, 보궐위원의 임기는 전임자의 잔임 기간으로 한다.
② 위원장은 심의위원회의 업무를 통괄하며 심의위원회를 대표한다.
③ 부위원장은 위원장을 보좌하며 위원장이 부득이한 사유로 직무를 수행할 수 없는 때에는 그 직무를 대행한다.

제22조 (회의 및 의사) ① 위원장은 심의위원회의 회의를 소집하고 그 의장이 된다.
② 위원장은 보건복지부장관·식품의약품안전청장 또는 위원 3분의 1이상의 회의소집요구가 있을 때에는 지체 없이 회의를 소집하여야 한다.
③ 회의는 재적위원 과반수의 출석과 출석위원 과반수의 찬성으로 의결한다.

제23조 (의견의 청취) 위원장은 심의위원회의 심의사항과 관련하여 필요하다고 인정할 때에는 관계인을 출석시켜 의견을 들을 수 있다.

제24조 (분과위원회) ① 심의위원회에 전문분야별로 분과위원회를 둘 수 있다.
② 분과위원회의 위원장은 분과위원회에서 심의·의결한 사항을 지체 없이 심의위원회의 위원장에게 보고하여야 한다.
③ 분과위원회에서 심의·의결한 사항 중 심의위원회의 위원장에 경미하다고 인정하는 사항에 대하여는 심의위원회가 심의·의결한 것으로 본다.
③ 제22조의 규정은 분과위원회에 이를 준용한다.

제24조의 2 (연구위원 등) ① 법 제43조 제1항의 규정에 의하여 심의위원회에 20인 이내의 연구위원을 둘 수 있다.
② 연구위원은 위원장의 명을 받아 식품 등의 국제기준 및 규격을 조사·연구한다.
③ 연구위원은 심의위원회의 회의에 출석하여 발언할 수 있다.
④ 연구위원은 식품 등에 관한 학식과 경험이 풍부한 자 중에서 보건복지부장관이 임명한다.

第25条 (간사) 심의위원회의 서무를 처리하기 위하여 심의위원회에 간사 1인을 두되, 보건복지부소속 공무원 중에서 보건복지부장관이 임명한다.

第26条 (수당과 여비) ① 심의위원회에 출석한 위원에게는 예산의 범위 안에서 보건복지부장관이 정하는 바에 의하여 수당과 여비를 지급할 수 있다. 다만, 공무원인 위원이 그 소관업무와 직접 관련하여 출석하는 경우에는 그러하지 아니하다.
② 보건복지부장관은 연구위원에게 예산의 범위 안에서 연구비와 여비 등을 지급할 수 있다.

第27条 (운영세칙) 이 영이 정하는 것 외에 심의위원회의 운영에 관한 사항과 연구위원의 복무 등에 관하여 필요한 사항은 심의위원회의 의결을 거쳐 위원장이 정한다.

第28条 (설립인가의 신청) 법 제44조제3항의 규정에 의하여 조합의 설립인가를 받고자 하는 자는 설립인가신청서에 다음 각호의 서류를 첨부하여 보건복지부장관에게 제출하여야 한다.
1. 삭 제
2. 창립총회의 회의록
3. 정 관
4. 사업계획서 및 수지예산서
5. 재산목록
6. 임원명부
7. 임원의 취임승낙서
8. 임원의 이력서
9. 임원의 주민등록증사본 기타 신원을 확인할 수 있는 증명서 사본

第29条 (지역단위 등) ① 법 제44조 제3항의 규정에 의한 조합의 설립단위는 전국으로 한다. 다만, 지역 또는 영업의 특수성 등으로 인하여 전국적 조합설립이 불가능하다고 보건복지부장관이 인정하는 경우에는 그러하지 아니하다.

第30条~第31条 삭 제

제32조 (자율지도원의 자격 및 임명) ① 법 제51조 제1항의 규정에 의하여 조합의 자율지도원을 두는 경우에는 정관이 정하는 자격기준에 해당하는 자를 두어야 한다.
② 제1항의 규정에 의한 자율지도원은 정관이 정하는 바에 의하여 당해 조합의 장이 임명한다.

제33조 (자율지도원의 직무) 제32조의 규정에 의한 자율지도원은 소속된 조합의 조합원에 대하여 다음 각호의 사항에 관한 직무를 행한다.
1. 법 제21조의 규정에 의한 시설기준에 관한 지도
2. 영업자 및 그 종업원의 위생교육, 건강진단 기타 위생관리의 지도
3. 법 제31조의 규정에 의한 영업자의 준수사항의 이행지도 및 조건부허가에 있어서 조건이행 지도
4. 삭 제
5. 기타 정관이 정하는 식품위생지도에 관한 사항

제34조 (공표의 방법) ① 법 제56조의 2 제1항의 규정에 의하여 위해식품 등의 공표명령을 받은 영업자는 지체 없이 위해 발생사실 또는 다음 각호의 사항이 포함된 위해식품 등의 긴급 회수 문을 「신문 등의 자유와 기능보장에 관한 법률」 제12조 제1항의 규정에 의하여 등록한 전국을 보급지역으로 하는 1개 이상의 일반일간신문에 기재하고, 식품의약품안전청의 홈페이지에 게재를 요청하여야 한다.
1. 식품 등을 회수한다는 내용의 표제
2. 제품명
3. 회수대상 식품 등의 제조연월일 또는 유통기한
4. 회수사유
5. 회수방법
6. 회수하는 영업자의 명칭
7. 회수하는 영업자의 전화번호, 주소 기타 회수에 필요한 사항
② 제1항의 공표에 관한 세부사항은 보건복지부령으로 정한다.

제35조 삭 제

제36조 (허가의 취소 등) ① 법 제58조 및 제59조의 규정에 의한 영업허가취소 · 영업정지 · 품목 또는 품목류 제조정지 또는 영업소 폐쇄처분과 법 제63조의 규정에 의한

면허취소 또는 업무정지를 할 때에는 처분사유 · 처분내용 등을 기재한 서면으로 하여야 한다.
② 제1항의 처분을 하기 위하여 법 제64조의 규정에 의한 청문 또는「행정절차법」제27조의 규정에 의한 의견 제출을 받은 때에는 특별한 사유가 없는 한 그 절차를 마친 날로부터 14일 이내에 처분을 하여야 한다.

제37조 삭 제

제38조 (과징금의 산정기준) 법 제65조의 규정에 의한 과징금의 금액은 위반행위의 종별 · 정도 등을 감안하여 보건복지부령이 정하는 영업정지, 품목 또는 품목류 제조정지처분기준에 따라 별표 1의 기준을 적용하여 산정한다.

제39조 (과징금의 부과 · 징수절차) ① 식품의약품안전청장, 시 · 도지사 또는 시장 · 군수 · 구청장은 법 제65조의 규정에 의하여 과징금을 부과하고자 할 때에는 그 위반행위의 종별과 해당 과징금의 금액을 서면으로 명시하여 이를 납부할 것을 통지하여야 한다.
② 과징금의 징수절차는 보건복지부령으로 정한다.

제39조의 2 (과징금부과처분 취소대상자) 법 제65조 제4항 본문의 규정에 의하여 과징금부과처분을 취소하고 영업정지 또는 제조정지 처분을 하여야 하는 대상자는 과징금을 기한 내에 납부하지 아니한 자로서 1회의 독촉을 받고 독촉 받은 날부터 15일 이내에 납부하지 아니한 자를 말한다.

제39조의 3 (기금의 귀속 비율) 법 제65조 제5항 후단의 규정에 의한 기금의 시 · 도 및 시 · 군 · 구 귀속비율은 다음 각호와 같다.
1. 시 · 도 : 100분의 40
2. 시 · 군 · 구 : 100분의 60

제39조의 4 (위반사실의 공표) 식품의약품안전청장, 시 · 도지사 또는 시장 · 군수 · 구청장은 법 제65조의 2의 규정에 의하여 행정처분이 확정된 영업자에 대한 다음 각호의 사항을 지체 없이 인터넷 홈페이지 또는「신문 등의 자유와 기능보장에 관한 법률」제12조 제1항의 규정에 의하여 등록한 전국을 보급지역으로 하는 일반일간신문에

기재하여야 한다.

1. 「식품위생법」 위반사실의 공표라는 내용의 표제
2. 영업의 종류
3. 영업소의 명칭 및 대표자 성명
4. 식품 등의 명칭(식품 등의 제조·가공, 수입, 소분·판매업에 한한다)
5. 위반내용
6. 행정처분 내용, 행정처분일 및 행정처분기간
7. 단속기관 및 단속일자(또는 적발일자)

제40조 (식중독 원인의 조사) ① 법 제67조 제1항 후단의 규정에 의하여 식중독 환자 또는 식중독의 의심이 있는 자를 진단한 의사 또는 한의사는 다음 각 호의 어느 하나에 해당하는 경우에 해당 식중독 환자 또는 식중독의 의심이 있는 자에 대한 혈액·배설물을 채취하여 제2항의 규정에 의한 보건소장 또는 보건지소장이 조사하기 위하여 인수할 때 까지 변질 또는 오염되지 아니하도록 보관하여야 한다. 이 경우 보관용기에는 채취일자, 식중독 환자 또는 식중독의 의심이 있는 자의 성명 및 채취자의 성명을 표시하여야 한다.

1. 구토·설사 등의 식중독 증세를 보여 의사 또는 한의사가 혈액·배설물의 보관이 필요하다고 인정한 경우
2. 식중독 환자나 그 의심이 있는 자 또는 그 보호자가 혈액·배설물의 보관을 요청한 경우

② 법 제67조 제2항의 규정에 의하여 보건소장 또는 보건지소장이 하여야 할 조사는 다음과 같다.

1. 식중독의 원인이 된 식품 등에서 그 원인물질을 찾아내기 위하여 필요한 역학적 조사
2. 식중독 환자나 그 의심이 있는 자의 혈액·배설물 또는 식중독의 원인이라고 생각되는 식품 등에 대한 세균학적 또는 이화학적 시험에 의한 조사

제41조 (식중독에 관한보고) 시·도지사는 법 제67조 제2항의 규정에 의한 보고를 받은 때에는 보건복지부령이 정하는 바에 의하여 지체 없이 보건복지부장관·식품의약품안전청장에게 보고하여야 한다.

제42조(기금사업) ① 법 제71조 제3항 제7호의 규정에 의하여 기금을 사용하여 행할 수 있는 식품위생, 국민영양 및 건강기능식품에 관한 사업은 다음과 같다.

1. 식품의 안전성 및 식품산업진흥에 대한 조사 · 연구사업
2. 식품사고예방 및 사후관리를 위한 사업

2의 2. 법 제19조 제2항의 규정에 의한 자가 품질검사의 위탁검사를 위한 식품위생검사기관의 검사실 설치지원

2의 3. 법 제32조 제2항의 규정에 의한 우수업소 및 모범업소에 대한 지원

2의 4. 법 제32조의 2 제1항의 규정에 의한 위해요소중점관리기준을 준수하는 영업자와 이를 준수하기 위하여 관련시설 등을 설치하고자 하는 영업자에 대한 지원

3. 법 제51조 제1항의 규정에 의한 자율지도원의 활동지원
4. 시 · 도지사가 식품위생 및 주민영양을 개선하기 위하여 민간단체에게 연구를 위탁한 사업
5. 음식문화의 개선과 식품의 재활용을 하기 위한 사업
6. 식품위생 및 식품산업진흥을 위한 전산화사업

6의 2. 식품산업진흥사업

7. 「건강기능식품에 관한 법률」 제22조의 규정에 의한 우수건강기능식품제조기준을 준수하는 영업자와 이를 준수하기 위하여 관련시설 등을 설치하고자 하는 영업자에 대한 지원

② 보건복지부장관은 제43조 제2항의 규정에 의한 기금운용계획에 따라 시 · 도지사, 시장 · 군수 또는 구청장이 행하는 사업의 이행여부를 확인하거나 당해 사업의 추진현황을 시 · 도지사, 시장 · 군수 또는 구청장으로 하여금 보고하게 할 수 있다. 이 경우 시장 · 군수 또는 구청장은 시 · 도지사를 거쳐 보고하여야 한다.

제43조(기금의 운용) ① 기금의 회계연도는 정부회계연도에 따른다.

② 시 · 도지사, 시장 · 군수 또는 구청장은 매년 기금운용계획을 작성하여야 한다. 이 경우 기금운용계획에는 기금의 운용 · 관리에 소요되는 비용을 포함시킬 수 있다.

③ 시 · 도지사, 시장 · 군수 또는 구청장은 기금의 융자업무를 취급하기 위하여 기금을 금융기관에 위탁하여 관리하게 할 수 있다.

④ 시 · 도지사, 시장 · 군수 또는 구청장은 소속공무원 중에서 기금의 지출원인행위와 징수에 관한 사무를 담당하는 기금출납명령 관과 기금의 수입 및 지출에 관한 사무를 담당하는 기금출납공무원을 임명한다.

⑤ 시 · 도지사, 시장 · 군수 또는 구청장은 기금계정을 설치할 은행을 지정하고, 지정한 은행에 수입계정과 지출계정을 구분하여 기금계정을 설치하여야 한다.

⑥ 시 · 도지사, 시장 · 군수 또는 구청장은 기금출납명령 관으로 하여금 지출원인행위

를 하게 하는 때에는 기금운용계획에 따라 지출한도액을 배정하여야 한다.
⑦ 기타 기금의 운용에 관하여 필요한 사항은 시·도 및 시·군·구의 조례로 정한다.

제44조～제52조 삭 제

제53조(권한의 위임) ① 삭 제
② 법 제72조의 규정에 의하여 식품의약품안전청장의 권한 중 법 제22조, 법 제25조, 법 제31조의 2, 법 제55조 내지 법 제59조, 법 제62조, 법 제64조, 법 제65조 및 법 제78조의 권한을 지방식품의약품안전청장에게 위임한다.
③ 삭 제

제53조의 2(사용금지원료 등) ① 법 제74조 제1항에서 "대통령령이 정하는 질병"이라 함은 다음 각호의 질병을 말한다.
1. 소해면상뇌증(狂牛病)
2. 탄저병
3. 가금 인플루엔자
② 법 제74조 제1항에서 "대통령령이 정하는 원료·성분"이라 함은 다음 각호의 원료·성분을 말한다.
1. 마황(麻黃)
2. 부자(附子)
3. 천오(川烏)
4. 초오(草烏)
5. 백부자(白附子)
6. 섬수(蟾酥)

제54조(과태료의 부과·징수절차) ① 법 제78조의 규정에 의하여 식품의약품안전청장, 시·도지사, 시장·군수 또는 구청장(이하 이 조에서 "부과권자"라 한다)이 과태료를 부과하고자 하는 때에는 당해 위반행위를 조사·확인한 후 위반사실과 과태료금액 등을 서면으로 명시하여 이를 납부할 것을 과태료처분대상자에게 통지하여야 한다.
② 부과권자는 제1항의 규정에 의하여 과태료를 부과하고자 하는 때에는 10일이상의 기간을 정하여 과태료처분대상자에게 구술 또는 서면에 의한 의견진술의 기회를 주어야 한다. 이 경우 지정된 기일까지 의견진술이 없는 때에는 의견이 없는 것으로 본다.

③ 과태료의 부과금액은 별표 2와 같다.
④ 부과권자는 과태료의 금액을 정함에 있어서 당해 위반행위의 동기와 그 결과를 참작하여야 한다.
⑤ 과태료의 징수절차는 보건복지부령으로 정한다.

3 식품위생법시행규칙(일부개정 2005. 7. 28 보건복지부령 제324호)

제1조 (목적) 이 규칙은 「식품위생법」 및 동법 시행령에서 위임된 사항과 그 시행에 관하여 필요한 사항을 규정함을 목적으로 한다.

제2조 (식품 등의 위생적 취급기준) 「식품위생법」(이하 "법"이라 한다) 제3조 제3항의 규정에 의한 식품, 식품첨가물, 기구 또는 용기・포장(이하 "식품 등"이라 한다)의 위생적 취급에 관한 기준은 별표 1과 같다.

제2조의 2 (판매 등이 허용되는 식품 등) 유독・유해물질이 들어있거나 묻어있는 식품 등 또는 그 염려가 있는 식품 등으로서 법 제4조 제2호 단서의 규정에 의하여 인체의 건강을 해할 우려가 없다고 식품의약품안전청장이 인정하여 판매 등 금지를 하지 아니할 수 있는 것은 다음 각호의 1에 해당하는 것으로 한다.

1. 법 제7조 제1항・제2항 또는 법 제9조 제1항・제2항의 규정에 의한 식품 등의 제조・가공 등에 관한 기준 및 성분에 관한 규격(이하 "식품 등의 기준 및 규격"이라 한다)에 적합한 것
2. 제1호의 식품 등의 기준 및 규격이 정하여지지 아니한 것으로서 식품의약품안전청장이 법 제42조의 규정에 의한 식품위생심의위원회의 심의를 거쳐 유해의 정도가 인체의 건강을 해할 우려가 없는 것으로 인정한 것

제3조 (판매 등이 금지되는 병육) 법 제5조에서 "보건복지부령이 정하는 질병"이라 함은 다음 각호의 질병을 말한다.

1. 「축산물가공처리법 시행규칙」 별표 3 제1호 다목의 규정에 의하여 도축이 금지되는 가축전염병
2. 리스테리아병・살모넬라병・파스튜렐라병・구간낭충・선모충증

제4조 (식품 등의 한시적 기준 및 규격의 인정 등) ① 법 제7조 제2항 또는 법 제9조 제2항의 규정에 따라 식품 등을 제조·가공하는 자가 한시적으로 인정받을 수 있는 식품 등의 제조·가공 등에 관한 기준과 성분에 관한 규격(이하 "식품 등의 한시적 기준 및 규격"이라 한다)을 제출하여야 하는 식품 등은 다음 각호와 같다.

1. 천연의 물질로부터 유용한 성분을 추출·농축·분리·정제 등의 방법으로 얻은 물질(이하 "천연첨가물"이라 한다) 중 법 제7조 제1항의 규정에 따라 개별기준 및 규격이 고시되지 아니한 천연첨가물
2. 법 제7조 제1항 단서의 규정에 따라 식품의약품안전청장이 고시한 성분으로 제조하여 기구 및 용기·포장의 살균·소독의 목적으로 사용되는 식품첨가물(이하 "기구 등의 살균·소독제"라 한다)
3. 법 제9조 제1항의 규정에 따라 개별기준 및 규격이 고시되지 아니한 식품 및 식품첨가물에 사용되는 기구 또는 용기·포장

② 제1항의 규정에 의한 식품 등의 한시적 기준 및 규격은 제16조의 규정에 의하여 지정된 식품위생검사기관(이하 "식품위생검사기관"이라 한다)의 검토를 거쳐 식품의약품안전청장이 이를 인정한다.
③ 제2항의 규정에 의한 식품위생검사기관이 식품 등의 한시적 기준 및 규격에 관한 검토를 행함에 있어서는 식품의약품안전청장이 정하는 검토기준에 의하여야 한다.
④ 식품의약품안전청장은 제2항의 규정에 의한 식품위생검사기관이 행하는 식품 등의 한시적 기준 및 규격에 관한 검토내용이 제3항의 규정에 의한 검토기준에 적합하지 아니하다고 인정하는 때에는 당해 식품위생검사기관에 이를 시정하도록 요청할 수 있다.
⑤ 식품위생검사기관은 제2항의 규정에 의한 검토에 있어서 필요한 때에는 식품 등의 한시적 기준 및 규격의 검토를 의뢰한 자에게 관계문헌, 원료 및 시험에 필요한 특수시약의 제출을 요청할 수 있다.

제5조 삭 제

제6조 (허위표시·과대광고 및 과대포장의 범위) ① 법 제11조의 규정에 의한 허위표시·과대광고의 범위는 용기·포장 및 라디오·텔레비전·신문·잡지·음곡·영상·인쇄물·간판·인터넷 그 밖의 방법에 의하여 식품 등의 명칭·제조방법·품질·영양가·원재료·성분 또는 사용에 대한 정보를 나타내거나 알리는 행위 중 다음 각호의 1에 해당하는 것으로 한다.

1. 법 제22조의 규정에 의하여 허가·신고 또는 보고한 사항이나 제11조의 규정에 의

하여 수입신고한 사항과 다른 내용의 표시 · 광고

2. 질병의 치료에 효능이 있다는 내용 또는 의약품으로 혼동할 우려가 있는 내용의 표시 · 광고
3. 제품의 원재료 또는 성분과 다른 내용의 표시 · 광고
4. 제조연월일 또는 유통기한을 표시함에 있어서 사실과 다른 내용의 표시 · 광고
5. 제조방법에 관하여 연구 또는 발견한 사실로서 식품학 · 영양학 등의 분야에서 공인된 사항외의 표시 · 광고. 다만, 제조방법에 관하여 연구 또는 발견한 사실에 대한 식품학 · 영양학 등의 문헌을 인용하여 문헌의 내용을 정확히 표시하고, 연구자의 성명 · 문헌 명 · 발표연월일을 명시하는 표시 · 광고는 그러하지 아니하다.
6. 각종의 감사장 · 상장(정부 표창규정에 의하여 제품과 직접 관련하여 수여한 상장을 제외한다) 또는 체험기 등을 이용하거나 "주문쇄도" · "단체추천" 또는 이와 유사한 내용을 표현하는 광고
7. 외국어의 사용 등으로 외국제품으로 혼동할 우려가 있는 표시 · 광고 또는 외국과 기술 제휴한 것으로 혼동할 우려가 있는 내용의 표시 · 광고
8. 다른 업소의 제품을 비방하거나 비방하는 것으로 의심되는 광고이거나 제품의 제조방법 · 품질 · 영양가 · 원재료 · 성분 또는 효과와 직접 관련이 적은 내용을 강조함으로써 다른 업소의 제품을 간접적으로 다르게 인식되게 하는 광고
9. 객관적인 사실에 근거하지 아니하고 "최고" · "가장 좋은" 또는 "특"등의 표현으로 소비자를 현혹시키거나 현혹시킬 우려가 있는 표시 · 광고. 이 경우 외국어 표기 중 "Best" · "Most" · "Special" 등이나 외국어 한글표시 중 "베스트" · "모스트" · "스페셜" 등도 같다.
10. 미풍양속을 해치거나 해칠 우려가 있는 저속한 도안 · 사진 등을 사용하는 표시 · 광고 또는 미풍양속을 해치거나 해칠 우려가 있는 음향을 사용하는 광고
11. 화학적합성품의 경우 그 원료의 명칭 등을 사용하여 화학적 합성품이 아닌 것으로 혼동할 우려가 있는 광고
12. 삭 제
13. 판매사례 품 또는 경품판매 등 사행심을 조장하는 내용의 광고(「독점규제 및 공정거래에 관한법률」에 의하여 허용되는 경우를 제외한다)

② 제1항의 규정에 의한 허위표시 · 과대광고로 보지 아니하는 표시 및 광고의 범위와 그 적용대상 식품은 별표 3과 같다.

③ 법 제11조의 규정에 의한 과대포장의 범위는 「자원의 절약과 재활용촉진에 관한법률」 제15조 제1항의 규정에 의한 「제품의 포장방법 및 포장재의 재질 등의 기준에 관

한규칙」이 정하는 바에 의한다.

제7조~제10조 삭 제

제11조 (식품 등의 수입신고) ① 법 제16조 제1항의 규정에 의한 수입신고를 하고자 하는 자(이하 "수입신고인"이라 한다)는 다음 각호의 서류(전자문서교환방식으로 수입신고를 하는 경우에는 제3호 및 제4호 외의 서류)를 수입되는 식품 등의 통관장소(기구 또는 용기·포장의 경우에는 통관장소 또는 보관 장소를 말한다)를 관할하는 지방식품의약품안전청장 또는 국립검역소장(인천공항·부산·인천·김해검역소장을 제외한다. 이하 이 조에서 같다)에게 제출하여야 한다. 이 경우 수입되는 식품 등의 도착예정일 5일전부터 미리 신고할 수 있으며, 미리 신고한 도착항·도착예정일등 주요사항이 변경되는 때에는 즉시 그 내용을 문서로 신고하여야 한다.

1. 별지 제4호 서식에 의한 식품 등의 수입신고서
2.~4. 삭 제
5. 검사성적서 또는 검사증명서[별표 6의 식품 등의 수입신고 및 검사방법에서 정하는 정밀검사대상식품 등으로서 식품의약품안전청장이 인정하는 국내외 검사기관(이하 "공인검사기관"이라 한다)에서 정밀검사를 받아 제출하는 경우에 한한다]
6. 한글표시가 된 포장지(한글표시가 인쇄된 스티커를 붙인 포장지를 포함한다) 또는 한글표시 내용이 기재된 서류
7. 구분유통증명서[종자의 구입·생산·보관·선별·운반·선적과정에서 유전자재조합식품(유전자재조합기술을 활용하여 재배·육성된 농·축·수산물 등으로 안전성 평가를 받은 식품 또는 이를 원료로 하여 제조·가공한 식품을 말한다. 이와 같다)과 구분하여 관리하였음을 증명하는 서류를 말한다. 이하 같다] 또는 이와 동등한 효력이 있음을 생산국의 정부가 인정하는 증명서. 다만, 유전자재조합 표시대상에 해당하는 식품으로서 유전자재조합식품이라는 표시를 하지 아니한 경우에 한한다.

② 법 제16조 제2항에서 "보건복지부령이 정하는 사유가 있는 경우"라 함은 다음 각호의 1에 해당하는 경우를 말한다.

1. 식품 등의 기준 및 규격과 법 제10조의 규정에 의한 식품 등의 표시기준에 적합한 식품 등인지 검사할 필요성이 있는 경우
2. 식품으로 인한 위생상의 위해가 발생할 우려가 있는 경우
3. 기타 보건복지부장관 또는 식품의약품안전청장이 식품위생상의 위해에 관한 보고자료 등을 검토한 결과 국민보건상 검사가 필요하다고 인정하는 경우

③ 지방식품의약품안전청장 또는 국립검역소장은 제1항의 규정에 의하여 식품 등의 수입신고를 받은 때에는 별표 6의 식품 등의 수입신고 및 검사방법에 따라 당해 식품 등에 대한 검사를 실시하고, 그 결과 적합하다고 인정되고 수입신고인이 원하는 경우에는 별지 제5호 서식에 의한 식품 등의 수입신고필증을 교부하여야 한다. 다만, 다음 각호의 1에 해당하는 식품 등에 대하여는 검사결과의 확인 전에 필요한 조건을 붙여 식품 등의 수입신고필증을 교부할 수 있다.

1. 신선한 식품류
   가. 살아있거나 신선하거나 냉장한 수산물
   나. 신선하거나 냉장한 농・임산물(썩었거나 상한 것이 조금 있는 경우로서 이를 선별할 수 있는 경우를 포함한다)
2. 원료의 수급 또는 물가조절을 위하여 긴급히 수입하는 식품 등
3. 법 제10조의 규정에 의한 표시기준의 경미한 위반사항으로서 통관 후 시중에 유통 판매하기 전에 동 사항을 보완할 수 있는 식품 등
4. 별표 6의 식품 등의 수입신고 및 검사방법에서 정하는 무작위표본검사의 대상에 해당하는 식품 등

④ 제3항 단서의 규정에 의하여 조건부로 수입신고필증을 교부받고자 하는 수입신고인은 해당 조건의 이행과 관련된 다음 각호의 내용이 포함된 서류를 지방식품의약품안전청장 또는 국립검역소장에게 제출하여야 한다.

1. 보세창고에서의 출고예정일자
2. 조건을 이행하기 위한 작업장소 또는 보관창고에 관한 다음 각목의 사항
   가. 입고 예정일자
   나. 소재지
   다. 보관책임자

⑤ 제4항의 규정에 의하여 서류를 제출받은 지방식품의약품안전청장 또는 국립검역소장이 해당 수입신고인에게 조건부 수입신고필증을 교부한 때에는 지체 없이 제4항 제2회의 규정에 의한 작업장소 또는 보관창고의 소재지를 관할하는 지방식품안전청장에게 동 서류를 송부하여야 한다.

⑥ 지방식품의약품안전청장 또는 국립검역소장은 제3항의 규정에 의한 검사결과 부적합한 식품 등에 대하여는 별지 제5호의 2서식에 의하여 당해 수입신고인 및 관할세관장에게 부적합하다는 사실을 지체 없이 알려주어야 한다. 이 경우 그 사실을 통보받은 당해 수입신고인은 다음 각호의 1에 해당하는 조치를 취해야 한다.

1. 수출국으로의 반송 또는 다른 나라로의 반출

2. 식용 외의 다른 용도로의 전환
3. 당해 식품 등에 대한 검사결과 식품의약품안전청장이 정하는 경미한 위반사항에 대하여는 그 위반사항을 보완하여 재수입 신고
4. 삭 제
5. 제1호 내지 제3호 외의 경우에는 폐기

⑦ 지방식품의약품안전청장 또는 국립검역소장은 제1항의 규정에 의한 신고내용을 별지 제6호 서식의 식품 등 수입신고수리대장에 기재하고, 매년 식품 등의 수입신고상황을 당해연도 종료 후 1월 이내에 별지 제7호 서식에 의하여 식품의약품안전청장에게 보고하여야 한다. 다만, 전산으로 처리한 경우에는 신고수리대장과 수입신고상황보고서를 전산출력물로 대체할 수 있다.

⑧ 삭 제

⑨「관세법」등 다른 법률에 의하여 압류·몰수된 수입물품의 경우에는 식품 등의 수입신고서 및 첨부서류를 생략할 수 있다.

⑩ 식품 등이 제1항 후단의 규정에 의하여 미리 신고한 도착예정일보다 늦게 도착하는 경우 그 지연기간은「민원사무처리에 관한법률 시행령」제3조의 규정에 의한 민원사무처리기간에 산입하지 아니한다.

⑪ 지방식품의약품안전청장 또는 국립검역소장은 제1항의 식품 등의 수입신고에 필요한 서류의 접수, 제3항의 식품 등의 수입신고필증의 교부 또는 제5항의 부적합통보를 식품의약품안전청장이 정하는 바에 의하여 전자문서교환방식으로 행할 수 있다.

⑫ 식품의약품안전청장은 제1항의 규정에 따라 수입신고한 식품 등 중 다른 용도로 전환될 우려가 있다고 인정되는 식품 및 식품첨가물을 유통관리대상 식품·식품첨가물로 지정할 수 있다. 이 경우 유통관리대상 식품·식품첨가물의 지정절차 및 방법 등에 관한 세부사항은 식품의약품안전청장이 따로 정한다.

⑬ 지방식품의약품안전청장 또는 국립검역소장은 제11항의 규정에 의한 유통관리대상 식품·식품첨가물에 대한 수입신고를 받은 경우에는 수입신고인의 영업소 소재지를 관할하는 지방식품의약품안전청 또는 시장·군수·구청장에게 신고 받은 내역을 통보한다.

제11조의 2 (수입식품 등 사전확인등록 신청 등) ① 법 제16조 제4항의 규정에 따라 수입식품 등 사전확인등록을 신청하고자 하는 자는 별지 제5호의 3 서식의 수입식품 등 사전확인등록 신청서(전자문서로 된 신청서를 포함한다)에 다음 각호의 구분에 따른 서류(전자문서를 포함한다)를 첨부하여 수출국 정부의 확인을 거쳐 식품의약품안

전청장에게 제출하여야 한다.

1. 식품의 경우
   가. 사용한 원재료 명 및 성분배합비율에 관한 서류
   나. 제조·가공의 방법에 관한 서류
   다. 사용한 식품첨가물의 명칭·사용량 등에 관한서류
   라. 해당제품이 식품 등의 기준·규격 등에 적합하다는 국내외 공인검사기관에서 발행한 검사성적서 또는 검사증명서 원본
   마. 해당식품 등을 생산하는 제조·가공 공장의 소재지, 건물배치도(기계·기구류 배치내역을 포함) 및 작업장 평면도 등에 관한 서류
   바. 법 제32조의 2의 규정에 의한 위해요소중점관리기준에 적합하다는 것을 확인할 수 있는 서류
2. 식품첨가물의 경우
   가. 식품첨가물명 및 그 성분규격에 관한 서류
   나. 해당제품이 식품 등의 기준·규격 등에 적합하다는 국내외 공인검사기관에서 발행한 검사성적서 또는 검사증명서 원본
   다. 해당식품 등을 생산하는 제조·가공 공장의 소재지, 건물배치도(기계·기구류 배치내역을 포함) 및 작업장 평면도 등에 관한 서류
3. 기구 또는 용기·포장의 경우
   가. 재질·용도·바탕색 등에 관한 서류
   나. 당해제품의 전체를 나타내는 그림 또는 사진
   다. 해당제품이 식품 등의 기준·규격 등에 적합하다는 국내외 공인검사기관에서 발행한 검사성적서 또는 검사증명서 원본
   라. 해당식품 등을 생산하는 제조·가공 공장의 소재지, 건물배치도(기계·기구류 배치내역을 포함) 및 작업장 평면도 등에 관한 서류

② 식품의약품안전청은 제1항의 규정에 의한 신청을 받은 때에는 별표 6의 2의 수입식품 등 사전확인등록 기준 및 절차 등에 따라 확인하여 신청내용이 기준에 적합하다고 인정되는 경우 이를 별지 제5호의 4서식의 수입식품 등 사전확인등록대장에 기재하고 그 등록내용을 수출국 정부를 통하여 신청인에게 통보하여야 한다.

③ 제2항의 규정에 따라 수입식품 등 사전확인 등록된 사항 중 제1항 제1호 내지 제3호의 내용이 변경된 때에는 별지 제5호의 5서식의 수입식품 등 사전확인등록 변경신청서(전자문서로 된 신청서를 포함한다)에 변경 후 제조·가공한 해당 식품 등에 대한 국내외 공인검사기관에서 발행한 검사성적서 원본 또는 검사증명서 원본을 첨부하여

수출국 정부의 확인을 거쳐 식품의약품안전청장에게 제출하여야 한다.

제11조의 3 삭 제

제12조 (출입·검사 등) ① 법 제17조의 규정에 의한 출입·검사 등은 국민보건위생상 필요하다고 판단되는 경우에는 수시로 실시한다.
② 제1항의 규정에 불구하고 제53조의 규정에 의하여 행정처분을 받은 업소에 대한 출입·검사 등은 그 처분 일부터 6월 이내에 1회 이상 실시하여야 한다. 다만, 행정처분을 받은 영업자가 그 처분의 이행결과를 보고하는 경우에는 그러하지 아니하다.
③ 제1항 또는 제2항의 규정에 의한 출입·검사를 실시한 관계공무원은 당해 업소가 비치한 별지 제8호 서식의 출입·검사 등 기록부에 그 결과를 기록하여야 한다.

제13조 (수거량·검사의뢰 등) ① 법 제17조 제1항의 규정에 의하여 무상으로 수거할 수 있는 식품 등의 대상과 그 수거량은 별표 7과 같다.
② 관계공무원이 법 제17조 제1항의 규정에 의하여 식품 등을 수거한 때에는 별지 제9호서식의 수거 증을 교부하여야 한다.
③ 법 제17조 제1항의 규정에 의하여 식품 등을 수거한 관계공무원은 그 수거한 식품 등을 수거한 장소에서 봉함하고 관계공무원 및 피수거자의 인장 등으로 봉인하여야 한다.
④ 식품의약품안전청장, 특별시장·광역시장·도지사(이하 "시·도지사"라 한다) 또는 시장·군수·구청장은 제3항의 규정에 의한 수거식품 등에 대하여는 지체 없이 식품위생검사기관에 검사를 의뢰하여야 한다.
⑤ 식품의약품안전청장과 시·도지사 또는 시장·군수·구청장은 법 제17조 제1항의 규정에 의한 출입·수거·검사를 하게 한 때에는 별지 제10호서식의 수거검사처리대장에 그 내용을 기록하고 이를 비치하여야 한다.
⑥ 법 제17조의 규정에 의한 출입·수거·검사 또는 열람을 하는 공무원의 권한을 표시하는 증표는 별지 제11호서식과 같다.

제14조 (검사방법 등) ① 식품위생검사기관은 제13조 제4항의 규정에 의한 검사의뢰를 받은 때에는 식품 등의 기준 및 규격에 의하여 이를 검사하여야 한다. 다만, 검사를 의뢰하는 기관이 검사할 항목을 선정하여 검사를 의뢰하는 경우에는 그 항목만을 검사할 수 있다.

② 검사의뢰를 받은 식품위생검사기관은 기술 또는 시설의 부족 등의 사유로 검사를 할 수 없는 경우에는 지체 없이 그 검사를 할 수 있는 다른 식품위생검사기관에 식품 등의 기준 및 규격의 검사에 필요한 시험재료(이하 "검체"라 한다)를 송부하고, 검사를 의뢰한 기관에게 그 사실을 통보하여야 한다.
③ 식품위생검사기관은 검사결과 식품 등이 식품 등의 기준 및 규격에 적합하지 아니한 경우에는 그 검체의 일부를 검사완료일로부터 60일 동안 보관하여야 한다. 다만, 보관이 곤란하거나 부패하기 쉬운 식품 등은 그러하지 아니하다.
④ 식품위생검사기관은 검사를 하는 때에는 시험기록서를 작성·비치하여야 한다. 이 경우 그 시험기록서는 최종기재 일부터 3년간 보관하여야 한다.

제15조 (검사결과의 보고 등) ① 식품위생검사기관은 법 제17조 제1항의 규정에 의한 검사를 완료한 때에는 지체 없이 그 검사결과를 시험성적서에 의하여 검사를 의뢰한 자에게 통보하여야 하며, 검사결과 그 제품이 법 제56조 제1항의 규정에 의한 폐기처분의 대상에 해당된다고 인정되는 경우에는 식품의약품안전청장과 시·도지사 및 허가 또는 신고관청에 대하여 지체 없이 그 뜻을 통보하여야 한다. 이 경우 허가 또는 신고관청은 지체 없이 해당 제품을 수거·폐기하도록 하여야 한다.
② 식품위생검사기관은「주세법」「수산업법」또는「인삼산업법」에 의하여 허가를 받거나 등록 또는 신고를 한 식품 등의 검사결과 식품 등의 기준 및 규격에 적합하지 아니한 것이 있는 때에는 그 시험성적서의 사본·시험기록서의 사본 및 수거증의 사본을 갖추어 식품의약품안전청장에게 보고하여야 한다.

제16조 (식품위생검사기관의 지정) ① 법 제18조의 규정에 의하여 다음의 기관을 식품위생검사기관으로 지정한다.
1. 삭 제
2. 지방식품의약품안전청
3. 국립검역소
4. 시·도 보건환경연구원
5. 국립수산물품질검사원(수산물의 검사에 한한다)
② 제1항 각호의 규정에 의한 기관 외의 식품위생검사기관의 지정은 식품의약품안전청장이 정하는 기준에 적합한 검사시설과 인력을 갖춘 기관 또는 단체 중에서 지정한다.

제17조 (식품위생검사기관의 지정신청 등) ① 제16조 제2항의 규정에 의한 식품위생

검사기관으로 지정받고자 하는 자는 별지 제12호의 2서식에 의한 식품위생검사기관지정신청서(전자문서로 된 신청서를 포함한다)에 다음 각호의 서류(전자문서를 포함한다)를 첨부하여 식품의약품안전청장에게 제출하여야 한다.
1. 검사실 평면도
2. 검사에 필요한 기계 및 기구류 보유내역
3. 검사원의 자격 및 경력을 증빙하는 서류
4. 검사업무의 처리 등에 관한 규정
② 제1항 제4호의 검사업무에 관한 규정에는 다음 각호의 사항이 포함되어야 한다.
1. 제품종류별 검사기간
2. 검사의 절차와 시료채취에 관한 사항
3. 검사수수료에 관한 사항
4. 검사증명의 발행에 관한 사항
5. 검사원이 준수하여야 할 사항
6. 기타 검사업무에 필요한 사항
③ 식품의약품안전청장은 제1항의 규정에 의하여 식품위생검사기관을 지정하는 때에는 별지 제12호의 3서식에 의한 식품위생검사기관 지정서를 교부하여야 한다.

제17조의 2 (식품위생검사기관 변경신고) 제16조 제2항의 규정에 의하여 지정받은 식품위생검사기관은 다음 각호의 1에 해당하는 사항을 변경한 때에는 별지 제12호의 4에 의한 지정사항변경신고서에 식품위생검사기관 지정서를 첨부하여 식품의약품안전청장에게 신고하여야 한다.
1. 대표자
2. 검사기관의 명칭 및 소재지
3. 검사대상 식품 등
4. 검사수수료

제17조의 3 삭 제

제17조의 4 (검사업무에 관한 규정) 법 제18조 제3항 제3호의 규정에 의한 검사업무에 관한 규정은 별표 7의 2와 같다.

제17조의 5 (검사업무정지 등) 법 제18조 제3항의 규정에 의한 검사업무정지 등의 처

분기준은 별표 7의 3과 같다.

제17조의 6 (보고 및 지도감독 등) ① 제16조 제2항의 규정에 의하여 지정받은 식품위생검사기관은 검사결과를 매 반기 종료 후 1월 이내에 별지 제12호의 5서식에 의하여 식품의약품안전청장에게 보고하여야 한다.
② 식품의약품안전청장은 식품위생검사기관의 검사결과에 대한 신뢰성 확보를 위하여 검사능력을 관리할 수 있다.
③ 제2항의 규정에 의한 검사능력의 관리에 관한 세부적인 사항은 식품의약품안전청장이 정하는 바에 의한다.

제18조 (검사대장의 비치) ①식품위생검사기관은 별지 제12호서식의 검사대장을 비치하여야 한다.
② 검사대장은 최종기재일로부터 3년간 보존하여야 한다.

제19조 (자가 품질검사) ① 법 제19조 제1항의 규정에 의한 자가 품질검사는 별표 8의 자가 품질검사기준에 따라 실시하여야 한다.
② 영업자가 제1항의 규정에 의하여 자가 품질검사를 실시하는 경우 자가 품질검사시설의 미비 등으로 직접 검사하기 어려운 때에는 법 제19조 제2항의 규정에 의하여 식품위생검사기관에 의뢰하여 검사할 수 있다.
③ 제2항의 경우 식품위생검사기관 중 동업자조합의 공동검사실에 의뢰하여 자가 품질검사를 하고자 하는 때에는 식품의약품안전청장이 검사능력이 있다고 인정한 당해 식품에 한하여 의뢰하여 검사할 수 있다.
④ 자가 품질검사에 관한 기록서는 2년간 보관하여야 한다.

제19조의 2 (소비자식품위생감시원 단독출입 승인서 및 증표) ① 「식품위생법시행령」 (이하 "영"이라 한다) 제6조의 2 제5항의 규정에 의하여 소비자식품위생감시원이 식품접객영업자의 영업장소에 단독으로 출입할 때에 내 보여야 하는 승인서 및 그 신분을 표시하는 증표는 각각 별지 제11호의 2서식 및 별지 제11호의 3서식과 같다.
② 소비자식품위생감시원은 제1항의 규정에 따라 단독으로 식품접객영업자의 영업장소에 단독으로 출입할 때에는 당해업소에 비치된 별지 제8호서식의 출입・검사 등 기록부에 그 결과를 기록하여야 한다.

제19조의 3 (시민식품감사인 위촉절차 및 직무수행 보고 등) ① 영 제6조의 3 제3항의 규정에 의하여 영업자가 시민식품감사인을 위촉하기 위하여 지정을 신청하고자 하는 때에는 별지 제12호의 6서식의 시민식품감사인 위촉 지정신청서를 시·도지사 또는 식품의약품안전청장에게 제출하여야 한다.
② 시민식품감사인은 법 제20조의 3 제2항의 규정에 따라 실시한 위생 점검의 결과를 매 분기 종료 후 1월 이내에 관할 허가관청 또는 신고관청에 보고하여야 한다. 이 경우 위생 점검사항 및 보고내용 등 구체적인 사항은 식품의약품안전청장이 정하는 바에 의한다.
③ 법 제 20조의 3 제5항의 규정에 따라 시민식품감사인을 위촉하거나 해촉 하고자 하는 영업자는 별지 제12호의 7서식의 시민식품감사인 위촉·해촉 보고서를 관할 허가관청 또는 신고관청에 제출하여야 한다.

제19조의 4 (출입 · 검사 면제기간 등) ① 법 제20조의 3 제6항 본문에서 "보건복지부령이 정하는 일정기간"이라 함은 해당 영업자가 시민식품감사인을 위촉한 기간을 말한다.
② 제1항의 규정에 불구하고 식품의약품안전청장, 시·도지사 또는 시장·군수·구청장은 2년마다 시민식품감사인의 직무수행에 관한 점검을 실시할 수 있다.

제20조 (업종별 시설기준) 법 제21조의 규정에 의한 업종별 시설기준은 별표 9와 같다.

제21조 (식품소분업의 신고대상) ① 영 제7조 제5호 가목에서 "보건복지부령이 정하는 식품 또는 식품첨가물"이라 함은 영 제7조 제1호 및 제3호의 규정에 의한 영업의 대상이 되는 식품 또는 식품첨가물(수입되는 식품 또는 식품첨가물을 포함한다)과 벌꿀(양봉업자가 자가 채취하여 직접 소분·포장하는 경우를 제외한다)을 말한다. 다만, 어육제품, 식용유지, 특수용도식품, 통·병조림제품, 레토르트식품, 전분, 장류 및 식초는 이를 소분·판매하여서는 아니 된다.
② 식품 또는 식품첨가물의 제조업허가를 받거나 신고를 한 자가 자기가 제조한 제품의 소분·포장만을 하기 위하여 허가를 받거나 신고를 한 제조업소 외의 장소에서 식품소분업을 하고자 하는 경우에는 그 제품이 제1항의 식품소분업 신고대상품목이 아니더라도 식품소분업 신고를 할 수 있다.
③ 삭 제

제21조의 2 (기타식품판매업의 신고대상) 영 제7조 제5호 나목의 (9)기타식품판매업에서 "보건복지부령이 정하는 일정규모 이상의 백화점 · 슈퍼마켓 · 연쇄점 등"이라 함은 백화점 · 슈퍼마켓 · 연쇄점 등의 영업장의 면적이 300제곱미터 이상의 업소를 말한다.

제22조 (영업허가의 신청) ① 법 제22조 제1항의 규정에 의한 영업허가를 받고자 하는 자는 별지 제13호서식의 영업허가신청서(전자문서로 된 신청서를 포함한다)에 다음 각호의 서류(전자문서를 포함한다)를 첨부하여 영 제10조의 규정에 의한 허가관청에 제출하여야 한다.

1. 삭 제
2. 제조하고자 하는 식품첨가물의 종류 및 제조방법설명서(제조가 필요한 경우에 한한다)
3. 삭 제
4. 액화석유가스사용시설 완성검사필증(영 제7조 제8호 다목의 단란주점영업 및 동호 라목의 유흥주점영업을 하고자 하는 자 중 액화석유가스의 안전 및 사업관리법 제29조 제2항의 규정에 의하여 액화석유가스 사용시설의 완성검사를 받아야 하는 경우에 한한다)
5. 교육필증(법 제27조 제2항의 규정에 의하여 미리 교육을 받은 경우에 한한다)
6. 유선 또는 도선사업 면허증 또는 신고필증(수상구조물로 된 유선장 또는 도선장에서 식품접객업을 하고자 하는 경우에 한한다)
7. 「먹는물 관리법」에 의한 먹는물 수질검사기관이 발행한 수질검사(시험)성적서(수돗물이 아닌 지하수 등을 먹는 물 또는 식품 등의 제조과정이나 식품의 조리 · 세척 등에 사용하는 경우에 한한다)
8. 「소방시설 설치유지 및 안전관리에 관한 법률」 제8조 제5항의 규정에 의하여 소방본부장 또는 소방서장이 발행하는 소방시설 등 완비증명서(영 제7조 제8호 다목의 단란주점영업 및 동호 라목의 유흥주점영업을 하고자 하는 경우에 한한다)

② 허가관청은 신청인이 법 제24조 제1항 제5호 또는 제6호의 규정에 해당하는지의 여부 또는 도시계획 및 건축물의 용도에 관한 사항을 내부적으로 확인할 수 없는 경우에는 제1항 각호의 서류 외에 신원확인에 필요한 자료 또는 도시계획관계 확인서 및 건축물관리대장등본을 제출하게 할 수 있다.

③ 허가관청이 영업허가를 하는 때에는 영 제7조 제3호 및 제6호 가목의 영업의 경우에는 별지 제14호서식, 영 제7조 제8호 다목 및 라목의 영업의 경우에는 별지 제14호

의 2서식에 의한 영업허가증을 각각 교부하여야 한다. 이 경우 허가관청은 영 제7조 제3호 및 제6호 가목의 영업의 경우에는 별지 제14호의 3서식, 영 제7조 제8호 다목 및 라목의 영업의 경우에는 별지 제14호의 4서식에 의한 영업허가관리대장을 각각 작성·보관하거나 동 서식에 의한 전산망에 입력하여 관리하여야 한다.

④ 영업자가 허가증을 잃어버렸거나 헐어 못쓰게 되어 허가증의 재교부를 받고자 하는 때에는 별지 제19호 서식에 다음의 서류를 첨부하여 허가관청에 신청하여야 한다.

1. 허가증을 잃어버린 때에는 그 사유서
2. 허가증이 헐어 못쓰게 된 때에는 못쓰게 된 허가증

제23조 (허가사항의 변경) ① 삭 제

② 법 제22조 제1항 및 영 제11조의 규정에 의한 변경허가를 받고자 하는 자는 별지 제15호서식에 의한 변경허가신청서에 허가증과 다음 각호의 서류를 첨부하여 허가관청에 제출하여야 한다. 이 경우 허가관청은 도시계획 및 건축물의 용도에 관한 사항을 내부적으로 확인할 수 없는 경우에는 도시계획관계 확인서 및 건축물관리대장등본을 제출하게 할 수 있다.

1. 제조하고자 하는 식품첨가물의 종류 및 제조방법설명서(제조가 필요한 경우에 한한다)
2. 액화석유가스사용시설 완성검사필증(영 제7조 제8호 다목의 단란주점영업 및 동호 라목의 유흥주점영업을 하고자 하는 자중「액화석유가스의 안전 및 사업관리법」 제29조 제2항의 규정에 의하여 액화석유가스사용시설의 완성검사를 받아야 하는 경우에 한한다)
3. 유선 또는 도선사업 면허증 또는 신고필증(수상구조물로 된 유선장 또는 도선장에게 영 제7조 제8호 다목의 단란주점영업 및 동호 라목의 유흥주점영업을 하고자 하는 경우에 한한다.
4. 「먹는물관리법」에 의한 먹는물 수질검사기관이 발행한 수질검사(시험)성적서(수돗물이 아닌 지하수 등을 먹는 물 또는 식품 등의 제조과정이나 식품의 조리·세척 등에 사용하는 경우에 한한다)
5. 「소방시설 설치유지 및 안전관리에 관한 법률」 제8조 제5항의 규정에 의하여 소방본부장 또는 소방서장이 발행하는 소방시설 등 완비증명서(영 제7조 제8호 다목의 단란주점 영업 및 동호 라목의 유흥주점영업을 하고자 하는 경우에 한한다)

③ 삭 제

④ 법 제22조 제1항의 규정에 의한 영업허가를 받은 자가 다음의 사항을 변경한 때에

는 별지 제15호서식의 변경신고서에 허가증을 첨부하여 허가관청에 제출하여야 한다. 다만, 제33조의 영업자지위승계에 의한 변경의 경우를 제외한다.

1. 영업자의 성명(영업자가 법인인 경우에는 그 대표자의 성명)
2. 영업소의 명칭 또는 상호
3. 영 제7조 제3호의 식품첨가물제조업으로서 추가로 시설을 갖추어 새로운 식품첨가물을 제조하고자 하는 경우
4. 영업장의 면적

제24조 삭 제

제24조의2 (즉석판매제조 · 가공업의 대상) 영 제7조 제2호의 규정에 의하여 즉석판매제조 · 가공업으로 제조 · 가공할 수 있는 대상 식품은 별표 11과 같다.

제25조 (품목제조의 보고 등) ① 법 제22조 제6항의 규정에 의하여 품목제조보고를 하여야 하는 영 제7조 제1호의 식품제조 · 가공업자 및 동조 제3호의 식품첨가물제조업자는 별지 제20호서식의 품목제조보고서(전자문서로 된 보고서를 포함한다)에 다음 각호의 서류(전자문서를 포함한다)를 첨부하여 영업의 허가 또는 신고관청에 제품생산의 개시전이나 제품생산의 개시 후 7일 이내에 제출하여야 한다. 이 경우 식품제조 · 가공업자가 식품을 위탁제조 · 가공하는 경우에는 위탁자가 품목제조보고를 하여야 한다.

1. 제조방법설명서
2. 식품위생검사기관이 발급한 식품 등의 한시적 기준 및 규격검토서(제4조 제1항의 규정에 의한 식품 등 한시적 기준 및 규격의 인정을 받을 수 있는 대상에 해당하는 식품 등에 한한다)
3. 삭 제

② 영업의 허가 또는 신고관청은 제1항의 규정에 의하여 품목제조보고를 받은 때에는 그 내용을 별지 제16호의 2서식의 품목제조보고관리대장에 기록 · 보관하여야 한다.

제26조 (품목제조보고사항 등의 변경) ① 제25조의 규정에 따라 품목제조보고를 한 자가 당해 품목에 대하여 다음 각호의 1에 해당하는 사항을 변경하고자 할 때에는 별지 제23호서식의 품목제조보고사항 변경보고서(전자문서로 된 보고서를 포함한다)를 영업의 허가관청 또는 신고관청에 제출하여야 한다. 다만, 수출용 식품 등을 제조하기

위하여 변경하고자 하는 경우에는 그러하지 아니하다.

1. 제품명
2. 원재료명 또는 성분명 및 배합비율(제25조 제1항의 규정에 따라 품목제조보고시 허가 또는 신고관청에 제출한 원재료 성분 및 배합비율을 변경한 경우에 한한다)

② 제25조의 규정에 의하여 품목제조보고를 한 자가 당해 품목의 유통기간을 연장하고자 할 때에는 별지 제24호서식의 유통기간연장보고서(전자문서로 된 보고서를 포함한다)에 연장사유서를 첨부하여 영업의 허가 또는 신고관청에 제출하여야 한다.

제27조 (영업의 신고 등) ① 법 제22조 제5항 및 영 제13조의 규정에 의하여 영업신고를 하고자 하는 자는 영업에 필요한 시설을 갖춘 후 별지 제25호서식의 영업신고서(전자문서로 된 보고서를 포함한다)에 다음 각호의 서류(전자문서를 포함한다)를 첨부하여 신고관청에 제출하여야 한다.

1. 삭 제
2. 교육필증(법 제27조 제2항의 규정에 의하여 미리 교육을 받은 경우에 한한다)
3. 제조ㆍ가공하고자 하는 식품의 종류 및 제조방법설명서(영 제7조 제1호 및 제2호의 영업에 한한다)
4. 시설사용계약서(식품운반업에 있어서 차고 또는 세차장을 임대할 경우에 한한다)
5. 「먹는물 관리법」에 의한 먹는 물 수질검사기관이 발행한 수질검사(시험)성적서(수돗물이 아닌 지하수 등을 먹는 물 또는 식품 등의 제조과정이나 식품의 조리ㆍ세척 등에 사용하는 경우에 한한다)
6. 액화석유가스 사용시설완성 검사필증(영 제7조 제8호 가목의 휴게음식점영업, 동호 나목의 일반음식점영업 및 동호 바목의 제과점영업을 하고자 하는 자 중「 액화석유가스의 안전 및 사업관리법」제29조 제2항의 규정에 의하여 액화석유가스 사용시설의 완성검사를 받아야 하는 경우에 한한다)
7. 유선 또는 도선사업 면허증 또는 신고필증(수상구조물로 된 유선장 또는 도선장에서 영 제7조 제8호 가목의 휴게음식점영업, 동호 나목의 일반음식점영업 및 제과점영업을 하고자 하는 경우에 한한다)
8. 「소방시설 설치유지 및 안전관리에 관한 법률」제8조 제5항의 규정에 의하여 소방본부장 또는 소방서장이 발행하는 소방시설완비증명서(동 법에 의한 소방시설완비증명서의 발급대상 영업의 경우에 한한다)
9. 식품자동판매기의 종류 및 설치장소가 기재된 서류(2대 이상의 식품자동판매기를 설치하고 일련관리번호를 부여하여 일괄신고를 하는 경우에 한한다)

② 제1항의 규정에 의한 영업신고를 함에 있어서 영 제7조 제5호 나목의 식품판매업은 동일인이 같은 시설 안에서 식품자동판매기영업, 식용얼음판매업 및 기타 식품판매업을 하고자 하는 경우에도 영업별로 각각 영업신고를 하여야 한다.
③ 제1항의 규정에 의한 식품자동판매기영업을 신고함에 있어 「지방자치법」 제3조 제3항 또는 제4항의 규정에 의한 동일 읍・면・동에서 식품자동판매기를 2대 이상 설치하여 영업을 하고자 하는 경우에는 당해 식품자동판매기에 일련관리번호를 부여하여 일괄신고를 할 수 있다.
④ 신고관청이 도시계획 및 건축물의 용도에 관한 사항을 내부적으로 확인할 수 없는 경우에는 제1항 각호의 서류 외에 도시계획관계 확인서 및 건축물관리대장등본을 제출하게 할 수 있다. 다만, 국유철도 또는 도시철도의 정거장시설에서 영 제7조 제5호의 식품소분・판매업의 영업, 동조 제8호 가목의 휴게음식점영업, 동호 나목의 일반음식점영업 또는 동호 바목의 제과점영업을 하고자 하는 경우에는 토지이용계획 확인서 및 건축물관리대장등본에 갈음하여 국유철도의 경우에는 「국유재산법시행규칙」 제16조 제3항의 규정에 의한 국유재산사용・수익허가서를, 도시철도의 경우에는 당해 도시철도사업자와 체결한 도시철도시설 사용계약에 관한 서류를 제출하게 할 수 있다.
⑤ 제1항의 규정에 의하여 신고를 받은 신고관청은 지체 없이 영 제7조 제1호・제2호 및 제7호의 영업의 경우에는 별지 제26호서식에 의한 영업신고증을, 영 제7조 제4호・제5호・제6호 나목 및 제8호 가목・나목・마목 및 바목의 영업의 경우에는 별지 제26호의 2서식에 의한 영업신고증을 각각 교부하여야 한다.
⑥ 제5항의 규정에 의하여 신고증을 교부한 신고관청은 영 제7조 제1호・제2호・제4호・제5호・제6호 나목 및 제7호의 영업의 경우에는 별지 제14호의 3서식에 의한 영업신고관리대장을, 영 제7조 제8호 가목・나목・마목 및 바목의 영업의 경우에는 별지 제14호의 4서식에 의한 영업신고관리대장을 각각 작성・보관하거나 동 서식에 의한 전산망에 입력하여 관리하여야 한다.
⑦ 제1항의 규정에 의하여 신고를 받은 신고관청은 해당 영업소의 시설에 대한 확인이 필요한 경우에는 신고증 교부 후 15일 이내에 신고 받은 사항을 확인하여야 한다.
⑧ 영업자가 신고증을 잃어버렸거나 헐어 못쓰게 되어 신고증의 재교부를 받고자 하는 때에는 별지 제28호서식에 다음의 서류를 첨부하여 신고관청에 신청하여야 한다.
1. 삭 제
2. 신고증이 헐어 못쓰게 된 때에는 못쓰게 된 신고증

제28조 (신고사항의 변경) ① 삭 제

② 영 제13조의 2의 규정에 의한 변경신고를 하고자 하는 자는 별지 제27호서식의 신고사항변경신고서(전자문서로 된 신고서를 포함한다)에 영업신고증을 첨부하여 신고관청에 제출하여야 한다. 다만, 소재지를 변경하는 경우 그 첨부서류에 관하여는 제27조 제1항의 규정을 준용한다.

제29조 (폐업신고) 법 제22조 제4항 또는 제5항의 규정에 의한 폐업의 신고를 하고자 하는 자는 별지 제29호서식의 신고서(전자문서로 된 신고서를 포함한다)에 영업허가증 또는 영업신고증을 첨부하여 허가 또는 신고관청에 제출하여야 한다. 이 경우 영업허가증 또는 영업신고증을 분실한 때에는 분실 사유서를 첨부하여야 한다.

제30조, 제31조, 제31조의 2 삭 제

제32조 (영업허가 등의 보고) ① 영 제53조의 규정에 의하여 권한의 위임을 받은 지방식품의약품안전청장 또는 시장·군수·구청장은 법 제22조 제1항 또는 제5항의 규정에 의한 영업허가(식품첨가물제조업 및 식품조사처리업에 한한다)를 하였거나 영업신고(영 제7조 제1호의 식품제조·가공업에 한한다)를 수리한 때에는 그 날부터 15일 이내에 별지 제31호서식에 의하여 지방식품의약품안전청장의 경우에는 식품의약품안전청장에게, 시장·군수·구청장의 경우에는 시·도지사에게 보고하여야 한다. 이 경우 시·도지사는 시장·군수·구청장으로부터 보고받은 사항을 분기별로 분기종료 후 20일 이내에 식품의약품안전청장에게 보고하여야 한다.
② 영 제53조의 규정에 의하여 권한의 위임을 받은 시장·군수·구청장은 식품제조·가공업의 영업허가사항 및 수리된 영업신고사항 중 수산물을 주원료로 사용하는 식품에 관한 사항을 분기별로 분기종료 후 20일 이내에 별지 제32호 서식에 의하여 해양수산부장관에게 보고하여야 한다.
③ 식품의약품안전청장 또는 시·도지사는 제1항 전단의 규정에 의한 보고를 받은 허가 또는 신고수리사항이 부적합하다고 인정될 때에는 그 허가 또는 신고관청에 시정지시를 할 수 있다. 이 경우 시정지시를 받은 지방식품의약품안전청장 또는 시장·군수·구청장은 지체 없이 시정조치를 하고 10일 이내에 그 결과를 시정지시를 한 식품의약품안전청장 또는 지방식품의약품안전청장에게 보고하여야 한다.

제33조 (영업자지위승계신고) ① 법 제25조 제3항의 규정에 의한 영업자의 지위승계신고를 하고자 하는 자는 별지 제33호서식에 의한 영업자지위승계신고서에 권리의 이

전을 증빙하는 서류[양도의 경우에는 양도·양수를 증빙할 수 있는 서류사본 및 양도인의 인감증명서(식품자동판매기영업의 경우를 제외한다), 상속의 경우에는 호적등본 및 상속인임을 증빙하는 서류, 기타 해당 사유별로 영업자의 지위를 승계하였음을 증빙할 수 있는 서류를 말한다]를 첨부하여 허가 또는 신고관청에 제출하여야 한다. 다만, 행방불명(주민등록법상 무단전출을 포함한다)등으로 양도인의 인감증명서를 첨부하지 못하는 경우로서 허가 또는 신고관청이 사실 확인 등을 통하여 양도·양수가 이루어졌다고 인정할 수 있는 때 또는 양도인 및 양수인이 허가 또는 신고관청에 함께 방문하여 영업자지위승계신고를 하는 때에는 인감증명서를 제출하지 아니할 수 있다.
② 허가관청은 신청인이 법 제24조 제1항 제5호의 규정에 해당하는지의 여부를 내부적으로 확인할 수 없는 경우에는 제1항의 서류 외에 신원확인에 필요한 자료를 제출하게 할 수 있다.
③ 제1항의 규정에 의하여 영업자지위승계신고를 하는 자가 제23조 제4항 제2호 및 제28조 제1항 제2호의 규정에 의한 영업소의 명칭 또는 상호를 변경하고자 하는 경우에는 이를 함께 신고할 수 있다.

제34조 (건강진단대상자) ① 법 제26조 제1항의 규정에 의하여 건강진단을 받아야 하는 자는 식품 또는 식품첨가물(화학적합성품 또는 기구 등의 살균·소독제를 제외한다)을 채취·제조·가공·조리·저장·운반 또는 판매하는데 직접 종사하는 자로 한다. 다만, 영업자 또는 종업원 중 완전 포장된 식품 또는 식품첨가물을 운반 또는 판매하는데 종사하는 자를 제외한다.
② 제1항의 규정에 의한 건강진단은 「위생분야종사자 등의 건강진단규칙」이 정하는 바에 의한다.

제35조 (영업에 종사하지 못하는 질병의 종류) 법 제26조 제4항의 규정에 의하여 영업에 종사하지 못하는 자는 다음의 질병에 걸린 자로 한다.
1. 「전염병예방법」 제2조 제1항 제1호의 규정에 의한 제1군전염병
2. 「전염병예방법」 제2조 제1항 제3호의 규정에 의한 제3군전염병 중 결핵(비전염성인 경우를 제외한다)
3. 피부병 기타 화농성질환
4. 삭 제
5. 후천성면역결핍증「전염병예방법」 제8조의 규정에 의하여 성병에 관한 건강진단을 받아야 하는 영업에 종사하는 자에 한한다)

第36조 (도서 · 벽지 등의 영업자 등에 대한 위생교육) 법 제27조 제1항 및 제2항의 규정에 의한 위생교육대상자 중 허가관청 또는 신고관청에서 교육 참석이 어렵다고 인정하는 도서 · 벽지 등의 영업자 및 종업원에 대하여는 제37조의 3의 규정에 의한 교육교재를 배부하여 이를 익히고 활용하도록 함으로써 교육에 갈음할 수 있다.

第37조 (위생교육기관 등) ① 법 제27조 제6항의 규정에 의한 위생교육의 실시기관은 보건복지부장관이 지정 · 고시하는 위생교육전문기관 또는 단체로 한다.

② 위생교육내용은 식품위생, 개인위생, 식품위생시책, 식품의 품질관리 등으로 하고, 위생교육과 관련한 세부사항은 보건복지부장관이 정한다.

第37조의 2 (교육시간) ① 법 제27조 제2항의 규정에 의하여 영업을 하고자 하는 자가 받아야 하는 위생에 관한 교육시간은 다음 각호와 같다.

1. 영 제7조 제1호 내지 제3호의 규정에 해당하는 영업 : 8시간
2. 영 제7조 제4호 내지 제7호의 규정에 해당하는 영업 : 4시간
3. 영 제7조 제8호의 규정에 해당하는 영업 : 6시간

② 제1항의 규정에 불구하고 도서 · 벽지 등에서 영업을 하고자 하는 자와 영업 준비상 사전교육을 받기가 곤란하다고 허가관청 또는 신고관청이 인정하는 자에 대하여는 영업허가를 받거나 영업신고를 한 후 3월 이내에 허가관청 또는 신고관청이 정하는 바에 따라 위생교육을 받게 할 수 있다.

③ 제1항 및 제2항의 규정에 의하여 신규위생교육을 받은 자가 다음 각호의 어느 하나에 해당하는 경우에는 해당 영업에 대한 신규위생교육을 받은 것으로 본다.

1. 신규위생교육을 받은 날부터 2년 이내에 교육을 받은 업종과 동일한 업종으로 영업을 하고자 하는 경우
2. 신규위생교육을 받은 날부터 2년 이내에 다음 각 목의 어느 하나에 해당하는 업종 내에 다른 업종으로 영업을 하고자 하는 경우
   가. 영 제7조 제8호 가목의 휴게음식점영업 · 동호 나목의 일반음식점영업과 동호 바목의 제과점영업
   나. 영 제7조 제8호 다목의 단란주점영업과 동호 라목의 유흥주점영업
   다. 영 제7조 제1호의 식품제조 · 가공업, 동조 제2호의 즉석판매제조 · 가공업과 동조 제3호의 식품첨가물제조업
3. 영 제7조 제1호 내지 제3호의 어느 하나에 해당하는 영업에서 동조 제4호 내지 제7호의 어느 하나에 해당하는 영업으로 업종을 변경하거나 영 제7조 제4호 내지 제8

호의 어느 하나에 해당하는 영업에서 여 제7조 제5호 나목(5)에 해당하는 영업으로 업종을 변경하는 경우

4. 영 제7조 제1호 내지 제8호의 어느 하나에 해당하는 영업을 하는 자가 식품자동판매기영업을 하고자 하는 경우

④ 삭 제

제37조의 3(교육교재 등) ① 제37조 제1항의 규정에 의한 위생교육기관은 교육교재를 편찬하여 교육대상자에게 제공하여야 한다.

② 위생교육기관 등은 위생교육을 수료한 자에게 수료증을 교부하고, 교육실시의 결과를 교육 후 1월 이내에 허가관청 또는 신고관청에, 다음해 1월 이내에 보건복지부장관에게 각각 보고하여야 하며, 수료증교부대장 등 교육에 관한 기록을 2년 이상 보관·관리하여야 한다.

제38조, 제39조 삭 제

제40조 (식품 및 식품첨가물의 제조 또는 가공업자의 준수사항) 법 제29조 제1항 및 법 제31조 제1항의 규정에 의하여 식품 및 식품첨가물을 제조 또는 가공하는 자가 지켜야 할 준수사항은 별표 12와 같다.

제41조 (생산실적 등의 보고) ① 법 제29조 제2항의 규정에 의한 식품 및 식품첨가물의 생산실적 등에 관한보고는 별지 제35호 서식에 의하되, 매년 당해연도 종료 후 3월 이내에 하여야 한다.

② 영업자가 제1항의 규정에 의한 보고를 하는 때에는 허가 또는 신고관청이 시장·군수·구청장인 경우에는 시장·군수·구청장 및 시·도지사를 거쳐, 허가 또는 신고관청이 지방식품의약품안전청장인 경우에는 지방식품의약품안전청장을 거쳐 식품의약품안전청장에게 각각 보고하여야 한다.

제42조 (식품접객영업자 등의 준수사항 등) ① 법 제31조 제1항의 규정에 의하여 식품접객영업자등이 지켜야 할 준수사항은 별표 13과 같다.

② 영 제17조의 2 제6호의 규정에 의한 영업은 다음 각호와 같다.

1. 영 제7조 제4호의 식품운반업
2. 영 제7조 제6호의 식품보존업 중 식품조사처리업

제42조의 2 (회수대상 식품 등의 기준) ① 법 제31조의 2 제1항의 규정에 의한 회수대상 식품 등의 기준은 별표 13의 2와 같다.

② 법 제31조의 2 제1항 전단에서 "위반한 사실을 알게 된 때"라 함은 법 제19조의 규정에 의한 자가품질검사 또는 식품위생검사기관의 위탁검사 결과 해당식품 등이 제1항의 규정에 의한 기준에 위반한 사실을 확인한 때를 말한다.

제42조의 3 (위해식품 등의 회수계획 및 절차 등) ① 법 제31조의 2 제1항의 규정에 의한 회수계획에 포함되어야 할 사항은 다음 각호와 같다.

1. 제품명, 식품 등 제조·가공업소(식품소분업소·유통전문판매업소 및 식품 등 수입판매업소를 포함한다. 이와 같다)의 명칭 또는 상호, 생산량(수입량을 포함한다), 판매량 및 판매경로
2. 회수계획량(위해식품 등으로 판명된 당해식품 등의 기(旣)소비량 및 유통기한 등을 감안하여 산출하여야 한다)
3. 회수사유
4. 회수방법
5. 회수기간
6. 회수되는 식품 등의 폐기 등 처리방법
7. 회수사실을 국민에게 알리는 방법

② 허가관청 또는 신고관청은 영업자로부터 회수계획을 보고받은 때에는 지체 없이 다음 각호에 정하는 조치를 하여야 한다.

1. 식품의약품안전청장에게 회수계획을 통보할 것. 이 경우 허가관청 또는 신고관청이 시장·군수·구청장인 경우에는 시·도지사를 거쳐야 한다.
2. 법 제56조의 2 제1항의 규정에 의하여 당해 영업자에게 회수계획의 공표를 명할 것
3. 유통 중인 당해 회수식품 등에 대하여 해당 위반사실을 확인하기 위한 검사를 실시할 것

③ 제2항 제2호의 규정에 의하여 공표명령을 받은 영업자는 당해 위해식품 등을 회수하고, 그 회수결과를 지체 없이 허가관청 또는 신고관청에 보고하여야 한다. 이 경우 회수결과 보고서에는 다음 각호의 사항이 포함 되어야 한다.

1. 식품 등의 제조·가공량, 판매량, 회수량 및 미회수량 등이 포함된 회수실적
2. 미회수량에 대한 조치계획
3. 재발방지를 위한 대책

제43조 (우수업소 · 모범업소의 지정 등) ① 법 제32조 제1항의 규정에 의한 우수업소 또는 모범업소의 지정은 다음 각호의 구분에 따라 해당 각호의 자가 행한다.

1. 우수업소의 지정은 식품의약품안전청장 또는 시장 · 군수 · 구청장
2. 모범업소의 지정은 시장 · 군수 · 구청장

② 영 제7조 제1호의 식품제조 · 가공업 및 동조 제3호의 식품첨가물제조업은 우수업소와 일반업소로 구분하며, 영 제2조의 집단급식소 및 영 7조 제8호 나목의 일반음식점영업은 모범업소와 일반업소로 구분한다. 이 경우 그 등급결정의 기준은 별표 14의 우수업소 · 모범업소의 지정기준에 의한다.

③ 식품의약품안전청장 또는 시장 · 군수 · 구청장은 제2항의 규정에 의하여 우수업소 또는 모범업소로 지정된 업소에 대하여 당해 업소에서 생산한 식품 또는 식품첨가물에 식품의약품안전청장이 정하는 우수업소 마크를 표시하게 하거나 당해 업소의 외부 또는 내부에 식품의약품안전청장이 정하는 규격에 의한 모범업소표지판을 붙이게 할 수 있으며, 법 제17조의 규정에 의한 출입 · 검사는 우수업소 또는 모범업소로 지정된 날부터 2년간 이를 행하지 아니할 수 있다.

제43조의 2 (위해요소중점관리기준 준수대사 영업자) ① 법 제32조의 2 제2항의 규정에 "보건복지부령이 정하는 영업자"라 함은 영 제7조의 제1호의 규정에 의한 영업을 하는 자로서 다음 각호의 1에 해당하는 식품을 제조 · 가공하는 자를 말한다.

1. 어육가공품 중 어묵류
2. 냉동수산식품 중 어류 · 연체류 · 조미가공품
3. 냉동식품 중 피자류 · 만두류 · 면류
4. 빙과류
5. 비가열음료
6. 레토르트식품

② 제 1항의 규정에 의한 영업자에 대한 위해요소중점관리기준의 적용 · 운영에 관한 세부적인 사항은 식품의약품안전청장이 정하여 고시한다.

제43조의 3 (위해요소중점관리기준 적용업소의 지정신청 등) ① 법 제32조의 2 제3항의 규정에 의한 위해요소중점관리기준 적용업소로 지정을 받고자 하는 자는 별지 제35호의 2서식의 위해요소중점관리기준 적용업소 지정신청서(전자문서로 된 신청서를 포함한다)에 다음 각호의 서류(전자문서를 포함한다)를 첨부하여 식품의약품안전청장에게 신청하여야 한다.

1. 영업허가(신고)증 사본
2. 위해요소중점관리기준을 적용하고자 하는 대상 식품의 최근 1년간 생산실적에 관한 서류. 다만, 1년간의 실적이 없는 경우는 최근 월별 생산실적으로 갈음할 수 있다.
3. 법 제32조의 2 제1항의 규정에 따라 식품의약품안전청장이 식품별로 정하여 고시한 위해요소중점관리기준에 따라 작성한 적용대상 식품별 중점관리기준과 신청하기 전 1월 이상 중점관리기준을 적용한 운영실적 자료. 다만, 식품의약품안전청장이 실시한 위해요소중점관리기준 적용시범사업에 참여한 업소의 경우에는 운영실적 자료를 제출하지 아니할 수 있다.

② 제1항의 규정에 의한 지정신청을 받은 식품의약품안전청장은 당해 업소를 위해요소중점관리기준 적용업소로 지정한 때에는 별지 제35호의 3서식의 위해요소중점관리기준 적용업소 지정서를 교부하여야 한다.

③ 제2항의 규정에 따라 위해요소중점관리기준 적용업소로 지정받은 업소가 지정받을 당시 위해요소중점관리기준을 적용하여 식품의 위해를 방지하거나 제거하여 안전성을 확보할 수 있는 단계 또는 공정을 변경하고자 하는 경우에는 별지 제35호의 4서식의 변경신청서(전자문서로 된 신청서를 포함한다)에 관련서류(저자문서를 포함한다)를 첨부하여 식품의약품안전청장에게 제출하여야 한다.

제43조의 4 (위해요소중점관리기준 적용업소의 영업자 및 종업원 교육훈련) ① 법 제32조의 2 제4항의 규정에 따라 위해요소중점관리기준 적용업소의 영업자 및 종업원이 받아야 하는 교육훈련의 종류는 다음 각호와 같다.

1. 위해요소중점관리기준 적용업소의 지정을 받은 영업자 및 종업원에 대한 신규교육훈련
2. 위해요소중점관리기준 적용업소로 지정받은 업소가 매년 1회 이상 받아야 하는 종업원에 대한 정기교육훈련
3. 그 밖에 식품의약품안전청장이 식품위해사고의 발생 및 확산이 우려되어 위해요소중점관리기준 적용업소의 영업자 및 종업원에게 명하는 교육훈련

② 제1항의 규정에 의한 교육훈련의 내용에는 다음 각호의 사항이 포함되어야 한다.

1. 위해요소중점관리기준의 원칙과 절차에 관한사항
2. 식품위생법령상의 위해요소중점관리기준 관련 규정 등에 관한사항
3. 위해요소중점관리기준의 적용방법에 관한사항
4. 위해요소중점관리기준의 사후관리 및 자체평가에 관한사항
5. 위해요소중점관리기준과 관련된 식품위생에 관한사항

③ 제1항의 규정에 의한 교육훈련의 시간은 다음 각호와 같다.
1. 신규교육훈련을 받아야하는 영업자의 경우에는 4시간 이내로 하고, 종업원의 경우에는 24시간으로 한다.
2. 정기교육훈련은 8시간이내로 한다.
3. 제1항 제3호의 규정에 의한 교육훈련의 시간은 8시간이내로 한다.
④ 제1항 내지 제3항의 규정에 의한 교육훈련대상별 교육시간·실시방법 그 밖의 교육훈련에 관한 세부적인 사항은 식품의약품안전청장이 정하여 고시한다.

제43조의 5 (위해요소중점관리기준 적용업소의 조사 · 평가) 식품의약품안전청장 제43조의 3의 규정에 따라 위해요소중점관리기준 적용업소로 지정받은 업소에 대하여 위해요소중점관리기준의 준수여부 등에 관하여 연 1회 이상 조사·평가한다.

제43조의 6 (위해요소중점관리기준 적용업소의 지정취소 등) 법 제32조의 2 제6항의 규정에 의한 위해요소중점관리기준 적용업소 지정취소 등에 관한 기준은 별표 14의 2와 같다.

제43조의 7 (위해요소중점관리기준 적용업소의 출입 · 검사) 식품의약품안전청장, 시·도지사 또는 시장·군수·구청장은 법 제32조의 2 제8항의 규정에 따라 3년 동안 위해요소중점관리기준 적용업소에 대하여 관계공무원으로 하여금 출입·검사를 하지 아니하게 할 수 있다. 다만 제43조의 5의 규정에 의한 조사·평가는 이 기간 중의 출입·검사로 보지 아니한다.

제43조의 8 (조리사 선임 · 해임신고) 법 제34조의 규정에 의하여 조리사를 두어야 하는 식품접객업자와 집단급식소의 운영자는 조리사를 선임하거나 변경한 경우에는 별지 제35호의 5서식의 통보서를 신고관청에 제출하여야 한다.

제44조(영양사의 직무 등) ① 법 제35조의 규정에 의한 영양사는 다음의 직무를 행한다.
1. 식단 작성, 검식 및 배식관리
2. 구매식품의 검수 및 관리
3. 급식시설의 위생적 관리
4. 집단급식소의 운영일지 작성
5. 종업원에 대한 영양지도 및 위생교육

② 집단급식소를 설치 · 운영하는 자는 영양사를 선임 또는 해임하였을 경우에는 별지 제36호서식의 신고서를 신고관청에 제출하여야 한다.

제45조 삭 제

제46조(조리사의 면허신청 등) ① 법 제36조의 규정에 의하여 조리사의 면허를 받고자 하는 자는 별지 제37호서식의 조리사면허증교부신청서에 사진 2매(최근 6월 이내에 찍은 탈모 상반신 가로 3센티미터, 세로 4센티미터)와 다음의 서류를 첨부하여 시장 · 군수 · 구청장에게 제출하여야 한다.
1. 법 제38조 제1호 내지 제3호에 해당하는 자가 아님을 증명하는 보건소 또는 병원급 이상의 의료기관이 발급하는 진단서
2. 「국가기술자격법」의 규정에 의한 조리사국가기술자격증 사본
② 시장 · 군수 · 구청장이 조리사면허를 하고자 할 때에는 별지 제38호서식의 조리사 명부에 등재하고 별지 제39호서식의 조리사면허증을 교부하여야 한다.

제47조(면허증의 재교부 등) ① 조리사는 면허증을 잃어버렸거나 헐어 못쓰게 된 때에는 별지 제37호서식의 조리사면허증재교부신청서에 사진 2매(최근 6월 이내에 찍은 탈모 상반신 가로 3센티미터, 세로 4센티미터)와 면허증(헐어 못쓰게 된 때에 한한다)을 첨부하여 시장 · 군수 · 구청장에게 제출하여야 한다.
② 조리사는 면허증의 기재사항에 변경이 있는 때에는 별지 제40호서식의 조리사면허증기재사항 변경신청서에 면허증과 그 변경을 증명하는 서류를 첨부하여 시장 · 군수 · 구청장에게 제출하여야 한다.

제48조(조리사의 면허증의 반납) 법 제63조의 규정에 의하여 조리사가 그 면허의 취소처분을 받은 때에는 지체 없이 면허증을 시장 · 군수 · 구청장에게 반납하여야 한다.

제49조(조리사 및 영양사의 교육) ① 보건복지부장관은 법 제40조의 규정에 의하여 「전염병예방법」 제2조의 규정에 의한 전염병이 식품으로 인하여 유행되거나 집단식중독의 발생 및 확산 등으로 국민건강상 위해가 발생할 우려가 있다고 인정되거나, 시 · 도지사가 국제적 행사나 대규모 특별행사 등으로 위생수준의 향상이 필요하여 위생에 관한 교육의 실시를 요청하는 경우에는 다음 각호의 1에 해당하는 조리사 및 영양사에 대하여 보건복지부장관이 정하는 시간에 해당하는 교육을 받을 것을 명할 수 있다.

1. 영 제18조의 규정에 의하여 조리사를 두어야 하는 식품접객업소 또는 집단급식소에 종사하는 조리사
2. 영 제19조의 규정에 의하여 영양사를 두어야 하는 집단급식소에 종사하는 영양사와 식품 등의 제조·가공업소에 종사하는 영양사

② 영 18조 제2항 및 제19조 제2항의 규정에 의하여 조리사 면허를 가진 영양사 또는 영양사 면허를 가진 조리사가 제1항의 규정에 의하여 교육을 이수한 경우에는 해당 조리사 또는 영양사의 교육을 받은 것으로 한다.

③ 제1항의 규정에 의한 교육을 받아야 하는 조리사 및 영양사가 보건복지부장관이 정하는 질병치료 등 부득이한 사유로 교육 참석이 어려운 때에는 교육교재를 배부하여 이를 익히고 활용하도록 함으로써 교육에 갈음할 수 있다.

제50조~제51조 삭 제

제52조(압류 등) ① 관계공무원이 법 제56조의 규정에 의하여 식품 등을 압류한 때에는 별지 제9호서식의 압류증을 교부하여야 한다.

② 법 제56조의 규정에 의한 압류 또는 폐기를 하는 공무원의 권한을 표시하는 증표는 별지 제11호서식에 의한다.

제52조의 2 (위해식품 등 긴급 회수문) ① 영 제34조 제1항의 규정에 의한 위해식품 등의 긴급회수문의 내용 및 작성요령은 별표 14의 3과 같다.

② 영 제34조 제1항의 규정에 의하여 위해발생사실 또는 위해식품 등 긴급회수문을 공표한 영업자는 다음 각호의 사항이 포함된 공표결과를 지체 없이 허가관청 또는 신고관청에 통보하여야 한다.

1. 공표일자
2. 공표매체
3. 공표횟수
4. 공표문 사본 또는 내용

제53조(행정처분의 기준) 법 제55조 내지 법 제59조, 법 제63조의 규정에 의한 행정처분의 기준은 별표 15와 같다.

제54조(영업소 폐쇄 등의 게시) 허가관청 또는 신고관청은 법 제58조의 규정에 의하여

영업허가취소, 영업정지 또는 영업소의 폐쇄처분을 한 때에는 영업소명 · 처분내용 · 처분기간 등을 기재한 게시문을 당해 처분을 받은 영업소나 출입구나 그 밖의 잘 보이는 곳에 붙여두어야 한다.

第55조(행정처분대장 등) ① 허가관청 또는 신고관청은 법 제55조 내지 법 제59조, 법 제62조 및 법 제63조의 규정에 의하여 행정처분을 한 때와 법 제64조의 규정에 의한 청문을 한 때에는 별지 제41호서식의 행정처분 및 청문대장에 그 내용을 기록하고 이를 비치하여야 한다.
② 지방식품의약품안전청장 또는 시장 · 군수 · 구청장이 법 제58조의 규정에 의하여 영업허가를 취소하였거나 법 제62조의 규정에 의하여 영업소의 폐쇄명령을 한 때에는 그 영업자의 성명, 주민등록번호, 취소 또는 폐쇄사유, 취소 또는 폐쇄일자 등을 지방식품의약품안전청장은 다른 지방식품의약품안전청장에게, 시장 · 군수 · 구청장은 시 · 도지사를 거쳐 다른 시 · 도지사에게 각각 통보하여야 한다.
③ 지방식품의약품안전청장 또는 시장 · 군수 · 구청장이 다음 각호의 1에 해당하는 영업에 대하여 법 제58조 · 법 제59조 및 법 제62조의 규정에 의한 행정처분을 한 때에는 지체 없이 그 영업소의 명칭 · 영업허가(신고)번호, 위반내용, 행정처분내용, 처분기간 및 처분대상품목명 등을 별지 제45호서식에 의하여 식품의약품안전청장에게 보고하여야 한다. 이 경우 시장 · 군수 · 구청장은 시 · 도지사를 거쳐 보고하여야 한다.
1. 영 제7조 제1호의 식품제조 · 가공업
2. 영 제7조 제3호의 식품첨가물제조업
3. 영 제7조 제5호 나목(6)의 유통전문판매업
4. 영 제7조 제5호 나목(8)의 식품 등 수입판매업
5. 영 제7조제7호의 용기 · 포장류제조업

第56조(과징금 및 과태료의 징수절차 등) ① 법 제65조 제1항 단서의 규정에 의한 과징금부과 제외대상은 별표 15와 같다.
② 영 제39조의 규정에 의한 과징금 및 영 제54조 제5항의 규정에 의한 과태료의 징수절차에 관하여는 「국고금관리법시행규칙」을 준용한다. 이 경우 납입고지서에는 이의방법 및 이의기간 등을 함께 기재하여야 한다.

第57조(식중독환자 또는 그 사체에 관한보고) ① 의사 또는 한의사가 법 제67조 제1항의 규정에 의하여 행하는 보고에는 다음의 사항이 포함되어야 한다.

1. 보고자의 주소와 성명
2. 식중독을 일으킨 환자 · 식중독의 의심이 있는 자 또는 식중독으로 사망한 자의 주소 · 성명 · 주민등록번호 및 사체의 소재지
3. 식중독의 원인
4. 발병연월일
5. 진단 또는 검사연월일시

② 법 제67조 제3항 및 영 제41조의 규정에 의하여 시 · 도지사가 행하는 식중독에 관한보고는 별지 제42호서식에 의한다.

제58조(집단급식소의 신고 등) ① 법 제69조 제1항의 규정에 의한 집단급식소의 신고를 설치 · 운영하고자 하는 자는 제58조의 3의 규정에 의한 시설을 갖춘 후 별지 제43호서식의 설치 · 운영신고서(전자문서로 된 신청서를 포함한다)에 제27조 제1항 · 제2호 · 제5호 · 제6호 및 제8호의 서류(전자문서를 포함한다)를 첨부하여 신고관청에 제출하여야 한다.

② 제1항의 규정에 의하여 신고를 받은 신고관청은 별지 제44호서식의 집단급식소설치 · 운영 신고증을 교부하고, 교부 후 15일 이내에 신고 받은 사항을 확인하여야 한다.

③ 제2항의 규정에 의하여 신고증을 교부한 신고관청은 별지 제44호의 2서식에 의한 집단급식소의 설치 · 운영신고대장을 작성하여 보관하거나 동 서식에 의한 전산망에 입력하여 관리하여야 한다.

④ 제2항의 규정에 의하여 신고증을 교부받은 집단급식소의 설치 · 운영자(이하 "집단급식소의 설치 · 운영자"라 한다)가 해당 신고증을 잃어버렸거나 헐어 못쓰게 되어 신고증을 재교부 받고자 하는 때에는 별지 제28호서식의 재교부신청서(전자문서로 된 신청서를 포함한다)에 헐어 못쓰게 된 신고증을 첨부하여 신고관청에 제출하여야 한다.

⑤ 집단급식소의 설치 · 운영자가 신고사항 중 기관의 명칭, 설치 · 운영자의 성명(법인인 경우에는 그 대표인의 성명을 말한다), 소재지 및 위탁급식 영업자를 변경하는 때에는 별지 제44호의 3서식의 신고사항 변경신고서(전자문서로 된 신청서를 포함한다)에 집단급식소의 설치 · 운영 신고증을 첨부하여 신고관청에 제출하여야 한다. 이 경우 집단급식소의 소재지를 변경하는 때에는 제27조 제1항 · 제2호 · 제5호 · 제6호 및 제8호의 서류(전자문서를 포함한다)를 추가로 첨부하여야 한다.

⑥ 집단급식소의 설치 · 운영자가 그 운영을 중단하고자 하는 때에는 벼리 제44호의 4서식의 집단급식소의 설치 · 운영중단신고서(전자문서로 된 신청서를 포함한다)에 집단급식소 설치 · 운영 신고증을 첨부하여 신고관청에 제출하여야 한다.

第58조의 2 (집단급식소의 설치 · 운영자 준수사항) ① 법 제69조 제2항 제2호의 규정에 의한 조리한 식품을 보관함에 있어서는 매회 1인분 분량을 섭씨 5도 이하로 보관하여야 하고, 보관 시간을 산정함에 있어서는 보관기간 중「관공서의 공휴일에 관한 규정」에 의한 휴무일(休務日)이 있는 경우에는 해당기간을 보관시간의 산정에서 제외하여야 한다.
② 법 제69조 제2항 제5호의 규정에 의한 보건복지부령이 정하는 사항을 별표 15의 2와 같다.

第58조의 3 (집단급식소의 시설기준) 법 제69조 제4항의 규정에 의한 집단급식소의 시설기준은 별표 15의 3과 같다.

第58조의 4 (포상금의 지급기준) ① 법 제71조의 2의 규정에 의한 포상금의 지급기준은 다음 각호와 같다.
1. 법 제74조의 규정에 해당하는 자를 신고한 경우 : 1천만 원 이하
1의 2. 법 제4조 내지 제6조(법 제69조에서 준용하는 경우를 포함한다), 법 제8조(법 제69조에서 준용하는 경우를 포함한다) 또는 법 제22조 제1항의 규정에 위반한 자를 신고한 경우 : 30만 원 이하
2. 법 제7조 제4항(법 제69조에서 준용하는 경우를 포함한다), 법 제9조 제4항(법 제69조에서 준용하는 경우를 포함한다), 법 제16조 제1항, 법 제31조 제2항의 규정에 위반한 자 또는 법 제58조 제1항의 규정에 영업정지명령에 영업을 계속한 자를 신고한 경우 : 20만 원 이하
3. 법 제22조 제5항, 법 제29조 제1항, 법 제31조 제1항의 규정에 위반한 자 또는 법 제59조 제1항의 규정에 의한 품목제조정지명령에 위반한 자를 신고한 경우 : 10만 원 이하
4. 법 제26조 제3항의 규정에 의한 영업에 종사하지 못하는 질병에 걸린 자를 영업에 종사 시킨 자 또는 법 제69조 제1항의 규정에 위반한 자를 신고한 경우 : 5만 원 이하
5. 제1호 내지 제4호 외의 이 법 규정을 위반한 자 중 위생상 위해발생 우려가 있는 위반사항을 신고한 경우 : 3만 원 이하
② 제1항의 규정에 의한 포상금의 세부적인 지급대상, 지급금액, 지급방법 및 절차 등은 식품의약품안전청장이 고시한다.

제59조(수수료) 법 제73조의 규정에 의한 수수료는 별표 16과 같다. 이 경우 수수료는 허가·면허관청 또는 신고·신청 등을 받은 관청이 국가인 경우에는 수입인지, 지방자치단체인 경우에는 당해 지방자치단체의 수입증지로 납부하여야 한다. 다만, 법 제16조 제2항의 규정에 의한 식품 등의 수입신고를 제11조 제10항의 규정에 의한 전자문서로 행하는 경우에는 식품의약품안전청장이 지정하는 금융기관 또는 체신관서에 현금 또는 정보통신망을 이용하여 전자화폐·전자결제 등의 방법으로 이를 납부할 수 있다.

핵심 문제

1. 식품위생법에서 목적하고 있는 내용은?
   ① 식품의 품질개선 ② 국민건강의 보호 ③ 식생활의 개선
   ④ 국민의료의 증진 ⑤ 식품위생상 위해방지

2. 식품위생법에서 "식품"에 대한 정의는 어디에 명기 되었는가?
   ① 제2조 제1항 ② 제2조 제1호 ③ 제3조 제1항
   ④ 제3조 제1호 ⑤ 제4조 제1호

3. "식품첨가물"의 정의 내용과 관련이 없는 것은?
   ① 분해 ② 침윤 ③ 혼합 ④ 첨가

4. 식품위생법에서의 정의 중 "영업"의 범위에 해당되지 않는 것은?
   ① 식품첨가물의 채취업 ② 용기·포장의 제조업 ③ 수산물의 채취업
   ④ 축산물의 가공업 ⑤ 유산균음료 등의 운반업

5. "집단급식소"의 용어에 대한 설명 중 잘못된 것은?
   ① 영리를 목적으로 한다.
   ② 대통령령으로 정한 급식시설을 말한다.
   ③ 기숙사·병원·학교 기타 후생기관 등의 급식시설이다.
   ④ 계속적으로 특정 다수인에게 음식을 공급하는 기숙사 등이다.
   ⑤ 일시적으로 특정 다수인에게 음식물을 공급하는 시설은 집단급식소에 적용하지 않는다.

답 1. ⑤ 2. ② 3. ① 4. ③ 5. ①

6. 식품위생법에 규정한 "식품 등의 취급"에 대한 설명이 잘못된 것은?
① 판매를 목적으로 하는 식품첨가물은 깨끗하게 진열하여야한다.
② 식품 등의 위생적 취급에 관한 기준은 대통령령으로 정한다.
③ 무상으로 제공하는 식품 등도 깨끗하고 위생적으로 취급하여야 한다.
④ 영업상 사용하는 기구·용기 등은 깨끗하고 위생적으로 다루어야 한다.
⑤ 판매를 목적으로 하는 식품의 제조 등은 깨끗하고 위생적으로 해야 한다.

7. "위해식품 등의 취급"에 해당되지 않는 항목은?
① 수입이 금지된 것이나 수입신고를 하지 않은 것
② 상하였거나 설익은 것으로 인체의 건강을 해할 우려가 있는 것
③ 영업허가를 받아 제조해야 하는 경우 허가 받지 않고 제조할 때
④ 유독물질이 들어있어도 건강을 해할 우려가 없다고 보건복지부장관이 인정하는 것
⑤ 병원 미생물에 의하여 오염되었거나 그 염려가 있어 인체의 건강을 해할 우려가 있는 것

8. 보건복지부령이 정한 질병에 걸렸거나 염려가 있는 동물 또는 그 질병으로 죽은 동물은 "병육 등의 판매금지"를 시키고 있다. 적용되지 않는 것은?
① 고기 ② 뼈 ③ 가죽 ④ 장기 ⑤ 혈액

9. 식품 및 식품첨가물의 기준과 규격의 설명 중 잘못된 항은?
① 기준과 규격에 맞지 않는 식품 등은 운반이나 진열하지 못한다.
② 식품첨가물의 성분 등에 관한 기준과 규격은 보건복지부장관이 정하여 고시 한다.
③ 식품 등의 제조·가공 등의 기준과 규격은 식품의약품안전처장이 정하여 고시 한다.
④ 수출을 목적으로 하는 식품 등은 수입자가 요구하는 기준과 규격에 의할 수 있다.
⑤ 기준과 규격이 정해지지 않은 경우 제조업자가 기준과 규격을 제출하여 식품위생검사기관의 검토를 거쳐 한시적으로 인정할 수 있다.

10. 허위표시 등의 금지 항목 중 잘못된 항목은가?
① 포장에 있어서는 과대포장을 할 수 없다.
② 식품첨가물이 의약품과 혼동할 우려가 있는 표시는 할 수 없다.
③ 기구 및 용기 등의 품질 등에 관하여는 광고를 규제할 수 없다.
④ 식품첨가물은 제조방법 및 품질 등에 관하여는 허위표시를 할 수 없다.
⑤ 허위표시·과대광고 및 과대포장 등의 범위는 보건복지부령으로 정한다.

답 6. ② 7. ④ 8. ③ 9. ② 10. ③

11. 식품·식품첨가물 등의 공전은 누가 작성하여 보급 하는가?

① 대통령 ② 국무총리 ③ 보건복지부장관
④ 식품의약품안전청장 ⑤ 시·도지사

12. 식품·식품첨가물 등의 기준과 규격의 내용에 속하지 않는 사항은?

① 제조 ② 가공 ③ 사용 ④ 보존 ⑤ 판매

13. 식품·식품첨가물, 기구 또는 용기 등을 수입할 때 누구에게 신고를 하는가?

① 보건복지부장관 ② 상공부장관 ③ 시·도시자
④ 시장·군수 ⑤ 검역소장

14. 기구 또는 용기·포장을 수입할 때는 보건복지부장관에게 신고를 하여야 한다. 관련된 법령은?

① 대통령령 ② 국무총리령
③ 보건복지부령 ④ 재정경제부령

15. 수입식품의 경우 검사결과 확인 전에 수입신고필증을 교부받을 수 있는 것은?

가. 살아 있는 수산물	나. 물가 조절 상 긴급히 수입하는 식품
다. 신선한 농산물	라. 냉동한 육가공품

① ㉮㉯㉰ ② ㉮㉰ ③ ㉯㉱ ④ ㉱ ⑤ ㉮㉯㉰㉱

16. "출입·검사·수거 등"을 규정한 내용으로 설명이 잘못된 항은?

① 행정처분을 받은 영업소는 3월 이내에 2회 이상 실시한다.
② 영업장소·사무소·판매소 등에 출입을 행할 수 있다.
③ 검사에 필요한 최소량의 식품·식품첨가물 등을 수거할 수 있다.
④ 출입·검사 또는 수거 등은 필요시 수시로 실시한다.
⑤ 식품 등을 수거한 때에는 봉인을 하고 검사를 의뢰한다.

답 11. ④ 12. ⑤ 13. ① 14. ③ 15. ① 16. ①

17. 식품위생검사기관을 지정할 수 있는 관계자는?
① 국무총리 ② 보건복지부장관 ③ 식품의약품안전청장
④ 시·도지사 ⑤ 시장·군수·구청장

18. 식품위생검사기관의 지정에 필요한 사항을 규정하고 있는 법령은?
① 대통령령 ② 국무총리령 ③ 보건복지부령
④ 행정자치부령 ⑤ 재정경제부령

19. 식품첨가물의 비소·중금속 등의 함유량을 검사할 때 필요한 수거량은?
① 10g(mℓ) ② 30g(mℓ)
③ 50g(mℓ) ④ 70g(mℓ)

20. 식품의 위생지도 및 출입·검사 등을 행하기 위하여 식품위생감사원을 두어야 한다. 관련이 없는 기관은?
① 식품의약품안전청 ② 시·도
③ 시·군·구 ④ 읍·면

21. 식품위생감시원의 자격 및 임명 등 필요한 사항을 규정하고 있는 법령은?
① 대통령령 ② 국무총리령
③ 보건복지부령 ④ 행정자치부령

22. 식품위생감시원의 직무와 관련이 없는 사항은?
① 식품의 압류나 폐기
② 시설기준의 적합여부 확인
③ 검사에 필요한 식품 등 수거
④ 영업자 등의 위생교육
⑤ 과대광고 위반여부 단속

23. 식품위생법에서 규정한 유흥종사자의 범위는?
① 유흥접객원 ② 댄서 ③ 무용수
④ 유흥사회자 ⑤ 악사

답 17. ③ 18. ③ 19. ③ 20. ④ 21. ① 22. ④ 23. ①

24. 영업허가의 제한과 관련이 없는 사항은?
① 공익상 허가제한이 필요한 영업
② 파산선고를 받고 복권되지 않는 자
③ 영업허가가 취소되어 6개월이 경과한 동일 장소
④ 병육 등 판매금지 위반으로 허가취소 후 3년이 경과한 자
⑤ 식품위생법에 의한 징역형을 선고받고 집행이 종료되지 않은 자

25. 영업을 양도한 경우에 지위를 승계한 자는 허가나 신고관청에 일정기간 내에 신고하여야 한다. 일정기간은?
① 14일 ② 1월 ③ 3월 ④ 6월

26. 다음 중 식품영업에 종사하지 못하는 보건복지부령으로 정한 질병이 아닌 항목은 어느 것인가?
① 제1군 전염병 중 세균성이질 ② 제2군 전염병 중 일본뇌염
③ 제3군 전염병 중 결핵(비전염성은 제외) ④ 피부병 기타 화농성 질환

27. 식품위생검사기관은 지정기관과 지정신청을 요청한 기관 중에서 지정을 받아 검사업무를 행한다. 지정기관이 아닌 곳은?
① 지방식품의약품안전청 ② 국립검역소 ③ 질병관리본부
④ 시・도 보건환경연구원 ⑤ 국립수산물검사소

28. 조리사의 면허를 행하는 기관장은?
① 보건복지부장관 ② 한국산업관리공단이사장
③ 시・도지사 ④ 시장・군수・구청장

29. 영양사의 결격사유와 관계가 없는 사항은?
① 정신 질환자 ② 전염병 환자 ③ 마약중독 자
④ 약물 중독자 ⑤ 파산선고자

답 24. ③ 25. ② 26. ② 27. ③ 28. ④ 29. ⑤

30. 식품위생심의위원회의 심의사항과 관련이 없는 것은?
① 식중독방지에 관한사항
② 국민영양의 교육에 관한사항
③ 식품의 품질개선에 관한사항
④ 유독물질의 잔류허용에 관한사항
⑤ 식품 등의 기준·규격에 관한사항

31. 식중독 환자를 진단한 의사나 한의사는 가장 먼저 누구에게 보고를 하는가?
① 보건복지부장관 ② 시·도지사 ③ 시장·군수·구청장
④ 읍·면장 ⑤ 보건소장 또는 보건지소장

32. 집단급식소를 설치·운영하고자 할 때 신고하는 기관은?
① 보건복지부 ② 시·도
③ 시·군·구 ④ 읍·면

33. 영업의 제한을 위반하였을 때의 벌칙은?
① 7년 이하 징역 또는 1억원 이하 벌금
② 5년 이하 징역 또는 5천만원 이하 벌금
③ 3년 이하 징역 또는 3천만원 이하 벌금
④ 1년 이상 징역
⑤ 500만원 이하 과태료

34. 식품의약품안전청장의 허가를 받아야 하는 영업은?
① 식품첨가물제조업 ② 휴게음식점영업 ③ 일반음식점영업
④ 식품냉동·냉장업 ⑤ 식용얼음판매업

35. 영양사를 두어야할 집단급식소 범위는?
① 상시 1회 20인 이상 ② 상시 1회 50인 이상
③ 상시 1회 70인 이상 ④ 상시 1회 100인 이상
⑤ 상시 1회 150인 이상

답 30. ③ 31. ⑤ 32. ③ 33. ② 34. ① 35. ②

36. 동업자 조합내에 대의원회를 둘 수 있는 경우는 어느 때인가?
① 조합원이 50인을 초과하는 경우 ② 조합원이 100인을 초과하는 경우
③ 조합원이 150인을 초과하는 경우 ④ 조합원이 300인을 초과하는 경우
⑤ 조합원이 500인을 초과하는 경우

37. 시장·군수·구청장의 허가를 받아야 하는 영업은?
① 식품첨가물제조업 ② 식품제조·가공업 ③ 단란주점영업
④ 식품 등 수입판매업 ⑤ 일반음식점영업

38. 식품첨가물에서 정의한 내용과 관계가 없는 사항은?
① 혼합 ② 첨가 ③ 추출 ④ 침윤

39. 식품의약품안전청장에게 신고를 하여야 하는 영업은?
① 식품 등 수입판매업 ② 단란주점영업 ③ 식품조사처리업
④ 유흥주점영업 ⑤ 식품첨가물제조업

40. 조리사를 두어야 할 영업에 해당하는 곳은?
① 분식판매점 ② 일반음식점 ③ 출장조리점 ④ 복어조리점

41. 병육의 판매 등 금지를 위반하였을 때의 벌칙은?
① 1년 이상의 징역
② 7년 이하의 징역 또는 1억원 이하의 벌금
③ 5년 이하의 징역 또는 5천만 원 이하의 벌금
④ 3년 이하의 징역 또는 3천만 원 이하의 벌금
⑤ 500만 원 이하의 과태료

42. 건강진단을 받지 않아도 되는 영업자 또는 종업원은?
① 식품첨가물의 채취자 ② 식품의 제조자
③ 식품첨가물의 가공자 ④ 포장된 식품의 판매자
⑤ 식품의 조리자

답 36. ⑤ 37. ③ 38. ③ 39. ① 40. ④ 41. ② 42. ④

43. 식품위생검사기관에서는 제품의 검사대장을 최종 기재일로부터 몇 년간 보존하여야 하는가?

① 1년 ② 2년 ③ 3년 ④ 4년 ⑤ 5년

44. 식품제조·가공업 및 식품첨가물제조업 등의 영업자에 대한 위생교육 시간은?

① 4시간 ② 6시간 ③ 8시간 ④ 10시간 ⑤ 12시간

45. 영업의 질서유지와 선량한 풍속을 위하여 필요한 경우 제한할 수 있는 영업은?

① 식품제조·가공업 ② 식품접객업 ③ 식품첨가물제조업
④ 식품보존업 ⑤ 식품운반업

46. 식품접객영업자가 "청소년"에 대하여 허용되는 행위는?

① 청소년에게 식품첨가물을 판매하는 행위
② 유흥접객원으로 고용하여 유흥행위를 하게 하는 행위
③ 청소년 유해업소에 청소년을 고용하는 행위
④ 청소년에게 주류를 제공하는 행위
⑤ 청소년 유해업소에 청소년을 출입하게 하는 행위

47. 영양사의 직무에 해당되지 않는 항목은?

① 구매식품의 검수 및 관리 ② 식단작성, 검식 및 배식관리
③ 급식시설의 위생적 관리 ④ 집단급식소의 운영일지 작성
⑤ 식중독의 원인조사

48. 조리사가 면허의 취소처분을 받은 때는 누구에서 반납하는가?

① 보건복지부장관 ② 시·도지사 ③ 시장·군수·구청장
④ 읍·면장 ⑤ 관할보건소장

49. 식품 등을 압류할 때 압류증을 발급할 수 없는 공무원은?

① 식약청 소속관계공무원 ② 서울특별시소속관계공무원
③ 광역시 소속관계 공무원 ④ 시·군·구 소속관계 공무원
⑤ 보건소 소속관계 공무원

답 43. ③ 44. ⑤ 45. ② 46. ① 47. ⑤ 48. ③ 49. ⑤

50. 식품·식품첨가물 등의 생산실적 보고 방법은?
① 분기종료 후 15일 이내 ② 분기 종료 후 30일 이내
③ 반기 종료 후 15일 이내 ④ 반기 종료 후 30일 이내
⑤ 당해연도 종료 후 3월 이내

51. 식품의 정의를 바르게 설명한 것은?
① 일반적인 모든 식품을 말한다.
② 의약품을 제외한 모든 음식물을 말한다.
③ 가공 및 조리된 모든 식품을 말한다.
④ 모든 음식물과 의약품 등을 말한다.

52. 위해식품 등의 판매 등 금지사항 내용과 거리가 먼 것은?
① 유해 물질이 들어 있거나 묻어 있는 것
② 수입이 금지된 것 또는 수입신고를 하지 않은 것
③ 병원미생물에 의하여 오염되었거나 그 염려가 있는 것
④ 영업허가 또는 신고 없이 제조·가공 한 식품·식품첨가물
⑤ 위반행위시 5년 이하 징역 또는 5천만 원 이하 벌금

53. 다류 식품을 취급하는 자동판매기를 설치할 경우 국내산 차의 작동기능은?
① 1/2 ② 1/3 ③ 1/4 ④ 1/5

54. 식품 등의 영업에 종사하지 못하는 전염병으로 조합된 것은?

㉮ 소화기계 전염병 ㉯ 피부병 기타 화농성 질환 ㉰ 활동성 만성 B형간염 ㉱ 후천성 면역결핍증

① ㉮㉯㉰ ② ㉮㉰ ③ ㉯㉰ ④ ㉱ ⑤ ㉮㉯㉰㉱

답 50. ⑤ 51. ② 52. ⑤ 53. ① 54. ⑤

55. 위해 식품 등의 판매 등 금지에 관한 설명 중 바르게 조합된 것은?

㉮ 영업의 허가 또는 신고 없이 제조· 가공한 식품·식품첨가물
㉯ 병원미생물에 의하여 오염되었거나 그 염려가 있는 것
㉰ 유독·유해물질이 들어 있거나 묻어 있는 것
㉱ 썩었거나 상하였거나 설익은 것으로 인체의 해할 우려가 있는 것

① ㉮㉯㉰ ② ㉮㉰ ③ ㉯㉰ ④ ㉱ ⑤ ㉮㉯㉰㉱

56. 식품위생감시원의 직무와 관련이 없는 것은?
① 식품 등 압류 폐기 등 처리
② 시설기준의 적합여부의 확인 검사
③ 식품 등의 위생적 취급기준의 이행지도
④ 영업소 폐쇄를 위한 간판의 제거 등의 조치
⑤ 사용하는 기구 및 용기 등의 기준 및 규격검사

57. 식품위생심의위원회의 설명 중 내용이 잘못된 것은?
① 위원의 임기는 2년이다
② 분과 위원회를 둘 수 있다
③ 위원회의 구성은 60명 이내이다
④ 유해물질의 잔류허용기준을 심의한다.
⑤ 20인 이내의 연구위원을 둘 수 있다.

58. 위반사항에 대한 벌칙 중 7년 이하의 징역 또는 1억원 이하의 벌금에 처하거나 이를 병과 할 수 있는 사항에 속하지 않는 것은?
① 위해식품 등의 채취 등 위반
② 병육 등의 가공 등 위반
③ 유해기구 등 판매·사용금지 위반
④ 식품위생상 위해 발생시 공표 명령 등 위반
⑤ 기준과 규격이 없는 화학적합성품 등의 제조 등 위반

답 55. ⑤ 56. ⑤ 57. ③ 58. ④

59. 모범업소와 일반업소로 구분하여 지정할 수 있는 영업은?

① 휴게음식점영업 ② 일반음식점영업
③ 단란주점영업 ④유흥주점영업

60. 위해식품 · 기준과 규격이 고시되지 아니한 화학적합성품 · 병육 · 유독기구 등의 판매 등 금지 등을 위반한 자를 신고한 경우에 포상금은?

① 5만원 이하 ② 10만원 이하 ③ 20만원 이하
④ 30만원 이하 ⑤ 1천만원 이하

답 59. ② 60. ④

[참고 문헌]

김동원(2005), 식품위생관계법규·해설, 형설출판사
한국식품공업협회(2005), 식품위생법, 한국식품공업협회